AF468181

TRAITÉ

DE

MINÉRALOGIE.

IMPRIMERIE DE HENNUYER ET Ce, RUE LEMERCIER, 24.
Batignolles.

TRAITÉ

DE

MINÉRALOGIE

PAR

A. DUFRÉNOY,

INSPECTEUR GÉNÉRAL ADJOINT AU CORPS ROYAL DES MINES, MEMBRE DE L'ACADÉMIE ROYALE DES SCIENCES, PROFESSEUR A L'ÉCOLE ROYALE DES MINES ET A L'ÉCOLE ROYALE DES PONTS ET CHAUSSÉES; MEMBRE DE LA SOCIÉTÉ PHILOMATIQUE DE PARIS, DE LA SOCIÉTÉ GÉOLOGIQUE DE FRANCE, DE LA SOCIÉTÉ LINNÉENNE DE NORMANDIE, DE LA SOCIÉTÉ GÉOLOGIQUE DE LONDRES, DE CELLE DU CORNOUAILLES, DE LA SOCIÉTÉ HELVÉTIQUE, CORRESPONDANT DES ACADÉMIES ROYALES DES SCIENCES DE BERLIN, DE TURIN, DE LA SOCIÉTÉ IMPÉRIALE DE MINÉRALOGIE DE SAINT-PÉTERSBOURG, DE L'INSTITUT NATIONAL DES ÉTATS-UNIS DE L'AMÉRIQUE DU NORD, ETC.

TOME TROISIÈME.

PARIS

CARILIAN-GOEURY ET V^OR DALMONT,

LIBRAIRES DES CORPS ROYAUX DES PONTS ET CHAUSSÉES ET DES MINES,

QUAI DES AUGUSTINS, 39.

1847

TRAITÉ

DE

MINÉRALOGIE.

GENRE PLOMB.

PLOMB NATIF.

Wallerius et Gensanne ont décrit l'un et l'autre des échantillons de plomb natif, qui ont été reconnus pour appartenir à des produits d'anciennes usines à plomb. Depuis cette époque, un savant Danois, M. Rathké, a recueilli dans les laves de Madère une assez grande quantité de plomb engagé en petites masses contournées dans une lave tendre, qu'il a également indiqué comme du plomb natif. Toutefois l'observation de M. Rathké laissait encore quelque incertitude sur l'existence réelle du *plomb natif*, car il se pourrait que ce plomb eût été réduit par la lave, au lieu d'avoir été amené au jour par l'action volcanique. Ce doute a été récemment levé par la découverte faite, à Alstoon-Moore, dans le Cumberland, de plomb métallique disséminé dans une roche quartzeuse, mélangée de galène.

Les caractères du plomb natif sont les mêmes que ceux du plomb du commerce.

J'ajouterai que le plomb cristallise, par un refroidissement lent, en petits octaèdres implantés les uns dans les autres, dont l'assortiment représente à peu près une pyramide quadrangulaire : la mesure de l'angle de ces octaèdres montre que le plomb, comme presque tous les autres métaux, cristallise dans le système régulier.

PLOMB SULFURÉ.

Galène; Bleiglanz.

Le plomb sulfuré est d'un gris métallique fort brillant, surtout dans les cassures fraîches ; il est généralement lamelleux, quelquefois strié ou grenu. Des échantillons rares ont la texture compacte : la plupart d'entre eux paraissent la devoir à des mélanges d'autres métaux.

Lorsqu'il est lamelleux, le plomb sulfuré se divise avec la plus grande facilité en petits fragments cubiques par suite d'un clivage triple très-net, que détermine la plus légère percussion. Le cube, *fig.* 264, *pl.* 96, est la forme primitive du plomb sulfuré, en même temps qu'il en est la forme la plus habituelle. Outre ces cristaux, on rencontre encore avec une certaine abondance le cubo-octaèdre, *fig.* 265 ; le cubo-dodécaèdre, *fig.* 266 ; et l'octaèdre, *fig.* 267. Enfin, dans quelques circonstances rares, notamment dans la mine de Beeralston, dans le Devonshire, à Pfaffenberg et à Stolberg au Hartz, on a trouvé des cristaux de plomb sulfuré plus complexes, représentés dans les *fig.* 268, 269 et 270. La première, désignée par le nom de *triforme*, réunit le cube, l'octaèdre et le dodécaèdre rhomboïdal. L'aspect de ce cristal change complétement suivant que c'est le cube ou l'octaèdre qui domine : cette dernière disposition est dessinée dans la *fig.* 269.

La *fig.* 270 montre l'association du cube, de l'octaèdre, et d'un trapézoèdre a^5 disposé en bordure sur les arêtes d'intersection du cube et de l'octaèdre.

La *fig.* 271 est le triforme, portant en outre une modification $a^{1/2}$ appartenant à un second trapézoèdre. Cette dernière forme est très-rare ; les faces $a^{1/2}$ sont ternes, ce qui n'a pas permis à M. Haüy d'en mesurer les angles avec exactitude, et lui a fait admettre qu'elles étaient le résultat d'un décroissement intermédiaire. Dans la *fig.* 272, donnée par Mohs, les facettes $a^{1/2}$ ont pris une grande extension, et ce trapézoèdre se dessine presque complétement.

La dureté du plomb sulfuré est de 2,6 ; il est rayé par la chaux carbonatée ; sa poussière est grise. Non malléable, il est aigre et cassant, et l'on ne peut le couper avec un couteau. Sa pesanteur spécifique est de 75,68. Fusible au chalumeau, avec dégagement de vapeurs sulfureuses. Chauffé sur le charbon avec précaution, il donne des globules de plomb à mesure que le soufre brûle. Soluble dans l'acide nitrique.

La composition du plomb sulfuré est, d'après une analyse de Thomson :

		Rapp. atomiques.	
Soufre.........	13,02	0,064	1
Plomb.........	85,13	0,065	1
Fer..........	0,50		

Elle est par conséquent représentée par la formule PbS.

M. Beudant a donné une analyse d'un minerai de Schemnitz, de laquelle il résulte qu'une certaine quantité d'argent peut remplacer du plomb ; cette circonstance conduit à penser que dans les minerais de plomb, l'argent qui y existe est à l'état de sulfure. Les résultats de cette analyse sont :

		Rapp. atomiques.	
Soufre.........	13,40	0,066	1
Plomb.........	79,60	0,061	} 1
Argent........	7,00	0,005	}

Il arrive fréquemment en outre que le sulfure de plomb contient en mélange une certaine quantité de sulfure d'antimoine et de sulfure de bismuth. La première de ces substances paraît dans quelques cas altérer un peu les caractères de la galène, et l'on suppose généralement que les échantillons dont les lames sont courbes, ainsi que ceux qui passent à la structure fibreuse, sont antimonifères. Ces caractères, généralement vrais, mais dont je n'oserais assurer l'exactitude, sont les seuls, sauf l'essai au chalumeau, qui fassent présumer la présence de l'antimoine dans le minerai de plomb.

Ces mélanges, lorsqu'ils sont en quantité considérable, ont donné lieu à la création de plusieurs espèces, dont quelques-unes paraissent exactes, leurs proportions se représentant sur des échantillons provenant de localités différentes; telles sont la *géokronite*, la *boulangérite*, et le *schilfglaserz*. Mais la plupart ne doivent pas être séparées du plomb sulfuré, dont elles possèdent presque tous les caractères. La *steinmannite*, la *kilbrickruérite* et la *kobellite*, me paraissent appartenir à ces mélanges, ainsi qu'il résulte des détails suivants :

La **steinmannite** [1] n'a point encore été analysée ; l'essai fait par M. Zippe a montré qu'elle contient de l'antimoine; mais elle cristallise en cube comme le plomb sulfuré. Sa dureté, 2,5, est à très-peu près celle de cette dernière espèce. Sa pesanteur spécifique, 68,30, lui est, il est vrai, inférieure ; ce qui s'explique suffisamment par la présence de l'antimoine sulfuré en mélange.

La **kilbrickruérite** a également une structure cristalline qui se rapporte au cube. Ses lames, très-petites, passant à la texture grenue, sont courbes. Sa dureté est analogue à celle du plomb sulfuré. Sa pesanteur spécifique, 64,07, est moindre ; toutefois elle est en rapport avec sa composition. Ce minéral a été trouvé dans la mine de plomb de Kilbrickra, dans le comté de Clark. Son analyse a donné à M. Apjhone [2] :

Soufre.......	16,36
Plomb.......	68,87
Fer..........	0,38
Antimoine...	14,39

Les rapports atomiques qui en résultent donnent pour formule $6PbS + SbS^3$, dans laquelle on peut donc supposer à volonté que six atomes de sulfure de plomb sont ou mélangés ou combinés avec un atome de sulfure d'antimoine. Les caractères extérieurs de la kilbrickruérite me font présumer

---

[1] In den Verh. der *Gesellschaft der Vaterl. Museums* in Bohman. Prag., 1833, p. 39.

[2] Institut, 1841, p. 111.

que c'est une galène contenant simplement un mélange d'une certaine quantité de sulfure d'antimoine.

Kobellite. — Je n'ai pas eu l'occasion d'étudier d'échantillon de ce minéral, qui provient de la mine de Hvena en Suède ; je sais seulement qu'il se trouve en masses amorphes métalloïdes d'un gris de plomb; je ne puis donc indiquer ni la concordance ni la différence entre les caractères extérieurs de la kobellite et ceux du plomb sulfuré ; je ne saurais par suite discuter l'existence réelle de cette espèce ; seulement sa composition complexe me paraît devoir appartenir plutôt à un mélange qu'à une combinaison en proportions définies représentant une espèce minérale distincte.

La composition obtenue par Selterberg est [1] :

		Rapp. atom.
Sulfure d'antimoine.......	12,70	2
Sulfure de plomb.........	46,36	12
Sulfure de bismuth.......	33,18	12
Sulfure de fer.............	4,72	3
Sulfure de cuivre.........	1,08	
Gangue..................	1,45	
	99,49	

Weissgültigerz.—Klaproth a donné ce nom à un minerai d'argent qui contient du plomb et de l'antimoine ; la différence considérable entre les proportions qui résultent des analyses des différents échantillons de weissgültigerz montre qu'on ne saurait le considérer comme une espèce distincte; mais, d'une autre part, on n'y aperçoit pas les clivages caractéristiques du plomb sulfuré, en sorte qu'on ne sait pas si on doit l'y réunir. Je le mets donc ici provisoirement, comme se rapportant plutôt au plomb sulfuré qu'à toute autre espèce. Sa couleur d'un gris clair l'a fait désigner sous le nom d'*argent blanc* (*white silver*) ; on l'appelle également *plomb sulfuré, antimonifère et argentifère.*

Klaproth a trouvé pour la composition de deux variétés, provenant des mines de Freiberg, les résultats suivants :

[1] *Jahresbericht*, t. XX, p. 205.

PLOMB SULFURÉ.

	Variété claire.	Var. foncée.
Plomb........	48,06	41,00
Antimoine....	7,88	21,50
Argent.......	20,40	9,15
Fer...........	2,25	1,75
Soufre........	12,25	22,00
Alumine......	7,00	1,00
Silice.........	0,25	0,75
	98,09	97,25

Plomb sulfuré grenu et compacte. — Lorsque ce minerai devient à très-petites lames, il passe à la structure grenue ; il possède alors un grain fin et serré comme celui de l'acier ; sa couleur l'en rapproche également ; toutefois il présente toujours une teinte bleuâtre. Quelques échantillons à cassure compacte unie ont, dans les surfaces fraîches, une teinte bleue très-prononcée, qui se ternit légèrement à l'air ; mais elle ne passe jamais au noir, comme pour les minerais qui contiennent de l'antimoine.

Plomb sulfuré strié et palmé. — Certains échantillons sont composés de bandes brillantes et très-rapprochées les unes des autres, qui leur communiquent une structure en apparence fibreuse. Toutefois, quand on les examine avec soin, on remarque que la structure en est grenue, et que les stries, au lieu d'être perpendiculaires à la surface du filon, sont au contraire disposées dans le sens de la longueur. Il en résulte que cette disposition, au lieu d'être le produit de la cristallisation du plomb sulfuré, est en rapport avec la formation même du filon, lequel est composé de bandes étroites, simulant une structure fibreuse. Dans quelques échantillons des environs de Bagnères-de-Luchon dans les Pyrénées, on remarque une véritable disposition fibreuse ; mais les fibres larges admettent le clivage cubique propre au plomb sulfuré. En outre les fibres, au lieu d'être droites, sont légèrement courbes, et viennent s'assembler sur des lignes transversales exactement comme les petites branches d'une plante se réunissent sur la tige principale : cette disposition particulière a été désignée sous le nom de *galène palmée*.

Plomb sulfuré épigène. — On trouve à Huelgoat en Bretagne, ainsi que dans une mine du Cornouailles, des cristaux en prisme à six faces, noirs et ternes à l'extérieur, composés intérieurement de plomb sulfuré, lamelleux et brillant. Quelques-uns de ces cristaux sont en outre recouverts d'une couche plus ou moins épaisse de plomb phosphaté, dont la présence explique la contradiction apparente que l'on remarque entre la forme de ces prismes et le clivage cubique de la galène. Ce sont des cristaux de plomb phosphaté ayant éprouvé une altération dans leur composition, par suite de laquelle ils sont passés à l'état de sulfure de plomb. Haüy a donné à cette altération le nom d'*épigénie*.

L'analyse de M. Beudant, que j'ai citée ci-dessus, nous apprend que dans des cas rares une certaine quantité d'argent remplace une proportion correspondante de plomb ; mais le plomb sulfuré contient presque toujours une proportion d'argent, qui, quoique très-faible, est ordinairement suffisante pour qu'on puisse en extraire ce métal avec bénéfice par la coupellation. Cette circonstance fait souvent désigner le plomb sulfuré sous le nom de *mine de plomb et d'argent*, ou *mine de plomb argentifère*. La proportion d'argent varie communément de 0,0001 à 0,003. Dans la plupart des circonstances une galène qui contient 0,003 peut supporter la coupellation. Assez fréquemment la proportion s'élève à 5 millièmes ; la galène est alors considérée comme riche. Dans quelques mines des environs de Freiberg, l'argent entre dans la galène pour un centième : c'est alors un véritable minerai d'argent.

Analogies. — Cristallisé ou lamelleux, le plomb sulfuré peut se confondre avec le *séléniure de plomb ;* les caractères de ces deux espèces paraissent tellement identiques, que pour les distinguer il faut recourir à l'essai, afin de constater la présence du sélénium. Toutefois le séléniure de plomb est tellement rare, que cet essai devient presque inutile. Le plomb sulfuré lamelleux ne présente d'analogie avec aucun autre minéral, quoique quelques-uns aient la même forme, une couleur et un éclat analogues; mais ils ne possèdent pas le clivage cubique prononcé qui distingue cette espèce. Quand la cassure du plomb sulfuré est grenue, il peut, non pas se confondre, mais présenter de l'analogie avec le *zinc sulfuré*, le *molybdène sulfuré* et l'*antimoine sulfuré*. La pesanteur spécifique est caractéristique pour ces trois minerais; la facilité avec laquelle le plomb sulfuré donne des globules de plomb sur le charbon confirme cette différence ; enfin, à l'état compacte, outre les analogies précédentes, le plomb sulfuré ressemble à la *géokronite*, la *boulangérite*, la *bournonite*, le *schilfglaserz*, la *jamesonite* et la *zinkénite*. La couleur grise des trois dernières espèces contraste d'une manière prononcée avec la teinte bleue du plomb sulfuré ; la cassure, conchoïde, éclatante, en même temps qu'un peu grasse de la bournonite, apporte aussi une distinction très-facile. La pesanteur spécifique de la géokronite et de la boulangérite, notablement moindre que celle du plomb sulfuré, suffit pour les distinguer. L'essai au chalumeau, constatant une forte proportion d'antimoine dans ces deux minéraux, les caractérise également.

Gisement.—Le plomb sulfuré fournit à lui seul la plus grande partie du plomb livré à la consommation ; le plomb carbonaté et le plomb phosphaté, qui, dans des cas fort rares, existent avec assez d'abondance pour être au moins ajoutés au bain de fonte comme auxiliaires, se trouvent dans les mêmes mines que le plomb sulfuré et partagent ses gisements, qui sont en *filons*, en *masses intercalées* et en *veinules*, distribuées d'une manière irrégulière dans certaines roches ; enfin en *nodules*, disséminés dans les terrains stratifiés, et qui paraissent leur être contemporains. Ces quatre manières d'être du plomb sulfuré se réduisent en réalité à deux, les *filons* et les *gîtes de contact*.

Les *filons* de minerai de plomb sont ordinairement fort réguliers, et ils se poursuivent presque en ligne droite et avec une même puissance sur des étendues considérables ; tel est le filon de Huelgoat en Bretagne, dont l'uniformité est si marquée, que les travaux des différents étages sont presque identiques. Cependant souvent aussi les filons plombifères se ramifient dans de nombreuses directions; ils forment alors, suivant l'opinion de M. Burat, des espèces de stockwerks sur une grande échelle. « L'allure des filons de Clausthal, dit ce « géologue, varie suivant des circonstances locales, parmi les- « quelles la nature du terrain encaissant est toujours en pre- « mière ligne; il en résulte que si l'on cherche à rapporter « ces cassures à des directions fixes, il faudrait admettre la « combinaison de six de ces directions pour composer le fi- « lon principal : la même direction est d'ailleurs sujette à se « bifurquer, de manière à déterminer la formation de plu- « sieurs filons parallèles; ainsi il y a division en trois, cinq « et six branches différentes dans la partie dite Burgstadter- « Zug, où sont situées les exploitations les plus riches. Il est « donc plus naturel de considérer toutes ces variations dans « la direction et dans l'allure comme les variations d'un seul « phénomène de fracture produite suivant une direction « moyenne. »

Cette manière de grouper les filons qui se ramifient entre eux est plus rationnelle que de considérer chaque cassure isolément. Appliquée aux filons du Hartz, elle en rend l'étude beaucoup plus simple, en les réduisant à six fractures ou plutôt six artères principales.

La plupart des filons de plomb sont ouverts dans les terrains de transition; ceux du Hartz, de l'Erzegebirge, de l'Angleterre et de la Bretagne appartiennent à ces formations; cependant les filons plombifères remontent beaucoup plus haut dans l'échelle géologique, et celui du Bleiberg en Carinthie est encaissé dans un calcaire compacte jaunâtre, à cassure argileuse, qui paraît appartenir à l'un des étages du Jura.

Les gîtes de contact [1], longtemps négligés, ont acquis une

[1] *Études sur les gîtes métallifères de l'Allemagne*, par M. A. Burat.

grande importance depuis une trentaine d'années que l'industrie minérale, longtemps concentrée sur quelques points privilégiés de l'Europe, est devenue une branche importante des produits territoriaux ; ils sont en général assez irréguliers, en sorte que la recherche de ce minerai n'est pas soumise à ces règles générales posées par les mineurs allemands ; leur exploitation est souvent plus facile, parce qu'au lieu de former une seule colonne qui s'étend en profondeur, ils constituent des rameaux qui enlacent les roches cristallisées avec lesquelles ils sont en connexion. M. Burat, dont je viens de citer les recherches sur les grands filons de l'Allemagne, nous apprend aussi que les gîtes de contact sont très-nombreux dans la Saxe et dans le Hartz, et qu'ils fournissent maintenant une proportion notable de produits minéralurgiques qu'ils livrent chaque année à la consommation. En France, les gîtes de contact sont infiniment plus nombreux que les filons bien réglés. On ne compte que quatre exploitations appartenant à ce dernier genre de gisement, tandis que sur le pourtour du vaste plateau granitique qui occupe le centre de la France, il existe de nombreuses exploitations de plomb ; chacune d'elles est en général peu importante, mais la somme de leurs produits est plus que décuple de ceux fournis par les filons. Ces gîtes de contact ont des allures très-variables ; tantôt ils forment des filons peu étendus et fort irréguliers dans les roches granitiques, tantôt dans les calcaires jurassiques qui leur sont superposés. Dans certains cas, ils constituent des amas, des veines dans le calcaire ; quelquefois même le minerai est répandu dans cette dernière roche de manière à paraître avoir été déposé à la même époque et par la même voie que cette roche neptunienne.

La mine d'Alloue, dans le département de la Charente, fournit un exemple intéressant de ce genre de gisement : la galène, mélangée d'une manière intime avec la blende, est disséminée dans une roche siliceuse jaspoïde qui forme plusieurs veines parallèles aux couches de calcaire oolitique dans lequel la mine est exploitée; on rencontre même dans cette roche quelques fossiles analogues à ceux qui caractérisent le calcaire, ce qui tend encore à établir une contemporanéité plus complète entre le plomb sulfuré et le calcaire. Mais quand on étudie avec détail les différentes circonstances de ce singulier gisement, on est conduit à le considérer comme postérieur. En effet, si plusieurs veines du jaspe métallifère sont parallèles à la stratification, d'autres, au contraire, la coupent d'une manière prononcée. En outre, considérée dans son ensemble, la bande métallifère forme une masse intercalée qui s'étend dans plusieurs couches, et joue par conséquent le même rôle que les amas postérieurs que l'on exploite dans certaines mines, notamment dans celle de Pezey en Savoie. Enfin les coquilles fossiles que l'on y trouve sont généralement à l'état siliceux ; mais j'y ai recueilli un pecten transformé en galène. La silice comme la galène ont donc été introduites postérieurement au dépôt régulier de calcaire.

Le second gisement des minerais de plomb rentre à quelques égards dans le premier; il se pourrait même que dans beaucoup de cas ils fussent contemporains, et que les filons et les gîtes de contact eussent été produits par les mêmes causes. Il est nécessaire d'ajouter cependant que dans les gîtes de contact il existe des circonstances qu'on n'observe pas dans les filons, telle est la présence presque habituelle de la dolomie. A Alloue, en effet, le calcaire est dolomotique sur une certaine épaisseur; il est également manganésifère. Du reste les gîtes de manganèse du centre de la France sont dans une position analogue à ceux des minerais de plomb.

GÉOKRONITE.

Ce minéral ne présente pas de trace de cristallisation, et n'offre sous ce rapport aucune analogie avec le plomb sulfuré. Il est compacte, à cassure inégale. Sa couleur est le gris de plomb passant au gris d'acier. Sa dureté, un peu inférieure à celle du spath calcaire, est représentée par le nombre 2,5.

Sa pesanteur spécifique est de 58,80. Au chalumeau la géokronite donne la réaction de l'arsenic et du plomb; elle fond à la flamme d'une bougie. A l'aide d'une faible chaleur, ce minéral est complétement attaqué par le chlore gazeux. Son analyse a donné à M. H. Rose[1] les résultats suivants :

		Prenant soufre.		Rapp.
Plomb	66,422	10,171	11,243	5
Cuivre	1,514	0,770		
Fer	0,417	0,217		
Zinc	0,111	0,055		
Argent et bismuth	une trace.			
Antimoine	9,576	3,583	6,602	8
Arsenic	4,095	3,019		
Soufre	16,262			
	99,027			

La formule qui représente la composition de la géokronite est donc $Pb^5(Sb.As)^3$.

Analogies. — Ce minéral provient des mines de Sala et de Torgschakts. Il ressemble à du *cuivre gris*, et à certaines variétés d'*antimoine sulfuré* compacte. Sa pesanteur spécifique et la grande abondance de plomb qu'il contient le distinguent de ces deux minerais. La géokronite ressemble beaucoup aussi au *weissgültigerz*. Ce dernier minéral est plus blanc ; la présence de l'argent est le caractère saillant qui sert à le distinguer.

BOULANGÉRITE.

Plomb antimonié sulfuré.

Les caractères cristallographiques de ce minéral ne sont pas encore connus ; mais l'uniformité de composition qu'il présente dans des localités différentes me paraissent légitimer suffisamment cette espèce.

La boulangérite est d'un gris bleuâtre assez clair. Son éclat est métallique. Sa cassure est fibro-lamellaire, con-

[1] *Annales de Poggendorff*, 1840, p. 535.

tournée. Souvent la boulangérite est recouverte de taches jaunes qui, d'après les essais en petit, paraissent dues à une combinaison oxydée de plomb et d'antimoine provenant de l'altération de ce minéral. Sa dureté est de 2,8. La pesanteur spécifique de la boulangérite des Molières est de 59,7. Au chalumeau elle fond très-facilement, en donnant une odeur d'acide sulfureux et des vapeurs blanches d'oxyde d'antimoine; il se dépose sur le charbon un cercle jaunâtre qui indique la présence du plomb; l'acide nitrique l'attaque très-facilement, et il se forme un dépôt d'antimoniate ou d'antimonite de plomb. L'acide muriatique concentré et bouillant le dissout complétement en produisant un dégagement d'hydrogène sulfuré. Les analyses de la boulangérite ont donné les résultats suivants :

	Des Molières [1], département du Gard, par Boulanger.	De Nasafjeld [2] par Thaulow.	De Nertschinski [3], par Bromeis.	Ober-Lahr [4], par Abendroth.	Rapp. atomiques.
Plomb......	53,9	55,57	56,288	55,60	3
Antimoine..	25,5	24,60	25,037	25,40	2
Soufre......	18,5	18,86	18,215	19,05	6
Fer.........	1,2	»	»	»	
Cuivre.	0,9	»	»	»	
	100	99,03	99,540	100,05	

Cette composition conduit à la formule $3PbS + SbS^3$, analogue à celle de l'argent antimonié sulfuré, et dans laquelle le plomb remplace l'argent

La *plumbostibe* de Breithaupt est identique avec la boulangérite.

DUFRÉNOYSITE. — PLOMB ARSÉNIO-SULFURÉ.

M. Damour [5], en examinant de petits cristaux en trapézoèdres très-brillants qui accompagnent le réalgar dans la

[1] *Annales des mines*, deuxième série, t. VIII, p. 575.
[2] *Annales de Poggendorff*, t. XLI, p. 216.
[3] Ebendas, t. XLVI, p. 281. — [4] Ebendas, t, XLVII, p. 493.
[5] *Comptes-rendus de l'Académie des sciences*, premier semestre de 1845 p. 1121.

dolomie du Saint-Gothard, a reconnu que ces cristaux donnaient une poussière brune, passant au rouge. L'analyse lui a appris qu'ils sont composés de :

		Rapp. atomiques.	
Soufre.....	22,18	1100	5
Arsenic.....	20,73	440	2
Plomb......	57,09	440	2
	100,00		

éléments qui conduisent à la formule $2PbS + AsS^3$, et desquels il résulte que ce minéral nouveau est un arsénio-sulfure de plomb. Cette composition est analogue à celle du Federerz de Wolfsberg au Hartz, pour lequel M. Rose a trouvé l'expression $2PbS + SbS^3$. Dans le minéral du Saint-Gothard l'arsenic remplace l'antimoine.

La cassure de ce minéral est éminemment conchoïde ; son éclat est à la fois résineux et très-vif. Aigre et fragile, on le réduit facilement en poussière. Sa pesanteur spécifique est de 55,49.

Chauffé sur le charbon, il fond rapidement en dégageant une odeur sulfureuse, puis une odeur arsenicale ; il laisse à la fin un petit globule de plomb malléable entouré d'une auréole jaune. Dans le tube il se décompose et produit un sublimé de réalgar qui apparaît immédiatement sous forme de gouttelettes rouges et transparentes ; l'acide hydrochlorique l'attaque lentement en dégageant de l'hydrogène sulfuré.

La dufrénoysite accompagne constamment le réalgar, qui forme de petites veines dans la dolomie du Saint-Gothard ; je l'ai retrouvée dans un grand nombre d'échantillons de réalgar et de dolomie de cette localité qui existent à l'Ecole des mines ; seulement, comme ce minéral est très-fragile, les cristaux sont cassés; il est probable qu'il doit être fréquent sur les lieux. Il a de l'analogie avec le cuivre gris, qui se trouve également avec le réalgar du Saint-Gothard, et on a toujours confondu ces deux minéraux l'un avec l'autre ; toutefois l'éclat, la couleur et la cassure sont différents ; le cuivre gris a une cassure inégale, beaucoup moins luisante ; son éclat n'est pas résineux ; il est d'un gris de fer; enfin sa poussière est grise au lieu d'être d'un brun rougeâtre.

PLOMB SÉLÉNIÉ.

Séléniure de plomb : Selenblei ; Clausthalie (Beudant).

On ne connaît pas de cristaux de plomb séléniuré, mais il résulte des clivages faciles que possèdent les échantillons lamellaires, que sa forme primitive est le cube. Outre sa texture lamelleuse, ce minéral se présente à l'état grenu. Son éclat métallique et sa couleur gris de plomb apportent, comme les clivages, la plus grande analogie entre le plomb séléniuré et le plomb sulfuré ; cependant la teinte de ce dernier minéral est peut-être d'un bleu plus prononcé. La pesanteur spécifique est d'après Haidinger 82 à 88; 76,97 Levy; 68 Silliman : ces différences tiennent à des mélanges, comme pour la galène.

Fusible au chalumeau sur le charbon, il donne de l'oxyde jaune de plomb et des grains de plomb. Il répand une odeur très-forte de raves.

Les analyses du séléniure de plomb ont donné :

	H. Rose [1].	Stromeyer [2].	Rapp.	
Sélénium.....	31,42	28,11	0,056	1
Plomb........	63,92	70,98	0,054	1
Cobalt........	3,14	0,83	0,012	
Fer..........	0,45			
	96,93	99,92		

La composition de ce minerai est donc représentée par la formule $PbSe$, correspondante à celle du sulfure de plomb ; ce qu'il était naturel de penser, le soufre et le sélénium étant isomorphes.

Le séléniure de plomb est extrêmement rare ; il provient de la mine de Lorenz, à Clausthal dans le Hartz.

On a trouvé en outre au Hartz, dans la mine de Tilkerode, des échantillons contenant du séléniure de mercure et du

[1] *Annales de Poggendorff*, t. III, p. 288. — [2] *Id.*, t. II, p. 403.

séléniure de cuivre, qui me paraissent, d'après leurs caractères extérieurs, devoir être considérés comme de simples variétés de cette espèce.

Séléniure de plomb et de mercure. — Ce minerai est en masses indistinctement lamellaires, dans lesquelles cependant on peut encore constater le clivage cubique. Sa couleur est le gris de plomb passant au gris d'acier; son éclat métallique est assez vif. Il se laisse rayer facilement par une pointe d'acier, mais il n'est pas ductile. Sa pesanteur spécifique est de 73. Il donne, dans le tube ouvert, un sublimé jaune de séléniate de mercure; et, dans le tube fermé, surtout lorsqu'on ajoute de la soude à la poussière d'essai, des gouttelettes de mercure.

Il est composé, d'après une analyse de M. H. Rose [1] :

		Rapp. atom.		
Sélénium....	24,97	0,055	4	1
Plomb.......	55,84	0,043	3	1
Mercure.....	16,94	0,013	1	

Ce minerai serait donc formé du mélange de 3 atomes de séléniure de plomb et d'un atome de séléniure de mercure.

Séléniure de plomb et de cuivre. — Ce minéral ne présente pas la texture lamellaire, en sorte que sa liaison avec le séléniure de plomb n'est pas aussi certaine; toutefois les différences considérables que des échantillons trouvés dans la même mine présentent dans les proportions de plomb et de cuivre, en conservant les mêmes relations atomiques, me paraissent militer fortement en faveur de sa réunion à cette espèce. Son éclat est métalloïde; sa couleur gris de plomb tire un peu sur le gris jaunâtre. Il est ductile et se laisse couper au couteau; très-facilement fusible au chalumeau, il donne de l'oxyde de plomb et des grains métalliques rougeâtres.

La pesanteur spécifique varie avec la composition; elle a été trouvée de 56 pour l'échantillon qui a été le sujet de la première analyse, et de 70 pour le second.

Deux analyses de M. H. Rose [2] ont donné :

[1] *Annales de Poggendorff*, t. III, p. 297. — [2] *Id.*, t. III, p. 290.

		Rapp. atom.		Rapp. atom.
Sélénium......	29,96	0,060	34,26	0,069
Plomb........	59,67	0,046	47,43	0,036
Cuivre........	7,86	0,019	15,45	0,039
Argent........	»		1,29	0,001
Fer.	0,33		»	
Ox. de plomb, de fer et de cuivre.	0,44		2,08	

Ces deux analyses montrent que ces échantillons sont composés de séléniure de plomb et de séléniure de cuivre en proportions différentes. On pourrait tirer de la première la formule $3PbSe+CuSe$, et de la seconde $2PbSe+CuSe$. Ces rapports simples ont donné naissance à deux espèces de séléniures de plomb et de cuivre. Je crois préférable, comme je l'ai annoncé il y a quelques lignes, de considérer ces deux échantillons comme appartenant à du séléniure de plomb allié à du séléniure de cuivre; la seule objection qu'on pourrait faire à cette manière de voir, serait que le séléniure de cuivre $CuSe$ ne correspond pas au sulfure ordinaire Cu^2S; mais je rappellerai que M. Covelli a découvert au Vésuve un sulfure de cuivre de même formule que celui que je suppose allié au séléniure de plomb de Tilkerode.

BOURNONITE.

Endellione; Plomb antimonié sulfuré; Antimoine sulfuré plumbo-cuprifère (Haüy); Spiesglanz-Bleierz; Radelerz.

On est redevable des premières observations cristallographiques sur ce minéral à M. le comte de Bournon, qui a décrit la variété provenant de la mine de Huel-Boys dans le Cornouailles, sous le nom d'*endellione*, emprunté au nom de la paroisse. Plus tard, Hatchett, en en faisant connaître la composition, lui a assigné le nom de *bournonite*, qui est maintenant généralement adopté. Ce minéral, d'abord rare, a été retrouvé dans un grand nombre de localités, notamment à Kapnick en Transylvanie, à Andreasberg au Hartz, à Guanaxuato au Mexique, à Servoz en Piémont, à Alais, à Pontgibaud en Auvergne, enfin à Cransac dans le département de l'Aveyron. Dans cette dernière localité, la bournonite existe avec quelque abondance, et devient un véritable minerai de cuivre et d'argent.

La bournonite est à la surface des cristaux d'un gris de fer ou d'un gris d'acier ; sa couleur est beaucoup plus claire dans la cassure, qui est ordinairement conchoïde, quelquefois cependant inégale. Haüy, et d'après lui plusieurs minéralogistes, ont indiqué de la bournonite lamelleuse; mais ils confondaient alors sous ce nom le schilfglaserz, dont la forme a effectivement quelque analogie avec celle de la bournonite, mais qui en diffère essentiellement par la composition, et même par l'ensemble de son système cristallin.

L'éclat de la bournonite est variable; quelques cristaux, comme ceux d'Ober-Lahr, sont très-éclatants, mais beaucoup d'autres présentent des faces qui ne miroitent que faiblement; leur couleur se rapproche alors de celle du plomb. Sa dureté est de 2,5. Sa pesanteur spécifique varie entre 57 et 59. J'ai trouvé les résultats suivants pour plusieurs échantillons que j'ai étudiés : bournonite du Cornouailles, 57,9 ; d'Alais, 58,29 ; du Mexique, 58,45 ; de Servoz en Piémont, 57,10.

Au chalumeau et sur le charbon, la bournonite fond en dégageant une fumée blanche, épaisse, et en donnant un bouton noir métalloïde dans lequel on constate la présence du plomb par l'oxydation, et celle du cuivre par le borax.

Le système cristallin de la bournonite est un prisme rhomboïdal droit. Le peu d'éclat des faces d'un assez grand nombre de cristaux a été cause de quelques variations dans l'angle de ce prisme. Ayant eu en ma disposition des cristaux assez nombreux de ce minéral, j'ai pu le déterminer avec exactitude, et j'ai adopté pour sa forme le prisme droit, *fig.* 273, *pl.* 97, sous l'angle de 93° 40', et dont le côté est à la hauteur comme les nombres 105 : 47. Ce rapport est du reste très-rapproché de celui 121 et 56, qui résulte des lois de modification indiquées par M. Lévy ; mais il s'écarte notablement des nombres **20:13**, donnés sans doute par erreur dans son ouvrage.

Les formes de la bournonite se rapportent tantôt au prisme primitif, tantôt au prisme rectangulaire g^1h^1 dérivé. La *fig.* 274 affecte la forme primitive, quoique assez modifiée. Dans la plupart des cristaux qui rentrent dans cette forme dominante, les faces M ont disparu sous les biseaux b^1, b^1, ainsi qu'on le voit dans les *fig.* 278, 279 et 280, appartenant, les deux premières à la bournonite d'Alais, la troisième à un échantillon provenant d'Andréasberg au Hartz. Ces cristaux, ordinairement très-aplatis, présentent l'aspect d'une table.

Dans les cristaux qui se rapportent au prisme rectangulaire droit, les faces verticales sont en général nettement prononcées, ainsi qu'on le remarque dans la *fig.* 275, qui représente une bournonite de Kapnick en Transylvanie. Les *fig.* 277 et 278 appartiennent à des échantillons de Pontgibaud. Quelquefois même, comme dans des cristaux de Kapnick, le prisme s'allonge; il est alors presque toujours strié en longueur par des cannelures plus ou moins profondes; la *fig.* 284 représentant des cristaux de la paroisse d'Endellion dans le Cornouailles, offre la réunion des deux prismes et de plusieurs des modifications que j'ai signalées dans les lignes précédentes.

Il existe à Kapnick de très-petits cristaux brillants associés à de la blende, formés de la réunion de plusieurs cristaux disposés d'une manière symétrique. Ces cristaux ont été désignés, à cause de leur disposition cylindroïde assez analogue à celle d'un fuseau d'engrenage, sous le nom de *radelerz.* M. Lévy a reconnu que l'on pouvait décomposer ces associations, très-complexes, par couples de cristaux croisés sous l'angle de 90°, et disposés de telle façon, que les faces h^1 se confondent; les faces P sont alors placées perpendiculairement l'une sur l'autre; la *fig.* 285, *pl.* 99, empruntée à M. Lévy, montre clairement la disposition que je viens de signaler: je n'ai jamais observé d'échantillons n'ayant que deux cristaux; le plus ordinairement ils sont composés de 4 ou de 8 groupes de 2 ; la petitesse des cristaux est cause que les angles rentrants, si prononcés dans la figure, ne sont que des cannelures très-profondes. Ils sont ordinairement allongés suivant une diagonale, et on est naturellement conduit à les placer de manière que la face h^1 soit horizontale, disposition qui met les cannelures verticales.

Angles principaux de la bournonite.

DÉSIGNATION des ANGLES.	ALAIS.	OBER-LAHR.	PONT-GIBAUD.	COR-NOUAILLES	KAPNICH.	SERVOZ.
P — M	»	»	»	90°	90°	»
M — M	»	»	»	93°40′	94°10′	»
M′ — M	En retour.	»	»	»	85°55′	»
P sur a^1	146°30′	146°32′	146°41′	»	»	»
P — $a^{1/2}$	»	»	»	136°30′	»	»
P — a^2	»	»	»	165°	»	»
P —	127°20′ *	»	»	»	»	»
P — $a^{1/4}$	»	130°05′	»	»	130°10′	»
P — e^2	146°25′	»	146°32′	»	»	»
P — c^1	»	»	»	173°15′	»	»
P — c^2	»	»	»	136°09′	»	136°40′
P — b'	136°15′	136°23′	136°28′	»	»	»
P — $b^{1/2}$	»	»	»	146°48′	»	147°02′
a' — h'	123°22′ *	123°30′	123°13′	»	»	»
g — h'	142°40′	»	»	»	»	»
e' — h'	»	»	»	136°09′	»	»
b' — h'	121°46′45″ *	»	»	»	»	»
$b^{1/2}$ — h'	»	»	»	114°	»	»
M — h'	»	»	»	136°48′	»	»
g' — c	123°35′	»	123°15′	»	»	»
g' — e'	»	»	»	133°50′	»	»
M — g^1	»	»	»	133°	132°50′	»
e^2 — e^2	67°03′	67°10′ *	»	»	»	»
b' — b'	87°30′	87°10′	87°12′	»	»	»
e^2 — b'	148°	»	»	»	»	»
b' — b'	153°10′	153°26′50″	152°54′	»	»	»
b' — g'	149°11′10″	»	»	»	»	»
g — a'	160°50′	»	»	»	»	»

Les angles accompagnés d'un * ont été calculés.

La comparaison des angles compris dans ce tableau montre qu'il n'existe pas d'angles communs entre les cristaux de bournonite du Cornouailles et ceux d'Alais que j'ai mesurés ; la petite face $a^{1/4}$, qui se retrouve à la fois sur la bournonite d'Oberlahr et dans celle de Kapnick, constitue une liaison cristallographique entre les deux formes dominantes entre lesquelles se groupent tous les cristaux de bournonite. La composition presque identique, que l'on remarque entre les bournonites des différentes localités connues, malgré sa complication apparente, établit d'une manière certaine la réunion que l'étude des cristaux a conduit à adopter.

Les analyses suivantes mettent cette identité dans tout son jour.

	De Clausthal, par [1] Klaproth.	De Nanslo, en Cornouaill.	De Neudorf, par [2] H. Rose.	D'Alais et du Mexique [3], par Dufrénoy.		De Fundorf, par [4] Sinding.	Rapp. atom.
Plomb.....	42,50	39,0	40,84	38,9	40,2	41,38	3
Cuivre.....	11,75	13,5	12,65	12,3	13,3	12,68	3
Antimoine..	19,75	28,5	26,28	29,4	28,3	25,68	3
Soufre.....	18,00	16,0	20,31	19,4	17,8	19,63	9
Fer........	5,00	1	»	»	»	»	
	96,00	98,0	100,08	100	99,6	99,37	

Les relations atomiques qui existent entre les différents éléments de la bournonite nous apprennent que cette espèce est composée de proportions atomiques égales de sulfure de cuivre, de sulfure de plomb et de sulfure d'antimoine ; la formule qui l'exprime est par conséquent $CuS+PbS+SbS$.

Analogies. Les cristaux nets de bournonite ne peuvent se confondre avec aucun autre minéral. Les cristaux cannelés présentent au contraire de l'analogie avec plusieurs substances dont les principales sont : l'*antimoine sulfuré*, la *plagionite*, la *zinkénite* et les *manganèses oxydés prismatoïdes*. La cassure conchoïde luisante de la bournonite fournira un caractère excellent, quand les échantillons permettront de l'employer. Au chalumeau les manganèses n'éprouvent pas d'altération sensible, et ils ne produisent point de vapeurs antimo-

[1] *Beitrage*, t. IV, p. 82. — [2] *Annales Pogg.*, t. XV, p. 573. — [3] *Ann. des Mines*, 3e série, t. X, p. 371. — [4] *Journ. de Schaigg.*, t. XXVI, p. 79.

niales. Les trois autres espèces possèdent cette propriété à un assez haut degré, ainsi que la bournonite ; mais ce dernier minéral contenant environ 12 pour 100 de cuivre, donne un bouton métallique ; l'antimoine sulfuré se volatilise entièrement au chalumeau en laissant pour résidu une poussière jaune qui tapisse le charbon ; il en est de même pour la zinkénite et la plagionite, attendu que l'on peut, par l'action du chalumeau, transformer en oxyde tout le plomb qui entre dans leur composition. La coloration du borax par le cuivre fournirait encore un caractère pyrognostique. Enfin l'essai par les acides décèlerait également le cuivre par la coloration en vert que ce métal commuuique à ses dissolutions.

PLOMB OXYDÉ JAUNE.

Massicot ; Bleiglätte.

L'existence de ce minéral, indiquée pour la première fois par M. Smithson, n'est pas encore certaine. Les échantillons trouvés près de Stolberg, dans les environs d'Aix-la-Chapelle, ont été reconnus pour être des produits de fourneaux à plomb. Les seuls qui nous paraissent devoir être classés dans les produits naturels sont ceux indiqués par Géralt dans les ravins des volcans du Popocatepetl et de l'Iztaccihuatl au Mexique. Il se pourrait encore que dans cette localité l'oxyde de plomb jaune fût le résultat de l'altération de minerais de plomb par la chaleur volcanique.

Cet oxyde de plomb représenté par $\dot{P}b$, est tantôt terreux, tantôt lamellaire ; sa couleur est intermédiaire entre le jaune soufre et le jaune citron. Il est tendre, sa pesanteur spécifique est de 80. Sa composition est la même que pour le protoxyde de la chimie. On le désigne quelquefois sous le nom de litharge naturelle.

PLOMB OXYDÉ ROUGE.

Minium natif ; Mennig.

Cet oxyde a été trouvé dans plusieurs localités associé à des minerais de plomb, notamment à Badenweiller dans le pays de Bade, à Brillon en Westphalie, et à Grasshill-Chapel dans le Yorkshire. Il y forme une couche généralement mince, d'une matière pulvérulente d'un rouge assez vif, entièrement analogue à celle du minium. L'association de cet oxyde avec du plomb sulfuré conduit naturellement à admettre que le plomb oxydé rouge est le résultat de l'altération des minerais sur lesquels il se trouve.

Ses propriétés sont les mêmes que celles du minium artificiel. Il se dissout dans l'acide nitrique, donne au chalumeau des globules de plomb métallique. Sa pesanteur spécifique est 89,4. Sa composition est celle du sesquioxyde de plomb, représenté par la formule $\ddot{\text{P}}b$.

PLOMB CARBONATÉ.

Plomb blanc; Minium natif; Weiss-Bleierz; Blei carbonat; Céruse (Beudant).

Ce minéral est caractérisé par son éclat adamantin et sa couleur blanche. Ce dernier caractère le fait souvent désigner sous le nom de *plomb blanc*. Sa manière d'être la plus habituelle est en cristaux plus ou moins bien déterminés. On le trouve en outre en cristaux *aciculaires*, en *masses bacillaires*, en *masses compactes*, et en rognons ayant un aspect terreux; enfin, dans quelques circonstances rares, il est en concrétions. Toutes ces variétés, à l'exception des masses terreuses, possèdent l'éclat particulier qui caractérise le plomb carbonaté. Cet éclat est souvent même distinct dans les parties les plus pures que l'on aperçoit dans les échantillons compactes. Certains échantillons de carbonate de plomb cristallisé sont noirs. On attribue presque toujours cette couleur à une altération causée par des vapeurs sulfureuses. M. Fournet [1] a montré qu'elle était due à l'interposition d'une petite quantité de sulfure d'argent ou de sulfure de plomb; il a même conclu de cette circonstance que le carbonate de plomb était, dans la plupart des

[1] *Annales des mines*, troisième série, t. III, p. 522.

cas, le produit de l'altération de la galène. La pesanteur spécifique du carbonate de plomb varie de 64 à 67,20. Très-fragile, sa dureté est 3,5. Il raye difficilement la chaux carbonatée. Sa cassure est conchoïdale. Soluble avec effervescence dans l'acide nitrique. Au chalumeau il décrépite, change de couleur et donne un globule de plomb.

La composition du plomb carbonaté rentre dans celle des autres carbonates. Elle est exprimée par la formule $P\dot{b}C^2$, ainsi qu'il résulte des analyses suivantes :

	Cristaux de Leadhill's, en Écosse, par Klaproth [1].	De Greisberg dans l'Eifel, par Bergemann [2].	Oxyg.	Rapp.
Protoxyde de plomb...	82	83,508	5,98	1
Acide carbonique.....	16	16,492	11,93	2
	98	100,00		

Carbonate de plomb zincifère des monts Poxi, en Sardaigne, par Kersten [3].	
Carbonate de plomb avec traces de chlorure....	92,10
Carbonate de zinc.......	7,02
	99,12

Terreux d'Eschweiller, par John [4].		Oxyg.	
Protoxyde de plomb....	69,75	5,00	1
Acide carbonique......	14,25	10,31	2
Oxyde de fer..........	1,25		
Matières insolubles.....	14,25		
	99,50		

Le plomb carbonaté d'Eschweiller, quoique très-mélangé de gangue et coloré en jaune par l'oxyde de fer, présente la composition atomique du plomb carbonaté cristallisé ; il en est de même de la variété zincifère, dont on a voulu faire une espèce particulière.

Plomb carbonaté cristallisé. Sa forme primitive, *fig.* 286, *pl.* 99, est un prisme rhomboïdal droit, sous l'angle, de 117°14, dans lequel le rapport d'un des côtés de la base est à la hauteur à peu près comme les nombres 25 : 31. Il possède des cli-

[1] *Beitrage zur Chemischen*, etc., t. III, 1833, p. 167.
[2] *Chem. Unters. des min.*, § 167 à 175.
[3] *Jahrbuch*, 1833, troisième cahier, p. 335.
[4] *Ebendas*, p. 117.

vages peu distincts, parallèles aux faces M; il jouit de la double réfraction à deux axes ; l'angle de ces deux axes est de 17°30′; les deux systèmes d'anneaux sont fort rapprochés, en sorte qu'ils se pénètrent et donnent par leur réunion la figure particulière qu'on désigne par le nom de *lemniscate*.

Les cristaux de plomb carbonaté affectent trois dispositions générales :

1° Des prismes à six faces ayant une apparence régulière ; ils sont produits par une troncature g^1, dont la largeur est à peu près égale à celles des faces M (*fig*. 287 à 293).

2° Des prismes à six faces très-aplatis, donnés par la même troncature g^1, mais dans lesquels cette modification a pris une grande extension (*fig*. 294 à 299).

3° Dans certains cristaux, les faces g^1 h^1 ont pris une grande extension et le prisme présente une disposition rectangulaire. Ces cristaux, généralement aplatis à la manière de la baryte sulfatée, sont en outre allongés dans le sens de la petite diagonale (*fig*. 300 à 304).

Ces différences d'aspect dans la forme générale du prisme sont accompagnées de différences dans le pointement. Dans les cristaux de la première catégorie, le pointement, ordinairement à six faces, est produit par les quatre modifications b^1, et deux modifications e^1. Dans les cristaux de la seconde variété le biseau sur les angles E est dominant, en sorte qu'ils se présentent sous la forme d'un prisme aplati surmonté d'un biseau. Toutefois, la séparation entre ces deux dispositions n'est pas complète, et quelques cristaux les présentent simultanément ; telle est la *fig*. 292, dont la forme est celle du prisme à six faces surmonté d'un biseau dominant.

Je rangerai les cristaux de plomb carbonaté d'après la division que je viens d'indiquer ; les faces principales connues dans cette espèce sont g^1, g^2 et h^1 sur les arêtes verticales ; $b^{1/2}$, b^1, b^3 et b^5 sur les arêtes de la base ; $e^{2/5}$, e^1, e^2, e^4, a^4 et a^5 sur les angles. On remarquera que dans le plomb carbonaté, comme dans la baryte carbonatée et l'arragonite, les modifications sont principalement en rapport avec la petite diagonale.

Fig. 287, *pl.* 99. Prisme à six faces, annulaire ; de Nertschinsky, Sibérie.

Fig. 288. *Idem*, dans lequel les faces b^1 et e^1 qui forment l'anneau ont pris une grande extension.

Fig. 289. Le même, dans lequel le pointement a atteint sa limite. De Badenweiller.

Fig. 290, *pl.* 100. Cristaux dans lesquels les faces du prisme n'existent pas ; ils affectent alors la forme d'une double pyramide triangulaire isocèle.

Fig. 291. Prisme à six faces, annulaire, comme la *fig.* 287, portant en outre sur les angles E une autre modification e^2, des mines de Gazimour en Daourie ; les modifications e^2 montrent que le prisme n'est pas régulier. Du reste, la différence de 4° 9′, qui existe entre les angles du prisme, est très-sensible quand les cristaux sont nets, elle montre que le prisme est simplement symétrique.

Fig. 292. Cristal analogue au précédent, dans lequel la base a disparu par le prolongement des faces b^1 et e^2. De Freiberg.

Fig. 293. Prisme hexaèdre surmonté du pointement b^1, e^1, portant en outre des faces verticales g^2 sur les arêtes d'intersection des faces M et g^1; de la mine de Beeralstone en Devonshire.

Les prismes à six faces, dont on vient de donner les figures, sont souvent formés de prismes rhomboïdaux, accolés comme dans l'arragonite et dans la baryte carbonatée. Fréquemment on remarque des gouttières qui dénotent l'association de plusieurs cristaux. Ces espèces d'emboîtements ont quelquefois lieu sur plusieurs côtés à la fois, et leur effet se manifeste aussi sur les sommets par des interruptions de niveau et par des angles saillants et rentrants ; dans beaucoup de cristaux qui paraissent simples, on aperçoit des stries qui s'arrêtent à une ligne médiale, ainsi qu'on l'a indiqué dans la figure 74, pl. 13, qui appartient à la baryte carbonatée. Cette interruption des stries indique d'une manière certaine que les échantillons qui les présentent sont formés de l'association de plusieurs cristaux.

Fig. 294. Prisme très-aplati, surmonté du pointement b^1, e^1. Les faces e^1, ont pris une grande extension en même temps que la face g^1, en sorte que le cristal paraît surmonté d'un biseau ; cependant, en réalité ce cristal offre les mêmes modifications que la *fig.* 289 ; la seule différence consiste dans les dimensions des faces. De Nertschinsky en Sibérie.

Fig. 295. Prisme surmonté du biseau $e^{2/5}$. Ces cristaux, qui proviennent d'Heulgoat en Bretagne, ont la forme d'un octaèdre rectangulaire allongé.

Fig. 296, *pl.* 101. Prisme très-aplati surmonté d'un biseau e^2, et portant en outre une petite face a^4 placée sur les angles obtus. Ces cristaux, qui se trouvent avec abondance dans la mine de plomb de La Croix dans les Vosges, sont presque toujours maclés.

Fig. 297. Même forme, portant en outre le biseau e^1, et des faces h^1, placées sur les arêtes de devant ; de la mine de La Croix.

Fig. 298. Cristal portant trois biseaux e^1, e^2, e^4, surmontés d'une base. De Hofsgrund en Brisgau.

Fig. 299. Ce cristal, dont j'emprunte la figure à M. Lévy, provient de la mine de Johanngeorgenstadt en Saxe. Il présente, outre les modifications déjà indiquées, des faces b^2, qui sont fort rares.

Fig. 300. Cristal dans lequel la base et la face g^1 ont acquis une grande étendue, ce qui lui donne un aspect de table aplatie rectangulaire ; de Berésof. Ce cristal et les suivants appartiennent au troisième groupe de forme que j'ai signalé.

Fig. 302, *pl.* 102. Même forme, avec addition de la face a^4. Du Brisgau.

Fig. 301. Cristal aplati, composé des faces P, M, b^1, e^1, e^2, e^4, a^4, h^1 et g^1. De Nertschinsky en Sibérie.

Fig. 303. Cristal très-complexe, offrant les trois biseaux e^1, e^2, e^4, trois groupes de modifications b^1, b^2 et b^3 placés sur les arêtes, le biseau a^4, des facettes g^1 et g^2; enfin une modification intermédiaire i, produite par la loi $i = (b^1 b^{1/3} g^{1/2})$.

Ce cristal, remarquable par la multiplicité des facettes et par leur netteté, provient de Nertschinsky en Sibérie. Il a été décrit par M. Brooke dans le catalogue de la collection de M. Heuland.

Fig. 304, 305 et 306, *pl.* 102. Cristaux maclés, formés par la réunion de trois prismes Mg^1, qui se croisent suivant l'axe sous l'angle de 60°. Les lettres indiquent la nature des modifications, et la manière dont elles sont associées.

Angles principaux du plomb carbonaté.

P sur M	= 90°.	M sur M	= 117° 14′.
P sur g^1	= 90°.	M sur g^1	= 121° 23′.
M sur g^2	= 150° 2′.	M sur h^1	= 148° 37′.
P sur $b^{1/2}$	= 109° 48′.	M sur $b^{1/2}$	= 160° 12′.
P sur b^1	= 125° 45′.	M sur b^1	= 144° 15′.
P sur b^2	= 145° 13′.	M sur b^2	= 124° 47′.
P sur b^5	= 155° 9′.	M sur b^3	= 155° 9′.
P sur $e^{2/3}$	= 116° 20′.	g^1 sur $e^{2/5}$	= 153° 40′.
P sur e^1	= 124° 39′.	M sur e^1	= 115° 22′.
P sur e^2	= 144° 7′.	M sur e^2	= 107° 46′.
P sur e^4	= 160° 7′.	M sur e^4	= 100° 12′
P sur a^4	= 149° 20′.	M sur a^4	= 115° 50′.
P sur a^6	= 157° 3′.	M sur a^6	= 109° 27′.
b^1 sur b^1	= 130°.	b^2 sur b^2	= 145° 26′.
b^5 sur b^5	= 154° 43′.	e^1 sur e^1	= 69° 18′.
g^1 sur e^1	= 145° 31′.	e^2 sur e^2	= 108° 23′.
g^1 sur e^2	= 125° 53′.	e^4 sur e^4	= 140° 14′.
g^1 sur e^4	= 109° 53′.	a^4 sur a^4	= 118° 28′.
$e^{2/5}$ sur $e^{2/3}$	= 127° 20′.	a^6 sur a^6	= 134° 6′.
g^1 sur g^2	= 151° 21′.	$b^{1/2}$ sur $b^{1/2}$	= 121° 19′.

Plomb carbonaté aciculaire. Cette variété, dont les plus beaux échantillons proviennent des mines de Zellerfeld au Hartz et de Huel-Penrose dans le Cornouailles, se présente sous forme d'aiguilles, tantôt libres, tantôt réunies par faisceaux, toujours très-brillantes ; elle est ordinairement d'un beau blanc nacré, quelquefois un peu jaunâtre. Extrêmement fragile, les aiguilles se cassent même sous leur propre poids, quand on secoue les échantillons sur lesquels elles sont implantées.

Plomb carbonaté bacillaire. Les baguettes cannelées sont tantôt droites, tantôt entrelacées. Ordinairement d'un beau blanc nacré ; il est quelquefois jaunâtre ; son éclat est toujours assez vif.

Plomb carbonaté en masse amorphe. Il existe des échantillons purs qui ont l'aspect d'une masse vitreuse transparente ; la plupart sont mélangés d'argile ou de fer oxydé ; ils n'ont alors, à l'exception de leur grande pesanteur spécifique, aucun caractère saillant. Toutefois, le plomb carbonaté s'est presque toujours concentré au centre, et cette partie offre alors un éclat assez vif qui décèle l'existence de ce minéral. Quelquefois cette variété présente des mamelons plus ou moins prononcés; elle est en général en rognons disséminés dans une argile ou dans du grès.

Analogies. Le plomb carbonaté offre d'assez nombreuses analogies ; en cristaux, on peut le confondre avec la *chaux carbonatée*, la *strontiane sulfatée*, la *baryte sulfatée*, le *plomb sulfaté* et le *schéelin calcaire;* les cristaux aciculaires ressemblent en outre à la *chaux sulfatée ;* les masses bacillaires sont presque identiques avec la même variété de *baryte sulfatée*. Les masses amorphes transparentes peuvent se confondre avec le *schéelin calcaire*. Quant aux masses opaques et terreuses, leur couleur, d'un brun jaunâtre, les rapprocherait des *minerais de zinc* et même de certaines roches ferrugineuses, si leur pesanteur considérable n'en décelait immédiatement la nature. Ce même caractère suffit pour distinguer le plomb carbonaté à ses différents états, des minéraux que nous avons cités ci-dessus, à l'exception du schéelin calcaire dont la pesanteur spécifique, 60,76, est très-rapprochée de celle du plomb carbonaté. L'effervescence que ce dernier minéral produit quand on le dissout dans l'acide nitrique et le globule de plomb qu'il donne au chalumeau, sont deux caractères qui le distinguent du schéelin calcaire. Ces mêmes caractères serviraient également pour le distinguer des autres substances avec lesquelles je l'ai comparé.

PLOMB SULFATO-TRICARBONATÉ.

Plomb blanc rhomboédrique; Suzanite; Leadhillite.

Ce minéral est généralement regardé comme formé de la combinaison de trois atomes de carbonate de plomb et d'un atome de sulfate. Cette composition, que l'on représente par $3Pb C^2 + Pb Su^3$, lui a fait donner le nom de *plomb sulfato-tricarbonaté*, par M. Brooke[1] auquel nous en devons la description; les analyses que je vais rapporter se rapprochent beaucoup de cette manière de voir; toutefois, celle de M. Berzélius, qui a servi à la confection de la formule, ne la représente pas exactement, et l'analyse de M. Irwing s'en écarte assez notablement; ces analyses sont :

	M. Brooke[1].	Irwing[2].	Berzélius[3].	Stromayer[4].
Carbonate de plomb....	72,50	68,00	71,0	72,7
Sulfate de plomb.......	27,50	29,00	28,7	27,3
	100,00	97,00	99,7	100,0

Le poids de l'atome du carbonate de plomb étant de 1670,94 et celui de sulfate de 1895,66, l'analyse de M. Berzélius donne les nombres 0,0423 et 0,0151 pour le rapport atomique des deux éléments du plomb sulfato-tricarbonaté; elle contient donc un peu trop de sulfate de plomb pour que le rapport 3 : 1 soit exact. Quant à l'analyse de M. Irwing, elle conduit au rapport 0,0407 : 0,0153, qui s'en écarte davantage encore.

Le plomb sulfato-tricarbonaté provient de la mine de plomb de Leadhill's en Ecosse; il est en prisme à six faces très-aplati, dont toutes les faces sont remplacées par des biseaux. Cette disposition et la mesure de quelques angles ont engagé M. de Brooke à adopter pour sa forme primitive un rhomboèdre sous l'angle de 73° 20′.

---

[1] *Edimburg philosophical Journal*, vol. III, p. 117. — [2] *Ebendas*, t. VI, p. 388. — [3] Jahresb., t. III, p. 134. — [4] Gott, *Gelehrte*, 1825, page 113.

Les *fig.* 307 et 308, *pl.* 102, données par M. de Brooke, indiquent les principales modifications qu'il a observées.

M. Haidinger, qui a eu à sa disposition les beaux cristaux appartenant à M. Allan, considère la forme primitive du plomb sulfato-tricarbonaté, comme étant un prisme rhomboïdal oblique dans lequel l'incidence des faces latérales serait de 59° 40′, celle de la base sur chacune d'elles, de 90° 04′, et le rapport de la base à la hauteur, à peu près celui des nombres 100 et 219. Les modifications assez nombreuses que l'on observe dans la *fig.* 309, représentant des cristaux de la collection de M. Allan, et dont M. Haidinger a donné le dessin dans le mémoire [1] qu'il a publié sur cette espèce minérale, ne tranchent véritablement pas la question ; certaines faces, notamment celles marquées *e*, paraissent se représenter en nombre triple, et par conséquent conduire à un rhomboèdre, tandis que les faces triangulaires *h*, qui sont au nombre de deux, indiqueraient des troncatures sur les angles symétriques du prisme rhomboïdal oblique ; la *fig.* 308, beaucoup plus simple, représentant des cristaux appartenant à l'Ecole des mines, et provenant de la collection de M. de Drée, offre une circonstance analogue ; elle porte un biseau sur chaque face verticale ; disposition que l'on retrouve dans le fer oligiste et dans le corindon qui cristallisent dans le système rhomboédrique ; mais on y observe également deux petites faces triangulaires sur des angles opposés. J'ajouterai que la plupart des cristaux sont maclés, ce qui ajoute de la difficulté à l'étude cristallographique de ce minéral, dont les faces sont, du reste, peu nettes. Mais une observation de M. Haidinger, que j'ai répétée sur les cristaux de l'Ecole des mines, cités ci-dessus, c'est que le plomb sulfato-tricarbonaté possède deux axes de double réfraction ; si dans quelques cristaux, la barre qui caractérise les cristaux à deux axes n'est pas discernable, elle est au contraire très-marquée dans

[1] *Transactions de la Société royale d'Édimbourg*, vol. X, p. 217.

d'autres, en sorte qu'il me paraît nécessaire d'adopter l'opinion de M. Haidinger.

Dans ce cas les modifications que M. Haidinger a désignées dans son Mémoire par les lettres a, b, c, d, p, g, p', g', e, f, e', l, m, n, h, h', o, o', k et k', seraient représentées par les signes cristallographiques suivants :

$$P, M, h^1, h^{3/5}, d^1, d^2, b^1, b^2, o^1, o^2\ a^1, e^4, e^8, e^{8/3}\ (d^{1/3} d^{1/5} h^{1/8}), (b^{1/3} b^{1/5} h^{1/8})$$
$$(b^{1/7} b^{1/9} h^{1/8}), (d^{1/7} d^{1/9} h^{1/8}), (d^1 d^{1/5} h^{1/4}), \text{ et } (b^1 b^{1/3} b^{1/4}).$$

Le cristal que représente la *fig*. 309 est le résultat de trois cristaux qui se croisent sur la base suivant les lignes en points. Il y existe en outre une macle parallèle à la base.

Le plomb sulfato-tricarbonaté possède un clivage facile perpendiculairement à la base. Sa pesanteur spécifique est de 62,66 ; sa cassure est conchoïdale ; sa dureté est égale à 2,5 ; sa couleur est le blanc grisâtre ou brunâtre ; certains cristaux présentent une teinte verdâtre par un mélange de carbonate de cuivre. Son éclat est adamantin. Il fait effervescence avec l'acide nitrique et laisse un résidu blanchâtre ; exposé à l'action du chalumeau, il se boursoufle et devient jaune, mais il reprend sa couleur blanche par le refroidissement.

Les cristaux d'un blanc grisâtre avec une légère teinte verte, sont associés à du plomb sulfato-carbonaté bacillaire.

PLOMB SULFO-CARBONATÉ.

Lanarkite (Beudant).

M. Brooke [1], qui a fait connaître cette espèce, indique que sa forme primitive est un prisme droit à base obliquangle, correspondant à un prisme rhomboïdal oblique dans lequel l'incidence de la base sur la modification h^1 serait de 120° 45'. Cette forme, jointe à la composition du plomb sulfo-carbonaté, que M. Brooke représente par la formule

[1] *Edimburg philosophical Journal*. t. III, p. 117.

$PbC^8 + PSu^3$, d'après l'analyse suivante, justifie sa séparation du plomb sulfaté :

		Rapp.	
Carbonate de plomb.....	46,9	0,028	1
Sulfate de plomb........	53,1	0,028	1
	100,00		

Le plomb sulfo-carbonaté présente un clivage parallèle à la base de la forme primitive, et par conséquent incliné à l'axe ; sa pesanteur spécifique est de 68 à 70. Fragile, sa dureté est moindre que celle du plomb carbonaté ; sa cassure en travers est conchoïdale. Sa couleur est le blanc grisâtre et le blanc verdâtre ; translucide, il possède un éclat vitreux. Soluble avec une faible effervescence dans l'acide nitrique, il laisse un résidu très-abondant de sulfate de plomb. Réductible au chalumeau sur le charbon.

Les cristaux de plomb sulfo-carbonaté sont déliés et forment de petits faisceaux composés de prismes allongés adhérant latéralement les uns aux autres, ce qui leur donne souvent une structure bacillaire. Quelques échantillons présentent des aiguilles longues, déliées et éclatantes, portant des modifications au sommet.

On n'a encore trouvé cette substance qu'à Leadhills, dans le comté de Lanark en Ecosse. Les cristaux sont trop indéterminés pour se prêter à des mesures précises.

PLOMB SULFATÉ.

Blei-vitriol; Anglésite (Beudant).

Les premiers cristaux de plomb sulfaté ont été découverts par M. le docteur Withering, dans l'île d'Anglesea, circonstance qui a déterminé M. Beudant à désigner ce minéral sous le nom d'*Anglésite*. Ces cristaux, dont la forme est celle d'un octaèdre cunéiforme, occupent les cavités d'un fer oxydé brun noirâtre, entremêlé de quartz. Depuis, le plomb sulfaté a été découvert dans un grand nombre de localités ; mais les échantillons provenant de Wolfach et de Badenweiler se distinguent par leur complète diaphanéité et la pureté de leurs formes.

Le plomb sulfaté est le plus ordinairement en cristaux, cependant on connaît des masses qui ont une disposition lamelliforme prononcée, et des échantillons vitreux et compactes, enfin quelques-uns ont une structure concrétionnée. A l'exception de cette dernière variété, le plomb sulfaté est fortement translucide, blanc, blanc grisâtre, blanc verdâtre, toujours de teintes très-claires. Son éclat est vitreux et adamantin. Tendre, facile à écraser par la pression de l'ongle, il raye cependant la chaux sulfatée; sa dureté est égale à 2,60. Insoluble dans l'acide nitrique; au chalumeau, il est, à la flamme extérieure, fusible en une perle laiteuse. Très-facilement réductible à la flamme bleue, il se couvre presque immédiatement de globules de plomb métallique. Avec le borax, le sel de phosphore et la soude, il se comporte comme l'oxyde de plomb pur. Sa pesanteur spécifique est de 62,28 à 63,15.

Les analyses du plomb sulfaté conduisent toutes à la formule $Pb\dot{S}u^3$, analogue à celle qui représente la composition de la plupart des sulfates.

	D'Anglesea [1], par Klaproth,	De Wanlockhead [2], par Klaproth.	De Zellerfeld [3], par Stromeyer.	Oxyg.	Rapp.
Oxyde de plomb......	71,00	70,50	72,47	5,19	1
Acide sulfurique......	24,80	25,75	26,09	15,62	3
Oxyde de fer hydraté..	1	»	0,09		
Oxyde de manganèse..	»	»	0,07		
Eau................	2,00	2,25	0,51		
	98,80	98,50	99,23		

Plomb sulfaté cristallisé. Sa forme primitive est le prisme droit rhomboïdal de 103° 42', dans lequel le rapport d'un côté de la base à la hauteur est environ comme les nombres 100:101 (*fig.* 310, *pl.* 103). Il possède des clivages parallèles aux faces de cette forme; on les aperçoit facilement lorsqu'on éclaire fortement les fractures.

[1] *Beitrage*, t. III, p. 162.
[2] *Schweigger Journal*, t. VIII, p. 49.
[3] *Annales* de Gilbert, année XLIV, p. 209; XLVII, p. 93.

Les cristaux d'Anglesea présentent la forme d'un octaèdre cunéiforme (*fig.* 311). Ils sont composés des modifications a^2 et e^1; Haüy avait adopté cet octaèdre pour forme primitive ; il domine effectivement dans un grand nombre de cristaux, tandis que les faces M et P sont rares ou peu développées. En adoptant l'octaèdre, les lois de dérivation des formes secondaires sont très-compliquées; de plus, la forme primitive n'est pas en rapport avec les clivages; enfin la cristallisation du plomb sulfaté, quand on le considère comme dérivant du prisme rhomboïdal droit, est complétement analogue à celle de la baryte sulfatée, ce qui établit une relation naturelle entre les sulfates.

Fig. 312. Octaèdre cunéiforme portant un indice de la modification h^1, parallèle à la grande diagonale ; d'Anglesea.

Fig. 313. Octaèdre cunéiforme portant des faces $b^{1/2}$ placées sur les arêtes de la base du prisme ; du Hartz.

Fig. 315. Même forme avec addition des faces M ; de la mine de Huel-Maggot en Cornouailles.

Fig. 316, *pl.* 104. Dans ces cristaux ainsi que dans les *fig.* 316, 318 et 319, qui proviennent de Badenweiler, les faces de la forme primitive sont au complet, et, suivant que ces faces ont plus ou moins de développement, les cristaux se rapprochent du prisme rhomboïdal, ou de l'octaèdre cunéiforme.

Fig. 320 et 321. Cristaux de Leadhills en Écosse, portant à la fois des modifications h^1 et g^1 parallèles aux diagonales de la base, et des facettes e_2 placées symétriquement sur les angles E.

Fig. 322 et 323. Dans ces deux cristaux il existe, outre les modifications que j'ai signalées dans les figures précédentes, des facettes g^2 placées à l'intersection de M et de g^1, et e^2 un second biseau $e^{1/2}$.

Fig. 326. Cristaux composés des faces a^4 et M, se présentant en octaèdres cunéiforme ; de Leadhills.

Fig. 324. Dans ces cristaux, qui proviennent de Hausbaden

dans le pays de Bade, les faces $b^{1/2}$ ont atteint leur limite et donnent lieu à un octaèdre aigu, qu'on n'est pas habitué à observer dans le plomb sulfaté.

Fig. 328. Même octaèdre portant une large troncature au sommet, produite par la base P. Ces cristaux, complétement transparents, ont plus de $0^m,01$ de longueur; ils appartiennent à l'École des mines, et proviennent de la collection de M. Drée; ils sont adhérents à une gangue quartzeuse, mélangée de galène et de chaux fluatée. Je présume qu'ils proviennent de Badenweiler.

Fig. 329. Même forme, portant en outre les indices des faces M, et des faces e^1.

Angles principaux.

P sur M	= 90°.	M sur M	= 103° 40′.
P sur h^1	= 90°.	M sur h^1	= 141° 50′.
M sur g^1	= 128° 9′.	M sur g^2	= 154° 9′.
P sur b^1	= 133° 46′.	M sur b^1	= 136° 15′.
P sur $b^{1/2}$	= 115° 35′.	M sur $b^{1/2}$	= 154° 25′.
P sur $b^{1/4}$	= 166° 52′.	M sur $b^{1/4}$	= 103° 28′.
P sur a^2	= 140° 37′.	a^2 sur a^2	= 78° 56′.
P sur e^1	= 127° 46′ 30″.	M sur e^1	= 127° 56′.
P sur $e^{5/2}$	= 111° 25′.	M sur $e^{5/2}$	= 148° 30′.
P sur e_2	= 135° 55′.	e^1 sur e^1	= 104° 26′.
$e_{5/2}$ sur $e^{5/2}$	= 118°.	e^1 sur $e^{5/2}$	= 143° 20′.

Plomb sulfaté concrétionné. Cette variété ne rappelle le plomb que par sa grande pesanteur spécifique; elle est d'un gris assez clair, souvent un peu terreuse, et présente des couches concentriques qui lui donnent une cassure indistinctement testacée ; elle n'est point fibreuse ; souvent on y aperçoit des parcelles de galène, et quelquefois même ce minéral forme un noyau central comme à Nertschinsky en Sibérie, ce qui conduit à supposer que le plomb concrétionné est le résultat de l'altération du plomb sulfaté.

Analogies. Les cristaux de plomb sulfaté peuvent, par leur couleur et leur forme, se confondre avec le *plomb carbonaté* et la *baryte sulfatée*. Quelques variétés jaunes présentent de l'analogie avec certains échantillons de *plomb molybdaté*. En masse amorphe, non transparente, l'identité avec le *plomb carbonaté* est complète, et il faut nécessairement un essai pour distinguer ces deux minéraux ; la variété concrétionnée se rapproche beaucoup du *plomb carbonaté*, du *zinc sulfuré*, de la *baryte sulfatée*, et de la *chaux phosphatée* également concrétionnés ; la pesanteur spécifique du plomb sulfaté est telle, qu'en le sous-pesant on le distingue immédiatement de tous les minéraux que j'ai cités, à l'exception du plomb carbonaté et du plomb chromaté ; pour le premier de ces minéraux, je ferai remarquer que les formes, quoique appartenant au même système, sont généralement différentes. Les cristaux de plomb carbonaté sont prismatiques ; ceux de plomb sulfaté sont plus fréquemment octaédriques ; mais la différence essentielle consiste dans l'action de l'acide nitrique ; la première substance est soluble avec effervescence, et la seconde n'éprouve aucune altération par l'acide nitrique. Quant au plomb molybdaté, sa forme est un prisme à base carrée ; il se dissout dans l'acide nitrique sans effervescence en laissant un résidu d'acide molybdique ; les réactions au chalumeau présentent en outre des différences en rapport avec l'acide molybdique.

PLOMB SULFATO-CARBONATÉ CUPRIFÈRE.

Calédonite (Beudant).

Ce minéral provient de Leadhills en Écosse ; nous en devons la description à M. de Brooke ; il constitue de petits cristaux d'un vert-de-gris foncé, ou bleu verdâtre, transparents, et dont l'éclat vitreux est très-vif. Leur forme primitive est le prisme droit rhomboïdal sous l'angle de 95° (*fig.* 330), dans lequel le rapport d'un des côtés de la base est à la hauteur à peu près comme les nombres 1 : 2 ; les cristaux, toujours très-aplatis, présentent, ainsi qu'on le voit dans les *fig.* 331 et 332, *pl.* 106, un allongement considérable dans le sens de la petite diagonale ; il en résulte que leur aspect est celui d'une table rectangulaire biselée ; les faces c^2 et g^1 sont fortement striées parallèlement à leurs arêtes d'intersection avec P ; cette disposition, jointe à l'allongement des cristaux, conduirait à placer ces arêtes dans une position verticale.

Le plomb sulfo-carbonaté cuprifère est très-tendre ; sa pesanteur spécifique est 64 ; au chalumeau, il se réduit sur le charbon ; dans l'acide nitrique, il est soluble avec une légère effervescence, en laissant un résidu très-abondant de plomb sulfaté.

L'analyse de M. de Brooke [1] donne :

		Rapp. atom.
Sulfate de plomb.....	55,8	0,03
Carbonate de plomb...	32,8	0,02
Carbonate de cuivre...	11,4	0,01

Le rapport simple qui existe entre les trois éléments de ce minéral, représenté par la formule $3Pb\,Su^3 + 2PbC^2 + CuC^2$, a fait admettre qu'ils sont tous trois essentiels ; l'incompatibilité de forme qui existe entre le carbonate de plomb et le carbonate de cuivre me fait supposer que le dernier est accidentel ; cette conclusion s'accorde du reste très-bien avec le mode de formation des différents minéraux de Leadhills, qui paraissent pour la plupart dus à la décomposition de la galène et de pyrites de cuivre. J'avais même pensé à réunir le plomb sulfo-carbonaté au plomb sulfo-carbonaté cuprifère, mais la nature des formes cristallines s'y oppose, et j'ai dû conserver ces deux espèces.

Angles principaux du plomb sulfo-carbonaté cuprifère.

P sur M	= 90°.	M sur M	= 95°.
P sur g^1	= 90°.	M sur g^1	= 132° 30′.
P sur b^1	= 116°.	M sur h^1	= 137° 30′.
b^{11} sur b	= 165° 13.	M sur b^1	= 154°.
P sur $b^{3/2}$	= 126° 11′.	M sur $b^{3/2}$	= 143° 49′.
P sur b^2	= 103° 43′.	M sur b^2	= 166° 17′ 30″.
$b^{3/2}$ sur $b^{5/2}$	= 113° 55′.	b^2 sur b^2	= 97° 57′.
P sur e^2	= 125° 50′.	g^1 sur e^2	= 144° 11′.
P sur a^2	= 108° 18′.	h^1 sur a^2	= 141° 42′.

[1] *Edimburg philosophical Journal*, t. III, p. 111.

PLOMB SULFATÉ CUPRIFÈRE.

Sulfate de plomb cuivreux ; Kupfer bleispath.

Ce minéral existe dans les mêmes conditions géologiques que le précédent ; il provient également des mines de plomb de Leadhills, et il se trouve en cristaux disséminés dans les cavités de rognons, composés essentiellement de plomb carbonaté et de plomb sulfaté ; c'est également à M. de Brooke que nous en devons la connaissance ; avant ses travaux, on le regardait comme du carbonate de cuivre, par suite de sa belle couleur bleue.

Sa forme primitive (*fig.* 333, *pl.* 106), est un prisme rhomboïdal oblique dans lequel les faces latérales sont inclinées de 61° ; la base sur chacune d'elles fait un angle de 96° 25′ ; et le rapport d'un côté de la base à la hauteur est comme les nombres 19 : 8.

Les cristaux les plus habituels (*fig.* 334), sont assez simples ; ils consistent dans la forme primitive aplatie, portant des modifications a^1 et $a^{3/2}$; la dernière ayant une assez grande étendue. Dans un travail plus récent, M. Brooke [1] a fait connaître un cristal très-complet, dont je donne le dessin dans la *fig.* 335, qui présente cinq modifications successives a^6, $a^{3/2}$, $a^{6/5}$, a^1, $a^{1/2}$ placées sur l'angle A.

M. Brooke annonce en outre qu'il a observé des cristaux hémitropes, dont le plan de révolution est parallèle à la modification h^1 qui tronque l'arête verticale du prisme placée sur le devant ; l'angle sous lequel les deux plans P se coupent est alors de 154° 30′.

La pesanteur spécifique du plomb sulfaté cuprifère est de 53 à 54 ; sa dureté est 2,5 ; il est rayé par le plomb carbonaté. Il a un éclat très-vif, se rapprochant de l'éclat adamantin.

D'après l'analyse de M. Brooke [2], il contient :

---

[1] *Annales de philosophie*, seconde série, t. IV, p. 117.

[2] *Philosophical Magazine*, t. X, p. 117, 1831.

		Rapp.	
Sulfate de plomb....	74,4	0,30	1
Oxyde de cuivre.....	18	0,36	1
Eau.	4,7	0,41	1
	97,10		

Composition qui conduit à la formule $Pbsu^3 + CuAq$.

Analogies. La belle couleur bleue de ce minéral le rapproche complétement du cuivre cabonaté bleu ; mais, trouvé seulement à Leadhills, son association avec du plomb carbonaté l'en distingue immédiatement. Toutefois il ne faudrait pas avoir une confiance absolue dans cette association, Haüy ayant indiqué un carbonate de plomb cuprifère en Espagne, qui pourrait bien appartenir au même minéral : dans ce cas, la pesanteur spécifique, l'emploi de l'acide nitrique, et l'essai au chalumeau seront autant de caractères de distinction.

Angles principaux.

P sur M	= 96° 26′.	M sur M	= 61°.
P sur g^1	= 90°.	M sur g^1	= 149° 30′.
P sur h^1	= 102° 45′.	M sur h^1	= 120° 30′.
P sur $a^{1/2}$	= 129° 40′.	h^1 sur a^1	= 104° 50′.
P sur a^1	= 151° 40′.	P sur $a^{6/5}$	= 156° 10′.
P sur $a^{3/2}$	= 161° 30′.	P sur $a^{1/2}$	= 176° 35′.

PLOMB PHOSPHATÉ.

Plomb vert ; Plomb brun ; Grün et Braunbleierz ; Buntbleierz ; Pyromorphite (Beudant).

Ce minéral se présente en cristaux d'un beau vert d'herbe, et d'un brun de girofle plus ou moins foncé. Ces différences de couleur, qu'il est assez rare de rencontrer parmi les corps originaires d'une même combinaison métallique, ont fait longtemps supposer que le plomb phosphaté admettait des mélanges de natures diverses : cette supposition ne s'est pas vérifiée, et ces différences de caractères extérieurs si tranchées paraissent dues à une action moléculaire. Du reste, la manière de se comporter au chalumeau est la même ; le plomb vert, comme le plomb brun, donne une perle d'un gris clair, qui cristallise par le refroidissement et présente la forme d'un polyèdre grossier, recouvert de facettes. Il existe cependant une variété d'un brun orangé provenant de Bérésoff en Sibérie, et du Cornouailles, qui donne un bouton d'un vert d'herbe : cette couleur est le résultat d'un mélange d'une certaine quantité d'oxyde de chrome; mais les échantillons de cette nature sont exceptionnels, tandis que les variétés vertes et brunes sont presque également abondantes.

La cassure du plomb phosphaté est conchoïdale, peu éclatante, se rapprochant cependant de l'éclat adamantin; sa dureté est de 2,75 ; il raye la chaux carbonatée, et est rayé par la chaux phosphatée ; sa pesanteur spécifique est généralement comprise entre 69 et 70,9 ; elle s'abaisse quelquefois cependant à 60 par des remplacements atomiques ; soluble sans effervescence dans l'acide nitrique chauffé.

La composition de ce minéral est représentée par la formule $3Pb^3Ph^5 + PbCl^2$, ainsi qu'il résulte de l'analyse suivante faite par Wöhler sur un échantillon vert provenant de Zschopau en Saxe.

		Oxyg.			Rapp. atom.	
Protoxyde de plomb..	74,216	5,32	3	Pb^3Ph^5	0,018	3
Acide phosphorique...	15,727	8,81	5		0,006	1
Chlorure de plomb....	10,054	....		$PbCl^2$.		

Cette manière d'écrire l'analyse montre qu'il existe trois atomes de phosphate de plomb pour un atome de chlorure.

Les analyses plus récentes de Kersten, que je transcris ci-après, nous apprennent que le phosphate de plomb contient souvent une certaine quantité de fluorure de calcium, remplaçant du chlorure de plomb, et quelquefois du phosphate de chaux en remplacement du phosphate de plomb.

	De Bleistadt, en Bohême.	Du Cornouailles.	De Mies, en Bohême.	Inconnu.	De Sonnenwirbel.
Phosphate de plomb..	89,268	89,110	89,268	81,651	77,015
Chlorure de plomb...	9,918	10,074	9,664	10,642	10,838
Phosphate de chaux..	0,771	0,682	0,848	7,457	11,053
Fluorure de calcium..	0,137	0,130	0,219	0,248	1,094
	100,00	99,996	100,00	99,998	100,00

Ces analyses [1] donnent pour formule :

$$(Pb, Ca)_4 (Cl, Fl)^2 + 3(Pb^3, Ca^3)\,Ph^5.$$

Je ferai remarquer en outre dans la description du plomb arséniaté, que l'acide phosphorique et l'acide arsénique se substituent l'un à l'autre en toutes proportions.

Enfin M. Damour [2] a constaté que le plomb phosphaté d'Huelgoat en Bretagne contient de l'hydrate d'alumine en mélange, qui s'élève dans quelques échantillons jusqu'à 16 pour cent; c'est même à la présence de ce corps qu'il attribue la formation du plomb gomme. (Voir la description de cette espèce.)

Plomb phosphaté cristallisé. Sa forme primitive est un prisme à six faces régulier (*fig.* 336, *pl.* 107), dans lequel le rapport d'un des côtés de la base à la hauteur est à peu près comme les nombres 10 : 7. Ce prisme est en même temps la forme dominante, seulement les cristaux sont plus allongés; fréquemment la base est caverneuse.

La hauteur du prisme est donnée par les angles suivants :

P sur b^1	= 138° 30′.	M sur b^1	= 131° 30′.
M sur h^1	= 150°.	b^1 sur b^1	= 97°.

Fig. 337. Prisme à douze faces résultant de modifications h^1 sur les arêtes verticales; d'Huelgoat.

Fig. 338. Primitif portant sur ses arêtes horizontales une bordure ou un anneau b^1 ; de Freiberg en Saxe.

Fig. 339. Réunion des modifications h^1 et b^1; mine Vieille-Élisabeth, Freiberg.

On cite souvent des cristaux surmontés d'un pointement à six faces, donné par le prolongement des faces b^1 ; les échantillons offrant cette forme que j'ai vus étaient tous jaunes ou blancs, et appartenaient au plomb arséniaté; je les décrirai en parlant de cette espèce.

---

[1] *Annuaire de Freiberg*, 1833.

[2] Sur le plomb phosphaté aluminifère d'Huelgoat, en Bretagne, par M. Damour. (*Annales des mines*, troisième série, t. XVII, p. 191, 1840.)

Plomb phosphaté bacillaire. Quelquefois les cristaux s'allongent et s'accolent ensemble, sous forme de masses bacillaires. La mine d'Huelgoat en Bretagne fournit de beaux échantillons de cette variété.

Plomb phosphaté aciculaire et brioïde. Les cristaux affectent dans certains cas la disposition aciculaire; ils sont alors isolés et implantés d'une manière irrégulière sur leur gangue; plus fréquemment ils sont groupés tantôt irrégulièrement, tantôt sous forme de houppes soyeuses, dont les aiguilles, quoique très-déliées, ne sont pas soudées ensemble. M. Brongniart a donné à cette variété le nom de *brioïde*, parce qu'elle offre quelque analogie avec la mousse courte que l'on nomme *brium*. Le plomb phosphaté vert et le plomb phosphaté brun affectent également cette disposition, qui est très-fréquente.

Plomb phosphaté concrétionné. La variété brioïde est en réalité une concrétion, mais je donne spécialement ce nom à des masses réniformes testacées brunes, ou vertes; leur cassure est quelquefois fibreuse; le plus ordinairement elle est compacte. On voit dans les collections des échantillons concrétionnés jaunes, désignés sous le nom de plomb phosphaté; ils appartiennent au plomb arséniaté, seulement il arrive qu'ils contiennent fréquemment une certaine quantité d'acide phosphorique.

Plomb sulfuré épigène. On trouve à Huelgoat des cristaux de plomb phosphaté, ayant conservé leur forme, mais qui sont passés en partie ou en totalité à l'état de plomb sulfuré; cette altération s'est faite dans l'intérieur des cristaux, de manière que leur couche extérieure est restée comme un étui dans lequel le plomb sulfuré est renfermé; Haüy a donné le nom d'*épigénie* à cette métamorphose singulière; plusieurs minéralogistes ont désigné ces échantillons de plomb sulfuré par le nom de *plomb noir*.

Polysphœrite. M. Breithaupt a décrit sous ce nom une variété de plomb brun des mines de Sonnenwirbel et Saint-

Nicolas, près Freiberg, qui contient de la chaux phosphatée ainsi qu'une certaine quantité de fluorure de calcium. Ses caractères sont analogues à ceux du plomb brun ordinaire ; la couleur en est peut-être un peu moins foncée, et sa pesanteur spécifique s'est abaissée à 61. Cette différence tient au remplacement du plomb par la chaux ; mais comme ce remplacement se fait en toutes proportions, ainsi qu'il résulte des analyses de Kersten que j'ai indiquées ci-dessus, il en résulte qu'on ne saurait admettre la polysphœrite au rang des espèces.

Muscoïde. Ce nom a été donné à des échantillons de plomb phosphaté d'un rouge orangé, qui proviennent de Bérésoff en Sibérie, et de Leadhills en Écosse, dans lesquels il existe de l'acide chromique, en proportions variables ; l'essai au chalumeau donne encore un bouton polyédrique, coloré en vert d'herbe par la présence du chrome.

Analogies. Les couleurs du plomb phosphaté, jointes à sa pesanteur spécifique sont des caractères tellement saillants qu'il ne peut que bien rarement régner de l'incertitude sur les échantillons de cette espèce. Toutefois certains cristaux de *chaux phosphatée* verte, de *plomb carbonaté* d'un noir brunâtre et des rognons du même minéral pourraient cependant offrir de l'analogie ; la chaux phosphatée a un poids spécifique faible, 31 ; elle est plus dure, elle est en outre insoluble; quant au plomb carbonaté, il est soluble, dans l'acide nitrique avec effervescence, et donne au chalumeau du plomb avec la plus grande facilité, tandis que le plomb phosphaté fond sous la forme d'un bouton polyédrique.

PLOMB ARSÉNIATÉ.

Plomb phospho-arséniaté ; Arsenik saures-Blei ; Hédiphane. Mimetèse (Beudant).

Cette espèce offre constamment le remplacement d'une certaine quantité d'acide arsénique par de l'acide phosphorique ; souvent ce remplacement est en proportion à peu près égale, ce qui a conduit M. Lévy à faire une espèce intermédiaire, sous le nom de *plomb phosphato-arséniaté*. La séparation des échantillons est très-difficile à faire par suite de l'isomorphisme de l'acide arsénique et de l'acide phosphorique; cependant il me paraît nécessaire de décrire isolément les deux espèces, en indiquant les mélanges. Des échantillons que M. Breithaupt a récemment décrits sous le nom d'*hédiphane* [1] présentent le remplacement d'une certaine quantité de plomb par de la chaux; les formes étant exactement les mêmes, je ne pense pas qu'on doive adopter cette espèce. Du reste on a vu que ce remplacement avait lieu dans le plomb phosphaté sans changement de caractères. Pour le plomb arséniaté, il y a une différence remarquable, c'est que l'hédiphane est complétement hyaline et incolore, comme serait du quartz. Cette circonstance m'a engagé à examiner avec soin les échantillons de plomb arséniaté, et je crois que sa véritable couleur est le blanc laiteux, ou incolore, comme l'hédiphane; car certains cristaux blancs de l'École des mines, et qui sont désignés comme venant de Johann-Georgenstadt, dans lesquels l'acide phosphorique entre pour moins d'un pour cent, ainsi qu'il résulte de l'analyse que je donne ci-après, sont aussi presque incolores; il en est de même de ceux de Hornhausen, dans le pays de Bade. Les cristaux du Cornouailles, contenant 4,50 pour cent, sont déjà gris jaunâtre; enfin ceux de Johann-Georgenstadt, d'une belle couleur jaune, remarquables par leur volume et la netteté de leurs faces, renferment 7,50 de phosphate de plomb.

Variété blanche de Johann-Georgenstadt.

		Oxyg.	Rap.		Rapp. atom.	
Acide arsénique...	22,10	7,66	5	$Pb^3 As^5$	0,0176	3
Acide phosphorique	0,62	0,34			0,0057	1
Oxyde de plomb...	68,15	4,88	3			
Chlorure de plomb.	9,80	....		$PbCl^2$		
	100,47					

Cette analyse conduit à l'expression $3Pb^3As^5 + PbCl^2$, analogue à celle du plomb phosphaté. Les analyses suivantes indiquent les remplacements que j'ai indiqués.

	De Hornhausen, par M. Dufrénoy.	Du Cornouailles, par M. Dufrénoy.	De Johann-Georgenstadt, par Whöler[1].	Hédiphane de Langbanshytta, par Kersten[2].
Arséniate de plomb...	86,70	84,55	82,74	60,10
Phosphate de plomb...	2,15	4,50	7,50	»
Chlorure de plomb....	10,40	9,05	9,60	10,29
	99,25			
Phosphate de chaux.....				15,51
Arséniate de chaux.....				12,98
		98,10	99,81	98,88

Nussiérite. M. Barruel[3] a publié l'analyse d'un phosphate de plomb dans lequel une certaine quantité d'acide arsénique remplace de l'acide phosphorique, et qui contient en outre une légère proportion de phosphate de chaux; M. Danhauser, qui avait récolté les échantillons analysés sur les haldes de la mine de plomb de la Nussière, près de Beaujeu dans le département du Rhône, lui a donné le nom de *nussiérite*. L'examen de ces échantillons ne permet pas d'en faire une espèce particulière. Ce minéral est en mamelons verdâtres identiques avec les plombs phosphatés ordinaires; quelques cristaux imparfaits que l'on observe dans les cavités de la roche sont en prismes à six faces basés. Au chalumeau, la nussiérite donne un bouton polyédrique; la pesanteur spécifique est le seul caractère qui présente une véritable différence; M. Barruel l'a trouvée seulement de 50,42; il serait possible que les échantillons dont on a pris la pesanteur spécifique fussent mélangés d'une certaine quantité de silice, qui en aurait notablement diminué la valeur; en effet, les morceaux les plus purs que M. Barruel a soumis à l'analyse, contenaient plus de 7 pour cent de quartz en grains hyalins transparents, qui ont été séparés par l'action des acides.

Le plomb arséniaté se trouve en beaux cristaux, en masses concrétionnées, quelquefois botrioïdes ; sa couleur la plus gé-

[1] *Annales de Poggendorff*, t. IV, p. 161. [2] *Id.*, t. XXVI, p. 489.

[3] *Analyse du phosphate double de plomb et de chaux*, par M. G. Barruel. (*Annales de chimie et de physique*, t. LXII, p. 217; 1836.

nérale est un jaune verdâtre de nuances différentes; son éclat est vitro-résineux, sa cassure est conchoïde; sa dureté est redrésentée par 2,70; il raye la chaux sulfatée, et il est rayé par la chaux fluatée. Difficilement fusible au chalumeau, il donne sur le charbon des vapeurs arsenicales, et se réduit en un globule de plomb cassant. Sa pesanteur spécifique varie de 58 à 72, suivant la proportion d'acide phosphorique et de phosphate de chaux qu'il contient.

Plomb arséniaté cristallisé. — La forme primitive est, comme pour le plomb phosphaté, un prisme hexaèdre régulier, mais les dimensions en sont différentes. Leur rapport est B : H :: 19 : 14. On trouve rarement le primitif simple (*fig.* 340, *pl.* 107).

Les formes les plus habituelles sont représentées *fig.* 341 et 342; la base du prisme est remplacée par un anneau plus ou moins étendu.

Dans les cristaux (*fig.* 344) qui proviennent du Johann-Georgenstadt, et dont on a également des échantillons de Schemnitz en Hongrie, les modifications b^1 ont atteint leur limite et forment un pointement à six faces; l'Ecole des mines possède des cristaux de Badenweiler qui ressemblent à du quartz légèrement sali par de l'oxyde de fer; ils portent même des stries horizontales qui complètent l'illusion.

Fig. 345. Cristaux d'Ekaterinenbourg en Sibérie, dans lesquels les deux pyramides à six faces, $b^{1/2}$ et b^1 sont réunies. Je ne connais ces cristaux que par la description que M. Lévy en a donnée.

Les angles qui ont conduit à ces modifications sont :

P sur M = 90°.	M sur M = 120°.
P sur $b^{1/2}$ = 130° 52′.	M sur $b^{1/2}$ = 149° 8′.
P sur b^1 = 140° 5′.	M sur b^1 = 129° 55′.
$b^{1/2}$ sur $b^{1/2}$ = 83° 58′.	$b^{1/2}$ sur $b^{1/2}$ = 129° 10′.
b^1 sur b^1 = 142° 29′.	b^1 sur b^1 par-dessus M = 80° 47′.

Plomb arséniaté concrétionné. — Cette variété se présente tantôt sous forme de croûtes, tantôt sous celle de petits rognons isolés, ou accolés entre eux, et constituant alors des masses botrioïdes; elle est généralement d'un vert jaunâtre terne, très-différente, sous ce rapport, du plomb phosphaté; presque toujours, en outre, les mamelons sont comme chagrinés par un commencement de cristallisation que l'on aperçoit à leur surface; quelques échantillons, tels que ceux des Rosiers près Pontgibaud, dans le département du Puy-de-Dôme, ont un aspect terreux; l'analyse montre qu'ils contiennent une proportion notable de phosphate de chaux.

PLOMB ARSÉNIATÉ HYDRATÉ.

Arséniate de plomb filamenteux; Bleiblüthe; Flochenenerz.

Les collections possèdent depuis longtemps un minéral qui provient de Saint-Prix-sous-Beuvray, dans le département de Saône-et-Loire, se présentant sous forme de filaments déliés, soyeux, jaune de paille, soudés ensemble, et ayant par cette disposition quelque analogie avec l'asbeste. Des essais ont appris que ce minéral contient de l'acide arsénique, du plomb et de l'eau; une matière analogue trouvée dans le Brisgau, est composée, d'après une analyse de Bindheim [1], de :

		Oxyg.	Rapp.
Acide arsénique......	25	8,68	3?
Oxyde de plomb.....	35	2,51	1
Eau................	10	8,89	3?
Oxyde de fer.........	14		
Silice et alumine......	10		
Argent..............	1,15		

En considérant l'oxyde de fer et la silice comme des mélanges, le minéral du Brisgau formerait un arséniate hydraté, correspondant à peu près à la formule $Pb\dot{A}s^3 + 3Aq$. On a retrouvé dans la mine de Huel-Unity en Cornouailles, à Nertschink en Sibérie, ainsi que dans les mines de plomb de l'Andalousie, des matières filamenteuses qui se rapprochent du minéral de Saint-Prix par leurs caractères extérieurs, ainsi que par les essais au chalumeau; cette circonstance m'engage à le considérer comme une espèce particulière.

[1] *Journal de physique*, année 1787, p. 394.

Analogies. — On connaît plusieurs substances jaunes et filamenteuses analogues à cet arséniate de plomb; je citerai particulièrement le *kakoxen* et la *karpholite;* la gangue plombeuse habituelle du plomb arséniaté hydraté fait penser à cette substance ; mais pour être certain de sa détermination, il faut la dissoûdre dans l'acide nitrique, et constater la présence du plomb par l'acide sulfurique.

PLOMB CHLORO-CARBONATÉ.

Plomb murio-carbonaté (Lévy); Mendipite; Hornblei; Bleihornerz; Kérasine (Beudant).

Ce minéral encore fort rare a été trouvé, pour la première fois, dans la mine de Cromford-Level, près de Matlock, dans le Derbyshire ; il a été recuelli depuis à Hausbaden, près de Badenweiler, en Allemagne; à Southampton, dans le Massachussets; enfin, M. Thomson le cite à Alstoon-Moor, dans le Cumberland. Sa cristallisation, qui appartient à un prisme à base carrée, *fig.* 346, *pl.* 108, dont la hauteur est à un des côtés de la base comme les nombres 5 : 3, détermine suffisamment cette espèce, bien qu'il règne encore de l'incertitude sur sa composition.

Le plomb chloro-carbonaté est blanc, blanc jaunâtre, gris jaunâtre, jaune orangé, quelquefois il offre une légère teinte verte; transparent, ou simplement translucide, son éclat est adamantin : sa dureté est 2,5, moindre que celle du plomb carbonaté; sa cassure est conchoïdale ; sa pesanteur spécifique est 60,56. Fusible au chalumeau, il donne un globule transparent, qui devient jaune pâle en se refroidissant; difficilement réductible, on obtient, avec addition de soude, des grains de plomb métallique.

Les cristaux de Cromford-Level sont représentés *fig.* 347 et 350. La *fig.* 348 appartient à un échantillon de Hauzbaden. Le Musée britannique possède un très-bel échantillon, *fig.* 349, dans lequel les modifications a^1 sont réunies aux facettes $b^{5/7}$, en sorte qu'il établit la liaison entre les cristaux de ces deux localités.

Les essais ont indiqué de l'acide hydrochlorique et de l'acide carbonique dans les cristaux de Cromford-Level ; mais je n'ai trouvé aucune analyse de ce minéral. Les différentes analyses connues me paraissent appartenir à des échantillons provenant de Matlock, dans le Derbyshire ; ces derniers, que l'on voit dans presque toutes les collections, sont en cristaux d'un jaune orangé, à faces bombées, ordinairement accolés plusieurs ensemble suivant la base.

Le minéral de Matlock, anciennement analysé par Klaproth et Chenevix, l'a été de nouveau par M. Berzelius ; la composition obtenue par ce chimiste présente quelques différences avec celle de Klaproth, il en a conclu la formule

$$Pb\,Cl + \dot{P}b\ddot{C}.$$

qui correspond à

		Rapp.	
Chlorure de plomb[1].	51	0.0293	1
Carbonate de plomb	49	0,0293	1

PLOMB CHLORURÉ.

Oxychlorure de plomb ; Berzélite.

Le plomb chloruré a été trouvé à Churchill, dans les Mendiphills, dans le comté de Sommerset, en Angleterre. Les seuls échantillons que l'on possède sont en masses laminaires très-éclatantes et d'un blanc grisâtre, elles sont adhérentes à du manganèse oxydé, terreux, noir ; des clivages faciles ont conduit M. Lévy à adopter pour forme primitive du plomb chloruré un prisme droit rhomboïdal, sous l'angle de 102° 27′.

Sa pesanteur spécifique est 70,77 ; sa dureté est 3 ; au chalumeau, il décrépite et fond aisément en un globule jaunâtre ; se réduit sur le charbon en émettant des vapeurs d'acide muriatique.

Berzelius [2] a obtenu pour la composition du plomb chloruré des Mendiphills.

---

[1] *Journal de Schweigger*, J. XXII, p. 281.
[2] *Annales de Poggendorff*, t. I, p. 141.

	I.	II.				Rapp.
Oxyde de plomb...	90,20	90,13	D'où il a tiré	Chlor. de pl.	38,38	2,20
Acide hydrochloriq.	6,54	0,84		Oxyd. de pl.	61,62	4,41
Acide carbonique..	2,63	1,03				
Eau...............	0,63	0,54				
Silice............	0,00	1,46				
	100,00	100,00				

Composition qui conduit à la formule $Pb\,\text{Cl} + 2\,\dot{P}b$, en considérant le carbonate de plomb comme accidentel.

Cotunnite.—MM. de Monticelli et Covelli ont recueilli après l'éruption de 1822, dans le cratère même du Vésuve, des laves recouvertes de petites aiguilles blanchâtres cristallines, sous forme d'efflorescence, essentiellement composées de plomb et de chlore. Ils ont désigné ce minéral sous le nom de *cotunnite*, en l'honneur d'un médecin célèbre de Naples, qui a enrichi la science par des travaux importants.

Sa composition est, d'après Berzelius :

		Rapp.	
Plomb.......	74,52	0,060	1
Chlore........	25,48	0,116	2

Elle est représentée par la formule Pb, Cl; la différence entre cette espèce et la précédente consiste donc dans l'absence de l'oxyde de plomb.

Très-fragile, la cotunnite s'écrase entre les doigts; elle a beaucoup d'éclat, surtout quand on l'examine à la loupe; sa pesanteur spécifique est de 58,97; fond aisément au chalumeau; donne, avec le carbonate de soude, des globules de plomb; se dissout dans environ vingt-sept fois son poids d'eau froide.

Analogies. — Le plomb chloruré et la cotunnite ressemblent beaucoup au *plomb carbonaté* et à certaines variétés de *plomb sulfaté*. Le premier est soluble avec effervescence dans les acides; le second est au contraire complétement insoluble : la recherche du chlore fournit également un caractère facile de reconnaissance.

Le plomb chloruré des Mendiphills contient une certaine

quantité de carbonate de plomb en mélange ; la forte proportion de carbonate de plomb que contient le plomb chlorocarbonaté ne serait donc pas une raison suffisante pour le considérer comme une espèce particulière, mais sa cristallisation en prisme carré le spécifie d'une manière certaine.

PLOMB VANADIATÉ.

Vanadinbleierz ; Vanadinite.

Ce minéral, encore très-rare, a été trouvé pour la première fois à Zimapan au Mexique, par M. del Rio. M. Rose l'a observé depuis à Beresoff, près Ekaterinenbourg, en Sibérie, associé avec du phosphate de plomb ; enfin, il y a plusieurs années, il a été retrouvé avec quelque abondance dans les vieux travaux de la mine de Wanlockhead en Ecosse, où il avait été pris pendant longtemps pour de l'arséniate de plomb ; dans cette dernière localité il forme des mamelons et de petits globules disséminés sur la surface d'une calamine concrétionnée ; on y a également recueilli quelques cristaux très-rares, ils sont en prismes ou en tables à six faces aplaties. L'Ecole des mines possède un bel échantillon cristallisé dont les faces sont peu nettes, et participent de la structure concrétionnée.

La couleur du plomb vanadiaté est un brun clair légèrement jaunâtre ; sa poussière est blanc jaunâtre ; peu dure, il raye la chaux carbonatée ; sa cassure est luisante et lisse ; sa pesanteur spécifique est 66 à 69.

Au chalumeau, il fond en bouillonnant, et se réduit en scorie ayant l'apparence de la plombagine ; avec le borax, il donne un globule transparent et de couleur rouge pendant qu'il est en fusion, lequel devient opaque en se refroidissant ; la couleur de ce globule est d'un bleu très-foncé, si la proportion de vanadiate est considérable ; elle est verte lorsqu'il n'y en a qu'une faible quantité. Avec le sel de phosphore, le verre que l'on obtient est transparent et d'une belle couleur émeraude. C'est ce dernier caractère qui décèle surtout la présence du vanadium.

La composition du vanadiate de plomb est établie par les analyses suivantes :

De Zimapan, par M. Berzelius [1].	
Vanadiate de plomb.....	74,00
Chlorure de plomb.......	25,33
Hydrate et oxyde de fer...	0,67
Arséniate de plomb......	une trace.
	100,00

	Localité inconnue par M. Damour [2].	De Wanlockhead, par Thomson [3].
Acide vanadique....	15,86	23,44
Oxyde de plomb....	63,72	66,33
Oxyde de zinc......	6,35	9,51
Oxyde de fer.......	»	0,16
Oxyde de cuivre....	2,96	
Eau..............	3,80	
Chlorure de plomb..	8,89	
	101,58	99,44

Ces trois analyses établissent d'une manière certaine que ce minéral est essentiellement composé de vanadiate de plomb uni à du chlorure, mais les proportions conduisent à des formules différentes. M. Berzelius a représenté le minéral de Zimapan par l'expression $PbCl\dot{P}b^2 + \dot{P}b^3\dddot{V}^2$. M. Kobell a adopté dans sa *Minéralogie* la formule $\dot{P}b^2\dddot{V} + Pb\,Cl$, qui se rapproche de la composition donnée par M. Thomson, mais qui est cependant loin de la représenter d'une manière exacte.

Analogies. — La disposition mamelonnée du vanadiate de plomb, jointe à sa couleur, lui donne de la ressemblance avec le plomb arséniaté, et il est probable qu'un certain nombre des échantillons de plomb arséniaté, d'un brun chocolat clair, que l'on voit dans les collections, doivent être rangés dans cette espèce. Je me suis assuré qu'une masse concrétionnée d'un brun rougeâtre terne, appartenant à la collection de l'Ecole des mines, et désignée comme venant de Badenweiler, était du vanadiate de plomb. L'essai avec le sel de phosphore est le caractère le plus saillant.

---

[1] *Jahresb*, t. XI, p. 200.

[2] *Notice sur le plomb vanadiaté zincifère et cuprifère*, par M. A. Damour. (*Annales des mines*, troisième série, t. II, p. 161, 1837.)

[3] *Traité de minéralogie* de Thomson, t. I, p. 574.

PLOMB CHROMATÉ.

Plomb rouge ; Chromblei ; Roth bleierz ; Crocoïse (Beudant).

La belle couleur rouge orangé qui caractérise ce minéral le fait souvent désigner par le nom de *plomb rouge;* il est constamment cristallisé; mais ses formes, en apparence si belles par l'éclat et le poli des cristaux, sont ordinairement très-difficiles à étudier par l'empiétement des faces l'une sur l'autre, et souvent aussi par la suppression de plusieurs d'entre elles. Les cristaux que j'ai eu l'occasion d'examiner, quoique nombreux, sont très-imparfaits, et les formes, dont je donnerai les figures, sont pour la plupart empruntées à la belle collection de M. Heuland, qui est peut-être unique en ce genre.

La dureté du plomb chromaté est 3 ; il raye la chaux sulfatée, et il est rayé par la chaux fluatée; très-fragile, ses cristaux se brisent entre les doigts. Sa pesanteur spécifique varie de 60,27 à 61. Sa cassure est grenue et conchoïdale ; on aperçoit des clivages indistincts suivant les faces latérales de la forme primitive; translucide, quelquefois même complétement transparent ; son éclat est adamantin. Exposé au chalumeau sur le charbon, il fond et s'étale ; en même temps la partie immédiatement en contact avec le charbon se réduit en développant la flamme et la fumée du plomb.

La composition du plomb chromaté est représentée par la formule $\dot{P}b\dddot{C}r$, ainsi qu'il résulte des analyses suivantes :

	Par Pfaff.	Par Berzelius.	Oxyg.	Rapp.
Oxyde de plomb........	67,912	68,50	4,91	1
Acide chromique.......	31,725	31,50	14,49	3
	99,637	100,00		

La forme primitive du plomb chromaté est un prisme rhomboïdal oblique sous l'angle de 93° 30′, *fig.* 351, *pl.* 109; sa base est inclinée de 99° 10′ sur les faces latérales, et le rapport de B : H est comme les nombres 25 : 62. Les cristaux se partagent en deux groupes ; dans les uns la forme primitive, *fig.* 351, domine et donne la disposition générale ; les autres sont le résultat d'un prisme, *fig.* 352, produit par des modifications d^2 placées sur les arêtes de devant du prisme et par une facette $a^{3/4}$ qui s'avance sur la base et la remplace complétement. Je disposerai les cristaux, dont je donne les figures, d'après ces deux formes dominantes, afin de les faire mieux ressortir.

Fig. 353. Dans ce cristal les faces MM sont dominantes. On y voit encore un indice de la face P, mais elle est en grande partie remplacée d'une part par le biseau aigu d^2 et de l'autre par la face $a^{3/4}$, qui est également fort inclinée. Il existe en outre quatre faces g^3, qui remplacent l'arête g : les faces d^2 ont beaucoup d'éclat et sont très-nettes ; les faces M sont striées en longueur et comme cannelées.

Fig. 354. Il est rare de voir la face P, et la plupart des cristaux se présentent avec le biseau d^2, uni à la troncature $a^{3/4}$, ainsi qu'on l'observe dans cette figure.

Fig. 355 et *fig.* 356. Même forme avec addition de facettes $d^{1/2}$ et h^1.

Fig. 357, *pl.* 110. Cristaux terminés par le biseau allongé d^2, auquel s'est jointe une face $o^{3/2}$ placée sur le devant du cristal ; dans certains cristaux, la face $o^{3/2}$ prend beaucoup d'étendue, elle donne alors une irrégularité dont on a de la peine à se rendre compte.

Fig. 358. Même forme que la *fig.* 353, dans laquelle les faces M sont réduites à des facettes à peine visibles, tandis que les faces d^2 et $a^{3/4}$ ont pris une grande extension.

Les *fig.* 359 et 360 sont dans des conditions analogues ; elles reproduisent, à quelques modifications près, les *fig.* 357 et 355.

La *fig.* 361 présente une symétrie peu habituelle aux cristaux de plomb chromaté. Elle la doit à l'existence simultanée des modifications b^2 et d^2 jointes à des facettes e^4. Le prisme est alors surmonté d'un pointement à peu près également étendu sur chacun de ses pans. Cette symétrie est encore plus prononcée quand la base P n'existe pas.

La *fig*. 362 offre un ensemble presque complet de la cristallisation de cette espèce. Les faces M et d^2 y sont très-développées. Elle porte trois séries de biseaux, e^2, e^4, e^6, sur les angles aigus; les trois biseaux $d^{1/2}$, d^2 et b^2, sur les arêtes de la base, y sont également. Les arêtes verticales sont remplacées par des faces g^3, h^1, h^3 et h^5. L'angle A porte une triple troncature, a^4, $a^{3/4}$, et $a^{1/2}$. La base P est représentée par une petite facette fort miroitante. Enfin il y existe une modification intermédiaire $i = b^1\ b^{1/3}, h^{1/4}$, que l'on n'a pas encore indiquée dans les cristaux qui précèdent.

Tous les cristaux que je viens de décrire proviennent de Beresoff, près d'Ekaterinenbourg, en Sibérie. Le Brésil offre aussi un gisement intéressant de plomb chromaté. Quelques échantillons assez nets, envoyés à l'Ecole des mines par M. de Mondevale, portent le biseau aigu d^2 et sont analogues à la *fig*. 357. Les faces verticales sont chargées de stries très-fortes qui leur donnent une structure cannelée.

Angles principaux du plomb chromaté.

M sur M	= 93° 30′.		P sur M	= 99° 10′.
M sur h^1	= 136° 35′.		P sur h^1	= 102° 28′ 30′.
M sur d^2	= 145° 50′.		d^2 sur d^2	= 119° 30′.
M sur g^1	= 133° 30′.		M sur $a^{3/4}$	= 133°.
M sur $o^3/^2$	= 135° 30′.		h^1 sur $a^{3/4}$	= 162° 30′.

$o^3/^2$ sur l'arête d'intersection des faces d^2 = 153°.

Analogies.—Le plomb chromaté se rapproche, par sa couleur, de l'*arsenic sulfuré*, dit réalgar, de l'*argent antimonié sulfuré* (argent rouge), enfin du *mercure sulfuré* ou cinabre. Sa teinte, d'un rouge orangé, le distingue des deux derniers minéraux, qui sont d'un beau rouge cochenille. Le chalumeau fournit en outre des caractères immédiats : l'argent rouge produit par son action des vapeurs blanches, avec une odeur antimoniale ou arsenicale et un bouton d'argent métallique. Le mercure sulfuré est complétement volatil. Le plomb chromaté donne des grains de plomb métallique. Quant au réalgar, sa pesanteur spécifique est plus faible dans le rapport de 35 à 60. Il est en outre entièrement volatil au chalumeau, avec une forte odeur arsenicale.

Plomb chromaté basique. — M. del Rio annonce avoir reconnu dans un chromate de plomb de Zimapan la composition suivante :

		Oxyg.	Rapp.
Oxyde de plomb......	80,72	5,79	1
Acide chromique.....	14,80	6,81	1

Qui conduirait à la formule $Pb\dot{C}r$. Je n'ai vu aucun échantillon de cette substance, que je me contente de citer.

MÉLANOCHROITE.

Subsesquichromate de plomb.

D'après la description que Hermann[1] a donnée de ce minéral, on doit le considérer comme une espèce distincte du précédent : sa forme est en effet un prisme rhomboïdal droit, et sa composition conduit à la formule $PbCr^2$, ainsi qu'il résulte de l'analyse suivante :

		Oxyg.	Rapp.
Oxyde de plomb.....	76,69	5,50	1
Acide chromique.....	23,31	10,74	2
	100,00		

Sa couleur est un rouge violacé, tirant sur la couleur cochenille. Les cristaux sont entrelacés à la manière d'un réseau. Leur éclat est résineux ; très-tendres, ils s'écrasent entre les doigts. Leur pesanteur spécifique est de 57,50.

Au chalumeau, sur le charbon, ce minéral décrépite, fond aisément en un globule noir qui, en refroidissant, prend une structure cristalline. Avec le borax il donne un globule d'un vert émeraude.

Le mélanochroïte provient de Beresoff, où il accompagne

[1] *Annales de Poggendorff*, t. XVIII, p. 162.

le chromate de plomb, la galène et du plomb phosphaté vert en aiguilles.

Des échantillons, provenant de la collection de M. de Drée, me font penser que la mélanochroïte est le produit de la décomposition du plomb chromaté. Ces deux minéraux sont en effet mélangés ensemble, et la partie rouge violacé est criblée de petites cavités, comme les substances qui ont perdu une certaine proportion de leur matière composante, soit par volatilisation, soit par dissolution; j'aurais par conséquent réuni la mélanochroïte au plomb chromaté, si M. Hermann n'avait pas annoncé d'une manière positive que son système cristallin est le prisme droit rhomboïdal.

PLOMB CHROMÉ.

Vauquelinite.

Ce minéral se trouve en cristaux en général très-petits et confusément engagés entre eux ; la plupart des minéralogistes qui ont parlé de cette substance l'ont confondue avec le plomb phosphaté aciculaire qui l'accompagne ordinairement. Sa couleur beaucoup plus foncée est d'un vert bouteille presque noir, sa poussière est d'un vert clair. Sa pesanteur spécifique est 68 à 72 : elle est rayée par la chaux fluatée.

Exposé au chalumeau, sur le charbon, le plomb chromé se boursoufle d'abord, fond ensuite avec une abondante production d'écume, et se convertit en une boule d'un gris sombre qui a l'éclat métallique, au pourtour de laquelle on voit de petits grains de plomb réduits.

Les aiguilles que j'ai été à même d'étudier étaient trop imparfaites pour que j'aie pu en reconnaître la forme ; M. Lévy annonce que la vauquelinite cristallise en prisme rhomboïdal oblique dans lequel l'incidence de la base sur l'arête H est d'environ 120°. Les cristaux qu'il a décrits sont tous maclés; le plan de révolution de l'hémitropie est parallèle à la face h^1 ; les cristaux simples auraient la forme dessinée *fig.* 363, *pl.* 111 ; la *fig.* 364 représente ceux qui ont servi à ses observations.

Ce minéral constitue, en outre, des mamelons noirâtres, formant par leur ensemble une croûte à la manière des stalagmites; les mamelons sont ordinairement comme chagrinés par la disposition cristalline de la vauquelinite.

La plupart des échantillons de vauqueline proviennent de Beresoff où elle accompagne le plomb chromaté; il en existe également au Brésil dans une position analogue.

M. Berzelius [1] a trouvé la vauquelinite composée de :

		Oxyg.	Rapp.
Acide chromique......	28,33	13,03	6
Oxyde de plomb......	60,87	4,36	2
Oxyde de cuivre......	10,80	2,18	1

Il a groupé ces éléments de la manière suivante :

$$2Pb\, Cr^2 + Cu\, Cr^2.$$

PLOMB MOLYBDATÉ.

Plomb jaune; Molybdan-Blei; Gelbbleierz ; mélinose (Beudant).

Le plomb molybdaté a été indiqué pour la première fois par Jacquin, en 1781 ; disséminé avec quelque abondance dans la mine de Bleiberg en Carinthie, on l'a retrouvé dans plusieurs autres localités, notamment à Retzbanya dans le Bannat, dans les monts Ourals en Sibérie, à Zimapan au Mexique. Dans ces différents gisements, le plomb molybdaté est en cristaux bien déterminés ou en masses cristallines lamelliformes, formées par l'association de cristaux imparfaits.

Sa couleur est le jaune, avec des nuances différentes ; quelquefois il passe au jaune orangé, comme les variétés de Retzbanya et de Sibérie; on avait annoncé que les cristaux de la première de ces localités appartenaient à un chromate de plomb particulier : M. G. Rose [2] a constaté que c'est le

[1] *Journal de Schweigger*, t. XXX, p. 398.

[2] *Sur la variété rouge de plomb molybdaté.* (*Annales de Poggendorff*, t. XLVI, p. 639.)

molybdate ordinaire, contenant seulement une petite quantité d'acide chromique.

Il présente un clivage facile, parallèle à la base du prisme; sa cassure en travers est ondulée et peu éclatante. Son éclat est résineux. Sa dureté = 2,75, il est rayé par la chaux carbonatée ; sa pesanteur spécifique est de 67,60 ; exposé au chalumeau, il décrépite et acquiert une couleur jaune rembrunie ; il fond sur le charbon, en donnant des globules de plomb ; attaquable par l'acide nitrique avec résidu.

Sa composition est :

	Par Klaproth [1].	Par Hatchett [2].	Par Göbel [3].	Oxyg.	
Oxyde de plomb..	59,23	58	59,1	41,23	1
Acide molybdique.	34,25	38	40,5	13,52	3
Oxyde de fer.....		3			
	93,48	99	96,6		

La relation entre l'oxyde de plomb et l'acide molybdique conduit à la formule $PbMo^3$.

La forme primitive du plomb molybdaté est un prisme à base carrée, *fig.* 365, *pl.* 111, dans lequel le rapport d'un des côtés de la base à la hauteur est à peu près celui des nombres 5 : 11.

Fig. 366. Prisme surmonté d'une pyramide aiguë b^1 ; de Schwarzenbach en Carinthie. Haüy avait choisi l'octaèdre b^1 pour la forme primitive de cette espèce.

Fig. 367. Même forme portant une large troncature au sommet qui appartient à la base ; cette disposition de cristaux est la plus fréquente dans la mine de Bleiberg, et par conséquent dans les collections ; souvent les faces b^1 sont réduites à une arête fortement émoussée, et le prisme est presque pur.

Fig. 368. Table biselée par un pointement obtus b^3.

Fig. 369, *pl.* 112. Réunion des deux pointements b^1 et b^3.

Fig. 370. Octaèdre b^1, basé avec addition de petites faces verticales h^1.

---

[1] *Beitrage*, t. II, p. 265. [2] *Transactions philosophiques*.
[3] *Journal de Schweigger*, t. XXXVII, p. 71.

Fig. 371. Même forme, avec des facettes a^1 sur les angles.

Fig. 372. Cristaux du Bleiberg, réunissant au primitif les octaèdres b^1, b^{16}, et a^1.

Fig. 373. Dans cette dernière forme, dont je n'ai pas vu d'échantillons et que j'emprunte à M. Lévy, il existe un octaèdre a^4 sur les angles que je n'ai pas encore signalé, ainsi que des faces h^2 placées à l'intersection de M et de h^1.

Analogies. — La forme et la couleur du plomb molybdaté sont des caractères spéciaux à cette espèce. Aussi n'est-ce que dans des cas fort rares, quand on n'aperçoit plus aucune trace de cristallisation, qu'on pourrait peut-être la confondre avec certains échantillons de *plomb carbonaté*, ou de *plomb phosphaté ;* le premier est soluble dans l'acide nitrique, avec effervescence; le second est soluble sans résidu; l'action du chalumeau les distinguerait aussi facilement.

Plomb molybdaté basique. — M. Boussingault[1] a fait l'analyse d'un minéral en petites concrétions jaunes tirant sur le vert, qui paraît former un molybdate différent du précédent ; il l'a recuelli dans le Paramo-Rico, près de Pamplona au Mexique; il y existe dans une siénite décomposée. Sa pesanteur spécifique est de 60 ; il l'a trouvé composé de :

		Oxyg.	Rapp.
Acide molybdique......	10,0	3,34	1
Oxyde de plomb........	47,4	3,39	1
Carbonate de plomb....	17,5		
Phosphate de plomb....	5,4		
Chlorure de plomb.....	6,6		
Chromate de plomb....	3,6		
Gangue...............	7,6		

Malgré ce mélange compliqué, on peut établir entre l'acide molybdique et l'oxyde de plomb la relation simple $PbMo$, essentiellement différente de $PbMo^3$, qui caractérise le plomb jaune du Bleiberg.

[1] *Annales de chimie et de physique*, t. XLV, p. 325, 1830.

PLOMB TUNGSTATÉ.

Wolfram bleierz; Scheelbleispath; Scheelitine (Beudant).

On a recueilli à Zinwald, en Bohême, de petits cristaux en pyramides allongées d'un gris brunâtre ou jaunâtre, que Lampadius[1] a trouvés composés de la manière suivante :

		Oxyg.	Rapp.
Oxyde de plomb.......	48,25	3,45	1
Acide tungstique......	51,75	10,47	3

Ils appartiennent par conséquent à du tungstate de plomb représenté par la formule $\dot{P}b\,\dddot{W}^3$. M. Lévy a eu à sa disposition des cristaux de la collection de M. Turner, assez nets pour en déterminer le système cristallin ; il les considère comme isomorphes avec le plomb molybdaté, et il les suppose dérivés d'un prisme à base carrée dans lequel on a B : H :: 5 : 1.

La *fig.* 374, *pl.* 112, fait connaître les cristaux que M. Lévy a étudiés. Les angles sont :

P sur b^1	=	114° 15'.
b^1 sur b^1	=	99° 43'.
M sur a^2	=	126° 37'.
M sur $b^{1/2}$	=	167° 18'.
$b^{1/2}$ sur $b^{1/2}$	=	92° 46'.
M sur b^1	=	155° 45'.
b^1 sur b^1	=	131° 30'.
a^2 sur a^2	=	106° 47'.
a^2 sur a^2	=	65°.
$b^{1/2}$ sur $b^{1/2}$	=	154° 36'.

Les cristaux que l'Ecole des mines possède portent seulement l'octaèdre aigu b^1; les faces en sont fortement striées. Néanmoins on reconnaît très-bien leur disposition carrée ; ils possèdent un clivage parallèle à la base ; sa dureté est 3 environ, sa pesanteur spécifique s'élève à 80. Exposé au chalumeau, le plomb tungstaté fond et donne des vapeurs plombeuses. Quand le plomb a été séparé, on obtient avec le borax un globule jaune transparent, qui devient d'un rouge obscur

[1] *Journal de Sweigger*, t. XXXI, p. 254.

par le refroidissement, et avec le sel de phosphore, un globule bleuâtre.

Les cristaux de plomb tungstaté sont adhérents à des cristaux de quartz, comme ceux de schéelin calcaire; il est probable qu'ils sont le produit d'une double décomposition.

PLOMB GOMME.

Plomb hydro-alumineux ; Bleigummi ; Plomgomme (Beudant).

Le nom de ce minéral résume ses principaux caractères. Il forme de petites concrétions globuleuses analogues aux gouttes de gomme qui suintent de certains arbres; sa couleur est d'un gris jaunâtre, d'un brun rougeâtre, ou d'un jaune verdâtre, de teintes assez claires. Sa cassure est conchoïde et testacée par suite de sa disposition en couches concentriques. Son éclat est résineux; sa dureté est 5; il raye le verre; sa pesanteur spécifique est de 48,80.

Exposé au chalumeau, il perd son eau, blanchit et se fritte. Réductible avec la soude sur le charbon ; soluble dans l'acide nitrique bouillant.

Le plomb gomme est considéré, d'après les analyses suivantes, comme étant un hydro-aluminate de plomb. M. Damour croit, ainsi que nous l'exposerons dans quelques lignes, que ce minéral est un hydrate d'alumine associé à du phosphate de plomb.

	De la Nuissière[1], par Dufrenoy.	De Huelgoat, par Berzelius[2].	Oxygène.	Rapp.
Oxyde de plomb......	37,51	40,14	2,88	1
Alumine............	34,23	37,00	17,28	6
Eau................	16,13	18,80	16,71	6
Phosphate de plomb..	7,79	»		
Gangue, etc.........	2,11	2,60		
	97,77	99,54		

[1] *Annales de chimie et de physique*, t. LIX, p. 440.
[2] *Id.*, t. XII, p. 21.

En considérant l'oxyde de plomb, l'alumine et l'eau, comme les seuls éléments essentiels, on est conduit à la formule $PbAl^6 + 6Aq$.

L'échantillon de la Nuissière que j'ai analysé était verdâtre; il portait en outre quelques aiguilles de plomb phosphaté, ce qui m'a fait admettre que le phosphate de plomb que j'ai trouvé était dû à ce mélange.

M. Damour[1] ayant remarqué que certains plombs phosphatés de couleur brune, provenant d'Huelgoat, sont associés avec le plomb gomme, et même qu'ils y passent, pour ainsi dire, par un affaiblissement graduel de sa teinte, qui devient blanc jaunâtre, a pensé qu'il devait y avoir une relation entre ces deux minéraux. L'analyse lui a en effet prouvé que cette variété de plomb phosphaté contient de l'alumine et de l'eau, dont le rapport est le même que dans le plomb gomme; de plus que le plomb phosphaté, en prenant des teintes plus pâles, devient plus riche en hydrate d'alumine. Il a donc supposé, 1° que le plomb gomme est le résultat de la concentration de l'hydrate d'alumine par une action électro-chimique. dont le filon d'Huelgoat offre tant d'exemples; 2° que ce minéral est une combinaison d'hydrate d'alumine et de phosphate de plomb. La discussion que M. Damour a faite du procédé employé par M. Berzelius pour analyser le plomb gomme, jointe aux propriétés analogues du phosphate d'alumine et de l'alumine, lui fait supposer que la présence de l'acide phosphorique a pu échapper à M. Berzelius; M. Damour remarque en outre que l'analyse du plomb gomme de la Nussière m'a donné du phosphate de plomb, et qu'il existe, pour ainsi dire, identité entre ses résultats et les deux analyses que j'ai citées. Les raisons que je viens d'énoncer, d'après M. Damour, me paraissent très-spécieuses, et je serais assez porté à adopter les résultats auxquels ses analyses l'ont conduit.

[1] *Annales des mines*, t. XVII, p. 200, 1840.

	Plomb phosphaté blanchâtre, mais très-fusible.	Oxyg.	Rapp.	Plomb phosphaté blanchâtre, presque infusible.	Oxyg.	
Chlorure plombique....	9,18			8,24		
Acide phosphorique....	15,18	8,50	5	12,05	6,75	5
Oxyde plombique......	70,85	5,08	3	62,15	4,45	3
Alumine.............	2,88	1,34	1	11,05	5,16	1
Eau.................	1,24	1,10	1	6,18	5,49	1
Acide sulfurique.......	0,40			0,25		
	99,73			99,92		

L'alumine et l'eau entrent dans ces deux analyses dans le rapport de 1 : 1, bien que leur quantité soit très-différente ; il y a donc lieu de penser que c'est le mélange de deux corps différents, savoir : du phosphate de plomb et un hydrate d'alumine, ou peut-être de pomb gomme avec du phosphate plombique.

Le plomb gomme a donné à M. Damour :

		Oxyg.	Rapp.	
Chlorure plombique.....	2,27			
Acide phosphorique....	8,06	4,51	5	1
Oxyde plombique.......	35,40	2,73	3	
Chaux................	0,80			
Alumine..............	34,32	16,02	1	4
Eau..................	18,70	16,62	1	
Oxyde de fer..........	0,20			
Acide sulfurique........	0,30			
	99,75			

En regardant l'acide phosphorique comme essentiel, cette composition est représentée par la formule $Pb^3Ph^5 + 4(AlAq)$, qui est adoptée par l'auteur.

PLOMB ANTIMONIÉ.

M. de Moffras, attaché à l'ambassade de France à Madrid, a remis récemment au laboratoire de l'École des mines, pour y être essayés, des échantillons d'un minerai composé d'oxyde de plomb et d'acide antimonieux, qui me paraissent devoir constituer une espèce nouvelle. Ce minerai, qui forme un filon puissant à Zamora en Espagne, se présente en masses testacées, composées de zones successives différemment colorées de gris brunâtre et de brun jaunâtre. La croûte extérieure de ces concrétions, sur un centimètre d'épaisseur environ, est principalement brunâtre, et offre quelque analogie avec du plomb phosphaté : la partie jaunâtre occupe le centre du filon ; elle ressemble à du plomb blanc mélangé de plomb oxydé jaune. Ces deux parties ont une cassure vitreuse et un éclat assez vif, se rapprochant de l'éclat du plomb carbonaté.

La dureté du plomb antimonié peut être représentée par 5,30 ; il raye la chaux phosphatée, mais il est rayé par le verre ; sa pesanteur spécifique est pour la partie brune 54,68, et pour la jaune 42,55.

Soluble dans l'acide nitrique, avec dépôt d'acide antimonieux, il fond sur le charbon avec des vapeurs blanches, et formation de gouttelettes de plomb cassant.

D'après des analyses inédites de M. Rivot, ingénieur des mines, chargé de la surveillance des travaux docimastiques du laboratoire de l'École des mines, la composition des deux parties du minerai de Zamora est :

	Zones jaunâtres.	Oxyg.	Zones brun.	Oxyg.	Rapp.
Oxyde de plomb........	42,00	3,01	37,0	2,65	1
Acide antimonieux......	55,50	11,03	53,0	10,53	4
Oxyde de fer...........	0,50		1,0		
Gangue quartzeuse......	1,00		8,5		
	99,00		99,5		

Les résultats de ces analyses montrent que les zones du plomb antimonié, quoique de nuances différentes, ont une composition fort analogue. Cette variation de couleur est du reste fréquente dans les minerais en couches testacées, elle se représente dans le zinc sulfuré, le plomb sulfuré, etc. Toutefois, la différence de pesanteur spécifique annonce un état d'aggrégation bien différent dans les deux variétés du minerai de Zamora.

La quantité d'oxygène de l'oxyde de plomb et de l'acide antimonieux est assez exactement dans la proportion de 1 : 4, comme dans l'antimoniate de plomb artificiel ; la formule qui caractériserait cette espèce paraît donc devoir être $PbSb^4$.

GENRE ÉTAIN.

ÉTAIN SULFURÉ.

Étain pyriteux; Or mussif natif; Zinnkies.

Cette combinaison d'étain n'a jusqu'à présent été trouvée que dans la mine de Huel-Rock, dans la paroisse de Sainte-Agnès en Cornouailles; on annonce qu'elle se présente en cristaux cubiques ayant des clivages parallèles aux faces de la forme primitive; ces cristaux, s'ils existent, sont au moins très-rares, je n'en ai pas vu dans les collections de Paris, et le cabinet de M. Turner, riche en cristaux, et surtout en cristaux provenant des mines de la Grande-Bretagne, n'en possède pas d'échantillons.

L'étain sulfuré est ordinairement en masse amorphe, grenue, ou ayant une disposition laminaire; son éclat est métallique, sa couleur est le gris jaunâtre, avec une teinte de vert. Sa pesanteur spécifique est de 43,50, sa dureté est 4 ; facile à entamer et à pulvériser, sa poussière est noire.

Exposé au chalumeau, l'étain sulfuré se fond aisément en laissant une scorie irréductible; il couvre le charbon d'une poussière blanche également irréductible. Soluble dans l'acide nitrique avec dégagement de gaz nitreux, et un précipité blanc immédiat.

La composition de ce minéral laisse encore quelque incertitude, du moins sous le rapport du rôle que joue chacun des éléments que donnent les analyses.

	Kudernatsch [1].	Klaproth [2].	Rapp. atom.	
Soufre.......	29,64	30,5	0,151	4
Étain.......	25,55	26,5	0,035	1 ?
Cuivre......	29,39	30,0	0,075	2
Fer.........	12,44	12,0	0,035	1 ?
	98,79	99,0		

[1] *Annales de Poggendorff*, t. XXXIX, p. 146.
[2] Beitrage, t. V, p. 228.

Ces analyses conduisent à considérer le sulfure d'étain comme un sulfure triple ; la manière la plus simple d'en associer les éléments est de les mettre sous la forme $SnS + FS + 2CuS$; M. Berzelius a adopté la formule $SnS + Cu^{6}S + FS^{2}$. Il y a été conduit par la supposition que les échantillons analysés sont composés d'un mélange de pyrite de fer Fs^{2} et de sulfure d'étain. L'homogénéité des échantillons que j'ai vus ne rend pas cette supposition nécessaire.

Analogies. — L'éclat métallique et la couleur d'un gris jaunâtre établiraient quelque ressemblance entre la *pyrite de fer*, la *pyrite de cuivre* et l'*étain sulfuré* ; toutefois les nuances sont si différentes qu'on ne saurait les confondre, quand on compare des échantillons de ces trois minerais. L'étain sulfuré donne au borax une teinte opaline que ne lui communiquent ni la pyrite cuivreuse ni la pyrite de fer ; ce dernier minéral fait feu au briquet, et produit au chalumeau une masse attirable à l'aimant.

ÉTAIN OXYDÉ.

Mine d'étain ; Pierre d'étain ; Zinnerz ; Zinnstein ; cassitérite (Beudant).

L'étain oxydé est le seul minerai d'étain ; sa pesanteur spécifique, qui est de 69,6, fait soupçonner qu'il contient un métal ; mais ses caractères extérieurs le rapprochent au contraire des substances pierreuses. Presque toujours cristallisé, on le trouve aussi en concrétions, qui ont reçu le nom d'*étain de bois*, par suite de leur structure à la fois fibreuse et en couches concentriques.

La forme primitive de l'étain oxydé est un prisme droit à base carrée, *fig.* 375, *pl.* 113, dans lequel le rapport d'un des côtés de la base est à la hauteur à peu près comme les nombres 3 : 2 ; sa pesanteur spécifique est 69,6. Sa dureté, 6,5, est très-peu inférieure à celle du quartz ; il étincelle par le choc du briquet ; sa couleur la plus habituelle est le brun foncé passant au noir ; souvent cependant l'oxyde d'étain est d'un brun jaunâtre clair ; on connaît aussi des échantillons d'un gris clair presque blanc; les variétés de teintes claires sont transparentes ou au moins fortement translucides. Les cristaux d'étain ont un éclat très-vif sur les faces et vitreux dans la cassure; celle-ci est inégale et conchoïde. Il existe parallèlement aux faces du pointement b^1 des clivages, sensibles sous une vive lumière; cette circonstance a conduit M. Haüy à prendre pour forme primitive l'octaèdre qui résulte de l'ensemble des faces b^1 prolongées.

Infusible au chalumeau, il est aussi très-difficile à réduire; avec la soude, il donne au contraire presque instantanément de l'étain métallique, surtout si on opère sur des minerais en poudre; insoluble dans les acides.

Sa composition est, d'après Klaproth [1] :

		Rapp.	
Etain	77,50	0,105	1
Oxygène	21,50	0,215	2
Oxyde de fer	0,25		
Silice	0,75		
	100,00		

Les cristaux sur lesquels a été faite l'analyse de Klaproth proviennent de la mine d'Artelnon dans le Cornouailles, et sont presque purs; souvent ils contiennent une certaine proportion d'oxyde de fer et d'oxyde de manganèse ; les cristaux de Finbo renferment en outre de l'oxyde de tantale, qui s'est élevé dans certains échantillons jusqu'à 12 pour cent ; mais ces mélanges n'altèrent pas la composition de ce minéral, qui est toujours composé d'un atome d'étain uni à deux atomes d'oxygène; ce que l'on représente par la formule $\ddot{S}n$.

Etain oxydé cristallisé. — On peut réunir les cristaux d'étain en deux groupes différents; les cristaux terminés par le pointement à quatre faces, obtus, *fig.* 376 à 384, *pl.* 113 et 114, et ceux qui sont surmontés d'un pointement à huit faces

[1] *Beitrage*, t. II, p. 245.

aiguës, *fig.* 385. L'examen des figures montre que les faces primitives sont rarement dominantes; c'est en général le prisme dérivé h^1, h^1, qui donne aux cristaux leur physionomie générale.

Fig. 376, *pl.* 113. Prisme carré dérivé h^1, portant des indices des faces M et surmontés du pointement obtus a^1; du Cornouailles.

Fig. 377. Même forme, dans laquelle les faces M n'existent pas; du Cornouailles.

Fig. 378. Prisme carré h^1, h^1, surmonté d'un pointement b^1, placé sur les angles ; de Zinnwald.

Fig. 379. Ces cristaux, abondants à la fois dans les mines du Cornouailles, de la Bohême et de la Saxe, offrent la réunion des deux prismes carrés M, et h^1, ainsi que des deux octaèdres a^1, et b^1 qui existent dans les cristaux précédents.

Fig. 380 et 381. Cristaux provenant de Monte-del-Rey en Espagne, remarquables par une troncature au sommet qui représente la base du prisme; ces cristaux, ainsi que celui représenté *fig.* 383, appartiennent à la collection de M. Heuland.

Fig. 382, *pl.* 114. Cristaux appartenant à la même forme que la *fig.* 379, mais ayant en outre des faces h^2 placées sur les arêtes d'intersection de M et de h^1. Ces deux variétés de forme sont également fréquentes; la multiplicité des faces verticales leur donne une disposition cannelée.

Fig. 384. Prisme à huit faces h^2, surmonté du pointement a^1; Les arêtes d'intersection du prisme et du pointement portent de petites facettes i disposées en zigzag, et données par un décroissement intermédiaire dont la loi est $i = (h^1 b^{1/2} b^{1/3})$.

Fig. 385. Cristaux aigus résultant de la forme précédente, dans laquelle les faces i ont acquis leur limite et ont fait disparaître le pointement a^1. On les trouve principalement isolés dans une espèce d'argile décomposée qui existe dans certains filons du Cornouailles. Les échantillons désignés sous le nom d'*étain en aiguilles*, *needle tin*, appartiennent à cette variété de cristaux.

Fig. 386. Même variété, surmontée du double pointement a^1 et b^1.

Fig. 387, *pl.* 115. Cristaux analogues à la figure 382, ayant en outre des faces $a_{1/3}$, qui, étant placées d'une manière symétrique sur les angles, sont au nombre de huit sur chacune des bases.

Les cristaux que l'on vient de décrire sont très-rarement simples. La plupart des échantillons d'étain oxydé sont des macles produites par l'accolement de deux cristaux, parallèlement à une des faces b^1. Les *fig.* 388, 389 et 390 montrent les associations les plus fréquentes; c'est surtout la forme 389 qui domine; elle n'est, du reste, que la reproduction de l'association de deux cristaux représentés *fig.* 379, *pl.* 113.

L'angle rentrant est désigné généralement sous le nom de *bec d'étain;* sa présence, jointe à la grande pesanteur spécifique de ce minéral, devient un caractère de distinction tellement saillant, qu'il suffit presque toujours pour la reconnaissance des échantillons d'étain oxydé.

Angles principaux de l'étain oxydé.

P sur M	= 90°.	M sur M	= 90°.
M sur h^1	= 135°.	M sur h^2	= 154° 26′.
M sur $h^{3/2}$	= 146° 18′ 30″.	h^1 sur $h^{3/2}$	= 168° 42′.
P sur b^1	= 146° 6′.	M sur b^1	= 123° 54′.
P sur a^1	= 136° 28′.	a^1 sur b^1	= 150° 51′.
P sur $b^{1/3}$	= 116° 23′.	M sur $b^{1/3}$	= 153° 27′.
h^1 sur b^1	= 113° 14′.	b^1 sur b^1	= 133° 32′ 40″.
a^1 sur a^1	= 92° 55′.	b^1 sur b^1	= 67° 48′.
a^1 sur a^1	= 121° 42′.	$b^{1/3}$ sur $b^{1/3}$	= 140° 17′.
$b^{1/3}$: $b^{1/3}$	= 101° 23′ 20″.	$b^{1/3}$ sur $b^{1/3}$	= 52° 46′.
P sur $a^{5/3}$	= 150° 18′ 30″.	h^1 sur $a^{5/3}$	= 119° 41′ 30″.
a^1 sur $a^{5/3}$	= 166° 9′.	$a^{5/3}$ sur $a^{5/3}$	= 138° 59′ 40″.
P sur $a^{2/5}$	= 112° 50′.	$a^{5/3}$ sur $a^{5/3}$	= 59° 23′.
g^1 sur $a^{2/5}$	= 157° 11′.	$a^{2/5}$ sur $a^{2/5}$	= 98° 39′.
a^1 sur $a^{2/5}$	= 156° 22′.	$a^{2/5}$ sur $a^{2/5}$	= 134° 21′.
P sur $a_{1/3}$	= 144° 41′ 30″.	M sur $a_{1/3}$	= 123° 15′.
b^1 sur $a_{1/3}$	= 169° 28′.	M sur $a_{1/3}$	= 100° 32′.
P sur $(h^1 b^{1/2} b^{1/3})$	= 112° 26′.	a^1 sur $a_{1/3}$	= 161° 23′.
M sur $(h^1 b^{1/2} b^{1/3})$	= 129° 44′.	$(h^1 : b^{1/2} b^{1/3})$	= 159° 7′.
b^1 sur $(h^1 b^{1/2} b^{1/3})$	= 138° 14′.	$(h^1 . b^{1/2} b^{1/3})$	= 118° 18′.
a^1 sur $(h^1 b^{1/2} b^{1/3})$	= 153° 22′ 20″.	$(h^1, b^{1/2} b^{1/2})$	= 155° 1′.

Etain oxydé concrétionné.— Etain de bois. — Cette variété est en masses mamelonnées, réniformes, ou en rognons ovoïdes. Leur couleur est tantôt d'un brun clair, tantôt d'un brun noirâtre; leur surface est quelquefois veinée. Leur intérieur est composé de fibres déliées, qui divergent en partant d'un centre commun. La succession des couches dont est formée la concrétion est indiquée par les différentes teintes de jaune et de brunâtre qu'elles présentent. Ces dispositions des fibres et cette variation dans leurs couleurs ont quelque analogie avec les couches ligneuses qui se montrent dans la coupe des arbres.

Analogies. — L'étain oxydé ressemble par sa couleur et même par sa forme à plusieurs minéraux ; les principaux sont l'*idocrase brune*, le *zircon*, le *zinc sulfuré*, les *tantalites* et le *schéelin ferruginé*. La pesanteur spécifique considérable de l'étain oxydé suffit pour le distinguer immédiatement des trois premiers minéraux, dont les poids spécifiques sont 33, 44 et 41 au lieu de 69. Les tantalites sont moins durs ; ils rayent à peine le verre et sont rayés par une pointe d'acier. Le meilleur caractère est le chalumeau ; l'étain oxydé donne de l'étain métallique avec la soude, et produit avec le borax un émail blanc opalin. Les tantalites colorent le borax en vert jaunâtre comme l'oxyde de fer : quant au schéelin ferruginé, il est très-lamelleux et facilement fusible.

Gisement. — L'étain oxydé paraît être un des minerais les plus anciennement formés. Il se trouve en filons, en amas et en stockwerks dans les granites les plus anciens ainsi que dans les terrains de transition. Lorsque, dans une contrée stannifère, il existe des filons appartenant à des ordres différents, tels que des filons de cuivre ou de plomb, ainsi que cela a lieu en Saxe et en Cornouailles, les filons d'étain sont toujours coupés et même rejetés par les filons des autres minerais, ce qui indique leur antériorité sur chacun d'eux.

Les principales exploitations d'étain oxydé sont situées dans le comté de Cornouailles en Angleterre, à Altenberg en

Saxe, à Zinnwald et Schlackenwalder en Bohême, à Banka dans les Indes. Il existe de l'étain oxydé dans beaucoup d'autres localités, mais ce minerai n'y donne lieu qu'à des exploitations peu importantes, ou même il y est sans emploi utile. En France il a été reconnu dans trois localités différentes, à Vaulry, près Limoges, dans le département de la Haute-Vienne, à Pyriac, près Nantes, dans le département de la Loire-Inférieure, enfin à la Vilder, dans le Morbihan. Les recherches qui ont été faites sur ces trois points ont appris que les gisements sont analogues à ceux du Cornouailles et de la Saxe; le minerai n'y est pas assez abondant pour qu'on puisse y entreprendre des exploitations utiles.

Outre le gisement de l'étain en filons ou en amas, il existe dans la plupart des contrées stannifères une troisième manière d'être de l'oxyde d'étain, qui est une conséquence des deux autres : c'est le *minerai d'alluvion* ou de *lavage* (*stream works*). L'oxyde d'étain, par sa grande pesanteur spécifique, s'est constamment rassemblé dans les parties les plus basses des alluvions qui comblent certaines vallées; il résulte de cette disposition qu'on peut l'exploiter à un prix assez modéré, quand le terrain d'alluvion n'a pas une épaisseur considérable. Effectivement, dans le Cornouailles, en Saxe et en Bohême, il y a des *streamworks* exploités; l'étain qu'ils produisent est très-recherché à cause de sa grande pureté : cette pureté tient à ce que les sulfures de fer et de cuivre et surtout le fer arsenical, qui accompagnent le minerai d'étain dans les filons et nuisent à la qualité du métal qu'on en retire, ont été détruits par les décompositions successives qu'ils ont éprouvées, et entraînés ensuite par l'eau, à l'état de sels.

La production de l'étain de lavage en Saxe et en Cornouailles, quoique assez considérable, est cependant très-faible relativement à la quantité totale d'étain que ces deux contrées versent dans le commerce. Mais on prétend que l'étain de Banka, si renommé dans les arts, est obtenu exclusivement des stream works. Si cette opinion, généralement admise, est vraie, il faut en conclure nécessairement que les gisements de l'étain dans l'Inde doivent être extrêmement étendus, puisque les alluvions auxquelles ils ont donné lieu sont elles-mêmes si productives.

GENRE BISMUTH.

BISMUTH NATIF.

Gediegen wismuth ; Bismuth (Beudant).

L'état natif est la manière d'être la plus habituelle du bismuth. Sa couleur est le blanc d'étain avec une nuance rougeâtre. Son éclat est métallique. On le trouve le plus ordinairement en masses lamellaires ou au moins laminaires. Il possède des clivages faciles parallèles aux faces de l'octaèdre régulier; quelques échantillons sont sous forme ramuleuse ou dendritique; lorsque les dendrites ont une certaine dimension, on aperçoit encore le tissu lamelleux. Quelquefois elles sont croisées sous l'angle de 60 degrés, propre au rhomboèdre formant la molécule intégrante de l'octaèdre régulier.

La cassure du bismuth natif est éminemment lamelleuse ; il est aigre et cassant. Sa dureté est représentée par 2,50 ; il est rayé par la chaux carbonatée. Sa pesanteur spécifique est de 97,37. Soluble avec effervescence dans l'acide nitrique, l'addition d'une petite quantité d'eau le précipite de sa dissolution. Fusible à la simple flamme d'une bougie ; exposé à l'action du chalumeau, il se volatilise et donne un oxyde jaune qui couvre le charbon.

Souvent le bismuth natif est mélangé de matières étrangères. Dans quelques localités il est argentifère : l'essai au chalumeau donne alors un petit bouton d'argent. La plupart des échantillons de Schneeberg contiennent de l'arsenic. Dans quelques-uns, la proportion de ce métal s'élève jusqu'à 30 pour 100. M. Thomson en a analysé une variété qui contenait 38,092 d'arsenic, 55,913 de bismuth, 6,321 de fer. Il l'a décrite sous le nom de *bismuth arsenical*. Haüy a distingué sous le nom de *bismuth arsénifère* ces alliages en proportions variables. Ils sont ordinairement beaucoup moins blancs que le bismuth natif, et ils donnent au chalumeau une odeur alliacée d'autant plus prononcée qu'ils contiennent davantage de bismuth.

Le bismuth cristallise avec la plus grande facilité par la fusion. Les cristaux que l'on obtient, souvent forts distincts, sont des prismes droits à base carrée, dont la hauteur est généralement plus grande que le côté de la base. Les faces présentent des cavités pyramidales en forme de gradins, disposés parallèlement aux bords du prisme. Ils se clivent très-facilement, comme le bismuth natif, suivant les faces de l'octaèdre régulier.

Le bismuth natif accompagne ordinairement d'autres substances métalliques dans les filons où il ne joue, en quelque sorte, qu'un rôle accessoire. Ces substances sont principalement le cobalt arsenical, l'argent natif, et plus rarement le plomb sulfuré. A Bieber dans le Hanau, il est associé au cobalt ; à Wittichen il est encore avec le cobalt et avec de l'argent natif ; à Schneeberg en Saxe, il accompagne également le cobalt. C'est dans cette dernière localité que se trouve la variété ramuleuse engagée dans un quartz jaspe brunâtre.

BISMUTH SULFURÉ.

Wismuth glanz ; Bismuthine (Beudant).

Ce minéral, dont l'éclat métallique est en général fort brillant, est d'un gris de plomb, gris d'acier ; il est le plus ordinairement en cristaux aciculaires imparfaits, engagés soit dans le quartz des filons dans lesquels il existe, soit dans les substances métalliques qu'il accompagne ; on connaît aussi des masses lamellaires d'un blanc d'étain éclatant, qui proviennent de Giellebeck, près Dramen en Norwège, et de Talca au Chili; dans ces deux localités elles sont associées avec du cuivre pyriteux.

Ces masses lamelleuses ont des clivages faciles sous l'angle de 91 degrés, ce qui conduit à adopter, pour forme primitive du bismuth sulfuré, un prisme rhomboïdal droit. Les aiguilles cristallines que l'on connaît ne portent aucune modification, et elles sont trop irrégulières pour qu'on puisse assurer quelle est la nature du prisme.

La cassure du bismuth sulfuré est éclatante et légèrement conchoïdale; très-tendre, il est rayé par la chaux carbonatée; sa pesanteur spécifique est 65,49; soluble sans effervescence dans l'acide nitrique à froid; fusible à la flamme d'une bougie; au chalumeau, le bismuth sulfuré projette des gouttelettes incandescentes, et dépose sur le charbon de l'oxyde de bismuth dont la couleur est le jaune roussâtre.

La composition du bismuth sulfuré est, d'après les analyses suivantes, d'un atome de bismuth pour un atome de soufre; elle est donc représentée par la formule BiS.

	Du Cornouailles [1], par Warrington.	De Retzbanya [2], par Wehrle.	De Riddarhyttan [3], par H. Rose.	Rapp.	
Bismuth.......	72,49	80,96	80,98	0,0901	1
Soufre........	20,00	18,28	18,72	0,0930	1
Fer...........	3,70				
Cuivre........	3,81	99,24			

Le bismuth sulfuré admet beaucoup de mélanges; souvent on a fait de chacun d'eux des espèces particulières, mais la forme cristalline n'en est pas changée, en sorte que je les décris à la suite, comme de simples variétés que l'analyse peut seule faire connaître.

Bismuth sulfuré plombo-cuprifère. — En cristaux aciculaires déliés contournés, avec une teinte jaunâtre. La disposi-

[1] *Philosophical Magazine*, ann. IX, p. 29.
[2] Baumgartner's Zeitschrift, X.
[3] Gilbert's, ann. LXXII, p. 190.

tion aciculaire que possède cette variété l'a fait désigner par les minéralogistes allemands sous le nom de *nadelerz*. Les clivages difficiles que l'on y aperçoit se rapportent à ceux du bismuth sulfuré; plus dur que ce dernier minéral, il est rayé par la chaux fluatée; sa pesanteur spécifique est 61,25. Il se dissout avec effervescence dans l'acide nitrique; au chalumeau, le soufre se dégage, la substance fond et donne un bouton de plomb cuprifère; les différents échantillons connus proviennent de la mine de Klutscheffsky, près Beresof en Sibérie.

Les analyses qui en font connaître la composition ont donné :

	Par John [1].	Par Frick [2]. I.	Par Frick [2]. II.	Rapp.	
Bismuth.......	43,20	34,62	36,45	0,0410	3
Plomb........	24,32	33,69	36,05	0,0270	2
Cuivre........	12,10	11,70	10,59	0,0267	2
Soufre.........	11,58	16,05	16,61	0,0826	6
Nickel........	1,58				
Tellure.......	1,32				
	99,10	98,15	99,70		

La dernière analyse conduit presque exactement à la formule $\mathit{Cu}S + 2\mathit{Pb}S + 3\mathit{Bi}S$, qui est adoptée pour le nadelerz. Cette formule assez complexe serait très-éloignée de l'analyse de John, qui contient 43 de bismuth; cette différence de composition se réunit à l'identité de forme pour considérer ce minéral comme du bismuth sulfuré.

Bismuth sulfuré plumbo-argentifère. — Cette variété forme encore des aiguilles cristallines implantées dans une gangue siliceuse; on en connaît en outre des échantillons provenant de la mine de Friedrich Christian, près de Schapbach, dans la principauté de Fürstenberg, qui constituent de petites masses amorphes, disséminées dans du quartz et asso-

---

[1] John's, *N. chemic. unter*, 216.
[2] *Annales de Poggendorff*. ann. XXXI, p. 529.

ciées au cuivre pyriteux. Ce minéral est d'un blanc d'étain, ou d'un blanc grisâtre; il fond aisément au chalumeau et donne un bouton d'argent.

Bismuth sulfuré cuprifère. — Ce minéral est décrit comme espèce dans la plupart des minéralogies allemandes sous le nom de *kupfer-wismutherz;* il est en aiguilles cristallines ou en filaments déliés formant de petits nids ; il est d'un gris d'acier passant au blanc d'étain; son éclat est métalloïde; il est difficile de tirer de son analyse autre chose qu'un mélange de sulfure de bismuth et de sulfure de cuivre.

Les analyses de ces deux dernières variétés ont donné :

Wismuth Silbererz, par Klaproth [1].		Kupfer wismutherz, par Klaproth [2].	
Bismuth	27,0	Bismuth	47,24
Plomb	33,0	Cuivre	31,66
Argent	15,0	Soufre	12,58
Fer	4,3		91,48
Cuivre	0,9		
Soufre	16,3		
	96,5		

Analogies. — Le bismuth sulfuré présente de la ressemblance avec le *bismuth natif*, le *plomb sulfuré*, l'*antimoine sulfuré*, la *zinkénite*, et la *Jamesonite;* le bismuth natif se dissout dans l'acide nitrique avec effervescence de gaz nitreux, tandis que le bismuth sulfuré s'y dissout lentement : ce caractère le rapprocherait au contraire des minerais d'antimoine, qui se trouvent dans le même cas; mais ceux-ci donnent par l'acide nitrique un résidu d'acide antimonieux, tandis que les minerais bismuthifères, solubles en entier dans cet acide concentré, ne produisent de précipité que par une addition d'eau. Les vapeurs abondantes que l'antimoine sulfuré, la zinkénite et la Jamesonite donnent au chalumeau fournissent aussi un caractère de distinction.

[1] Beitrage, t. II, p. 291.
[2] *Idem,* t. IV, p. 91.

BISMUTH OXYDÉ.

Fleur de bismuth; Wismuthblüthe; Wismuthocker.

Ce minéral, dont l'aspect est terreux, est d'un jaune verdâtre; très-tendre et même friable, fusible sur la feuille de platine, très-facilement réductible sur le charbon; attaquable par l'acide nitrique sans dégagement de gaz nitreux; sa pesanteur spécifique est de 4,36 : sa composition est celle de l'oxyde de bismuth. La seule analyse que l'on possède a été faite par Lampadius [1], elle lui a donné :

Oxyde de bismuth.......	86,3
Oxyde de fer............	5,2
Acide carbonique........	4,1
Eau..................	3,4

C'est un oxyde de bismuth mélangé d'un peu de carbonate de fer.

Cette matière se trouve en petites masses pulvérulentes, ou en enduits sur les minerais de bismuth, et paraît être le résultat de leur altération; on en possède de Schneeberg en Saxe, de Joachimsthal en Bohême, de Beresof en Sibérie, et de Sainte-Agnès en Cornouailles.

BISMUTH CARBONATÉ.

Ce minéral, trouvé à Sainte-Agnès dans le Cornouailles et dont Mac-Grégor a donné une analyse, a été indiqué récemment par MM. Breithaupt et Platner [2] dans les mines de Schneeberg et de Johann-Georgenstadt. Il y accompagne le bismuth natif et le bismuth sulfuré, et paraît, comme l'oxyde de bismuth, le produit de l'altération de ces minerais. Il est friable, peu dur, à cassure conchoïde ou inégale, et de couleur jaune serin, jaune de paille, gris pâle ou vert foncé; sa pesanteur spécifique est de 68 à 69. Les échantillons de Schneeberg et

[1] *Handbuch zur chemie*, p. 286.

[2] *Annales de Poggendorff*. 1841, n° 8, p. 627.

de Georgenstadt consistent en carbonate de bismuth, mêlé de carbonate de fer, de carbonate de cuivre et d'un peu de sulfate de bismuth. Celui de Cornouailles est, d'après Mac-Grégor, composé de :

		Oxyg.
Acide carbonique......	51,30	37,14
Oxyde de bismuth......	28,80	2,87
Oxyde de fer..........	2,10	
Alumine.............	7,50	
Silice................	6,70	
Eau..................	3,60	

Cette analyse donne environ 13 atomes d'acide carbonique pour 1 d'oxyde de bimuth ; rapport qui ne s'accorde avec aucune combinaison connue, mais qui annonce cependant avec certitude la présence du carbonate de bismuth dans les échantillons du Cornouailles.

BISMUTH SILICATÉ.

Wismuth blende; Arsenik wismuth; Kieselweismuth.

Le silicate de bismuth est ordinairement cristallisé; sa forme, d'après M. Breithaupt[1], auquel nous devons la description de ce minéral, est un tétraèdre régulier (109° 28′) portant sur chacune de ses faces une pyramide triangulaire, *fig.* 391, *pl.* 115, dont les angles sont de 146° 26′. Il existe aussi d'autres dodécadères différents par les angles de celui qu'on vient d'indiquer; la *fig.* 392 représente la position de l'un d'eux, qui naît par des troncatures triples placées sur les angles du tétraèdre. Les cristaux sont demi-transparents, quelquefois opaques; leur éclat est assez vif; leur couleur est un brun clair ou un jaune de cire; la poussière est d'un gris jaunâtre; fragile; la dureté du silicate de bismuth varie de 5 à 5,5; sa pesanteur spécifique est comprise entre 59,6 à 66.

Chauffé dans un tube, il décrépite en donnant une trace

[1] *Annales de Poggendorff*, t. IX, p. 275.

d'eau ; au chalumeau il fond en une masse de couleur noire ; le charbon se recouvre d'une poussière jaune d'oxyde de bismuth ; avec le carbonate de soude, il fond aisément en un bouton d'abord d'un vert jaunâtre, qui passe au rouge jaunâtre.

Les éléments sont, d'après Kersten [1].

		Oxyg.
Silice	22,23	11,65
Oxyde de bismuth	69,38	10,05
Acide phosphorique	3,31	
Oxyde de fer	2,40	
Oxyde de manganèse	0,30	
Eau et acide fluorique	1,01	
	98,63	

Kersten suppose qu'une certaine proportion d'oxyde de bismuth est combinée avec l'acide phosphorique, et qu'il existe en outre dans ce minéral du bismuth à l'état de fluorure, il en conclut la formule $6\dddot{Bi}\,\dddot{S}^{2} + (\dddot{Bi}, \dddot{Fe})\,\ddot{\dddot{P}} + Bi\,Fl$.

Le silicate de bismuth provient de Schneeberg, où il est associé aux autres minerais de bismuth.

Analogies. La forme, les clivages dodécaèdres du silicate de bismuth, et même sa couleur lui donnent une assez grande ressemblance avec le zinc sulfuré ; on distinguera ces deux minéraux par la pesanteur spécifique, la dureté, et surtout par l'action du chalumeau. Le zinc sulfuré est infusible, tandis que le silicate de bismuth donne un émail noir.

GENRE URANE.

URANE OXYDULÉ.

Pechblende ; Uranerz ; Uran pecherz ; Pechurane (Beudant).

A l'époque où ce minéral a été désigné sous le nom d'urane oxydulé, on décrivait en minéralogie deux oxydes différents ; l'un d'eux a été reconnu plus tard par Phillips pour du phosphate d'urane, mais celui-ci est toujours resté l'oxydule pour la chimie ; il est en masses d'un noir brunâtre, dont l'intensité

[1] *Annales de Poggendorff.* t. XXVII, p. 81.

de couleur correspond à sa pureté; souvent concrétionné, on aperçoit des mamelons à sa surface, avec une cassure grossièrement testacée; son éclat est métalloïde, luisant et résineux; c'est à ce dernier caractère que sont empruntés les expressions allemandes de *pechblende* et *uranpecherz* qui le désignent généralement. Sa dureté est de 5,5 ; rayé avec une pointe d'acier, il donne une poussière brune analogue à celle de la masse. Sa pesanteur spécifique varie de 63,5 à 64,68.

Infusible au chalumeau, il colore la flamme en vert; avec le borax, il se transforme par la fusion en un verre jaune sombre qui devient vert sale au feu de réduction; soluble dans l'acide nitrique en commençant par y faire effervescence il y passe au maximum d'oxydation.

	Noir de Johachimsthal, par Klaproth [1].	Résineux éclatant de Johanngeorgenstadt, par Pfaff [2].
Urane oxydulé.....	86,50	84,52
Protoxyde de fer...	2,50	8,24
Plomb sulfuré.....	6,00	4,20
Silice..............	5,00	2,02
Oxyde de cobalt....	»	1,42
	100,00	100,46

Les analyses de l'oxydule d'urane ont donné :

		Rapp.	
Urane.........	96,44	0,0345	1
Oxygène......	3,56	0,0356	1

Sa formule est donc $\dot{U}$.

L'urane oxydulé accompagne le cobalt arsenical, l'argent sulfuré et l'arsenic natif; on le trouve principalement dans les mines de la Bohême et de la Saxe.

Analogies. — La nature de ce minéral a été longtemps ignorée par suite de sa ressemblance avec le *zinc sulfuré;* c'est même à cette ressemblance que le mot *pechblende* fait allusion, en exprimant son éclat résineux. La pesanteur spéci-

[1] Beitrage, t. II, p. 297.
[2] *Journal de Schweigger*, t. XXXV, p. 326.

fique considérable de l'urane oxydulé est un caractère saillant pour le distinguer du zinc sulfuré, dont le poids spécifique est 40; ce dernier minéral est en outre très-lamelleux. L'urane oxydulé présente encore de l'analogie avec le *schéelin ferruginé* et le *fer chromé;* le premier de ces minéraux est lamelleux dans un sens; il fond en outre au chalumeau en une boule noire à sa surface cristalline. Quant au fer chromé, sa pesanteur spécifique est seulement de 45; infusible au chalumeau, il y devient attirable à l'aimant, et il communique au borax une belle couleur vert émeraude.

URANE OXYDÉ HYDRATÉ.

Uranocker; Uranblüthe; Uraconise (Beudant).

On désigne sous ce nom une matière jaune pulvérulente, qui accompagne les échantillons d'urane oxydulé et qui provient de leur altération. Elle donne de l'eau par la calcination: elle est attaquable par les acides, et la liqueur que l'on obtient offre les réactions de l'urane. La quantité d'eau qu'elle contient est inconnue, ce qui a conduit M. Beudant à adopter la formule $\ddot{U} + x\,Aq$, représentée en poids par

Urane.........	94,76
Oxygène.......	5,24
Eau...........	x
	100 + x

Gummierz. — Pechuran hyacinthe. — C'est peut-être à l'urane oxydé hydraté, et comme le type de l'espèce, qu'on devrait rapporter le minéral décrit par Breithaupt sous le nom de *gummierz*, dont Kersten nous a fait connaître la composition [1]. Il est amorphe, à cassure conchoïde, résineuse, assez éclatante. Peu dur, il se brise entre les doigts; sa pesanteur spécifique est de 39 à 42.

[1] *Journal de Schweigger*, t. LXVI, p. 18.

L'analyse a donné :

		Oxyg.
Peroxyde d'urane...	72,00	3,77
Chaux..............	6,00	1,68
Oxyde de manganèse	0.05	
Acide phosphorique..	2,30	1,29
Silice..............	4,26	2,11
Eau................	14,75	13,11
Acide arsén. et fluor.	traces.	
	99,36	

Kersten a tiré de cette composition la formule $\dot{C}a^3 \ddot{\overline{P}} + 4 \ddot{\overline{U}} \dot{H}^9$.

En admettant une perte d'eau extrêmement légère, et que le phosphate de chaux soit à l'état de mélange, on représente les éléments du gummierz par la formule $\ddot{\overline{U}} + 4 Aq$, qui exprime que ce minéral est un hydrate de peroxyde d'urane contenant quatre atomes d'eau.

La différence entre la poussière jaune pulvérulente serait alors due à une altération analogue à celle que présentent les sels qui s'effleurissent à l'air, et perdent une partie de leur eau de cristallisation.

URANE PHOSPHATÉ.

Urane oxydé ; Uranate de chaux ; Uranglimmer ; Grunes uranerz ; Torbérite ; Uranite et Chalkolite (Beudant).

Cette espèce a été décrite sous le nom d'*urane oxydé,* jusqu'au moment où Phillips a montré qu'elle contenait de l'acide phosphorique, et par suite qu'elle appartenait à un phosphate d'urane. L'oxyde d'urane et l'acide phosphorique ne sont pas les seuls éléments constitutifs de ce minéral : on y trouve tantôt du phosphate de chaux, tantôt du phosphate de cuivre, qui se substituent dans la même proportion atomique. Cette substitution est accompagnée d'un changement de couleur remarquable. Le phosphate double d'urane et de chaux est d'un vert serin ; le phosphate double d'urane et de cuivre est d'un beau vert émeraude. Cette différence dans la couleur se joint à une variation dans la pesanteur spécifique, qui est de 31,20 pour la première variété, et de 33,30 pour la seconde; cette double circonstance a conduit M. Beudant et la plupart des minéralogistes à faire deux espèces de phosphate d'urane, sous les noms d'*uranite* et de *chalkolite*. Les différences de caractères extérieurs que je viens de signaler, quelque importantes qu'elles soient, ne me paraissent pas de nature à entraîner nécessairement cette division, la cristallisation du phosphate jaune et du phosphate vert étant identique, et leur composition atomique étant la même avec la substitution que je viens d'indiquer. La composition de l'urane phosphaté résulte des analyses suivantes :

	Uranite d'Autun, par Laugier[1],	Berzelius[2].	Oxyg.	Rapp.	Chalkolite du Cornouailles, par Phillips[3],	Berzelius.	Oxyg.	Rapp.
Acide phosphorique..	14,5	14,63	8,19	5	16,0	15,57	8,71	5
Peroxyde d'urane...	55,0	59,37	3,11	2	60,0	60,25	3,15	2
Chaux.............	4,6	5,66	1,59	1	»	»		
Magnésie	»	0,19	Ox. de cuivre		9,0	8,44	1,70	1
Silice et oxyde de fer	3,0	»						
Baryte............	»	1,50						
Oxyde de zinc......	»	0,06						
Eau...............	21,0	14,90	13,24	8	14,5	15,05	13,30	8

Elles donnent pour expression :

Uranite..... $Ca^2 P^5 + U^4 P^5 + 16Aq$.
Chalkolite... $Cu^2 P^5 + U^4 P^5 + 16Aq$.

L'urane phosphaté est très-fragile. Sa dureté est égale à 2; il s'écrase entre les doigts. Sa cassure est éminemment lamelleuse parallèlement à la base : cette propriété a fait comparer la variété verte à certains micas. Fusible au chalumeau, il donne de l'eau par calcination ; soluble avec facilité dans l'acide nitrique. La variété verte présente les réactions du cuivre.

[1] *Annales de chimie et de physique*, t. XXIV, p. 239.
[2] *Annales de Poggendorff*, ann. 1, p. 374.
[3] *Annales de philosophie*, décembre 1822, p. 409. Janvier 1823, p. 57.

La forme primitive de l'urane phosphaté est un prisme à base carrée, *fig.* 393, *pl.* 116, dans lequel le rapport entre un des côtés de la base et la hauteur est à peu près celui des nombres 4 : 5.

La variété verte est généralement cristallisée d'une manière plus distincte que la variété jaune : cependant on possède de petits cristaux d'urane phosphaté jaune assez nets de Saint-Yrieix, près de Limoges, dont la forme est celle de la *fig.* 398.

Fig. 394. Primitif portant une bordure $b^{5/2}$ sur les arêtes; de Joachimsthal en Bohême. Souvent cette bordure est très-étroite, et on ne l'observe que par le miroitement de la lumière : quelquefois elle empiète fortement sur les faces, et transforme les cristaux en tables minces biselées, *fig.* 395, comme à Gunnislake en Cornouailles. M. Lévy cite des cristaux de cette nature donnés par les lois b^1, b^2, $b^{1/2}$. Je n'ai observé d'échantillons que des modifications $b^{1/2}$ et $b^{3/2}$. Cette dernière est de beaucoup la plus fréquente.

Fig 396. Cristaux de Gunnislake portant le double biseau $b^{1/2}$ et $b^{5/2}$.

Fig. 398. Très-petits cristaux jaunes de Saint-Yrieix, avec des faces $a^{4/5}$ placées d'une manière symétrique sur les angles.

Fig. 399. Cristaux verts du Cornouailles, portant les mêmes facettes $a^{4/5}$ et $b^{5/4}$ que ceux de Saint-Yrieix, mais ayant en outre des facettes h^1 placées sur les arêtes latérales.

Fig. 400. Cette forme, qui appartient encore à des échantillons de Gunnislake, se compose des facettes P, M, h^1, $b^{1/2}$ et $b^{3/2}$. Les *fig.* 399 et 400 représentent des cristaux de la collection de M. Turner. On remarquera que les figures 398 et 399 se rapportant, la première à des cristaux d'*uranite*, et la seconde à des cristaux de chalkolite, ont les mêmes facettes $a^{4/5}$.

Angles principaux.

P	sur M	= 90°.	M	sur M	= 90°.
P	sur h^1	= 90°.	M	sur h^1	= 135°.
P	sur $b^{1/2}$	= 111° 45'.	M	sur $b^{1/2}$	= 158° 15'.
P	sur b^1	= 128° 35'.	M	sur b^1	= 141° 25'.

P sur $b^{3/2}$	= 140° 7′.		M sur $b^{3/2}$	= 128° 53′.	
P sur b^{2}	= 147° 56′.		M sur b^{2}	= 122° 4′.	
P sur $a^{4/3}$	= 115° 38′ 30″.		h^{1} sur $a^{4/3}$	= 154° 21′ 30″.	
P sur $a^{8/3}$	= 133° 50′.		h^{1} sur $a^{8/3}$	= 136° 10′.	
$b^{1/2}$ sur $b^{1/2}$	= 97° 43′.		b^{1} sur b^{1}	= 112° 54′.	
$b^{3/2}$ sur $b^{3/2}$	= 127°.		b^{2} sur b^{2}	= 135° 54′.	
$a^{4/3}$ sur $a^{4/3}$	= 100° 48′.		$a^{8/3}$ sur $a^{8/3}$	= 118° 40′.	

M. Lévy, auquel j'emprunte ces incidences dans des notes manuscrites sur la collection de M. Turner, annonce que malgré la complication des faces $a^{4/3}$, $a^{8/3}$, ces modifiations lui paraissent déterminées avec exactitude, les angles qu'il a obtenus concordant d'une manière remarquable avec ceux de Phillips.

Analogies. — Les couleurs et la disposition éminemment lamelleuse, presque foliacée de l'urane phosphaté, caractérisent d'une manière nette l'une et l'autre variété. Toutefois la variété verte, quand ses formes ne sont pas marquées, est identique par la couleur, le clivage, et même pour la gangue sur laquelle elle est placée, au cuivre arséniaté rhomboédrique. Lorsque les cristaux sont prononcés, la distinction est facile, le cuivre arséniaté cristallisant en lames hexagonales, tandis que la coupe de l'urane phosphaté est carrée. Quand il n'existe aucune forme distincte, le chalumeau fait connaître la présence de l'arsenic et révèle la nature de l'échantillon.

URANO-TANTALE.

L'urano-tantale se trouve en grains aplatis, qui présentent des traces de cristallisation; leur grosseur, assez variable, est au plus celle d'une noisette. Ils sont d'un noir velouté, à cassure brillante et imparfaitement métallique, opaques, et à poussière d'un brun rougeâtre; la dureté de ce minéral est intermédiaire entre celle de l'apatite et du feldspath; sa pesanteur spécifique est de 56,25.

Chauffé dans un tube, l'urano-tantale décrépite, laisse dégager de l'eau, brûle comme la gadolinite et se fond en un verre noir; avec le borax, il donne un verre jaune dans la flamme extérieure, et vert jaunâtre dans la flamme intérieure. Avec le sel de phosphore il fond en un verre de couleur émeraude ; avec la soude, on obtient la réaction du manganèse. Les autres réactifs y indiquent la présence de l'urane et du tantale ; celui-ci se décèle par la propriété que possède le verre de borax de devenir opaque au flamber.

Réduit en poudre, ce minéral se dissout complétement, quoique lentement, dans l'acide hydrochlorique ; la liqueur verdâtre, étendue d'eau, se trouble par l'addition de l'acide sulfurique, et donne un précipité blanc, volumineux, qui caractérise l'acide tantalique. M. Gustave Rose [1], auquel nous empruntons ces essais, en conclut que c'est vraisemblablement un tantalate de protoxyde d'urane.

L'urano-tantale provient des monts Ilmen, près de Miask, dans l'Oural ; il est disséminé dans un feldspath brun rougeâtre, et associé avec l'œschinite cristallisée.

URANE SULFATÉ.

Urane-vitriol.

Ce sel est le produit d'une double action chimique. Il est soluble dans l'eau, et il forme de petites aiguilles cristallines d'un beau vert d'herbe. Il donne à la fois les réactions de l'urane et du cuivre. Il est dès lors probable que le sulfate d'urane est mélangé de sulfate de cuivre, mélanges si fréquents pour les sulfates. Il provient des mines de Joachimsthal, en Bohême, où l'on trouve l'urane oxydulé.

URANE SOUS-SULFATÉ.

Johannite.

Ce minéral est d'un brun jaunâtre, à cassure quelquefois résineuse, le plus souvent terreuse ; insoluble dans l'eau ; très-fragile à la manière du fer résinite. Sa pesanteur spécifique est de 3,19. Il donne de l'eau par calcination, attaquable par

[1] *Annales de Poggendorff*. t. XLVIII, p. 555.

les acides ; la liqueur qui en résulte précipite en rouge-brun par l'hydrocyanate ferruginé de potasse.

Cette matière, reconnue par John, dans la mine de Joachimsthal, accompagne la précédente.

GENRE CUIVRE.

CUIVRE NATIF.

Gediegen-Kupfer; Cuivre (Beudant).

Le cuivre natif accompagne ordinairement les minerais de cuivre; dans quelques circonstances, il est le produit immédiat de leur décomposition ; souvent il paraît avoir été formé à l'état natif. Il est alors cristallisé ou cristallin ; ses caractères ordinaires sont ceux du cuivre métallique ; il est rouge de cuivre, malléable, tenace; sa pesanteur spécifique est de 85,84, un peu moindre que celle du cuivre ouvré, qui est de 88,90; fusible au chalumeau; il se dissout dans l'acide nitrique avec une vive effervescence de gaz nitreux ; la liqueur est colorée en vert.

La cristallisation du cuivre natif appartient au système régulier; les cristaux isolés sont fort rares ; il se trouve ordinairement en masses ramuleuses, à la manière des dendrites, ou des tiges d'arbres; les extrémités des rameaux sont hérissées de pointes aiguës, qui appartiennent tantôt à l'octaèdre régulier, tantôt à des formes cubiques plus ou moins modifiées.

Les mines du Cornouailles, et surtout les belles mines d'Ekatérinenbourg, dans la partie orientale des monts Ourals, sont les localités où l'on trouve les cristaux les mieux déterminés de cuivre natif. M. Gustave Rose [1] a donné dans la partie minéralogique et géologique du grand voyage en Oural, qu'il a fait, de concert avec M. de Humboldt, des détails circonstanciés sur ces mines; il annonce que les cristaux de

---

[1] *Reise nach dem Ural, dem Altai*, par G. Rose, premier volume, p. 313.

cuivre natif sont presque toujours hémitropes; la forme habituelle des deux cristaux élémentaires de ces hémitropies est le cube, *fig.* 402, *pl.* 117, portant de petites facettes du dodécaèdre rhomboïdal b^1, et de l'octaèdre a^1. L'hémitropie a lieu parallèlement à une des faces de l'octaèdre, *fig.* 403; la plupart des faces du dodécaèdre placées aux angles rentrants se trouvent deux à deux dans le même plan. Une circonstance qui rend assez difficile l'étude de ces cristaux, c'est que les faces n'ont pas une égale étendue; ordinairement deux des faces du dodécaèdre rhomboïdal sont très-développées, ce qui communique aux cristaux la disposition prismatique, *fig.* 404. Dans quelques échantillons, aux faces b^1 du dodécaèdre rhomboïdal sont jointes les faces $b^2/^5$ qui appartiennent à un hexatétraèdre; la macle prend alors la forme *fig.* 405. M. Lévy cite des cristaux du Cornouailles dans lesquels les faces de l'hexatétraèdre $b^{2/5}$ existent seules, et l'hémitropie se présente avec la disposition *fig.* 406.

Les cristaux de cette forme sont souvent aplatis dans la direction de l'axe de révolution suivant lequel les deux cristaux élémentaires sont supposés avoir tourné; ils offrent alors l'aspect d'une double pyramide droite, hexaèdre, obtuse, incompatible avec le système cubique; pour comprendre comment ce solide peut en dériver, il faut observer que dans la modification $b^2/^5$, les six faces qui se rencontrent à chaque angle solide du cube peuvent être considérées comme appartenant au sommet d'une pyramide hexaèdre droite, parce que les six incidences autour du point de concours sont égales.

Dans les deux dernières figures on a supposé l'hémitropie sur une autre face de l'octaèdre que dans les *fig.* 403 et 404, afin de faire mieux voir un des angles rentrants.

M. Rose annonce que souvent les rameaux de cuivre natif sont eux-mêmes réunis suivant des lois qui appartiennent au système régulier; les deux *fig.* 407 et 408, qui appartiennent à des échantillons de Bowoslogki, montrent ces dispositions remarquables. Les cristaux toujours allongés s'accolent suivant des faces du dodécaèdre, situées dans le même plan, ainsi qu'on le voit dans les *fig.* 407 et 408, *pl.* 118, de manière à former de longs prismes présentant une suite d'angles creux résultant de la rencontre des faces du cube. Ces vides sont souvent remplis par des cubo-octaèdres; il vient se grouper sur la troisième face intérieure du cube une nouvelle série de cristaux prismatiques, dont les arêtes forment avec celles des premiers un angle de 60 degrés; sur l'autre côté, et suivant le second couple de faces du dodécaèdre situées dans le même plan, il s'accole également une seconde série de cristaux prismatiques sous un angle de 60 degrés; enfin les divers rameaux ainsi obtenus se groupent suivant les faces P des trois cubo-octaèdres pour former l'ensemble représenté *fig.* 408. Dans cette figure, il n'existe que les faces de l'octaèdre et du dodécaèdre qui font partie de celles du prisme ; mais toutes celles du cube s'y retrouvent.

La réunion des cristaux a lieu en ligne droite, suivant les faces du dodécaèdre; celle des embranchements se fait également suivant les faces de ce polyèdre ; les dessins, *fig.* 407 et 408, montrent cette disposition, car tous les rameaux se coupent sous l'angle de 60 degrés, et la projection de l'ensemble est un hexagone régulier.

Les *fig.* 407 *bis* et 408 *bis* représentent les détails du groupe central; on y voit la manière dont les différentes faces se réunissent.

Cuivre de cémentation. — Le cuivre se précipite immédiatement de ses dissolutions par le moyen d'une lame de fer. On profite de cette propriété pour recueillir le cuivre qui s'échapperait des mines à l'état de sulfate de cuivre ; pour cela, il suffit de mettre dans le conduit par lequel les eaux sont menées au jour, de la vieille ferraille; la précipitation du cuivre s'opère, et ce métal remplace complétement le fer; le cuivre métallique que l'on obtient par ce procédé est appelé *cuivre de cémentation ;* il est cristallisé, quelquefois d'une manière assez nette. L'ensemble des petits cristaux affecte la forme générale du morceau de fer qu'il remplace.

CUIVRE SULFURÉ.

Cuivre vitreux; Bisulfure de cuivre; Kupferglanz; Kupferglaserz; Chalkosine (Beudant).

Le cuivre sulfuré est d'un gris de fer, quelquefois irisé à sa surface; son éclat est métalloïde; on le trouve en cristaux, en masses lamellaires et compactes; il existe en outre en pseudomorphoses, comme à Frankerberg dans la Hesse, où il remplace, tantôt des épis d'une graminée particulière, tantôt de petites pommes d'un pin appartenant au genre *cuprassus*. Sa dureté est très-faible, 2,5; il prend de l'éclat par la raclure, et on peut, lorsqu'il est pur, le couper facilement avec un couteau; ce caractère, qu'on exprime souvent en disant que le cuivre sulfuré est *ductile*, fournit un moyen de reconnaissance très-facile; sa pesanteur spécifique est de 56,95. Suivant la texture des échantillons sa cassure est indistinctement lamellaire ou conchoïdale; les cristaux admettent des clivages parallèles aux faces du prisme.

Le cuivre sulfuré entièrement pur est fusible à la flamme d'une bougie; au chalumeau, il est toujours fusible avec bouillonnement; il donne une odeur sulfureuse et un bouton de cuivre. Soluble dans l'acide nitrique, la liqueur qui résulte de cette opération est verte.

Le cuivre sulfuré contient presque toujours une certaine proportion de sulfure de fer qui altère un peu sa ductilité, ainsi que sa grande fusibilité; dans les échantillons qui proviennent de Siegen, le mélange de pyrite de fer est presque nul; sa composition est établie par les analyses suivantes :

	De Sibérie, par Gueuyveau [1].	De Rothenbourg, par Klaproth [2].	Du Cornouailles, par Thomson [3].	De Siegen, par Ullman [4].	Rapport.	
Soufre......	20,5	22,00	20,62	19,0	0,095	1
Cuivre......	74,5	76,50	77,16	79,50	0,200	2
Fer.......	1,5	0,50	1,15	0,50		
	96,5	99,00	98,93	99,00		

Ces éléments donnent pour la relation atomique, un atome de soufre pour deux atomes de cuivre ou Cu^2S.

Cuivre sulfuré cristallisé. — Sa forme primitive est un prisme à six faces régulier dans lequel le rapport d'un des côtés de la base à la hauteur est à peu près celui des nombres 10 : 7.

Les cristaux du Cornouailles, notamment ceux de la mine de Cook's Kitchen, se présentent assez fréquemment en tables hexaèdres, *fig.* 409, *pl.* 119; elles sont empilées les unes sur les autres suivant la base, en sorte que les cristaux ont alors une structure grossièrement lamelleuse.

Fig. 410. Primitif portant une troncature très-obtuse b^3 suivant les arêtes de la base.

Fig. 411. Prisme à six faces avec une double bordure b^1 et b^3.

Fig. 412. Prisme à six faces bordé, portant en outre une troncature h^1 sur chacune de ses arêtes verticales.

Fig. 413. Cristaux surmontés d'un pointement à six faces obtus, formé par les modifications b^3 prolongées.

Fig. 414. Prisme portant une triple bordure annulaire b^1, b^2, b^3, associé à des modifications verticaes h^1.

Fig. 415. Cristaux doublement bordés avec des indications de facettes a^6 placées sur les angles.

Le cuivre sulfuré présente en outre des cristaux maclés parallèlement à une des faces de la modification b^3. Cette

[1] *Journal des Mines.*
[2] *Beitrage*, II, p. 276.
[3] *Traité de Minéralogie*, 1er vol., p. 595.
[4] *Syst. Tabell. Uebersicht*, p. 243.

macle existe aussi dans des cristaux portant deux rangs de bordure.

Presque tous les cristaux de cuivre sulfuré ont une teinte bleuâtre, par suite de l'irisation de leur surface. Quelques-uns sont même verdâtres ou de couleur gorge de pigeon.

Angles principaux.

P sur M	= 90°.	M sur M	= 120°.
M sur h^1	= 150°.	M sur h^4	= 160° 6′ 30″.
P sur b^1	= 116° 53′.	M sur b^1	= 153° 7′.
P sur b^2	= 135° 24′.	M sur b^2	= 134° 36′ 20″.
P sur $b^{7/3}$	= 139° 48′.	M sur $b^{7/3}$	= 130° 13′.
P sur b^3	= 146° 41′.	M sur b^3	= 123° 19′ 30″.
P sur a^1	= 106° 19′.	h^1 sur a^1	= 163° 41′.
P sur a^3	= 131° 17′.	$b^{7/3}$ sur $b^{7/3}$	= 142° 20′.
b^1 sur b^1	= 127° 2′.	b^3 sur b^3	= 148° 7′.
b^2 sur b^2	= 138° 53′.	a^1 sur a^1	= 122° 39′.
h^1 sur a^3	= 138° 43′.	a^3 sur a^3	= 135° 52′.

Cuivre sulfuré lamellaire ou compacte. — Ces deux variétés, presque toujours noires et mates dans les échantillons exposés depuis longtemps à l'action de l'air, sont d'un gris bleuâtre dans les cassures fraîches. Celles-ci sont ou indistinctement lamelleuses ou à cassure unie et conchoïdale, suivant la nature des échantillons. Elles se laissent plus ou moins facilement couper au couteau, mais elles prennent toujours au moins de l'éclat par la raclure.

Cuivre sulfuré spiciforme. — En petites masses aplaties, relevées par des saillies noirâtres en forme d'écailles ; quelquefois elles sont allongées et présentent la disposition de petites tiges. Ce minerai de cuivre, étant riche en argent, est vulgairement appelé *argent en épis*.

Cuivre sulfuré argentifère. — Le cuivre sulfuré admet beaucoup de mélanges. Dans les analyses que nous avons données, on a pu remarquer que la plupart des échantillons contenaient une certaine quantité de sulfure de fer. Souvent la proportion en est plus considérable, le minerai est alors moins ductile ; dans quelques cas il est fortement argentifère. Quand le mélange de sulfure d'argent qui l'enrichit ne dépasse pas

8 à 10 pour 100, les caractères du sulfure de cuivre ne changent pas, mais sa couleur s'éclaircit beaucoup : elle devient d'un gris de plomb, et prend même une teinte violacée lorsque le minerai contient 35 à 40 pour 100 d'argent. Dans ce dernier cas, on ne sait pas si l'on doit conserver les échantillons à cette espèce, ou à la stromeyérine qu'on décrit immédiatement après.

Cuivre sulfuré bismuthifère. — Klaproth a fait connaître, sous le nom de *kupfer-wismutherz*, un minerai de Vittichen, dans le Furstenberg, qui contient :

		Rapp.
Cuivre........	31,66	0,08
Bismuth......	47,24	0,053
Soufre........	12,58	0,062

Les rapports qui résultent de ces éléments sont très-compliqués. On en a cependant conclu la formule $Cu^2S + BiS$, dans laquelle on suppose deux atomes de cuivre, deux atomes de soufre et un atome de bismuth. Je pense que c'est un simple mélange ; les caractères des échantillons que j'ai vus sont analogues à ceux du cuivre sulfuré, sauf la couleur, qui est d'un gris d'acier, avec une légère teinte rougeâtre, mais ils sont ductiles et très-fusibles ; l'essai aux acides indique la présence du bismuth.

Analogies. — Le cuivre sulfuré présente une grande ressemblance avec l'*argent sulfuré*. La couleur, la pesanteur spécifique, la manière de se comporter au chalumeau et la ductilité même, rapprochent ces deux minéraux l'un de l'autre. L'argent sulfuré cristallise dans le système régulier, en sorte que, lorsque la forme en est appréciable, la distinction est immédiate. Pour les échantillons compactes, l'essai au chalumeau donne un bouton d'argent ou un bouton de cuivre, suivant qu'on opère sur du sulfure d'argent ou sur du sulfure de cuivre. L'action des acides est également un moyen facile de distinction, la dissolution du nitrate d'argent étant incolore, tandis que celle du nitrate de cuivre est verte. Le cuivre sulfuré présente en outre de l'analogie avec le *cuivre gris*, la *phillipsite* ou *cuivre panaché*, le *cuivre oxydulé*, le *fer oligiste*, le *fer oxydulé*, et le *fer chromé*. Aucun de ces minéraux ne se laisse couper au couteau, et ne prend d'éclat par la raclure ; les essais au chalumeau sont également caractéristiques pour ces différentes substances. Le fer oligiste, le fer oxydulé et le fer chromé sont infusibles au chalumeau ; le cuivre oxydulé ne donne pas de vapeurs d'acide sulfureux : quant au cuivre panaché, on obtient au chalumeau des globules métalliques, mais qui sont attirables à l'aimant.

STROMEYÉRINE.

Cuivre sulfuré argentifère ; Silberkupferglanz.

Ce minéral, longtemps confondu avec le cuivre sulfuré, doit en être distingué depuis que M. G. Rose [1] en a trouvé des échantillons cristallisés à Rudelstadt en Silésie. Leur forme est celle d'un prisme à six faces, *fig.* 416, *pl.* 120, bordé sur les six arêtes de la base ; l'angle de deux faces contiguës du prisme est de 119° 35′, en sorte que la forme primitive serait un prisme droit rhomboïdal, et que le prisme à six faces, quoique très-rapproché du prisme régulier, serait simplement symétrique. Il existe par conséquent une différence cristallographique entre le cuivre sulfuré et la stromeyérine. Je ferai remarquer que M. Mohs considère les cristaux de cuivre sulfuré comme dérivant également d'un prisme rhomboïdal droit, d'après l'observation qu'il a faite d'un échantilllon du Cornouailles, ne portant qu'un pointement à quatre faces au sommet. Mais des cristaux analogues par leur forme, appartenant à la collection de M. de Drée, m'ont donné, à l'essai, un petit bouton d'argent, en sorte que je crois que les échantillons cités par Mohs sont un nouvel exemple de stromeyérine cristallisée. On en connaîtrait maintenant dans trois localités.

[1] *Annales de Poggendorff*, t. XXVIII, p. 427.

La plus ancienne, Schlangenberg en Sibérie, Rudelstadt en Silésie, et le Cornouailles. J'ajouterai qu'outre la symétrie que l'on remarque dans presque tous les cristaux de cuivre sulfuré, de laquelle il résulte que la forme est bien un prisme à six faces, les clivages conduisent à la même conclusion.

La stromeyérine possède un éclat métallique ; elle est d'un gris d'acier très-éclatant. Sa dureté est de 3,5; elle est rayée par la chaux fluatée. Sa pesanteur spécifique est de 62,55. Sa cassure est conchoïdale, très-difficilement lamelleuse. Le clivage avait conduit M. Lévy a admettre que sa forme était cubique. Très-fusible au chalumeau, elle ne bouillonne pas comme le cuivre sulfuré. Soluble dans l'acide nitrique, la liqueur que l'on obtient est verte, comme pour le sulfure de cuivre, mais elle produit un précipité abondant de chlorure d'argent par l'addition d'une petite quantité d'acide hydrochlorique.

La composition de la stromeyérine est donnée par les deux analyses suivantes, qui concordent d'une manière très-remarquable, quoique faites sur des échantillons de localités différentes.

	De Rudelstadt, par Sander [1].	De Schlangenberg, par Stromeyer [2].	Rapp.	
Argent.....	52,71	52,272	0,039	1
Cuivre......	30,95	30,478	0,077	2
Fer.........	0,24	0,333	0,001	
Soufre......	15,92	15,782	0,078	2
	99,82	98,875		

La formule qui résulte de ces éléments est $AgS + Cu^2S$, dans laquelle un atome de sulfure d'argent est allié à un atome de sulfure de cuivre.

Analogies. — L'éclat et la couleur de la stromeyérine rapprochent ce minéral de la *bournonite* et de *certains cuivres gris*. L'absence de l'antimoine et de l'arsenic, qui produisent l'un

[1] *Annales de Poggendorff*, t. XI, p. 313.
[2] *Journal de Schweigger*, t. XIX, p. 325.

et l'autre des fumées blanchâtres très-abondantes quand on soumet des substances qui en contiennent à l'action du chalumeau, suffit pour distinguer ces minéraux entre eux.

COVELLINE.

Indigo Copper; Blue Copper; Kupferindig.

M. Beudant a donné ce nom à un sulfure de cuivre que M. Covelli a trouvé au Vésuve; il est beaucoup plus riche en soufre que le sulfure ordinaire; sa composition conduit à la formule *CuS*. Il forme le plus ordinairement sur certaines laves un enduit terne, de couleur noire, quelquefois bleuâtre très-foncé. Il existe aussi en petites lames, tellement minces, qu'on peut les détacher de la roche par le souffle. Elles sont friables, tachent les doigts, et ont un éclat métalloïde; la cristallisation de la covelline et sa composition en font une espèce bien distincte. On doit associer à la covelline un minéral trouvé à Badenweiller, en Thuringe, dont l'analyse conduit à la même formule; il a été décrit par Walchner, sous le nom de *Kupferindig;* il est en masses sphéroïdales, présentant à leur surface des traces de cristallisation. Sa couleur est un noir bleuâtre passant à l'indigo; opaque, son éclat est faiblement résineux; sa raclure est d'un gris de plomb; sa dureté est à peu près représentée par le nombre 2. Sa pesanteur spécifique est de 38 à 38,20; il brûle avant d'être chauffé au rouge; il fond en un globule qui émet des étincelles et se transforme finalement en un bouton de cuivre métallique.

	De Badenweiller, par Walchner [1].		Du Vésuve, par Covelli [2].	Rapp.
Cuivre.....	649,773	66	0,17	1
Soufre.....	32,640	32	0,16	1
Fer........	0,462			
Plomb.....	1,046			

[1] *Journal de Schweigger*, t. XLIX, p. 158.

[2] *Annales de chimie et de physique*, t. XXXV, p. 105.

Analogies. — La covelline du Vésuve a quelque ressemblance avec le *fer oligiste*, qui se trouve également en lames minces dans les roches volcaniques ; mais elle est sans éclat, de couleur beaucoup plus foncée, et elle est en outre fusible au chalumeau. Celle de Thuringe ressemble à la phillipsite concrétionnée.

CUIVRE SÉLÉNIÉ.

Séléniure de cuivre; Selen-Kupfer; Berzéline (Beudant).

Ce minéral, qui provient de la mine de cuivre de Skrickerum, en Smolande, forme de petits nodules au milieu d'un calcaire lamellaire; il a un éclat métallique et une couleur d'un gris d'argent ou d'étain ; du reste, il se laisse couper au couteau, et il est fusible comme le cuivre sulfuré ; il donne du sélénium dans le tube d'essai; soluble en entier dans l'acide nitrique. Berzélius[1] l'a trouvé composé de :

		Rapp. atom.	
Sélénium...	40	0,081	1
Cuivre.....	64	0,161	2

Eléments qui conduisent à la formule Cu^2Se, identique avec celle de cuivre sulfuré, et qui rappelle l'isomorphisme du sélénium et du soufre.

EUKAIRITE.

Cuivre sélénié argental ; Cuivre sélénié argentifère.

Ce minéral a été découvert par Berzélius, parmi des échantillons provenant de la mine de cuivre de Skrickerum ; il est en petites masses cristallines, disséminées dans le même calcaire qui contient le cuivre sélénié; l'eukairite possède un éclat métallique; sa couleur est le gris de plomb. Elle se laisse couper au couteau ; fusible au chalumeau, elle donne

[1] *Afhandlinger i Fysick*, t. VI, p. 42.

une forte vapeur de sélénium, puis un grain métallique gris noir malléable. Attaquable par l'acide nitrique, la liqueur qui en résulte est colorée en vert et offre les réactions du cuivre et de l'argent.

L'analyse a donné à M. Berzélius [1].

		Rapp. atom.	
Argent........	38,93	0,029	1
Cuivre.........	23,05	0,058	2
Sélénium......	26,00	0,053	2
Gangue........	8,90		
	96,88		

Cette composition conduit à la forme $AgSe + Cu^2Se$, la même que celle de la stromeyérine, dans laquelle le sélénium remplace le soufre ; il est dès lors probable que si l'on rencontrait l'eukairite cristallisée, elle aurait la même forme que la stromeyérine.

Analogies. — L'eukairite offre de la ressemblance avec le *cuivre sélénié*, le *cuivre sulfuré*, la *stromeyérine*, la *bournonite*, et plusieurs autres minéraux gris et métalliques. La propriété de se laisser couper au couteau concentre les doutes dans les quatre premiers minéraux ; la présence du sélénium, que l'on constate soit par l'essai au chalumeau, soit par la calcination dans un tube d'essai, opération dans laquelle il se sublime du sélénium sous la forme d'une poudre rouge, exclut les trois derniers ; la difficulté réelle consiste donc dans la séparation du séléniure de cuivre et de l'eukairite ; pour la lever, il faut rechercher l'argent, soit par la coupellation, soit par l'action des acides.

PHILLIPSITE.

Cuivre panaché ; Cuivre sulfuré hépatique ; Buntkupfererz.

Ce minerai de cuivre, qui joue un rôle important dans la production du cuivre depuis la reprise des mines de Toscane,

[1] *Journal de Schweigger*, t. XXIII, p. 177.

a été confondu pendant longtemps avec le cuivre sulfuré ; il s'en distingue cependant par presque tous ses caractères : son aspect est métalloïde, approchant de l'éclat métallique ; sa couleur est le brun rougeâtre ; fréquemment irisé, il est souvent bleuâtre ou rougeâtre à sa surface, circonstance qu'il l'a fait désigner sous le nom de *cuivre panaché.* Sa dureté est représentée par le nombre 3 ; il est rayé par la chaux fluatée ; sa pesanteur spécifique est de 50,03 ; sa cassure, inégale et conchoïde, est rougeâtre.

Exposé à l'action du chalumeau, il se fond en un globule métalloïde et gris, attirable à l'aimant. Lorsqu'on ajoute de la soude, on obtient un bouton métallique. Soluble dans l'acide nitrique, la couleur de la liqueur est verte ; elle précipite immédiatement de l'oxyde de fer par l'ammoniaque.

Les nombreuses analyses de la phillipsite laisseraient quelques doutes sur la composition de ce minéral, si on les admettait indistinctement ; celles des échantillons cristallisés ou cristallins conduisent au contraire constamment à la formule $FS + 2Cu^2S$, dans laquelle il y a un atome de fer, quatre atomes de cuivre et trois atomes de soufre. J'en citerai plusieurs :

	De Saint-Pancrace, départ. de l'Aude, par Berthier [1].	Du Cornouailles, par Varrentrapp [2].	De Sibérie, par Brandes [3].	De Ross-Island, par Phillips [4].	Rapp.	
Cuivre....	59,2	58,20	61,63	61,07	0,154	4
Fer.......	13,0	14,84	12,75	14,00	0,041	1
Soufre.....	22,0	26,98	21,66	27,75	0,118	3
Gangue....	5,0	»	3,50	0,50		
	100,2	100,02	99,54	99,32		

Phillipsite cristallisée. — Sa forme primitive est le cube *fig.* 417 ; c'est aussi la forme la plus habituelle. Les cris-

[1] *Annales des mines,* troisième série, t. III, p. 48.
[2] *Annales de Poggendorff,* t. XLVII, p. 351.
[3] *Journal de Schweigger,* t. XXII, p. 354.
[4] *Annales de philosophie,* 1822, p. 297.

taux sont peu nets et leurs faces sont en général légèrement courbes.

Fig. 418, *pl.* 120. Cube portant sur les angles des troncatures appartenant à l'octaèdre.

Je n'ai eu l'occasion d'étudier que ces deux variétés de cristaux ; M. Lévy indique des cubes (*fig.* 419 et *fig.* 420) portant des modifications sur les arètes et sur les angles. Les premières conduisent à un hexatétraèdre ; les secondes, à un trapézoèdre. Le peu de netteté de ces faces empêche de les mesurer même avec le goniomètre d'application ; mais leur symétrie ne laisse aucun doute sur la nature des polyèdres auxquels ces modifications donnent lieu.

Analogies. — La phillipsite a quelque rapport, par sa cassure et sa couleur, avec du cuivre sulfuré irisé ; la propriété de donner, au chalumeau, un globule métalloïde attirable, la distingue d'une manière fort nette.

CUIVRE PYRITEUX.

Pyrite cuivreuse; Mine de cuivre jaune; Kupferkies; Chalkopyrite (Beudant).

Ce minéral est remarquable par son éclat métallique et sa couleur jaune de laiton foncé, tirant un peu sur le verdâtre ; quelquefois en cristaux assez nets, il est le plus fréquemment en masses amorphes, à cassure inégale et conchoïde; on le trouve en outre en concrétions mamelonnées ; dans quelques localités, il forme des dendrites. La dureté du cuivre pyriteux est 3,05. Il raye la chaux carbonatée, et il est rayé par la chaux phosphatée. Sa pesanteur spécifique est 41, 69. Au chalumeau, il fond d'abord en un globule noir, qui, après peu de temps, devient attirable à l'aimant. Avec le carbonate de soude, il donne un globule de cuivre ; soluble dans l'acide nitrique ; la couleur de la liqueur est verte, elle donne la réaction du fer avec l'ammoniaque.

Le cuivre pyriteux est souvent mélangé intimement de fer pyriteux qui change sa composition ; mais les cristaux conduisent toujours à la formule FS + CuS, ainsi qu'il résulte des analyses suivantes :

	D'Allevard, par Berthier [1].	Du Cornouailles, par Phillips [2].	De Finlande, par Harthwah [3].	Du Furstemberg, par H. Rose [4].	Du Ramberg, par H. Rose.	Rapp. atom.	
Soufre..	32,0	35,16	36,33	36,52	35,87	0,178	2
Cuivre..	33,3	30,00	32,20	33,12	34,40	0,088	1
Fer......	30,0	32,20	30,03	30,00	30,47	0,069	1
Gangue.	2,6	2,64	2,23	0,39	0,27		
	97,9	100,00	100,79	100,03	101,01		

Cuivre pyriteux cristallisé. — Les cristaux les plus habituels sont des tétraèdres simples, ou des tétraèdres modifiés sur les angles. Ce mode de cristallisation, presque inconnu dans les systèmes autres que le cube, a fait penser à Haüy que la pyrite cuivreuse cristallisait dans le système régulier. Cette erreur était d'autant plus naturelle que l'angle du tétraèdre de la pyrite cuivreuse est de 108° 40′, tandis que celui du tétraèdre régulier est de 109° 28′ 16″, et que la différence de 48′ qui existe entre ces deux polyèdres est bien difficilement appréciable avec le goniomètre d'application. C'est l'observation des cristaux octaèdres (*fig*. 428, *pl*. 121) tronqués seulement sur deux de leurs angles, qui a montré à Phillips que la cristallisation du cuivre pyriteux ne pouvait être régulière; une étude exacte des angles l'a confirmé dans cette opinion. La forme de ce minéral est donc un prisme droit à base carrée (*fig*. 421, *pl*. 121), dans lequel le côté de la base est à la hauteur dans le rapport des nombres 5 : 7.

Fig. 422. Octaèdre simple b^1. Les cristaux de cette forme sont assez fréquents; on en possède de beaux échantillons de Gross-Kammsdorf, en Thuringe; de la mine d'Ecton, dans le Staffordshire, et du comté de Sayn.

---

[1] *Annales des mines*, t. VIII, p. 341.
[2] *Annales de philosophie*, avril 1822, p. 296.
[3] *Leonhard's Handbuch*, p. 646.
[4] *Annales de Gilbert*, ann. LXXII, p. 185.

Fig. 423. Tétraèdre résultant de l'hémiédrie de l'octaèdre précédent.

Fig. 424. Tétraèdre tronqué sur chacun de ses angles et passant à l'octaèdre b^1.

Fig. 428. Octaèdre tronqué à ses deux sommets ; cet octaèdre est produit par des modifications a' placées sur les angles ; il est toujours complet. De la mine de Sainte-Agnès, dans le Cornouailles ; de celle d'Eton.

Fig. 427. Tétraèdre portant sur chacun de ses angles un pointement quadruple formé de deux modifications différentes, a^1 et a^2.

Fig. 429, *pl.* 122. Octaèdre a^1, portant en outre des facettes b^1, placées sur les arêtes culminantes de l'octaèdre ; dans ce cristal, la non-existence de facettes sur les arêtes horizontales s'accorde avec la troncature des sommets pour montrer que l'octaèdre de la pyrite est à base carrée.

Fig. 430, *pl.* 122. Même forme, avec deux modifications sur les angles de la base de l'octaèdre. Dans les cristaux qui proviennent de Gersdorf en Saxe, les faces a^1 n'ont pas une égale étendue, ce qui lui donne une dissymétrie apparente.

Fig. 426. Cristaux aplatis parallèlement à la base, dans lesquels on observe les faces M ; les échantillons de cette forme proviennent du Cornouailles. Ils sont très-instructifs pour la cristallisation de la pyrite de cuivre, parce qu'ils portent deux octaèdres à base carrée, a^1 et $\bar{b}^4$; on y voit donc à la fois la preuve qu'ils ne peuvent être réguliers et qu'ils sont à base carrée. Il existe, en outre, des cristaux transposés parallèlement à une des faces de l'octaèdre $\bar{b}^1$.

Cuivre pyriteux concrétionné. — En masses mamelonnées ou tuberculeuses dont la surface est souvent d'un gris bronzé plus ou moins sombre. La cassure de cette variété est plus terne que celle des cristaux ou des masses amorphes. Ces dernières sont fréquemment irisées à la surface ; on les appelle vulgairement pyrites à gorge de pigeon ou à queue de paon ; il faut bien les distinguer du cuivre panaché, qui, souvent aussi, est irisé : mais les cassures fraîches sont entièrement différentes.

Analogies. — L'*or natif*, la *pyrite de fer*, l'*étain sulfuré*, et même la *phillipsite*, possèdent à la fois des couleurs jaunes et un éclat métallique, qui donnent à ces minéraux une certaine ressemblance avec la pyrite cuivreuse. Toutefois l'inspection des nuances suffit toujours pour reconnaître ces différentes substances entre elles : l'examen de la plupart des caractères vient en confirmer les différences : l'or est malléable, et sa pesanteur spécifique est presque triple de celle de la pyrite cuivreuse. La pyrite de fer fait feu au briquet. L'étain sulfuré, essayé au chalumeau et sur le charbon, couvre celui-ci d'une auréole étendue d'oxyde d'étain. Quant à la phillipsite, les différences consistent dans la pesanteur spécifique et dans la couleur de la cassure : la composition de la pyrite cuivreuse et de la phillipsite se rapprochant beaucoup, les essais au chalumeau seraient insuffisants pour les distinguer.

La pyrite est le minerai de cuivre le plus abondant ; les mines du Cornouailles, celles d'Anglesea, dans le pays de Galles, les belles mines de Fahlun en Suède sont exploitées sur du cuivre pyriteux ; le mélange constant et intime de pyrite de fer qu'elles contiennent abaisse beaucoup leur richesse, et il est rare que les minerais de cette nature rendent plus de 12 à 15 pour 100, quoique leur teneur réelle soit supérieure à 30 ; dans le Cornouailles la richesse moyenne du minerai livré aux usines à cuivre est seulement de 8 pour cent ; il est vrai qu'on ne pousse pas la préparation mécanique très-loin, parce que la fonte crue qui constitue la première opération du traitement métallurgique donne le moyen de concentrer le cuivre dans une assez petite quantité de mattes riches, sans faire éprouver de perte appréciable en cuivre ; pour le minerai d'Anglesea, qui est très-mélangé de pyrites de fer, la richesse moyenne ne surpasse pas deux pour cent.

Angles principaux.

P sur M $= 90^\circ$.	M sur M $= 90^\circ$.
P sur $b^{1/2}$ $= 109^\circ\ 44'\ 30''$.	M sur $b^{1/2}$ $= 160^\circ\ 16'$.
P sur b^1 $= 125^\circ\ 40'$.	M sur b^1 $= 144^\circ\ 20'$.
P sur b^2 $= 145^\circ\ 8'$.	M sur b^2 $= 124^\circ\ 52'$.
P sur b^3 $= 155^\circ\ 5'$.	M sur b^3 $= 114^\circ\ 55'$.
P sur b^4 $= 160^\circ\ 48'$.	M sur b^4 $= 109^\circ\ 13'$.
$b^{1/2}$ sur $b^{1/2}$ $= 96^\circ\ 33'$.	$b^{1/2}$ sur $b^{1/2}$ $= 140^\circ\ 31'$.
b^1 sur b^1 $= 108^\circ\ 40'$.	b^1 sur b^3 $= 150^\circ\ 35'$.
b^3 sur b^3 $= 145^\circ\ 20'$.	b^3 sur b^3 $= 49^\circ\ 50'$.
b^1 sur b^4 $= 144^\circ\ 52'\ 30''$.	b^4 sur b^4 $= 155^\circ\ 6'$.
b^4 sur b^4 $= 38^\circ\ 25'$.	b^2 sur b^2 $= 132^\circ\ 19'$.
b^1 sur b^2 $= 160^\circ\ 30'$.	b^3 sur b^2 $= 69^\circ\ 44'$.
P sur a^1 $= 116^\circ\ 55'$.	a^1 sur a^1 $= 101^\circ\ 44'$.
a^1 sur b^1 $= 129^\circ\ 8'$.	a^1 sur a^1 $= 126^\circ\ 11'$.
P sur $a^{4/3}$ $= 124^\circ\ 5'$.	$a^{4/3}$ sur $a^{4/3}$ $= 108^\circ\ 18'$.
a^1 sur $a^{4/3}$ $= 172^\circ\ 49'$.	$a^{4/3}$ sur $a^{4/3}$ $= 111^\circ\ 50'$.
P sur a^2 $= 135^\circ\ 25'\ 10''$.	a^2 sur a^2 $= 120^\circ\ 30'$.
a^1 sur a^2 $= 161^\circ\ 30'$.	a^3 sur a^2 $= 89^\circ\ 9'$.
P sur a^3 $= 146^\circ\ 42'$.	a^3 sur a^3 $= 134^\circ\ 9'$.
a^1 sur a^3 $= 150^\circ\ 12'\ 30''$.	a^3 sur a^3 $= 66^\circ\ 36'$.
M sur h^1 $= 135^\circ$.	M sur h^3 $= 143^\circ\ 7'$.
P sur $(b^1\ b^{1/3}\ h^{1/6}) = 152^\circ\ 33'$.	$(b^1\ b^{1/3} : h^{2/6}) = 156^\circ\ 12'$.
h^3 sur $(b^1\ b^{1/3}\ h^{1/6}) = 168^\circ\ 6'$.	

CUIVRE GRIS.

Mine de cuivre gris et d'argent; Schwarzerz; Graügultigerz; Kupferfahlerz; Silber fahlerz; Fahlerz; Panabase (Beudant).

Les caractères extérieurs de ce minerai de cuivre sont assez tranchés, et sa distinction des autres espèces métalliques est presque toujours facile; ordinairement cristallisé, il se présente en tétraèdres simples, ou en tétraèdres modifiés, dans lesquels la forme de ce polyèdre est toujours dominante; une seconde substance, le zinc sulfuré, affecte également la forme tétraédrique; la couleur et l'éclat de ce dernier minéral sont différents des mêmes caractères dans le cuivre gris, en sorte que lorsque ce minéral est cristallisé, ce qui est le cas le plus ordinaire, on le reconnaît à la simple vue; mais si la détermination du cuivre gris est facile, sa spécification est au contraire incertaine; les analyses donnent des résultats très-différents, toujours assez compliqués, et qu'il est impossible de faire rentrer les uns dans les autres. La cristallisation du cuivre gris appartenant au système régulier, c'est-à-dire aux formes limites, communes à un grand nombre de corps, elle ne peut nous servir d'une manière absolue ; toutefois l'examen des cristaux joint à la discussion des analyses fait apercevoir deux groupes assez distincts ; l'un composé principalement de soufre, d'antimoine et de cuivre, affecte spécialement la forme tétraédrique.

L'autre, dont les formes sont principalement en rapport avec le cube, est composé presque exclusivement de soufre, d'arsenic et de cuivre.

Cette double circonstance a engagé la plupart des minéralogistes à admettre deux espèces, le *cuivre gris*, qui est un antimonio-sulfure de cuivre ; et la *tennantite*, qui serait un arsénio-sulfure de cuivre : M. Beudant a suivi cette division ; seulement, comme la tennantite était jadis rangée dans le *cuivre gris*, il a préféré donner à cette dernière espèce le nom de *panabase*, qui veut dire minerai composé de toutes les bases.

Les caractères de la couleur, de la pesanteur spécifique et du chalumeau, sont en rapport avec la division que je viens d'indiquer, en sorte qu'on peut facilement classer ces deux espèces ; toutefois on doit prévoir que ces deux divisions ne sont pas absolues, attendu que souvent une certaine proportion d'arsenic remplace de l'antimoine.

La couleur du *cuivre gris* est le gris d'acier ; son éclat métalloïde est toujours assez vif ; la surface des cristaux est ordinairement très-brillante : sa cassure est inégale, passant à la cassure conchoïde : quelques échantillons ont une cassure complétement conchoïdale ; ils sont d'un gris clair un peu bleuâtre, l'éclat en est très-vif, quoiqu'un peu gras, tel est le cuivre gris du Bannat : l'essai m'a appris qu'ils contenaient du plomb, et je les regarde comme des *bournonites*.

La dureté du cuivre gris est de 3,5 ; fragile, il se casse par un léger choc de marteau ; sa pesanteur spécifique varie avec sa composition de 4,6 à 5,1.

Fusible au chalumeau en dégageant des vapeurs d'antimoine et souvent d'arsenic, il se boursoufle ou se scorifie; traité avec le carbonate de soude, il donne un bouton de cuivre ; attaquable par l'acide nitrique, avec précipité immédiat d'acide antimonieux.

M. H. Rose a fait un travail chimique très-important sur les fahlerz, duquel il conclut que la composition générale peut être représentée par la formule $Fe^4 Cu^{16} Sb^6 S^{21}$, ou le sulfure d'antimoine peut être remplacé par des sulfures d'arsenic $\text{A}\!\!\!-\!r S^3$. Je vais transcrire plusieurs de ses analyses ; j'y enjoindrai quelques autres dues à Klaproth et à M. Berthier.

	Soufre.	Antim.	Arsen.	Cuivre.	Fer.	Zinc.	Argent.
Cuivre gris de Kapnick, par H. Rose.!..............	25,77	23,94	2,88	37,98	0,86	7,29	0,62
De Clausthal, par Rose....	24,73	28,34	»	34,48	2,27	5,55	4,97
De Wolfach, par Rose.....	23,52	26,63	»	25,33	3,72	3,10	17,71
Idem, par Klaproth...	25,50	27,00	»	25,50	7,00	»	13,25
Annaberg, par Klaproth...	27,75	23,50	»	27,00	7	»	10,25
Kapnick, par Klaproth.....	27,77	23,94	2,88	37,98	0,86	7,29	0,62
De Dillenburg, par Klaproth	25,03	25.27	2,26	38,42	1,52	6,85	0,83
De Gersdorf, par Rose....	26,33	16,52	7,21	38,63	4,89	2,76	2,37
De Poratsch en Hongrie, par Klaproth...........	26,00	19,50	»	39,80	7,50	Mercure.	6,25
Des Corbières, par Berthier.	25,3	25,0	1,50	34,3	1,7	6,3	0,7
De Markichen, par Rose...	26,83	12,16	10,19	40,60	4,66	3,70	0,60

L'examen de ces analyses montre que dans les cuivres gris le soufre entre moyennement pour 26, l'antimoine 24, et le cuivre 35; l'antimoine diminue quand il existe une certaine quantité d'arsenic, comme dans les cuivres gris de Gersdorf et de Markichen : on observe une relation de même nature entre l'argent et le cuivre ; ainsi le cuivre gris de Wolfach, qui ne contient que 25,33 de cuivre, renferme 17,71 d'argent ;

il faut donc admettre, outre le remplacement de l'antimoine par de l'arsenic, celui du cuivre par l'argent, et peut-être aussi par les autres bases.

Fig. 431, *pl.* 122. Le tétraèdre simple est très-fréquent. Je le prendrai pour la forme primitive, parce qu'il persévère dans presque tous les cristaux, malgré le nombre de facettes quelquefois assez considérable dont ses angles ou ses arêtes sont surchargés.

Fig. 432. Tétraèdre portant une troncature a^1 sur chaque angle conduisant à l'octaèdre.

Fig. 433. Même forme avec un pointement à trois faces a^2 sur chaque angle ; de Kapnick.

Fig. 434. Cristal analogue, le pointement est plus aigu. Sa loi de dérivation est $a^{2/3}$.

Fig. 435, *pl.* 123. Tétraèdre tronqué sur chacune de ses arêtes par des faces b^1 appartenant au cube.

Fig. 436. Portant un biseau b^3 sur chaque arête.

Fig. 437. Même forme, dans laquelle les faces b^3 ont acquis toute leur étendue. Elles constituent un pointement triple sur chacune des faces du tétraèdre. M. Haüy a désigné ce cristal sous le nom de dodécaèdre, qui rappelle le nombre de faces dont il se compose ; mais c'est en réalité un demi-trapézoèdre, dont on trouve les rudiments dans les cristaux de chaux fluatée.

Fig. 438. Tétraèdre portant les modifications b^1 et b^3 ; de Clausthal au Hartz.

Fig. 439. Tétraèdre tronqué sur les angles par la modification a^2, et sur les arêtes par les faces b^1 du cube ; de la mine de Cook's Kitchen en Cornouailles.

Fig. 440. Cristaux de Kapnick en Transylvanie, offrant la réunion des facettes a^2, b^1 et b^3.

Fig. 441, *pl.* 124. Cristaux de Moschellandsberg, dont j'ai vu de fort beaux échantillons dans la collection de M. Turner, contenant à la fois les faces a^2, $a^{2/3}$, b^1, b^3, et une modification intermédiaire i, dont la loi est $i = (b^1\ b^{1/5}\ b^{1/6})$. Malgré le nombre des facettes, qui s'élève à 72, cependant dans ce cristal la forme du tétraèdre est encore fort distincte.

Fig. 442. Cristaux formés de la pénétration de deux tétraèdres simples, accolés parallèlement à une de leurs faces, mais de manière que leurs sommets soient opposés.

Les faces des cristaux simples portent souvent des stries parallèles aux arêtes, qui paraissent dues à des indications des faces b^3 : c'est une disposition analogue à celle qu'on observe dans la chaux fluatée, où les faces du cube sont striées suivant des lignes parallèles à un hexatétraèdre très-obtus.

On remarquera que toutes les modifications, sauf le cube, manquent de la moitié de leurs faces, et que par conséquent elles constituent des cristaux hémièdres.

Angles principaux.

P sur P	= 70° 31′ 44″.		b^1 sur b^1	= 90°.
P sur b^1	= 125° 30′ 52″.		b^3 sur b^3	= 108° 28′ 16″.
P sur b^3	= 160° 31′ 44″.		a^1 sur a^1	= 70° 31′ 44.″
P sur a^1	= 108° 28′ 16″.		a^2 sur a^2	= 120°.
P sur a^2	= 144° 44′ 10″.		$a^{2/3}$ sur $a^{2/3}$	= 146° 26′ 33″.
a^2 sur $a^{2/3}$	= 150°.			

TENNANTITE.

Cuivre gris arsénifère.

Les cristaux de la mine de Trevisane, dans le Cornouailles, fournissent le type de cette espèce. Ils sont en dodécaèdres rhomboïdaux, tantôt simples, tantôt modifiés sur les angles solides triples, *fig.* 443, *pl.* 124, et même sur tous les angles *fig.* 444. Leurs faces sont ordinairement courbes : il existe en outre des cristaux assez complexes, *fig.* 445 et 446, composés des faces du cube P, du dodécaèdre rhomboïdal b^1, de l'octaèdre a^1 et des trapézoèdres a^2 et a^3, que j'ai indiqués dans le cuivre gris. Ce qui distingue donc la tennantite du cuivre gris, c'est que les cristaux sont homoèdres.

Le clivage, quoique très-peu distinct, participe de cette disposition cristalline; on remarque qu'il a lieu parallèlement aux faces du dodécaèdre rhomboïdal.

Il en résulte que la cassure de la tennantite est un peu lamellaire, inégale, mais non conchoïde. Sa couleur est le gris de fer foncé, quelquefois noirâtre : assez brillant dans sa cassure, les cristaux sont moins éclatants que ceux du cuivre gris, quelquefois même ils sont mats. La pesanteur spécifique de la tennantite est beaucoup plus faible que celle du cuivre gris : M. Phillips l'indique de 43,75.

Exposée au chalumeau, la tennantite décrépite et brûle avec une flamme bleue, en donnant des vapeurs arsenicales, puis elle fond en une scorie noire qui agit sur l'aiguille aimantée.

La composition de la tennantite du Cornouailles est connue par les analyses suivantes :

	Par Kudernatsch [1].	Hemming [2].	Phillips [3].	Rapp.	
Soufre.....	27,76	23,00	30,25	0,143	11
Arsenic....	19,10	12,10	12,46	0,025	2
Cuivre.....	48,94	50,00	47,70	0,115	9
Fer........	3,57	15,00	9,75	0,026	2
Argent.....	traces	»	»		
	99,37	100,10	100,16		

Les éléments de la tennantite conduisent à une formule plus simple que pour le cuivre gris, mais je crois que cela tient à ce qu'on restreint à tort la tennantite aux cristaux du Cornouailles provenant, soit de la mine de Trévisanc, soit de celle de Cook's Kitchen.

Les beaux cristaux en dodécaèdres portant une troncature sur les angles solides triples, de Schwatz, dans le Tyrol, et de Léogang, dans le Salzbourg, me paraissent devoir être rangés

[1] *Annales de Poggendorff*, t. XXXVIII, p. 397.
[2] *Philosophical Magazine*, année X, p. 157.
[3] *Quaterly Journal*, t. VII, p. 95.

dans la tennantite. Ils m'ont donné l'un et l'autre, à l'essai, une grande quantité d'arsenic et une proportion notable de fer; ces cristaux, ternes à leur surface, ont un certain éclat dans leur cassure; leur couleur est noir de fer. Je pense qu'on doit également rapporter à la tennantite les cuivres gris arsénifères dont les analyses suivent :

	De Birke, près Freyberg, par Klaproth.	De Kröner, par le même.	De Ste-Marie-aux-Mines, par Berthier.
Soufre........	10,00	10,00	22,80
Arsenic.......	24,10	14,00	25,00
Antimoine....	»	»	4,50
Cuivre........	41,00	48,00	39,20
Fer...........	22,50	25,50	4,50
Argent........	0,40	0,50	1,00
	98,00	96,50	97,00

Ces analyses présentent entre elles des différences assez considérables. Elles en offrent également avec celle de la phillipsite; mais on remarquera que les trois analyses données de ce même minéral sont bien loin d'être d'accord entre elles. Enfin la comparaison des analyses de cuivre gris laisse une incertitude au moins égale.

Cuivre gris et tennantite amorphes. — Ces deux minerais sont ordinairement cristallisés; toutefois on rencontre fréquemment, dans les filons, des échantillons en masses amorphes, à cassure tantôt grenue, tantôt conchoïdale, qui appartiennent à ces espèces. On les range généralement tous dans le cuivre gris, seulement on les distingue en *cuivre gris antimonifère* et *cuivre gris arsénifère*. Les premiers sont d'un gris de plomb, à cassure conchoïde; les seconds sont d'un gris de fer très-foncé, à cassure inégale ou grenue. L'essai confirme cette division : les premiers donnent, au chalumeau, des vapeurs abondantes sans odeur arsenicale; pour les seconds, au contraire, cette odeur est très-prononcée. Cette division en deux catégories ne peut être absolue, puisque l'on a vu précédemment que certains cuivres gris contenaient à la fois de l'antimoine et de l'arsenic; mais elle est utile pour l'essai, et peut-être correspond-elle avec la séparation des deux espèces que j'ai indiquées sous les noms de *cuivre gris* et de *tennantite.*

Il est encore une variété que j'ai omis de citer, c'est le *cuivre gris platinifère* de Guadalcanal en Espagne, que Vauquelin a fait connaître le premier. Il se rapporte à la variété arsénifère. En effet, sa couleur est d'un gris de fer assez clair, beaucoup plus foncé cependant que le gris d'acier. Sa cassure est grenue et inégale ; enfin il donne une odeur arsenicale au chalumeau.

Analogies. — Les minerais avec éclat métallique et de couleur grise sont abondants; plusieurs d'entre eux cristallisent dans le système régulier, ce qui ajoute une ressemblance de plus, et donne quelque difficulté aux personnes encore peu versées dans l'étude des minéraux.

Lorsque le cuivre gris est en tétraèdre, simple ou modifié, la seule analogie qu'il présente est le *zinc sulfuré.* Ce dernier minéral est lamelleux ; il donne une poussière blanche par la raclure ; enfin, il est infusible au chalumeau.

Les cristaux en dodécaèdres simples ou portant des facettes plus ou moins nombreuses, comme la tennantite, ressemblent à du *fer oxydulé,* de *l'argent sulfuré,* du *cobalt arsenical* et du *cobalt gris.*

Les échantillons amorphes présentent des analogies plus nombreuses encore ; on peut les confondre avec le *fer oxydulé,* le *fer oligiste,* le *fer chromé,* l'*argent sulfuré,* le *cuivre sulfuré,* le *fer arsenical,* *l'antimoine sulfuré compacte,* le *cobalt gris,* le *cobalt arsenical* et le *nickel gris.*

La pesanteur spécifique considérable des minerais de cobalt et de nickel suffit pour les distinguer : le fer oxydulé, le fer oligiste et le fer chromé, beaucoup plus durs que les cuivres gris, sont en outre infusibles au chalumeau. L'argent sulfuré et le cuivre sulfuré sont ductiles, se laissent couper au couteau, et sont fusibles au chalumeau sans fumée ; le fer arsenical est d'un blanc d'argent, il donne une odeur d'ail par le choc du briquet et par l'action du chalumeau ; les cuivres gris, de couleur claire, les seuls que l'on puisse confondre avec le fer arsenical, ne contiennent point d'arsenic ; enfin, l'antimoine sulfuré compacte, fusible à la simple flamme d'une bougie, est en outre entièrement volatil au chalumeau.

CUIVRE ARSENICAL.

Ce minéral a été indiqué pour la première fois par Henkel, qui l'a trouvé composé d'environ 40 pour 100 de cuivre, et de 50 à 55 d'arsenic. M. Jameson annonce qu'on l'a retrouvé dans les mines de Huel-Gorland en Cornouailles, ainsi que dans plusieurs localités, notamment à Annaberg dans l'Erzgebirge, à Kamsdorf en Thuringe, à Halsbrücke, près Freiberg. Ce minéral paraît être le même que Werner a décrit sous le nom de *weisskupfererz*.

Il forme des masses amorphes, à cassure inégale et grenue. Son éclat est métallique, peu brillant ; sa couleur est intermédiaire entre le blanc d'étain et le jaune de laiton ; très-fragile ; sa pesanteur spécifique est de 45.

M. Domeyko, professeur de chimie à Coquimbo, a également décrit un arséniure de cuivre, que l'on observe en abondance dans les mines de Calabazo, dans le nord du Chili[1]. Ce minéral diffère, par les proportions, de celui de Henkel; il contient :

		Rapp.	
Cuivre........	71,64	0,181	3
Arsenic.......	28,36	0,064	1

Composition représentée par la formule Cu^3Ar. Il est amorphe, compacte, à cassure grenue, à grains fins. Son éclat est métallique ; sa couleur, dans la cassure fraîche, est d'un blanc semblable à celui du fer arsenical, il est seulement beaucoup plus brillant. Il prend bientôt une teinte jaunâtre, qui fonce de plus en plus par le contact de l'air, et sa

[1] Analyse de nouvelles espèces minérales trouvées au Chili, par M. Domeyko : *Annales des mines*, *quatrième série*, t. III, p. 5, 1843.

surface finit par se couvrir de couleurs irisées, à la manière du cuivre pyriteux ou du cuivre panaché.

Malléable, il prend un poli argenté sous le couteau, mais il est moins tendre que le cuivre panaché.

Le cuivre arsenical donne au chalumeau des vapeurs arsenicales très-abondantes, et se fond en un globule d'un gris noirâtre, métalloïde.

CUIVRE OXYDULÉ.

Protoxyde de cuivre ; Cuivre oxydé rouge : Ziegelerz; Roth-kupfererz.

Cet oxyde est remarquable par sa belle couleur rouge cochenille, que l'on aperçoit par transparence dans les cristaux hyalins ou seulement translucides ; lorsque le cuivre oxydulé est en cristaux opaques, il présente alors extérieurement une couleur d'un gris de fer, avec un éclat demi-métallique. On met en évidence la couleur de ce minéral en le réduisant en poussière. Sa cassure est inégale ou conchoïde, et présente un éclat vitreux ; elle transmet presque toujours la belle couleur qui lui est propre ; la dureté du cuivre oxydulé est de 3,5 ; il raye la chaux carbonatée, et il est rayé par la chaux phosphatée ; sa pesanteur spécifique est de 59,92.

Au chalumeau, seul, il se convertit au feu d'oxydation en une boule noire ; avec le borax, fond aisément, et donne au feu de réduction un verre d'un beau vert ; au feu d'oxydation, un émail rouge brique. Soluble avec effervescence dans l'acide nitrique, il colore la liqueur en vert.

La composition du cuivre oxydulé est, d'après une analyse de Chenevix :

		Rapp.	
Cuivre......	88,78	0,22	2
Oxygène.....	11,50	0,11	1

représentée par la formule $\overline{Cu}$. C'est la même composition que l'oxyde de cuivre au minimum.

Angles principaux.

P sur P = 90°.	a^1 sur a^1 = 109° 18′ 16.
P sur a^1 = 125° 15′ 52″.	a^2 sur a^2 = 160° 31′ 44″.
P sur a^2 = 144° 44′ 8″.	b^1 sur a^2 = 150°.
P sur b^1 = 135°.	a^2 sur a^2 = 131° 48′ 36″.
P sur b^2 = 154° 6′ 24″.	b^1 sur b^1 = 120°.
b^1 sur b^2 = 160° 53′ 36″.	a^2 sur b^2 = 169° 6′ 24″.

Le cuivre oxydulé est presque toujours cristallisé ou du moins cristallin. On le trouve aussi en filaments déliés et soyeux.

Cuivre oxydulé cristallisé. — Sa forme primitive est le cube, *fig.* 447, *pl.* 124; il présente des clivages faciles parallèlement aux faces de ce solide; les cristaux cubiques sont assez rares; la variété la plus commune est l'octaèdre régulier, *fig.* 448. Les échantillons du Cornouailles et la plupart de ceux de Sibérie affectent cette forme.

Fig. 449, *pl.* 125. Dodécaèdre rhomboïdal.

Fig. 450. Octaèdre portant les faces du cube, sur chacun de ses angles.

Fig. 451. Octaèdre tronqué sur toutes les arêtes et passant au dodécaèdre avec les faces du cube.

Fig. 452. Dodécaèdre avec les faces du cube.

Fig. 453. Cristaux octaèdres ayant les faces du cube et de l'octaèdre.

Fig. 454. Octaèdre portant les faces P du cube, b^1 du dodécaèdre rhomboïdal, et a^2 d'un trapézoèdre.

On connaît des cristaux d'Ekathérinembourg dans lesquels l'octaèdre est encore très-marqué, malgré les facettes nombreuses placées sur les angles ou sur les arêtes.

Lorsque les cristaux de cuivre oxydulé sont isolés ou disséminés dans une argile, comme les beaux cristaux de Chessy, leur surface est souvent recouverte d'une petite couche verte de cuivre carbonaté, qui en voile au premier abord la nature ; mais en les cassant, on développe leur clivage cubique, ainsi que la couleur rouge cochenille qui les caractérise.

Cuivre oxydulé en masses lamellaires. — Les échantillons amorphes présentent un tissu lamellaire prononcé; quand les lames sont assez grandes, on observe le clivage triple et rectangulaire. Dans tous les cas, l'éclat vif et la poussière rouge indiquent suffisamment la nature de ce minerai.

Cuivre oxydulé capillaire. — Cette variété est formée d'aiguilles très-déliées, d'un rouge vif, ayant un éclat soyeux. Quelquefois ces filaments sont entrelacés à angle droit, comme si le système régulier qui préside à la cristallisation s'était encore développé dans la disposition de ces petites aiguilles isolées. Chaque cristal capillaire est translucide.

Cuivre oxydulé terreux.—On donne ce nom à des minerais de cuivre d'un rouge brique, passant au rouge cochenille. Quand on examine avec soin ces échantillons, on remarque que leur couleur n'est pas homogène. Certaines parties qui approchent beaucoup plus de la couleur du cuivre oxydulé, sont plus riches en cuivre, tandis que les autres contiennent une forte proportion de fer; en réalité, ce sont des minerais de fer, tantôt d'hématite rouge, tantôt de fer oxydé brun, mélangé d'une quantité plus ou moins considérable de cuivre oxydulé. Ce dernier minerai se concentre quelquefois au centre des échantillons, de manière qu'on aperçoit le tissu cubique du cuivre oxydulé ainsi que sa couleur. L'Ecole des mines possède des échantillons dans lesquels on peut établir une suite continue depuis des minerais contenant 4 à 5 pour 100 de cuivre, jusqu'à des échantillons où la teneur en cuivre dépasse 40 pour 100. Les premiers sont de véritables minerais de fer pour le minéralogiste. Dans les seconds on aperçoit, au contraire, d'une manière fort distincte le cuivre oxydulé. Tous ces échantillons proviennent des mines dites de la Banque en Sibérie. Haüy les a distingués par le nom de *cuivre oxydulé ferrifère*. Les Allemands les désignent par l'expression de *ziegelerz*, qui signifie minerai de couleur brique. Cette variété est tantôt compacte, tantôt terreuse.

Analogies. — Lorsque le cuivre oxydulé est cristallisé et que la couleur de sa surface est d'un gris d'acier, on peut confondre ce minéral avec plusieurs autres qui ont la même forme, notamment la *blende* octaèdre, le *fer oxydulé*, etc. La couleur rouge de sa poussière le distingue immédiatement de tous les autres. Les masses lamelleuses ont quelque analogie avec l'*argent rouge* et le *mercure sulfuré;* la couleur de la poussière fournirait encore, dans ce cas, un caractère par la différence des nuances. Toutefois il est préférable de faire quelques essais. L'argent rouge donne des fumées blanches antimoniales très-abondantes et un bouton d'argent. Le mercure sulfuré est complétement volatil au chalumeau. Sa pesanteur spécifique étant de 81, presque double de celle du cuivre oxydulé, il suffit de sous-peser ce corps pour le distinguer.

Quant au cuivre ferrifère, sa couleur le distingue des minerais de fer, lorsque la proportion de cuivre oxydulé est assez considérable pour qu'elle soit saillante. Dans le cas contraire, l'essai seul peut faire reconnaître sa nature.

CUIVRE OXYDÉ NOIR.

On trouve dans un grand nombre de mines de cuivre une substance terreuse, noire, tachant les doigts, qui est en partie composée d'oxyde cuivrique. L'analyse indique quelquefois du soufre ou de l'arsenic, et souvent une quantité assez considérable d'oxyde de manganèse ou d'oxyde de fer. Il est probable que cet oxyde, qui joue un certain rôle dans quelques mines par son abondance, est le produit de la décomposition des minerais de cuivre avec lesquels on le trouve associé; la présence du soufre ou de l'arsenic décèle l'origine de ce minerai.

Fusible au chalumeau en scorie noire, cet oxyde donne des globules de cuivre au feu de réduction. Il est attaquable par l'acide nitrique sans dégagement de gaz.

Analogies. — On connaît plusieurs minéraux noirs et terreux qui peuvent se confondre les uns avec les autres. Ce sont l'*oxyde de manganèse*, l'*oxyde de cobalt* et l'*oxyde de cuivre*. L'association de ces oxydes avec les minerais d'où ils proviennent fournit presque toujours un moyen pour les reconnaître. Quand ce caractère empirique manque, il faut nécessairement avoir recours à un essai. La fusion avec le borax est caractéristique. L'oxyde de cuivre colore le verre que l'on obtient en vert émeraude; le manganèse le colore en violet; enfin le cobalt lui communique une couleur bleue très-riche.

CUIVRE CARBONATÉ BLEU.

Cuivre azuré; Cuivre bleu; Kupferlazur; Azurite (Beudant).

Ce minéral, remarquable par sa belle couleur bleue, est ordinairement en cristaux nets et éclatants. Sa dureté est 3,5; il raye la chaux carbonatée, et il est rayé par la chaux phosphatée; quelquefois transparent, il est ordinairement translucide. Sa cassure est conchoïdale, très-difficilement lamelleuse. Sa pesanteur spécifique est 38,31. Au chalumeau, seul, se convertit au feu d'oxydation en une boule noire; avec le borax il fond aisément et donne un beau verre de couleur émeraude; se dissout avec effervescence dans l'acide nitrique.

Sa composition est, d'après les analyses suivantes :

	De Sibérie [1], par Klaproth.	De Chessy [2], par Vauquelin.	De Chessy [3], par Phillips.	Du Bannat, par Kersten.	Oxyg.	Rapp.
Oxyde de cuivre.....	68,5	70	69,08	69,08	13,95	3
Acide carbonique...	25,0	24	25,46	25,72	18,61	4
Eau...............	6,5	6	5,46	5,20	4,62	1
	100,0	100	100,00			

La formule qui résulte de cette composition est $2Cu\ddot{C}^2 + Cu\dot{A}q$.

Le cuivre carbonaté bleu est cristallisé en prisme rhomboïdal oblique, *fig.* 455, *pl.* 126, dans lequel l'incidence des faces latérales est de 98° 42', celle de la base sur chacune

[1] *Beitrage*, t. IV, p. 31.
[2] *Annales du Muséum*, t. XX, p. 1.
[3] *Journal of Royal institution*, t. IV, p. 276.

d'elles de 91° 52'. L'un des côtés de la base est à la hauteur dans le rapport des nombres 20 : 27. Il possède des clivages difficiles parallèlement aux faces de la forme primitive.

Les cristaux en forme primitive sont assez fréquents à Chessy; les faces en sont courbes et peu nettes. La plupart des formes secondaires sont au contraire remarquables par le poli et l'éclat de leurs faces.

Fig. 456. Cristaux de la forme primitive avec une modification $d^{1/2}$ sur les arêtes de devant.

Fig. 457. Même forme, avec des faces e^3 sur les angles.

Fig. 458. Prisme oblique surbaissé, portant des modifications $d^{1/2}$ et b^1 sur les arêtes de la base.

Fig. 459. Même forme avec de petites facettes h^1 placées sur l'arête de devant, et une modification a^2.

Fig. 460. Ces cristaux, quoique analogues à la forme précédente, ont cependant un aspect général tout différent, ce qui tient à ce que les faces h^1 ont pris une grande extension, en même temps que celles appartenant aux biseaux $d^{1/2}$ et b^1 sont devenues très-petites : de Chessy. Ces cristaux sont généralement très-éclatants.

Fig. 461 et 462, *pl.* 127. Forme primitive avec des facettes a^2 et o^2 sur les angles obtus de la base : ces cristaux ont une apparence de régularité qui les a fait considérer comme appartenant à un prisme rhomboïdal droit. Souvent la surface des cristaux est recouverte d'une couche de cuivre carbonaté vert plus ou moins épaisse et fibreuse; quelquefois même on trouve du cuivre carbonaté vert affectant cette forme, mais le centre présente fréquemment de longues aiguilles bleues qui montrent que le cuivre carbonaté vert est, dans ce cas, le résultat d'une épigénie de cuivre bleu, et que ce ne sont pas de vrais cristaux du premier de ces minéraux.

Fig. 463. Cristaux de même nature avec addition des faces $d^{1/2}$ et h^1.

Fig. 464. Même forme avec addition des facettes e^2.

Fig. 467. Cristaux dans lesquels les faces o^2 ont pris un grand développement, et que l'on a quelque peine à orienter : la présence des faces M guide dans leur étude.

Fig. 468. Cristaux aplatis, de Chessy, portant sur les angles obtus les modifications a^1, a^2, o^2, et sur les angles aigus des facettes $e^{1/3}$, e_3, que je n'ai pas encore indiquées.

Fig. 469, *pl.* 128. Cristaux dans lesquels les faces P, M et h^1 sont très-larges et donnent l'aspect général, mais portant un biseau triple, e^1, e^2, e^3, sur les angles E. Ils présentent en outre des modifications g^1, g^2 et $b^{1/2}$. Les facettes g^1 et g^3 placées sur les arêtes latérales aiguës et que je n'ai pas encore citées, sont fort rares.

Fig. 470 et 471. Cristaux de Sibérie, dans lesquels il existe des faces i, données par un décroissement intermédiaire, dont la loi est $(b^{1/3}\ d^{1/4}\ g^{3/3})$. Ces facettes, assez développées, donnent aux cristaux un aspect irrégulier.

Fig. 472. Analogue à la *fig.* 469, mais ayant de petites facettes intermédiaires $i' = (b^1\ d^{1/3}\ g^{1/2})$.

La plupart des cristaux dont je viens de donner les dessins proviennent de la mine de Chessy, dans le département du Rhône ; ils sont remarquables par la netteté et l'éclat de leurs faces; les mines de Nikolajewsk, dans l'Oural, fournissent également de nombreuses variétés dont j'ai déjà décrit plusieurs ; M. G. Rose, dans l'important ouvrage qu'il a publié sur la minéralogie et la géologie de l'Oural, a fait connaître trois facettes qui n'avaient pas encore été observées, savoir : a^{10}, $a^{4/3}$ et $a^{2/3}$. Les *fig.* 473 et 474, que j'emprunte à cet ouvrage, représentent les plans de cristaux qui contiennent ces facettes nouvelles.

M. Haidinger cite un cristal maclé, formé de cristaux associés parallèlement à la face a^2; les macles sont très-rares, et je n'ai pas eu l'occasion d'en examiner.

Cuivre carbonaté bleu mamelonné et compacte. — On trouve quelquefois ce minéral sous forme de concrétions. Il est en couches parallèles ondulées ; sa couleur est d'un bleu clair, son éclat est mat et terreux. Dans d'autres circonstances, le cuivre carbonaté bleu est disséminé dans des roches qu'il colore fortement, ou il forme des espèces de taches plus ou moins larges à aspect terreux. Sa couleur, la manière de se comporter aux acides ou au chalumeau, sont autant de caractères qui servent à déterminer sa nature.

Analogies. — Peu de minéraux ont la couleur bleue. Le cuivre carbonaté est donc toujours facile à reconnaître ; toutefois, on peut citer le *lapis lazulite* et le *fer phosphaté bleu*. C'est surtout pour les échantillons terreux qu'il existe quelque analogie. La dissolution avec effervescence dans les acides n'appartient qu'au cuivre carbonaté. Ce minéral donne, en outre, du cuivre métallique par l'action du chalumeau.

Angles principaux.

P sur M	=	91° 52′ 20″.	M sur M	=	98° 42′.
P sur g^1	=	90°.	M sur g^1	=	130° 39′.
P sur g^3	=	91° 37′.	M sur g^3	=	160° 52′.
P sur h^1	=	92° 28′.	M sur h^1	=	139° 21′.
P sur b^1	=	125° 8′.	M sur b^1	=	143°.
P sur $b^{3/2}$	=	136° 59′.	M sur $b^{1/3}$	=	131° 9′.
P sur b^2	=	138° 12′.	M sur b^2	=	132° 55′.
P sur $b^{1/2}$	=	108° 33′.	M sur $b^{1/2}$	=	149° 55′.
P sur $d^{1/2}$	=	111° 50′. 30″.	M sur $d^{1/2}$	=	160° 2′.
P sur o^1	=	117° 51′ 10″.	M sur o^1	=	133° 16′.
P sur o^2	=	135° 13′ 10″.	M sur o^2	=	123° 45′.
P sur o^5	=	166° 26′.	M sur o^5	=	100° 44′.
P sur a^1	=	113° 51′.	M sur a^1	=	132° 51′.
P sur a^2	=	132° 50′ 20″.	M sur a^2	=	122° 15′.
P sur a^4	=	152° 13′.	M sur a^4	=	108° 56′.
P sur a^6	=	160° 47′.	M sur a^6	=	102° 38′.
P sur e^1	=	119° 9′.	M sur e^1	=	126°.
P sur e^2	=	138° 28′.	M sur e^2	=	117° 10′.
P sur (b^1 $d^{1/3}$ $g^{1/2}$)	=	115° 0′ 20″.	M sur (b^1 $d^{1/3}$ $g^{1/2}$)	=	147° 21′.
P sur ($b^{1/3}$ d^1 $g^{1/2}$)	=	117° 0′ 10″.	M sur ($b^{1/3}$ d^1 $g^{1/3}$)	=	148° 52′.
P sur ($b^{1/4}$ $d^{1/3}$ $g^{3/5}$)	=	101° 24′.	M sur ($b^{1/4}$ $d^{1/5}$ $g^{3/5}$)	=	123° 1′.
P sur ($b^{1/4}$ $d^{1/3}$ $g^{3/5}$)	=	152° 52′.	M opposé ($b^{1/4}$ $d^{1/3}$ $g^{5/5}$	=	136° 14′.
h^1 sur o^1	=	154° 37′.	h^1 sur o^2	=	137° 5′.
h^1 sur a^1	=	153° 41′.	h^1 sur a^2	=	134° 41′.
h^1 sur a^4	=	115° 19′.	h^1 sur a^6	=	106° 45′ 10″.
e^1 sur e^1	=	121° 42′ 20′.	b^1 sur b^1	=	156° 15′.

CUIVRE CARBONATÉ VERT.

Vert de montagne; Malachite.

Ce carbonate est beaucoup plus fréquent que l'espèce précédente. Le passage que l'on observe entre des cristaux de carbonate bleu et de carbonate vert a fait supposer à Haüy que c'était la même espèce qui se présentait sous deux aspects différents ; mais la composition les sépare d'une manière nette, et quoique les cristaux bien déterminés soient fort rares, cependant on en possède qui ne laissent aucun doute sur la différence entre les formes de ces deux carbonates.

Le cuivre carbonaté vert est remarquable par sa belle couleur émeraude ; cependant il présente souvent dans le même échantillon des nuances diverses ; son éclat est vitreux ou soyeux, quelquefois adamantin ; sa dureté est 2,5 ; il est rayé par la chaux carbonatée. Sa pesanteur spécifique est de 40,08. Ses caractères, au chalumeau et aux acides, sont les mêmes que pour le carbonate bleu.

Les analyses qui font connaître sa composition ont donné :

	De Sibérie, par Vauquelin [1].	De Sibérie, par Klaproth [2].			Terreuse de Sibérie, par Beudant [3].		
			Oxyg.	Rapp.		Oxyg.	Rapp.
Acide carbonique.....	21,25	20,50	14,83	2	7,3	5,28	2
Deutoxyde de cuivre...	70,10	71,70	14,46	2	25,2	5,08	2
Eau..................	8,45	7,80	6,93	1	3,2	2,93	1
	99,80	100,80					
		Matières terreuses......			64,4		
					100,1		

Il résulte de ces éléments que, même dans le carbonate vert terreux, la relation atomique conduit à la formule 2*Cu*C + A*q*; la texture terreuse tient à un mélange plus ou moins considérable d'argile ou de grès.

[1] *Annales du Museum*, t. XX, p. 1.
[2] *Beitrage*, II, p. 287.
[3] *Traité de Minéralogie*, t. II, p. 371.

Cuivre carbonaté vert cristallisé. — J'ai annoncé que les cristaux bien déterminés sont fort rares ; mais presque toutes les collections possèdent des masses composées de cristaux aciculaires très-brillants, formant de petits faisceaux divergents : les aiguilles, malgré leur ténuité, sont très-nettes, et on remarque à leur sommet un biseau réfléchissant : adhérentes par leur base, elles sont, par suite de leur divergence, séparées à leur partie supérieure, et l'on distingue leur sommet à la disposition du prisme. Des aiguilles de cette nature, provenant de Teruel en Aragon, présentent à leurs extrémités libres des angles rentrants, et sont de la forme *fig.* 476, *pl.* 129. La cristallisation du cuivre carbonaté vert dérive d'un prisme rhomboïdal oblique, dont les faces latérales font un angle de 107° 16′. La base est inclinée sur ces faces de 112° 33′.

Cuivre carbonaté fibreux et concrétionné. — Les aiguilles aciculaires se soudent et donnent lieu à des masses fibreuses droites à éclat soyeux; mais le plus ordinairement le cuivre carbonaté constitue des rognons dans lesquels la cassure est à la fois fibreuse et rayonnée ; ces échantillons présentent en outre une texture concentrique, commune à presque toutes les concrétions; les zones qui les composent, quoique vertes, sont des nuances différentes, quelquefois beaucoup plus claires les unes que les autres; il résulte de cette disposition que lorsqu'on taille une plaque, elle coupe les mamelons en zones concentriques qui offrent une diversité de nuances vertes qui donnent à la *malachite* un aspect agréable et qui fait rechercher cette belle substance pour l'ornement de quelques meubles précieux.

Le cuivre carbonaté vert concrétionné est très-abondant; les morceaux assez volumineux pour être taillés en plaques d'une certaine dimension sont au contraire assez rares, ce qui leur donne un prix élevé.

Cuivre carbonaté vert lamelleux. — Cette variété fort rare a été trouvée à la mine de Rheinbreitbach, dans les provinces rhénanes de la Prusse; un échantillon que M. A. Burat a récemment donné à la collection de l'École des mines ne laisse aucun doute sur l'existence du cuivre carbonaté lamelleux. Mis en digestion dans l'acide nitrique, il produit une vive effervescence d'acide carbonique ; il possède trois clivages indistincts, mais faciles; sa couleur est d'un beau vert émeraude; son éclat est vif et analogue au cuivre phosphaté de la même localité; ce dernier minéral offre une teinte plus foncée, néanmoins le cuivre carbonaté lamelleux et le cuivre phosphaté sont presque identiques, du moins quand ils sont en très-petites masses, comme ils se présentent à Rheinbreitbach.

Cuivre carbonaté vert terreux. — La plupart des minerais de cuivre produisent par leur décomposition du cuivre carbonaté vert; presque toujours il est en parties disséminées qui offrent alors l'aspect terreux; quelquefois aussi l'on rencontre des argiles et surtout des grès plus ou moins fortement colorés par ce minéral, dont l'aspect est terreux ; leur couleur fait présumer qu'ils contiennent du cuivre carbonaté vert, cependant comme plusieurs substances cuprifères sont également vertes, il faut rechercher si elles renferment de l'acide carbonique, ce dont on s'assure par l'acide nitrique.

Analogies. — L'observation que je viens de faire montre que le cuivre carbonaté vert présente de la ressemblance avec plusieurs minerais de cuivre, savoir : le *cuivre chloruré*, le *cuivre phosphaté*, et certaines variétés de *cuivre arséniaté*; j'ajouterai en outre le *plomb phosphaté*, et l'*urane phosphaté* du Cornouailles. La teinte du plomb phosphaté n'est pas la belle nuance émeraude du cuivre, son éclat n'est pas soyeux ; enfin il se dissout dans l'acide nitrique, sans effervescence; c'est ce même caractère qui fournit le moyen de distinction le plus facile avec les autres minerais que j'ai cités ; toutefois les caractères tirés de la nuance sont encore saillants pour un œil un peu exercé; les nuances vertes du cuivre chloruré et du cuivre phosphaté étant plus foncées ; pour ce dernier, il y a même une différence très-remarquable entre la couleur de la cassure et celle de la surface des mamelons ; cette dernière est presque noire, tandis que la cassure fibreuse est d'un beau vert ; cette opposition de nuance est très-marquée sur la plupart des échantillons de fer phosphaté fibreux que j'ai vus, et ce n'est qu'avec la variété fibreuse que le cuivre carbonaté peut avoir d'analogie.

Angles principaux.

P sur M = 112° 33'.	M sur M = 107° 16'.
P sur g^1 = 90°.	M sur g^1 = 126° 22'.
P sur h^1 = 118° 26' 30".	M sur h^1 = 143° 38'.

Angle de la macle P sur P' = 130° 7'.

Angle plan des bases 100° 6' 40". Des faces latérales 107° 48' 20".

MYSORINE.

Carbonate de cuivre anhydre.

Ce minéral a été recueilli pour la première fois par le docteur Heyne dans la péninsule de l'Indoustan, à l'extrémité du pays de Mysore, où il forme un filon dans les roches primitives; la description en est due à M. Thomson [1], qui en a également fait connaître la composition.

Lorsque ce carbonate de cuivre est pur, il est d'un brun noirâtre; souvent il est traversé de veines verdâtres dues à du carbonate vert. Il est en masses amorphes, opaques, ayant une structure foliacée, mais non lamelleuse; sa dureté est de 4,25; sa pesanteur spécifique est de 26,20. Il se dissout entièrement dans les acides, à l'exception d'un résidu très-peu abondant, dû à du peroxyde de fer; essayé au chalumeau avec le carbonate de soude, il donne du cuivre; il colore le borax en vert à la flamme désoxydante, et en rouge brique à la flamme oxydante.

Sa composition est de :

---

[1] *Philosophic. transactions*, 1814, p. 45.

		Oxyg.	
Acide carbonique.......	16,70	12,08	1
Oxyde de cuivre.......	90,75	12,25	1
Peroxyde de fer........	19,50		
Silice..................	2,10		
Perte.................	0,95		

Eléments qui conduisent à la formule CuC.

Analogies. — Ce minéral n'a pas de caractères prononcés : on pourrait le confondre avec du *manganèse oxydé brun*, certaines variétés terreuses de *fer hydraté* de couleur brune, du *cobalt terreux*, ou du *cuivre oxydé noir* ; le double caractère des acides et du chalumeau le distingue d'une manière nette.

CUIVRE CHLORURÉ.

Cuivre muriaté ; Smaragdochalzit ; Salzkupfererz ; Atakamite (Beudant).

Ce minéral, d'un beau vert émeraude foncé, se trouve en cristaux, en masses aciculaires droites ou radiées, en concrétions et en sables. Les cristaux dérivent d'un prisme rhomboïdal droit, *fig.* 477, *pl.* 129, sous l'angle de 97° 12', dans lequel la hauteur est à peu près égale à un des côtés de la base. Les formes ordinaires représentées sous les *fig.* 478 et 479 sont des octaèdres, ou des octaèdres basés ; on place souvent ces derniers cristaux verticalement ; ce sont alors des prismes à six faces symétriques surmontés d'un biseau ; les cristaux aciculaires offrent cette disposition. Les cristaux de cuivre chloruré possèdent des clivages peu distincts suivant les faces de la forme primitive, ceux parallèles à la base sont plus nets.

L'éclat du cuivre chloruré est assez vif ; les cristaux sont souvent translucides ; ils rayent la chaux sulfatée, et ils sont rayés par la chaux fluatée ; leur pesanteur spécifique est de 44,30. Solubles sans effervescence dans l'acide nitrique, ils sont fusibles et réductibles au chalumeau en colorant la flamme en bleu ou en vert.

La composition de ce minéral laisse encore quelque incertitude, ainsi qu'il résulte des analyses que je transcris.

	Du Chili, par Klaproth [1].	Du Pérou, par Proust [2].	Du Chili, par Proust [3].		Rapp.	Du Mexique, par Berthier [4].		Rapp.
Chlore........	15,90	12,28	12,92	0,058	2	14,92	0,0674	2
Cuivre........	14,22	10,96	11,54	0,029	1	13,33	0,0336	1
Ox. de cuivre.	54,22	44,76	57,54	0,116	3	50,00	0,1008	3
Eau..........	14,16	15,00	13,60	0,120	4	21,75	0,1933	6
Mélange.......	1,50	17,00	5,00					

Dans ces différentes analyses les proportions entre le chlore, le cuivre et l'oxyde de cuivre sont assez rapprochées; mais la proportion d'eau est très-différente pour le cuivre chloruré du Mexique.

Les trois premiers donnent à peu près la formule $Cu\bar{Cl} + 3Cu + 4Aq$. L'échantillon analysé par M. Berthier était mélangé d'hydrate de fer; il contenait en outre une certaine quantité de chaux sulfatée; il serait possible que la différence dans la proportion d'eau fût le résultat de ces mélanges.

Les analyses de Klaproth et de Proust ont été ramenées à la théorie du chlore.

Analogies. Les cristaux de cuivre chloruré sont de même forme que ceux du *cuivre phosphaté;* ils ressemblent par leur couleur à du *cuivre arséniaté;* il existe en outre quelque analogie entre le cuivre chloruré, le cuivre phosphaté et le cuivre arséniaté, à l'état aciculaire.

Le cuivre phosphaté cristallisé est d'un vert très-foncé; les masses aciculaires présentent en outre un caractère presque constant, c'est que la surface des mamelons ou des cristaux est d'un noir velouté, tandis que la cassure longitudinale est d'un beau vert; si le caractère de la couleur laissait de l'incertitude, on rechercherait la présence du chlore, ce que l'on fera en versant une goutte de nitrate d'argent dans la dissolution nitrique de l'échantillon à essayer. Le cuivre arséniaté est

[1] *Beitrage*, III, p. 196.
[2] *Annales de Chimie*, XXXII.
[3] *Philos. trans.*, 1812.
[4] *Annales des Mines*, p. 26, VII, p. 542.

généralement d'un vert bouteille ou d'un vert olivâtre ; mis sur le charbon, il donne au chalumeau une odeur arsenicale.

Angles principaux.

M sur M	= 97° 12'.		P sur e^2	= 146° 36'.
P sur a^1	= 123° 50'.		M sur a^1	= 128° 32'.
P sur a^2	= 143° 16' 40".		M sur a^2	= 116° 39'.
P sur e^1	= 127° 10'.		M sur e^1	= 128° 48'.
P sur $b^{1/2}$	= 106° 32'.		M sur $b^{1/2}$	= 153° 28'.
P sur e_2	= 115° 15'.		M sur e_2	= 143° 2'.
P sur a_2	= 112° 22'.		M sur a_2	= 122° 22'.
a^1 sur a^1	= 112° 20'.		a^1 sur a^1	= 160° 33'.
a^1 sur e^1	= 109° 39' 30".		e^1 sur e^1	= 105° 40'.

CUIVRE PHOSPHATÉ.

Octaedrisches phosphorsaures kupfer ; Kupfer oxyde-phosphorsaures ; Olivenerz ; Cuivre phosphaté octaédrique ; Libethénite ; Aphérèse (Beudant).

Les divisions que l'on doit admettre dans les phosphates de cuivre sont encore entourées de quelques doutes; les analyses d'échantillons même cristallisés présentent des différences qu'on ne sait comment expliquer, et il en résulte que les minéralogistes ne sont pas d'accord sur le nombre de phosphates de cuivre. M. Beudant en a donné deux espèces que la cristallisation ainsi que l'analyse conduisent à distinguer, l'*aphérèse* et *l'ypoléine* : j'adopterai cette division, en me servant des expressions admises par M. Lévy, de *cuivre phosphaté* et de *cuivre hydro-phosphaté*, quoique je les reconnaisse comme défectueuses, les deux phosphates contenant de l'eau ; seulement le premier n'en renferme que 6 à 7 pour 100, tandis que cet élément s'élève à 15 pour 100 dans l'hydro-phosphaté.

Le cuivre phosphaté est généralement cristallisé ; ses cristaux dérivent d'un prisme droit rhomboïdal de 109° 10', *fig.* 480, *pl.* 129, dans lequel le rapport d'un des côtés de la base à la hauteur est à peu près celui des nombres 29 : 25. Il a des clivages faciles parallèlement aux faces de la forme primitive. Sa couleur est d'un vert olive brunâtre, souvent très-foncé ; les cristaux sont tantôt translucides, tantôt résineux ; les faces en sont souvent courbes, ce qui empêche d'en mesurer les angles avec exactitude. Néanmoins M. Phillipps a obtenu les incidences suivantes :

M sur M = 109° 10′.		a^1 sur a^1 = 84° 45′.
P sur e^1 = 136° 10′.		e^1 sur e^1 = 92° 15′.
P sur a^1 = 132° 33′.		$b^{1/2}$ sur $b^{1/2}$ = 149° 10′.

Les *fig.* 481, 482 et 483, *pl.* 130, sont les seules formes de cuivre phosphaté que l'on connaisse; la première est un octaèdre aigu dont les faces sont généralement très-brillantes, formé par les modifications a^1 et a^1; la seconde est le même octaèdre tronqué au sommet par la base; il porte en outre des faces $b^{1/2}$ sur ses angles latéraux : quant à la troisième, qui est fort rare, j'en dois la connaissance à M. Descloizeaux, qui m'en a communiqué le dessin, d'après un échantillon de la collection de M. Allan. Les cristaux représentés *fig.* 481 sont analogues à certaines variétés de cuivre arséniaté, qui sont également d'un vert olive foncé; la troisième est presque identique avec la *fig.* 479, *pl.* 129, qui appartient au cuivre chloruré. La distinction du cuivre phosphaté et du cuivre arséniaté nécessite un essai au chalumeau qui indique l'existence de l'arsenic; la couleur d'un vert émeraude, quoique foncée, suffit pour distinguer le cuivre chloruré du cuivre phosphaté ; la présence de l'acide muriatique, toujours facile à constater, ne laisse aucune incertitude.

Le cuivre phosphaté, bien déterminé comme espèce, n'a encore été trouvé qu'à Libethen, près de Neusohl en Hongrie, et dans la mine de Gunnislake en Cornouailles; plusieurs minéralogistes lui ont donné le nom de *libethénite*, qui rappelle la localité principale d'où il provient.

Les analyses qui établissent cette espèce sont :

	De Libethen, par Wöhler [1].	Idem, par Berthier [2].	Oxyg.	Rapp.
Oxyde de cuivre.....	69,61	63,9	12,88	4
Acide phosphorique..	24,13	28,7	16,08	5
Eau...............	6,26	7,4	6,57	2

[1] *Annales de Chimie et de Pharmacie,* de Liebig, 1844, p. 124.

[2] *Annales des Mines,* t. VIII, 1re série, p. 334.

Ces éléments conduisent à la formule $\dot{C}u^4\ddot{\overline{P}} + 2Aq$. M. Wöhler a publié, en même temps que l'analyse que nous venons de citer, les deux autres analyses suivantes, faites également sur des cristaux provenant de Libethen, mais de couleur beaucoup plus claire ; elles contiennent moins d'eau et conduisent à la formule $\dot{C}u^4\ddot{\overline{P}} + Aq$. La forme de ces cristaux concorde avec la variété d'un vert olive foncé, en sorte qu'on ne sait à quoi attribuer cette différence :

			Oxyg.	Rapp.
Oxyde de cuivre.....	66,55	66,94	13,50	4
Acide phosphorique..	28,00	29,44	16,50	5
Eau..............	4,43	4,05	3.57	1
	98,98	100,43		

J'ai fait remarquer que les cristaux de cuivre phosphaté avaient de l'analogie, pour la couleur et la forme, avec le cuivre arséniaté en octaèdres aigus, que j'ai appelé *olivénite;* mais il est une autre circonstance importante, c'est que la formule qui exprime leur composition est analogue, avec cette différence que l'acide phosphorique remplace l'acide arsénique : il est donc probable que ce phosphate et cet arséniate de cuivre sont isomorphes, de même que cela a lieu pour le phosphate et l'arséniate de plomb.

CUIVRE HYDRO-PHOSPHATÉ.

Cuivre phosphaté prismatique ; Phosphorochalcite (Lynn) ;
Ypoléine (Beudant).

Ce second phosphate se rapproche, par sa couleur, du cuivre chloruré : il est cependant d'un vert foncé. Ses cristaux sont transparents ou au moins translucides, leur éclat est adamantin : il se présente avec des structures plus variées que le précédent; quelquefois en petits cristaux aciculaires. Il est le plus ordinairement en masses mamelonnées. C'est principalement cette variété que l'on voit dans les collections. A sa disposition fibreuse radiée, se joignent des indices de cristallisation assez marqués à l'extrémité des rayons : la surface des mamelons offre aussi une circonstance remarquable et qui fournit un caractère prononcé de reconnaissance, c'est d'être d'un noir velouté.

Le cuivre hydro-phosphaté cristallise en prisme rhomboïdal oblique sous l'angle de 141°, *fig.* 484, *pl.* 130 ; l'inclinaison de la base sur les faces latérales est environ de 112° 30'. L'incidence des faces de la modification d^1 est de 117° 50', et celle de chacune d'elles, sur la face h^1, est de 123° 30'. Il possède des clivages parallèles aux faces h^1.

Sa pesanteur spécifique est de 42,05, sa dureté est de 4,5. Il raye la chaux fluatée : soluble dans l'acide nitrique ; il donne de l'eau par calcination et offre tous les caractères chimiques du cuivre phosphaté.

Les *fig.* 485 et 486 représentent des cristaux de Virneberg, près de Rheinbreitbach, dans les provinces rhénanes, les seuls que l'on puisse associer avec certitude à cette espèce. Ils se composent de la forme primitive avec des modifications d^1 placées sur les arêtes de devant de la base, et d'une large facette $a^{5/2}$ sur l'angle A. Ces cristaux, fortement transparents, sont d'un vert foncé. Dans les échantillons que j'ai examinés, les cristaux sont serrés les uns contre les autres, et la roche qui leur sert de gangue est un quartz passant à l'agate.

La composition du cuivre hydro-phosphaté est, d'après une analyse de M. Lynn [1], confirmée par un travail postérieur de M. Arfwedson :

		Oxyg.	Rapp.
Oxyde de cuivre......	62,847	12,67	1
Acide phosphorique...	21,687	12,15	1
Eau................	15,454	13,74	1

Eléments qui conduisent à la formule $CuP + Aq$, ou $\dot{C}u^5 \ddot{\ddot{P}} + 5\dot{H}$.

Trombolithe. — Plattner [2] a donné ce nom à un phosphate

[1] *Edimburgh philosophical Journal*, t. IX. p. 213.
[2] *Journal fur pr.*, ch. XV, p. 321.

fibreux de Retzbanya, en Hongrie, pour lequel il a trouvé, par une analyse approximative, les résultats suivants :

		Oxyg.	Rapp.
Oxyde de cuivre......	39,2	7,9	3
Acide phosphorique...	44,0	22,9	10
Eau..................	16,8	14.9	6

La formule qui les représente, $Cu^{3} P^{2} + 6H$, est très-différente de celle du cuivre hydro-phosphaté. Je n'ai pas vu d'échantillon de ce phosphate et je ne sais s'il doit former une espèce particulière. Il est, du reste, très-difficile de comprendre la liaison du phosphate de Retzbanya à un des deux précédents, à cause de la forte proportion d'acide phosphorique.

Pélokronite. — M. Richter[1], de Freiberg, a décrit sous ce nom un phosphate en masse amorphe et terreuse d'un bleu noirâtre, qui a été rapporté de Chine. Peu dur, il est rayé par la chaux carbonatée ; sa pesanteur spécifique est de 25,67 ; il se dissout aisément dans l'acide nitrique. Aucune analyse n'en a été faite. M. Richter a seulement reconnu par des essais, qu'il contient du fer, du manganèse, du cuivre et de l'acide phosphorique. Aucun des caractères que je viens de citer ne justifie la formation de cette espèce. La pélokronite paraît être un mélange de phosphate de fer et d'oxyde de cuivre, ou un mélange de phosphate de cuivre, d'oxyde de fer et de manganèse.

Assez souvent, au reste, on trouve de ces matières terreuses mélangées de phosphate de cuivre. Il en existe à Virneberg, dans le même lieu d'où proviennent les cristaux de cuivre hydro-phosphaté.

CUIVRE ARSÉNIATÉ.

Le cuivre et l'acide arsénique s'allient dans des proportions nombreuses. Mais outre les combinaisons qui forment

---

[1] *Annales de Poggendorff*, t. XXI, p. 590.

des espèces déterminées, il existe souvent des échantillons, même cristallisés, dans lesquels l'acide arsénique est en excès, ou qui sont formés par le mélange de deux arséniates de composition différente. Il résulte de ces circonstances qu'il régnait encore, il y a peu de temps, une grande incertitude sur cette classe de minéraux.

MM. Turner, Richardson, de Kobell, et Trolle-Wachmeister avaient bien déjà fourni des documents précieux sur cet intéressant sujet ; mais un travail qui ne date que de quelques mois, dû, pour la partie chimique, à M. Damour [1], et pour l'étude des cristaux, à M. Descloizeaux [2], a dissipé les doutes en montrant qu'il y avait cinq arséniates de cuivre, distincts à la fois par leur forme et par leur composition. Ce sont :

L'Olivénite, ou cuivre arséniaté prismatique ;

L'Erinite, cuivre arséniaté rhomboédrique ;

La Liroconite, cuivre arséniaté en octaèdre obtus ;

L'Aphanèse, cuivre arséniaté en prisme oblique rhomboïdal ;

Enfin, **l'Euchroïte,** dont la forme est un prisme rhomboïdal droit, comme pour l'olivénite.

Je décrirai les arséniates de cuivre suivant cet ordre, et j'emprunterai les principaux résultats aux Mémoires de MM. Damour et Descloizeaux.

Les arséniates de cuivre sont tous solubles dans les acides ; au chalumeau, ils fondent avec facilité et donnent sur le charbon un globule de cuivre, souvent entouré d'une scorie noirâtre.

---

[1] Analyse des quatre arséniates de cuivre, par M. Damour (*Annales de chimie et de physique*, troisième série, 1845, t. XIII, p. 404).

[2] *Examen cristallographique des cinq espèces d'arséniates de cuivre*, par M. Descloiseaux, t. XIII, p. 417.

OLIVÉNITE.

Cuivre arséniaté en octaèdres aigus ; Cuivre arséniaté prismatique : Olivenerz.

Cette espèce de cuivre arséniaté est la plus fréquente : on la connaît dans plusieurs localités ; elle y possède des caractères constants. C'est le Cornouailles qui fournit les cristaux les plus nets. Leur forme primitive est un prisme rhomboïdal droit, *fig*. 487, *pl*. 131, dont l'angle est de 110° 47'. Le rapport d'un des côtés de la base à la hauteur est à peu près celui des nombres 88 : 69.

La forme ordinaire est le prisme primitif très-allongé dans le sens de la petite diagonale, *fig*. 488, et portant un biseau e^1 sur les angles E. Dans quelques échantillons très-rares, il existe à la fois des modifications a^1, lesquelles, réunies au biseau e^1, donnent naissance à un octaèdre aigu.

Fig. 490, *pl*. 131. Aux faces e^1 viennent se joindre, dans certains cristaux, des faces g^1, placées sur les arêtes verticales aiguës, et des faces a^1, qui tronquent les angles obtus.

L'olivénite se présente, en outre, sous la forme d'un octaèdre aigu à base rectangle résultant des faces e^1 et M prolongées, *fig*. 489 ; ces cristaux, assez fréquents, sont entièrement analogues à ceux du cuivre phosphaté ; leurs angles sont très-rapprochés l'un de l'autre, peut-être même sont-ils identiques. Mais l'imperfection des cristaux de cuivre phosphaté et de cuivre arséniaté ne permet pas d'en avoir des mesures exactes.

Les faces M et e^1 de ce dernier minéral sont ordinairement courbes ; cette disposition a empêché de mesurer les angles des différentes facettes les unes sur les autres.

Angles principaux.

M sur M	= 110° 47'.	e^1 sur e^1 par-dessus la base	= 92° 30'.
P sur e^1	= 136° 15'.		
P sur a^1	= 125° 47'.	e^1 sur e^1 adjacent	= 87° 30'.
M sur e^1	= 113° 8'.	M sur a^1	= 131° 53'.

L'olivénite possède deux clivages assez faciles, parallèles aux faces latérales de la forme primitive.

Sa pesanteur spécifique est 43,78, sa couleur est le vert sombre, sa poussière est vert olive pâle ; l'olivénite raye la chaux fluatée, sa cassure est vitreuse. Chauffée sur la pince de platine, elle fond et cristallise par le refroidissement. Sur le charbon, elle fond facilement, dégage une fumée arsenicale et laisse un globule de cuivre malléable.

Cuivre arséniaté aciculaire et fibreux. — La couleur, d'un vert olive foncé, autorise à réunir à l'olivénite les échantillons en aiguilles déliées et en masses fibreuses radiées, que l'on trouve avec quelque abondance dans les mines de cuivre du Cornouailles, notamment dans celles dites Huel-Unity. Souvent les extrémités des rayons sont terminées par un biseau fort analogue à l'angle des faces M ; on remarque en outre que l'arête du biseau est perpendiculaire sur les aiguilles, en sorte que chaque fibre serait un cristal aciculaire de la variété *fig.* 488. Dans certains échantillons, la structure est à la fois mamelonnée et fibreuse.

La composition de l'olivénite est définie d'une manière certaine par les analyses de Kobell, Richardson et Damour.

	Des mines de Carrarack, par Kobell[1].	Cristallisé, par Hermann[2].	Fibreux (Wood-Copper,) par Hermann.	Idem, par Richardson[3].	De Huel-Unity, par Damour[4].	Oxyg.	Rapp.
Oxyde de cuivre..	56,43	56,38	54,54	56,65	56,86	11,47	4
Acide arsénique..	36,71	33,50	40,50	39,80	34,87	12,11	5
Acide phosphoriq.	3,36	5,96	1,16	»	3,43	1,92	
Eau.............	3,50	3,83	3,80	3,55	3,72	3,30	1
	100,00	100,00	100,00	100,00	98,88		

La formule qui résulte de cette composition est $Cu^4\ (As, Ph)^5 + Aq$ ou $\dot{C}u^4 (\ddot{\ddot{A}}s\ \ddot{\ddot{P}}h) + \dot{H}$.

Analogies.—L'olivénite ressemble au cuivre phosphaté, elle offre aussi quelque analogie avec le cuivre chloruré. La pré-

---

[1] *Annales de Poggendorff*, t. XVIII, p. 249.
[2] *Journal d'Erdmann*, novembre 1844.
[3] *Traité de minéralogie de Thomson.* 1er vol.
[4] *Annales de chimie et de physique*. 3e série. t. XIII, p. 412, 1845.

sence de l'arsenic, que l'on constate en fondant ce minéral au chalumeau et sur le charbon, le distingue d'une manière certaine ; je rappellerai que la couleur du cuivre chloruré, quoique foncée, est cependant d'un vert émeraude ; cette teinte devient plus distincte quand on réduit le minéral en poussière.

ÉRINITE.

Cuivre arséniaté rhomboédrique; Cuivre micacé ; Kupferglimmer ; Euchlor glimmer.

Cet arséniate est d'un beau vert émeraude ; il se présente sous la forme de petites tables très-minces, à six faces, plus ou moins modifiées sur ses bords ; les cristaux, assez nets et souvent très-réfléchissants, donnent le moyen d'obtenir avec exactitude la mesure des angles de presque toutes les modifications; sa forme primitive est un rhomboèdre aigu, *fig.* 491, *pl.* 131, de 69° 48'. Les *fig.* 492, 493 et 494, dans lesquelles on voit les faces du rhomboèdre primitif associées à des rhomboèdres secondaires, a^4 et b^1, sont les formes habituelles de l'érinite.

Les angles mesurés par M. Descloizeaux sont [1] :

P sur P	= 69° 48'.		P sur P	= 110° 12'.
P sur a^1	= 108° 44'.		a^1 sur b^1	= 124° 8' 40".
P sur b^1	= 124° 54'.		a^1 sur a^4	= 124° 8' 40".
b^1 sur b^1	= 88° 26'.		b^1 sur b^1	= 91° 34'.
a^4 sur a^4	= 88° 26'.			

L'érinite a un clivage extrêmement facile, perpendiculairement à l'axe du rhomboèdre, ou parallèlement à la face a^1 ; il jouit d'une réfraction double très-énergique. Ce minéral raye le gypse et il est rayé par le calcaire ; le peu d'épaisseur de ses cristaux le rend friable entre les doigts. Sa pesanteur spécifique est de 26,59. Chauffé dans le matras, il pétille à la manière du diaspore, et se divise en écailles excessivement légères ; il fond sur le charbon, en dégageant une odeur

[1] *Annales de chimie et de physique*, 3e série, t. XIII, p. 417.

arsenicale, et laisse une scorie noirâtre qui enveloppe un grain de cuivre métallique.

	Kupferglimmer du Cornouailles, par Chenevix [1].	par Vauquelin [2].	par Damour [3].	Oxyg.	
Oxyde cuivrique.......	58	58,71	52,92	10,67	6
Acide arsénique.......	21	21,31	19,35	6,72	5
Acide phosphorique....	»	»	1,29	0,72	
Eau..................	21	19,48	23,94	21,28	12
Alumine.............	»	»	1,80		
	100	99,50	99,30		

Ces résultats conduisent à la formule $Cu^6\,(As,Ph)^5 + 12\,Aq$ ou $\dot{C}u^6\,(\ddot{\bar{A}}s\,\ddot{\bar{P}}h) + 12\,\dot{H}$.

Les résultats de Chenevix, de Vauquelin et de M. Damour sont analogues; les différences qu'ils présentent sont en rapport avec les modes d'analyse employés par ces chimistes; il n'en est pas de même de l'analyse suivante du kupferglimmer du Cornouailles, publiée récemment par Hermann [4].

Oxyde cuivrique.......	44,45	100,00.
Acide arsénique........	17,51	
Oxyde ferreux,.........	2,92	
Phosphate d'alumine....	3,93	
Eau..................	31,19	

La grande différence que présentent ces résultats avec les précédents me fait supposer que M. Hermann n'a pas analysé le même minéral que M. Damour.

Analogies.—La forme et la couleur d'un beau vert émeraude distinguent l'érinite de tous les autres arséniates de cuivre. Mais en même temps, sa couleur le rapproche de l'urane phosphaté, qui se trouve également en lames très-minces: quand les cristaux sont un peu marqués, la distinction est facile; en effet, l'urane cristallisant en prisme à base carrée, la

---

[1] *Philosophical transactions*, 1801, p. 199.

[2] *Journal des mines*, n° 55, p. 562.

[3] *Annales de chimie et de physique*, 3e série, t. XIII, p. 413, 1845.

[4] *Journal d'Erdmann*, novembre 1844.

coupe en est rectangulaire, tandis que celle de l'érinite est hexagonale : pour les lamelles indistinctes, on se servira de l'essai au chalumeau, au moyen duquel on obtiendra pour l'érinite une odeur arsenicale.

LIROCONITE.

Cuivre arséniaté en octaèdres obtus; Linsenerz ; Cuivre arséniaté octaédral : Lirokonite.

La belle couleur bleue céleste, quelquefois un peu verdâtre, de cet arséniate de cuivre, le distingue immédiatement des autres. Sa forme primitive est un prisme rhomboïdal droit, de 107°, 5', *fig.* 495, *pl.* 132, dans lequel un des côtés de la base est à la hauteur comme les nombres 85 : 86. Les cristaux sont des octaèdres très-obtus, *fig.* 496, *pl.* 132, formés par l'association des faces M et du biseau a^1. Souvent on voit encore l'arête d'intersection des faces MM, et dans ce cas l'octaèdre n'est pas complet. Les arêtes MM et a^1 a^1 sont perpendiculaires l'une sur l'autre; il en résulte que, si on les met dans une position horizontale, les cristaux présentent la forme d'un octaèdre rectangulaire très-surbaissé. On a généralement l'habitude de placer les cristaux de cette manière, et souvent même dans la nature ils sont implantés dans cette position.

Les angles de la liroconite sont :

M sur M	= 107° 5'.	M sur a^1	= 133° 54' 30''.
a^1 sur a^1	= 119° 8'.	a^1 sur a^1	= 61°.

Les faces sont presque toujours un peu ondulées ; elles ont en outre un éclat gras, qui ne permet pas de prendre des mesures très-précises.

La liroconite raye le calcaire ; sa pesanteur spécifique est de 29,64. Chauffée dans le matras, elle dégage beaucoup d'eau ; puis elle verdit et devient incandescente. Après cette calcination, sa couleur passe au brun. Chauffée sur la pince de platine, elle fond sur les bords seulement. Sur le charbon, elle fond lentement et se réunit sous la forme d'un globule rouge très-cassant.

	Liroconite du Cornouailles. par M. le comte de Trolle-Wachtmeister [1].	par Hermann [2].	par M. Damour [3].	Oxyg.	Rapp.
Acide arsénique.....	20,79	23,05	22,40	7,78	15
Acide phosphorique..	3,61	3,73	3,24	1,81	
Oxyde cuivrique....	35,19	36,38	37,40	7,54	12
Alumine...........	8,03	10,85	10,09	4,71	6
Oxyde ferrique......	3,44	0,98	»	»	»
Eau...............	22,24	25,01	25,44	22,61	32
Gangue............	7,09	«	»		
	100,26	99,90	98,57		

Ces analyses sont représentées par les formules :

$$2\,Cu^6\,(As,\,Ph)^3 + Al^6\,(As,\,Ph)^5 + 32\,Aq.$$

$$\text{ou } 2\,\dot{Cu}^6\,(\overset{\cdot\cdot\cdot\cdot\cdot}{As},\,\overset{\cdot\cdot\cdot\cdot\cdot}{Ph}) + \dddot{Al}^2\,(\overset{\cdot\cdot\cdot\cdot\cdot}{As}\,\overset{\cdot\cdot\cdot\cdot\cdot}{Ph}) + 32\,\bar{H}.$$

La composition de ce minéral est fort remarquable par la présence de l'alumine; cette terre y est nécessairement en combinaison, la liroconite étant soluble dans l'ammoniaque sans résidu sensible.

La solubilité des arséniates de cuivre dans l'ammoniaque est, d'après M. Damour, en proportion inverse de la proportion d'acide arsénique qui entre dans leur composition ; ainsi l'olivénite, le plus riche des arséniates de cuivre en acide arsénique, est de toutes les espèces la plus lente à se dissoudre.

APHANÈSE.

Cuivre arséniaté en prisme rhomboïdal oblique ; Cuivre arséniaté prismatique triangulaire.

Les différents échantillons de cet arséniate que j'ai vus dans les collections de Paris ne m'ont jamais offert que des faisceaux de lames courbes, des masses cristallines testacées presque écailleuses, ou des groupes confus de cristaux arrondis possédant un éclat assez vif. Phillipps, qui a fait connaître

[1] *Jahresberigt*, t. XIII, p. 177.

[2] *Journal d'Erdmann*, novembre 1844.

Annales de chimie et de physique, 3e série, t. XIII, p. 414.

cette espèce, annonce avoir étudié des cristaux très-nets, que j'ai représentés dans la *fig.* 499, *pl.* 133. Les modifications o^1 et $a^{7/10}$ qu'il donne établissent d'une manière certaine l'obliquité du prisme; les angles qu'il a mesurés sont :

P sur M	= 95°.	M sur M	= 56°.
P sur o^1	= 125°.	P sur h^1	= 100° 42'.
P sur $a^{7/10}$	= 80° 18'.		

Angle plan des faces latér. = 99° 28' 15''. Angle plan de la base = 55° 10' 16''.

D'après ces données, la forme primitive de l'aphanèse est un prisme oblique rhomboïdal dont un des côtés de la base est à la hauteur comme les nombres 23 : 41.

L'aphanèse est d'un vert bleuâtre très-foncé; sa poussière est bleue verdâtre; il raye le gypse et il est rayé par le calcaire; sa pesanteur spécifique est de 43,12.

Chauffé dans le matras, il dégage de l'eau et noircit; exposé à la flamme du chalumeau, sur la pince de platine, il noircit, fond et cristallise par le refroidissement. Sur le charbon il fond facilement, dégage des vapeurs arsenicales et laisse un bouton de cuivre malléable, rouge à l'extérieur, grisâtre à l'intérieur.

La composition de l'aphanèse est, d'après M. Damour[1] :

		Oxyg.		Rapp.
Acide arsénique.....	27,08	9,40	10,24	5.
Acide phosphorique..	1,50	0,84		
Oxyde cuivrique....	62,80		12,67	6.
Oxyde ferrique......	0,49			
Eau................	7,57		6,74	3.
	96,44			

Ces résultats sont exprimés par les formules :

$$Cu^6 (As.Ph)^5 + 3Aq, \quad \text{ou } \dot{C}u^6 (\overset{\cdot\cdot\cdot\cdot\cdot}{\overline{A}s}, \overset{\cdot\cdot\cdot\cdot\cdot}{\overline{P}h}) + 3\dot{\overline{H}}.$$

EUCHROITE.

Cette cinquième espèce d'arséniate de cuivre a d'abord été examinée par Turner[2]; les analyses les plus récentes de M. Kühn

---

1 *Annales de chimie et de physique*, 3e série, t. XIII, p. 414, 1845.

2 *Edimburg Journal of science*, t. II, p. 133.

et Wöhler[1] ont confirmé la composition obtenue par le célèbre chimiste anglais; la description des cristaux est due à M. Haidinger; il résulte des observations de ce minéralogiste que l'euchroïte dérive d'un prisme rhomboïdal droit de 117° 20′, dont un côté de la base est à la hauteur comme les nombres 203 : 180.

Les cristaux d'euchroïte sont généralement peu nets; la base en est souvent arrondie, et les faces verticales sont fortement striées ; l'Ecole des mines possède un échantillon dont les cristaux sont bien déterminés et réfléchissants, qui lui a été donné par M. Audibert, ingénieur des mines; ils affectent la forme dessinée *fig.* 501, *pl.* 133 ; c'est le primitif, avec un biseau e^1 fort prononcé sur les angles aigus; ils portent en outre de petites faces latérales g^1 g^3 et g^5.

Les angles des modifications sont :

M sur g^1 = 121° 20′.		e^1 sur e^1 = 87° 52′.
g^5 sur g^5 = 78° 47′ 26″.		g^3 sur g^3 = 95° 12′.

L'euchroïte est d'un beau vert émeraude : sa dureté est à peu près celle de la chaux fluatée. Sa cassure est conchoïdale et inégale. Sa pesanteur spécifique est de 33,89.

Au chalumeau elle se comporte comme les autres arséniates de cuivre.

Ses éléments sont :

D'après Turner[2].		Kühn.	Vhöler.	Oxyg.	Rapp.
Oxyde de cuivre.....	47,85	46,97	48,09	9,70	4
Acide arsénique.. ..	33,02	34,42	33,32	11,57	5
Eau...............	18,80	19,31	18,32	16,70	7
Chaux.............	»	1,12	»		
	99,67	99,84	99,70		

La composition de l'euchroïte est donc représentée par les formules :

$$Cu^4 As^5 + 7Aq\ , \quad \text{ou}\ \dot{C}u^4\ \ddot{\ddot{A}}s + 7\dot{H}.$$

[1] *Annales de chimie et de pharmacie* de Liebig, juillet, 1844.
[2] *Edimburg Philos. Journ.*, n° IV, p. 301.

L'euchroïte n'a jusqu'à présent été trouvée qu'à Libethen en Hongrie ; ses cristaux sont disséminés dans les fissures d'un schiste micacé.

Nota. M. Thomson admet, outre les cinq espèces d'arséniates de cuivre que je viens de décrire, deux autres espèces sous les noms de *acicular olivenore*, et *amianthiforme di-arséniate of Copper*. Ces minéraux qui sont l'un et l'autre, ainsi que leur nom l'indique, à l'état fibreux, appartiennent à l'olivénite; la différence de composition tient à leur état d'altération.

M. Hermann décrit six espèces d'arséniate de cuivre : 1° le *Wood Copper;* 2° l'*olivénite;* 3° l'*érinite;* 4° le *kupferglimmer;* 5° l'*euckroïte;* 6° le *linsenerz*. Il paraît avoir oublié dans cette classification l'aphanèse, dont les caractères sont cependant bien distincts. L'érinite et le kupferglimmer, réunis, au contraire, par la plupart des minéralogistes, forment pour Hermann, deux espèces différentes.

Kupferschaüm. — On décrit sous ce nom des minéraux laminaires courbes, de couleur vert pomme, quelquefois vert-de-gris ayant une tendance à la couleur bleue; friables, s'écrasant entre les doigts et dont la pesanteur spécifique est de 31 environ; tous contiennent une quantité de cuivre plus ou moins considérable, quelquefois ils offrent la réaction de l'arsenic; cette texture laminaire courbe appartient à beaucoup de minéraux, et il est certain qu'on a rangé sous ce nom des substances très-différentes. On ne peut donc pas considérer le kupferschaüm comme une espèce minérale distincte, et surtout comme un arséniate.

Le kupferschaüm de Falkenstein, dans le Tyrol, qui se présente en masses à la fois feuilletées et radiées, est composé, d'après Kobell [1], de :

Oxyde cuivrique	43,660	100
Acide arsénique	25,366	
Eau	19,824	
Carbonate de chaux	11,150	

[1] *Grundzüge der mineralogie*, p. 266.

CUIVRE ARSÉNIÉ.

Condurite.

On a trouvé dans la mine de Condorrow en Cornouailles des masses terreuses brunâtres passant au bleuâtre, composées essentiellement d'oxyde de cuivre et d'acide arsénieux; tendres, elles reçoivent le poli sous l'ongle, et surtout par la raclure; leur cassure est éminemment conchoïdale; leur pesanteur spécifique est de 32,05.

Au chalumeau la condurite donne des fumées blanches très-abondantes, et un globule métalloïde. Sa composition est, d'après l'analyse de M. Faraday :

		Oxyg.	
Acide arsénieux...	25,94	6,27	3
Oxyde de cuivre..	60,50	12,20	6
Eau	8,99	7,99	4
Soufre...........	3,06		
Arsenic..........	1,51		

Ces éléments conduisent à la formule $Cu^6 \dddot{A}r + 4Aq$. Il est très-probable que la condurite est le produit d'une double décomposition, l'arsenic et le cuivre étant en présence dans beaucoup de mines du Cornouailles.

CUIVRE VANADIÉ.

Vanadiate de cuivre; Volborthite.

Ce minéral a été décrit pour la première fois par M. Volborth, qui l'a recueilli dans les mines de Solomisky, situées entre Miask et Katherinenbourg; l'échantillon qu'il a fait connaître se compose de petits cristaux rassemblés sous forme globuleuse de couleur olive. M. Leplay, ingénieur en chef des mines et professeur à l'école des mines, a rapporté d'un voyage qu'il a fait en Oural en 1844, deux échantillons déposés actuellement dans la collection de l'École, qui me permettent de donner une description plus détaillée de cette espèce. La volborthite forme de petits cristaux lamellifères d'un vert jaunâtre. On n'y voit aucune forme, les lamelles étant arrondies et pour ainsi dire lenticulaires. Toutefois la surface de plusieurs de ces lamelles porte des stries assez prononcées qui se coupent sous l'angle de 60 degrés. Ces stries se croisent comme dans le corindon; il est dès lors probable que les lamelles de cuivre vanadié dérivent d'un rhomboèdre dont ces lignes présentent la trace. Il existe, en outre, un clivage très-facile parallèlement à la base de ces lames; la Volborthite est très-friable, elle s'écrase entre les doigts; sa poussière raye la chaux sulfatée. Sa pesanteur spécifique, déterminée par M. Volberth, est de 35,50.

Dans le tube, la volborthite donne un peu d'eau et devient noire. Elle produit au chalumeau une scorie noire, au milieu de laquelle on aperçoit de petits grains de cuivre. Avec le sel de phosphore j'ai obtenu un verre transparent d'une belle couleur verte. Dans un de ces essais avec le sel de phosphore, il s'est produit une grenaille de cuivre métallique ; la couleur du globule vitreux qui l'entourait avait également la couleur verte qui caractérise le vanadium.

Aucune analyse de la Volborthite n'a encore été faite.

DIOPTASE.

Achirite; Kupfer smaragd.

Le cuivre dioptase est d'une belle couleur émeraude. Sa forme est celle d'un rhomboèdre obtus, *fig.* 502, *pl.* 133, de 126° 17′. Quelques cristaux sont en rhomboèdres, mais la plupart affectent la forme de prismes à six faces, *fig.* 503, surmontés d'un pointement rhomboédrique. Enfin dans quelques échantillons il existe en outre un rhomboèdre e^1, dont l'angle est de 95° 48′. Ce minéral possède des clivages parallèlement aux faces du rhomboèdre primitif. Sa cassure est conchoïde et inégale.

La dioptase raye difficilement le verre ; sa dureté est de 5 ; sa pesanteur spécifique est de 32,78.

Lorsqu'il n'a pas été chauffé au rouge, les acides nitrique, hydrochlorique et sulfurique le décomposent facilement, et le réduisent en gelée. Ils ne l'attaquent que très-lentement, après qu'il a été privé d'eau par la calcination.

L'ammoniaque et le carbonate d'ammoniaque attaquent la poudre de ce minéral, surtout à l'aide de la chaleur. Chauffé dans le tube, la dioptase laisse dégager de l'eau et noircit. A la flamme du chalumeau, sur une coupelle, le sel de phosphore le dissout en donnant la réaction du cuivre et en laissant un squelette de silice.

Les analyses récentes de M. Damour [1] nous ont fait connaître la composition exacte du cuivre dioptase.

	Analyse de Hesse [2].	Par l'acide hydrochlorique. Damour.	Par le carbonate d'ammoniaque. Damour.	Oxyg.	Rapp.
Silice.	36,60	36,47	38,93	20,22	2
Oxyde cuivrique.	48,89	50,10	49,51	9,99	1
Eau.	12,29	11,40	11,27	10,01	1
Prot. de fer. . . .	2,00	»	»		
	99,78	97,97	99,71		

Ces éléments conduisent à la formule $CuS^2 + Aq$ ou $\dot{C}u^3 \dddot{S}i^2 + 3\dot{H}$.

Le cuivre dioptase provient du pays des Kirguis. Il a été rapporté pour la première fois par un marchand nommé Achir-Malmed dont on lui a donné le nom ; très-rare il y a une dizaine d'années, il est maintenant plus abondant; toutefois il a conservé une assez haute valeur, parce qu'il ne vient encore que de loin en loin par des caravanes. On ne connaît pas son gisement exact. L'Ecole des mines possède un échantillon d'une grande beauté donné par M. Tchichatcheff.

Analogies. — La dioptase a été d'abord prise pour de l'émeraude; sa belle couleur et même sa forme établissent de la ressemblance entre ces deux minéraux ; mais l'émeraude est

---

[1] Nouvelles analyses du dioptase (*Annales de chimie et de physique*, troisième série, t. X, p. 485, 1844).

[2] *Annales de Poggendorff*, t. XVI, p. 360.

terminée par une large base, tandis que la dioptase l'est par un pointement triple; l'émeraude a un clivage très-facile parallèlement à la base, clivage qui se décèle par des stries horizontales, ou par des anneaux colorés. Ce minéral est beaucoup plus dur que la dioptase. Enfin elle est insoluble au chalumeau et inattaquable par les acides.

CUIVRE HYDRO-SILICEUX.

Cuivre hydraté silicifère; Hydrophan cuivreux; Sommervillite; Kieselmalachite; Kieselkupfer; Chrysocale (Beudant).

Les silicates de cuivre se présentent en masse amorphe de couleur bleue verdâtre, verte bleuâtre, et quelquefois même brunâtre avec un éclat résineux. Quelquefois ils sont mamelonnés; mais on n'y découvre jamais aucune disposition cristalline, circonstance qui enlève au minéralogiste un des moyens les plus certains pour leur spécification; la composition de ces silicates offre en outre des différences considérables dans les proportions, ce qui jette du doute sur les espèces que l'on doit adopter; aussi les auteurs sont loin d'être d'accord sur cette question. Quelques-uns même voient des espèces particulières dans des échantillons qui ont donné à l'analyse à la fois du silicate de cuivre et du carbonate, tandis qu'il résulte de leur examen qu'ils sont formés de la réunion de ces deux minéraux en proportions variées.

La comparaison des analyses des silicates de cuivre montre en outre que la composition $CuS^2 + 2Aq$ se représente beaucoup plus fréquemment que les autres, en sorte que la plupart des échantillons me paraissent appartenir à ce silicate, le même que la dioptase, sauf la proportion d'eau. Lorsque la quantité de silice ou d'oxyde de cuivre est excédante, cela tient à des mélanges de ces deux corps; cette opinion, qui résulte de la discussion des analyses, devient surtout probable par l'inspection des échantillons, car l'on voit que dans certains d'entre eux le silicate de cuivre blanchit et se fond avec du quartz résinite, tandis que dans quelques autres il existe des veinules de cuivre oxydulé, de cuivre métallique, ou de cuivre carbonaté, qui imprégnent le silicate de cuivre dans toutes les directions.

Le cuivre hydro-siliceux raye la chaux carbonatée, et il est rayé par la chaux fluatée. Il est très-fragile ; sa pesanteur spécifique varie de 20,31 à 21,59 ; il donne de l'eau par la calcination et noircit ; infusible au chalumeau ; attaquable par les acides, il laisse un résidu siliceux.

	Silice.	Oxyde de cuivre.	Eau.	Acide carbonique.	Oxyde de fer.
De Sibérie, par Klaproth.	26,00	50,00	17,00	6,00	»
Le même, par John. . . .	28,57	49,63	17,5	3,00	»
Du Cornouailles, par Berthier[1].	26,00	41,8	23,5	3,7	2,5
De Siegen, par Ullmann[2].	40,00	40,00	12,00	8,0	»
De Bogoslowsk, par Kobell[3].	36,54	40,00	20,2	2,10	1,00
De par Berthier[4].	35,4	35,1	28,5	»	1,00

Plusieurs de ces analyses se rapprochent des deux suivantes, qui conduisent à la formule que j'ai indiquée.

	De New-Jersey, par Bowen[4].	Oxyg.	Rapp.	De Bogolowsk, par Berthier.	Oxyg.	Rapp.
Silice.	37,250	19,35	2	35,0	18,18	2
Oxyde de cuivre	45,175	9,11	1	39,90	8,09	1
Eau.	17,00	15,1	2	21,0	18,67	2
Perte.	0,575	»		1,1		
Oxyde de fer. . .	»	»		3,0		

Dans la première, la quantité d'eau est un peu trop faible, mais il est possible qu'il s'en soit perdu dans le dosage de l'acide carbonique.

[1] *Annales de chimie et de physique*, t. LI, p. 395.
[2] *Syst. tabell. Uebersicht der min.*, p. 275.
[3] *Annales de Poggendorff*, t. XVIII, p. 254.
[4] *Journal de Silliman*, t. VIII, p. 118.

Cuivre hydro-siliceux ferrifère. — Dans quelques-unes de ces analyses il existe de l'oxyde de fer. Dans le cuivre hydro-siliceux de Bogolowsk, la proportion s'en élève à 3 pour 100. Dans certains échantillons, la proportion de fer devient très-dominante, et les caractères sont changés. Un échantillon de cette nature, provenant de Sibérie, analysé par M. Damour [1], lui a donné :

		Oxyg.	
Silice..........	17,70	9,19	1
Oxyde cuivrique.	12,00	2,42	2
Oxyde ferrique..	49,20	15,08	
Eau............	20,60	18,31	2

Les oxydes de cuivre et de fer n'étant pas de même formule atomique, il est difficile de les regarder comme isomorphes. Il est plus probable que c'est du fer hydraté mélangé ou combiné avec de l'hydrosilicate de cuivre. En décomposant l'analyse de cette manière, on a :

Oxyde ferrique...	49,20	Fer oxydé hydraté 58,4.
Eau.............	9,20	

		Oxyg.	Rapp.
Silice...........	17,70	9,19	4
Oxyde cuivrique..	12,00	2,42	1
Eau.............	11,50	10,22	4

Ce qui indiquerait un silicate de cuivre d'une formule différente de celle que j'ai donnée ci-dessus. Cette circonstance a engagé M. Damour à le considérer comme une espèce nouvelle. Avant d'adopter cette conclusion, il faut attendre que la même combinaison se représente avec des proportions analogues.

CUIVRE SULFATÉ.

Couperose bleue; Vitriol de cuivre; Kupfervitriol; Cyanose (Beudant).

Ce sel est le résultat de la décomposition des minerais de cuivre et principalement des pyrites. Il existe en dissolution dans les eaux qui sortent des mines. Souvent on précipite le cuivre qu'elles contiennent par le moyen de vieilles ferrailles.

[1] *Annales des mines*, 3e série, 1837, p. 245.

Quelquefois ces eaux, que l'on désigne sous le nom d'*eaux de cémentation*, s'évaporent et donnent naissance, soit à des croûtes cristallines qui recouvrent les parois des galeries des mines, soit à des masses fibreuses, ou même à des cristaux. Les croûtes et les masses fibreuses sont ordinairement mélangées de sulfate de fer ; les cristaux sont assez purs pour que les caractères particuliers au cuivre sulfaté se développent. Ils sont d'un beau bleu céleste; leur forme est un prisme doublement oblique, dont les faces verticales font un angle de 124° environ. La base est inclinée sur ces faces de 109° 30′ et 128° 30′.

Sa pesanteur spécifique est de 21,9.

Les cristaux purs sont composés de :

		Oxyg.	
Acide sulfruique....	32,14	19,24	3
Oxyde de cuivre....	31,80	6,41	1
Eau...............	36,06	32,06	6

Eléments qui conduisent à la formule $CuSu^{3}+6Aq$. Le sulfate de cuivre cristallise avec une grande facilité ; c'est un des meilleurs exemples du sixième système cristallin.

BROCHANTITE.

Sous-sulfate de cuivre.

Les premiers échantillons de ce minéral encore fort rare, et que M. Lévy a fait connaître, proviennent de la mine de cuivre de Gumeschewskoi, à cinquante-six werstes S.-S.-O. de Katerinembourg. Depuis, on en a trouvé à Retzbanya en Hongrie ; enfin on doit associer à la brochantite le sous-sulfate de cuivre du Mexique, dont M. Berthier a donné la composition et que M. Thomson a décrit sous le nom de tétrasulfate de cuivre.

La bronchantite de l'Oural et celle de Retzbanya sont cristallisées. Leur forme primitive est un prisme rhomboïdal droit, *fig*. 505, *pl*. 134, sous l'angle de 104° 10′. Les cristaux que l'on connaît sont des prismes à six faces, composés des faces M. et d'une large troncature g^1. Dans les cristaux de l'Oural, *fig.* 506, la base est entièrement remplacée par le biseau obtus $e^1 e^1$: quelques-uns offrent, en outre, des modifications g^2, placées sur les arêtes d'intersection des faces g^1 et M. Il existe un clivage facile parallèlement à la face g^1. Dans les cristaux de Retzbanya, la base est, au contraire, assez développée. Un échantillon appartenant à la collection de M. Allan, et dont le dessin *fig.* 507 m'a été communiqué par M. Descloizeaux, porte de petites facettes *b* placées sur les arêtes B.

M. G. Rose a eu, dans son voyage en Oural, l'occasion d'étudier des cristaux bien nets de brochantite ; les angles de ce minéral sont, d'après un Mémoire qu'il a publié récemment :

P sur M	= 90°.	M sur M	= 104° 10′.
P sur e^1	= 165° 56′.	M sur g^1	= 127° 55′.
M sur g^2	= 160° 37′.	e^1 sur e'	= 151° 52′.
g^1 sur e^1	= 104° 4′.	g^2 sur g^2	= 75° 23′.
g^1 sur g^2	= 147° 18′.		

La brochantite est d'un vert émeraude ; les faces en sont brillantes ; l'éclat, assez vif, est vitreux ; sa dureté est supérieure à celle des calcaires. La pesanteur spécifique de la brochantite de l'Oural est, d'après M. Rose, de 39,06 ; celle de la brochantite de Retzbanya, par M. Magnus, est de 38,7. Au chalumeau, elle noircit sans se fondre ; dans le tube, elle donne de l'eau avec un résidu d'un gris bleuâtre. Soluble dans les acides.

Les essais de M. Children ont constaté que la brochantite de l'Oural est exclusivement composée d'oxyde de cuivre, d'acide sulfurique et d'eau. Les analyses de la brochantite de Retzbanya, par M. Magnus[2], en font connaître la composition atomique $CuSu + Ag$, de laquelle il résulte que ce minéral est un sous-sulfate de cuivre.

---

[1] *Annales de Poggendorff*, t. XIV, p. 141.
[2] *Annales de Poggendorff*, t. XLII, p. 468.

	I.	II.	Oxyg.	
Oxyde de cuivre...	66,935	62,626	12,63	1
Acide sulfurique...	17,426	17,132	10,23	1
Eau.............	11,917	11,887	10,57	1
Oxyde de zinc.....	3,145	8,181		
Oxyde de plomb...	48	0,030		
	99,471	99,856		

Les cristaux de brochantite de l'Oural sont accompagnés de brochantite amorphe ; M. Berthier en a analysé une variété en masse, qui ne diffère que par une petite quantité d'eau ; il en est de même d'une autre variété décrite par M. Jacquot, jeune ingénieur des mines.

Brochantite amorphe du Mexique. —Elle est grenue, mate, terreuse, d'un vert clair comme le carbonate de cuivre, passant au vert grisâtre ; se dissout lentement dans l'ammoniaque, mais très-rapidement dans le carbonate ; la brochantite *du Chili* a une cassure grenue, quelquefois conchoïde ; son éclat est mat; elle est d'un beau vert pomme, nuancé de vert bleuâtre. Elle est associée à du cuivre hydro-siliceux et à du cuivre oxydulé.

Voici la composition de la brochantite amorphe

	Du Mexique, par M. Berthier [1].	Du Chili, par M. Jacquot [2].
Deutoxyde de cuivre..	67,90	68,10
Acide sulfurique......	17,07	17,20
Eau..................	15,03	14,70

La seule différence entre les éléments de la brochantite cristallisée et amorphe consiste dans la proportion d'eau, qui s'élève de 12 à 15. Mais ces échantillons contenant, en outre, des hydrosilicates, il est possible que l'eau en excès appartienne à ces derniers minéraux.

Königine ou kœnigite. — Ce minéral décrit par Lévy [3] me paraît identique avec la brochantite. Il constitue de petits cristaux d'un beau vert, qui proviennent de l'Oural et dé–

---

[1] *Traité de la voie sèche*, par M. Berthier, t. II, p. 442.
[2] *Annales des mines*, deuxième série, t. XIX, p. 698, 1841.
[3] *Annales de philosophie*, seconde série, t. XI, p. 194.

rivent d'un prisme droit rhomboïdal. L'angle du prisme est environ de 105, au lieu de 104° 10′ ; il possède un clivage facile, parallèle à g^1, enfin, les essais ont également appris que la königine est composée, comme la brochantite, d'oxyde cuivre et d'acide sulfurique.

L'échantillon étudié par M. Lévy appartient à la collection de Mme la comtesse douairière d'Aylesford ; il provient de Werchoturi en Sibérie.

CUIVRE VELOUTÉ.

M. Lévy donne ce nom à de petits globules sphériques, à de petites houppes formées de fibres capillaires très-déliées et d'un bleu céleste, qui accompagnent le cuivre carbonaté bleu de Moldawa, dans le Bannat. Un essai dû à M. Brooke, inséré dans le n° 109 du *Philosophical magasine*, conduit ce minéralogiste à penser que le cuivre velouté contient de la silice ; ce serait donc un silicate? Je n'ai pas eu l'occasion d'étudier le cuivre velouté : sa description a été reproduite dans plusieurs ouvrages de minéralogie, d'après l'autorité de M. Lévy, et c'est également à cet auteur que je l'emprunte.

GISEMENT DES MINERAIS DE CUIVRE.

La plupart des espèces qui se rapportent au cuivre se trouvent réunies dans les mêmes filons. En Cornouailles, par exemple, le cuivre pyriteux, la phillipsite, le cuivre sulfuré, le cuivre phosphaté, les arséniates et les carbonates de cuivre existent dans les mêmes mines. Toutefois, on peut diviser les gisements en quatre manières d'être principales, qui sont :

1° En filons ; 2° en amas irréguliers, en rapport avec les roches ignées ; 3° disséminés dans les couches de grès ; 4° en couches paraissant régulières.

Les filons constituent le gisement de cuivre le plus fréquent. Les mines de cuivre du Cornouailles, celles de la Saxe et du Harz, sont exploitées sur des filons ; ils renferment principalement les *minerais sulfurés*, tels que la pyrite cuivreuse, le cuivre sulfuré et la phillipsite. Accidentellement, il y existe des carbonates, des arséniates, des phosphates et des chlorures. Parmi ces minerais, la pyrite est de beaucoup la plus abondante ; toutes les exploitations du Cornouailles sont ouvertes sur des filons de pyrites.

Les amas irréguliers appartiennent à la classe des gîtes de contact. Ils sont en général placés à la séparation de terrains d'ordres différents, quelquefois enclavés dans la stratification même d'un terrain schisteux. La célèbre mine de Fahlun, en Suède, constitue un vaste amas associé à de l'amphibole et intercalé dans le gneiss. Les mines de cuivre de Toscane sont exploitées sur des amas intercalés dans le terrain de craie. Ils sont accompagnés d'amphibole, et paraissent le résultat de l'arrivée au jour de la serpentine. Ce gisement a encore principalement pour base les combinaisons sulfurées. Dans la mine de Fahlun on exploite de la pyrite cuivreuse ; les mines du Monte-Catini, en Toscane, fournissent de la phillipsite ou cuivre panaché.

Les carbonates de cuivre bleu et vert, le cuivre oxydulé, le cuivre hydrosiliceux et même le cuivre natif appartiennent principalement au troisième genre de gisement. Ils forment des rognons, quelquefois de simples nodules disséminés dans des couches de grès. A Chessy, près Lyon, par exemple, le cuivre bleu constitue des rognons au milieu du grès bigarré. Ils sont distribués sans loi apparente, et chaque boule paraît isolée ; toutefois, il est probable que le minerai de cuivre est encore ici postérieur au terrain. Seulement, on ne voit pas d'une manière certaine le procédé que la nature a employé pour enrichir les couches de grès.

Le quatrième gisement est spécial au pays de Mansfeld, maintenant annexé à la Prusse ; il consiste en une couche de schiste calcaire et bitumineux dépendant de la formation de grès rouge, dans lequel la masse est imprégnée de cuivre sulfuré, ou de cuivre panaché. Cette couche, désignée dans le pays sous le nom de *Kupferschiefer*, dont la puissance moyenne est de $0^{m},40$, présente une richesse uniforme de 2,10 en cuivre. Cette homogénéité dans la distribution du cuivre semble annoncer que le minerai est contemporain au calcaire ; cependant il est probable que le cuivre est postérieur au schiste, comme on vient d'indiquer qu'il est postérieur au grès. Ce qui prouve cette assertion, c'est que le cuivre s'est concentré sur les empreintes assez nombreuses de poissons et de plantes disséminées dans le terrain. L'*argent sulfuré spiciforme,* appelé dans le pays *argent en épis*, que j'ai cité à la description du cuivre sulfuré, appartient à des tiges de graminées, ou de conifères remplacées par du cuivre sulfuré argentifère; ces pseudomorphoses n'ayant pu avoir lieu qu'après que les corps organisés qu'ils remplacent, d'abord empâtés dans le schiste bitumineux, ont été détruits, il en résulte nécessairement que l'enrichissement de la roche est dû à l'introduction du cuivre postérieurement à son dépôt; introduction qui peut être le résultat de phénomènes électro-chimiques.

Le cuivre natif se trouve dans plusieurs des gisements que nous venons d'indiquer ; on en connaît dans les mines du Cornouailles et dans les riches exploitations des monts Ourals, ainsi que nous l'avons déjà annoncé page 89. Mais le cuivre natif offre aussi des gisements particuliers ; on le trouve disséminé dans les roches trappéennes ; il existe dans cette espèce de terrain à Oberstein dans le Palatinat, à Féroé, aux îles Shetlands. Dans le Canada, ce genre de gisement paraît très-développé ; le cuivre y est exploité aux mines de *Kewena-Point*, sur le rivage méridional du lac Supérieur ; d'après M. le docteur Jackson [1], le cuivre s'y présente généralement à l'état métallique, remplissant toutes les cavités d'un trapp amygdaloïde disposé en dykes très-épais, coupant les couches de vieux grès rouge et de conglomérat, qui forment dans cette partie les bords du lac Supérieur.

Le cuivre se trouve à la fois à l'état de cuivre *métallique*

---

[1] *Compte-rendus de l'Académie*, t. XX, 1845, p. 594.

pur, et à l'état d'*alliage d'argent et de cuivre*, renfermant des spicules et des grains d'argent pur enveloppés dans sa masse. Quelquefois des veines d'argent pur coupent de grandes masses de cuivre, contenant seulement à l'état d'alliage de 0,001 à 0,003 d'argent. Quelques-unes de ces amandes cuivreuses sont assez considérables, M. le docteur Jackson s'en est procuré une pesant 7 kilogrammes. Il paraît qu'elles sont quelquefois beaucoup plus considérables, car ce géologue cite un bloc erratique de cuivre pesant environ 1360 kilogrammes trouvé sur le conglomérat, près de la rivière Onontaya ; il provient, suivant toute apparence, de la serpentine de l'île Royale, située au nord, à la distance de 64 kilomètres.

Nous rappellerons que M. Link a annoncé l'existence d'un bloc semblable au Brésil, dont le poids serait de 2616 kilogrammes.

GENRE ARGENT.

ARGENT NATIF.

Gédiégen silber; Argent (Beudant).

L'argent natif accompagne les autres minerais d'argent, principalement le sulfure et le chlorure d'argent, ainsi que l'argent rouge; dans beaucoup de circonstances il paraît le résultat de la décomposition de ces minerais, mais souvent aussi il a été produit à cet état. Il se trouve en cristaux, en rameaux divergents, dont les extrémités présentent des pointes cristallines comme pour le cuivre natif; en filaments droits et réticulés, quelquefois en plaques plus ou moins étendues, enfin en morceaux massifs et sans formes : il n'est pas très-rare de trouver de ces masses amorphes pesant un kilogramme; on en cite deux de la mine de Kongsberg qui pesaient plus de 1,000 kilogrammes chacune. Le plus ordinairement l'argent natif est disséminé dans des roches ferrugineuses, de véritables minerais de fer contenant de 1 à 4 millièmes d'argent. Tels sont le minerai d'Huelgoat, appelé *terres rouges*, et ceux du Chili et du Mexique, qu'on désigne sous les noms de *pacos* et de *colorados*.

L'argent natif cristallise dans le système régulier; les cristaux bien déterminés sont extrêmement rares, le cube excepté : les formes sont en général peu nettes. On ne trouve pas de cristaux isolés; ils sont presque toujours engagés entre eux et forment par leur groupement des espèces de rameaux. Outre le cube, on cite le cube tronqué sur les arêtes, ou cubo-dodécaèdre, l'octaèdre régulier, le dodécaèdre rhomboïdal, l'octaèdre émarginé et le triforme.

M. Descloizeaux possède un cristal d'argent natif de Kongsberg qui paraît au premier abord ne pouvoir se rapporter au système régulier; sa forme est celle d'un prisme à huit faces, *fig.* 510, *pl.* 134, surmonté d'un pointement à six faces. L'examen des angles, qui a été fait par M. G. Rose [1], a conduit ce minéralogiste à considérer le cristal de Kongsberg comme le résultat d'une macle composée de deux cristaux accolés suivant une des faces de l'octaèdre régulier.

D'après les angles que M. G. Rose a pu déterminer, cette macle est formée suivant la loi ordinaire, puisque le plan de macle est parallèle à une face de l'octaèdre. La forme des individus qui la composent est une combinaison du trapézoèdre a^3 avec l'octaèdre. Son aspect particulier tient à deux circonstances : 1° le cristal maclé est allongé parallèlement à une arête de l'octaèdre, tandis que cet allongement se fait ordinairement suivant la diagonale du cube, ainsi que j'en ai donné un exemple pour le cuivre natif, *fig.* 405, *pl.* 117; 2° plusieurs des faces situées autour du sommet ont disparu de manière à produire une pyramide à six faces.

Pour bien comprendre cette macle, il est nécessaire de se rappeler qu'on peut considérer un cube comme un rhomboè-

---

[1] Sur une macle remarquable d'argent natif (*Annales de Poggendorff*, t. I, p. 533.

dre dont l'angle est de 90°; en le plaçant de cette manière, les faces seront ordonnées par rapport à une diagonale qu'on prendra pour axe principal; les deux angles sommets seront donc appelés A, tandis que les six autres angles du cube seront désignés par les lettres E et *e*, suivant la notation adoptée pour le rhomboèdre.

Dans cette hypothèse, le trapézoèdre, *fig.* 508, *pl.* 134, se décomposera en trois solides différents; savoir : les trois faces qui se réunissent à l'angle A appartiendront à un rhomboèdre désigné par le signe a^3; six faces e_3 représenteront un dodécaèdre hexagonal, et trois faces marquées $e^{1/3}$ donneront par leur prolongement un second rhomboèdre.

L'inclinaison sur les faces est :

Pour le rhomboèdre a^3 sur l'axe...........................	60° 30′ 1/2.
Pour le rhomboèdre $e^{1/3}$ sur l'axe...........................	10° 01′ 1/2.
Pour le dodécaèdre hexagonal e_3 sur les arêtes culminantes....	144° 54′.
Pour le dodécaèdre hexagonal e^3 sur les arêtes de la base.....	117° 2′.

Pour compléter les cristaux élémentaires qui constituent la macle de Kongsberg, il faut ajouter les faces de l'octaèdre; deux d'entre elles étant perpendiculaires à l'axe, seront représentées par le signe a^1, tandis que les six autres constitueront un troisième rhomboèdre, dont la loi de décroissement est e^1.

La *fig.* 509 est la projection horizontale du trapézoèdre maclé, auquel on a ajouté les faces de l'octaèdre; le plan de la macle est, dans cette figure, parallèle au plan de projection, le cristal supérieur ayant la même position que dans la *fig.* 508. Les faces du rhomboèdre $e^{1/3}$ du cristal supérieur sont alors contiguës aux faces du rhomboèdre $e^{1/3}$ du cristal inférieur, de manière à former sur le plan de macle, qui est un hexagone régulier, trois angles rentrants de 159° 57′, alternant les uns avec les autres.

La *fig.* 510 n'est que la macle, *fig.* 509, allongée parallèlement à l'arête de l'octaèdre, comme elle se présente dans la nature. Les faces, qui sont verticales, composent ici un prisme où manquent les faces qui se réunissaient au sommet S, tandis que celles qui se trouvent au-dessous forment la terminaison de ce prisme. Le prisme ainsi obtenu est à huit faces, et il se compose des faces e^1, a^1, a^3, $e^{1/3}$ de l'un des cristaux, et des mêmes faces de l'autre cristal, qui se coupent suivant les angles de 129° 28′, 150° 30′ 30″, et 129° 31′ ; le plan de macle passe par les deux arêtes latérales formées par la rencontre des faces e^1 de chaque cristal, d'un côté, et par celles des faces $e^{1/3}$ de l'autre côté, et ces faces font des angles de 109° 28′, et de 159° 57′ ; de sorte que le prisme octogonal a aussi des angles de quatre espèces. Le sommet est à six faces, et il est composé, dans chaque cristal, de deux faces e^3, et d'une face du rhomboèdre a^3, située entre les faces e^3 du même cristal ; de sorte que le plan de macle passe par les arêtes déterminées par la rencontre des faces e^3 des deux cristaux. L'angle des arêtes bissectées par le plan de macle est de 117° 2′; c'est l'angle des arêtes latérales du dodécaèdre hexagonal e^3 ; l'angle des arêtes formées par la rencontre des faces e^3 et a^3, qui se trouvent déjà indiquées sur la *fig.* 509 est de 144° 54′, et celui des arêtes formées par les faces non indiquées dans cette même *fig.* est de 117 2′; le sommet hexagonal n'a, par conséquent, que deux espèces d'angles.

De même que le sommet hexagonal, le plan hexagonal parallèle à une face du dodécaèdre qui coupe le sommet perpendiculairement à l'axe, n'a que des angles de deux espèces, savoir : quatre angles de 109° 28′, où viennent se réunir les arêtes de 117° 2′, et deux angles de 141° 4′, où se joignent les arêtes de 144° 54′.

Ce cristal d'argent, si remarquable par la disposition que je viens d'indiquer, porte encore, parmi les faces verticales, une face du cube qui tronque légèrement et tangentiellement l'arête de 129° 31′ comprise entre les faces a^3 et $e^{1/3}$. Je n'en ai pas fait mention dans cette description, et je ne l'ai pas indiquée sur la figure.

On trouve, dans l'or natif, des cristaux qui affectent cette même disposition.

La couleur de l'argent natif est le blanc d'argent plus ou moins terne ; quelquefois même sa surface est entièrement noircie par des vapeurs sulfureuses ; mais elle devient blanche quand on la décape. Ce minéral prend de l'éclat par la raclure ; il est ductile, s'étend sous le marteau. Sa pesanteur spécifique est de **104, 743**. Soluble dans l'acide nitrique même à froid, il est fusible à une température assez élevée.

Rarement l'argent natif est complétement pur, quelquefois il contient une petite quantité d'arsenic ou d'antimoine ; souvent il est allié avec une certaine proportion de cuivre : d'après M. Berthier, l'argent de Curcy en contient 10 pour cent. Dans quelques localités l'argent est aurifère, les proportions de métaux étrangers sont toujours tellement faibles que les caractères de l'argent n'en sont pas altérés.

L'argent natif présente, comme le cuivre natif, quelques gisements spéciaux ; il existe dans de la serpentine, et dans certains trapps.

ARGENT AMALGAMÉ.

Mercure argental ; amalgam ; Naturlisches amalgam (Beudant).

Ce minéral est d'un beau blanc d'argent avec éclat métallique. Il se présente en cristaux, en masses amorphes à cassure grenue, et en plaques ; dans ce dernier cas, il tapisse de petites fentes, et l'on dirait de l'amalgame étendu en couche mince par une forte pression, en sorte qu'il serait plus juste de le désigner sous le nom d'enduit. Sa dureté est de 2,5, il raye la chaux sulfatée. Sa pesanteur spécifique et de **141,19**. Exposé au chalumeau, le mercure se volatilise, et l'argent reste sous forme métallique ; à l'aide du frottement il communique au cuivre une couleur argentée ; il donne du mercure par la distillation dans un tube.

La composition de l'amalgame de mercure est, d'après l'analyse de Klaproth :

		Rapp. atomiques.	
Mercure......	64	0,056	2
Argent	36	0,026	1

qui correspond à la formule $Ag\ Hg^2$. Les analyses de ce minéral sont assez différentes, mais cela tient à ce que souvent il existe du mercure en excès, ce dont on s'assure du reste facilement par l'état de la surface des cristaux. Lorsque la composition de l'amalgame représente la formule atomique, les cristaux sont d'une grande netteté et possèdent beaucoup d'éclat. Dans le cas contraire, leurs arêtes sont arrondies, et leur surface est analogue à celle des corps recouverts d'une couche d'huile. Quelquefois même on y aperçoit des gouttelettes de mercure.

Les cristaux les plus habituels sont en dodécaèdre régulier, *fig.* 512, *pl.* 134; l'École des mines en possède dont la forme générale est celle d'un dodécaèdre tronqué sur ses angles et sur ses arêtes, *fig.* 513; c'est le triforme de Haüy. Je donne, *fig.* 514 et 515, *pl.* 135, le dessin de cristaux remarquables par l'association des faces ; ils appartiennent à la belle collection de M. Turner et sont décrits par M. Lévy. Ce sont des cubes émarginés, portant en outre sur les angles les faces de l'octaèdre régulier a^1, et de deux trapézoèdres a^2, et $a^1/^2$; la disposition de ces facettes qui forment, dans la *fig.* 515, une espèce de rosace autour de la face de l'octaèdre, ne s'observent que dans les cristaux d'amalgame d'argent et d'or natif.

Ce minéral a été trouvé dans un assez grand nombre de localités. Les plus beaux cristaux proviennent de Moschel-Landsberg, dans la Bavière.

Analogies. — La belle couleur d'argent de l'amalgame pourrait le faire confondre avec l'argent natif; mais ce dernier est malléable, tandis que l'amalgame est cassant ; il donne en outre du mercure par la distillation.

ARQUÉRITE.

Cette espèce de minerai est une des principales espèces exploitées dans les riches mines d'argent d'Arqueros dans la province de Coquimbo au Chili; son aspect extérieur et sa malléabilité l'ont fait pendant longtemps regarder comme de l'argent natif; sa détermination comme espèce est due à M. Domeyko [1], professeur de chimie au collége de Coquimbo.

L'arquérite est d'un blanc d'argent; terne à la surface lorsqu'elle est en grains et en masses amorphes, elle est éclatante lorsqu'elle forme des plaques interposées entre les lames de baryte sulfatée, ou lorsqu'elle est en cristaux; plus tendre que l'argent fin, elle est aussi malléable que l'argent pur et se laisse couper au couteau.

Sa forme cristalline est un octaèdre paraissant régulier; les cristaux sont toujours petits et presque constamment groupés suivant l'axe du cristal; il résulte de cette disposition que l'arquérite forme des octaèdres allongés ou bien des dendrites saillantes. Quelquefois les dendrites se composent d'aiguilles qui, se groupant autour de l'axe et transversalement à cet axe, forment des octaèdres dont les arêtes se trouvent indiquées par les pointes des aiguilles.

La pesanteur spécifique de l'arquérite cristallisée est de 108,5.

Au chalumeau, dans le matras, elle produit un sublimé de mercure sans bouillonner. Sur le charbon, elle donne un bouton d'argent; elle est soluble dans l'acide nitrique.

M. Domeyko a trouvé pour la composition de ce minéral:

		Rapp. atom.	
Argent......	86,50	0,0639	6
Mercure.....	13,50	0,0106	1
	100,00		

[1] Description des mines d'amalgame natif d'argent d'Arqueros (*Annales des mines*, troisième série, t. XX, p. 268, 1841.

Proportions qui conduisent à la formule $Ag^6 Hg$.

Analogies. — L'arquérite ressemble par la plupart de ses caractères à l'*argent natif*; sa couleur la rapproche en outre de l'*amalgame d'argent* et de l'*argent antimonial*; la présence du mercure, que l'on constate par la distillation, la distingue de l'argent natif; sa malléabilité est un caractère qui la sépare des deux autres minéraux ; j'ajouterai que l'argent antimonial donne par l'action du chalumeau d'abondantes vapeurs antimoniales.

ARGENT ANTIMONIAL.

Antimonsilber; Discrase (Beudant).

Minéral d'un blanc d'argent avec éclat métallique ; en cristaux, en masses cristallines, ou amorphes. Les cristaux se déduisent d'un prisme rhomboïdal droit de 120 degrés environ, *fig.* 516, *pl.* 135, dans lequel un des côtés de la base est à la hauteur dans le rapport des nombres 5 : 3 ; ils se présentent ordinairement sous forme de prismes cannelés fort imparfaits; les échantillons dans lesquels les faces sont assez nettes pour qu'on puisse même apprécier le système cristallin sont rares, et je n'ai pas eu l'occasion d'en étudier ; M. Lévy paraît avoir eu à sa disposition des cristaux avec des modifications assez distinctes pour déterminer non-seulement la forme primitive de l'argent antimonial, mais en outre ses dimensions. Les *fig.* 517 et 518, *pl.* 135, que je lui emprunte, établissent d'une manière certaine que le prisme est rhomboïdal, puisque dans la première d'entre elles il n'existe qu'un pointement à quatre faces.

L'argent antimonial est lamelleux ; il possède deux clivages, l'un parallèle à la base, l'autre dans le sens de la face g^1. Ces clivages persistent quelquefois même dans les masses amorphes et lamellaires d'une manière indistincte. Ce minéral, quoique cassant, est malléable lorsqu'on le martelle avec précaution. Sa dureté est de 3,4, il raye la chaux carbonatée ; sa pe-

santeur spécifique est de 94 à 98. La différence entre ces deux nombres extrêmes est en rapport avec le mélange de fer ou d'arsenic qu'il contient. Facilement fusible au chalumeau en grains métalliques qui, après avoir donné longtemps des vapeurs d'antimoine, laissent un grain d'argent malléable. Mis dans l'acide nitrique, il s'y couvre en peu d'instants d'un enduit blanchâtre qui est de l'acide antimonieux.

	De Wolfach, par Klaproth [1].	D'Andreasberg [2], par le même.	Rapp. atomiques.	
Argent.......	76	77	0,057	2
Antimoine....	24	23	0,028	1
	100	100		

Les rapports qui résultent de ces analyses conduisent à la formule $Ag^2 Sb$.

L'argent antimonial accompagne les mines d'argent arsenifère de Wolfach dans le pays de Bade, d'Andreasberg au Hartz, et de Guadalcanal en Espagne.

ARGENT ARSENICAL.

Arsenik silber.

Un grand nombre de minerais d'argent contiennent de l'argent et de l'arsenic, associés presque toujours avec du fer, et souvent avec du soufre et de l'antimoine ; la grande différence qui existe entre les proportions de ces éléments ne permet pas d'avoir une opinion sur la composition essentielle de ces minerais, mais en même temps elle conduit à penser qu'il existe un arséniure d'argent. Dans tous les cas, ces minerais ont trop d'importance dans la production de l'argent, pour ne pas les mentionner, quand même leur spécification ne serait pas clairement définie, et qu'ils appartiendraient à ces magmas que j'ai signalés en parlant de la classification des espèces minérales.

[1] *Beitrage*, II, p. 288. — [2] *Id.*, III, p. 173.

Les principales analyses connues donnent pour la composition de l'argent arsenical :

	D'Andreasberg, par Duménil[1].			Par Klaproth[2].		
					Rapp.	
Argent.......	14,06	6,56	14,06	12,75	0,009	2
Fer..........	17,89	38,25	20,25	44,25	0,130	
Arsenic.......	02,90	38,29	59,94	35,00	0,064	
Antimoine....	»	»	»	4,00	0,004	1
Soufre.......	5,75	16,87	5,76	4,00	0,006	
	100,60	99,97	100,01	100,00		

La dernière de ces analyses est celle que l'on considère le plus généralement comme représentant l'argent arsenical. Si l'on regarde le fer comme isomorphe de l'argent, et l'antimoine comme remplaçant une proportion correspondante d'arsenic, on obtient la formule $(Ag,F)^2As$, correspondante à celle de l'argent antimonial; ce qui lui donne quelque probabilité, l'arsenic et l'antimoine jouant souvent le même rôle dans leurs combinaisons avec les autres métaux. Toutefois l'examen de ces analyses montre que l'argent n'y existe jamais qu'en faible proportion. Ces minerais sont très-riches pour le métallurgiste, mais pour le minéralogiste les trois premières analyses appartiennent plutôt à du fer arsenical argentifère qu'à de l'argent arsenical ; le quatrième pourrait représenter un mélange de fer arsenical et d'arsenic natif argentifère. La texture testacée d'un assez grand nombre d'échantillons s'accorderait avec cette dernière supposition.

Ces minerais se trouvent en masses grenues, indistinctement lamellaires, quelquefois mamelonnées, mais cependant à cassure grenue. Leur couleur est le blanc d'argent, le gris d'étain, et quelquefois même le gris d'acier. Fragiles, ils donnent souvent par le choc une odeur d'ail; cette odeur est toujours très-forte par l'action du chalumeau, elle est accompagnée de fumées blanches très-abondantes. Leur pesan-

[1] *Journal de Schweigger*, XXXIV, p. 357. — [2] *Beitrage*, 1, p. 183.

teur spécifique est variable ; M. Beudant cite le nombre 81, 10 pour l'argent arsenical d'Andreasberg.

ARGENT SULFURÉ.

Argent vitreux ; Silberglanz ; Glaserz ; Argyrose (Beudant).

L'argent sulfuré est à la fois l'un des minerais d'argent les plus riches et les plus abondants. Les mines de Saxe, de la Bohême et de la Hongrie fournissent également ce minerai. Suivant M. de Humbolt, une grande partie de l'argent en circulation provient de l'argent sulfuré que l'on extrait au Mexique, particulièrement des mines de Guanaxuato et de Zacatecas. L'argent sulfuré est d'un gris de plomb, ou gris d'acier ; ordinairement terne, souvent même tout à fait noir par l'altération de sa surface ; les cassures fraîches ont un éclat assez vif; fréquemment cristallisé, il est le plus souvent en morceaux amorphes, quelquefois en masses lamelliformes, ou ramuleuses; on connaît égalcment des dendrites d'argent sulfuré.

Malléable, on en enlève facilement de petits morceaux, des espèces de copeaux, avec un instrument tranchant. Fusible à la simple flamme d'une bougie; au chalumeau il se boursoufle, dégage des vapeurs sulfureuses, et se réduit après un bon coup de feu. Soluble dans l'acide nitrique étendu d'eau.

La cassure des échantillons massifs est légèrement conchoïdale, un peu vitreuse. Sa dureté est de 2,5, il est rayé par la chaux carbonatée ; sa pesanteur spécifique est 69 à 72. Ce dernier nombre est donné par les cristaux de Freiberg.

L'argent sulfuré est quelquefois mélangé de sulfure de cuivre, d'antimoine et de fer; les cristaux sont généralement purs ; les analyses suivantes de Klaproth [1] en font connaître la composition :

---

[1] *Beitrage*, I, p. 158.

	D'Himmelfurst.	De Joachim-Sthal.	Rapp. atomiques.	
Argent. . .	86,5	86,39	0,64	1
Soufre. . .	13,5	13,61	0,68	1

La forme primitive de l'argent sulfuré est le cube, *fig.* 519, *pl.* 136 ; il possède des clivages indistincts parallèlement à ce polyèdre ; l'on trouve le cube dans les mines de Guanaxato au Mexique, de Johann Georgenstadt en Saxe ; les formes les plus fréquentes sont le cubo-octaèdre, *fig.* 521, et l'octaèdre régulier, *fig.* 520. Ces derniers cristaux sont quelquefois isolés, mais souvent ils sont empilés les uns sur les autres suivant leur axe ; ils ont alors la forme d'un octaèdre fort allongé, mais quand on prend l'angle au sommet, on reconnaît qu'il est de 109° 28', mesure de l'angle de l octaèdre régulier. Le dodécaèdre régulier, *fig.* 522, est plus rare ; néanmoins on le trouve dans les mines de Himmelfurst en Saxe. Quelques échantillons en cube portent des pointements triples $a^{3/2}$ sur chacun de leurs angles ; quand ces pointements n'ont que peu d'étendue, la forme du cube n'est point altérée ; mais dans certains échantillons les faces $a^{3/2}$ sont très-dominantes, et les cristaux se présentent avec la disposition de la *fig.* 523, *pl.* 136. Quelquefois même les faces $a^{3/2}$ atteignent leurs limites, et il en résulte un trapézoèdre, *fig.* 524.

M. Lévy cite en outre des cristaux, *fig.* 525 et *fig.* 526, *pl.* 137. Les premiers appartiennent au même trapézoèdre augmenté des faces de l'octaèdre régulier ; ils ont été trouvés à Sainte-Marie-aux-Mines, dans les Vosges. Les seconds, qui proviennent d'Himmelfurst en Saxe, constituent le trapézoèdre a^2, fréquent dans plusieurs des minéraux cristallisant dans le système régulier ; des faces b^2 habituelles au fer sulfuré complètent ce cristal qui a par conséquent 48 facettes.

Les cristaux d'argent sulfuré sont rarement nets et miroitants ; quelquefois leurs arêtes et leurs angles sont arrondis ; c'est surtout dans les variétés cubiques modifiées que ces arrondissements sont prononcés.

Angles principaux.

P sur a^1	= 125° 15′ 52″.	a^1 sur a^1	= 109° 28′ 16″.
P sur $a^{3/2}$	= 136° 41′.	$a^{3/2}$ sur $a^{3/2}$	= 121° 57′ 40″.
P sur a^2	= 144° 44′ 8″.	$a^{3/2}$ sur $a^{3/2}$	= 160° 15′.
P sur b^1	= 135°.	a^2 sur a^2	= 131° 48′ 36″.
P sur b^2	= 153° 26′ 5″.	a^2 sur a^2	= 146° 26′ 33″.
P sur b^2	= 126° 52′ 12″.	b^1 sur b^1	= 120°.

Argent sulfuré ramuleux. — Cette variété est formée de cristaux indistincts implantés les uns sur les autres d'une manière irrégulière. Souvent même ces cristaux sont reliés entre eux par des filaments d'argent natif, qui donnent aux rameaux une certaine flexibilité.

Argent sulfuré amorphe. — La cassure conchoïdale et vitreuse de ces masses est leur caractère le plus saillant; elles sont en général assez luisantes, et leur éclat est moins terne que celui des cristaux.

Analogies. — L'argent sulfuré par ses formes régulières se rapproche de certaines variétés de *cuivre gris* et de *cobalt;* à l'état amorphe, il ressemble au *cuivre sulfuré*, au *cuivre gris,* et à la *bournonite.* Le peu d'éclat des cristaux est un caractère qui lui est propre; toutefois certains échantillons de cuivre gris arsenifère sont également d'un noir terne. La différence de pesanteur spécifique de 70 à 50 donne un moyen de distinction facile sans endommager les cristaux. L'argent sulfuré est en outre ductile, se laisse couper au couteau, et fond à la flamme d'une bougie; le cuivre gris est aigre, et il est nécessaire d'employer l'action du chalumeau pour le fondre. Les minerais de cobalt sont également aigres et infusibles à la flamme d'une bougie; pour les échantillons amorphes, la ductilité est un caractère qui exclut tous les minéraux, à l'exception du cuivre sulfuré, qui se laisse également couper au couteau et qui de plus est fusible à la flamme d'une bougie, quand des mélanges n'altèrent pas cette propriété. L'argent sulfuré et le cuivre sulfuré ont donc beaucoup de caractères communs; mais le premier donne au chalumeau un bouton d'argent et le second un bouton de cuivre ; caractères faciles à vérifier.

ARGENT SULFURÉ FRAGILE.

Argent sulfuré aigre ; Argent antimonié sulfuré noir ; Argent noir ; Brittle sulphuret of silver (Phillips) ; Schwarzgültigerz ; Sprödglaserz ; Psaturose (Beudant).

Ce minéral, que Werner avait distingué sous le nom de *sprödglaserz* (argent sulfuré fragile), avait été réuni à tort par Haüy à l'argent antimonié sulfuré, sous le nom d'*argent noir*. Ses cristaux sont des prismes à six faces très-minces, que M. Haüy avait regardés comme réguliers, mais qui résultent d'un prisme rhomboïdal droit, *fig.* 527, *pl.* 137, sous l'angle de 115° 39′, et dans lequel le côté de la base est à la hauteur dans le rapport de 5 : 6.

Les tables à six faces, *fig.* 528, sont les cristaux les plus abondants ; on en possède de Schemnitz en Hongrie, de la mine de Morgenstern, près Freiberg en Saxe, et de Zacatecas, au Mexique. Ces tables se rapprochent beaucoup par leurs angles du prisme régulier; mais des cristaux, *fig.* 531 et 532, *pl.* 137, dans lesquels il existe trois modifications e^1, e^2, e^3, sur les angles, tandis que les arêtes n'en portent tantôt qu'une, tantôt que deux, montrent que le prisme est simplement rhomboïdal.

Les faces M sont en général plus larges que les biseaux; elles sont brillantes, mais ordinairement un peu courbes. Les cristaux d'argent sulfuré fragile sont presque toujours tabulaires. Cependant l'Ecole des mines en possède un échantillon qui appartenait à la collection de M. Drée, dans lequel le prisme est fort allongé ; la localité d'où il provient est inconnue.

La détermination des cristaux d'argent sulfuré fragile est due à M. Hausmann, nous empruntons les angles à ce savant minéralogiste.

P sur M	= 90°.	M sur M	= 115° 39′.
P sur g^1	= 90°.	M sur g^1	= 121° 11′.
P sur b^1	= 127° 51′.	M sur b^1	= 143° 10′.
P sur b^3	= 156° 47′.	M sur b^3	= 113° 13′.
P sur e^1	= 126° 7′.	b^1 sur b^1	= 130° 16′.
P sur $e^{1/2}$	= 110° 1′.	b^1 sur b^1 par-dessus le prisme	= 104° 19′.
P sur e^3	= 155° 27′.		
b^1 sur b^1 opposé	= 96° 7′.		
e^1 sur e^1	= 72° 14.		
e^3 sur e^3	= 130° 54′.		

L'argent sulfuré flexible est d'un gris de fer, gris noirâtre. Son éclat est métallique ; sa cassure est inégale et conchoïde ; il est aigre et fragile, sa poussière est noire. Peu dur, il raye la chaux carbonatée ; sa pesanteur spécifique est de 62, 69. Quelquefois elle s'abaisse à 59. Fusible au chalumeau avec combustion fort apparente de soufre, en dégageant des vapeurs blanches antimoniales ; peu ou point d'odeur arsenicale.

Klaproth avait depuis longtemps fait connaître la composition du sprödglaserz ; H. Rose en a donné assez récemment une nouvelle analyse :

	De Freiberg, par Klaproth [1].	De Schemnitz, par H. Rose [2].	Rapp. atom.	
Argent.........	66,50	68,54	0,051	6
Cuivre et arsenic.	0,50	0,64	0,001	
Fer............	5,00	»	»	»
Antimoine......	10,00	14,68	0,018	2
Soufre.........	12,00	16,42	0,082	9

Cette composition conduit à la formule $SbS^3 + 6AgS$. Quelques échantillons contiennent de l'arsenic, ils appartiennent à l'espèce suivante, si toutefois elle doit être conservée.

[1] *Beitrage*, t. I, p. 162.
[2] *Annales de Poggendorff*, t. XV, p. 474.

POLYBASITE.

M. G. Rose a décrit sous ce nom des échantillons d'argent sulfuré fragile, provenant de Guanaxato, qui contiennent une certaine proportion d'arsenic ; la différence de composition entre ce minéral et l'argent sulfuré fragile ne serait peut-être pas assez marquée pour donner lieu à l'admission de cette espèce ; mais si la forme est exacte, la distinction devient nécessaire. Les cristaux de polybasite sont des tables à six faces terminées par une large base ; des stries qui se croisent sous l'angle de 60 degrés, et dessinent, sur la base, des triangles équilatéraux, semblent prouver que la forme primitive est un rhomboèdre ; les faces verticales sont également striées. Dans les cristaux que j'ai étudiés, les faces sont trop peu nettes pour qu'on puisse en prendre la mesure exacte ; ils ne portent en outre aucune modification qui vienne au secours du minéralogiste pour la détermination du système cristallin.

La couleur de la polybasite est le noir de fer ; son éclat est métallique, assez vif sur les faces verticales, mat sur la base. La cassure est inégale, un peu grenue ; on n'y aperçoit pas de clivages, malgré les stries que j'ai indiquées. La couleur de la poussière est noire ; sa dureté est à peu près la même que celle de la chaux carbonatée. M. Rose a trouvé la pesanteur spécifique des cristaux de Guarisamey en Durango au Mexique de 62,14.

Les caractères chimiques de la polybasite sont les mêmes que ceux de l'argent sulfuré fragile, à l'exception que le premier de ces minéraux donne au chalumeau une odeur arsenicale.

Outre les cristaux de Guarisamey, M. G. Rose signale de la polybasite dans la mine de Morgenstern près Freiberg, et à Schemnitz en Hongrie ; les premiers portent des stries prononcées sur la base. Il existe aussi des échantillons amorphes.

La composition de la polybasite est, d'après M. H. Rose[1] :

---

[1] *Annales de Poggendorff*, t. XV, p. 573, t. XXVIII, p. 156.

	De Schemnitz.	De Freiberg.	De Guarisamey.	Rapp. atom.	
Soufre........	16,83	16,35	17,04	0,085	6
Antimoine.....	0,25	8,39	5,09	0,006	1
Arsenic.......	6,23	1,17	3,74	0,008	
Argent........	72,43	69,99	64,29	0,047	5
Cuivre........	3,04	4,11	9,93	0,025	
Fer...........	0,33	0,29	0,06		
Zinc..........	0,59	»	»		
	99,70	100,30	100,15		

En associant les éléments donnés par la dernière analyse ainsi que je l'ai fait, on obtient la formule $5(Ag,Cu)S + (Sb,As)S$. On croit devoir faire remarquer que les trois analyses de M. H. Rose sont loin de mener à une formule identique ; que la composition de la polybasite se rapproche beaucoup de celle de l'argent sulfuré fragile ; enfin que les deux minéraux sont en petites tables à six faces ; les cristaux de la première paraissent à la vérité dériver d'un rhomboèdre, tandis que ceux de la seconde appartiennent à un prisme rhomboïdal droit de 115° 39'. Là seulement est la véritable différence.

Analogies. — L'argent sulfuré fragile et la polybasite ne peuvent donc se distinguer l'un de l'autre que par la mesure des angles. Cependant l'odeur arsenicale que le dernier développe au chalumeau est un caractère que l'on emploie ordinairement, parce qu'on suppose que le premier ne contient que de l'antimoine. Le *cuivre sulfuré*, le *fer oligiste*, présentent également de petites tables à six faces qui ont par leur couleur quelque analogie avec les deux minéraux que je viens de décrire. Quand ils sont à l'état amorphe, les analogies sont plus nombreuses, et on peut leur comparer le *fer oligiste*, le *fer oxydulé*, le *fer chromé*, le *cuivre sulfuré*, le *cuivre gris*, *l'argent sulfuré*, et la *bournonite*. La pesanteur spécifique de l'argent sulfuré fragile et de la polybasite est plus considérable que celle des différents minerais de fer et de cuivre gris ; les minerais de fer sont en outre infusibles ; le cuivre sulfuré et l'argent sulfuré étant ductiles, on peut les distinguer facilement au moyen de ce caractère ; quant à la bournonite, elle donne au chalumeau un bouton de cuivre, tandis que l'argent sulfuré et la polybasite produisent un bouton d'argent.

ARGENT SULFURÉ ANTIMONIFÈRE ET PLOMBIFÈRE.

Argent gris antimonial (Romé de Lisle); Argent sulfuré antimonifère et cuprifère (Lévy); Schilfglaserz.

Ce minéral a été depuis longtemps décrit par Romé de Lisle, sous le nom de *mine d'argent grise antimoniale;* quelques minéralogistes l'ont réuni, soit à l'argent sulfuré fragile, soit à la bournonite; les travaux de M. Freisleben ont montré d'une manière certaine que sa cristallisation était différente de celle de ces deux espèces, et que la séparation faite par Romé de Lisle devrait être conservée; il a dès lors désigné cette espèce sous le nom de *schilfglaserz*. Il se trouve en petits cristaux disséminés d'une manière irrégulière sur une roche quartzeuse, et associés avec du carbonate de fer, de la blende et de la galène. Leur couleur est le gris d'acier, passant dans quelques échantillons au blanc d'étain.

Les cristaux sont brillants, striés longitudinalement d'une manière très-profonde; ils paraissent formés par une série de plans placés les uns sur les autres. Ils admettent des clivages nets parallèlement à un prisme rhomboïdal droit de 100 degrés, *fig*. 533, *pl*. 138, qui a été adopté par M. Freisleben pour la forme primitive de ce minéral; les modifications conduisent à admettre que le rapport de l'un des côtés de la base est à la hauteur à peu près comme les nombres 20 : 7.

M. Lévy annonce qu'outre les deux clivages suivant la forme primitive, le schilfglaserz en possède parallèlement aux faces de deux autres prismes rhomboïdaux dont les axes sont parallèles. Cette disposition des clivages lui paraît une distinction très-nette entre cette espèce et les minéraux avec lesquels on avait voulu la réunir, ceux-ci ayant des clivages inclinés à l'axe, outre les deux clivages parallèles au prisme rhomboïdal.

Les cristaux sont généralement aplatis par une face h^1, très-large; la plupart portent les faces MM, mais elles sont très-petites; la base n'existe pas, elle est remplacée par des biseaux, e^1, $e^{1/5}$, *fig.* 534 et 535. Dans quelques-uns, *fig.* 536, il existe une facette $a^{1/3}$ qui se représente sur les deux angles opposés de chacune des bases, disposition qui établit d'une manière nette que le prisme est rectangulaire. La plupart des cristaux sont cannelés par plusieurs séries de faces verticales, placées soit sur les arêtes H, soit sur les arêtes G; malgré cette multiplicité de facettes, la forme générale des cristaux est donnée par l'élargissement de la face h^1.

Les *fig.* 537 et 538 présentent des modifications verticales h^2 et h^3, et des faces qui paraissent le résultat de décroissements intermédiaires.

La cassure du schilfglaserz est lamelleuse et granulaire; sa dureté est 2,5; il se laisse entamer par le couteau; sa pesanteur spécifique est 61,94 à 63,80; au chalumeau il donne des vapeurs blanches; sur le charbon, il se forme une auréole jaune d'oxyde d'antimoine et de plomb qui entoure l'essai, puis on obtient un globule d'argent qui, traité par le borax, produit quelquefois une réaction cuivreuse.

La composition de ce minéral est, d'après Wöhler [1]:

Argent........	22,93	99,32.
Plomb........	30,27	
Antimoine.....	27,38	
Soufre.........	18,74	

Ces résultats conduisent à une formule très-compliquée dans laquelle l'argent, le plomb et l'antimoine sont combinés avec le soufre.

Le schilfglaserz provient de la mine de Himmelfurst en Saxe. On y rapporte de petites masses prismatoïdes cannelées de Kapnick en Transylvanie.

---

[1] *Annales de Poggendorff*, t. XLVI, p. 146.

Analogies.—Cette mine d'argent a, par sa forme cristalline et sa couleur, quelque analogie avec l'*acerdèse* et la *pyrolusite;* elle se rapproche également de certains cristaux de *bournonite;* la pesanteur spécifique du schilfglaserz est supérieure à celle de ces trois minéraux; au chalumeau les minerais de manganèse ne produisent ni vapeurs blanches, ni odeur antimoniale; la bournonite jouit de cette dernière propriété, mais elle donne un bouton de cuivre au lieu d'un bouton d'argent; on rappellera en outre que la structure éminemment lamelleuse du schilfglaserz est un caractère de distinction presque certain.

ARGENT SULFURÉ FLEXIBLE.

Argent sulfuré ferrifère (Thomson).

M. de Bournon [1] a décrit sous ce nom de petits cristaux aplatis, représentés *fig.* 540, *pl.* 139, qui paraissent dériver d'un prisme rhomboïdal oblique sous l'angle de 90° 78'. Ils possèdent un clivage facile suivant la face g^1, et les lames minces qui en résultent sont flexibles; c'est par allusion à cette propriété que M. de Bournon a donné à ce minéral le nom d'*argent sulfuré flexible;* un essai dû à M. Wollaston avait du reste constaté qu'il était composé d'argent, de soufre et d'une petite quantité de fer.

Sa couleur est le gris de fer foncé, approchant du noir. Son éclat est métallique, mais moins prononcé que l'éclat de l'argent sulfuré fraîchement cassé. Il est tendre, et ne prend pas d'éclat par la raclure.

Les angles donnés par M. de Bournon sont :

M sur M	= 90° 78'.		
P sur a^1	= 146° 10'	M sur g^1	= 134° 45'.
P sur $\grave{e}^3$	= 150° 30'.	M sur h^1	= 135° 15'.
P sur e^2	= 131° 45'.	g^1 sur h^2	= 111° 30'.
P sur $\grave{e}^1$	= 114°.	h^1 sur a^1	= 159°.

[1] Catalogue de M. de Bournon, p. 209.

P sur h^2	= 125°.	h^1 sur h^2	= 153° 20'.
P sur e^3	= 138° 15'.	g^1 sur e^3	= 119° 15'.

M. de Bournon a adopté pour la forme primitive un prisme droit non symétrique; elle dérive de la *fig.* 540, en considérant la face g^1 comme la base du prisme.

La comparaison de ces angles avec ceux de l'*argent sulfuré fragile*, de la *polybasite*, établit une grande différence entre l'argent sulfuré flexible et ces deux minéraux; c'est d'après cette considération que j'ai conservé cette espèce qui paraît très-rare ; elle n'existe pas dans le cabinet de M. Turner; les collections du Jardin des Plantes, de l'École des mines et de M. Drée n'en possèdent pas d'échantillons, en sorte que je l'ai décrite exclusivement d'après M. de Bournon.

Le cristal figuré provient de la mine de Himmelfurst près Freiberg.

STERNBERGITE.

La description de ce minéral est due à M. Haidinger[1], qui l'a dédié à M. le comte de Sternberg, auquel la géologie doit les premiers travaux importants sur la botanique fossile. Il provient des mines de Joachimgsthal en Bohême. Les plus beaux échantillons existent dans le musée de Prague, et c'est d'après leur examen que M. Haidinger en a établi les caractères.

La sternbergite est cristallisée en petites tables à six faces, dont quatre angles sont de 120° 15' et deux de 119° 30' : il en résulte que la forme primitive est un prisme droit sous l'angle de 119° 30'. La plupart des échantillons n'ont d'autres modifications que les faces g^1 qui donnent le prisme à six faces; mais il existe des cristaux, *fig.* 542, *pl.* 139, qui portent une bordure sur chacune des arêtes B, ainsi que sur les angles E. Ces modifications, se combinant avec les faces g^1, produisent des prismes à six faces annulaires, qui paraissent réguliers; M. Haidinger a trouvé que l'angle de b^1 sur b^1 par-dessus les

[1] *Edimbourg philosophical transactions*, t. XI, p. 1.

faces M est de 118°. D'après cette donnée, la hauteur du prisme est de 1,66, le côté étant pris pour l'unité.

La couleur de ce minéral est d'un brun de tombac foncé, assez analogue à la couleur de la pyrite magnétique ; ses faces sont souvent irisées par une teinte bleuâtre. Son éclat est métallique, quelquefois assez brillant ; les cristaux sont opaques.

La sternbergite possède un clivage facile parallèlement à la base ; M. Haidinger annonce que les lames en sont flexibles comme une feuille d'étain. Cette circonstance, jointe à l'analogie de composition, pourrait faire croire que l'argent sulfuré flexible et la sternbergite appartiennent à la même espèce. Sa dureté est seulement de 1,5 ; aussi la sternbergite laisse des traces sur le papier à la manière du graphite. Sa pesanteur spécifique est de 42,15. Chauffé dans le tube, ce minéral donne une forte odeur d'acide sulfureux, perd son éclat, devient noir et friable ; sur le charbon il brûle avec une flamme bleue, il donne un bouton métallique jaunâtre à la surface, et parsemé de quelques grenailles d'argent ; ce bouton agit fortement sur l'aiguille aimantée ; quand on ajoute du borax, ce sel dissout le fer ; on obtient alors un bouton d'argent.

La composition de la sternbergite est, d'après une analyse de M. le professeur Zippe [1], de Prague :

		Rapp. atomiques.	
Argent....	33,20	0,025	1
Fer.......	36,00	0,106	4
Soufre.....	30,00	0,149	6
	99,2		

Ces éléments conduisent à la formule $AgS^2 + 4FS$.

La sternbergite est associée avec les minerais d'argent, et particulièrement avec l'argent rouge. Cette espèce est encore très-rare ; l'École des mines en possède un échantillon assez bien caractérisé.

[1] *Annales de Poggendorff*, t. XXVII, p. 690.

Analogies. — La gangue de la sternbergite fournit un moyen de reconnaître cette substance ; le caractère de laisser des traces sur le papier la distingue de tous les minerais durs avec lesquels elle a de l'analogie, comme le *fer oligiste ;* l'action du chalumeau établit d'un autre côté une différence tranchée avec le *molybdène sulfuré* et le *graphite* qui sont peu durs, et laissent une impression quand on les frotte sur le papier.

ARGENT ANTIMONIÉ SULFURÉ.

Argent rouge ; Rothgültigerz ; Argyrithrose (Beudant).

La belle couleur rouge qui se développe dans la fracture de ce minéral, ou lorsqu'on le réduit en poussière, est un caractère saillant et qui le fait généralement désigner sous le nom d'*argent rouge*. Quand les cristaux sont transparents, ou même simplement translucides, on voit encore des reflets d'un beau rouge cochenille, qui le font immédiatement reconnaître. Très-fréquemment cristallisé, on le trouve en morceaux amorphes, et quelquefois en masses botryoïdes ou concrétionnées. Très-peu dur, la chaux carbonatée le raye et y développe la poussière rouge cochenille, mais c'est surtout avec une pointe d'acier que ce caractère devient saillant. Sa cassure est conchoïdale, il est très-fragile.

Transparent ou translucide, sa couleur est rouge, ou gris rougeâtre ; opaque, il est d'un gris de fer plus ou moins foncé ; son éclat est alors métalloïde. Sa pesanteur spécifique varie de 57,20 à 58,46. On a souvent indiqué une pesanteur spécifique moindre, mais elle appartient à des échantillons rangés à tort dans l'argent rouge, et qui doivent être classés avec l'une des deux espèces suivantes, la *myargyrite* et la *proustite*.

L'argent rouge est fusible au chalumeau avec facilité ; il donne des vapeurs blanches abondantes sans odeur arsenicale, et un bouton d'argent métallique; attaquable par l'acide nitrique avec un précipité antimonial.

La composition de cette espèce est établie par les analyses suivantes :

	Du Mexique, par Vöhler [1].	De Zacatecas, par Bottger [2].	D'Andreasberg, par Bonsdorff [3].	Rapp.	
Argent........	60,20	57,45	58,95	0,043	3
Antimoine.....	21,80	24,59	22,85	0,028	2
Soufre...	18,00	17,76	16,61	0,082	6
Gangue.......	»	»	0,29	»	»
	100,00	99,80	98,70		

Les rapports atomiques qui résultent de ces différentes analyses donnent pour la composition de l'argent rouge la formule $3AgS + Sb^2S^3$.

Argent antimonié sulfuré cristallisé. — La forme primitive de l'argent rouge est un rhomboèdre obtus sous l'angle de 108° 30', *fig.* 543, *pl.* 139; les cristaux en sont très-variés; on y observe les trois formes dominantes du système rhomboédrique, savoir, des rhomboèdres nombreux, des métastatiques et les deux prismes à six faces; il y existe également des dodécaèdres triangulaires isocèles, résultant de la réunion de deux rhomboèdres de même angle, mais disposés d'une manière inverse. Les modifications principales sont représentées par les signes suivants :

Rhomboèdres : sur l'angle A, a^2, $a^{1/2}$.
— sur les angles E, $e^{1/2}$, $e^{3/2}$, $e^{9/5}$, e^5, e^4.
— sur les arêtes B, b^1.
Prismes à six faces : a^1, d^1, e^2.
Métastatiques sur les angles E : e_{112}, e_2.
— sur les arêtes D : $d^{5/2}$, $d^{4/5}$, d^2.
— sur les arêtes B : b^2, b^3, b^4.

Donnés par des décroissements intermédiaires :

$$i = (d^1 d^{1/2} b^{1/2}),\ i' = (d^1 d^{1/2} b^{1/7}),\ i'' = (b^{1/5} d^{1/3} d^{1/7}).$$

[1] *Annales de pharmacie*, t. XXVII, p. 157.
[2] *Privat mittheilung*.
[3] *Journal de Schweigger*, t. XXIV, p. 225.

La comparaison de ces indices avec ceux de la chaux carbonatée montre que plusieurs sont communs à ces deux espèces; effectivement leur cristallisation présente une grande analogie, le rhomboèdre primitif est seulement plus obtus.

Les angles principaux sont :

P sur P	$= 108^0\ 30'$.	b^1 sur b^1	$= 137^0\ 40'$.
P sur b^1	$= 144^0\ 39'$.	a^1 sur b^1	$= 114^0\ 38'\ 30''$.
P sur d^1	$= 125^0\ 40$.	d^1 sur d^1	$= 120^0$.
P sur a^1	$= 171^0\ 48'$.	a^1 sur e^4	$= 118^0\ 36'$
P sur e^1	$= 130^0\ 23'$.	e^1 sur e^1	$= 81^0$.
P sur a^2	$= 150^0\ 23'$.	a^1 sur a^2	$= 157^0\ 44'$.
P sur e^3	$= 147^0\ 47'$.	a^4 sur a^2	$= 177^0\ 5'$.
e^5 sur e^5	$= 66^0\ 39'$.	a^1 sur e^5	$= 105^0\ 15'$.
P sur e^2	$= 132^0\ 32'$.	e^2 sur e^8	$= 164^0\ 45'\ 20''$.
a^1 sur e^2	$= 90^0$.	d^2 sur d^2	$= 144^0\ 50'$.
P sur d^2	$= 150^0\ 36'\ 40''$.	d^2 sur d^2	$= 104^0\ 2'$.
P sur $d^{5/2}$	$= 140^0\ 21'$.	d^2 sur d^2	$= 130^0\ 27'$.
$d^{5/2}$ sur $d^{3/2}$	$= 133^0\ 45'$.	$d^{3/2}$ sur $d^{5/2}$	$= 150^0\ 58'\ 20$.
$d^{5/2}$ sur $d^{3/2}$	$= 109^0\ 57'$.	b^5 sur b^3	$= 160^0\ 28'$.
P sur b^3	$= 164^0\ 0'\ 10''$.	b^3 sur b^5	$= 140^0\ 20'$.
P sur b^4	$= 167^0\ 35'\ 30''$.	b^4 sur b^4	$= 164^0\ 46'$
P sur a^{10}	$= 171^0\ 48'$.	b^4 sur b^4	$= 133^0\ 9'$.
a^1 sur a^{19}	$= 104^0\ 44'$.	e^2 sur a^{10}	$= 129^0\ 16'$.

Les cristaux les plus abondants sont :

1° Des prismes à six faces surmontés du rhomboèdre équiaxe b^1 ;

2° Des prismes à six faces, terminés par des pointements à six faces, dus à des métastatiques obtus b^3;

3° Des prismes à six faces basés ;

4° Des métastatiques d^2, simples, ou le même métastatique portant le rhomboèdre inverse e^1 sur trois de ses arêtes.

Ces quatre genres de cristaux se retrouvent dans un grand nombre de localités; ils sont quelquefois plus complexes que je ne viens de l'indiquer. Une circonstance assez singulière, mais que j'ai observée presque constamment, c'est que les cristaux en métastatiques sont transparents et d'un beau rouge, tandis que la plupart des cristaux prismatiques sont gris et opaques.

Il existe en outre un grand nombre de combinaisons des

différentes facettes que j'ai indiquées, mais elles sont plus rares et ne se trouvent que dans quelques localités pour ainsi dire privilégiées, telles que Himmelsfurst en Saxe et Andreasberg au Hartz.

Fig. 544, *pl*. 139. Prisme à six faces d^1 naissant sur les arêtes latérales, surmonté du primitif; d'Himmelsfurst.

Fig. 545, *pl*. 140. Prisme à six faces basé; de Johanngeorgenstadt en Saxe.

Fig. 546. Prisme à six faces avec un pointement à six faces, formé du primitif P, et des faces de l'équiaxe b^1; abondant dans presque toutes les mines d'argent.

Fig. 547. Prisme à six faces d^1, surmonté de l'équiaxe b^1; de la Saxe et du Hartz.

Fig. 548. Métastatique d^2, portant sur trois de ses arêtes de petites faces e^1, appartenant au rhomboèdre inverse de Haüy.

Fig. 549. Métastatique aigu $d^{4/5}$, portant des traces du prisme à six faces d^1. Mine de Churprinz; Freiberg.

Fig. 550. Dodécaèdre $d^{3/2}$, terminé par le pointement rhomboédrique e^1; de Sainte-Marie-aux-Mines, département des Vosges.

Fig. 551, *pl*. 141. Dodécaèdre aigu $d^{4/3}$, terminé par le primitif, et portant des traces du prisme.

Fig. 552. La même variété, surmontée d'un dodécaèdre obtus b^3. Cette variété, désignée par Haüy sous le nom d'*Apophane*, est très-fréquente. Les cristaux d'Andreasberg, au Hartz, sont surtout remarquables; ils sont transparents et d'un beau rouge.

Fig. 553. Prisme à six faces basé, portant des facettes verticales e^2 appartenant au second prisme à six faces, et tronqué sur toutes ses arêtes horizontales par le métastatique obtus b^2; de Johann Georgenstadt.

Fig. 554. Prisme hexaèdre d^1, surmonté d'un pointement à six faces, composé du primitif P, et de l'équiaxe b^1; il existe en outre des indications du second prisme à six faces e^2; d'Annaberg en Saxe.

Fig. 555. Prisme à six faces d^1, surmonté d'un pointement à douze faces obtus, composé de deux dodécaèdres b^3 et $d^{1}/^{3}$. Cette forme, à laquelle M. Haüy a donné le nom de *penta-hexaèdre*, est une des plus abondantes ; on la trouve dans les mines de la Saxe, du Hartz et du Mexique.

Fig. 556. Prisme à six faces d^1, surmonté du primitif, dont les arêtes portent une troncature triple, appartenant au rhomboèdre équiaxe b^1, et au métastatique obtus b^4 ; d'Himmelsfurst en Saxe.

Fig. 557. Métastatique d^2, surmonté du rhomboèdre $e^{1/2}$, fort rare ; trois des arêtes de ce métastatique sont tronquées par les faces du rhomboèdre e^1. Mine de Beschestglück, Freiberg.

Fig. 558. Métastatique aigu $d^{4/3}$, dont les arêtes obliques les plus obtuses sont remplacées par le rhomboèdre e^3 ; les sommets sont en outre terminés par le rhomboèdre très-obtus a^2. Dans quelques cristaux le sommet de ce dernier polyèdre est tronqué par la base a^1 du prisme à six faces. De Johann Georgenstadt, Saxe.

Fig. 559, *pl.* 142. Métastatique aigu $d^{4/3}$, terminé par l'équiaxe b^1. Les arêtes les moins obtuses du métastatique sont remplacées par le rhomboèdre $e^{3/4}$; de Johann Georgenstadt.

Fig. 560. Même métastatique surmonté d'un métastatique obtus b^3 ; un troisième $e^{1/2}$ remplace les arêtes obliques les moins obtuses du premier de ces polyèdres. De Sainte-Marie-aux-Mines.

Fig. 561. Métastatique aigu $d^{3/2}$, terminé par un pointement à neuf faces, composé des trois rhomboèdres P, b^1 et $e^{1}/^{2}$. Les angles latéraux sont en outre remplacés par quatre faces triangulaires données par des modifications intermédiaires i et i'. D'Himmelsfurst.

Fig. 562. Prisme à six faces d^1, surmonté du métastatique d^2, dont le sommet, très-surchargé de facettes, se compose du métastique b^3, du rhomboèdre obtus $a^{1/2}$ et d'un solide i donné par un décroissement intermédiaire dont la loi est $i = (d^1\ d^{1/2}\ b^{1/2})$; de la mine d'Abendroëthe au Hartz.

Fig. 563. Prisme à six faces d^1, surmonté des métastatiques $d^{3/2}$ et d^2, et dont les sommets sont remplacés par douze faces appartenant au primitif P, à l'équiaxe b^1 et au métastatique obtus b^2. D'Himmelsfurst.

Fig. 564. Cristal de même forme, sans les faces b^1, mais augmenté de six faces i placées sur les arêtes les moins obtuses du métastatique d^2, et données par un décroissement intermédiaire. D'Andreasberg au Hartz.

Les cristaux d'argent rouge offrent assez souvent, comme la tourmaline, des modifications différentes aux deux sommets. On trouve aussi quelquefois des macles, dans lesquelles l'accolement des cristaux est parallèle à une des arêtes du rhomboèdre équiaxe b^1.

Les cristaux nets et mensurables sont fort rares ; les faces sont souvent arrondies ; quelquefois elles sont fortement striées. Souvent aussi les facettes de même espèce ont pris des extensions très-différentes, ce qui donne une grande difficulté pour établir la symétrie du cristal.

Argent antimonié sulfuré, compacte. — J'ai annoncé que ce minéral se présente le plus ordinairement en cristaux, ou du moins en masses cristallines ; quelquefois cependant l'argent rouge est en masses compactes; les échantillons qui offrent cette texture sont ordinairement le résultat d'une fracture, et la couleur rouge est alors fort développée ; quelques échantillons cependant sont gris métallique et à cassure largement conchoïde.

Analogies. — Cristallisé et transparent, l'argent rouge n'offre aucune analogie ; quand il est opaque, sa couleur grise et son éclat métallique lui donnent de la ressemblance avec le *fer oligiste* et le *cuivre sulfuré,* qui cristallisent également en prisme à six faces régulier. Il pourrait, en outre, être confondu avec la *sternbergite,* la *polybasite,* l'*argent sulfuré flexible*, etc., qui admettent des prismes à six faces symétriques très-rapprochés du prisme régulier. En fragments compactes, dans lesquels la couleur rouge est développée, l'argent antimonié sulfuré offre de l'analogie avec le *réalgar*, le *mercure sulfuré* et le *cuivre oxydulé*. Lorsqu'il est de couleur grise, et que son éclat est métallique, il ressemble à l'*argent sulfuré*, le *cuivre sulfuré*, et la *bournonite*.

La pesanteur spécifique, la couleur de la poussière et l'essai au chalumeau sont trois caractères qui, pris isolément, ou étudiés ensemble, ne laissent aucun doute. Pour les morceaux compactes et rouges, par exemple, la pesanteur spécifique de l'argent rouge est presque double de celle du réalgar. Le mercure sulfuré est entièrement volatil; l'argent rouge donne des vapeurs blanches et un bouton d'argent. Ce même caractère le distingue du cuivre oxydulé qui ne produit aucune vapeur et donne un bouton de cuivre métallique.

PROUSTITE.

Argent arsénio-sulfuré; Rubinblende.

Werner, en étudiant, avec la sagacité qui le distinguait les caractères extérieurs des différentes variétés d'argent rouge de la Saxe, avait été conduit à faire deux espèces différentes caractérisées par les expressions de *dunklees rothgültigerz*, *lichtes rothgültigers*, qui signifient *argent rouge foncé, argent rouge clair*; cette différence, en apparence si légère, qu'il avait tirée des caractères de la poussière de ces minéraux, a été reconnue depuis être le résultat de la composition. L'argent rouge d'une teinte foncée est l'espèce que j'ai décrite sous le nom d'argent antimonié sulfuré; l'argent à poussière d'un rouge clair contient, d'après l'analyse de M. H. Rose, exclusivement de l'arsenic. Cette circonstance avait déjà, au reste, été indiquée par Proust; c'est pour la rappeler que M. Beudant lui a donné le nom de *proustite*.

Ce minéral se trouve, comme l'argent antimonié sulfuré, en cristaux et en masses amorphes; la couleur des cristaux est le gris de fer quand ils sont opaques, le rouge cochenille lorsqu'ils sont transparents. Sa dureté est de 2,25 ; sa poussière est rouge cochenille ; sa pesanteur spécifique est 55,52, notablement inférieure à celle de l'argent rouge.

Les cristaux sont en prismes à six faces, surmontés d'un pointement à trois faces très-obtus, ou de pointements à six faces; le rhomboèdre duquel ils dérivent est très-rapproché du rhomboèdre qui caractérise l'argent rouge.

Sa composition est :

D'après Proust.	
Sulfure d'arsenic......	25,00.
Sulfure d'argent.......	74,35.
Sable, oxyde de fer...	0,65.

De Joachimsthal, par H. Rose [1].			
Soufre.........	19,51	0,097	6
Antimoine.....	0,69	0,001	2
Arsenic........	15,09	0,032	
Argent........	64,67	0,048	3

La formule qui résulte de ces analyses est $3AgS + As^2S^3$: c'est la formule de l'argent rouge, dans laquelle l'arsenic est substitué à l'antimoine. La forme des cristaux de ces deux espèces est la même ; l'arsenic et l'antimoine étant isomorphes, il conviendrait peut-être de les réunir ; je laisse cette question indécise, jusqu'à ce que des analyses plus nombreuses nous aient appris s'il existe des échantillons contenant à la fois de l'arsenic et de l'antimoine se remplaçant dans des proportions variées.

La proustite est assez rare ; les échantillons bien caractérisés proviennent de Joachimsthal, ils sont associés avec de l'argent rouge ordinaire.

Analogies. — Les comparaisons que j'ai établies pour l'argent rouge se représentent pour la proustite ; quant à ces deux minéraux, on les distingue l'un de l'autre par l'intensité de la couleur rouge de leur poussière, et surtout par l'odeur arsenicale que cette dernière développe au chalumeau.

[1] *Annales de Poggendorff*, t. XX, p. 473.

MIARGYRITE [1].

Ce minéral, longtemps confondu avec l'argent arsénio-sulfuré, en a été séparé par Mohs, sous le nom de *hémiprismatique ruby blende*. Sa forme primitive est un prisme rhomboïdal oblique de 93° 56', dont la base est inclinée sur l'axe de 101° 6'. Les seuls cristaux connus sont des prismes aplatis à quatre faces, dont un des angles de chaque base est remplacé par une face triangulaire ; l'angle de P sur o^1, mesuré par Mohs, est de 47° 26' ou 132° 34'.

On ne connaît la miargyrite qu'à l'état cristallisé. Les cristaux en sont même fort rares; elle possède un clivage imparfait parallèlement à la modification h^1. Sa couleur est le noir de fer avec un éclat métallique. Sa poussière est d'un rouge cerise foncé; peu dure, elle est rayée par la chaux carbonatée. Sa pesanteur spécifique est de 52,34 ; opaque, excepté dans les fragments extrêmement minces; elle donne alors des reflets rouges. Au chalumeau elle produit des vapeurs blanches abondantes, sans odeur arsenicale, ou du moins très-faible, et il reste un bouton d'argent. Attaquable par l'acide nitrique avec précipité antimonial. La composition de la miargyrite est d'après une analyse de Rose [2] :

		Rapp. atom.	
Argent........	36,40	0,027	1
Cuivre.........	1,06		
Fer...........	0,62		
Soufre.........	21,95	0,109	4
Antimoine.....	39,14	0,048	2

On peut en tirer la formule $AgS + SbS^3$, qui est adoptée par M. Rose.

La miargyrite n'a été encore être indiquée d'une manière certaine qu'à Braunsdorff en Saxe.

---

[1] Ce nom, donné par M. Rose, provient de Μειων, moins, et de Αργυρος, argent, parce qu'il contient moins d'argent que la plupart des autres minerais d'argent.

[2] *Annales de Poggendorff*, t. XX, p. 473.

ARGENT SÉLÉNIURÉ.

Ce minéral, qui a été décrit et analysé par M. G. Rose[1], provient des mines de Tilkerode dans la partie orientale du Hartz; les échantillons étudiés par M. Rose appartiennent au musée de Berlin.

L'argent séléniuré est d'un noir de fer ; son éclat est métallique assez vif ; il est opaque ; sa cassure est lamelleuse ; il présente trois clivages faciles qui conduisent au cube. Dans un échantillon que possède l'École des mines, la cassure est grenue. Ce minéral est malléable, mais à un moindre degré que le sulfure d'argent. Sa dureté est 2,5 ; sa pesanteur spécifique est de 80,10.

Chauffé dans un tube; il fond, et donne un sublimé peu abondant, consistant partie en sélénium et partie en acide sélénieux. Au chalumeau et sur le charbon, il fond, se grille et donne un bouton d'argent. Soluble dans l'acide nitrique.

Sa composition est :

		Rapp.	
Argent........	65,56	0,0484	1
Plomb........	4,91	0,0038	
Sélénium......	25,93	0,0524	1
	96,40		

La formule qui représente ces éléments est $AgSe$; c'est la même que pour le sulfure d'argent, dans laquelle le soufre est remplacé par le sélénium ; la forme cubique est également celle du sulfure d'argent.

M. Del Rio a annoncé l'existence d'un *biséléniure d'argent*, en petites tables héxagonales gris de plomb, très-ductiles ; ce minerai, dont il n'a pas donné d'analyse, se trouve dans les mines d'argent de Tasco au Mexique.

[1] *Annales de Poggendorff*, t. XIV, p. 471.

ARGENT CHLORURÉ.

Argent muriaté; Argent corné; Horn silber; Silber hornerz; Kerargyre (Beudant).

Ce minéral, que l'on supposait rare il y a quelques années, forme au contraire un des minerais les plus riches du Chili; il y est associé avec l'argent natif qui paraît souvent être le résultat de sa décomposition; quelquefois il existe en morceaux amorphes et massifs, associés à l'argent sulfuré, ou à l'argent rouge; mais le plus ordinairement il est en petits cristaux cubiques disséminés dans des roches ferrugineuses désignées au Pérou et au Chili sous les noms de *pacos* et de *collorados;* le minerai d'argent d'Huelgoat en Bretagne est de cette nature; c'est un fer oxydé hydraté caverneux, tapissé de petits cristaux d'argent chloruré, gros au plus comme une tête d'épingle, qui brillent d'un éclat très-vif. Outre le cube, *fig.* 566, *pl.* 143, il existe à Huelgoat des cubo-octaèdres, *fig.* 567; dans la mine de Veta Negra, au Chili, on connaît des cristaux très-modifiés, *fig.* 568.

L'argent chloruré est blanc, blanc ou gris jaunâtre; sa couleur devient d'un brun violacé par l'exposition à l'air; les morceaux massifs ont une cassure conchoïdale et vitreuse. Ils sont transparents, ou au moins translucides. Très-tendre, ce minéral se coupe comme de la cire; l'ongle l'entame profondément. J'ai trouvé sa pesanteur spécifique de 52,77; on indique généralement les nombres 55 à 56; mais ils sont trop forts et représentent la pesanteur spécifique d'argent chloruré déjà un peu altéré.

Fusible à la flamme d'une bougie, en répandant des vapeurs d'acide muriatique; au chalumeau et sur le charbon se fond en une perle blanche et nacrée, et donne finalement au feu de réduction un grain d'argent; le frottement du fer, ou du zinc humide, fait paraître à la surface l'argent sous forme métallique.

Les analyses de Klaproth [1] donnent pour la composition du chlorure d'argent:

[1] *Beitrage*, t. IV, p. 10; t. I, p. 132.

	De la Saxe.	De Schlangenber en Sibérie.	De Guanaxato au Pérou.	Rapp.	
Argent	67,75	68	76	0,057	1
Chlore	27,50	32	24	0,108	2
Gangue et mélange	8,00	»	»		
	103,25	100	100		

Les proportions atomiques qui résultent de la dernière analyse donnent pour formule $AgCl^2$, la même que pour le chlorure d'argent artificiel.

Analogies. — L'argent chloruré, par son éclat et sa cassure, ressemble à des substances pierreuses à éclat vitreux; sa grande pesanteur spécifique montre que c'est un minerai métallique; son peu de dureté et sa grande fusibilité le rapprochent du *mercure chloruré;* celui-ci est entièrement volatil, et il donne des globules de mercure dans le tube. J'ajouterai que presque toujours la couleur de l'argent chloruré est altérée dans quelques parties de l'échantillon, et la couleur violâtre qu'il prend alors le caractérise d'une manière très-nette.

ARGENT IODURÉ.

La découverte de ce minéral est due à Vauquelin, qui l'a signalé pour la première fois dans des échantillons provenant de la mine de Zacatecas au Mexique; depuis on a reconnu qu'il accompagne assez constamment le chlorure d'argent; de même que cette espèce, il est en petits cristaux cubiques, mais le plus ordinairement il est en petites masses irrégulières, rarement pures. Assez fréquent au Chili; M. Domeyko a pu s'en procurer quelques échantillons purs qui lui ont permis d'en étudier les caractères; la description suivante est empruntée à un mémoire qu'il a publié sur divers minéraux du Chili [1]; l'École des mines doit à ce savant professeur un bel échantillon de ce minéral.

L'iodure d'argent est d'un jaune de soufre pâle, ou d'un

[1] *Annales des mines*, quatrième série, t. VI, p. 160, 1844.

jaune citron, quelquefois un peu verdâtre. Il ne change pas de couleur même lorsqu'on l'expose pendant plusieurs jours à l'action directe du soleil, et en cela il diffère de l'iodure artificiel ; son éclat est résineux, quelquefois plus vif que celui des chlorures.

Sa structure est lamellaire ; il paraît même avoir des clivages. Il est plus tendre que le chlorure et le chlorobromure ; toutefois il n'est pas malléable ; il s'égrène sous le marteau, il se réduit facilement en poudre même lorsqu'il a été préalablement fondu ; il est translucide ; ses fragments sont semi-transparents. Son poids spécifique est de 55,04. Il fond à la flamme d'une bougie, mais il paraît être un peu moins fusible que le chlorure.

Sur le charbon il devient rouge et fond en une boule, laquelle, en se refroidissant, prend une couleur grise semi-métallique, ou devient d'un jaune pâle. A la flamme intérieure du chalumeau, sa surface se couvre de petits grains d'argent métallique. Il ne se réduit pas à froid par le fer, lorsqu'on le frotte dessus soit à sec, soit humecté avec de l'eau.

L'acide nitrique concentré et bouillant le décompose avec dégagement de vapeurs d'iode et de vapeurs nitreuses. L'acide sulfurique le décompose encore plus facilement, en sorte qu'en faisant bouillir dans un matras à long col un mélange d'iodure de peroxyde de manganèse et d'acide sulfurique faible, tout l'intérieur se remplit d'une belle couleur violette.

Presque insoluble dans l'ammoniaque, l'iodure d'argent natif se décompose promptement par l'ammoniaque mélangée d'hydrosulfate d'ammoniaque.

Outre la variété lamelleuse, M. Domeyko signale aussi de l'iodure d'argent en parties excessivement divisées et terreuses. On en a récemment découvert en Espagne, à Hiendelencina dans la province de Guadalajara. M. Escosura, professeur de chimie à l'École des mines de Madrid, a fait don d'un échantillon bien caractérisé au cabinet de minéralogie de l'Ecole des mines de Paris.

La composition de ce minéral est :

	Du Chanaveillo au Chili, par M. Domeyko.	Rapp.	De Zacatecas, par Vauquelin.	Rapp. atom.	
Argent....	64,25	0,0475	77,4	0,058	2
Iode......	46,89	0,0592	22,6	0,028	1
	101,13				

Les résultats de ces analyses sont très-différents ; la dernière conduit à la formule Ag^2i.

Analogies. — A l'état vitreux et en cristaux, l'iodure d'argent présente de la ressemblance avec le *chlorure;* sa non-malléabilité, la couleur et l'odeur d'iode que l'on obtient par l'acide sulfurique, sont des caractères distinctifs très-saillants. A l'état terreux les analogies sont nombreuses ; l'iodure d'argent ressemble à toutes les substances jaunes terreuses, telles que l'*oxyde jaune de plomb;* le *bismuth oxydé*, l'*acide antimonieux,* etc. La ressemblance avec ce dernier minéral est presque absolue ; les caractères du chalumeau les distingue immédiatement.

BROMURE D'ARGENT.

Le bromure d'argent cristallise en cubes et en cubo-octaèdres, comme l'argent chloruré ; la couleur verte de ses cristaux est la seule différence que l'on puisse signaler ; ils sont brillants, très-facilement fusibles, et se laissent rayer à l'ongle. M. Berthier[1], auquel on doit la découverte de cet intéressant minéral, en a indiqué des cristaux dans le même minerai de fer d'Huelgoat qui contient le chlorure d'argent. Les minerais d'argent du district de Plataros, à dix-sept lieues de Zacatecas, en contiennent également ; le bromure est tellement abondant dans cette localité qu'il communique sa couleur au minerai, et que dans le pays on le désigne sous le nom de *plata verde* (argent vert). Depuis, M. Domeyko

[1] *Annales des mines*, t. XIX, troisième série, p. 734. — *Idem*, quatrième série, t. II, p. 526, 1842.

a reconnu le bromure dans les *pacos* de Chanaveillo, près Coquimbo ; il y forme quelquefois des cristaux isolés, mais ils sont fort rares, tandis que les minerais chlorurés contiennent assez fréquemment une proportion assez considérable de bromure, ce qui a engagé M. Domeyko à désigner ces minerais sous le nom de *chlorobromure*.

La couleur et les propriétés chimiques sont les seuls caractères pour reconnaître le bromure d'argent ; la couleur même n'est peut-être pas très-caractéristique, l'iodure étant d'un jaune un peu verdâtre. Cependant on peut dire qu'à l'état de pureté, le chlorure est hyalin incolore, ou gris perle, l'iodure est jaune verdâtre, et le bromure vert prononcé.

Le bromure étant en général disséminé en petite quantité dans la roche, pour l'étudier M. Berthier a commencé par réduire le minerai en poudre ; il l'a ensuite traité par l'acide acétique et l'acide oxalique bouillant afin d'en séparer le carbonate de plomb et l'oxyde de fer. Dans cet état la poussière n'était plus mélangée que de quartz et de bromure; il a obtenu ce minéral à l'état de pureté par le lavage à l'augette.

Le schich de bromure est une poudre de couleur vert olive foncé. Lorsqu'on le porphyrise, sa couleur s'éclaircit de plus en plus et passe au vert réséda. Dans cet état la lumière l'impressione rapidement, fonce sa couleur et finit par le faire devenir gris, mais cette altération est entièrement superficielle.

A l'état de gros sable le bromure ne se dissout que très-difficilement dans l'ammoniaque. Le bromure porphyrisé s'y dissout plus facilement; néanmoins il exige encore une très-grande quantité d'alcali, surtout si on opère à froid. Lorsqu'on maintient un excès de bromure dans de l'ammoniaque concentrée et bouillante, la liqueur s'en sature, et quand ensuite on la laisse refroidir, elle abandonne, sous forme d'une poudre d'un jaune très-pâle, une partie du bromure dissous. Si on l'étend d'eau froide, elle se trouble également; mais le bromure qui se dépose alors après être resté longtemps en suspension est presque aussi blanc que le chlorure.

L'acide nitrique ne le dissout pas ; le meilleur moyen pour reconnaître le bromure d'argent est de séparer le brôme ; pour y parvenir, on dissout le minerai dans un grand excès d'ammoniaque ; le chlorure et le bromure se dissolvent à la fois. On chasse l'ammoniaque par évaporation ; le bromure est alors soluble dans le chlore liquide ; tout l'argent se précipite à l'état de chlorure, et le brôme est devenu libre.

D'après l'analyse de M. Berthier, les éléments du bromure d'argent de Plataros sont :

		Rapp.	
Argent....	57,50	0,0423	1
Brôme.....	42,50	0,0868	2

Composition qui correspond à $AgBr^2$.

M. Domeyko a récemment (mai 1846) envoyé à l'Ecole des mines une collection fort intéressante des minerais du Chili parmi lesquels se trouve un bel échantillon de chloro-bromure de 0^m 03 de diamètre, complétement transparent ; sa couleur est d'un vert olive, analogue à la couleur du diopside. Il se laisse couper au couteau à la manière du plomb métallique : sa pesanteur spécifique est de 47,02 ; ce nombre établirait la pesanteur spécifique du bromure d'argent de 42 à 44.

ARGENT CARBONATÉ.

L'existence de ce minéral est regardée comme incertaine par plusieurs minéralogistes ; elle a été décrite par M. Selb, qui l'a trouvé en 1788 dans la mine de Venceslas, près d'Altwolfach, dans le pays de Bade. D'après ce chimiste, l'argent carbonaté est d'un gris cendré ; facile à entamer avec le couteau, il prend de l'éclat par la raclure. Facilement réductible au chalumeau, on obtient immédiatement un bouton d'argent.

L'analyse de M. Selb donne pour sa composition :

		Oxyg.	
Oxyde d'argent............	72	4,96	1
Acide carbonique..........	12	8,68	2
Oxyde d'antimoine avec trace d'oxyde de cuivre........	15,5		

La composition du carbonate d'argent rentre donc dans la composition générale des carbonates, et la formule qui l'exprime est AgC^2.

Ce minéral, excessivement rare, n'a pas été examiné de nouveau ; il était dans une gangue de sulfate de baryte, et se trouvait accompagné d'argent natif, de sulfure d'argent, de sulfate de plomb et de cuivre gris. Le filon qui le contient est encaissé dans du granite.

Gisement des minerais d'argent. — Les différentes combinaisons d'argent se trouvent réunies dans les mêmes mines; cependant les chlorures et les minerais sulfurés forment deux groupes assez distincts.

Les mines de Kongsberg en Norwège, les plus riches de l'Europe ; celles de Himmelfürst en Saxe, d'Andreasberg au Hartz, renferment à la fois de l'argent natif, de l'argent sulfuré, de l'argent rouge et les différentes combinaisons antimoniales d'argent. Les mines de Guanaxato et de Zacatecas au Mexique, celles des environs de Copiapo au Chili, se montrent dans les mêmes circonstances; l'argent natif, l'argent sulfuré et l'argent sulfuré antimonié noir en font la richesse principale. Mais il existe en outre, dans ces deux États qui fournissent la plus grande partie de l'argent versé annuellement dans le commerce, des mines exploitées principalement sur argent natif, sur amalgame d'argent (arquérite), et sur les chlorures et les chlorobromures.

Les minerais sulfurés et les antimoniures forment des filons mieux déterminés que les minerais chlorurés ; leur direction, leur âge et les différentes lois qui se rattachent à leur formation, sont analogues à celles qui président aux filons de plomb et de cuivre. Les chlorures paraissent être principalement disséminés dans les gîtes de contact. Cependant on les rencontre aussi dans de vrais filons; quand les minerais sulfurés et les antimoniures sont réunis dans les mêmes gisements, ils y occupent, en général, des positions différentes. M. Domeyko [1], auquel nous devons des détails intéressants sur les mines du Chili, annonce que les minerais n'y sont pas mélangés d'une manière indistincte.

« Les têtes de filons, dit-il, qui percent la partie stratifiée « du terrain (surtout au contact ou au voisinage des couches « calcaires), produisent des chlorures.

« Aux chlorures s'associe ordinairement l'argent métalli- « que, qui, de préférence, naît dans les roches non strati- « fiées, immédiatement au-dessus des premiers.

« L'argent métallique est accompagné par le cobalt, le « mercure et surtout l'arsenic. Au-dessous de ces substances, « dans les parties inférieures des filons, ou bien en allant de « l'ouest à l'est, c'est-à-dire en s'approchant des Cordilières, « on trouve les arséniures et les sulfoarséniures. Dans les lo- « calités où ces minerais manquent, on voit apparaître l'ar- « gent rouge antimonifère, qui, du reste, est fort rare.

« Lorsque ces différentes espèces sont réunies dans le même « filon, elles sont constamment disposées dans cet ordre; ja- « mais il n'est inversé, et l'on ne connaît pas une seule ex- « ploitation dans laquelle l'argent natif soit au-dessus des « chlorures, ni les arséniures au-dessus de l'argent natif. Ce « métal occupe toujours la partie centrale des filons. »

Je viens d'indiquer qu'au Chili l'argent natif est de préférence dans les roches non stratifiées. Cette circonstance se représente souvent, et je rappellerai que l'argent natif se trouve avec du cuivre natif dans un trapp au lac Supérieur dans le Canada. (Voir le gisement du cuivre, pag. 155.)

M. Duport [2] a publié récemment un ouvrage fort impor-

---

[1] *Notice sur les minerais d'argent du Chili*, *Comptes-rendus de l'Académie des sciences*, t. XIV, p. 561, 1842.

[2] *De la production des métaux précieux au Mexique*, considérée dans ses rap-

tant sur les mines du Mexique, dans lequel, après avoir décrit la disposition des minerais d'argent, il expose les procédés employés pour leur extraction, ainsi que ceux de fonte et d'amalgamation destinés à obtenir l'or et l'argent. J'ai pensé qu'on lirait avec intérêt les passages suivants, qui font connaître la production des métaux précieux dans cette république, la plus riche des États de l'Amérique méridionale.

Les minerais qui se composent d'argent natif, d'argent sulfuré, d'argent antimonié sulfuré noir, rarement d'argent rouge, sont mélangés de pyrite de fer, de galène et d'une quantité assez minime de blende brune et de mispikel; ils sont disséminés le plus ordinairement dans un quartz blanc ; il y existe en outre de l'or mélangé de manière à être rarement visible ; cependant le quartz en renferme quelquefois des grains assez gros, désignés sous le nom de *quija de oro*.

« Les cristaux d'argent natif sont fort rares, ceux d'argent
« sulfuré en cubes le sont moins ; la richesse des minerais
« en argent est de 0,0015 à 0,0020 ; au-dessous de 0,0009,
« le produit en argent n'offre plus l'équivalent des frais
« d'extraction et de traitement; par contre, il est rare de
« trouver des minerais plus riches que 0,003. La proportion
« d'or est en moyenne de 0,005 du poids de l'argent, mais
« cependant on observe des variations considérables sur la
« teneur en or des diverses parties d'une même conces-
« sion. »

Quoique au Mexique les mines soient depuis 1584 la propriété de ceux qui les découvrent, cependant les métaux précieux sont soumis à un droit (4 1/2 p. 100 pour l'argent, et 3 1/2 p. 100 pour l'or), ce qui fait que la production en est assez exactement connue.

Les deux tableaux ci-joints donnent ces produits pour deux époques différentes.

---

ports avec la géologie, la métallurgie et l'économie politique, par M. Saint-Clair Duport, 1843.

Quantités d'or et d'argent monnayés dans les divers hôtels des monnaies du Mexique, de 1811 *à* 1840 *inclusivement.*

	Date de l'ouverture.	OR. Valeur en piastres.	ARGENT. Valeur en piastres.	TOTAL. Valeur en piastres.	TOTAL. Valeur en francs.
		Piastres.	Piastres.	Piastres.	fr. c.
Mexico.	. . .	11,841,459	121,424,249	133,265,708	731,628,836 92
Zacatecas.	1811	. . . . . .	102,639,362	102,639,362	563,490,097 38
Guadalaxara. . . .	1821	16,120	12,694,039	12,710,159	69,778,772 91
Guanaxuato. . . .	1827	2,602,296	33,558,321	36,160,617	198.521,788 33
S. Luis Potosi. . .	1827	. . . . . .	14,512,592	14,512,592	79,674,130 08
Durango.	1830	1,703,460	10,213,596	11,917,056	65,424,637 44
Chibuahua.	1832	Division de l'or et de l'argent inconnue.		1,641,215	9,010,270 35
				312,846,709	1,717,528,533 41

Quantités d'or et d'argent monnayés dans les divers hôtels des monnaies du Mexique en 1841.

	Année.	OR. Valeur en piastres.	ARGENT. Valeur en piastres.	TOTAL. Valeur en piastres.	TOTAL. Valeur en francs.
		Piastres.	Piastres.	Piastres.	fr. c.
Mexico.	1841	97,628	2,151,496	2,249,124	12,347,690 76
Zacatecas.	1841	. . . . .	4,836,641	4,836,641	26,553,159 09
Guadalaxara. . . .	1841	. . . . .	655,015	655,015	3,596,032 35
Guanaxuato. . . .	1841	440,240	3,296,000	3,736,240	20,511,957 60
S. Luis Potosi. . .	1841	. . . . .	1,110,247	1,110,247	6,095,256 03
Durango.	1841	150,140	323,348	473,488	2,599,449 12
Chihuahua.	1841	63,050	359,000	422,050	2,317,054 50
		751,058	12,731,747	13,482,805	74,021,599 45

Il résulte de la comparaison de ces tableaux que la production des métaux précieux a presque doublé; cette proportion se reproduit dans la plupart des contrées de l'Amérique méridionale, et comme le Nouveau-Monde fournit près des 9 dixièmes des métaux précieux qui entrent annuellement dans le commerce, cette production active de l'argent dans le Nouveau-Monde explique en partie la dépréciation de ce métal en Europe, ou, ce qui revient au même, l'augmentation générale que l'on remarque sur la plupart des denrées. Peut-être même que si l'exploitation des mines d'argent éprouvait encore une nouvelle extension, il se produirait des changements brusques dans la valeur du numéraire, qui pourraient avoir une certaine influence sur la fortune publique.

GENRE OR.

OR NATIF.

Electrum; Gediegen gold.

L'or se trouve, exclusivement à l'état natif, rarement pur; il est le plus ordinairement allié à l'argent dans des proportions variées. Ce dernier métal n'est pas, en général, mélangé en quantité assez grande pour en altérer les caractères extérieurs. L'or est quelquefois aussi allié à du cuivre, à du palladium et à de l'osmium; ces deux derniers alliages sont généralement considérés comme des espèces particulières, et je les décrirai à part.

L'or se présente constamment avec la couleur jaune qui lui est propre; son éclat est métallique; peu brillant sur ses surfaces naturelles, il prend un éclat très-vif quand on le polit. Sa dureté est moindre que celle du fer, du cuivre et de l'argent; plus grande que celle de l'étain et du plomb. Le plus malléable de tous les métaux, il s'étend en fil d'une finesse extrême et en feuilles plus minces que le papier de soie. Sa cassure est inégale, crochue et déchirée.

La pesanteur spécifique des pépites d'or d'un beau jaune est de 148,57; souvent elle s'abaisse à 147, quelquefois même jusqu'à 126,6, comme pour l'électrum. Cette différence est due au mélange plus ou moins considérable d'argent. Les échantillons les plus ordinaires pèsent de 148 à 147. La pesanteur spécifique de l'or écroui est de 192,58 ; cette grande différence montre que l'arrangement moléculaire de l'or natif n'est pas le même que pour l'or ouvré.

L'or est fusible au chalumeau ; insoluble dans l'acide nitrique, il est attaqué par l'eau régale. Une dissolution de muriate d'or dans l'éther sulfurique donne par évaporation des cristaux cubiques.

L'or natif se présente cristallisé, en rameaux, en filaments, en lames, en plaques; en grains disséminés dans les roches, en pépites et en sables. Cette dernière manière d'être est de beaucoup la plus fréquente, mais ces sables sont eux-mêmes le produit de la destruction des roches aurifères, en sorte que ce gisement est la conséquence des autres manières d'être de l'or natif.

Les cristaux sont nombreux et variés. Ils dérivent tous du cube. Les plus abondants sont des octaèdres et des dodécaèdres. Ils sont rarement isolés; quelquefois ces cristaux sont groupés sous forme de rameaux, comme je l'ai indiqué pour le cuivre et l'argent. Leurs faces, presque toujours ternes, sont en général arrondies, même pour les échantillons extraits de filons et qui, par conséquent, n'ont subi aucun frottement. Cette disposition lui est commune avec plusieurs métaux natifs, et les arêtes des cristaux d'or sont arrondies comme celles de l'argent natif.

Fig. 569, *pl.* 143, cube ; *fig.* 570, octaèdre ; *fig.* 571, cube octaèdre ; *fig.* 572, *pl.* 144, dodécaèdre.

Fig. 573, cube surmonté d'un pointement à quatre faces donnant un hexatétraèdre; de Goyas (Brésil).

Fig. 574, même forme, portant une facette sur chacune des arêtes du pointement à quatre faces : ces facettes prolongées donneraient un trapézoèdre très-obtus. Elles sont striées parallèlement aux diagonales du cube ; du Brésil.

Fig. 575. Dodécaèdre tronqué sur les huit angles triples par des facettes a^1 parallèles à l'octaèdre régulier ; Sibérie.

Cristaux présentant le cube, l'octaèdre et le dodécaèdre appelés *triformes* par Haüy ; dans ces cristaux, tantôt les faces du cube sont égales, tantôt deux d'elles ont pris une grande extension, comme dans la *fig.* 576, *pl.* 144 ; ils sont alors tabulaires. Ce dessin appartient à un cristal de la province de Matto-Grosso au Brésil. Les faces verticales du cube n'y sont représentées que par des lignes fort épaisses et ternes.

Fig. 577, *pl.* 145. Octaèdre portant un pointement quadruple conduisant à un trapézoèdre dont l'inclinaison des faces me paraît la même que pour le grenat. Sa loi de dérivation serait donc a^2.

Fig. 578. Trapézoèdre portant des indications de l'octaèdre ; du Brésil.

Fig. 579. Dodécaèdre dont les angles triples sont tronqués par les faces a^1 de l'octaèdre, portant sur ses angles quadruples un pointement à six faces i'', donné par un décroissement intermédiaire.

Fig. 580. Octaèdre dont les arêtes sont tronquées par les faces du dodécaèdre régulier b^1 ; ses angles portent un pointement à 21 faces, composé : 1° du cube P ; 2° du trapézoèdre $a^{3/2}$; 3° d'un solide à 48 faces i donné par le décroissement dont la loi est $(b^1 b^{1/2} b^{1/4})$; 4° par un autre solide à 48 faces i^1 dont la loi n'a pu être reconnue ; c'est le même que dans la *fig.* précédente.

J'ai emprunté les cristaux représentés *fig.* 579 et 580 à l'ouvrage de M. G. Rose [1] sur l'Oural ; ils proviennent des environs de Beresoff en Sibérie.

Fig. 581. Octaèdre transposé, portant les traces du dodécaèdre régulier. Ce cristal, dont l'École des mines possède un fort joli échantillon provenant de la collection de M. de Drée,

---

[1] *Voyage en Oural*, t. Ier, p. 199.

ne présente pas d'angles rentrants. Cette disposition tient à ce que cette macle est le résultat de la réunion de deux segments d'octaèdre et non de deux demi-cristaux, comme dans la plupart des hémitropies; de la province de Matto-grosso au Brésil.

Fig. 582. Cristaux prismatiques allongés, à 8 faces surmontées d'un pointement également à 8 faces. Ce dessin, emprunté à M. Lévy, représente un très-bel échantillon de la collection de M. Turner, provenant des mines de Transylvanie; la disposition de cette variété est la même que celle du cristal d'argent natif de Kongsberg, *fig.* 510, *pl.* 134; je suppose qu'il est également le résultat d'une macle parallèle à une des faces de l'octaèdre; un allongement considérable dans le sens d'une des arêtes de l'octaèdre lui donne sans doute la forme prismatique qui le distingue de tous les autres cristaux d'or natif. (Voir page 157 de ce volume.)

Or natif lamelliforme. — En lames tantôt planes et tantôt contournées, dont la surface est souvent réticulée comme dans les échantillons de Hongrie. Quelquefois ces lames sont dues à de petits filons extrêmement minces; ce sont alors plutôt des plaques que des lames.

Ramuleux et capillaire. — Les rameaux et les dendrites d'or natif les mieux prononcés paraissent composés de petits octaèdres implantés les uns dans les autres; les filaments n'offrent pas cette texture cristalline.

Or en pépites, en grains et en paillettes. — J'ai déjà annoncé que l'or est le plus ordinairement disséminé dans les sables, sous forme de paillettes et de grains informes et arrondis; les dimensions des grains sont ordinairement très-faibles. Lorsqu'ils acquièrent un certain volume, on les nomme *pépites*. On a trouvé dans presque tous les lavages, quoique rarement, des pépites de la grosseur des grains de groseille et même d'une noisette. Quelquefois elles atteignent un volume plus considérable. Le Muséum d'histoire naturelle en possède une qui pèse environ 500 grammes. Les pépites les plus considérables connues, sont, d'après une notice de M. de Humboldt :

		Kilog.
Celle trouvée à Miask, en 1826. . . .	pesant :	10,118.
Aux États-Unis, dans le comté d'Ansa (Caroline du Nord), en 1821.		21,70.
Grano oro trouvé dans le Rio Hayna, en 1502.		14,50.
Pépite monstre, trouvée à Miask en 1842. . .		36,02.

Le prix de l'or étant, en moyenne, de 3,100 francs le kilogramme, la pépite de Miask a une valeur d'environ 111,662 francs.

Electrum. — Klaproth a donné ce nom à un alliage natif d'or et d'argent qui se trouve à Schlangenberg en Sibérie ; on y voit des lamelles qui présentent la couleur jaune de l'or, tandis que d'autres sont d'un blanc jaunâtre, en sorte qu'en choisissant les parties différentes par la couleur, on obtiendrait des compositions très-variées. Il résulte de cette disposition que l'on ne doit pas séparer cet alliage sous un nom particulier. Il en est de même de tous les alliages de même nature. Les nombreuses analyses qui ont été faites des minerais d'or de l'Amérique méridionale par M. Boussingault, et des minerais de la Russie par M. Gustave Rose, montrent que l'argent et l'or se remplacent en toute proportion, même dans les cristaux : ce résultat est naturel et devait se prévoir, ces deux métaux étant isomorphes. L'électrum constitue un de ces alliages dans lesquels l'argent est très-abondant; il possède tous les caractères de l'or pur, on le trouve comme ce dernier minéral en filaments déliés, en masses ramuleuses et lamelliformes.

J'ai réuni dans le tableau suivant les principales analyses des minerais d'or. Celles marquées de la lettre R sont dues à M. G. Rose; les lettres Bgt rappellent que M. Boussingault en est l'auteur.

Composition de l'or natif.

	Or.	Argent	Cuivre	Fer.
Sable aurifère de Schabrowski, près de Katherinembourg, G. R.	98,76	0,16	0,35	0,05
De Boruschka, près Nischne-Tagil, R.	94,41	5,23	0,39	0,04
Mine de Beresoff, R.	93,78	5,94	0,08	»
Cristal de la laverie de Katherinembourg. R.	93,34	6,28	0,06	0,32
Ancienne mine *idem*, R.	92,80	7,02		0,08
Sable de Crarewo Nicolajewsk, près Miask, R.	92,47	7,27	0,06	0,08
Lavage de Perroe Pawlowsk, près Beresoff, R.	92,60	7,08	0,18	0,06
Mine de Beresoff, R.	91,88	8,03	0,02	
Lavage de Borushklei, R.	90,76	9,02	0.09	
— de Crarewo Nicolajewsk, près Miask, R.	89,35	10,65		
— D'Alexander Andrejewsk, près Miask, R.	87,40	12,07	0,09	
Mine de Goruscкla, près de Nischne-Tagil, R.	87,31	12,12	0,08	
Lavage de Petropawlowsk, près de Bogoslowsk, R.	86,81	13,19	0,30	0,24
Mine de Santa-Barbora, à Fuses, dans le Siebenburg, R.	84,80	14,68	0,04	0,13
Sable aurifère de Nischne-Tagil, R.	83,85	16,15		
Mine de Sinarowski, dans l'Altaï, R.	60,08	38,38	0.33	
— de Verospatak, dans le Siebenburg, R.	60,49	38,74		
— de Schlangenberg, par Forlice	28,00	72,00		
— de Santa-Rosa, par Boussingault.	64,93	35,07		
— de Transylvanie, Bgt.	64,52	35,48		
Electrum de Schlangenberg, par Klaproth	64,00	36,60		
Or de Otramina, Bgt.	73,40	26,60		
— de Marmato, Bgt.	73,45	26,48		
— de Titiribi, Bgt.	74,00	26,00		
— de Guano, Bgt.	73,68	26,32		
— de la Trinidad, Bgt.	82,40	17,60		
— de Ojas-Anchas, Bgt.	84,50	15,50		
— du Sénégal, par Darcet.	86,97	10,53		
— de Rio-Sucio, Bgt.	87,94	12,06		
— de Baja, Bgt	88,15	11,85		
— de Malpaso, Bgt.	88,24	11,75		
— de Llano.	88,54	11,42		
— de Bogota, Bgt.	92,00	8,00		
— du Brésil, par Darcet.	94,00	5,85		

La comparaison de ces analyses montre, ainsi que je l'ai annoncé, que les proportions d'argent sont très-variables; la moyenne est environ de 8 pour 100 pour les minerais de Sibérie; elle s'élève à 14 pour 100 pour ceux de l'Amérique méridionale; ce qui établit une différence remarquable entre les minerais d'or de l'ancien et du nouveau monde, bien que les gisements soient absolument dans les mêmes conditions.

Les minerais d'or de Schlangenberg, de Santa-Rosa et de Transylvanie rentrent, par la proportion d'argent qu'ils contiennent, dans la variété appelée *electrum;* ils sont d'un jaune de laiton très-clair.

Or palladié. —Les exploitations de Gongo-Socco, au Brésil, contiennent une variété particulière d'or d'un jaune très-pâle, blanchâtre, qui est un alliage d'or et de palladium; elle est surtout disséminée dans la roche quartzeuse, mélangée de fer oligiste, désignée dans le pays sous les noms de *zacotinga* et de *iacotinga*. Elle y est accompagnée d'oxyde de manganèse. Ce minerai a donné moyennement, dans les années 1836 à 1840, 12,000 kilgr. d'alliage par an, contenant une richesse moyenne de 25 pour 100 d'or. Le palladium se trouve dans cette substance à la fois à l'état métallique et à l'état d'oxyde ; on s'en assure facilement en le traitant par l'acide hydrochlorique qui dissout beaucoup de palladium. On sépare le palladium de l'or par l'acide nitrique qui enlève le premier de ces métaux.

D'après M. Johnson[1], auquel nous empruntons ces détails, le palladium sert à préparer, avec 20 pour 100 d'argent, un alliage qui est employé par les dentistes ; on en fait également des échelles de thermomètre.

Auro-poudre. — Le minerai d'or désigné par ce nom est un alliage d'or et de palladium que M. Berzélius[2] a reconnu composé de la manière suivante :

Or.	85,98	
Palladium. . .	9,85	100,00
Argent. . . .	4,17	

Il est en petits grains cristallisés, très-chargés de facettes et d'un jaune d'or. Les formes de cet alliage ne sont pas indi-

[1] *Journal d'Erdman*, t. XI, p. 309.

[2] *Annales de Poggendorff*, t. XXXV, p. 514.

quées, mais il résulte de tous ses caractères que l'on doit le considérer comme de l'or natif allié à du palladium ; je crois qu'il en est de même du minerai de Gongo-Socco, dont la richesse en or est très-variable.

L'auro-poudre provient de la capitainerie de Porper dans l'Amérique méridionale.

Alliage d'or et de rhodium. — M. del Rio a annoncé l'existence de cet alliage dans l'un des lavages de platine à la Colombie ; il est d'un jaune sale très-clair. Sa pesanteur spécifique varie de 155 à 168, suivant sa plus ou moins grande richesse. Il contient de 34 à 43 pour 100 d'or.

Gisement de l'or. — On peut rapporter à trois manières d'être différentes le gisement de l'or natif, savoir : en *filons* proprement dits, en *petites veines*, disséminées dans les roches situées à la séparation des terrains cristallins et des terrains stratifiés, enfin en *sables*. Les deux premiers gisements sont les mêmes que pour tous les autres minerais métallifères. Le filon de la Gardette, dans les montagnes du Dauphiné, en est un exemple prononcé. Ces filons ne sont pas aussi rares que le prix élevé de l'or pourrait le faire supposer ; mais ce métal y est disséminé en si petite quantité, que les frais d'exploitation et de préparation mécanique dépassent de beaucoup le produit en or ; c'est ce qui a lieu précisément pour le filon de la Gardette, qui est, à bien dire, un filon de quartz, dans lequel se trouvent disséminés, de loin en loin, des grenailles d'or et des veinules sans continuité ; une compagnie a essayé de le reprendre en 1835, mais elle a dû l'abandonner après la visite des anciens travaux. Les exploitations sur filons proprement dits sont donc fort rares et toujours peu lucratives.

Le gisement de contact et de veinules disséminées dans les roches métamorphiques est plus riche ; quelquefois même il donne des produits importants, comme cela a lieu au Brésil, dans la province des Minas-Geraès. La mine de Gongo-Socco en est un exemple célèbre. Son produit, depuis douze ans, est évalué à 30,000 livres anglaises d'or à 22 carats, représentant à peu près 41 millions de francs. Dans cette localité l'or est, d'après M. Amédée Burat[1], disséminé en feuillets déliés, en plaques et en filets, dans les terrains stratifiés; quatre espèces de roches le contiennent, dont deux à l'état métamorphique, présentant en outre plusieurs autres combinaisons métallifères.

La principale roche aurifère est l'*iacotinga*, roche quartzeuse, compacte, rougeâtre, dont la structure est laminaire. La séparation des feuillets est marquée par du fer oligiste noirâtre, pailleteux, tel qu'il existe dans certaines roches volcaniques. L'or s'y rencontre en petites masses souvent ramuleuses, surtout dans les places où se trouve le fer oligiste.

Au-dessus de l'iacotinga on observe un grès à grains de quartz cristallin et translucide, contenant, dans le sens des feuillets de la stratification, le fer oligiste et du carbonate de manganèse. L'or natif accompagne ces deux métaux; il se trouve en géodes qui ont une apparence cristalline, et en dendrites.

Il existe, en outre, intercalé entre les feuillets d'un schiste talqueux et d'un schiste argileux bleuâtre satiné, en contact avec les roches précédentes. L'or natif y forme des lames allongées qui ont souvent plus d'un millimètre d'épaisseur, et qui d'autres fois sont très-délicates. On a trouvé de ces lames qui avaient 25 centimètres de longueur. La grande différence entre la position de l'or dans les roches quartzeuses et dans les schistes, c'est que dans ces dernières il n'y a plus ni fer oligiste, ni minerai de manganèse.

Les exploitations ont lieu dans les quatre roches que l'on vient de citer; mais la roche la plus productive, et celle sur laquelle se portent tous les travaux de recherche et d'exploitation, c'est l'iacotinga; elle est du reste d'une exploitation beaucoup plus facile par son peu d'agrégation.

On est dans l'habitude de citer parmi les mines d'or les mi-

---

[1] *Comptes-rendus de l'Académie*, t. XII, p. 252, 1841.

nes de Nagyag en Transylvanie, dans lesquelles on exploite du tellure aurifère, et les mines de Schemnitz en Hongrie, qui produisent un minerai d'argent contenant une certaine proportion d'or. L'or joue en effet dans ces mines un rôle important comme produit, mais sous le rapport minéralogique on doit les considérer comme des mines de tellure, ou d'argent.

Les lavages, qui constituent le troisième genre de gisement, fournissent plus des cinq sixièmes de l'or versé annuellement dans le commerce. Ce métal est disséminé en très-petites parcelles dans un sable quartzeux qui forme des alluvions fort étendues ; l'or a été arraché des filons ou des veines qui le contenaient par les mêmes phénomènes qui ont produit ces alluvions. Son inaltérabilité a été cause qu'il y est resté sous forme de paillettes, et sa grande pesanteur spécifique a empêché qu'il ne fût entraîné à de longues distances. Aussi les alluvions qui le contiennent sont-elles principalement disposées dans des vallées ouvertes au milieu de montagnes anciennes, dans lesquelles l'or existe en filons ou en veines. Il en résulte que les lavages d'or sont ordinairement situés à la proximité des exploitations mêmes ; c'est ce qui a lieu au Brésil, où la province de Minas, si riche par les exploitations de Gongo-Socco et de Zaquary, l'est également par le produit de l'or en paillettes ; des lavages semblables existent en Colombie, au Mexique et au Chili ; l'Afrique en possède également de très-importants, à en juger par la quantité d'or en poudre qu'elle répand annuellement dans le commerce. Autrefois cette contrée était celle qui fournissait l'or avec le plus d'abondance ; depuis la découverte du nouveau monde, les produits de l'Amérique méridionale ont de beaucoup dépassé ceux de l'Afrique.

Vers la fin du siècle dernier on a découvert des alluvions aurifères sur les flancs des monts Ourals et de l'Altaï. C'est surtout depuis 1830 que leur exploitation a acquis un grand développement ; les lavages d'or de la Sibérie méridionale forment trois districts principaux : le premier s'étend de la vallée de l'Obi à celle de Tom; le second comprend la chaîne de montagnes qui descendent de l'Altaï, entre le Tom et le Yénissei ; le troisième, qui est le plus oriental, s'étend entre le Yénissei et la Léna. Dans ces trois districts, le gisement de l'or est le même ; il est disséminé dans un sable quartzeux, riche en fer oxydulé. Les vallées qui le renferment, toutes assez encaissées, sont ouvertes dans des roches anciennes où le schiste micacé et le phyllade dominent. Quelquefois, mais rarement, les montagnes sont de schiste talqueux, et toujours l'or paraît en relation avec la diorite ; non-seulement on en trouve de petites veines dans la roche en place, mais les parties de la vallée dont le sol est de diorite sont également les plus riches. L'expérience a appris qu'il fallait y porter les travaux même dans les régions où les montagnes sont escarpées, et qu'il fallait suivre les sinuosités du sol. Le sable aurifère recouvrait aussi les versants et les sommets de plusieurs élévations.

Les lavages de la Sibérie ont pris une telle extension, que, d'après des documents officiels, cette partie de l'empire russe a produit, en 1842, 7,846 kilog. d'or, la Russie tout entière en ayant donné 15,889 kilog., c'est-à-dire pour plus de 47 millions de francs.

Il existe de l'or en paillettes dans toutes les contrées où les roches anciennes dominent ; en France on connaît plusieurs points où les alluvions des montagnes sont aurifères. Il existe des lavages d'or dans la vallée de l'Ariège, située dans la partie orientale des Pyrénées : le Gardon, dans les Cévennes ; le Salat, près de Saint-Girons ; la Garonne, près de Saint-Béat ; le Rhin, à une petite distance de Strasbourg, notamment entre le fort Louis et Guermeshein, roulent des paillettes d'or. Dans la plupart de ces localités ce métal ne se trouve pas en assez grande quantité pour qu'on puisse y établir des lavages ; la présence de ces paillettes est cependant intéressante à constater, parce qu'elles établissent que l'or, quoique très-rare par la véritable parcimonie avec laquelle la nature l'a pour ainsi dire distribué dans ses gisements, existe cependant dans un grand nombre de localités.

M. Daubrée, ingénieur des mines, professeur à la Faculté de Strasbourg, a récemment présenté un Mémoire à l'Académie des sciences [1] sur les lavages d'or de la vallée du Rhin. Nous extrayons de ce travail important quelques passages qui font connaître leur richesse, leur nature, ainsi que les causes qui ont produit l'alluvion aurifère.

« L'extraction de l'*or du lit du Rhin*, dit M. Daubrée, remonte à une époque très-ancienne, car on connaît des chartes de 667 où le droit de faire ce lavage est accordé à titre de donation à un monastère par Ethicon, duc d'Alsace. Il est même probable que le Rhin faisait partie des nombreuses rivières dont les Gaulois, d'après Diodore de Sicile, extrayaient l'or avec facilité.

« Après avoir été active pendant le moyen âge, l'industrie de l'orpaillage diminua sur le Rhin, comme dans tout le reste de l'Europe, quand d'immenses importations de l'or du Nouveau Monde eurent déprécié la valeur de ce métal.

« Cependant, quelque peu importante que soit aujourd'hui la production de ce fleuve, comparativement à ce qu'elle a été, ou ce qu'elle pourrait être, le Rhin tient encore une des principales places parmi les rivières aurifères de l'Europe, car entre Bâle et Manheim on en extrait annuellement en moyenne pour environ 45,000 francs.

« Le lit du Rhin, entre Bâle et Manheim, est aurifère sur toute sa longueur, du moins à peu d'exception près; une série nombreuse d'expériences m'a servi, dit M. Daubrée, à déterminer avec précision la manière dont les paillettes de ce métal vont se distribuer chaque jour dans les atterrissements que forme le fleuve, de telle sorte qu'il est maintenant possible, *a priori*, d'aller attaquer les zones aurifères les plus riches.

[1] Sur la distribution de l'or dans le lit du Rhin et sur l'extraction de ce métal (*Comptes-rendus de l'Académie des sciences*, t. XXII, p. 639, 1846).

« Le gravier le plus habituellement exploitable est celui déposé à quelque distance à l'aval d'une rive ou d'une île de gravier que le courant corrode, et qui est le produit de cette corrosion. C'est seulement à l'amont de ces bancs, au milieu du gros gravier, et sur une épaisseur très-faible, rarement supérieure à 15 centimètres, que l'or est concentré. Les paillettes sont toujours accompagnées de fer titané, dont la quantité, régulièrement proportionnelle à la richesse en or, varie, dans le sable exploité, de 0,00002 à 0,0002.

« En dehors du lit actuel, on trouve encore l'or dans les anciens dépôts du fleuve qui forment une zone de 4 à 6 kilomètres de largeur. Mais jamais je n'ai rencontré la moindre trace de ce métal dans le sable fin privé de cailloux que le Rhin dépose journellement dans ses crues. Le limon diluvien, connu sous le nom de *loess,* qui cependant paraît d'origine alpine, comme la plupart des cailloux du fleuve, s'est aussi toujours montré stérile.

« En lavant du gravier pris arbitrairement dans le lit du Rhin et des points considérés par les orpailleurs comme stériles, j'ai reconnu que ce gravier a ordinairement une teneur en or voisine de 8 billionnièmes. C'est aussi, d'après de nombreux essais, le chiffre qui me paraît devoir être admis pour la richesse moyenne du fleuve entre Rhinau et Philipsbourg. Le sable que l'on exploite a habituellement une richesse de 13 à 15 cent-millionnièmes ; il est très-rare que cette richesse dépasse 7 dix-millionnièmes. Ainsi le remaniement que le Rhin fait subir de temps à autre à son gravier concentre l'or, sur certains points, dans le rapport de 1 à 70. »

« Les paillettes sont toujours très-minces, car il en faut 17 à 22 pour faire le milligramme ; 1 mètre cube contient 4,500 à 36,000 de ces paillettes. Elles paraissent provenir, de même que l'or de beaucoup de cours d'eau qui descendent des Alpes, de la molasse tertiaire, et primitivement des roches schisteuses cristallines, quartzites et schistes amphiboliques de cette chaîne de montagnes.

« Le tableau ci-joint donne une idée de la richesse des diverses variétés de sable du Rhin comparées à celles de l'Elder en Westphalie, de la Sibérie, et du Chili ; sous le nom de sables de première qualité sont compris des sables regardés comme très-riches dans chacune de ces contrées; ceux de la troisième qualité représentent la moyenne exploitée. La dernière ligne représente approximativement la moyenne de tout le sable aurifère, en y comprenant celui même qui n'est pas exploitable. »

RICHESSE relative des sables ou graviers de chaque localité.	Rhin.	Elder	Sibérie.	Chili.
Première qualité..	0,000,000,562	0,000,000,390	0,000,006,000 [1]	0,000,078,080
Deuxième qualité.	0,000,000,243	0,000,000,222	»	»
Troisième qualité, ou moyenne des sables exploités [1]......	0,000,000,132	0,000,000,130	0,000,002,600	0,000,009,760
Minimum des sables exploités.......	0,000,000,120	»	0,000,001,000	»
Moyenne du gravier non exploitable.	0,000,000,008	0,000,000,016	0,000,000,650	0,000,001,000

Le rapprochement des chiffres précédents conduit aux observations suivantes :

1° Le gravier aurifère du Rhin le cède de beaucoup en richesse aux sables habituellement exploités en Sibérie et au Chili. Ceux de la Sibérie rendent en moyenne environ 5 fois, et ceux du Chili près de 10 fois plus d'or que le gravier le plus productif du Rhin, non débarrassé des gros cailloux.

2° Les richesses moyennes des sables exploités dans les trois contrées sont entre elles à peu près comme les nombres 1 : 20 : 74; ou si l'on prend comme terme de comparaison le sable du Rhin débarrassé des cailloux ayant plus de deux centimètres de diamètre, le rapport devient 1 : 10 : 37. En Sibérie on regarde comme non exploitables des sables renfer-

[1] Exceptionnellement, 0,000,175,000 près de la grosse pépite de 36 kilogr.

mant 0,000,001 ; or cette teneur est encore 7,5 fois égale à celle des sables ordinaires que lavent les orpailleurs du Rhin.

3° Si l'on compare la teneur moyenne du gravier de chacune des trois contrées pris en masse tant pauvre que riche, on voit que cette teneur varie comme les nombres 1 : 81 : 124.

« Quoique la teneur du lit du Rhin soit comparativement assez faible, la quantité totale d'or enfouie dans ce gravier est considérable. En effet, d'après le contenu de 8 billionnièmes admis plus haut, 1 mètre cube de gravier ordinaire, pesant 1800 kilogrammes, renferme 0gr.,0146 d'or. La bande aurifère comprise entre Rhinau et Philipsbourg, large de 4 kilomètres, longue de 123 kilomètres, et profonde de 5 mètres, contient donc 35,916 kilogrammes [1], qui, à raison de 3,189 francs le kilogramme, représentent une valeur de 114 millions de francs. En dehors de ces deux limites, le lit du fleuve est moins riche. En tenant compte de cette différence autant que possible, on arrive, pour le contenu approximatif de la plaine du Rhin entre Bâle et Manheim, à une richesse totale de 52,000 kilogrammes d'or.

« Cette quantité d'or, très-considérable si on la compare à l'extraction annuelle qui n'a qu'une valeur d'environ 45,000 francs, n'est cependant que deux fois et demie égale à la production de l'Asie boréale en 1843. Il convient de remarquer que plus des deux tiers de cet or sont disséminés dans du gravier recouvert de terres cultivées, et en outre, que les travaux de rectification du fleuve restreignent chaque jour davantage l'étendue des atterrissements exploitables. »

Par le procédé actuel, un laveur gagne, en moyenne, 1 fr. 50 c. à 2 francs par jour, et accidentellement jusqu'à 10 et

[1] Cette quantité d'or est ainsi répartie :

Département du Bas-Rhin.....	13,870 kilogr.
Grand-duché de Bade.........	17,958
Bavière rhénane..............	4,088

15 francs. Mais certaines parties des opérations paraissent susceptibles d'être perfectionnées : ainsi le lavage se fait à force de bras, quand on a, à quelques pas de soi, un moteur tel que le Rhin qui, à l'aide d'une machine à draguer, pourrait enlever la couche superficielle de gravier riche pour la porter sur la table à laver.

GENRE PLATINE.

PLATINE NATIF.

Ce minéral n'a été trouvé, sauf une localité, qu'en grains ou en pépites disséminés dans des alluvions, analogues à ceux que fournissent les lavages d'or. Des grains associés avec de la serpentine ont fait penser que le platine était originaire de cette roche ; en effet M. le Play [1], dans un voyage en Oural qu'il a fait en 1844, a montré que les sables platinifères de cette contrée étaient exclusivement dans des vallées ouvertes au milieu de roches serpentineuses, et que la richesse de ces sables était en rapport avec la distance de la serpentine.

Le platine est d'un gris de fer, gris d'acier, quelquefois un peu moins foncé ; il passe alors au gris de plomb ; son éclat est métallique ; toujours en grains roulés, il est en général mat, et les surfaces sont cariées et caverneuses. Sa cristallisation appartient au système régulier ; il paraît qu'on l'a reconnu d'une manière assez distincte dans une pépite trouvée à Nijni Tagilsk en 1827 ; elle était couverte de cavités dont la surface était rugueuse, et parmi les points qui donnaient aux surfaces concaves un aspect chagriné, on a distingué des pointes octaédriques assez prononcées. L'Ecole des mines possède un échantillon provenant de cette même localité, dans lequel on remarque dans les cavités des parties ayant une tendance très-marquée à la disposition cubique. La surface des parties saillantes est unie et comme forgée.

Le platine est rayé par le fer, mais il raye tous les métaux

[1] *Comptes-rendus de l'Académie des sciences*, t. XIX, p. 853, 1844.

natifs; le platine est cassant et peu ductile; purifié et écroui, il devient ductile, mais moins que l'argent et que l'or.

La pesanteur spécifique du platine en grains varie de 163,3 à 194. Celle du platine purifié et écroui est de 215,3.

Au chalumeau ce métal n'éprouve aucune altération soit seul, soit avec les flux ; c'est le moins fusible de tous les métaux ; on le considère comme infusible; inattaquable par tous les acides, il est dissous par l'eau régale.

Le platine n'est jamais pur, il contient toujours environ 20 pour 100 de métaux étrangers, principalement de fer; il renferme presque toujours, en outre, du rhodium, de l'osmium, de l'iridium et du palladium, métaux dont la découverte a la conséquence de celle du platine.

Les analyses suivantes du platine natif, dues à M. Berzélius, tendent à prouver que ce métal, de même que l'or, n'est jamais exempt d'autres métaux qui y sont à l'état d'alliage.

	Minerai de l'Oural, en gros grains.	Minerai de l'Oural, en petits grains.	Minerai de la Colombie, en petits grains.
Platine . . .	78,94	73,58	84,30
Rhodium. .	0,86	1,15	3,46
Palladium. .	0,28	0,30	1,06
Iridium. . .	4,97	2,35	1,46
Osmium. . .	1,96	0,00	1,03
Fer.	11,04	12,98	5,31
Cuivre. . . .	0,70	2,30	0,74
	98,75	97,86	98,08

On remarque que les minerais de platine de l'Oural contiennent de 12 à 13 pour 100 de fer, tandis que celui de la Colombie n'en renferme que 5 pour 100. Peut-être la couleur grise plus foncée du platine de Sibérie est-elle due à ce mélange.

Les premières découvertes de platine ont eu lieu dans les provinces du Choco et de Barbacoas en Colombie. On l'a retrouvé ensuite à Matto-Grosso au Brésil, puis au pied des montagnes de Sibao à Haïti. Vers 1826 on a découvert ce métal précieux dans la partie orientale de l'Oural, et plus récemment encore dans la partie européenne de la même chaîne.

Cette dernière localité est actuellement le plus grand centre d'exploitation du platine, et ce métal est même devenu une monnaie ayant un cours légal en Russie.

Les grains de platine sont ordinairement fort petits, cependant on en cite des pépites assez considérables. Il existe dans le cabinet de minéralogie de Berlin une pépite plus grosse qu'un œuf de pigeon ; M. le comte Démidoff en possède une, trouvée dans la mine de Souko-Vicimski qui lui appartient, dont le poids est un peu supérieur à 4 kilogrammes. M. de Humboldt a annoncé récemment qu'on avait trouvé dans les exploitations de Nijni Tagilsk une pépite du poids de 8 kilogrammes 24.

Le platine de l'Oural est mélangé : 1° de grains d'or; 2° de paillettes d'osmiure d'iridium ; 3° de grains aplatis d'un blanc d'argent qui sont du palladium; 4° de fer oxydulé titanifère. Le fer oxydulé est moins abondant dans le platine de la Colombie.

M. Boussingault annonce avoir observé le platine en veines associé avec de l'or dans une siénite de la Colombie ; c'est la seule localité où le platine a été reconnu en place ; ce gisement serait un peu différent de celui indiqué par M. le Play pour le platine de l'Oural; toutefois la siénite et la serpentine sont deux roches d'éruption, le platine serait lui-même aussi le résultat de phénomènes éruptifs.

GENRE IRIDIUM.

IRIDIUM NATIF.

Osmiure d'iridium.

Ce minéral accompagne le minerai de platine dans la province de Choco en Colombie, ainsi que dans deux laveries différentes de l'Oural, à Newiansk et à Nijni Tagilsk. Sauf une légère différence de couleur, les caractères extérieurs de ce minéral sont les mêmes dans ces trois localités; la forme est également la même; il est en petites tables très-minces formant des espèces de paillettes à six faces, tantôt simples, *fig.* 583, *pl.* 145 ; tantôt émarginées sur chacune de leurs arêtes, *fig.* 584. M. de Bournon, qui a le premier déterminé cette espèce, a reconnu que ce sont des tables à six faces régulières ; des cristaux que M. G. Rose a recueillis dans l'Oural lui ont montré que la forme de l'osmiure d'iridium de Sibérie est la même que celle du minéral de la Colombie; M. Rose a pu mesurer l'angle de la face de b^1 sur P, qu'il a trouvé de 188°; duquel il résulte que la forme primitive de l'osmiure d'iridium est très-surbaissée.

La composition de cet alliage diffère notablement dans ces trois localités; les analyses suivantes montrent même que le rôle des deux métaux est en quelque sorte changé dans le minéral de Colombie et dans celui de Nijni Tagilsk; il est naturel d'en conclure que l'osmium et l'iridium sont isomorphes et qu'ils se remplacent dans toutes proportions. Ce minéral serait donc alors un simple alliage :

	De Colombie, par Thomson.	De Newiansk, par Berzélius.	Nijni-Tagilsk, par *idem*.
Iridium. . . .	72,9	46,77	25
Osmium. . . .	24,5	49,34	75
Fer.	2,60	0,71	»
Rhodium. . .	»	3,15	»
	100,00	100,00	10,00

La couleur de l'iridium natif est le gris de fer, le gris d'acier pâle; son éclat est métallique. Les cristaux de Newiansk sont d'un bleu d'étain, un peu plus sombres que l'antimoine natif; plus dur que le platine natif, il est malléable; la couleur des cristaux de Nijni Tagilsk est le gris bleuâtre, analogue à celle de l'antimoine; la pesanteur spécifique du premier est 194,71; celle du second est de 211,18; l'iridium de Colombie pèse 195. La variété de Nijni Tagilsk, qui contient beaucoup plus d'osmium que les deux autres, possédant une pesanteur spécifique plus considérable, il en résulte nécessairement que l'osmium pur est plus lourd que l'iridium pur. La pesanteur spécifique de l'osmium doit donc être supérieure au nombre 211,18.

D'après M. G. Rose [1], l'iridium de Newiansk, exposé sur le charbon au dard du chalumeau, ne se décompose pas et ne donne pas la plus légère odeur d'osmium; dans le matras avec le salpêtre, on obtient une très-faible odeur d'osmium, et une masse fondue de couleur verte après le refroidissement. Il ne se dissout pas dans le sel de phosphore : enfin, par voie humide il n'est pas attaqué, même à chaud, par l'eau régale.

L'iridium de Nijni Tagilsk, exposé au chalumeau sur le charbon, ne fond pas, mais il perd son éclat, devient noir olive, et laisse dégager une odeur pénétrante d'osmium qui irrite fortement les yeux. Lorsqu'on le porte avec la pince de platine dans la flamme de l'alcool, il la rend brillante, et la colore en rouge jaunâtre.

GENRE PALLADIUM.

PALLADIUM NATIF.

La découverte de ce métal est due à Wollaston [2], qui l'a trouvé mélangé avec le platine du Choco. M. Breithaupt l'a retrouvé depuis dans le sable platinifère de Sibérie. Il forme de petits grains arrondis, qui se distinguent du platine par une texture fibreuse. Sa couleur est le gris d'acier, quelquefois le blanc d'argent. Son éclat est métallique. On annonce qu'il cristallise dans le système cubique : je n'ai vu de cristaux indiqués dans aucune collection, et je n'ai pas eu l'occasion d'observer un seul échantillon ayant une apparence de forme. Il ne possède aucun clivage.

Le palladium natif raye aisément le fer; sa pesanteur spécifique est, d'après Wollaston, de 111; elle a été trouvée de 121,4 par Lévy.

Infusible au chalumeau, il fond aisément quand on y ajoute du soufre; si on continue de chauffer, le soufre se dégage et il reste un bouton de palladium. Soluble dans l'acide nitrique, la couleur que l'on obtient est d'un rouge foncé.

---

[1] Sur les combinaisons cristallisées d'osmium et d'iridium de l'Oural, par M. G. Rose (*Annales de Poggendorff*, t. XXIX, p. 452).

[2] *Transactions philosophiques*, 1809, p. 192.

PALLADIUM SÉLÉNIÉ.

Ce minéral a été trouvé avec le séléniure de plomb, à Tilkerode dans le Hartz. Sa découverte est due à M. Zinken[1] qui, en cherchant à séparer le sélénium du plomb, afin d'obtenir l'or et l'argent mêlés au séléniure de plomb, reconnut une grande quantité de palladium dans la liqueur obtenue par l'eau régale.

Un examen attentif lui fit découvrir de petits cristaux en prismes à six faces, que ses essais lui apprirent être composés principalement de palladium et de sélénium ; ils contiennent en outre une petite quantité d'argent et de plomb. Ces cristaux ont une structure lamelleuse parallèlement à l'axe du prisme à six faces.

Exposé longtemps à l'action du chalumeau, il devient coloré et très-brillant. Chauffé dans un tube, il distille du sélénium. Avec le borax il forme un verre transparent et donne un globule métallique, lequel étant coupellé avec le plomb, ne change pas de nature.

Soluble dans l'acide nitrique qu'il colore en rouge.

GENRE MOLYBDÈNE [2].

MOLYBDÈNE SULFURÉ.

Molybdanglanz ; Molybdénite (Beudant).

Ce minéral est d'un gris de plomb bleuâtre; son éclat est métallique ; constamment cristallisé, il est en masses lamelleuses ou en petites tables héxagonales régulières très-minces; on annonce que quelques cristaux présentent des modifications sur les arêtes de la base, qui lui donnent la disposition annulaire si commune pour les minéraux appartenant au

---

[1] *Annales de chimie et de physique*, t. LXIV, p. 206.

[2] Ce genre et le suivant ont été omis à leur place ; ils auraient dû être décrits à la suite du mercure.

système du prisme à six faces régulier. Il possède un clivage très-facile parallèlement à la base du prisme.

Le molybdène sulfuré est un des minéraux les plus tendres; il reçoit même l'empreinte de l'ongle, cependant il raye le talc. Par suite de son peu de dureté, il laisse, quand on le frotte sur le papier, des traits gris assez analogues à ceux du graphite; sur la porcelaine ces traits paraissent verdâtres. Sa cassure est lamelleuse et inégale. Sa pesanteur spécifique est de 45,5 à 46,5.

Au chalumeau seul et sur le charbon, il dégage une odeur d'acide sulfureux, fume et laisse sur sa surface un dépôt blanc pulvérulent, surtout au commencement de l'opération ; attaquable par l'acide nitrique.

La composition du molybdène sulfuré est :

	D'Altenberg, par Buchoz [1].	De Saxe, par Brandes [2].	De Chester en Pensylvanie, par Seybert [3].	Rapp.	
Soufre.	40	40,4	39,68	0,197	2
Molybdène. . .	60	59,6	59,42	0,099	1

Ces éléments correspondent à la formule MbS^2.

Analogies. — Le molybdène sulfuré ressemble par son éclat, sa texture et son peu de dureté, au graphite. Il a aussi quelque analogie avec la variété de fer oligiste désignée sous le nom de *fer micacé*. La couleur du graphite est le noir de fer; les traits qu'il laisse sur la porcelaine sont gris au lieu d'être verts ; enfin au chalumeau il brûle sans odeur, et sans donner de dépôt : quant au fer oligiste micacé, sa poussière est rouge.

Gisement. — Ce minéral appartient aux formations granitiques les plus anciennes; il y forme de petites veines et de petits amas disséminés dans la masse même ; il est contemporain des minerais d'étain, avec lesquels on le trouve

[1] *Scheerer's Journ.*, t. IX, p. 485.
[2] *Journal de Schweigger*, t. XXIX, p. 325.
[3] *Annales de philosophie*, nouvelle série, t. IV, p. 231.

associé ; souvent aussi il est accompagné de schéelin ferruginé, d'émeraude, etc., minéraux qui sont particuliers aux granites dont l'origine remonte aux périodes les plus reculées du globe.

ACIDE MOLYBDIQUE.

Molybdène oxydé ; Molybdan ocker.

Le molybdène sulfuré est quelquefois recouvert d'une poussière jaunâtre qui forme un enduit léger sur sa surface ; l'analyse a montré qu'elle contenait de l'oxygène et du molybdène à peu près dans les proportions qui constituent l'acide molybdique.

Cette matière est fusible au chalumeau avec fumée blanche ; traitée sur le charbon, elle s'y introduit et se trouve en partie réduite à l'état métallique. Elle donne immédiatement avec le sel de phosphore un verre de couleur verte.

GENRE CHROME.

CHROME OXYDÉ.

Chromocker ; Oxyde chromique (Beudant).

On a trouvé à la montagne des Ecouchets, près d'Autun, des roches quartzeuses recouvertes d'un enduit verdâtre terreux, mais cependant assez solide ; souvent même les roches sont fortement colorées en vert. L'analyse a montré que cette coloration était due à de l'oxyde de chrome, en proportions d'autant plus considérables que la coloration était plus intense. Cet oxyde a été retrouvé à Halle, et à Waldenbourg en Silésie, dans les mêmes circonstances ; ce sont également des roches quartzeuses fortement imprégnées d'oxyde de chrome ; cette similitude de caractères a fait penser à quelques personnes que ce minéral est un silicate de chrome ; mais la différence considérable de composition qui existe entre les différents échantillons, et surtout entre les parties d'un vert sombre à l'état terreux, et celles qui sont d'un vert clair avec une cassure esquilleuse, me paraissent s'opposer à cette supposition.

	Des Écouchets, par Drappiez [1]. Terreux.	à cassure esquill.	De Halle [2], par Duflos.	De Waldenburg [3], par Zellner.
Silice.	54,10	64,0	57,00	58,50
Alumine.	18,60	23,0	22,50	30,00
Fer.	1,20	»	3,50	3,00
Oxyde de chrome	25,30	10,5	5,50	2,00
Chaux et magnés.	1,80	2,5	11	6,23
Eau.	»	»	»	»
	100,00	100,0	99,50	99,75

Infusible au chalumeau, ce minéral produit avec le borax un verre d'une belle couleur verte.

Wolckonskite. — M. Berthier a donné ce nom à une variété d'oxyde de chrome qui provient du mont Jetimicski dans le gouvernement de Perne en Russie. Dans cette localité l'oxyde de chrome colore une roche terreuse magnésienne dont la composition se rapproche de celle de l'écume de mer. Cette différence dans l'association en apporte de notables dans les caractères extérieurs. Toutefois l'oxyde de chrome se reconnaît à sa belle couleur d'un vert d'herbe ; la teinte est beaucoup plus intense que dans la roche des Écouchets, ce qui tient à la plus grande quantité d'oxyde de chrome qui existe dans la wolckonskite. Elle est compacte, à cassure conchoïdale ou inégale ; mate, elle prend le poli sous le frottement du doigt. Elle est très-tendre et douce au toucher ; on y distingue dans quelques parties des grains de quartz ferrugineux, ce qui porte à croire que son gisement appartient aux roches arénacées.

La wolckonskite donne beaucoup d'eau, et devient plus foncée, lorsqu'on la chauffe dans un tube de verre. Calcinée dans un creuset de platine, elle prend une couleur de café brûlé; elle fait gelée dans l'acide muriatique concentré et

[1] *Journal des mines*, t. XXVII, p. 354.
[2] *Journal de Schweigger*, t. LXIV, p. 251.
[3] *Leonhard's. N. Jahrb.*, 1835, p. 467.

bouillant; mais cet acide ne dissout au plus que la moitié de l'oxyde de chrome.

La **miloschine** de Rudniak, en Sibérie, est une argile chromifère de même nature que la Wolckonskite; sa couleur est d'un vert d'eau.

	Wolckonskite.		Miloschine,
	Par Berthier [1].	Par Kersten [2].	par Kersten [3].
Silice	27,2	37,01	27,50
Oxyde de chrome	34,0	17,93	36,10
Oxyde de fer	7,2	10,43	»
Alumine	»	6,47	45,01
Magnésie	7,2	1,91	Magnésie
Oxyde de magnésie	»	1,66	et chaux. 0,50
Oxyde de plomb	»	1,01	»
Eau	23,2	21,84	23,30
	98,80	98,16	99,92

La grande différence que l'on observe entre les résultats de ces analyses montre avec évidence que l'oxyde de chrome est ici à l'état de mélange. On doit donc rapprocher la wolchonskite du minéral des Écouchets.

Analogies. — La couleur verte de l'oxyde de chrome lui donne quelque analogie avec des substances vertes et terreuses, telles que le *talc zoographique* ou *terre de Vérone*, et certains *silicates de fer;* la manière de se comporter au chalumeau avec le borax fournit un caractère de distinction facile.

[1] *Annales des mines*, troisième série, t. III, p. 39.
[2] et [3] *Annales de Poggendorff*, t. XLVII, p. 189.

CINQUIÈME CLASSE.

SILICATES.

Les minéraux qui composent cette classe ont tous l'aspect pierreux, caractère qui les a fait désigner par les anciens minéralogistes sous le nom de *pierres*.

Ils présentent deux groupes distincts, les *silicates anhydres* et les *silicates hydratés*. Les premiers sont en général durs, insolubles dans les acides, et pour la plupart inattaquables par ces réactifs. Les derniers sont, au contraire, rayés par une pointe d'acier ; presque tous tendres, ils se dissolvent en outre avec facilité dans les acides.

La pesanteur spécifique des silicates est comprise entre 25 et 40. Un petit nombre seulement présente cette limite extrême.

Les silicates sont presque constamment cristallisés ; les variétés amorphes sont rares, cependant il en existe quelques-uns, comme les hydro-silicates d'alumine, qui ne se trouvent qu'à l'état amorphe ; il règne alors une grande incertitude sur leur classification.

SILICATES ALUMINEUX.

DISTHÈNE.

Sapparite ; Schorl bleu ; Cyanit ; Rhœtizite ; Cyanite.

Le nom de *cyanite*, adopté par plusieurs minéralogistes et notamment dans la nomenclature allemande, indique que la couleur de ce minéral est presque toujours le bleu de ciel : cette couleur n'est cependant pas absolue ; on connaît des échantillons complétement incolores, et comme il ne résulte pas de la composition du disthène qu'il doive être coloré, la teinte bleue qui le distingue généralement ne lui est pas propre ; quelques échantillons sont jaunâtres, mais dans ce cas la coloration est due à de l'hydrate de fer, qu'on peut séparer par l'acide hydrochlorique.

Le disthène est constamment cristallin; le plus ordinairement en cristaux, il est quelquefois en plaques lamelleuses ou en fibres grossières.

La forme primitive du disthène est un prisme oblique non symétrique, *fig.* 1, *pl.* 146. Les faces latérales M et T font entre elles un angle de 106° 15', et la base est inclinée sur les deux faces de 100° 50' et 93° 15'; la longueur des côtés de la base est B : C : : 25 : 36; on ne possède pas de modifications suffisamment nettes pour déterminer la hauteur du prisme. Les angles qu'on a pu mesurer sont :

P sur M	=	100° 50'.
P sur T	=	93° 15'.
P sur h^1	=	98° 58'.
P sur g^1	=	83° 08'.
T sur g^1	=	122° 40'.
M sur T	=	106° 15'.
M sur h^1	=	145° 30'.
T sur h^1	=	140° 45'.
M sur g^1	=	131° 5'.
h^1 sur g^1	=	96° 35'.

Les cristaux sont toujours très-allongés, en même temps qu'aplatis parallèlement à la face M; les *fig.* 2 et 3 représentent les plus fréquents.

Dans la *fig.* 4, il existe une modification b^1 sur deux des arêtes de la base; ces faces sont fort peu nettes.

Fig. 5. Dans quelques échantillons les cristaux s'appliquent en sens inverse suivant la face M, ils présentent alors un angle rentrant.

Le disthène possède des clivages suivant les faces de la forme primitive; le clivage parallèle à T est très-net; et les cristaux se séparent facilement dans cette direction; le clivage suivant M est strié, il offre le même caractère que le clivage principal de la chaux sulfatée.

Les cristaux sont transparents, ou du moins fortement translucides; l'éclat est vitreux, assez vif.

La dureté du disthène est de 6; il raye le verre; les lames parallèles à la face M sont flexibles, et sur cette face les cristaux se laissent rayer facilement.

La pesanteur spécifique est de 35,60 à 36,70. Au chalumeau le disthène est complétement infusible ; il blanchit seulement à un feu très-ardent; se dissout lentement, avec le borax, en un verre transparent et sans couleur.

Le disthène est exclusivement composé de silice et d'alumine. Les analyses que l'on a faites présentent des résultats assez différents, ce qui tient à la difficulté de séparer la silice et l'alumine quand on fond le minéral avec du carbonate alcalin, et qu'on le traite ensuite par l'acide hydrochlorique. Les analyses récentes qui ont été exécutées par l'attaque au carbonate de baryte s'accordent toutes au contraire, et donnent la formule $\dddot{\overline{Al}}^3 \dddot{Si}^2$ ou $Al^3 Si^2$. Nous citerons l'ancienne analyse de Klaproth, et les travaux modernes.

	Du St.-Gothard, par Klaproth.	De Röraas, par Arfwedson [1].	Du St.-Gothard, par Rosales [2].	Du St.-Gothard, par Marignac [3].	Oxyg.	
Silice.	43,0	36,4	36,67	36,60	19,01	2
Alumine.	55,0	63,8	63,11	62,66	29,89	3
Oxyde de fer. .	0,5	»	1,19	0,84		
	98,5	100,2	100,97	100,00		

Fibrolite. — Ce minéral, décrit par M. le comte de Bournon comme une espèce particulière, est un disthène à fibres déliées, disséminées d'une manière irrégulière à la surface des feuillets de schiste talqueux ; les premiers échantillons proviennent du Carnate. La fibrolite a été retrouvée sur les bords de Delaware aux États-Unis, et à Bodenmais en Bavière ; elle est blanche avec un éclat perlé ; les fibres sont coupées transversalement par un grand nombre de fissures; examinée avec un grossissement de 60 à 80 fois, on reconnaît que ce sont des cristaux plats, ayant un clivage très-facile. La pesanteur spécifique de la fibrolite du Carnate est de 32,40; celle de Delaware est de 32,14. La composition de la fibrolite est la même que celle du disthène ; on y

[1] *Journal de Schweigger*, t. XXXIV, p. 203.
[2] *Annales de Poggendorff*, t. LVIII, p. 160.
[3] Inédite, communiquée par l'auteur.

observe dans les analyses des différences analogues à celles que j'ai signalées plus haut, ce qui tient également aux imperfections des anciens procédés docimastiques; sa composition est :

	Du Carnate, par Chenevix.	De la Delaware, par Wanuxem.
Silice.......	38,10	42,77
Alumine....	62,50	55,50
	100,60	98,27

Bucholzite. — Ce minéral, analogue à la fibrolite, paraît devoir être encore regardé comme une variété de disthène; il forme des masses fibreuses blanches ou grises. Ses fibres, tantôt droites, tantôt courbes, sont soudées ensemble, ce qui leur donne un éclat soyeux. Examinées au microscope, les fibres de la bucholzite ont l'apparence de cristaux imparfaits, mais je n'y ai pas observé le clivage si distinct dans la fibrolite de Bodenmais. La dureté de la bucholzite est de 6; sa pesanteur spécifique est 31,93. Ses propriétés chimiques sont les mêmes que pour le disthène.

On connaît les deux analyses suivantes de la bucholzite :

	Par Brandes [1].	Par Thomson [2].
Silice........	46,00	46,40
Alumine......	50,00	52,92
Protox. de fer.	2,50	»
Potasse.......	1,50	»
	100,00	99,32

Cette composition se rapproche beaucoup de celle du disthène, donnée par Klaproth, ainsi que des analyses de la fibrolite. Elle est un peu différente de la composition du disthène telle qu'elle résulte des analyses récentes, mais cette différence s'explique quand on remonte aux procédés d'analyse employés par Brandes et par Thomson, qui sont les mêmes dont s'est servi Klaproth. En résumé, la dureté, la pesanteur spécifique, les caractères extérieurs et la composition m'en-

---

1 *Journal de Schweigger*, t. XXV, p. 125.

2 *Annales de New-York*, 1828, p. 9.

gagent à réunir la bucholzite à la fibrolite, et par suite au disthène, dont elle serait une des variétés fibreuses. La bucholzite, d'abord recueillie à Fassa dans le Tyrol, a été retrouvée depuis à Chester sur la Delaware, au sud-ouest de Philadelphie. La fibrolite provient également de cette dernière localité.

Analogies. — Le disthène bleu et cristallisé présente un caractère tellement particulier qu'il ne peut être comparé avec aucun minéral; mais lorsqu'il est taillé en cabochon, ainsi que cela a été de mode à une certaine époque, son éclat et sa couleur peuvent le faire confondre avec le *corindon bleu* et la *cordiérite*. La pesanteur spécifique le distingue de ces deux corps ; le corindon pèse 39,6 ; la cordiérite 25,6. La dureté est aussi très-différente; le disthène cède facilement à une bonne lime; le saphir et la cordiérite n'en éprouvent aucune altération.

Le disthène blanc offre une certaine analogie avec l'amphibole blanche : l'éclat de cette dernière est plus soyeux ; celui du disthène est vitreux : l'amphibole possède deux clivages également faciles faisant un angle de 124 degrés environ; un seul clivage du disthène est facile; enfin l'amphibole est fusible en émail blanc.

Gisement. — Le disthène est assez abondant, mais il n'entre cependant dans aucune roche comme partie constitutive essentielle; il appartient exclusivement aux terrains de schiste talqueux et de schiste micacé.

SILLIMANITE.

Cette espèce, établie par Bowen [1], me paraît devoir être rangée à la suite du disthène, comme une simple variété; la composition qui résulte de l'analyse de M. Connel conduit à cette conclusion, et la forme cristalline tend également à la confirmer. Toutefois, comme la disposition générale des cristaux et les caractères extérieurs de la sillimanite offrent quelques différences avec le disthène, je me borne à indiquer

[1] *Journal de l'Académie des sciences de Philadelphie*, t. III, p. 375.

cette réunion sans l'effectuer d'une manière définitive.

D'après la description donnée par Bowen, les faces verticales de la sillimanite font entre elles un angle de 106° 30', qui est précisément l'angle des faces M et T du disthène; mais M. Phillips, qui a eu de très-beaux cristaux de sillimanite à sa disposition, a reconnu qu'ils se clivaient parallèlement aux plans diagonaux sous l'angle de 92°, ce qui ne se retrouve pas dans le disthène. Pour faire accorder ces clivages avec l'angle de 106° 15' appartenant aux faces verticales du disthène, il faudrait que leur inclinaison fût de 96° 35'. C'est surtout cette circonstance qui m'engage à conserver, du moins provisoirement, l'espèce sillimanite. Ses cristaux sont allongés, leurs faces sont généralement striées en longueur, ce qui empêche d'en mesurer les angles avec exactitude.

La composition est :

	D'après Bowen [1].	Par M. Thomas Muir [2].	Par M. Connel [3].
Silice..........	43,00	38,670	36,75
Alumine.......	54,21	35,106	58,94
Oxyde ferreux..	2,00	7,216	0,99
Zircone........	»	18,510	une trace.
Eau...........	0,51	»	»
	99,62	99,502	96,68

L'analyse de M. Connel est presque identique avec les trois dernières analyses que j'ai citées pour le disthène; elle confirme le rapprochement qui résulte de l'angle du prisme. Il est vrai que l'analyse de Thomas Muir contient 18,51 de zircone, mais elle s'éloigne tellement des analyses de Bowen et de M. Connel, qu'il est extrêmement probable que ces chimistes n'ont pas opéré sur la même substance.

La couleur de la sillimanite est d'un gris foncé, passant au brun ; sa dureté est de 6; sa pesanteur spécifique est 34,10.

Gisement et Analogies. — Elle a été trouvée à Petty-Poy, près de Saybrook dans le Connecticut; elle est disseminée dans

---

[1] *Journal de Schweigger*, t. XLIII, p. 309.

[2] *Minéralogie de Thomson*, t. II, p. 425. — [3] *Id.*, *id.*

une roche quartzeuse. Elle a beaucoup d'analogie avec les cristaux bacillaires d'idocrase et d'épidote ; ces deux minéraux sont fusibles.

ANDALOUSITE.

Feldspath apyre ; Spath adamantin ; Stanzaïte ; Micaphyllite ; Andaluzit.

Ce minéral, observé pour la première fois par M. le comte de Bournon dans les montagnes du Forez, a été retrouvé depuis dans un grand nombre de lieux, et toujours dans une position analogue. Il est en cristaux disséminés dans les roches granitiques; ils y sont tellement adhérents, que leur surface est presque constamment recouverte d'un enduit de mica qui cache leur couleur et empêche d'obtenir des mesures rigoureuses de leurs angles. La vallée de Lisenz, près d'Inspruck dans le Tyrol, est la localité qui fournit les cristaux les mieux caractérisés; on y observe quelques modifications qui permettent d'en déterminer complétement le système cristallin.

La forme primitive de l'andalousite est le prisme rhomboïdal droit de 91° 20′, *fig.* 6, *pl.* 146, dans lequel le rapport de l'un des côtés de la base à la hauteur est à peu près celui des nombres 5 : 3. Ce minéral présente des clivages peu nets parallèlement aux faces M. Les cristaux sont toujours très-simples ; la plupart ne portent aucune modification ; la plus ordinaire consiste en une troncature e^1 placée sur les angles aigus, *fig.* 7. Souvent on n'en aperçoit que sur un des angles, ce qui pourrait faire croire que le prisme est oblique ; mais dans plusieurs il en existe sur les deux angles e^1 ; cette circonstance, jointe à l'inclinaison de P sur M qui est sensiblement de 90 degrés, ne permet aucun doute sur la nature de la forme primitive de l'andalousite. L'École des mines possède un cristal de la vallée d'Oo dans les Pyrénées, *fig.* 9, *pl.* 147, dans lequel la base est remplacée par le biseau e^1, e^1.

Fig. 8. Prisme portant des modifications sur les angles A et E. *Fig.* 10. Même forme avec addition des faces e_4, et h^1; ces deux nouvelles modifications confirment que la forme primitive est un prisme rhomboïdal.

Fig. 11, *pl.* 147. Cristaux analogues avec des facettes h^8, placées sur les arêtes de devant.

La couleur de l'andalousite est le plus ordinairement un rouge de chair; quelquefois cependant elle est grisâtre. Translucide, sur les bords son éclat est vitreux; sa cassure en travers est inégale, elle est esquilleuse et indistinctement lamelleuse dans le sens vertical. Sa dureté est de 7,5, elle raye le quartz; sa pesanteur spécifique est 31,04 à 32.

Au chalumeau, ne fond ni en lames minces, ni même en poudre; cette propriété, jointe à sa forme qui se rapproche d'une des variétés du feldspath, l'avait fait désigner par Haüy sous le nom de *feldspath apyre*. Elle est inaltérable par les acides :

	D'Espagne, par Vauquelin.	De Lisenz, par Brandes[1].	De Lancastre, par Bunsen[2].	De Fahlun, par Ivanberg[3].	Oxyg.	
Silice	38	34,00	40,17	37,65	19,560	2
Alumine	52	55,75	58,62	59,87	27,966	3
Potasse	8	2,00	»	»	»	
Oxyde ferrique	2	3.375	»	2,87	0,374	
— de manganèse	»	0,625	0,51	»	»	
Chaux et magnésie	»	2,500	0,28	0,96	»	
Eau	»	1,000	»	»	»	
	100	99,250	99,58	100,35		

Les deux premières analyses ont donné de la potasse; toutefois il est remarquable que l'analyse de Bunsen, faite longtemps après celle de Brandes sur l'andalousite de Lisenz en Tyrol, ne contient pas d'alcali; il est donc probable que cet élément n'est pas essentiel; lorsqu'on le trouve, cela tient à des mélanges que l'on explique par l'aspect des échantillons, car il est difficile de séparer complétement l'andalousite des roches feldspathiques auxquelles elle est adhérente.

Cette conclusion est confirmée par les analyses de l'an-

[1] *Journal de Schweigger*, t. XXV, p. 113. — [2] *Id.*, t. LIX, p. 55.
[3] Compte-rendu de Berzélius, 1844.

dalousite du Lancashire et de Fahlun en Suède, dans lesquelles il n'existe point de potasse, en sorte qu'on doit considérer ce minéral comme un silicate d'alumine; les proportions trouvées pour l'andalousite de fahlun conduisent à la formule Al^3Si^2, la même que pour le disthène; cette identité de composition pourrait engager à réunir les deux minéraux, mais la cristallisation s'y oppose absolument, puisque le disthène est en prisme doublement oblique et que l'andalousite est en prisme rhomboïdal droit; la seule conclusion rationnelle qu'on pourrait en tirer, c'est que le silicate Al^3Si^2 est dimorphe; toutefois les analyses ne présentent pas, dans cette circonstance, le même degré de certitude que pour les substances terreuses, et je ne crois pas qu'on puisse encore adopter ce résultat.

Andalousite bacillaire. — On trouve dans plusieurs localités, notamment en Bretagne, dans le Forez et en Saxe, de l'andalousite bacillaire; elle se présente avec la couleur rose qui lui est habituelle; sa dureté est en outre considérable; les baguettes sont anguleuses, et on voit que ce sont des prismes imparfaits; leur disposition est fréquemment radiée.

Macles. — M. Beudant a réuni les macles à l'andalousite; la forme en est effectivement presque la même: la macle cristallise en prisme rhomboïdal droit sous l'angle de 91° environ; la composition de la macle se rapproche en outre beaucoup de la composition de l'andalousite, ainsi qu'il résulte de l'analyse de Bunsen, que je donnerai dans quelques lignes; cette circonstance a conduit ce chimiste à adopter l'opinion de M. Beudant. J'ajouterai que M. Cordier fait la même réunion, et qu'il désigne l'andalousite sous le nom de *macle hyaline*.

Ces remarques établissent la réunion de la macle et de l'andalousite d'une manière presque certaine; toutefois, je crois utile de conserver le mot *macle* dans le langage minéralogique, à cause du phénomène si remarquable de la formation de ces cristaux par voie métamorphique.

Les macles sont constamment cristallisées; leurs formes sont facilement appréciables: mais il est très-rare de rencontrer des échantillons mensurables, par suite de leur adhérence aux roches de schiste argileux dans lesquelles on les observe. Ce sont des cristaux prismatiques presque carrés, rarement basés, et ne portant aucune modification ; du moins je n'ai jamais eu l'occasion de voir de cristaux de macles avec des facettes ni sur les angles, ni sur les arêtes, et aucun minéralogiste n'en a décrit.

Les macles présentent une circonstance qui leur donne un cachet particulier, et les a même fait rechercher dans les anciens temps comme des objets d'ornement et de dévotion ; c'est d'être composées de deux parties distinctes, l'une d'un blanc grisâtre, l'autre noire ; ces deux parties sont disposées d'une manière symétrique et offrent des dessins en rapport avec la cristallisation. Les figures 12, 13 et 14, *pl.* 147, qui représentent des coupes de cristaux de macles perpendiculairement à l'axe, montrent la disposition de ces dessins; ils consistent 1° en un prisme noir de même forme, plus ou moins large, incrusté dans le cristal de manière que les faces soient parallèles ; 2° en cinq prismes, comme on le voit dans la *fig.* 12. Ces prismes, de couleur et de nature différentes, ne sont presque jamais isolés; on remarque dans la plupart des échantillons des lignes noires disposées suivant les diagonales qui rattachent la partie noire à la partie blanche. Les macles présentent encore d'autres dessins, mais dans la plupart la cristallisation est rappelée. Souvent aussi les macles se fondent et passent pour ainsi dire aux roches schisteuses dans lesquelles elles existent ; ce passage se fait ordinairement à la surface, en sorte qu'il est impossible de séparer complétement les macles de leur gangue. Mais en outre, dans certains cas, la partie noire centrale ne possède plus la régularité que j'ai signalée, et elle se fond elle-même dans les roches ; la *fig.* 15, *pl.* 148, qui représente un échantillon recueilli aux forges des Salles, près Pontivy, et qui est déposé dans la collection de l'École des mines, met ce passage en évidence. En effet, la partie noire est continue avec la roche, et en possède la structure schisteuse, tandis que la partie blanche, d'abord très-mince, augmente d'épaisseur à mesure que le cristal se développe. Cette disposition conduit naturellement à considérer les macles comme formées aux dépens de la roche même; c'est une partie de la roche qui est devenue cristalline par une action postérieure; j'ajouterai que, si dans de nombreuses localités les macles se distinguent nettement de la roche par leurs formes et leurs dessins réguliers, plus souvent on ne les reconnaît qu'à une espèce de gonflement de la surface de la roche, à des aspérités anguleuses, quelquefois même à des nœuds cristallins plus durs que la roche. La position relative des macles complètes, des macles à contours mal déterminés, et pour ainsi dire à *moitié formées*, ainsi que des nœuds cristallins, qui communiquent à la roche une disposition maculée, n'est pas l'effet du hasard; les macles nettement cristallisées sont au contact même des roches cristallines, et les schistes qui les contiennent sont luisants et satinés; les macles indistinctes existent à une certaine distance des terrains cristallins, et les schistes qui les renferment portent souvent encore des traces de leur formation arénacée; enfin les schistes maculés forment les couches inférieures des terrains neptuniens, et font nécessairement partie de ces terrains. On observe donc un passage dans les roches schisteuses qui correspond au développement de la cristallisation, et ce développement est lui-même en rapport avec la proximité des roches auxquelles on attribue l'action qui a donné naissance aux macles. Une observation récente, que l'on doit à M. Boblaye, donne beaucoup de force aux conséquences que je viens d'énoncer, c'est la présence de fossiles au milieu des schistes à macles bien déterminées. Les fossiles établissent en effet la nature neptunienne de ces terrains; les macles n'ayant pu, au contraire, être formées que par une cristallisation ignée, il en résulte nécessairement qu'elles doivent leur développement à une action postérieure. On attribue cette action à la chaleur produite par les roches ignées qui se sont introduites dans les terrains neptuniens depuis leur dépôt, et qui en ont dérangé la stratification. Effectivement, on voit les schistes maclifères former des zones continues, plus ou moins larges autour des massifs, et même des mamelons granitiques qu'ils enveloppent.

Les deux matières dont se composent les macles ont des caractères essentiellement différents; la partie blanche est dure, raye le verre, est infusible au chalumeau, comme l'andalousite; la matière noire se laisse facilement rayer par une pointe d'acier; elle est fusible en un verre noir, ou très-foncé. La pesanteur spécifique des macles est de 29,44 à 30.

Depuis l'impression de cet article, M. Durocher, ingénieur des mines, et professeur de minéralogie et de géologie à la Faculté de Rennes, a adressé à l'Académie un Mémoire sur le métamorphisme[1], où il donne quelques détails sur la formation des macles. Ces détails confirment les faits que je viens d'exposer; je crois néanmoins devoir en indiquer quelques-uns, afin d'éclairer complétement cette importante question de géogénie.

Les quatre bandes de matière noire situées suivant les diagonales des prismes sont formées par la substance même du schiste argileux qui pénètre à l'intérieur des cristaux; cette matière a conservé sa schistosité disposée dans le même sens que celle de la roche adjacente. Ce mode de pénétration devient évident quand on examine des échantillons de schiste où l'un des cristaux est disposé perpendiculairement au plan de la schistosité. Quant à la bande centrale de matière noire, qui est située suivant l'axe, elle n'a pas la forme d'un prisme, mais celle d'une pyramide, dont la base est concentrique à celle du prisme extérieur, et se confond avec la matière de la roche encaissante. Cette disposition montre pour ainsi dire l'emprunt successif que les cristaux de macles font à la roche; cette partie centrale est formée de la même matière que la roche; schisteuse comme elle et dans le même sens, elle a cepen-

[1] *Comptes-rendus de l'Académie des sciences*, t. XXII, p. 923, juin 1846.

dant éprouvé des degrés différents d'altération; ainsi, de la base au sommet, la substance de la pyramide s'endurcit, devient plus dense, et présente peu à peu l'indication des deux clivages rectangulaires; il se fait une métamorphose graduelle des éléments du schiste, qui sont remplacés par une substance vitreuse et hyaline. La formation des cristaux de macles entièrement vitreux, sans matière noire, est le résultat d'un phénomène épigénique; les prismes macleux embryonaires ont été formés d'abord, et leurs faces ont été recouvertes d'un enduit talqueux: quelquefois les cristaux sont restés, a dit M. Durocher, à l'état de rudiment.

« Les essais que j'ai faits rendent très-probable, ajoute « M. Durocher, que la substance vitreuse et hyaline des ma« cles est identique à l'andalousite. J'ai trouvé 3,087 pour « la densité de cette substance vitreuse (on a vu que la den« sité de l'andalousite est de 31 à 32). La densité de la matière « noire formant la pyramide centrale doit être variable sui« vant que la transformation est plus ou moins avancée; j'ai « trouvé 2,985 pour cette densité; elle est intermédiaire « entre celle de la substance vitreuse et celle du schiste « argileux encaissant qui est égale à 2,832. »

Le mélange des deux matières si différentes dont se composent les macles rend leur composition très-difficile à étudier; aussi les analyses de ce minéral sont-elles fort peu d'accord; la discussion que j'avais établie entre ces analyses avant la rédaction définitive de cet article m'avait conduit à regarder les macles comme des silicates multiples. Je les ai donc classées dans le tableau général placé en tête du second volume de cet ouvrage, au nombre des silicates alumineux alcalins. L'association des macles à l'andalousite doit les faire reporter aux silicates alumineux simples. On a vu que le système cristallin des macles se prêtait à cette réunion; l'analyse de M. Bunsen, faite seulement sur la partie blanche, confirme ce rapprochement, ainsi que je l'ai déjà annoncé. Les résultats de cette analyse sont

	De Lancaster, par Bunsen [1].	Oxyg.	
Silice	38,00	20,00	2
Alumine	58,56	27,35	3?
Oxyde de manganèse	0,53	0,16	
Chaux	0,21		
	98,39		

Les macles sont extrêmement fréquentes ; toutes les contrées où les terrains granitiques sont réunis à des terrains de transition en renferment en abondance ; les Alpes, les Pyrénées, la Bretagne en offrent dans un grand nombre de points.

Talksteinmark, ou **steinmark**. — Ces noms ont été donnés à des minéraux amorphes sans caractères, que l'on trouve au milieu de certains porphyres, et qui font partie des magmas porphyriques ; leurs analyses montrent qu'ils ne peuvent être classés dans une espèce distincte. Toutefois le steinmark de Rochlitz présente la même formule que l'andalousite, et on peut l'associer à cette espèce sous le nom d'andalousite compacte.

	De Rochlitz en Saxe, par Klaproth [2].	De Zerge au Hartz, par Rammelsberg [3].	De Rochlitz, par Kersten [4].	Oxyg.	
Silice	45,25	49,50	37,62	19,5	2
Alumine	36,50	29,88	60,50	28,8	3
Oxyde ferrique	2,75	6,61 Magn.	0,63		
Potasse	une trace	6,35	0,82		
Chaux et magnésie	»	1,90	»		
Eau	14,00	5,48	»		
	98,50	99,97	99,57		

Le steinmark de Rochlitz forme de petits rognons dans le porphyre de cette localité ; il est d'un blanc rougeâtre; peu dur, sa cassure est compacte, esquilleuse ; sa pesanteur spécifique est de 25 ; la formule qui représente sa composition est $\ddot{A}l^3\dddot{S}i^2$, la même que pour l'andalousite.

[1] *Annales de Poggendorff*, t. XLVII, p. 186.
[2] *Beitrage*, t. VI, p. 285.
[3] *Annales de Poggendorff*, t. LXII, p. 152.
[4] *Journal de Schweigger*, t. LXVI, p. 16.

STAUROTIDE.

Schorl cruciforme ; Pierre de croix ; Croisette ; grenatite ; Staurolite.

Les cristaux de ce minéral sont rarement simples ; la plupart des échantillons sont formés de deux cristaux croisés sous l'angle de 120°, ou sous l'angle droit ; les cristaux présentent alors l'apparence d'une croix, et les différents noms que j'ai indiqués rappellent cette disposition [1].

La staurotide est d'un brun rougeâtre, translucide sur les bords; son éclat est à la fois vitreux et résineux. Sa cassure est inégale et conchoïde ; sa dureté est de 6,75, elle raye difficilement le quartz ; sa pesanteur spécifique varie de 33 à 37. Un échantillon très-pur du Saint-Gothard m'a donné 36,60. Exposée au chalumeau, elle est infusible, ou difficilement fusible en une scorie noirâtre ou noire, suivant la proportion d'oxyde ferrique qu'elle contient ; la couleur se fonce à mesure que cet oxyde est plus abondant.

Cette différence dans la proportion de fer produit des variations considérables dans la composition de la staurotide ; mais elle en éprouve aussi par suite du mélange de la roche qui l'enveloppe, et avec laquelle elle présente quelquefois, comme en Bretagne, une grande adhérence. Il résulte de ces circonstances que les analyses que l'on possède conduisent à des formules assez éloignées les unes des autres. Toutefois les analyses faites dans ces dernières années offrent beaucoup d'analogie et mènent à des relations atomiques très-rapprochées les unes des autres, ce qui tient à la pureté des échantillons sur lesquels on a opéré ; l'ancienne analyse de Klaproth conduit aux mêmes résultats.

---

[1] Le mot *staurotide* est emprunté au grec ; il provient de Σταυροειδης, *semblable à une croix.*

	Du Saint-Gothard, par Klaproth[1].	Du St.-Gothard, par Marignac[2].	Oxyg.		
Silice	27,00	28,47		15,79	1
Alumine	52,25	53,34	24,86	30,19	2
Oxyde ferrique	18,50	17,41	5,33		
Magnésie	»	0,72			
Oxyde manganique	0,25	0,31			
	98,00	100,25			

	Par M. Lohmeyer[3].	Par le docteur Jacobson[4].		Oxyg.		
Silice	27,02	29,72	29,13		15,12	1
Alumine	49,96	54,72	52,1	24,33	29,69	2
Oxyde ferrique	20,07	15,69	17,58	5,36		
Magnésie	»	1,85	1,28			
Oxyde de magnésie	0,28	»	»			
Perte	1,40	»	»			
	98,73	101,98	100,00			

Les relations qui résultent de ces différentes analyses peuvent s'exprimer par la formule :

$$(\dddot{Al}, \dddot{Fe})^2 \dddot{Si}, \text{ ou } (AL, Fe)^2 Si.$$

La forme primitive de la staurotide est un prisme rhomboïdal droit, *fig.* 16, *pl.* 148, sous l'angle de 129° 30'; le côté de la base est à la hauteur à peu près dans le rapport de 3 : 10. Il existe un clivage facile parallèlement à la modification g^1.

Les cristaux de la forme primitive sont très-rares ; presque tous portent des modifications g^1, qui les transforment en des prismes à six faces symétriques, *fig.* 17.

La staurotide du Saint-Gothard, remarquable par l'éclat de ses faces, offre souvent de petites facettes triangulaires $a^{1/2}$ placées sur les angles de devant, *fig.* 18; cette disposition, jointe à son éclat, donne quelque analogie aux cristaux de staurotide de cette variété avec le sphène brun d'Arendal en Norwège.

---

[1] *Beitrage*, t. V, p. 80.

[2] Inédite, communiquée par l'auteur.

[3] *Annales de Poggendorff*, t. LXII, 1844, p. 420. — [4] *Id.*, p. 425.

J'ai déjà annoncé que les cristaux simples étaient fort rares, et que presque tous les échantillons de staurotide sont formés de deux cristaux croisés sous l'angle de 90° ou de 60 degrés; les *fig.* 20 et 21 montrent cette disposition; on remarquera qu'outre la différence dans l'angle du croisement, il en existe une dans les faces en contact; les intersections des cristaux présentent en outre des arêtes analogues à celles de deux voûtes qui se pénètrent.

Analogies. — La staurotide du Saint-Gothard offre par sa forme et par sa couleur de la ressemblance avec certains cristaux de *sphène*. La couleur d'un brun rougeâtre de la staurotide lui communique également de l'analogie avec l'*idocrase* brune et le *grenat*. Ce dernier rapprochement lui a même fait donner, à une certaine époque, le nom de *grenatite*. Lorsque ces trois substances sont cristallisées, la forme indique immédiatement la nature de chacune d'elles. La sphène est en prisme oblique rhomboïdal; l'idocrase cristallise en prisme à base carrée, et le grenat en dodécaèdre rhomboïdal régulier ou en trapézoèdre. Pour les échantillons amorphes, la pesanteur spécifique devient un caractère utile; le chalumeau fournit également un moyen certain de distinction, ces trois minéraux étant fusibles.

Gisement. — La staurotide existe dans le schiste micacé, à Coray en Bretagne, et dans le schiste talqueux, au Saint-Gothard; on la trouve dans cette roche dans plusieurs autres localités, notamment à l'Escurial en Espagne, et à Winthrop dans le Maine, aux États-Unis. Au Saint-Gothard, elle est associée avec du disthène; on voit souvent un cristal de disthène pour ainsi dire doublé par un cristal de staurotide, qui lui est adhérent sur toute sa longueur.

SILICATES ALUMINEUX HYDRATÉS.

Ce genre de silicates possède rarement des caractères nettement déterminés; un très-petit nombre se trouve à l'état cristallin; les autres constituent des masses terreuses, onctueuses, douces au toucher, tendres, se laissant rayer par l'ongle; généralement blanches quand elles sont pures; ces silicates présentent quelquefois cependant des teintes grises, rouges, jaunes, etc., suivant qu'ils sont mélangés de bitume, d'oxyde rouge de fer, ou d'hydrate. Un seul caractère apporte une grande différence entre les silicates alumineux hydratés, c'est la manière de se comporter aux acides. Les silicates alumineux hydratés offrent donc beaucoup d'analogie entre eux, et l'on n'aperçoit que deux classes dans lesquelles les minéraux qui les composent ne diffèrent que par les proportions des éléments; mais comme ces proportions ne sont pas constantes, il en résulte que les divisions qu'on y fait sont arbitraires, et je les crois beaucoup trop nombreuses. A bien dire, les hydro-silicates alumineux ne sont que des magmas, et un petit nombre seulement devraient être érigés en espèces; je ne possède pas de données suffisantes pour faire la réunion que je viens d'indiquer, elle ne présente du reste que peu d'avantage pour des espèces non cristallisées, et dont la composition est très-variable; je grouperai seulement ensemble les minéraux dont la réunion me paraît certaine, et j'indiquerai sommairement les principaux hydro-silicates alumineux dont la description a été donnée.

FAHLUNITE.

Triklasite.

Le nom de *fahlunite* a été donné à deux minéraux très-différents, provenant de Fahlun en Suède. L'un, bleu foncé, dur et rayant le quartz, est une variété de *cordiérite*. Le second, qui est rayé par une pointe d'acier, et que pour cette raison on a désigné par l'épithète de *fahlunite tendre*, est le minéral que je décris dans ce moment : des fissures qu'il présente dans quelques directions et que l'on a comparées à des clivages, ont engagé Wallmann à lui donner le nom de *triklasite* ; mais cette expression indiquant un caractère que l'on ne retrouve dans presque aucun échantillon, l'expression de *fahlunite*, adoptée par tous les minéralogistes allemands, me paraît préférable.

Haüy a décrit la fahlunite comme cristallisée en prismes rhomboïdaux obliques, et la plupart des minéralogistes ont adopté cette forme. Cependant aucun d'eux n'annonce avoir vu de cristaux ; M. Lévy, dans le catalogue de la belle collection de M. Turner, cite seulement des masses indistinctement lamelleuses. Quant aux échantillons assez nombreux qui existent dans les collections de Paris, ils sont tous compactes et à cassure esquilleuse; on observe seulement dans certains d'entre eux des fissures transversales qui simulent des clivages indistincts.

La fahlunite est d'un brun rougeâtre foncé ; sa cassure est conchoïde passant à la cassure esquilleuse, elle est translucide sur les bords ; son éclat est mat, assez analogue à celle de la cire; quelquefois cependant il est vitreux. Sa pesanteur spécifique a été trouvée de 26,20 à 27,90.

Au chalumeau, en écailles minces elle blanchit, et fond sur les bords en un verre blanc et bulleux. Avec le borax elle donne un verre légèrement coloré par le fer.

	D'un brun verdâtre, par M. le comte Trolle.	D'un brun noir, Wachmeister[1].	Cristallisée, par Hisinger[2].		Oxyg.	Rapp.
Silice	43,51	44,60	44,95	46,79	23,30	2
Alumine	25,81	30,10	30,70	26,73	12,48	1
Oxyde ferreux	6,35	3,86	7,22	5,01		
Magnésie	6,53	6,75	6,04	2,97		
Oxyde manganique	1,72	2,24	1,90	0,43		
Soude	4,45	»	»	»		
Potasse	0,94	1,98	1,38	»		
Chaux	»	1,35	0,95	»		
Acide fluorique	0,16	»	»	»		
Eau	11,66	9,35	8,65	13,50	12,77	1
	101,13	100,23	101,79	95,43		

Les analyses qui précèdent établissent des différences notables entre la composition d'échantillons de fahlunite provenant tous cependant de la même localité; en discutant ces analyses on reconnaît que la silice, l'alumine et l'eau y existent dans des proportions fort rapprochées; cette circonstance a engagé M. Beudant à classer la fahlunite parmi les hydrosilicates d'alumine, au lieu de l'associer aux hydrosilicates multiples; il la représente par la formule $AlSi^2 + Aq$. J'ai adopté l'opinion de M. Beudant, qui me paraît représenter le mieux les résultats des recherches chimiques faites sur cette espèce. Toutefois, on pourrait peut-être supposer que la fahlunite est un minéral altéré, sa cassure terreuse, les fissures qui la traversent, son aspect cristallin signalé dans quelques échantillons me sembleraient conduire à cette supposition qu'expliqueraient assez bien les caractères divers avec lesquels elle se présente. J'ai recueilli des grenats décomposés dans les environs de Hennebon, dans le département du Morbihan, exploités pour minerais de fer, qui sont analogues à la fahlunite; la composition il est vrai en est différente, car ils contiennent 36 à 38 pour 100 d'oxyde ferrique, et seulement 5 à 6 pour 100 d'alumine, en sorte que par la dé-

[1] *Annales de Poggendorff*, an. XIII, p. 70.
[2] *Afhandligar i Fysick*, etc., t. IV, p. 210.

composition l'oxyde de fer s'est concentré, tandis qu'une partie de l'alumine a été au contraire enlevée ; la décomposition n'aurait donc pas produit pour la fahlunite les mêmes résultats chimiques, mais elle lui aurait donné des caractères physiques analogues.

Gisement. — Analogies. — La fahlunite de Norwège est associée à un schiste talqueux ; elle y forme des noyaux, et de petites veines qui coupent le sens des feuillets. Dans le Groenland, on retrouve la fahlunite complétement analogue, par ses caractères extérieurs, avec celle de Norwège ; elle est associéeà du feldspath lamelleux et à du mica; la fahlunite présente quelque analogie avec la *blende*, le *manganèse phosphaté*, le *grenat* compacte; son peu de dureté la distingue du grenat ; le manganèse phosphaté est très-fusible ; la blende est infusible, mais elle se réduit sur le charbon ; elle ne donne pas d'eau par la calcination ; du reste l'association de la fahlunite est également un caractère utile pour sa détermination.

Pyrargillite. — M. Nordenskiold a désigné sous ce nom un minéral provenant de Finlande, à cause de sa propriété de donner par la chaleur une odeur argileuse ; il est tantôt d'un rouge brique, tantôt d'un brun rougeâtre, ou noir ; un peu plus dur que la chaux carbonatée, il se laisse entamer par le couteau ; sa poussière est blanche. Sa cassure est mate, conchoïde, passant à la cassure esquilleuse ; sa pesanteur spécifique est de 25,05. M. Nordenskiold annonce qu'il se trouve fréquemment en masses cristallines, approchant d'un prisme à quatre faces tronqué sur ses arêtes ; cette forme est précisément celle indiquée par Haüy pour la fahlunite. L'Ecole des mines possède des échantillons de pyrargillite des trois nuances que j'ai indiquées; aucun n'est cristallisé ; leur cassure, leur éclat et leur couleur rappellent entièrement les caractères de la fahlunite ; l'analyse suivante, donnée par M. Nordenskiold [1],

[1] *Annales de Poggendorff*, t. XXVI, p. 487.

analogue à celle de la fahlunite, par M. le comte Trolle de Wachmeister que j'ai citée il y a quelques lignes, justifie la réunion de la pyrargillite à la fahlunite; la proportion d'eau que contient le premier de ces minéraux, est seulement un peu plus considérable, différence peu essentielle pour des minéraux non cristallisés.

Silice	43,93	99,63.
Alumine	28,93	
Oxyde ferrique	5,50	
Magnésie	2,90	
Potasse	1,05	
Soude	1,85	
Eau	15,47	

La pyrargillite se rencontre dans le granite d'Helsingford; elle y forme des rognons, et des nœuds irréguliers de 1 à 2 centimètres d'étendue.

PHOLÉRITE.

Fowlérite.

Minéral en petites écailles cristallines blanches; en lames minces remplissant des fissures dans des rognons de minerais de fer du terrain houiller.

Les premiers échantillons de pholérite ont été observés dans les mines de Fins, dans le département de l'Allier; depuis, ce minéral a été retrouvé dans les mêmes circonstances à Rive-de-Gier, dans le département de la Loire, et dans la concession de Cache-Après, à Mons en Belgique; ces petites lamelles ont un éclat nacré analogue à l'éclat de la chaux carbonatée manganésifère, elles ressemblent aussi à des paillettes de chaux sulfatée.

La pholérite est douce au toucher; friable, elle s'écrase par la pression du doigt; elle happe à la langue à la manière des argiles. Elle fait pâte avec l'eau. Infusible au chalumeau; dans le tube, elle donne de l'eau sans changer d'aspect. Elle est insoluble dans l'acide nitrique étendu d'eau, caractère qui offre un moyen de la séparer du carbonate de chaux avec lequel elle est mélangée.

M. Guillemin, auquel on doit la découverte et la description de la pholérite, en a donné les analyses suivantes [1] :

	De Fins.	Rive-de-Gier.		Oxyg.	Rapp.
Silice........	42,925	40,750	41,65	21,63	3
Alumine.....	42,075	43,886	43,35	20,24	3
Eau.........	15,000	15,364	15,00	13,33	2

Cette composition conduit à la formule 3A*l*S*i* + 2A*q*.

HYDROBUCHOLZITE.

M. Thomson a désigné par ce nom un minéral d'un bleu verdâtre très-clair, dont la structure est granulaire ; il est composé de petites écailles brillantes, translucides, et dont l'éclat est vitreux ; peu dur, il est rayé par la chaux carbonatée ; sa poussière est blanche ; sa pesanteur spécifique est de 28,55.

Au chalumeau il devient d'un blanc de neige, et tombe en poussière par la perte de son eau de cristallisation.

Sa composition est, d'après l'analyse de M. Thomson [2] :

		Oxyg.	Rapp.
Silice................	41,35	21,09	5
Alumine............	49,55	22,10	5
Eau................	4,85	4, 1	1
Sulfate de chaux.....	3,12		
	98,87		

Ces éléments conduisent à la formule 5A*l*S*i* + A*q*. M. Thomson a donné à ce minéral le nom d'*hydrobucholzite*, parce qu'il admet que la *bucholzite* est composée d'un atome de silice et d'un atome d'alumine ; l'hydrobucholzite est donc pour ce chimiste le résultat de cinq atomes de bucholzite unis à un atome d'eau. Je ferai remarquer que je n'ai pas admis.

[1] *Annales des Mines*, t. XI, première série, p. 489, 1825.
[2] Thomson, *Traité de minéralogie*, t. II, p. 237.

pour la bucholzite, cette composition simple, et que par conséquent le nom ne se trouve pas justifié.

M. Thomson annonce que l'échantillon d'hydrobucholzite qu'il a analysé lui a été donné par M. Makintosh de Crossbasket; il n'en connaît pas la localité; il sait seulement qu'il a été apporté de Sardaigne. Je n'ai pas eu l'occasion d'examiner ce minéral, et j'en ai emprunté la description à M. Thomson.

WORTHITE.

Ce minéral, découvert en 1830, par M. de Wörth, secrétaire de la Société de minéralogie de Saint-Pétersbourg, dans une excursion en Finlande, a été décrit par le docteur Hess; il est blanc et translucide; sa structure est lamelleuse; ses lames ont un éclat à peu près analogue à celui du disthène. Sa dureté est de 7,25, il raye difficilement le quartz; sa pesanteur spécifique est de 3; chauffé dans le tube, il blanchit et donne de l'eau. Il est infusible au chalumeau.

Sa composition est, d'après les analyses de Hess :

	I.	II.	Oxyg.	
Silice.	41,00	40,58	21,00	5
Alumine.	52,63	53,50	24,98	6
Magnésie.	0,76	1,00		
Eau.	4,63	4,63	4,11	1
	99,02	99,71		

La relation atomique qui résulte de ces analyses est peu simple; elle conduit à la formule $5\mathrm{A}l\mathrm{S}i + \mathrm{A}l\mathrm{A}q$, dans laquelle on suppose un hydrate d'alumine associé à un silicate.

La wörthite n'a encore été trouvée qu'en fragments roulés, au milieu des blocs erratiques. Plusieurs collections de Paris, et notamment celle de l'École des mines, possèdent des échantillons nommés wörthite, qui sont fibreux; ils contiennent également de la silice, de l'alumine et de l'eau, mais ils sont rayés fortement par une pointe d'acier, et par conséquent ils ne peuvent appartenir à cette espèce.

GILBERTITE.

Ce minéral, décrit par M. Thomson, provient du filon d'étain de Stonagwyn, près Saint-Austle en Cornouailles, où il était connu sous le nom de *talc*. Il est en petites tables très-plates, qui paraissent hexagonales ; il a un clivage facile parallèlement à sa base ; sa couleur est un blanc verdâtre très-clair, avec une légère teinte de jaune. Les lames sont transparentes ; elles ont un éclat nacré un peu gras ; douces au toucher, leur dureté est de 2,75, elles rayent la chaux sulfatée, mais elles sont rayées par la chaux carbonatée ; la pesanteur spécifique de la gilbertite est de 26,48.

Au chalumeau, elle s'exfolie, prend un aspect vitreux, mais ne fond pas.

On a retrouvé ce même minéral dans une mine du Cornouailles, dont la localité est inconnue à M. Thomson ; les deux analyses suivantes font connaître la composition de la gilbertite.

	Localité inconnue, par M. Thomson.	De Saint-Austle, par le capitaine Lehunt.	Oxyg.	Rapp.
Silice	47,796	45,155	23,46	8
Alumine	32,616	40,110	18,73	6
Magnésie	1,600	1,900	0,73	
Chaux	»	4,170	1,17	1
Protoxyde de fer	5,176	2,430	0,74	
Soude	9,232	»	»	
Eau	4,000	4,250	3,77	1
	100,420	98,215		

La grande proportion de silice et d'alumine a engagé M. Thomson à ranger la gilbertite dans les silicates hydratés d'alumine, et par conséquent à regarder la chaux, la magnésie et l'oxyde de fer comme des mélanges ; j'ai adopté cette opinion dans le tableau que j'ai donné des espèces minérales, mais un nouvel examen des échantillons me porte à croire qu'il est préférable de la considérer comme un silicate multiple. Les porportions atomiques conduiraient alors dans ce cas à peu près à la formule $6AlSi + (Ca, Mg, f)\,Si^2 + Aq$.

ARGILES.

Thon.

On entend généralement par *argile*, dans le langage vulgaire, des masses terreuses plus ou moins endurcies, en général onctueuses, absorbant l'eau, faisant pâte avec elle, et susceptibles de durcir au feu ; les argiles happent en outre à la langue et donnent par l'expiration une odeur amère que l'on désigne sous le nom d'odeur argileuse.

Ces indications générales s'appliquent également à diverses matières terreuses, qu'on est conduit à rapporter à des espèces bien déterminées par des caractères essentiels. Le *kaolin* ou la terre à porcelaine est une argile par son emploi; il doit également être regardé comme un hydrosilicate d'alumine par sa composition ; cependant on l'associe généralement au feldspath sous le nom de *feldspath terreux*, par suite des passages qu'il présente avec cette espèce, desquels il résulte que le kaolin est le produit de la décomposition du feldspath; c'est même à une décomposition plus ou moins avancée que sont dues les différences que l'on observe dans la composition des kaolins.

Plusieurs terres savonneuses, celles du Cornouailles, par exemple, sont associées au talc sous le nom de *stéatites*.

Mais le plus grand nombre des masses terreuses qui possèdent les caractères que je viens d'énumérer ne peuvent se rapporter, du moins quant à présent. à aucune espèce déterminée, et sont classées sous le nom d'*argiles*.

La composition des argiles n'est pas encore bien connue ; on sait seulement que ce sont des combinaisons de silice, d'alumine et d'eau, quelquefois pures, souvent mélangées de matières étrangères, telles que du carbonate de chaux, du carbonate de magnésie, silicate de chaux, oxyde de fer, etc. Les proportions entre la silice, l'alumine et l'eau sont variables, et donnent naissance à des argiles différentes; mais on peut les réunir en deux groupes, distincts à la fois par leurs caractères extérieurs, leurs propriétés chimiques, et leur emploi dans les arts.

Le premier groupe contient les combinaisons de silice, d'alumine, qui ne renferment que 10 à 12 pour 100 d'eau. Elles sont inattaquables par les acides, ou du moins ces réactifs n'en dissolvent au plus qu'un quart de leur masse. Les terres qui présentent ces caractères font avec l'eau une pâte ductile qui se façonne aisément, elles sont par suite spécialement employées à la fabrication des poteries ; ce sont les *argiles proprement dites*, celles qui devraient porter exclusivement ce nom. On remarquera que les hydrates sont en général solubles dans les acides, il est dès lors probable que dans ces minéraux l'eau est à l'état hygrométrique plutôt qu'en combinaison, et si la proportion d'eau est à peu près constante, cela tient à ce qu'elles possèdent une propriété absorbante à peu près égale.

Les argiles qui constituent le second groupe contiennent de 22 à 25 pour 100 d'eau ; elles sont solubles, ou du moins attaquables en entier par les acides ; la pâte qu'elles font avec l'eau est peu liante, et se déchire ; au feu elles se déforment, se gercent, enfin elles fondent avec facilité : il résulte de ces caractères que ces argiles ne peuvent être employées seules à la fabrication des poteries, et lorsqu'on s'en sert à cet usage, c'est par exception, en les mélangeant avec d'autres terres. Mais elles possèdent des propriétés particulières qui les font rechercher avec soin, c'est de se combiner aux graisses, avec lesquelles elles font un savon terreux. Elles servent à dégraisser les laines, et portent le nom de *terre à foulon*, ou d'*argiles smectiques* : on pourrait aussi les distinguer sous le nom d'*argiles hydratées*, pour exprimer l'idée que l'eau est en combinaison ; c'est également cette classe d'argiles qui fournit les pouzzolanes artificielles les plus énergiques.

L'analyse apprend que beaucoup d'argiles contiennent des proportions d'eau intermédiaires entre les nombres extrêmes 12 et 25, qui caractérisent les argiles ordinaires et les argiles hydratées ; si on les examine avec quelque soin, on reconnaît aussi que la proportion de leur solubilité dans les acides augmente avec la quantité d'eau qu'elles contiennent; il est donc naturel d'en conclure que ce sont des argiles mixtes, formées de la réunion d'argiles des deux ordres différents.

Pour achever de définir les deux groupes que je viens de signaler, il convient d'ajouter quelques mots sur leur position dans la nature, qui me paraît les caractériser d'une manière complète, en montrant les circonstances différentes dans lesquelles les minéraux qui les composent se sont formés.

Les argiles ordinaires sont toutes placées à la partie inférieure des formations; elles occupent une position intermédiaire entre les grès qui en forment la base, et les calcaires qui les terminent presque toujours; souvent même les grès sont à pâte argileuse, tandis que les premières couches calcaires contiennent également une quantité notable d'argile. Or, les grès sont d'origine évidemment de transport, tandis que les calcaires sont déposés par voie de dissolution ; les argiles sont donc placées à la fin des dépôts mécaniques, et au commencement des sédiments chimiques. Cette position conduit naturellement à regarder les argiles comme des roches arénacées, à grains extrêmement fins ; elles sont alors le résultat de la destruction des roches anciennes qui peuvent se transformer en vases, et dont les particules ténues restent suspendues longtemps dans l'eau. Les roches riches en alumine sont celles à base de feldspath, d'albite, ou de labrador, désignées ensemble par le nom général de *feldspathiques*. On remarquera que ce sont précisément ces mêmes roches qui donnent lieu à la formation du kaolin, en sorte qu'il existe un passage réel, une analogie frappante entre certains kaolins et les argiles. M. Mitscherlich a mis cette relation dans toute son évidence, en montrant que les argiles renferment toutes un peu de potasse. Ce chimiste en porte la quantité dans quelques cas à 4 pour 100 ; je présume que c'est aux kaolins que s'applique cette grande proportion; M. Salvatat [1], qui a répété ces recherches dans le laboratoire de Sèvres, a reconnu dans les argiles plastiques de Vanvres et de Dreux un pour cent de cet alcali.

La formation des argiles par voie de transport explique d'une manière naturelle, leur différence de composition ; elles sont formées de la réunion de grains d'une ténuité extrême, dont chacun pourrait présenter une combinaison définie, mais provenant de minéraux différents; la composition de l'ensemble est donc variable.

Les *terres à foulon*, qui contiennent 25 pour 100 d'eau, forment des couches au milieu des calcaires ; c'est-à-dire dans la partie des formations déposées par voie chimique ; elles sont donc elles-mêmes le résultat d'un dépôt chimique. La terre à foulon de Reigate, dont j'ai eu l'occasion d'étudier le gisement, est en couches régulières de 1^m 20, enclavées dans les calcaires des terrains crétacés inférieurs. La terre à foulon de Silésie, regardée comme de qualité supérieure, et que le commerce exportait jadis à de grandes distances, est dans une position analogue ; la plupart des argiles en filons, dont la formation paraît presque toujours due à des actions chimiques, se rapprochent, par leur composition, des argiles hydratées; les *halloysites* me paraissent le type de ce second groupe, et la position des halloysites établit aussi d'une manière certaine leur formation par les mêmes causes qui ont donné naissance aux minerais métalliques qu'elles accompagnent.

Les argiles hydratées sont du reste des magmas formés dans des circonstances semblables, ayant beaucoup d'analogie de composition ; mais elles ne me paraissent pas devoir être considérées comme des espèces en proportions définies.

Les phénomènes qui ont donné lieu aux calcaires ayant commencé longtemps avant que les dépôts mécaniques eus-

[1] *Traité des arts céramiques*, par M. Brongniart, t. Ier, p. 57.

sent cessé de se produire, et les eaux ayant pu être troublées particulièrement à différentes époques, on comprend qu'il a dû se former des argiles mixtes.

Les détails que je viens de donner sur les caractères généraux des argiles ainsi que sur leur position montrent qu'il existe de grandes difficultés pour faire des divisions dans ce genre de minéraux ; aussi les classifications adoptées pour les argiles diffèrent toutes, suivant le point de vue auquel leurs auteurs se sont placés. Les géologues les divisent d'après les terrains dans lesquels on les observe, tandis que les technologistes leur donnent des noms empruntés aux usages auxquels elles sont employées. Ces dernières divisions varient souvent d'un lieu à un autre, cependant il en existe plusieurs qui sont presque générales, et que je vais faire connaître. Ce mode de description m'engage à réunir le kaolin aux argiles, en le rangeant toutefois dans une division spéciale.

KAOLINS.

Argiles à porcelaine.

Les masses minérales auxquelles on donne ce nom sont de véritables roches composées; elles renferment une partie ténue qu'on sépare par le lavage, et qui seule jouit des propriétés de l'argile. Cette circonstance a conduit M. Brongniart, dans le beau travail qu'il a publié, il y a peu de mois, sur les arts céramiques[1], à distinguer la *roche kaolinique, du kaolin.*

Les roches kaoliniques sont les minéraux que nous offre la nature, les seuls que nous devions décrire dans cet ouvrage.

Le *kaolin* est l'argile qu'on en sépare par le lavage le plus délicat.

Les *roches kaoliniques* sont généralement d'un blanc

[1] *Traité des arts céramiques, ou des poteries considérées dans leur histoire, leur pratique et leur théorie*, par M. Alex. Brongniart, membre de l'Institut. 2 vol. in-8°. 1845.

parfait ou légèrement rosâtre, quelquefois un peu jaunâtre. Leur texture est lâche, terreuse, souvent grenue; les grains qui la composent appartiennent au quartz, au feldspath, au mica; la base de la masse est un minéral argiloïde, blanc, à texture quelquefois laminaire. Le lavage sépare les roches kaoliniques en deux parties, les grains qui se précipitent immédiatement, et la terre qui, étant en particules très-ténues, reste longtemps suspendue dans l'eau et se dépose par un repos de masse.

Suivant la plus ou moins grande quantité des grains feldspathiques, les roches kaoliniques sont fusibles ou infusibles au chalumeau. Le kaolin éprouve un retrait, devient très-dur, mais ne fond pas par son action. La pesanteur spécifique du kaolin est de 22,10 à 22,60. Traité par les acides, une petite portion se dissout, ainsi qu'il résulte des expériences qui suivent :

	Matière non attaquée.	Alumine.
1° Par l'acide sulfurique :		
Pâte crue	67,30	30,14
Pâte calcinée, dite dégourdie	69,80	26,90
Pâte cuite à grand feu	77,54	19,20
2° Par l'acide hydrochlorique :		
Pâte crue	77,81	19,12
Pâte dégourdie	90,60	6,44

Les analyses suivantes, que nous empruntons à un Mémoire que M. Brongniart a publié sur les kaolins[1], nous font connaître la composition des principaux kaolins employés.

---

[1] *Mémoire sur la nature, le gisement, l'origine et l'emploi des kaolins*, par MM. Brongniart et Malaguti (*Archives du Muséum*, 1841).

LOCALITÉS.	Silice.	Alumine.	Eau.	Chaux, magnésie, potasse.	Chaux, magnésie, soude.	Fer, manganèse.	Résidu non argileux.
1. Argile de kaolins de Limoges (1833)	42,07	34 65	12,17	1,33	....	Traces.	9.76
2. Louhossoa, près Bayonne.	43,12	33,00	23,00	....	0,50	*Id.*	....
3. Des Pieux, près Cherbourg.	42,31	34,51	12,09	1,39	....	*Id.*	9,67
4. Mercus (Ariège).	27,22	20,00	9,03	1,24	....	0,48	42,00
5. Mende (Lozère).	35,61	22,33	9,70	1,32	....	3,37	24,64
6. Clos de Madame (Allier)........	39,91	36,37	12,94	1,80	....	Traces.	3,96
7. Chabrol (Puy-de-Dôme)........	32,93	29,88	10,73	1,56	....	*Id.*	24,87
8. Breage, en Cornouailles......	46,63	24,06	8,74	0,60	Soude, tr.	*Id.*	19,65
9. Plymton (Devonshire).........	44,26	36,81	12,74	1,55	....	*Id.*	4,30
10. Chiesi (île d'Elbe)	45,03	32,24	11,36	2,21	....	*Id.*	8,14
11. Bourgmanero (Piémont).....	23,94	21,14	7,42	....	....	1,23	48,00
12. Tretto, près de Scio...........	37,07	25,28	6,64	6,33	....	Traces.	24,64
13. Rama (Passau)..	42,15	37,08	12,83	2,85	Trace.	0,56	4,50
14. Auerbach, *id.*....	32,48	29,45	10,50	1,13	....	Traces.	26,42
15. Diendorf, près Harfnerszell, *id.*	28,61	25,75	9,60	1,57	....	*Id.*	34,44
16. Aue, près Schneeberg.	35,98	34,12	11,09	0,69	....	*Id.*	18,00
17. Kaschna, près Meissen.......	29,42	25,00	9,80	0,71	....	*Id.*	33,52
18. Seilitz, *id.*......	40,78	34,16	12,10	0,60	Soude, tr.	Traces.	12,33
19. Schletta, *id.*.....	39,10	20,92	7,26	3,98	....	1,31	27,50
20. Mort, près de Hall	26,10	22,50	7,55	....	....	*Id.*	43,84
21. Sosa, près Johann-georgenstadt...	44,07	38,15	9,69	Ca. mag. 1,8	....	*Id.*	5,53
22. Zettlitz (Carlsbad)	33,98	26,66	9,55	1,13	....	*Id.*	28,63
23. Munchsoff, *id.*..	44,12	40,61	13,56	0,95	......	*Id.*	0,74
24. Prinzdorff (Hongrie)..........	26,76	15,17	5,22	1,83	....	0,56	50,40
25. Bornholm (Scandinavie).......	38,57	34,99	12,52	0,54	0,93	....	13,36
26. Risanski (Russie).	29,30	47,83	22,23	....	0,68	....	
27. Oporto (Portugal)	40 62	43,94	14.62	....	....	Traces.	... .
28. Sargadelos (Galice)	43,25	37,38	12,83	0.88	....	*Id.*	0.11
29. Wilmington (Delaware)........	32,69	35,01	12,12	1,14	0,72	*Id.*	5,64 22,81
30. Newcastle (Delaware)........	29.73	25,59	8.94	Potasse	....	....	34,99
31. Chine...........	23,72	9,80	2,62	3,08	....	0,43	68,18

Ces analyses faites directement sur les kaolins ne donnent qu'une idée incomplète de leur composition; beaucoup d'entre eux contiennent de la silice non combinée, et qu'on peut séparer facilement en les faisant bouillir, pendant une minute ou deux au plus, avec une dissolution aqueuse de potasse de la densité de 10,75; il reste alors un résidu qu'on peut regarder comme le kaolin pur. MM. Brongniart et Malagutti ont soumis les kaolins dont nous venons de faire connaître la *composition empirique* à ce second mode de recherches, qu'ils désignent sous le nom d'*analyse rationnelle;* nous leur empruntons ce second tableau, qui mène à des conclusions intéressantes.

LOCALITÉS.	Silice libre.	Silice.	Alumine.	Eau.	
Kaolin de Limoges (1838)	10,98	31,09	34,65	12,17	$AS + 2Aq.$
Louhossoa, près Bayonne	»	»	»	»	$AS + 4Aq.$
Des Pieux, près Cherbourg	2,43	39,88	34,51	12,09	$A^5S^4 + 6Aq.$ $A^4S^3 + 8Aq.$
Mercus (Ariège)	»	»	»	»	$AS + 2Aq.$
Mende (Lozère)	»	»	»	»	$A^2S^3 + 5Aq.$
Clos de Madame (Allier)	2,67	37,24	36,37	12,94	$AS + 2Aq.$
Chabrol (Puy-de-Dôme)	7,79	25.14	29,88	10.73	$AS + 2Aq.$
Breage, en Cornouailles	1,27	45,36	24,06	8,74	$AS^2 + 2Aq.$
Plymton (Devonshire)	10,19	34.07	36,81	12,74	$AS + 2Aq.$
Chiesi (île d'Elbe)	1,16	43,87	32,24	11,36	$A^2S^3 + 4Aq.$
Bourgmanero (Piémont)	6,62	17,32	21,14	7,42	$AS + 2Aq.$
Tretto, près de Scio	»	»	»	»	$A^2S^3 + 2Aq.$
Rama (Passau)	9,71	36.77	37,38	12.83	$AS + 2Aq.$
Auerbach, *id.*	7,13	25.35	29,45	10,50	*id.*
Diendorf, près Harfnerszell (Passau)	7,17	21.44	25,75	9,60	*id.*
Aue, près Schneeberg	1,76	34,22	34,12	11,09	*id.*
Kaschna, près Meissen	1,82	27.60	25.00	9.80	$A^4S^3 + Aq.$
Seilitz, *id.*	9,10	31.68	34.16	12,10	$AS + 2Aq.$
Schletta, *id.*	0,67	38,48	20,92	7,26	$AS^2 + 2Aq.$
Morl, près de Hall	4,44	21,69	22,50	7,55	$AS + 2Aq.$
Sosa, près Johanngeorgenstadt	»	»	»	»	$A^5S^5 + 6Aq.$
Zetlitz (Carlsbad)	4,95	26.03	26 66	9,55	$A^5S^4 + 6Aq.$
Munchshoff. *id.*	2,40	41,72	40.61	13,56	$AS + 2Aq.$
Prinzdorff (Hongrie)	1,00	25,76	15,17	5.22	$AS^2 + 2Aq.$
Bornholm (Scandinavie)	7,04	31,53	34,93	12,52	$AS + 2Aq.$
Risanski (Russie)	»	»	»	»	$A^2S + 5\frac{1}{2}Aq.$
Oporto (Portugal)	3,72	36,90	43,93	14.62	$AS + 2Aq.$
Sargadelos (Galice)	6.48	36,77	37,38	12,83	*id.*
Wilmington (Delaware)	12,23	20,46	35,01	12,12	$A^3S^3 + 6Aq.$
Newcastle, *id.*	9,39	20,34	25,59	8,94	$AS + 2Aq.$
Chine	»	»	»	»	$A^2S^3 + 3Aq.$

Pour retrouver la composition complète des roches kaoliniques, il faut ajouter aux nombres qui sont dans le second tableau, premièrement le résidu non argileux qui est à l'état de mélange; secondement la petite quantité de chaux, de magnésie, d'alcali, de fer et de manganèse, qui constituent les quatre dernières colonnes du premier tableau.

L'examen des formules placées dans le second tableau, et qui correspondent aux kaolins débarrassés de la silice excédante, montre qu'un grand nombre d'entre eux présentent la relation atomique $AS + 2Aq$. Cette formule est celle que M. Brongniart adopte pour l'expression réelle de la composition des kaolins : on ne peut toutefois s'empêcher de remarquer que plusieurs échappent à cette loi ; il en résulte que, bien que les kaolins ne soient pas le résultat du transport comme les argiles, ils ne présentent pas toujours la même composition; cette circonstance est du reste une conséquence naturelle de leur formation, puisque les kaolins sont le résultat de la décomposition du feldspath, et que cette décomposition peut être plus ou moins avancée; le premier tableau en donne la preuve, certains kaolins contenant encore de la potasse.

Gisement. — Les kaolins résultent de la décomposition du feldspath; ils forment la pâte de roches granitoïdes, et que l'on observe à des degrés différents de décomposition. M. Brongniart possède des échantillons de kaolin de Schneeberg en Saxe, qui affectent encore la forme du feldspath, en sorte qu'en détruisant ces cristaux terreux, ils laissent dans la roche un vide à faces planes ; en introduisant de la terre dans ces vides, M. Brongniart a obtenu des macles affectant la forme du feldspath. Les analyses des kaolins fournissent encore une preuve de leur mode de formation. M. Brongniart suppose que la transformation des roches feldspathiques en kaolin est le résultat des forces électro-chimiques ; il ajoute[1] : « La présence « constante de roches ferrugineuses dans toutes les exploita- « tions du kaolin, depuis la Chine, autant du moins qu'on

[1] Mémoire cité ci-dessus, p. 289.

« puisse le présumer d'un gîte si peu connu, jusque dans les « gîtes de l'Europe étudiés avec le plus de soin, tend à confir- « mer cette opinion. »

Le kaolin se trouve avec fréquence dans tous les pays à montagnes granitiques; mais le kaolin susceptible d'un emploi utile est au contraire fort rare ; la plupart contiennent une certaine quantité d'oxyde de fer, et donneraient une pâte colorée ; d'autres, dont la décomposition n'est pas complète, renferment une proportion de potasse qui les rendrait fusibles au feu des fours à porcelaine.

Les environs de Saint-Yrieix, près Limoges, présentent une heureuse exception ; ce gîte, découvert en 1765, est devenu depuis cette époque l'objet d'une exploitation très-active ; employé exclusivement à la manufacture de Sèvres, il alimente un grand nombre de manufactures de porcelaines à Limoges et dans tout le pays avoisinant ; cette terre précieuse est même exportée à l'étranger, et pendant longtemps on en expédia aux Etats-Unis. Aujourd'hui le commerce de la porcelaine blanche, qui a pris un grand développement, a remplacé en partie celui de la faïence blanche.

Il existe à Saint-Yrieix trois espèces de kaolin, désignés sous les noms de *caillouteux*, *sablonneux* et *argileux;* le premier est grenu, friable, à grains quelquefois pisaires ; les uns quartzeux et durs, les autres argileux et friables.

Le *sablonneux* est friable, très-maigre au toucher, contient du quartz à l'état de sable très-fin, mais visible.

L'*argileux*, moins friable, est assez doux au toucher, et fait directement avec l'eau une pâte assez liante.

Ces trois variétés sont d'un beau blanc de lait et très-pures.

DES ARGILES.

Argile plastique. — Les argiles que l'on désigne sous ce nom fournissent la terre à faïence fine ; elles possèdent une grande plasticité, se prêtent aisément au façonnage, sans se diviser, entre les mains du potier. La ténacité de l'argile plastique la rend aussi difficile à se laisser pénétrer par l'eau, lorsqu'elle est humide, que priver de ce liquide lorsqu'elle en est imbibée; elle est absolument infusible à une température d'environ 129° du pyromètre de Wegwood, à moins qu'elle ne soit souillée d'oxyde de fer, ou de substances étrangères.

La couleur de l'argile plastique est le blanc sale, gris clair, quelquefois plus fortement coloré en noir par une certaine quantité de bitume disséminée dans sa masse; souvent les argiles plastiques sont un peu jaunâtres, quelquefois elles présentent des espèces de marbrures de couleur ferrugineuse. Ces derniers mélanges n'altèrent pas la plasticité, mais ils ôtent à ces argiles une grande partie de leur valeur, en ce sens qu'elles ne peuvent plus être employées pour la fabrication de la faïence fine, qui exige une pâte blanche.

Les argiles présentent une particularité signalée pour la première fois par M. Vicat, et qui les distingue des kaolins, c'est qu'elles sont plus solubles dans les acides après une calcination modérée que dans leur état primitif.

Les expériences suivantes, faites par M. Marignac [1] dans le laboratoire de Sèvres, mettent cette propriété en évidence.

Argile plastique de Dreux.	Matière non attaquable.	Alumine.	Chaux et perte.
Argile crue.......	75,54	23,41	1,05
Calcinée une fois..	56,25	42,54	1,21
— deux fois..	55,26	44,26	1,48
— trois fois.	90,80	7,58	1,82
Ocre crue.........	63,22	33,84	2,94
Calcinée une fois..	61,65	35,00	3,35
— deux fois.	57,93	38,87	3,20
— trois fois..	73,11	24,18	2,71

Ces expériences rendent en même temps compte de ce qui se passe quand on calcine les argiles pour s'en servir comme pouzzolane. La combinaison entre la silice et l'alumine étant

[1] *Traité sur les arts céramiques*, etc., premier volume, p. 59.

devenue moins énergique par la chaleur, la chaux peut alors exercer sur les éléments de l'argile une action plus sensible qu'avant la calcination. On voit en même temps que si l'on pousse la calcination trop loin les argiles deviennent insolubles; de même que lorsqu'on calcine les pouzzolanes artificielles à une trop haute température, elles deviennent inertes.

Les argiles ne perdent complétement l'eau qu'elles contiennent qu'à une température incandescente; elles perdent en même temps leur plasticité, que le broyage le plus complet ne peut leur rendre. M. Brongniart, qui a donné dans son ouvrage sur les arts céramiques un grand nombre d'analyses d'argiles, admet que les argiles véritablement plastiques et privées d'eau contiennent moyennement 57,42 de silice sur 42,58 d'alumine, ce qu'on exprime par la formule Al^2Si^3. Hors de cette limite, il y a un excès, soit de silice, soit d'alumine, et les propriétés des argiles en éprouvent une certaine variation.

Je transcris ci-après quelques analyses des argiles les plus estimées, soit pour la fabrication des poteries fines, soit pour celle de vases ou de briques réfractaires. Elles sont extraites de l'ouvrage de M. Brongniart (Atlas, tableau, V. B).

	Silice.	Alumine.	Oxyde de fer.	Chaux.	Magnésie.	Eau.
Du Devonshire, B.	49,60	37,40	0,00	0,00	0,00	11,20
Harford, S.	65,24	25,23	1,52	1,24	0,00	7,52
D'Andennes, B.	52,00	27,00	2,00	0,00	0,00	19,00
De Hesse, S.	47,50	34,37	1,24	0,50	1,00	14,50
Lithomarge de Röchiltz, en Saxe.	48,25	36,60	2,75	0,00	»	14,00
Abondant, près Dreux, B.	50,60	35,20	0,40	»	0,00	13.10
Arcueil, S.	62,14	22,00	3,09	1,68	0,00	11,01
Vanvres, près Vaugirard, B.	51,84	26,10	4,91	2,25	0,23	14,58
Dourdan, S.	60,60	26,39	2,50	0,84	0,00	9,20
Forges-les-Eaux, B.	65,00	24,00	»	0,00	0,00	11,00
Gaujac, S.	46,50	38,10	»	»	»	14,50
Valendar, près Coblentz, S.	66,70	24,00	1,20	»	1,20	6,75
Montereau, S.	64,10	24,60	»	»	»	10,00
Nevers.	62,50	23,15	»	2,30	»	12,65
Provins.	50,95	34,45	1,62	4,75	1,80	12,60
Strasbourg, B.	66,70	18,20	1,60	0,00	0,60	12,00
Stourbridge, B.	63,70	22,70	2,00	0,00	0,00	10,30

Les analyses suivies de la lettre B. sont de M. Berthi celles marquées S. ont été exécutées à la manufacture Sèvres par M. Salvetat.

La composition de ces argiles présente des différences i portantes; une seule, l'argile d'Andennes, contient une pı portion d'eau de beaucoup supérieure à celle que j'ai indiqu comme caractérisant les argiles proprement dites ; il est pı bable qu'elle rentre dans la classe des argiles mixtes que j signalées.

L'argile du Devonshire est celle qui fournit la belle faïen anglaise fabriquée dans les environs de Liverpool, et export il y a quelques années encore dans toute l'Europe.

Les argiles de Forges-les-Eaux, d'Abondant, près Dreu sont employées à Paris, pour la fabrication des pots de verreri des cazettes à cuire la porcelaine dure, etc., usages q exigent des argiles réfractaires.

La *lithomarge* est une argile qui appartient aux terrai anciens. L'analyse de celle de Röchiltz en Saxe donne ur composition tout à fait analogue à l'argile de Hesse et à cel d'Abondant, près Dreux.

Gisement des argiles plastiques. — Le nom d'argi plastique a été donné en géologie à l'argile située à la bas des terrains tertiaires, et qui recouvre immédiatement l craie; les argiles qui se trouvent dans cette position sont e fectivement assez généralement plastiques; telles sont le argiles d'Arcueil, près Paris, d'Abondant, près Dreux, d Christ-Church, dans le Devonshire. Mais le gisement des argiles plastiques, sous le rapport de leur emploi, est plus général. M. Brongniart annonce qu'il se prolonge jusqu'au terrain néocomien. Bien au-dessous de ces terrains, or trouve encore des argiles qui ont la composition des argiles plastiques, et qui fournissent des terres très-réfractaires; mais elles ne sont en général ni aussi délayables, ni aussi malléables que les argiles supérieures aux terrains néocomiens et crétacés; l'argile de Stourbridge, près de Dudley, si estimée en Angleterre pour son infusibilité, et qui par suite de cette propriété est employée pour la construction de l'intérieur des hauts-fourneaux, se trouve dans ce cas; elle rentre dans l'argile plastique par sa composition, mais il serait difficile de l'employer à la fabrication des poteries qui exigent une certaine délicatesse de contours, parce qu'elle se travaille difficilement.

Argiles figulines. — Elles sont employées à la fabrication des faïences communes, des terres cuites, des briques, et en général à celle des poteries qui n'ont pas besoin d'être soumises pour leur cuisson à cette haute température qui donne à la pâte une telle dureté qu'elle ne pourrait plus prendre facilement les couvertes ou glaçures qui contiennent du plomb; elles sont aussi employées à dégraisser les pâtes; on les mélange dans une certaine proportion avec les argiles plastiques.

Les argiles figulines sont liantes, mais moins tenaces que les précédentes; elles contiennent toujours un peu de chaux, dans la proportion au maximum de 5 à 6 pour 100, en partie à l'état de carbonate, et peut-être aussi à l'état de silicate: les argiles de Nevers, de Provins et de Vanvres, dont j'ai donné les analyses ci-dessus, en fournissent des exemples. Ces argiles, toujours un peu souillées de fer, rougissent ou au moins jaunissent à une haute température; enfin, sans se fondre, elles se couvrent d'une espèce de vernis, et même elles se ramollissent à une haute température. Elles diffèrent peu de l'argile plastique et se rapprochent quelquefois des marnes.

Argiles calcaires; marnes. — Les argiles figulines contiennent une certaine proportion de carbonate de chaux, mais à mesure que la proportion en augmente, on passe successivement des argiles figulines aux argiles calcaires et aux marnes. Quand il existe à peu près autant d'argile que de calcaire, c'est la marne par excellence, celle qui est employée pour le marnage des terres, et dont j'ai déjà parlé à l'article du *Carbonate de chaux* (t. II, p. 246). Les marnes en usage dans les arts céramiques contiennent rarement plus de 20 à 25 pour 100 de calcaire; elles n'entrent du reste dans la composition des pâtes que comme ingrédients dégraissants, empêchant la fente, et donnant aux faïences la propriété de recevoir plus facilement et plus également l'émail, et de l'empêcher de se détacher par écailles.

Les marnes étant le résultat d'un mélange en proportions variables d'argile et de chaux, leurs analyses ne présentent aucun intérêt, en ce sens qu'elles offrent les mêmes différences que j'ai signalées dans les argiles.

Les trois variétés d'argiles que je viens d'étudier sont les seules qui aient une grande généralité, et qui doivent être par conséquent décrites ; je dois cependant citer encore les suivantes, dont plusieurs minéralogistes ont donné des descriptions spéciales; *Argiles schisteuses*, *argiles à polir*, *argiles légères*, *argiles ocreuses*, *argiles ferrugineuses*, *argiles bitumineuses*.

Les *argiles schisteuses* doivent cette propriété à leur structure particulière ; elles sont ordinairement très-siliceuses et ne font que difficilement pâte avec l'eau.

Argiles à polir, roches presque entièrement siliceuses, qui, pour la finesse de leur grain, sont employées au polissage.

Argiles légères, silicates de magnésie alumineux, qui font difficilement pâte avec l'eau, et donnent des briques très-légères; elles sont associées à des terrains magnésiens, principalement serpentineux.

Les *argiles ocreuses* et les *argiles ferrugineuses* se distinguent des argiles ordinaires par une forte proportion de fer qui les colore. Dans les premières, le fer est à l'état d'hydrate, elles passent aux *ocres* proprement dites employées comme couleur. Dans les argiles ferrugineuses le fer est à l'état d'oxyde rouge de fer. Lorsqu'elles sont très-chargées de fer, elles constituent la sanguine, les rouges de mars, et les terres *bolaires*.

Le minéral auquel M. Thomson a donné le nom de **plinthile**[1], par allusion à sa couleur rouge brique, est une argile ferrugineuse.

Le **feltbol**[2] d'Halsbruck, près Freiberg, est également une argile ferrugineuse; seulement on doit l'associer aux argiles hydratées, attendu que les acides l'attaquent facilement et en séparent la silice à l'état gélatineux.

Argiles bitumineuses; argiles plombagines.— Elles doivent leur nom à un mélange de bitume ou de charbon ; ce mélange donne dans certains cas des résultats importants qui méritent d'être signalés. Quand l'argile est infusible en même temps que bitumineuse, on l'emploie avec avantage à la fabrication des creusets pour acier fondu; le charbon, en brûlant, rend les creusets poreux, ils peuvent alors supporter plus facilement le passage incessant d'une température élevée à la température ordinaire, et réciproquement, auquel ils sont exposés quand on sort les creusets du feu pour couler l'acier dans les moules, ou lorsqu'on les reporte dans les fourneaux. Les analyses suivantes font connaître deux de ces argiles les plus célèbres.

	Des environs de Sheffield, en Angleterre.	De Bavière.
Silice.	58,40	41,20
Alumine.	22,50	14,70
Charbon.	5,80	30,90
Oxyde de fer. .	3,00	5,60
Magnésie. . . .	»	1,00
Eau.	10,30	5,60
	100,00	99,00

Terres à foulon; argiles smectiques. — Ces argiles, savonneuses et onctueuses au toucher, ont une cassure inégale,

[1] *Traité de minéralogie* de Thomson, t. Ier, p. 323.
[2] *Journal de Schweigger*, 1832.

passant à la cassure esquilleuse; souvent translucides sur les bords; leur couleur est le gris verdâtre, quelquefois elles sont colorées par du fer; très-tendres, on les coupe comme un morceau de cire; elles adhèrent à la langue; mises dans l'eau, elles tombent en fragments; leur pesanteur spécifique varie de 23 à 25. Dans le tube elles bouillonnent et semblent se fondre; bientôt elles se dessèchent et tombent en poussière. Au chalumeau, elles fondent en un émail d'un gris verdâtre.

La composition des terres à foulon diffère essentiellement de celle des argiles ordinaires. J'ai déjà annoncé qu'elles renfermaient généralement le double d'eau; les proportions de silice et d'alumine sont aussi très-différentes. En effet, les argiles à foulon contiennent moyennement 45 de silice et 20 d'alumine, tandis que l'on a vu que les proportions pour les bonnes argiles plastiques étaient de 57 à 42 après dessiccation, ou 50 à 36 avant cette opération; ces argiles sont donc beaucoup plus alumineuses.

Les proportions que je viens d'indiquer correspondent à une terre à foulon de bonne qualité, souvent elles sont altérées par la présence du silicate de fer; c'est même ce corps qui leur donne une couleur verdâtre.

	Terre à foulon de Reigate, par Bergman.	Du Hampsire.	De Silésie, par Klaproth.	Localité inconnue, par Thomson.
Silice.	50,80	51,00	48,50	44,00
Alumine.	23,00	17,00	18,50	23,06
Chaux.	2,30	0,50	»	4,08
Oxyde de fer. . .	0,70	5,75	6,00	2,00
Magnésie.	0,20	1,25	1,50	2,00
Eau.	24,50	24,00	25,50	24,95
	101,50	99,50	100,00	100,09

HALLOYSITES.

Ces silicates alumineux ne constituent pas précisément une espèce déterminée, attendu que leurs proportions présentent des différences assez notables, et que dès lors il n'existe aucun caractère certain de classification; mais ces minéraux forment un groupe distinct par l'ensemble de leurs caractères. Beaucoup plus riches en alumine que les argiles à foulon, ils contiennent, comme celles-ci, de 24 à 25 pour 100 d'eau, et sont attaquables en entier par les acides.

Lorsque les halloysites sont pures, leur couleur est un blanc laiteux, un blanc opalin ; elles sont fortement translucides sur les bords, et leur cassure est esquilleuse, comme celle de certains quartz-agates grossiers; mais elles s'altèrent promptement, perdent à l'air leur demi-transparence et deviennent terreuses. Elles happent fortement à la langue; lorsqu'on les met en petits morceaux dans l'eau, elles deviennent transparentes comme l'hydrophane; il s'en dégage de l'air, et leur poids augmente d'environ un cinquième. Elles sont toujours très-tendres, et non-seulement il est facile de les rayer avec une pointe d'acier, mais on peut même les couper et en enlever des copeaux qui se contournent à la manière du plomb métallique; ces silicates sont onctueux au toucher et même presque toujours savonneux; ils ne font que très-difficilement pâte avec l'eau, leur pesanteur spécifique est de 20 à 22. Ils sont fusibles au chalumeau.

Les halloysites sont souvent colorées par un mélange de silicates métalliques; à Huelgoat il en existe d'un vert pistache clair, qui ressemblent par leur cassure esquilleuse et leur demi-translucidité à la chrysoprase ; dans quelques cas ces silicates alumineux sont colorés en rose par du silicate de manganèse, comme la *nontronite;* quelquefois aussi ils contiennent un peu de manganèse oxydé, qui leur donne une teinte brune.

	Silice.	Alumine.	Eau.	Oxyde de fer.	Magnésie et chaux.
Halloysite d'Anglar, près Liège, par Berthier [1]	39,5	34,00	26,5	»	»
De la Voulte, par Dufrénoy [2]	40,66	33,66	24,83	»	»
De Saint-Martin, par Dufrénoy [2]	43,10	32,45	22,30	»	1,70
De Montmorillon, par Dufrénoy [2]	39,40	28,60	22,00	10,00	»
De Huelgoat .... idem	48,95	31,46	14,48	»	3,88
De Gualèqué, dans la Nouvelle-Grenade, par Boussingault [5]	46,00	40,2	14,8	»	»
De Miechowitz, près Oswald [4]	40,25	35,00	21,25	»	0,25
Lenzinite de Saint-Sever, par Pelletier	50,00	22,00	26,00	»	»
Lenzinite de Kall, par John	39,5	37,50	25,00	»	»
Cymolite, par Klaproth [5]	63,00	23,00	13,00	1,25	»
Razoumoffskine, de Kosemütz en Silésie, par Zellner [6]	54,50	27,25	14,25	0,25	2,37
Savon de montagne de Thuringe, par Bucholz	44,00	26,50	20,50	8,00	»
Alumocalcite, par Kersten	86,60	22,20	4,00	6,25	»
Tuesite de la Tweed, par Thomson [7]	46,7	36,19	16,00	»	»

Ces analyses établissent l'analogie de composition que j'ai indiquée; elles offrent cependant trop de différence pour qu'on puisse les réunir dans une seule formule.

Les halloysites sont liées avec la production des minerais métalliques; elles sont fréquentes dans les filons, mais leur véritable position est dans les gîtes de contact. Les mines de manganèse de la Romanèche, de Saint-Martin de Thiviers, dans les environs de Nontron, contiennent toutes des hydrosilicates alumineux qui en forment la gangue; les belles mines de fer de la Voulte, les mines de plomb des environs de Liège présentent les mêmes circonstances; ces silicates alumineux hydratés sont en outre répandus avec une grande abondance dans la pâte même des grès arkoses, qui existent à la sépara-

[1] *Annales de chimie et de physique*, t. XXXII, p. 332.
[2] *Annales des mines*, troisième série, t. III, p. 393.
[5] *Id.*, id., t. V, p. 554.
[4] *Journal fur pr. chemie*, t. XII, p. 173.
[5] *Beitrage*, p. 291.
[6] *Journal de schweig.*, t. XVIII, p. 340.
[7] *Records of gen. sc.*, t. IV, p. 359.

tion des terrains anciens et des terrains secondaires dans tout le pourtour du vaste plateau granitique qui occupe le centre de la France; c'est même à la présence de ces hydrosilicates que ces grès doivent leur vertu pouzzolanique.

La *tuesite*, la *lenzinite*, la *cymolite*, la *razoumoffskine* et le *savon de montagne*, dont j'ai réuni les analyses au tableau précédent, me paraissent devoir être considérées comme des variétés d'halloysites.

La **tuesite** se trouve dans des circonstances analogues ; l'analyse de Thomson, que j'ai transcrite, justifie le rapprochement que j'ai fait avec les halloysites.

Lenzinite. —Ce minéral dédié à Lenzius, minéralogiste allemand, a été trouvé à Kall et à Saint-Sever; la première variété provient de l'Eiffel, elle existe dans le même gisement que les halloysites; la lenzinite de Saint-Sever forme des rognons dans le grès vert. On distingue la lenzinite de Kall sous le nom d'opaline, parce qu'elle est demi-translucide et blanche. Sa cassure est conchoïde, elle prend de l'éclat par la raclure, et on la coupe au couteau, comme l'argile. La variété de Saint-Sever a reçu le nom de *sévérite;* les analyses données dans le tableau précédent confirment le rapprochement de ces minéraux aux halloysites.

Cymolite. — Substance gris de perle ou rougeâtre, assez douce au toucher, se délayant facilement dans l'eau; elle appartient aux terrains volcaniques; la proportion de silice qu'elle contient dépasse celle des halloysites, peut-être une partie est-elle à l'état de mélange.

Razoumoffskine. — Ce minéral provient de Kosemüts en Silésie; il a été décrit par John et analysé plus tard par Zellner; il appartient encore au genre qui nous occupe.

Le **Savon de montagne** doit son nom à son onctuosité et à la propiété qu'il possède de se délayer dans l'eau; il prend de l'éclat par la raclure et possède tous les caractères des halloysites.

Alumocalcite. — M. Kersten a désigné sous ce nom, un

minéral provenant de Lybenstock dans l'Erzgebirge, qui est d'un blanc de lait tirant sur le bleu ou le jaune, dont la cassure est esquilleuse; il happe fortement à la langue, et devient même demi-translucide quand on le plonge dans l'eau. Ses caractères extérieurs lui donnent de l'analogie avec les halloysites et avec la collyrite; la grande quantité de silice que contient l'alumocalcite semble constituer une différence avec ces deux espèces; toutefois la composition se rapproche davantage des halloysites, et peut-être est-ce une halloysite contenant beaucoup de silice libre.

ALLOPHANE.

Reinmanit.

Les caractères de l'allophane rapprochent cette substance des halloysites, la quantité d'eau en est seulement beaucoup plus considérable. Les premiers échantillons ont été trouvés vers la fin de 1815 par MM. Reinmann et Roepert, à Saalfield en Thuringe. Depuis cette époque des minéraux analogues ont été recueillis dans plusieurs localités, notamment à Schneeberg en Saxe, et à Firmy, dans le département de l'Aveyron.

L'allophane est une substance opaline, à cassure conchoïdale, blanche ou colorée accidentellement par du cuivre carbonaté bleu, ou du fer oxydé hydraté; la variété de Saalfield est bleue; pendant longtemps cette couleur a été regardée comme caractéristique de l'allophane. Elle a l'éclat et la demi-transparence de la cire. Peu dure, elle prend de l'éclat par la raclure; sa pesanteur spécifique est de 18,8 à 19. Infusible au chalumeau, elle donne de l'eau par la calcination; enfin elle est soluble dans les acides.

	De Saalfield, par Stromeyer [1].	De Schneeberg [2], par Ficinius.	De Gersbach [3], par Walchner.	De Firmy [4], par Guillem.	De Beauvais [5], par Berth.
Silice.	21,922	30,0	24,109	23,76	26,3
Alumine.	32,202	16,7	38,763	39,68	34,2
Eau.	41,301	29,9	35,754	35,74	38,0
Carbonate de cuivre.	3,058	Oxy. 19,2	2,328	0,65	»
Oxyde de fer.	0,279	»	»	»	»
Oxyde de manganèse.	»	1,80	»	»	»
Carbonate de chaux.	0,732	2,7	»	»	»
Gypse.	0,517	»	»	»	»
	99,879	100,3	100,954	99,83	98,50

Ces analyses présentent trop de différence pour qu'on puisse les réunir dans une même formule; la forte proportion d'eau qu'elles contiennent est presque leur seul point d'identité; c'est également la seule différence prononcée avec les halloysites; car les proportions de silice et d'alumine se rapprochent beaucoup de celles de ces derniers minéraux. J'ajouterai que l'allophane se trouve dans des filons, gisement dans lequel existent également les halloysites. L'une et l'autre sont donc des dépôts chimiques.

COLLYRITE ou KOLLYRITE.

J'ai séparé ce minéral des silicates hydratés alumineux précédents sans raisons bien positives; ce qui m'a engagé à le faire, c'est la grande prédominance de l'alumine et de l'eau, prédominance qui, à une certaine époque, avait fait considérer la collyrite comme un hydrate d'alumine. Ses caractères extérieurs la rapprochent du reste des halloysites; elle est homogène, d'un blanc opalin et demi-translucide, ayant une certaine apparence de gélatine [6]; sa cassure est conchoïde,

---

[1] *Untersachungen über die misch. der min.*, p. 308.
[2] *Journal de schweigger*, t. XXVI, p. 277.
[3] *Idem*, t. XLIX, p. 154.
[4] *Annales de physique et de chimie*, t. XLII, p. 260.
[5] *Annales des mines*, troisième série, t. IX, p. 498.
[6] C'est par allusion à cette propriété qu'on lui a donné le nom de *collyrite*, dérivé de κόλλα, colle, gélatine.

d'un éclat vitro-résineux; au feu elle tombe promptement en poussière; elle s'altère même par l'action de l'air; infusible au chalumeau, elle donne de l'eau par la calcination, et elle est soluble en gelée dans les acides.

	De Schemnitz, par Klaproth [1].	Oxyg.	Rapp.	D'Ezquerra, par Berthier [2].	Scarbroïte, par Wernon [3].	
Silice	14	7,27	1	15,0	7,90	10,50
Alumine	45	21,02	3	44,5	42,75	42,50
Eau	42	37,35	5	40,5	48,55	46,75
Peroxyde de fer	»	»	»	»	0,80	0,25

M. Beudant a exprimé les résultats des analyses de la collyrite de Schemnitz et de celle d'Esquerra par la formule $Al^3Si + 5Aq$, que j'ai adoptée dans le tableau des espèces; mais ces relations ne sont plus exactes quand on réunit la *scarbroïte* à la collyrite, et cependant tous les caractères de ces deux substances sont identiques; la composition en est également presque la même; les deux analyses que j'ai données de la scarbroïte prouvent du reste qu'il n'existe pas une identité de composition entre ces minéraux et que ce sont encore des magmas.

Observations. — La description des silicates alumineux hydratés qui précède montre, ainsi que je l'avais annoncé, qu'on peut y faire trois groupes distincts :

1° Les silicates alumineux hydratés cristallins;

2° — en masses amorphes insolubles dans les acides;

3° — solubles dans les acides.

Le second groupe est celui des *argiles ordinaires*; elles paraissent le résultat de la décomposition des roches feldspathiques, et avoir été formées par voie de sédiment.

Le troisième comprend les *argiles à foulon* ou *argiles smectiques*, les *halloysites*, les *allophanes*, et les *collyrites*. Ces minéraux ont beaucoup de caractères communs, et on pourrait établir entre eux un passage gradué; les divisions que j'ai

[1] *Beitrage*, t. Ier, p. 257.
[2] *Annales de chimie et de physique*, t. XXXII, p. 332.
[3] *Philosoph. mag. and ann.*, t. V, p. 178.

admises sont donc artificielles; elles ne constituent pas d'espèces proprement dites, mais de simples groupes destinés à faciliter l'étude ; ces différents minéraux sont formés dans des conditions analogues et semblables à celles qui ont présidé à la formation de la pâte des porphyres ; ce sont des magmas en proportions indéfinies, au milieu desquels se constituent, par la cristallisation, des espèces bien déterminées ; ces considérations me font penser qu'il serait préférable de n'admettre que les trois grands groupes que je viens d'indiquer, tout en citant séparément, comme je l'ai fait pour les halloysites, les variétés qui ont été décrites sous des noms particuliers. Je n'ai pas osé exécuter cette espèce de réforme dans les hydrosilicates d'alumine, mais j'ai dû au moins l'indiquer.

ERINITE [1].

M. Thomson a donné ce nom à un minéral qui tapisse les cavités d'une amygdaloïde des environs d'Antrim en Irlande. Il est compacte, sa pâte est très-fine, à la manière de l'écume de mer; sa cassure est conchoïde ; il est d'un jaune rougeâtre opaque ; son éclat est résineux, il est doux au toucher comme le savon très-tendre; sa pesanteur spécifique est de 20,4. Exposé au feu, il donne de l'eau, blanchit, mais ne fond pas.

Sa composition est d'après M. Thomson [2] :

Silice.	47,036	98,140
Alumine.	18,464	
Chaux.	1,000	
Pot de fer.	6,360	
Eau.	25,280	

Je n'ai pas eu l'occasion d'étudier d'échantillons d'érinite; j'ai conservé cette espèce d'après l'autorité de M. Thomson; elle est intéressante, en ce sens que l'on ne connaît pas d'autres exemples d'hydrosilicates d'alumine dans un gisement analogue.

---

[1] D'Erin, nom de l'Irlande dans le langage du pays.

[2] *Traité de minéralogie*, t. I, p. 241.

GENRE SILICATES D'ALUMINE, DE CHAUX ET DE SES ISOMORPHES.

L'alumine est quelquefois remplacée par du peroxyde de fer.

GRENATS.

Les minéraux réunis sous le nom de *grenat* présentent une des plus belles applications de la théorie de l'isomorphisme ; la diversité de couleur des grenats, la grande différence de pesanteur spécifique qui existe entre leurs variétés, et qui est presque en rapport avec leurs couleurs, conduisent naturellement à les classer en plusieurs espèces. Mais quand on étudie la forme et la composition des grenats, on est au contraire persuadé qu'ils appartiennent à un seul et même minéral, qui affecte des teintes différentes suivant qu'un des éléments isomorphes domine ; en effet, les grenats sont toujours cristallisés dans des polyèdres appartenant au système régulier; les modifications qu'ils offrent ne sont même pas très-nombreuses, et dans presque toutes les variétés c'est le dodécaèdre rhomboïdal régulier, ou le trapézoèdre qui dominent. Leur composition est toujours représentée par la formule $\mathrm{B}Si + bSi$, B représentant les bases à trois atomes d'oxygène, et *b* celles à un atome. Certains grenats, comme le grossulaire, affectent une composition à peu près constante, indiquée par la formule $\mathrm{A}lSi + CaSi$, ce qui semblerait donner lieu à une espèce nettement déterminée; mais il est bien rare encore qu'une petite quantité de peroxyde de fer ne remplace pas une quantité atomique proportionnelle d'alumine, ou que de la magnésie ne tienne la place d'un peu de chaux. En sorte que l'espèce $\mathrm{A}lSi + CaSi$ n'est jamais pure. Quelle sera la limite de ce remplacement, et où commencera par exemple le grenat *mélanite*, dont la formule $\mathrm{F}eSi + CaSi$, indique que le fer est la base à trois atomes, mais où presque toujours une certaine quantité d'alumine tient lieu d'une quantité proportionnelle de peroxyde de fer? Cette difficulté d'établir la limite me semble prouver que les grenats doivent, comme je l'ai annoncé, être considérés comme formant une seule et même espèce. La différence qui existe entre les divisions admises par les minéralogistes tant pour le nombre d'espèces de grenats, que pour les formules qui les représentent, est peut-être la meilleure preuve que je puisse donner de la nécessité de considérer sous le rapport théorique tous les grenats comme spécifiquement les mêmes : toutefois je reconnais qu'il est utile pour l'étude d'y admettre plusieurs divisions, qui, n'étant pas absolues, ne constituent pas des espèces distinctes, mais qui, présentant des caractères de couleur, de pesanteur spécifique et de composition analogues, constituent cependant des groupes naturels. Le gisement des grenats est presque toujours en rapport avec ces divisions ; ceux à base de chaux et d'alumine sont habituels aux terrains où il existe des couches de calcaire, tandis que le grenat mélanite est plus fréquent dans les terrains volcaniques.

M. Gustave Rose admet huit espèces de grenats, savoir :

1° Le grossulaire........................... (Al, Fe) Si + Ca, Si.
2° L'essonite............................... AlSi + (Ca f) Si.
3° Le grenat rothoffite..................... FeSi + (Ca, mn) Si.
4° Grenat almandin.......................... AlSi + (f, mn) Si.
5° Grenat mélanite.......................... AlSi + (Ca, f, mn) Si.
6° Grenat manganésien....................... AlSi + (mn, f) Si.
7° Grenat commun............................ (Al, Fe) Si+(Ca, f, mn) Si.
8° Grenat pyrope............................ F, f, mn, mg, Ce, Si, Cr.

M. Beudant a réuni les grenats dans les quatre groupes suivants :

Le *grossulaire*, le grenat *almandin*, la *mélanite*, et la *spessartine*. La première division comprend les trois premières de M. Rose ; les trois autres correspondent exactement aux grenats 4, 5 et 6 de ce minéralogiste ; le nom du dernier seul est différent, mais le grenat spessartine est le manganésien. Ces quatre groupes me paraissent représenter d'une manière plus nette les différences essentielles que l'on remarque dans les grenats. J'y ajouterai cependant une cinquième division, c'est le *grenat ouwarorite*, qui n'était pas connu à l'époque où l'ouvrage de M. Beudant et celui de

M. Rose ont paru ; il se distingue des autres par une belle couleur d'un vert émeraude, qu'il doit au remplacement de l'alumine par l'oxyde de chrome.

Les grenats ont une cassure conchoïde, inégale ; leur dureté est pour la plupart un peu supérieure à celle du quartz ; quelques variétés cependant ne le rayent pas. Leur pesanteur spécifique varie de 36,55 à 42,20. Fusibles au chalumeau, ils sont, suivant leur composition, insolubles dans les acides ou attaquables par ces réactifs.

Les grenats sont le plus ordinairement cristallisés ; leur forme générale est le dodécaèdre rhomboïdal régulier, *fig.* 23, *pl.* 149. La plupart des cristaux modifiés présentent encore la disposition du dodécaèdre, circonstance qui avait conduit Haüy à adopter le dodécaèdre rhomboïdal comme forme primitive. Malgré cette circonstance, je préfère prendre le cube pour cette forme, attendu que le grenat offre des modifications fréquentes dans les minéraux cristallisant dans le système régulier, et qu'il est utile de montrer l'uniformité de dérivation qui préside à ces modifications.

Le trapézoèdre *fig.* 24 est également très-fréquent ; on le rencontre dans un grand nombre de localités ; le grossulaire de Wilui en Sibérie, les grenats de Frascati, près de Rome, et un grand nombre de grenats des terrains volcaniques affectent cette forme.

Fig. 25. Cristaux présentant la réunion du dodécaèdre et du trapézoèdre, appelés *émarginés* par Haüy ; très-fréquents.

Fig. 26, *pl.* 150. Dodécaèdre portant une triple bordure *triémarginé* de Haüy. Composé du dodécaèdre b^1, du trapézoèdre a^2, et d'un solide à 48 faces i données par la loi $i = (b^1 b^{1/2} b^{1/3})$, ce polyèdre est tangent sur les arêtes d'intersection du trapézoèdre et du dodécaèdre ; il en résulte que lorsqu'on prend ce dernier solide comme forme primitive, sa loi de dérivation est b^2, en supposant que B représente l'arête du dodécaèdre rhomboïdal ; le solide à 24 faces i est encore assez fréquent.

La *fig.* 27 représente un autre solide à 48 faces $i = (b^1 b^{1/5} b^{1/4})$

fort rare, que l'on observe dans certains cristaux d'Orávitza en Hongrie.

Fig. 28, *pl.* 150. Grenat triémarginé portant en outre des facettes de l'hexatétraèdre b^2.

Fig. 29. Cristaux affectant la forme générale du dodécaèdre rhomboïdal; ils portent sur leurs arêtes de petites facettes appartenant à un trapézoèdre a^2, et sur leurs angles des indices du cube P, ainsi que d'un hexatétraèdre b^2. Les deux dernières figures représentent des cristaux provenant d'Ala en Piémont; elles sont l'une et l'autre peu fréquentes. Les cristaux portant des faces du cube sont surtout très-rares.

Grenat grossulaire. — La formule qui caractérise cette variété est $AlSi + CaSi$; dans les cas, fort rares, où ce grenat est pur, il est incolore et transparent comme le grenat blanc de Tellemarken en Norwège; souvent le grossulaire présente une teinte verdâtre claire, propre au silicate de fer, et que l'on retrouve dans tous les minéraux, tels que le pyroxène, l'amphibole, etc., qui existent dans les mêmes circonstances de composition. Souvent aussi les grenats calcaires sont d'un rouge orangé, d'un rouge très-clair ; tels sont les grenats d'Ala en Piémont, si remarquables par la vivacité de leur éclat et la pureté de leurs formes. Ces nuances différentes ont donné lieu à des noms très-variés, en sorte que le grenat grossulaire comprend un grand nombre de variétés décrites à part, et quelquefois même comme espèces; les principales sont : le *grossulaire*, l'*essonite*, l'*erlan*, la *wiluite*, l'*aplome*, la *romanzovite*, la *topazolite*, la *colophonite*, et la *succinite*. Les deux dernières variétés doivent leurs noms à un éclat et à une cassure résineuses ; elles sont souvent en grains arrondis formant des cristaux imparfaits; toutefois, la succinite de Bonvoisin en Piémont présente des formes discernables.

Le grenat grossulaire fond en verre, ou en émail peu coloré de teinte verte ; en poussière il est soluble dans l'acide hydrochlorique concentré.

Les analyses suivantes montrent que les différences de teintes du grenat sont en rapport avec sa composition :

	Blanc de Tellemarken, par le comte Trolle Wachmeister[1].	Oxyg.		Verdâtre de Csiklowa, par Beudant[2].	Oxyg.		Verdâtre de Wilui, par Wachmeister[1].	Oxyg.	
Silice	39,60	19,91	2	41,10	21,35	2	40,55	21,06	2
Alumine	21,20	9,90	1	21,20	9,90	1	20,10	9,38	1
Peroxyde de fer	»	»	»	»	»	»	5,00	1,33	
Chaux	32,30	9,07	1	37,10	10,42	1	34,85	9,79	1
Prot. de mangan.	3,15	0,69		»	»	»	0,48	0,12	
Protoxyde de fer	2,00	»		»	»	»	»	»	
Magnésie	»	»		0,60	0,23	»	»	»	
	98,25			100,00			100,98		

	Colophonite, par Simon[3].	Oxyg.		Rouge orangé d'Ala[3], par Klaproth[3].	Essonite Ceylan, par Klaproth[3].	Roug. de Zillerthal, par Beudant[2].	Oxyg.	
Silice	35,00	18,20	2	36,55	38,30	40,30	20,93	2
Alumine	15,00	7,16	1	18,75	21,20	23,40	10,91	1
Peroxyde de fer	7,50	2,20		»	»	»	»	
Chaux	29,00	8,15	1	31,44	31,25	21,00	5,89	1
Prot. de manganèse	4,75	1,66		1,70	»	»	»	
Protoxyde de fer	1,	»		6,61	6,50	11,60	2,64	
Magnésie	1,50	»		4,20	»	3,70	1,43	
	93,75			99,25		99,80		

La pesanteur spécifique des variétés de grenats comprises sous le nom de grossulaire varie de 35,50 à 37,30 ; le grenat vert de Wilui pèse 37,10 ; le grenat orangé d'Ala, 36,40 ; l'essonite, 36. Cette dernière variété de grenat a été regardée pendant longtemps comme une espèce particulière ; Haüy l'a décrite comme cristallisant dans le système du prisme à base carrée. M. Brewster a reconnu que l'essonite ne jouissait pas de la double réfraction, et par suite que sa cristallisation devait appartenir au système régulier ; cette observation, d'accord avec la composition de l'essonite, a fait ranger cette substance dans le grenat. Sa couleur est le rouge hyacinthe ; son éclat est vitreux ; sa texture est granulaire, elle est pour ainsi dire formée de grains agglutinés. M. Lévy annonce avoir observé

[1] *Annales de Poggendorff*, t. II, p. 1.
[2] *Traité de Minéralogie*, t. II, p. 46.
[3] *Beitrage*, t. IV, p. 319 et t. V, p. 138.

des échantillons d'essonite offrant la forme du dodécaèdre émarginé, *fig.* 25, *pl.* 149 ; ce qui confirme l'association de ce minéral aux grenats.

Grenat almandin. — Almandine. — Les grenats réunis sous ce nom sont d'un rouge violet, d'un brun foncé, ou quelquefois noirs; ils rayent le quartz; fusibles en un globule noir, lequel est souvent attirable à l'aimant, ils sont insolubles dans les acides; leur pesanteur spécifique, toujours supérieure à celle du grossulaire, varie de 39 à 42,36. Le grenat du Tyrol pèse 40,98; celui de d'Ohalpian, 41,25; les cristaux d'Haddam dans le Connecticut, 42,08.

La formule qui représente ces grenats est $AlSi + feSi$; le fer y remplace donc la chaux ; souvent encore il y existe une certaine quantité de chaux ; quelquefois de la magnésie et du protoxyde de manganèse tiennent lieu d'une quantité proportionnelle d'oxyde de fer, ainsi qu'il résulte des analyses suivantes :

	Rouge brunâtre de Fahlun, par Hissinger [1].	Oxyg.		Noble du Groënland, par Karsten [2].	Brun rouge du Zillerthal, dit Noble, par Kobell [2].		
Silice	39,66	20,60	2	39,85	39,62	20,40	2
Alumine	19,66	9,18	1	20,60	19,30	9,06	1
Protoxyde de fer	39,68	9,04	1	24,85	34,05	7,75	
Prot. de manganèse	1,80	0,39		0,46	0,80	0,18	1
Chaux	»	»		3,51	3,28	9,92	
Magnésie	»	»		9,93	2,00	0,77	
	100,80			99,20	99,100		

	Rouge brun de Haddam [3], par le comte de Wachmeister.	Oxyg.		Rouge brun d'Engsö, par le comte Trolle [3].	Noir d'Arendal, de Wachmeister [3].	Oxyg.	
Silice	41,00	21,29	2	40,60	42,45	22,05	2
Alumine	20,10	9,39	1	19,95	22,47	10,49	1
Protoxyde de fer	28,81	6,50		33,93	9,29	2,85	
Prot. de manganèse	2,88	0,63		6,69	6,28	1,37	
Magnésie	6,04	2,34	1	»	13,27	5,10	
Chaux	1,80	0,42		»	6,53	1,87	
	100,33			101,17	100,44		

[1] *Ebendas*, p. 258. — [2] *Annales des mines*, deuxième série, t. V, p. 312.
[3] *Annales de Poggendorff*, t. II, p. 1.

La grande proportion de magnésie que l'on remarque dans le grenat d'Arendal l'a fait désigner par quelques minéralogistes, et notamment par M. de Rammelsberg, sous le nom de *grenat magnésien;* ils le représentent par la formule $AlSi + MgSi$. La couleur de ce grenat me conduit à adopter l'opinion de M. Beudant qui l'associe au grenat almandin ; la classification des grenats devient alors plus régulière, attendu qu'elle est à peu près en rapport avec leurs caractères extérieurs.

Le pyrope, remarquable par sa belle couleur, est rangé dans cette espèce. Ses analyses présentent des différences assez notables, mais dans toutes l'oxyde de chrome remplace une petite quantité d'alumine, en sorte que la composition du pyrope est représentée par $(Al,Cr)\,Si + (Mg,f,Ca)Si$, ainsi qu'il résulte des analyses suivantes :

	De Bohême, par Klaproth [1].	De Stiefelberge, par Kobell [2].	Oxyg.	
Silice	40,00	43,00	22,36	2
Alumine	28,50	22,26	10,40	
Oxyde de chrome	2,00	1,80	1,54	1
Peroxyde de fer	16,50	»	»	
Magnésie	10,00	18,55	7,17	
Chaux	2,50	5,68	1,60	1
Prot. de manganèse	0,25	de fer 8,74	1,99	
	100,75	100,36		

La magnésie existe toujours en grande proportion dans le pyrope ; sous ce rapport il présente de l'analogie avec le grenat d'Arendal.

Grenat mélanite. — Mélanite. — Dans cette troisième variété, l'alumine est remplacée par du peroxyde de fer ; dans quelques localités comme dans les grenats d'Altenau en Hanovre, et de Lindbo en Suède, le remplacement est

[1] *Beitrage*, t. II, p. 16, et t. V, p. 171.
[2] *Archives de Kastner*, t. V, p. 165.

complet ; mais dans le plus grand nombre on trouve encore une certaine quantité d'alumine ; la base à un atome est généralement de la chaux, en sorte que la formule du grenat mélanite est $Fe\,Si + Ca\,Si$. Il est cependant assez rare qu'il n'y existe ni magnésie, ni protoxyde de manganèse qui tiennent lieu d'une certaine quantité de chaux ; les analyses suivantes montrent les différences que cette variété de grenat admet dans sa composition :

	Grenat rouge de Lindbo, par Hisinger [1].	Oxyg.		Jaune d'Altenau, par le comte de Wachmeister [2].	Oxyg.	
Silice	37,55	19,50	2	35,64	18,51	2
Peroxyde de fer	31,35	9,61	1	30,00	9,24	1
Chaux	26,74	7,52 }	1	29,21	8,20 }	1
Prot. de manganèse	4,78	1,13 }		3,02	0,66 }	
Potasse	»			2,35	0,59	

	Vert de Sala, par Bredberg [3].	Oxyg.		Rothoffite de Langbanshytta [4].	Noir des Pyrénées, par Vauquelin [4].	Allochroïte, par Rose [4].	Noir du Vésuve, par Wachmeister [2].	Oxyg.	
Silice	36,75	19,08	2	35,00	43	37,00	39,93	20,74	2
Peroxyde de fer	25,83	7,91 }	1	26,00	16	18,50	13,45	6,28 }	1
Alumine	2,78	1,29 }		0,20	16	8,00	14,90	4,56 }	
Chaux	21,79	6,12 }	1	24,70	20	30,00	31,66	8,89 }	1
Magnésie	12,44	4,61 }		»	»	»	»	»	
Prot. de magnésie	»	»		8,01	»	6,26	1,40	0,31	
Soude	»	»		1,24	»	»	»	»	

Dans le grenat du Vésuve et dans celui des Pyrénées la quantité d'alumine est à peu près égale à celle de l'oxyde de fer. Les grenats mélanites sont ordinairement de couleur très-foncée, noirs, d'un brun noirâtre ; cependant le grenat d'Altenau est jaune, et celui de Sala est d'un vert foncé ; il n'existe donc pas malheureusement de règle générale pour distinguer les différentes variétés de grenat, l'analyse est le seul moyen certain de les classer ; toutefois, comme il a été

---

[1] *Jahresbericht*, t. II, p. 101.
[2] *Annales de Poggendorff*, t. II, p. 1.
[3] *Jahresbericht*, t. III, p. 150.
[4] *Traité de minéralogie de Beudant*, t. II, p. 51.

fait un grand nombre d'analyses de ces minéraux, les localités d'où ils proviennent sont importantes à consulter.

La mélanite est en général rayée par le quartz, ou du moins elle le raye très-difficilement ; sa pesanteur spécifique varie de 36,50 à 40. Fusible en verre noir. Soluble en grande partie dans l'acide hydrochlorique, cette propriété permet d'évaluer presque immédiatement la quantité de fer qu'elle contient, et fournit un moyen de classer ces grenats.

La mélanite, la rothoffite, la pyrénéïte et l'allochroïte sont les principales variétés de grenat qui se rapportent au grenat mélanite ; l'allochroïte contient un peu trop de silice, mais son association au grenat n'en est pas moins évidente; l'on sait en effet que souvent on trouve une certaine quantité de silice en liberté dans un grand nombre de minéraux.

Grenat manganésien. — Spessartine. — Les grenats dans lesquels le protoxyde de manganèse constitue presque entièrement la base à un atome sont assez rares ; leur couleur est d'un rouge violet, d'un rouge brun ; elle ne devient jamais noire. Avec la soude, ils donnent une réaction prononcée de manganèse, essai qui fournit un moyen facile de distinction ; quelques-uns contiennent presque exclusivement de l'alumine, comme base à trois atomes, le plus ordinairement, une certaine proportion de peroxyde de fer s'associe à cette base. Leur pesanteur spécifique varie de 37 à 41. Ils rayent le quartz.

La première analyse de grenat manganésien qui a été publiée est celle de Klaproth sur un grenat du Spessart; M. Beudant a rappelé cette circonstance en donnant à cette variété de grenat le nom de *spessartine*.

	De Spessart, par Klaproth [1].	Oxyg.		De Brodbo, par d'Olsson [2].	Du Connecticut, par Seybert [3].		
Silice	35,00	18,18	2	39,00	35,33	18,63	2
Alumine	14,25	6,63	1	14,30	18,06	8,43	1
Peroxyde de fer	7,90	2,42		»	»	»	
Prot. de manganèse	35,00	7,67	1	27,90	30,96	6,93	1
Protoxyde de fer	6,10	1,38		15,44	14,93	3,38	

Ouwarovite. — Grenat chromifère. — Ce grenat, d'une belle couleur émeraude, a quelque analogie avec la dioptase ; ce dernier minéral, cristallisant en rhomboèdre, présente des faces rhombes, ce qui augmente encore la ressemblance entre ces deux espèces minérales; mais quand on peut observer plusieurs faces, on remarque bientôt que la forme de l'ouwarovite est un dodécaèdre rhomboïdal ; aussi M. Hess, qui a le premier fait connaître l'ouwarovite, a-t-il annoncé que sa forme était la même que celle du grenat ; M. Damour [4] a complété ce rapprochement par l'analyse; il a en effet trouvé que ce minéral est un grenat dans lequel l'oxyde de chrome remplace l'alumine.

Les proportions qui résultent de l'analyse M. Damour sont :

		Oxyg.		
Silice	35,57	18,47		2
Oxyde chromique	23,45	7,01	9,93	1
Alumine et ox. de fer	6,25	2,92		
Chaux	32,22	9,33		1
	98,49			

La formule de l'ouwarovite est par conséquent $\ddot{C}r\dddot{S}i + \dot{C}a\dddot{S}i$, qui caractérise les grenats.

L'ouwarovite raye le quartz ; elle est plus dure que les grenats ordinaires. Au chalumeau, elle ne perd ni sa couleur ni sa transparence ; elle a été trouvée à Bissersk dans l'Oural, où elle est accompagnée de fer chromaté.

---

[1] *Beitrage*, t. II, p. 22.
[2] *Journal de Schweigger*, t. XXX, p. 346.
[3] *Journal de Siliman.*
[4] *Annales des mines*, t. IV, quatrième série, p. 115. 1843.

Grenat granuliforme et compacte. — J'ai annoncé que les grenats sont le plus ordinairement cristallisés; dans certaines variétés, principalement dans les grenats dont la cassure et l'éclat sont résineux, les cristaux sont imparfaits et donnent des masses granuliformes, dont les grains sont plus ou moins soudés ensemble ; cette disposition existe également pour des grenats rouges, tels que ceux d'Ameraglick dans le Groenland, disséminés dans une roche feldspathique, ou de Zöblitz en Saxe, engagés dans de la serpentine.

On trouve en outre des masses grossièrement lamellaires, et des masses compactes à cassure inégale, ou même grenue, que l'on est conduit à rapporter au grenat par l'ensemble de leurs caractères ainsi que par leur composition ; quelquefois même ces masses présentent des cristaux dans leur cassure, qui confirment leur réunion au grenat.

Granatoïde. — On a donné ce nom à une substance en masse provenant du Zillerthal dans le Tyrol ; M. Buckmann [1] a montré que son analyse la rapprochait complétement du grenat.

Analogies. — Lorsque le grenat est cristallisé, sa forme en dodécaèdre rhomboïdal régulier, jointe à ses caractères de couleur et d'éclat, le distingue de presque tous les minéraux ; toutefois certaines variétés d'*idocrase* de Fassa en Tyrol, en prismes à base carrée, avec un pointement sur les angles, offrent de l'analogie avec le grenat ; leur forme est aussi un dodécaèdre rhomboïdal, mais les faces en sont de deux espèces, et le dodécaèdre n'est pas régulier ; la comparaison des angles du pointement et du prisme établit de suite la différence.

A l'état amorphe, le grenat brun présente de l'analogie avec l'*idocrase brune*, la *staurotide* et le *zircon;* ces deux derniers minéraux sont insolubles dans les acides ; l'idocrase est plus facilement fusible que le grenat ; sa pesanteur spécifique est moindre, dans le rapport de 5 à 6. Le grenat taillé

---

[1] *Zeitschrifts für mineralogie*, 1829, p. 827.

est en outre souvent pris pour d'autres gemmes, telles que le *corindon* et le *spinelle*. Le rouge du grenat a une teinte sombre, dont celui du corindon et du spinelle est exempt ; ces derniers n'ont aucune action sur l'aiguille aimantée. Leur dureté est en outre plus grande ; la double réfraction fournirait encore un caractère de distinction.

Gisement. — Le grenat se trouve avec une grande abondance dans la nature ; il ne forme pas de roches proprement dites, mais on l'observe en cristaux disséminés, dans la plupart des roches cristallines, telles que le granite, le gneiss, le schiste micacé, etc. ; il existe en outre dans le terrain de transition ; les Pyrénées, la Bretagne, le centre de la France en offrent de nombreux exemples ; enfin le grenat forme de petits filons ou de petits amas dans les mêmes terrains. Lorsqu'il est disséminé dans les roches schisteuses, presque toujours les feuillets des schistes se contournent autour des cristaux de grenat ; la roche présente alors des espèces de bosses, des inégalités plus ou moins fortes, qui indiquent leur présence ; une circonstance importante à constater dans le gisement du grenat, c'est que sa nature est presque toujours en rapport avec celle de la roche dans laquelle il est enclavé ; ainsi les grenats calcaires sont associés à du calcaire. Cette relation concorde avec plusieurs autres phénomènes pour faire considérer le grenat comme produit dans beaucoup de gisements par métamorphisme. J'ajouterai enfin que les terrains volcaniques renferment du grenat ; on en trouve avec quelque abondance à Frascati, près Rome, et dans le groupe de la Somma au Vésuve.

IDOCRASE.

Vésuvienne ; Frugardite ; Cyprine ; Egérane ; Loboïte.

L'idocrase se présente avec des variations de couleur à peu près analogues à celles que j'ai signalées dans le grenat. L'ancienne vésuvienne est d'un brun rougeâtre ; les idocrases de Fassa en Tyrol, de la vallée d'Ala en Piémont, de la Sibérie et de la Finlande, sont d'un vert jaunâtre plus ou moins prononcé ; enfin les cristaux d'idocrase de Locana en Piémont, qui sont noirs par réflexion, offrent une teinte d'un rouge brunâtre foncé quand on les examine par réfraction. La composition ne rend pas compte de ces différences, et l'on ne peut, comme pour le grenat, y admettre des divisions sous ce rapport, car dans toutes les analyses l'alumine et la chaux dominent de beaucoup sur les autres bases : néanmoins dans quelques-unes, notamment dans la variété appelée *frugardite*, la magnésie existe en grande proportion.

Dans presque toutes les analyses l'oxygène de la silice est égale à l'oxygène des bases, comme dans les grenats ; mais dans cette dernière espèce l'oxygène des bases se divise en deux parties égales, en sorte que la formule générale des grenats est $BSi + bSi$; tandis que pour l'idocrase ce partage ne se fait pas exactement, et que son expression générale est BSi. L'analogie de composition qui existe entre le grenat et l'idocrase a fait penser à quelques minéralogistes, et notamment à M. Lévy, que ces deux espèces fournissaient un nouvel exemple de dimorphisme : la différence que je viens de signaler dans la manière dont est réparti l'oxygène de l'alumine et des bases à un atome, me paraît s'opposer à cette supposition.

Les analyses suivantes montrent cette différence ; elles font en outre voir l'identité de composition qui existe entre la *vésuvienne*, l'*idocrase du Piémont*, *l'égérane*, la *frugardite*, et même la *cyprine*.

	Brune du Vésuve, par Karsten[1].			Verte tirant sur le brun, de Slatoust en Oural, par Varrentrapp[2].		
		Oxyg.			Oxyg.	
Silice	37,50		19,62	37,84		19,63
Alumine	18,50	9,03	19,8	19,99	8,40	20,06
Chaux	33,71	9,47		35,18	9,89	
Protoxyde de fer	6,25	1,42		6,45	1,46	
Prot. de manganèse	»	»		»	»	
Magnésie	0,10	»		0,81	0,31	

[1] *Karsten's archives für mineralogie*, t. IV, p. 391.

[2] *Ebendas*. p. 343.

Verte d'Ala en Piémont, par Karsten[1].			D'un vert foncé, de Cziklowa, par Magnus[2].				Egérane d'Eger, par Karsten[1].		
	Oxyg.			Oxyg.				Oxyg.	
39,25		20,39	38,32		20,02		39,70		20,62
18,10	8,44		20,06	9,36			18,95	8,85	
33,85	9,48		32,41	9,11			34,88	9,80	
4,30	0,98	20,1	3,43	0,78	20,37		2,90	0,66	20,06
0,75	0,17		0,12	»			0,96	0,22	
2,70	1,05		2,99	1,12			»	»	
						Soude...	2,10	0,53	

Frugardite de Finlande, par Nordenskiold[3].			De la vallée d'Ala, par Sismonda[4].			Cyprine de Tellemarken en Norwége, par Richardson[5].		
38,53		20,01	39,54		20,53	38,80		20,21
17,40	8,11		11,00	5,14		20,40	9,52	
27,70	7,78		34,09	9,58		32,00	8,99	20,32
3,90	0,89	20,95	8,00	1,82	18,13	8,35	1,90	
0,03	0,07		7,10	1,59			20,41	
10,60	4,01		»	»				

La *cyprine* est d'un beau bleu céleste; on admet généralement que cette couleur est due à une certaine quantité d'oxyde de cuivre, ce qui l'a fait désigner par quelques minéralogistes sous le nom d'*idocrase cuprifère*. M. Richardson annonce cependant que les recherches les plus minutieuses ne lui ont indiqué aucune trace de cet oxyde[5]; on ne saurait donc, quant à présent, à quelle cause attribuer la couleur particulière de la cyprine.

M. de Sismonda, professeur de minéralogie à l'Académie de Turin, a décrit une idocrase de la vallée d'Ala en Piémont, qui est remarquable par la quantité de protoxyde de manganèse qu'elle contient.

La pesanteur spécifique de l'idocrase du Piémont est de 33,99; celle de la vésuvienne est de 34,20; la cyprine pèse, d'après M. Richardson, 32,28; sa dureté est de 6,5.

---

[1] *Karsten's archives für mineralogie*, t. IV, p. 391.
[2] *Annales de Poggendorff*, t. XXI, p. 50,
[3] *Journal de Schweigger*, t. XXXI, p. 436.
[4] *Memoire della reale Acad. delle scienze di Torino*, t. XXXVII, p. 93.
[5] *Traité de minéralogie* de M. Thomson, t. 1er, p. 262.

elle raye aisément le verre; la cassure de l'idocrase est inégale, légèrement conchoïde, ou plutôt ondulée, souvent translucide ; quelques cristaux sont même transparents, surtout ceux d'un vert clair.

Au chalumeau l'idocrase est fusible avec ébullition en un verre jaunâtre translucide; avec le borax elle se dissout aisément en un verre diaphane coloré par de l'oxyde de fer.

La forme primitive de l'idocrase est un prisme droit à base carrée, *fig.* 30, *pl.* 150, dans lequel le rapport d'un côté de la base à la hauteur est dans le rapport des nombres 25 : 13. La forme primitive est presque toujours dominante, en sorte que sa cristallisation n'est pas très-variée ; toutefois elle présente un grand nombre de modifications, et les cristaux sont quelquefois fort compliqués.

Les cristaux sont ordinairement basés; souvent la base est très-large, et les modifications ne sont que de simples bordures ; dans quelques cristaux, au contraire, les pointements octaédriques sont prononcés.

Fig. 31. Forme primitive portant des troncatures h^1 sur chaque arête verticale, donnant le prisme carré tangent.

Fig. 32, *pl.* 151. *Idem*, portant en outre des modifications h^2 placées sur les arêtes d'intersection de M et de h^1 ; ces cristaux, qui proviennent de Finlande, ont une apparence cannelée, et offrent de l'analogie avec l'épidote.

Fig. 33 et 34. Même forme, avec un pointement b^1 ; dans la *fig.* 33, qui représente des cristaux du Piémont, les faces b^1 forment de simples troncatures ; dans la *fig.* 34 le pointement a presque atteint sa limite ; cependant il est très-rare qu'il n'existe pas à son sommet une indication de la face P. Ces derniers cristaux proviennent des bords du fleuve Wilui, près du lac Achtaragda en Sibérie.

Fig. 35. Même forme, avec les modifications verticales h^2; d'Eger en Norwège.

Fig. 36. Forme primitive, avec un octaèdre a^1 placé sur les angles ; il est presque toujours basé et accompagné des faces

h^1 *fig.* 37. Cette variété de cristaux est très-fréquente, on en connaît du Piémont, de Sibérie, du Tyrol et du Vésuve.

Fig. 38, *pl.* 152. Cristaux du Piémont présentant la réunion des deux octaèdres b^1 et a^1. Le second ne constitue que de légères troncatures sur les arêtes de b^1.

Fig. 39. Même forme dans laquelle l'octaèdre a^1 est dominant; elle offre en outre des modifications h^2.

Fig. 40 et 41. Cristaux du Vésuve; les premiers portent deux octaèdres b^1 et $b^{7/3}$; les seconds trois octaèdres b^1, b^3, et a^1; ils sont assez fortement basés.

Fig. 42. Beau cristal de Fassa en Tyrol, fortement basé, présentant, outre les modifications b^1, $b^{1/3}$ et a^1, des facettes inclinées a_3, placées en zigzag sur les arêtes d'intersection de b^1 et de h^1.

Fig. 43. Même forme, avec des facettes h^2; du Piémont.

Fig. 44, *pl.* 153. Même forme, portant en outre une modification intermédiaire i, donnée par la loi de décroissement $i = (b^1\ b^{1/3}\ h^{1/2})$; du Piémont.

Les *fig.* 45 et 46, que j'emprunte à M. Lévy, présentent un grand nombre de facettes; la *fig.* 46, qui appartient à un cristal du Vésuve, en offre 146; malgré cette multiplicité de modifications, la disposition symétrique du cristal, que le plan *fig.* 46 *bis* met en évidence, permet de reconnaître immédiatement chacune d'elles.

Les cristaux d'idocrase sont ordinairement très-éclatants; certaines faces verticales seulement sont striées, et il est alors difficile d'en obtenir la mesure exacte; les angles principaux de cette espèce sont :

P sur M	= 90°.	M sur M = 90°.
M sur h^1	= 135°.	M sur h^2 = 153° 26′.
M sur h^3	= 161° 34′.	M sur b^1 = 115° 15′ 30″.
P sur b^1	= 142° 53′.	b^1 sur b^1 = 129° 29′.
P sur b^2	= 159° 16′ 30″.	M sur b^2 = 104° 29′ 30″.
P sur b^3	= 165° 50′ 30″.	M sur b^3 = 99° 58′.
P sur $b^{1/2}$	= 123° 27′ 10″.	M sur $b^{1/2}$ = 126° 9′ 20″.
P sur $b^{1/3}$	= 113° 46′ 20″.	M sur $b^{1/3}$ = 130° 20′.
P sur $b^{1/4}$	= 108° 17′.	M sur $b^{1/4}$ = 134° 11′.

P sur a^1 = 151° 51′.
M sur a^1 = 118° 9′.
a^1 sur a^1 = 141° 1′.
P sur a_2 = 129° 53′.
M sur a_2 = 133° 20′ 20″.
a_2 sur a_2 = 151° 55′.
P sur a_3 = 120° 35′.
M sur a_3 = 144° 45′.
P sur a_4 = 114° 23′.
M sur a_4 = 152° 5′.
P sur $(b^1 b^{1/3} h^{1/2})$ = 139° 46′.
M sur $(b^1 b^{1/3} h^{1/2})$ = 127° 47′ 30″.
P sur $(b^{1/2} b^{1/3} h^1)$ = 112° 38′ 40″.
M sur $(b^{1/2} b^{1/4} h^1)$ = 145° 27′.
$(b^{1/2} b^{1/4} ; h^1)$ = 114° 44′.
b^1 sur b^1 = 129° 29′.
b^2 sur b^2 = 151° 1′.
b^3 sur b^3 = 160° 5′.
$b^{1/2}$ sur $b^{1/2}$ = 107° 41′ 20″.
$b^{1/3}$ sur $b^{1/3}$ = 99° 21′.
$b^{1/4}$ sur $b^{1/4}$ = 95° 39′.
a_3 sur a_3 = 134° 42′.
a_4 sur a_4 = 124° 7′.
a_4 sur a_4 = 154° 28′.
$(b^1 b^{1/3} : h^{1/2})$ = 146° 25′.
$(b^1 b^{1/3} . h^{1/2})$ = 156° 13′.
$(b^1 b^{1/3} , h^{1/2})$ = 80° 28′.
$(b^{1/2} b^{1/4} . h^1)$ = 131° 15′.
$(b^{1/2} b^{1/4} , h^1)$ = 134° 42′.

Prothéite. — M. le docteur Ure a désigné sous ce nom une variété d'idocrase bacillaire du Zillerthal dans le Tyrol. Elle est d'un vert olive ; sa forme est visiblement rectangulaire, malgré les stries nombreuses et profondes qui existent sur ses faces verticales.

Analogies. — L'idocrase présente le même système cristallin que l'*oxyde d'étain* et le *zircon*, en sorte que la variété brune a beaucoup de ressemblance avec ces deux minéraux : le *grenat*, dont les formes dérivent du système régulier, offre aussi dans quelques cas de l'analogie ; certains cristaux de Fassa en Tyrol ont surtout beaucoup de ressemblance. L'idocrase verte peut, quand les cristaux sont mal terminés et qu'ils sont cylindroïdes, se confondre avec le *pyroxène diopside, l'épidote* et la *tourmaline ;* enfin une variété grenue, qui provient de Sibérie, rappelle par sa couleur et sa texture le *péridot* olivine.

L'*oxyde d'étain* a une pesanteur spécifique presque double de l'idocrase ; le *zircon* est plus dur que ce minéral, il est en outre infusible ; le *grenat* est en dodécaèdre régulier et tous ses angles sont égaux ; le dodécaèdre de l'idocrase est seulement symétrique et les angles en sont de deux espèces.

La symétrie du système à base carrée de l'idocrase se dévoile dans les cristaux les plus imparfaits, même dans les cristaux cylindroïdes ; la présence habituelle de la base, qui est perpendiculaire aux arêtes verticales, est en outre un caractère presque certain ; toutefois il existe une variété d'idocrase d'Ala en Piémont, fort analogue sous ce rapport avec l'épidote du Dauphiné ; le clivage assez facile de ce dernier minéral est caractéristique : quant au péridot, il est très-difficilement fusible, tandis que l'idocrase fond facilement avec bouillonnement.

Pour les morceaux taillés, la difficulté est quelquefois très-grande ; le *péridot*, l'*épidote*, et la *tourmaline* offrent dans certains échantillons des nuances vertes presque identiques ; le *zircon* et l'*idocrase* brune sont dans le même cas ; il faut alors étudier la pesanteur spécifique et l'indice de réfraction.

Gisement. — L'idocrase possède deux gisements différents ; le premier, dans les roches talqueuses et calcaires des terrains métamorphiques, notamment dans les Alpes du Piémont et du Tyrol, dans les montagnes de transition des Pyrénées, de la Norwège et de l'Oural ; le second est au milieu des roches calcaires intercalées dans le tuf ponceux de la Somma, près Naples : l'idocrase de cette dernière localité est brune, elle a reçu le nom particulier de *vésuvienne*.

ÉPIDOTE.

Akanticonne ; Pistacite ; Delphinite ; Scorza ; Stralite ; Saualpite ; Arandalite ; Schorl vert ; Thallite (Beudant).

L'épidote était connue des anciens minéralogistes, mais ses caractères ayant été pendant longtemps mal déterminés, ils l'ont désignée sous les noms variés que j'ai rappelés ci-dessus. Aujourd'hui encore il existe quelque divergence d'opinions sur les limites à assigner à cette espèce. M. Beudant, de concert avec la plupart des minéralogistes allemands, sépare les minéraux que je réunis sous le nom d'épidote en deux espèces, la *thallite* et la *zoïsite* ; M. Lévy a même fait une troisième division sous le nom d'*épidote manganésifère*.

Ces divisions sont établies sur de légères différences que l'on observe entre les angles de la thallite et de la zoïsite, ainsi que sur la facilité du clivage de ce dernier minéral ; mais si l'on compare les analyses des diverses variétés d'épidote, on reconnaît qu'elles présentent une identité de composition atomique; seulement ici, comme pour le grenat, l'amphibole et le pyroxène, la chaux, la magnésie, le protoxyde de fer ainsi que le protoxyde de manganèse se remplacent, et donnent lieu à trois variétés de couleur : la thallite est d'un beau vert pistache; la zoïsite est d'un gris verdâtre, l'épidote manganésifère est violette; toutefois ces couleurs ne sont pas complétement distinctes; l'épidote du Piémont est d'un vert jaunâtre. La petite quantité de fer qu'elle contient rend compte de sa couleur, et fournit en outre un rapprochement avec la zoïsite.

La forme de la thallite ne diffère que de quelques minutes de celle de la zoïsite; la dureté et la pesanteur spécifique sont les mêmes pour ces deux minéraux, en sorte que les différences qui existent entre eux ne sont pas plus prononcées que les différences que l'on remarque entre l'épidote d'Arendal en Suède, qui est d'un vert foncé et opaque, et l'épidote du Dauphiné, à la fois d'un vert clair et transparente. La surface des cristaux du Dauphiné offre un éclat très-vif, et ils prennent un très-beau poli; Saussure les avait nommés *schorls aigues-marines;* mais leur couleur d'un vert olive rend le nom d'*aigue-marine* très-impropre.

L'épidote raye le verre avec facilité ; sa dureté est représentée par le nombre 6,5 ; sa pesanteur spécifique varie de 32,60 à 34,50; sa cassure est inégale. La variété grise présente des clivages faciles, et la cassure en est lamelleuse.

Au chalumeau l'épidote se boursoufle, se tuméfie et fond sur les bords; la variété verte donne une masse d'un brun foncé; la variété grise un verre transparent un peu jaunâtre. Ces deux variétés sont inattaquables par les acides.

Épidote verte ou ferrugineuse. Thallite.

	Du Dauphiné, par Descotils[1].	Du Tyrol, par John.	De l'île Saint-Jean, par Beudant[2].	Oxygène.	Rapp.
Silice	37	39	40,9	21,2	3
Alumine	27	26	28,9	13,5	2
Chaux	14	15	16,2	4,5 }	1
Protoxyde de fer	17	18,50	14,0	3,2 }	
Prot. de manganèse	1,5	1,25	»		
	96,5	99,75	100,0		

Épidote grise ou calcaire. Zoïsite.

	Des États-Unis, par Thomson[3].	De Bareuth[4], par Bucholz[5].	De Carinthie, par Klaproth.	Oxygène.	Rapp.
Silice	39,30	40,25	45	23,37	3
Alumine	29,49	30,25	29	13,54	2
Chaux	22,96	22,50	21	5,89 }	1
Protoxyde de fer	6,48	4,50	3	0,68 }	
	99,23				

Épidote violette ou manganésifère.

De Saint-Marcel,

	par Cordier[6].	par Sobrero[7].	par Hartwak[8].	Oxyg.	Rapp.
Silice	33,5	37,86	38,47	19,98	3
Alumine	15,0	16,30	17,65	8,23 }	2
Peroxyde manganèse	12,0	18,96	14,08	4,22 }	
Peroxyde de fer	19,5	7,41	5,60	1,71 }	
Chaux	14,5	13,12	21,65	6,03 }	1
Magnésie	» Oxyd.	4,82	1,82	0,71 }	
	94,5	99,17	106,27		

Ces analyses peuvent se mettre sous la formule générale 2B$\dot{S}i$ + $b$$\dot{S}i$, qui serait celle de l'épidote; la variété verte se-

[1] *Journal des mines*, t. V, p. 415.
[2] *Annales des mines*, deuxième série, t. V, p. 313.
[3] *Traité de minéralogie*, de Thomson, 1er vol., p. 271.
[4] *Gehlen's journal*, t. I, p. 200.
[5] *Beitrage*, t. IV, p. 179, et t. V, p. 41.
[6] *Journal des mines*, t. XIII, p. 130.
[7] *Arsberättels*, 1840, p. 218.
[8] *Annales de Poggendorff*. t. XIV, p. 483.

rait alors représentée par $2AlSi + (Ca,f)Si$, tandis que l'épidote grise aurait pour formule $2AlSi + CaSi$; enfin la variété manganésifère du Piémont aurait pour expression $2(Al,Mg,Fe)Si + CaSi$.

La cristallisation de l'épidote appartient au système du prisme rhomboïdal oblique ; M. Lévy a en effet adopté ce prisme comme forme primitive de l'épidote, et il en a fait dériver toutes les modifications; mais la disposition des cristaux d'épidote se prête difficilement à ce mode de dérivation, et quand on prend cette forme pour point de départ, il faut, au lieu de placer les cristaux dans le sens de leur longueur, les mettre en travers ; cette circonstance me fait préférer la forme primitive de Haüy, qui est un prisme rectangulaire irrégulier, *fig.* 49, *pl.* 154, dans lequel P sur M et sur T égale 90°, tandis que M sur T = 115°41′. En adoptant cette forme, les cristaux d'épidote sont ordonnés comme ceux de pyroxène et d'amphibole, avec lesquels ils ont beaucoup d'analogie ; il en résulte alors un moyen facile de les comparer, et d'établir entre eux une distinction cristallographique. Je ne me dissimule pas que dans ce cas l'épidote constitue une espèce d'exception, mais ses cristaux sont alors disposés d'une manière si naturelle, que je crois devoir, pour ce minéral, abandonner le prisme oblique; du reste le prisme rectangulaire irrégulier dérive facilement de cette forme; la face P correspond à g^1 de Lévy, la face M est placée suivant le plan diagonal h^1, enfin la face T correspond à la modification a^2. Quant aux faces primitives de Lévy, sa base P est la modification g^1 de mes figures, et les faces M correspondent au biseau c^1, donné par une modification sur les arêtes C de la base. Au moyen de cette synonymie, il est facile de comparer les figures que M. Lévy a données avec celles que j'ai dessinées dans mon atlas.

Les cristaux d'épidote sont souvent maclés, ce qui apporte quelque difficulté à leur étude ; mais en adoptant le prisme rectangulaire irrégulier pour forme primitive, il existe une circonstance particulière qui la facilite beaucoup : elle consiste en ce que les plans diagonaux n'étant pas perpendiculaires l'un sur l'autre, l'arête des biseaux placés sur les bases est oblique à la face h^1, et que les cristaux sont pour ainsi dire gauches, ainsi qu'on l'observe dans les *fig.* 50, 51, 52, etc. Cette disposition fournit un excellent caractère pour distinguer l'épidote du pyroxène et de l'amphibole, minéraux qui offrent beaucoup d'analogie avec cette espèce.

Les formes les plus simples sont des prismes à six faces, composés des faces M, T et g^1, surmontés d'un biseau b^1, résultant d'une modification sur les arêtes (*fig.* 50), ou d'un second biseau e^1 placé sur les angles E (*fig.* 51); les cristaux de Chamouni offrent ces deux dispositions ; elles se représentent aussi dans les beaux échantillons d'Arendal.

Fig. 52. Prisme surmonté d'un biseau e^1, avec des modifications verticales h^1 et g^1 parallèles aux plans diagonaux ; de Chamouni.

Fig. 53. Même forme, dans laquelle la base est indiquée par une petite facette ; il y existe en outre une modification c^1 ; de Chamouni.

Fig. 54. Prisme à six faces largement basé dont les arêtes de la base portent une bordure à six faces, composée de deux biseaux e^1 et b^1, auquel s'est joint un troisième biseau c^1, placé sur les arêtes d'intersection de la base et de la face M. Ce cristal a une symétrie qui n'existe pas dans les autres, mais on reconnaît encore l'obliquité des plans diagonaux par la forme même de la base.

Fig. 55, *pl.* 155. Prisme à six faces basé, avec une double modification sur les arêtes C, et les angles E.

Fig. 56. Cristaux du Piémont, auxquels la suppression des faces M donne une grande irrégularité apparente.

Fig. 57. Cristal d'Arendal, présentant, outre les faces que j'ai déjà signalées, deux biseaux a^1 et $a^{1/2}$.

Fig. 58, 59 et 60. Cristaux maclés parallèlement à la face T. Lorsque les cristaux sont terminés à leurs deux extrémités, il est facile de s'apercevoir de la macle par la différence que l'on observe dans les sommets ; mais le plus ordinairement les cristaux sont engagés par le sommet inférieur ; ils paraissent alors terminés par un large biseau e^1, et on peut les croire simples. Les petites faces triangulaires c^1 donnent un moyen de reconnaître la macle, attendu que dans les cristaux simples, les deux faces c^1, au lieu d'être réunies, sont placées l'une sur le devant, l'autre sur l'arrière du cristal. On a supposé dans ces figures que c'était le cristal de gauche qui avait tourné, afin que l'angle rentrant fût placé sur le devant, et par suite fût plus visible.

Fig. 61, *pl.* 156. Cristal de même forme que celui représenté à la *fig.* 57, mais surchargé de facettes verticales et portant en outre une modification intermédiaire i, dont la loi est $i = (b^2\ c^1\ h^2)$.

Fig. 62. Même cristal hémitrope. Ce dernier dessin est fait d'après un échantillon appartenant à l'École des mines, et qui provient de la collection de M. le marquis de Drée. Sa couleur d'un vert foncé et son éclat me font penser qu'il est, comme les cristaux 57 à 60, originaire d'Arendal. J'ai dessiné le cristal simple (*fig.* 61), d'après cet échantillon pour mieux faire comprendre l'association des deux cristaux qui composent la macle.

Angles principaux.

P sur M	= 90°.	M sur T	= 115° 41′.
P sur T	= 90°.	M sur T en retour	= 64° 19′.
M sur g^1	= 114° 40′.	T sur g^1	= 129° 39′.
M sur g^2	= 145° 39′.	T sur g^2	= 99° 44′.
M sur ^2g	= 88° 44′.	T sur ^2g	= 154° 7′.
M sur g^4	= 163° 31′.	T sur $h^{4/3}$	= 145° 39′.
M sur $h^{4/3}$	= 150° 15′.	M sur g^4	= 163° 3′.
P sur b^1	= 145° 3′.	T sur b^1	= 124° 57′.
P sur $b^{1/2}$	= 125° 35′.	T sur $b^{1/2}$	= 144° 25′.
P sur c^1	= 148° 37′.	g^1 sur $e^{1/2}$	= 144° 55′.
M sur c^1	= 121° 50.	^2g sur $e^{1/2}$	= 141° 48′.
P sur $c^{1/2}$	= 129° 21′.	^2g sur i	= 122° 26′.
M sur $c^{1/2}$	= 140° 39′.	e^1 sur e^1	= 109° 10′.
P sur e^1	= 145° 6′.	e^1 sur g^1	= 125° 25′.
P sur $e^{1/2}$	= 125° 5′.	g^1 sur g^2	= 151° 3′.
		b^1 sur b^1	= 110° 10′.

Épidote bacillaire. — On trouve à Arendal, au petit Saint-Bernard, ainsi que dans l'Oisans, des cristaux prismatiques, très-allongés et cannelés, réunis ensemble sous forme bacillaire, à la manière de la tourmaline ; souvent ils sont terminés par une face plane très-brillante qui sert à les distinguer de ce dernier minéral.

Epidote granulaire, ou arénacée. — On désigne sous ce nom un sable verdâtre composé de grains peu brillants, qui provient des bords de la rivière Aranios, près de Muska en Transylvanie ; ces grains rayent le verre, sont fusibles en une scorie noire irréductible ; leur composition se rapproche beaucoup de celle de l'épidote. Ces différents caractères ont engagé les minéralogistes à réunir ce sable à l'épidote ; il est vulgairement connu sous le nom de *scorza*.

Thulite. — Ce minéral, d'un rose assez vif, n'a pas encore été trouvé en cristaux, mais il se clive facilement, et les faces que l'on obtient par la division mécanique offrent des incidences qui s'accordent parfaitement avec les angles de l'épidote ; ses lames sont même maclées à la manière de l'épidote d'Arendal et du Dauphiné. L'analyse de la thulite faite par M. le professeur Esmark de Christiania, ainsi que celle publiée assez récemment par Gmelin[1] confirment la conclusion qui résulte des clivages de la thulite : il est vrai que, d'après une analyse de M. Thomson [2], la thulite serait un silicate de cérium ; la différence complète qui existe entre ces analyses, que nous rapportons ci-dessous, me fait penser que le minéral analysé par M. Thomson n'est pas la thulite de Telemarken en Norwège, mais probablement un échantillon de cérite violette.

---

[1] *Annales de Poggendorff*, t. XLIX, p. 539.

[2] *Traité de minéralogie* de Thomson, premier volume, p. 415.

Localité inconnue, par Thomson.	
Silice	46,10
Peroxyde de cérium	25,95
Chaux	12,50
Peroxyde de fer	5,45
Potasse	8,00
Eau	1,55
	99,55

Thulite de Telemarken,	par Esmark.	par Gmelin.	Oxyg.	
Silice	42,50	42,81	22,21	3
Alumine	25,10	31,15	14,55	2
Chaux	19,40	18,73	5,26	1
Magnésie	0,65	»	»	
Oxyde de fer	»	2,99	0,68	
— de magnésie	»	1,64	0,37	
Soude	»	1,89	0,40	
Eau	»	0,69	»	
	87,65	99,85		

La relation atomique qui résulte de la dernière analyse conduit presque exactement à la formule 2Al*Si*, + *CaSi*, qui représente l'épidote.

La thulite raye le verre; sa dureté est de 5,80 à 6. Sa pesanteur spécifique est de 31,05.

Bucklandite. — M. Lévy a donné ce nom à de petits cristaux d'un brun noirâtre (*fig.* 47, *pl.* 153) qui accompagnent l'amphibole et la parenthine à Arendal en Norwège; ce minéralogiste a annoncé qu'ils appartiennent à un prisme oblique rhomboïdal dont les angles sont P sur M = 103° 36′, et M sur M = 70° 40′ ou 109°, 20′; M. G. Rose a découvert dans les laves du lac de Laach, sur les bords du Rhin, de petits cristaux très-brillants qu'il a rapportés à la bucklandite; d'après son examen, ces cristaux mesurent presque exactement les angles de l'épidote, et doivent être associés à cette espèce. On peut effectivement faire concorder les cristaux de bucklandite décrits par M. Lévy avec l'épidote, en retournant ces cristaux ainsi que je l'ai indiqué dans la *fig.* 48, qui, sauf les dimensions, est la reproduction de la *fig.* 50 de l'épidote. Dans ce cas, l'incidence des faces M de la bucklandite représente l'angle des faces b^1 de l'épidote qui est de 110° 10′; les faces P, h^1, $a^{2/3}$ et e^1 de la première espèce correspondraient alors aux faces M, T, g^2 et c^1 de la seconde. Il n'y a donc aucun doute sur la réunion de la bucklandite à l'épidote; elle en forme une variété ferrugineuse, dont la composition serait représentée par la formule 2F*eSi* + F*eSi*.

La bucklandite raye facilement le verre, sa cassure est inégale; sa pesanteur spécifique est de 39,45. Elle est complétement soluble dans l'acide muriatique.

Violan ou violane. — Nom donné par M. Breithaupt à une variété d'épidote manganésifère de Saint-Marcel en Piémont, qui a éprouvé un commencement de décomposition.

Withamite. — M. le docteur Brewster a décrit sous ce nom de petits cristaux d'un jaune rougeâtre, trouvés dans une amygdaloïde de Glencö, dans le comté d'Argyle en Écosse, par M. Witham. Leur forme est celle d'un prisme à six faces surmonté d'un biseau; ils sont analogues aux cristaux de la variété d'épidote, *fig*. 51. Les angles mesurés par M. Brewster sont MT = 116° 40′, et g^1 sur T = 128° 20′, très-rapprochés des angles correspondants de l'épidote; l'analyse de la withamite correspond également à celle de l'épidote, et confirme la réunion de ces deux espèces. Il y existe seulement un peu trop de silice, mais M. Coverdale[1], auquel on en est redevable, annonce qu'elle n'a été faite que sur six grains, et qu'on ne peut y ajouter une entière confiance, attendu que les petits cristaux qu'il a analysés étaient encore mélangés de la roche à laquelle ils adhéraient.

Analogies. — L'épidote présente une grande analogie de caractères extérieurs avec certaines variétés vertes de *pyroxène*, d'*amphibole*, de *tourmaline* et d'*idocrase;* les formes au premier abord confirment cette analogie; mais quand on les examine avec quelque attention, on reconnaît de suite des différences prononcées. La tourmaline dérive d'un rhomboèdre, ses sommets portent donc des modifications triples ou sextuples dont les faces sont égales et également disposées; l'idocrase appartient au système à base carrée, les modifications qu'on y observe sont des multiples de quatre, et leurs inclinaisons à l'axe sont les mêmes; quant au pyroxène et à l'amphibole, l'analogie de leurs formes est plus grande, sur-

---

[1] *Traité de minéralogie* de Thompson, premier volume, p. 377.

tout pour la première espèce, dont les cristaux sont souvent terminés par un biseau naissant sur les angles E. Mais la position de ce biseau est différente, et elle fournit un caractère cristallographique facile à saisir; en effet, le pyroxène dérivant d'un prisme rhomboïdal oblique, l'arête du biseau est inclinée à l'horizon, mais en même temps le plan diagonal dont elle est la trace est perpendiculaire sur l'autre plan diagonal, et divise le cristal en deux parties complétement égales ; dans l'épidote l'arête du biseau est horizontale ; de plus elle est, ainsi que je l'ai fait remarquer, oblique à la face h^1, en sorte que les cristaux d'épidote ont une disposition irrégulière très-prononcée.

Pour les variétés bacillaires, les clivages du pyroxène et de l'amphibole servent à distinguer ces deux espèces; l'action du chalumeau, et surtout la propriété électrique de la tourmaline, différencient ces deux minéraux; j'ajouterai que même dans les échantillons de tourmaline bacillaire les plus imparfaits, il est bien rare qu'on n'aperçoive pas la coupe triangulaire sphérique qui caractérise cette espèce; d'un autre côté, presque toutes les variétés d'épidote bacillaire portent une base très-brillante, qui, étant perpendiculaire à l'axe, la distingue des autres minéraux que je viens de citer.

WERNÉRITE.

Paranthine; Scapolite; Rapidolite; Arktizite; Méionite; Pargasite.

Je réunis sous ce nom la *paranthine*, la *wernérite* et la *méionite*, espèces qui ne diffèrent entre elles que par une variation dans l'éclat, et par une différence dans le gisement; j'ai adopté le nom de *wernérite*, de préférence à celui de paranthine, pour rappeler le nom du célèbre professeur de Freiberg, qui a donné la première classification raisonnée des minéraux, et qui a si puissamment contribué par son éloquente parole aux développements des sciences minérales. La paranthine, la wernérite et la méionite cristallisent en prisme à base carrée, ayant même hauteur, ainsi qu'il résulte de la comparaison des angles que je vais donner; leur composition est en outre presque identique, de sorte que les deux caractères qui établissent la nature des minéraux sont d'accord pour cette réunion ; j'ajouterai que si leurs caractères extérieurs offrent ordinairement quelque différence, quelquefois au contraire il existe entre eux une identité complète ; ainsi l'Ecole des mines possède un échantillon de paranthine d'Arendal, dont les cristaux sont hyalins et à faces brillantes comme les cristaux de méionite, tandis que certains échantillons de méionite du Vésuve sont altérés à la surface, et paraissent saupoudrés d'une substance blanche pulvérulente, circonstance que l'on remarque fréquemment dans les cristaux de paranthine.

Les cristaux de paranthine, de méionite et de wernérite possèdent exactement les mêmes formes secondaires; la *fig.* 66, *pl.* 156, qui consiste dans un prisme carré tronqué sur ses arêtes verticales, et portant un pointement octaédrique sur les arêtes de la base, représente à la fois les cristaux les plus habituels de paranthine et de méionite; la *fig.* 65, qui est la seule forme connue de wernérite, n'est autre chose que la *fig.* 66, dans laquelle les modifications h^1 sont réduites à de simples troncatures par l'agrandissement des faces M. C'est donc la forme primitive qui domine dans la wernérite, mais le pointement octaédrique est le même. La valeur des angles établit cette identité de la manière la plus absolue ; on a en effet :

Pour la paranthine.	Méionite.	Wernérite.
P sur M = 90°	P sur M = 90°	P sur M = 90°
M sur M = 90°	M sur M = 90°	M sur M = 90°
M sur h^1 = 135°	M sur h^1 = 135°	M sur h^1 = 135°
P sur b^1 = 148° 42′	P sur b^1 = 148° 15′	P sur b^1 = 148°
M sur b^1 = 121° 28′	M sur b^1 = 121° 45′	M sur b^1 = 122°
b^1 sur b^1 = 136° 38′	b^1 sur b^1 = 136° 22′	b^1 sur b^1 = 136° 25′
b^1 sur b^1 (au sommet) = 117° 14′	b^1 sur b^1 = 117° 4′	b^1 sur b^1 = 116° 20′

Les dimensions du prisme qui résultent de la modification b^1, sont :

$$B = 2, \text{ et } H = 25.$$

La paranthine se présente en outre en prisme à huit faces, *fig.* 64, *pl.* 156, terminé par une large base.

Les formes de la méionite sont un peu plus variées que celles de la paranthine et de la wernérite. Quelquefois le prisme est cannelé par des modifications h^2, souvent il s'y joint en outre, *fig.* 67, *pl.* 157, de petites faces a_2, qui donneraient lieu par leur prolongement à un pointement à huit faces.

Haüy décrit en outre, sous le nom de *triplante*, des cristaux (*fig.* 68) dans lesquels il existe des faces a^1 formant des troncatures étroites sur les arêtes b^1.

Les cristaux de *méionite* ont rarement plus de 2 à 3 millimètres d'épaisseur; quelquefois ils sont allongés et serrés alors les uns contre les autres. Ils sont tantôt hyalins, tantôt blancs laiteux et simplement translucides; presque toujours fendillés dans l'intérieur à la manière des substances qui ont été étonnées par le feu.

Les cristaux de *paranthine* acquièrent d'assez grandes dimensions; ils sont en général allongés et minces; dans quelques échantillons ils deviennent à l'état d'aiguilles; leur couleur la plus fréquente est le blanc sale, le blanc laiteux, ou le blanc grisâtre. Il en existe de couleur rouge fleur de pêcher et même rouge brique. Ils sont opaques, ou faiblement translucides; cependant on en connaît de transparents, tels sont les cristaux d'Arendal que j'ai cités plus haut.

La *wernérite* est d'un vert d'asperge, vert grisâtre, quelquefois même vert olive; la teinte verdâtre, et la position du pointement placé sur les arêtes du prisme dérivé, caractérisent cette variété de paranthine.

La cassure de la méoinite est inégale et brillante; celle de la paranthine et de la wernérite est indistinctement lamelleuse parallèlement aux faces M, sens suivant lesquels il existe des clivages faciles; la méionite possède également ces clivages, mais on ne les observe que sous une vive lumière. L'éclat est gras et vitreux.

Ces différents minéraux rayent le verre et non le quartz;

la dureté est exprimée par le nombre 5,5; pesanteur spécifique de la méionite 26,12 ; paranthine, 26,35 wernérite 27,70.

La méionite est fusible en un verre spongieux blanc, avec bouillonnement; elle est soluble en gelée dans les acides. La paranthine et la wernérite sont également fusibles avec boursouflement en verre blanc, ou légèrement verdâtre.

	Paranthine de Pargas, par Nordenskiöld[1].		Wernérite de Tunaberg, par Walmsted[2].		Méionite de Sterzing, par Stromeyer[3].	Méionite du Vésuve, par Gmelin[4].		
		Oxyg.		Oxyg.			Oxyg.	Rapp.
Silice.......	43,83	22,77	43,83	22,77	39,92	43,80	22,70	4
Alumine....	35,28	16,47	35,43	16,31	31,97	32,83	15,33	3
Chaux......	19,37	5,14	18,96	5,32	23,86	20.64	5,79	1
Soude et lithine......	»	»	»	»	0,89	1,57	»	»
Protox. de fer.	0,61				2,24	1,07		
	99,01		98,22		98,88	99,81		

La comparaison de ces analyses confirme la réunion qui résulte de la forme cristalline de la paranthine, de la wernérite et de la méionite. La formule qui en représente la composition est $3AlSi + CaSi$.

Plusieurs autres minéraux paraissent encore devoir être réunis à la wernérite, ce sont la *nuttalite*, l'*ekebergite*, la *gabronite*, la *barsowite*, et très-probablement la *bergmanite*.

Wernérite lamelleuse. — Des cristaux de wernérite blanche, provenant de Franklin, dans la Nouvelle-Jersey, aux États-Unis, sont engagés dans une masse lamelleuse de même nature; les cristaux et la roche se fondent l'un dans l'autre d'une manière insensible, et la composition des deux parties est analogue. Toutefois, quand on analyse des fragments qui ne sont pas immédiatement en contact avec les cristaux, on y trouve de la silice en excès, et une certaine quantité de po-

[1] *Journal de Schweigger*, t. XXXI, p. 117.
[2] *Hisinger's mineral. geogr. von Schweden*, § 99.
[3] *Dessen untersuch*, p. 378.
[4] *Journal de Schweigger*, t. XXV, p. 36.

tasse, ce qui fait présumer que la wernérite est alors mélangée d'une petite quantité de feldspath. Les caractères saillants de cette wernérite en masse consistent dans la présence de deux clivages perpendiculaires entre eux, dans l'éclat gras, particulier à cette espèce, et son mode de fusion au chalumeau. La wernérite lamelleuse forme une véritable roche, tantôt violette et très-lamelleuse, tantôt d'un blanc grisâtre ; dans ce cas les clivages, quoique prononcés, sont cependant moins distincts : du reste, les clivages de la wernérite de Bolton, dans le Massachussets, ne sont jamais aussi nets que ceux du feldspath ; ils sont comparables aux clivages du triphane, c'est-à-dire que la cassure en est à la fois lamelleuse et esquilleuse. J'ai cité Franklin et Bolton, parce que dans ces localités la wernérite est en masses considérables, et que les géodes que l'on observe dans la roche, et qui sont tapissées de cristaux, établissent avec certitude sa nature ; mais on en connaît à Arendal, à Pargas, en Norwège, etc.

L'étude des masses lamelleuses de wernérite est importante pour établir l'identité entre cette espèce et les minéraux que j'ai cités ci-dessus comme devant lui être associés ; leur composition est analogue, mais non identique ; la plupart contiennent de la silice en excès et de l'alcali qui proviennent probablement de mélanges d'autres minéraux. Ce sont donc surtout les caractères extérieurs qui établissent ce rapprochement. On doit en outre se rappeler que lorsqu'il n'y à pas cristallisation, les minéraux sont rarement purs ; que ce ne sont en général que des magmas, en sorte que ces rapprochements ne sont pas absolus.

Nuttalite.—M. de Brooke[1], qui a décrit cette espèce, indique que sa forme est un prisme à base carrée surmonté d'un pointement octaédrique, dont l'angle est de 116° : cet angle est presque identique avec celui des faces b^1 de la wernérite. Effectivement, l'Ecole des mines possède un

[1] *Annales de philosophie*, t. XLI, p. 336.

échantillon de nuttalite qui se rapproche, par sa forme et sa couleur, de la wernérite de Pargas. Ses cristaux sont arrondis sur les bords, comme si leur surface avait éprouvé un commencement de fusion. Ils sont associés à une masse moins lamelleuse que la wernérite, mais dans laquelle on observe cependant des clivages indistincts suivant les faces M. Cet échantillon provient de Bolton, dans le Massachussets, localité que j'ai citée pour la wernérite lamelleuse. La nuttalite cristallisée n'est donc autre chose que de la wernérite; toutefois, sa dureté est moindre : quant aux échantillons en masses, leur identité de composition et de caractères extérieurs avec les cristaux, conduit à les y associer également.

Ekebergite. — Ce minéral présente à la fois le tissu lamelleux et fibreux; son éclat est gras et nacré; sa couleur est d'un gris verdâtre. Sa pesanteur spécifique est de 27,46 ; au chalumeau, elle blanchit et fond en un verre bulleux comme la wernérite ; elle provient d'Arendal. Elle porte aussi les noms de *sodaïte* et de *natrolite d'Hesselkula.*

Gabronite. — Ce minéral, trouvé seulement à Arendal en Norwège, se présente en masse amorphe, à texture compacte ou difficilement lamelleuse. Dans quelques échantillons, cependant, les lames sont assez sensibles pour qu'on puisse extraire un fragment de clivage mesurable. L'Ecole des mines possède un échantillon où j'ai pu reconnaître non-seulement que les angles sont droits, mais qu'il existe un clivage diagonal sous l'angle de 135° environ ; d'où il résulte que le prisme est carré, comme dans la wernérite : l'éclat de la gabronite est gras et huileux. Sa couleur est le gris sale, gris verdâtre. Elle raye difficilement le verre ; sa pesanteur spécifique est de 27,40. La composition de la gabronite, que je donnerai dans quelques lignes, s'éloigne de celle de la wernérite par la grande quantité de soude qu'elle contient. Cette circonstance a engagé M. Beudant à l'associer à la néphéline; mais la forme en prisme à six faces de cette dernière espèce s'oppose à cette association.

Barsowite. — M. Varrentrapp [1] a décrit sous ce nom un minéral qui se trouve en abondance dans les gros blocs de roches disséminées dans le sable aurifère de Barsowisky, où il accompagne du corindon bleu et du spinelle. Il est amorphe, transparent sur les bords, d'un éclat un peu nacré, gras. Sa pesanteur spécifique est de 27,52 ; un peu moins dur que le feldspath. Sa composition conduit à la formule 3A*l*S*i* + (C*a*,M*g*)S*i*, qui est celle de la paranthine ; ses caractères extérieurs confirment entièrement le rapprochement qui résulte de son analyse.

Bergmanite. — Minéral d'un gris verdâtre ou rougeâtre, composé de lames peu distinctes, et de parties fibreuses qui se fondent dans la masse. Il est fusible en émail blanc, raye le verre, est soluble en gelée dans les acides; de Friedrischwärn en Norvège. On regarde assez généralement la bergmanite comme étant une variété de wernérite : l'Ecole des mines possède un échantillon de bergmanite qui provient de M. Heuland, dans lequel on aperçoit dans quelques cellules de petits cristaux aciculaires brillants, terminés par une base horizontale. Son éclat se rapproche assez des cristaux hyalins de wernérite de Norwège. Je ne connais aucune analyse de ce minéral, en sorte que le rapprochement que je viens d'indiquer ne présente pas la même certitude que pour les minéraux qui précèdent.

Scolexérose. — M. Beudant a donné ce nom à une variété de paranthine blanche qui provient de Pargas, et dont M. Nordenskiöld a fait connaître la composition. Elle présente deux clivages rectangulaires; on possède même des cristaux de scolexérose en prisme à base carrée, en sorte que la réunion de ce minéral avec la wernérite n'est pas douteuse. Sa composition s'en rapproche également, elle contient seulement un peu trop de silice.

---

[1] *Annales de Poggendorf*, t. XLVIII.

	Nuttalite, par Thomas Muir[1].	Ekebergite, par Ekeberg[2].	Gabronite, par John[3].	Barsowite, par Varrentrapp[4].	Scolexérose, par Nordenskiöld[5].
Silice	37,81	46,00	54,00	49,01	54,13
Alumine	25,10	28,75	24,00	33,85	29,23
Chaux	18,33	15,59	»	15,46	15,45
Protox. de fer	7,89	1,25	1,25	»	»
Magnésie	»	0,68	1,25	1,55	»
Potasse	7,30 Soude	5,25	17,25	»	»
Eau	1,50	2,25	2,00	»	1,07
	97,93	99,77	100,00	99,87	99,84

Analogies. — Les noms différents que l'on a donnés aux variétés de wernérite montrent que les caractères de cette espèce offrent quelque incertitude. Plusieurs de ses caractères sont cependant constants et suffisent pour la déterminer d'une manière précise ; ce sont la forme cristalline, le clivage rectangulaire peu net et constamment esquilleux, l'éclat gras, enfin son mode de fusion au chalumeau. Ces caractères font qu'il n'existe en réalité que peu d'analogie entre la wernérite et les autres minéraux. Parmi les substances qui cristallisent dans le prisme à base carrée ou dans le prisme rectangulaire droit, l'*harmotome* est à peu près la seule qui offre avec elle une certaine ressemblance ; son pointement est plus surbaissé ; elle possède des clivages parallèlement à ce pointement, sa pesanteur spécifique est moindre dans le rapport de 2 : 3. On doit ajouter que les cristaux d'harmotome non maclés sont très-rares.

Les échantillons de wernérite amorphe offrent des analogies plus nombreuses. On peut les confondre d'abord avec tous les minéraux du groupe de feldspath, tels que l'*orthose*, l'*albite*, l'*oligoklase*, le *pétalite*, le *triphane*, etc. ; ensuite avec ceux qui ont un éclat gras, notamment la *chaux phosphatée*. L'*orthose*, l'*albite*, ont des clivages bien plus nets que la wer-

[1] *Ann. of the Lyc, of Nat. Hist. of New-York*, t. III, p. 83.
[2] *Alger's mineralogy*, p. 238.
[3] *Phillip's mineralogy*, p. 130.
[4] *Annales de Poggendorff*, t. XLVIII, p. 567.
[5] *Journal de Schweigger*, t. XXXI, p. 417.

nérite. Pour l'*oligoklase*, le *pétalite*, le *triphane*, ce caractère existe encore ; mais il est moins prononcé, la cassure de ces minéraux étant souvent esquilleuse en même temps que lamelleuse. Ils sont plus durs que la wernérite, mais facilement fusible ; enfin ils sont généralement inattaquables par les acides, tandis que la wernérite y est soluble avec gelée. Quant à la *chaux phosphatée*, elle ne présente pas de clivages, ne raye pas le verre, se dissout dans les acides sans faire gelée, est presque infusible au chalumeau, enfin sa pesanteur spécifique est supérieure dans la proportion de 32 à 27.

Gisement. — La wernérite appartient aux terrains de cristallisation. Celles de Norwège sont associées à des roches amphiboliques. Les variétés de la Nouvelle-Jersey et de Bolton existent dans les terrains feldspathiques. La méionite présente seule une exception, elle tapisse des géodes dans des roches de dolomie qui proviennent de la Somma, au Vésuve. Ce mode de gisement devient même un caractère facile de distinction.

AMPHODÉLITE.

Les échantillons d'amphodélite que j'ai eu l'occasion d'étudier sont amorphes. Leur cassure esquilleuse, avec une tendance à la texture lamelleuse, les rapproche de la wernérite avec laquelle ils ont en outre une presque identité de composition. Je l'aurais donc réunie à cette espèce si M. Nordenskiold, auquel on doit la description de ce minéral, n'annonçait qu'il possède deux clivages sous l'angle de 94° 19'. Il en conclut que sa forme primitive est un prisme rhomboïdal oblique ; sa cristallisation serait alors incompatible avec celle de la wernérite ; sa couleur est un gris verdâtre, un gris rougeâtre ; sa dureté est de 4,5 ; sa pesanteur spécifique 27,63.

Composée, d'après l'analyse de M. Nordenskiold [1], de :

[1] *Berzelius Jahresbericht*, 1833, p. 174.

		Oxyg.		Rapp.
Silice	45,80	23,78		4
Alumine	35,45	16,55		3
Chaux	10,15	2,84	5,18	1
Magnésie	5,05	1,96		
Protoxyde de fer	1,70	0,38		
Eau	1,85			
	100,00			

Ces éléments conduisent à la formule $3AlSi + (Ca, Mg, Fe)Si$, qui est la même que celle de la wernérite ; seulement dans l'amphodélite une certaine quantité de chaux est remplacée par de la magnésie. Je crois devoir faire remarquer que le clivage de ce minéral est peu net, et que l'angle de 94° est peu éloigné de l'angle droit, en sorte qu'il serait possible que cette espèce fût plus tard réunie à la wernérite, avec laquelle elle a des rapports de composition et de caractères extérieurs.

L'amphodélite a été trouvée par Nordenskiöld dans une carrière de pierre calcaire à Lojö en Finlande.

GEHLÉNITE.

Stylobite.

Ce minéral, qui provient de la montagne de Monzoli à l'ouest de Vigo, dans la vallée de Fassa en Tyrol, a été décrit pour la première fois par M. le professeur Fuchs. Ses caractères extérieurs le rapprochent de la humboldtilite ; mais un examen récent, fait par M. Damour, confirme complétement les résultats de Fuchs, et m'engage à conserver cette espèce.

La géhlénite se présente sous la forme de cristaux dont tous les angles sont droits ; mais comme ils n'offrent aucune modification, on ne peut affirmer quelle en est la forme primitive ; toutefois il existe des indices de clivages parallèlement aux faces d'un prisme rectangulaire, et à des plans diagonaux dont chacun fait un angle de 129 degrés avec les pans du prisme, en sorte qu'il est naturel de prendre pour la forme primitive de la géhlénite le prisme rhomboïdal droit sous l'angle de 102 degrés.

La couleur de la géhlénite est le gris clair, le gris noirâtre, le gris un peu verdâtre; opaque, elle est translucide sur les bords; ses lames sont également translucides. Son éclat résineux passe à l'éclat vitreux; la surface des cristaux est souvent couverte d'un enduit jaunâtre et blanchâtre qui est le résultat d'une altération.

Ne raye pas le verre, mais elle raye fortement la chaux carbonatée. Sa pesanteur spécifique est de 30,29 : les petits fragments exposés au chalumeau se fondent difficilement. Réduite en poussière et chauffée légèrement, elle donne une gelée très-prononcée.

	Par Fuchs [1].	Par Thomson [2].	Par Kobell [3].	Par Damour [4].	Oxyg.		Rapp.
Silice.........	29,64	29,132	31,09	31,16	»	16,18	3
Alumine......	24,80	25,048	21,40	19,80	9,24 }	11,07	2
Peroxyde de fer.	6,56	4,350	4,40	5,97	1,83 }		
Chaux.........	35,30	37,380	37,40	38,11	10,70 }		
Magnésie......	»	»	3,40	2,20	0,85 }	11,63	2
Soude.........	»	»	»	0,33	0,08 }		
Eau...........	3,30	4,540	2,00	1,53			
	99,60	100,450	99,60	99,10			

La composition de la géhlénite est, d'après ces analyses, représentée par la formule $(\dddot{Al}, \dddot{Fe})\,{}^2\dddot{Si}, + 2\,(\dot{Ca}, \dot{Mg})\,{}^3\dddot{Si}$, ou $(Al, Fe)\,{}^2Si + 2\,(Ca, Mg)\,Si$.

Gisement. — Analogies. — La géhlénite est disseminée dans une chaux carbonatée lamellaire; elle est accompagnée de parties vertes amorphes qui existent avec l'idocrase et le spinelle de la vallée de Fassa, que l'on a considéré comme de la géhlénite compacte. M. de Monticelli a cité de la géhlénite à la Somma, mais dans cette indication il supposait que ce minéral était le même que l'humboldtilite.

1 *Journal de Schweigger*, t. XV, p. 377.
2 *Traité de minéralogie*, de Thomson, t. 1, p. 281.
3 *Archives de Kastner*, t. IV, 313.
4 *Annales de chimie et de physique*, t. X, 3e série, p. 66.

La couleur grise de la géhlénite et sa forme générale lui donnent de la ressemblance avec l'*épidote grise*, l'*andalousite* et la *wernérite*. La géhlénite n'ayant jusqu'à présent été trouvée que dans le Tyrol, l'association du calcaire lamelleux dans lequel elle est disséminée devient un caractère de distinction que l'on doit consulter. On se rappellera en outre que la wernérite et l'épidote sont facilement fusibles, que l'andalousite est infusible, que ce minéral raye le verre, enfin qu'il est inattaquable par les acides.

GLAUCOLITE.

Ce nom a été donné par BERGEMANN[1] à un minéral d'un bleu lavande, passant accidentellement à un bleu verdâtre, trouvé par MENGE, près du lac Baïkal en Sibérie ; il est disséminé dans une roche feldspathique, contenant en outre de la wernérite en masse. La glaucolite est amorphe et indistinctement lamelleuse ; M. de Brooke annonce qu'elle présente deux sens de lames suivant un prisme rhomboïdal de 143° 30'. D'après M. Lévy elle posséderait des clivages parallèlement aux faces du dodécaèdre rhomboïdal régulier.

Cette dernière observation, que j'ai eu l'occasion de vérifier sur des échantillons de l'Ecole des mines, me fait présumer que la glaucolite doit être réunie à la cancrinite bleue, que M. Rose a montré être une sodalite ; l'analogie de caractères extérieurs de ces deux espèces est complète, et sans la différence qui existe entre leur composition, j'en aurais proposé la réunion ; peut-être aussi ne connaissons-nous pas la véritable glaucolite de Bergmann. Sa cassure est inégale et esquilleuse ; son éclat est gras et vitreux ; sa dureté est représentée par 5 ; sa pesanteur spécifique est de 27,21 à 29 d'après John, de 32 suivant Fischer. Au chalumeau, la glaucolite fond avec difficulté sur les bords et perd sa couleur.

---

[1] *Annales de Poggendorff*, t. IX, p. 267.

	I.	Oxyg.	Rapp.	II.	Oxyg.	Rapp.
Silice	50,583	26,27	14?	54,58	28,35	14
Alumine	27,600	12,89	6	29,77	13,90	6
Chaux	10,266	2,88		11,08	3,11	
Magnésie	3,733	1,44	2	»	»	2
Potasse	1,266	0,21		4,57	0,77	
Soude	0,866	0,22		»	»	
Perte au feu	1,733	»		»	»	
	99,113			100,00		

Ces deux analyses dues à Bergemann présentent des différences notables ; elles peuvent cependant être exprimées par la formule $6Al\dot{S}i^2 + 2Ca\dot{S}i$, dans laquelle une certaine proportion de potasse remplace de la chaux ; la sodalite bleue renferme 17 pour 100 de soude, et la chaux qu'elle contient paraît être à l'état de carbonate.

Analogies. — La couleur bleue de la glaucolite lui donne quelque ressemblance avec la *klaprothine*, le *lapis-lazulite*, le phosphate de fer et de manganèse appelé *triphylline*, la *cordiérite* en masse, et la *sodalite bleue*. La triphylline est facilement fusible en une perle noire ; la cordiérite est infusible au chalumeau; sa dureté est de beaucoup supérieure à celle de la glaucolite. Le lapis-lazulite est d'un bleu beaucoup plus riche; il est fusible en un verre blanc; son association avec la chaux carbonatée saccharoïde fournit également un caractère de distinction ; la klaprothine se boursoufle au chalumeau, prend un aspect gras et vitreux, mais ne fond pas; elle ne possède qu'un seul clivage. Quant à la sodalite bleue, je ne saurais indiquer de distinction certaine que la recherche de la soude; opération facile, ce minéral étant soluble dans l'acide hydrochlorique.

XANTHITE.

Ce minéral se trouve disséminé en grains et en petits cristaux dans un calcaire saccharoïde d'Amity dans l'État de New-York; les grains sont soudés ensemble à la manière de certaines variétés de grenat. Les cristaux, dont quelques-uns ont

3 millimètres de hauteur, dérivent, d'après M. Mather[1], d'un prisme oblique non symétrique dont les angles sont PM = 97° 30', PT = 94°, MT = 107° 30'. Les cristaux sont transparents, les grains sont seulement translucides.

La couleur de la xanthite est un jaune un peu verdâtre; c'est par allusion à cette propriété que M. Thomson lui a donné le nom de *xanthite;* sa dureté n'excède pas 2; sa pesanteur spécifique est de 32,21. Elle possède des clivages parallèlement à M et T. D'après M. Mather, ce minéral fond au chalumeau en un verre transparent jaunâtre.

M. Thomson[2] en a fait deux analyses, la première sur la variété granulaire, la seconde sur des cristaux; il considère les résultats de cette dernière comme plus exacts; je les transcris l'une et l'autre.

	Grains.	Cristaux.	Oxyg.	Rapp.
Silice	37,708	35,092	18,23	2
Alumine	12,280	17,420	8,13 }	1
Peroxyde de fer	12,000	6,368	1,95 }	
Chaux	36,308	33,080	9,49 }	
Prot. de magnésie	3,680	2,801	0,62 }	1
Magnésie	»	2,001	0,70 }	
Eau	0,600	1,680		
	97,576	98,430		

Les proportions atomiques qui résultent de ces analyses conduisent à la formule $\ddot{A}l\dddot{S}i + \dot{C}a\dddot{S}i$, analogue à celle du grenat. On pourrait aussi la comparer sous ce rapport à l'*idocrase* et à l'*épidote*, minéraux dans lesquels l'oxygène de la silice est égal à l'oxygène des bases. Les caractères extérieurs de la xanthite la rapprochent en effet de ces espèces minérales; la variété grenue ressemble à la colophonite; les cristaux jaunes verdâtres sont analogues à l'idocrase du Piémont et à l'épidote du Tyrol : le peu de dureté de la xanthite s'oppose à ce rapprochement; M. Kobell l'associe à la géhlénite, qui est également peu dure.

[1] *Annales de Poggendorff*, t. XXIII, p. 367.

[2] *Minéralogie* de Thomson, t. II, p. 142.

WEISSITE.

M. le comte Trolle de Wachtmeister [1] a donné en 1827 la description de ce minéral qui provient de la mine d'Ericmatts, à Fahlun en Suède; il forme de petites masses de la grosseur d'une noisette, disséminées dans un schiste talqueux. Leur couleur est le gris de cendre, tirant vers le brun; elles sont quelquefois couvertes d'un enduit d'un brun d'ocre.

La weissite offre habituellement une cassure grenue; cependant dans quelques échantillons on a remarqué des indications de clivage suivant un prisme rhomboïdal; son éclat est à la fois nacré et gras à la manière de la cire. Facilement translucide, elle raye fortement la chaux fluatée; mais elle est rayée par une pointe d'acier, et donne alors une poussière blanche; sa pesanteur spécifique est 28,08.

Au chalumeau, la weissite devient d'un beau blanc et fond sur les bords.

M. Tennant a réuni à la weissite un minéral provenant de Potton, dans le bas Canada : ses caractères me paraissent le rapprocher de la fahlunite tendre.

	De Fahlun, par M. le comte Trolle de Wachtmeister.	Oxyg.	Rapp.	Du Canada, par Tennant [2].	Oxyg.	Rapp.
Silice	53,69	31,03	6	55,05	28,60	6
Alumine	21,70	10,13	2	22,60	10,55	2
Magnésie	8,09	3,48 }		5,70	2,20 }	1
Protoxyde de fer	1,43	0,34 }		12,60	2,87 }	
Prot. de manganèse	0,63	0,14 }	1	trace.		
Potasse	4,10	0,70 }		Chaux 1,40		
Soude	0,68	0,20 }		»		
Oxyde de zinc	0,30	2,86		»		
Eau légèrement ammoniacale	3,20	»		2,25	1,90	
	100,72			99,60		

Ces analyses conduisent, en supposant que l'eau ne soit pas

[1] *Annales de Poggendorff*, t. XIV, p. 190.
[2] *Records of gen. science*, 1836, mai, 332.

essentielle, à la formule $2AlSi^2 + (Mg, Fe, Mn, K, Na) Si^2$. Dans le cas, au contraire, où l'on devrait considérer l'eau comme étant en combinaison, la formule deviendrait : $4AlSi^2 + 2(Mg, Fe, Mn, K, N) Si^2 + Aq$. La weissite devrait alors être rangée dans la classe des hydrosilicates.

MARGARITE.

Mica nacré ; Perl-glimmer.

Ce minéral est en lames minces qui se croisent dans tous les sens ; tantôt disséminées d'une manière irrégulière dans le talc chlorite, tantôt formant de petits filons dans cette même roche. Il est d'un blanc argentin ; son éclat est analogue à celui des perles ou de la nacre, ce qui lui a fait donner les différents noms par lesquels on le désigne. Il présente un clivage très-facile, que l'on considère comme étant la base du prisme à six faces régulier ; il existe en outre des clivages indistincts dans le sens des pans de ce prisme ; ces clivages sont indiqués par des stries ou plutôt par des fissures qui se croisent sous l'angle de 60 degrés.

La margarite raye facilement le mica ; c'est sa dureté qui conduit principalement à la séparer du mica, avec lequel elle a beaucoup de rapports de caractères extérieurs et même de composition ; du Ménil, qui a donné l'analyse de la margarite, n'y indique pas, il est vrai, d'acide fluorique, mais pendant longtemps on en a ignoré la présence dans le mica ; sa pesanteur spécifique est 30,32.

Au chalumeau, s'exfolie, se boursoufle et fond. Sa composition est, d'après du Ménil :

		Oxyg.	Rapp.
Silice	37,00	19,02	5
Alumine	40,50	18,91	5
Chaux	8,96	2,51	
Soude	1,24	0,32	1
Oxyde de fer	4,50	1,02	
Eau	1,00		
	93,20		

Les rapports qui se déduisent de cette analyse sont peu probables ; du reste elle offre une perte si considérable, qu'on n'en peut rien conclure de certain.

Analogies. — J'ai déjà indiqué ci-dessus que la margarite ressemblait au *mica* argentin ; elle offre en outre de l'analogie avec le *talc* lamelleux, et même avec certaines variétés d'*apophyllite* dont l'éclat est éminemment nacré, et qui possèdent un clivage facile. Ces deux minéraux sont beaucoup plus tendres que le mica ; le caractère de la dureté est donc toujours celui qui guidera dans la reconnaissance de la margarite.

CORDIÉRITE.

Dichroïte ; Iolithe ; Saphir d'eau ; Peliom ; Steinheilite ; Fahlunite dure.

Les premiers échantillons de cordiérite ont été observés au cap de Gate, en Espagne : ils reçurent alors le nom d'*iolite*, par allusion à leur couleur bleue. On a désigné plus tard ce minéral sous le nom de *dichroïte*, emprunté à une de ses propriétés les plus caractéristiques, qui consiste en ce qu'il présente deux couleurs différentes, suivant le sens dans lequel on le regarde, savoir : un beau bleu dans la direction de l'axe, un gris jaunâtre dans une direction perpendiculaire à cette ligne ; l'intensité de ces couleurs est plus ou moins prononcée, mais elles sont toujours fortement sensibles. La variété de Ceylan, appelée *saphir d'eau* par les joailliers, et que nous ne connaissons qu'en objets taillés, est celle qui présente le dichroïsme le plus net. Le nom de *cordiérite*, qui a été donné par Haüy, rappelle que les premiers travaux cristallographiques sur cette espèce minérale sont dus à M. Cordier.

La cordiérite raye fortement le verre et légèrement le quartz ; sa dureté est représentée par 7 ; sa pesanteur spécifique varie de 25,6 à 26,64 : celle de Ceylan pèse 25,6 ; du Groënland, d'après Stromeyer, 25,96 ; la steinheilite de Finlande, 26,03 ; du Connecticut, 26,64. Sa cassure est vitreuse, inégale, quelquefois imparfaitement conchoïdale ; l'éclat en est vitreux, entièrement analogue à celui du quartz. Elle est translucide, quelquefois transparente. Cette propriété a permis d'étudier la double réfraction de la cordiérite qui est à deux axes. La couleur bleue propre à la cordiérite est quelquefois très-faible; certains échantillons du Groënland sont d'un gris bleuâtre clair; quelques-uns, au contraire, provenant de Bodenmais en Bavière, sont presque noirs.

Au chalumeau, à un feu ardent, la cordiérite fond lentement sur les bords, et donne un verre sans bulles, qui a la transparence et la couleur de la pierre même.

La cristallisation de la cordiérite dérive d'un prisme rhomboïdal droit, *fig.* 69, *pl.* 157, dans lequel l'incidence des faces est de 120° 10′, et le rapport d'un des côtés de la base à la hauteur est à peu près celui des nombres 4 : 7. Les formes secondaires offrent, en général, des modifications qui peuvent se dériver également bien du prisme rhomboïdal précédent et du prisme hexaèdre régulier; aussi règne-t-il quelque incertitude sur la cristallisation de la cordiérite; toutefois, les caractères optiques décident la question en faveur du prisme droit rhomboïdal, et c'est cette considération qui m'a engagé à l'adopter comme forme fondamentale.

Fig. 70. Prisme à six faces, résultant de la modification g^1 sur les arêtes aiguës : c'est la forme primitive de Haüy.

Fig. 71. Prisme à 12 faces, résultant des modifications h^1 g^1 et g^2, surmonté des modifications b^2 et e^2, qui paraissent régulières; ces cristaux, qui proviennent de Bodenmais, atteignent quelquefois 4 centimètres de diamètre; ils sont très-nets, mais leurs faces sont généralement mates, en sorte qu'il est difficile de prendre la mesure de leurs angles par réflexion.

Fig. 72. Même forme présentant trois séries d'anneaux qui entourent la base, composés des modifications b^1, b^2, b^3, e^1, e^2 et e^3. De Bodenmais.

Les angles de la cordiérite que l'on a pu mesurer avec quelque exactitude sont :

P	sur M	= 90°.	M	sur M	= 120° 10′?

M	sur b^1	= 138° environ.	e^1	sur e^1	= 162° 50'.
b^1	sur b^1	= 160°.	e^2	sur g^1	= 120.
e^1	sur g^1	= 137°.	e^2	sur e^1	= 163°.

La cordiérite a été trouvée dans un grand nombre de localités : à Bodenmais en Bavière, elle est disséminée dans des micaschistes avec de la pyrite magnétique ; à Simiutak dans le Groënland, elle existe dans une roche analogue ; la steinheilite de Orrjerfoï en Finlande, près d'Albo, accompagne le cuivre pyriteux ; celle du cap de Gate en Espagne est disséminée dans une roche trachytique : dans ces différentes localités la composition de la cordiérite est presque constante ; la seule différence consiste dans la proportion de protoxyde de fer, qui est plus grande dans la variété d'un bleu noir de Bodenmais ; mais les rapports atomiques restent les mêmes.

	Péliom de Bodenmais,	Fahlunite de Fahlun, par Stromeyer [1].	De Simiutak,	De Brunhult, près Tunaberg en Sudermanie, par Schütz [2].	Steinheilite d'Orrijersvi, par Bonsdorff [3].	Oxyg.	Rapp.
Silice	48,35	50,25	49,17	49,7	49,95	25,94	5
Alumine	31,71	32,42	33,11	32,0	32,88	15,36	3
Magnésie	10,16	10,85	11,45	9,5	10,45	4,04	1
Protox. de fer	8,32	4,00	4,34	6,0	5,00	1,13	
— de manganèse	0,33	0,68	0,04	1,0	0,03		
Perte au feu	0,60	1,66	1,21	1,0	1,75		
	99,47	99,86	99,32	99,2	100,06		

La formule qui résulte de ces rapports est : $3AlSi + (Mg, Fe) Si^2$.

Analogies. — L'éclat vitreux de la cordiérite lui donne de la ressemblance avec le quartz. Il existe même certaines variétés de quartz bleu qu'il est difficile de distinguer de ce minéral. La *klaprothine*, la *sodalite bleue*, la *glaucolite*, et la *tryphilline*, présentent également quelque analogie. La dureté de la cordiérite la distingue de ces différents minéraux. L'action du

[1] *Annales de Poggendorff*, t. LIV, p. 565.
[2] *Untersuchungen von Verbingunden*, etc., p. 329, 431.
[3] *Journal de Schweigger*, t. XXXIV, p. 369.

chalumeau est également caractéristique : le quartz est infusible; la klaprothine se boursoufle au chalumeau et ne se fond pas; la sodalite bleue fond sur les bords en perdant sa couleur; la glaucolite se comporte de même; la tryphilline est facilement fusible. J'ajouterai que le quartz et la cordiérite sont inattaquables par les acides, tandis que les autres minéraux avec lesquels je les ai comparés sont solubles dans l'acide hydrochlorique.

Taillée, la cordiérite présente de l'analogie avec le *saphir*; la propriété du dichroïsme fournit à la simple vue une distinction prononcée.

NÉPHRITE.

Pierre de hache; Céraunite; Jade néphrétique.

Toutes les collections possèdent des échantillons d'une roche d'un gris blanchâtre ou verdâtre, taillés fréquemment sous la forme de hache ou de casse-tête : on les désigne généralement sous le nom de jade, mais il en existe qu'on appelle spécialement *jade néphrétique*, par suite de la propriété qu'on leur suppose de fournir un remède contre les coliques dites néphrétiques. Les jades sont, pour la plupart, des silicates de magnésie et de chaux [1]; leur description sera donc placée à cet ordre de silicates, mais M. Beudant admet que le jade néphrétique contient de l'alumine, et il le désigne sous le nom de néphrite. J'ai conservé cette espèce sur la seule autorité de ce savant minéralogiste.

La néphrite raye le verre. Elle est très-tenace; sa cassure est éminemment esquilleuse; sa pesanteur spécifique est de 29,5. Elle est fusible en émail blanc; composée, d'après l'analyse de Kastener [2], de :

		Oxyg.	Rapp.
Silice.	50,50	26,23	6
Alumine.	10,00	4,67	1?

[1] Voir l'espèce *amphibole*, variété *trémolite*.

[2] *Gehlen's Journ.*, t. II, p. 455.

		Oxyg.	Rapp.
Magnésie........	31,00	12,00 }	3
Oxyde de fer....	5,50	1,25 }	
Oxyde de chrome.	0,05		
Eau............	2,75		

Ce qui donnerait $AlSi^5 + 3MgSi$.

SORDAWALITE.

M. Nordenskiöld a donné ce nom à un minéral noir, ayant l'apparence de bitume, qui forme un petit filon ou de petites plaques de 5 à 10 millimètres de puissance dans une roche trappéenne, à Sordawala en Finlande.

Sa cassure est éminemment conchoïdale ; sa dureté est à peu près celle de la chaux phosphatée ; mais elle est fendillée, ce qui la rend friable, en sorte qu'elle se désagrége facilement. Son éclat est vitreux et demi-métallique. Sa pesanteur spécifique est de 25,80.

Au chalumeau, la sordawalite fond avec difficulté en un globule noir, qui prend au feu de réduction un éclat métallique. Avec le borax, elle donne un verre transparent, coloré par le fer ; le sel de phosphore y indique la présence de la silice.

Une analyse de M. Nordenskiöld[1] donne pour la composition de ce minéral :

		Oxyg.	ou	Rapp.	
Silice..............	49,40	25,66	25,66	4	
Alumine............	13,80	6,44	6,44	1	
Protoxyde de fer....	18,17	4,13	4,13 }	1	
Magnésie..........	10,67	4,13	2,63 }	1,50 ou	1
Acide phosphorique..	2,68	1,50		1,50	1
Eau................	4,38	3,89		3,89	3

La présence de l'acide phosphorique fait naturellement supposer qu'il existe dans la sordawalite un mélange de deux minéraux d'ordres différents, un silicate et un phosphate ; on

[1] *Journal de Schweigger*, t. XXXI, p. 148.

peut, à volonté, admettre que c'est du phosphate de fer, ou du phosphate de magnésie. M. Berzélius et M. Beudant ont admis l'existence de ce dernier phosphate. Ils associent alors les éléments ainsi que je l'ai indiqué. Dans ce cas, la composition de la sordawalite est représentée par la formule $AlSi^2, + (Fe, Mg) Si^2$, mélangée du phosphate $MgPh + 3Aq$.

La sordawalite est amorphe, sa composition est fort compliquée ; enfin comme elle n'a été indiquée que dans une seule localité, son existence, comme espèce, me paraît par conséquent problématique. Je n'en ai cependant pas proposé la suppression, ne sachant pas à quelle espèce l'associer. On a désigné aussi sous le nom de *sordawalite* une matière noire, à cassure conchoïde, de Bodenmais en Bavière. Mais elle est friable et me paraît être un fer résinite.

ÉMERAUDE.

Béryl ; Aigue-marine ; Smaragd ; Agustite.

L'émeraude, quand elle possède une teinte verte d'une belle nuance et qu'elle est entièrement hyaline, est une des pierres les plus rares et les plus précieuses; elle se trouve, au contraire, avec fréquence à l'état de cristaux demi-transparents et d'un vert d'eau ; il est peu de montagnes granitiques dans lesquelles on n'en observe ; en France on en connaît dans la Bretagne, la Vendée, l'Auvergne et le Limousin ; dans cette dernière contrée les émeraudes atteignent même quelquefois des dimensions considérables, et j'ai vu des émeraudes de Chanteloup, près de Limoges, dans le département de la Haute-Vienne, qui avaient 25 à 30 centimètres de diamètre, sur une hauteur de 35 à 40.

Les émeraudes transparentes incolores, ou légèrement colorées en vert d'eau, sont spécialement désignées sous les noms d'*aigue-marine* et de *béryl*. Pendant longtemps on les a regardées comme formant une espèce particulière; Haüy les a réunies à l'émeraude de Bogota par l'examen des modifications;

plus tard, la découverte de la glucine par Vauquelin a complété cette réunion, en montrant que l'émeraude et le béryl sont composés des mêmes éléments, et que la seule différence consiste dans une faible proportion d'oxyde de chrome, qui donne à l'émeraude du Pérou sa richesse de ton et sa haute valeur commerciale.

L'émeraude cristallise en prisme à six faces régulier, *fig.* 73, *pl.* 158, dans lequel le côté de la base est à peu près égal à la hauteur. Cette forme est la plus fréquente : l'émeraude verte et le béryl la présentent également.

Les cristaux d'émeraude possèdent un clivage facile, parallèle à leur base; la cassure a toujours lieu dans ce sens, quand on ne cherche pas à l'opérer en travers; dans ce cas elle est conchoïdale, et son éclat est vitreux; la couleur verte, de teintes différentes, est la plus habituelle; cependant les béryls du Salzbourg et de la Sibérie sont bleus ou bleuâtres. Il en existe également dans cette dernière contrée de couleur jaune, jaune verdâtre, et jaune rougeâtre, assez analogues par leur nuance à la topaze du Brésil. L'émeraude de l'île d'Elbe est rose.

La dureté de l'émeraude est de 7,5 à 8. Elle raye le quartz; la pesanteur spécifique de l'émeraude du Pérou est de 27,32; celle du béryl est 26,78. Infusible à une très-forte chaleur, elle devient au chalumeau blanche et opaque sur les bords des fragments aigus; avec le borax, se dissout en un verre transparent et incolore. L'émeraude du Pérou donne un verre qui prend, en se refroidissant, une teinte verte, légère, mais pure et agréable à l'œil. Inattaquable par les réactifs.

Dans tous les cristaux d'émeraude le prisme à six faces domine d'une manière très-prononcée; les faces verticales sont, il est vrai, souvent striées dans leur longueur, mais les stries n'en altèrent pas la forme; les modifications qui ont lieu sur la base ne font ordinairement qu'émousser les angles et les arêtes, et cette face est presque toujours fort large. Cependant il arrive que les cristaux de béryl sont surmontés d'un pointement, comme les figures 82 et 83, *pl.* 159, le représentent. Ce pointement est rarement aussi régulier que dans la première figure; plusieurs faces prennent ordinairement de l'extension aux dépens des autres, ainsi qu'on le voit dans la seconde figure. Les cristaux de béryl sont en outre rarement simples, la plupart sont formés de la réunion de plusieurs cristaux, comme cela a lieu pour le quartz. Dans certains échantillons de l'île d'Elbe, la réunion de ces cristaux est presque aussi visible que dans l'arragonite; le plus ordinairement on ne les aperçoit que par des couches de teintes différentes : souvent aussi ces agrégations de cristaux ne sont mises à nu que par l'examen des propriétés optiques; dans ce cas, au lieu d'observer une teinte unique par la lumière polarisée, on remarque des plages de nuances diverses qui décèlent l'association souvent irrégulière des cristaux.

Fig. 74, *pl.* 158. Prisme à 12 faces, produit par des modifications h^1 sur les arêtes verticales. Également abondant dans l'émeraude du Pérou et dans le béryl. Les faces h^1 sont toujours fort petites.

Fig. 75. Prisme à six faces, avec des facettes a^2 placées sur les angles ; cristaux de béryl de Sibérie.

Fig. 76. Prisme à six faces, avec des facettes b^2 sur les arêtes de la base. Dans les cristaux de Bogota, ces facettes effleurent à peine les arêtes ; dans ceux de béryl, elles acquièrent plus d'étendue, et le pointement à six faces se dessine d'une manière plus nette : il est toutefois rarement complet.

Fig. 77. Prisme à six faces, portant une seconde série de facettes b^1 sur les arêtes, jointes aux modifications a^2 sur les angles.

Fig. 78. Cristaux présentant l'association des facettes b^2 et a^2. Cette variété a été appelée *rhombifère* par Haüy, les facettes a^2 ayant la forme de rhombes.

Fig. 79, *pl.* 159. *Idem*, augmentée de modifications h^2, placées sur les arêtes verticales.

Fig. 80. Prisme à six faces, portant une double bordure b^1 et b^2, associée aux faces du rhombifère a^2.

Fig. 81. Même forme, augmentée des modifications h^1.

Fig. 82. Cristaux de béryl, d'Atonschelou en Sibérie, portant un pointement à douze faces, formé des facettes b^1 et a^2.

L'Ecole des mines possède de beaux échantillons de ces différentes variétés; les échantillons des formes 77, 80 et 81 proviennent de Bogota, ils sont du plus beau vert; l'un de ces cristaux a 16 millimètres de diamètre. Malgré leur pureté, les faces des bases sont toutes couvertes de petites cavités analogues à celles que l'on produit en piquant une pierre avec un instrument pointu ; quelques-unes de ces cavités sont anguleuses; elles me paraissent dues à une association de cristaux analogue à celle que j'ai indiquée ci-dessus pour les échantillons de l'île d'Elbe ; sur quelques cristaux on observe, en outre, des lignes qui se croisent sous l'angle de 60 degrés. Les faces b^1 et b^2 des cristaux du Pérou, et surtout de ceux de béryl, sont très-brillantes.

Angles principaux.

P sur M	= 90°.	M sur M	= 120°.
P sur a^2	= 135° 14′.	M sur h^1	= 150°.
P sur b^1	= 130° 54′.	M sur b^1	= 139° 7′.
P sur b^2	= 150°.	M sur b^2	= 120°.
h^1 sur a^1	= 135°.	M sur a^2	= 127° 46′.

	Béryl de Sibérie, par Klaproth[1].	De Broddbo, par Berzélius[2].	De Limoges, par Vauquelin[3].	Émeraude du Pérou, par Klaproth[1].	Oxyg.	
Silice	66,45	68,35	67,40	68,50	35,50	5
Alumine	16,75	17,60	16,10	15,75	7,35	1
Glucine	15,50	13,13	13,30	12,50	7,91	1
Protox. de fer	0,60	0,72	0,70	»		
Oxyde de tantale	»	0,72	Chaux 0,50	»		
— de chrome.	»	»	»	0,30		
	99,30	100,52	97,00	98,05		

1 *Beitrage*, t. I, p. 9; t. III, p. 215.

2 *Journal de Schweigger*, t. XVI, p. 265

3 *Journal des mines*, n° 38, 81 et 86.

La composition atomique qui résulte de ces analyses conduit à la formule $AlSi^3 + GSi^2$. Ces rapports sont calculés d'après la nouvelle détermination du poids atomique de la glucine par M. Adjew, de laquelle il résulte que cette base ne contient qu'un atome d'oxygène ; la composition de la glucine est alors : oxygène 62,25 et glucinium 36,75.

Analogies. — En cristaux, l'émeraude ne présente de ressemblance qu'avec la *tourmaline*, la *chaux phosphatée* et la variété de *topaze cylindroïde* désignée sous le nom de *pycnite*. La première de ces espèces offre ordinairement une coupe triangulaire ; en outre, la tourmaline cristallisant dans le système du rhomboèdre, son pointement présente ou trois faces ou six faces, appartenant dans ce dernier cas à deux ordres de modifications; enfin elle est facilement fusible; la chaux phosphatée offre une identité de formes et de caractères extérieurs avec l'émeraude; mais elle ne possède pas de clivage facile, tandis que dans l'émeraude le clivage suivant la base est toujours marqué par des fissures ou par des stries. La chaux phosphatée ne raye pas le verre; la pesanteur spécifique fournit le caractère le plus facile pour séparer la pycnite de l'émeraude. Elle est plus pesante dans le rapport de 34 à 27.

Les fragments roulés d'*émeraude blanche*, de *topaze* et de *quartz*, ont une grande analogie entre eux. La dureté et le clivage distinguent l'émeraude du quartz ; la pesanteur spécifique suffit pour caractériser la topaze.

Pour les pierres taillées, les comparaisons sont beaucoup plus nombreuses, l'émeraude affectant plusieurs couleurs différentes.

L'*émeraude verte* est celle qui en présente le moins ; deux substances seules, le *cuivre dioptase* et le *grenat ouwarorite* peuvent lui être comparés ; la pesanteur spécifique de la dioptase est de 34, celle de l'ouwarorite de 37, tandis que l'émeraude ne pèse que 27,32.

Les *émeraudes* jaunes verdâtres ou d'un vert jaunâtre sont analogues au *péridot*, à la *cymophane* et à la *topaze*; la pesanteur spécifique est encore pour ces pierres le caractère de distinction.

Entre le *saphir*, l'*émeraude bleue* et la *cordiérite*, la pesanteur spécifique du premier est plus grande dans le rapport de 4 : 3 ; la cordiérite présente des changements de couleur caractéristiques, suivant qu'on l'expose à la lumière dans des sens différents.

L'émeraude blanche a été émise quelquefois dans le commerce pour du *diamant;* son éclat est moins vif, mais c'est surtout son pouvoir réfringent qui est fort différent. On peut confondre plus facilement l'émeraude avec le *quartz hyalin*, la *topaze* blanche, l'*euclase*, et le *spinelle;* pour les pierres taillées, on doit employer autant que possible des caractères qui ne les altèrent pas ; la pesanteur spécifique, l'indice de réfraction, ou l'angle sous lequel la polarisation de la lumière s'effectue, permettent de distinguer ces quatre minéraux les uns des autres.

Gisement. — J'ai annoncé, au commencement de cet article, que l'émeraude se trouvait dans presque toutes les contrées dont le sol est granitique. A Adontschelon en Sibérie, elles sont implantées sur du quartz hyalin enfumé formant des filons dans le granite graphique ; les émeraudes de Pœnig en Saxe, de Wicklow en Irlande ; de Haddam dans le Connecticut, aux États-Unis, de Finbo en Suède, etc., sont dans des terrains analogues. La belle variété de Santa-Fé de Bogota, dans la Nouvelle-Grenade, appartient, d'après M. de Humboldt, à un terrain amphibolique. Elle existe dans un filon de chaux carbonatée, où elle est accompagnée de fer sulfuré. L'École des mines possède deux échantillons de l'émeraude de Bogota sur gangue ; la blancheur de la chaux carbonatée lamelleuse rehausse la belle teinte verte de l'émeraude, et ajoute encore du prix à ces échantillons remarquables par le volume et la pureté des cristaux.

L'aigue-marine provient principalement du Brésil ; la province de Minas-Geraès, qui fournit le diamant, a eu pendant longtemps le monopole de la première de ces gemmes ; je n'ai pas cité dans les localités précédentes les montagnes situées en Afrique, entre l'Éthiopie et l'Egypte ; ce sont cependant ces montagnes qui ont fourni les premières émeraudes connues ; l'émeraude qui orne la tiare du souverain pontife paraît en provenir. Ce qui fait conjecturer que cette émeraude vient d'Afrique, c'est qu'elle existait à Rome du temps de Jules II, qui vivait avant la conquête du Pérou. Cette émeraude a la forme d'un cylindre court, arrondi à l'une de ses extrémités; elle a environ 27 millimètres dans le sens de son axe, sur 34 millimètres de diamètre; elle n'a qu'un léger degré de transparence. En général les émeraudes d'Afrique sont moins précieuses que celles du Pérou, leurs teintes sont moins de pures, et souvent elles renferment dans leur intérieur des matières étrangères qui leur communiquent des reflets chatoyants.

Les béryls les plus précieux pour la joaillerie sont ceux de Cangayum, dans le district de Coimbatoor, aux Indes-Orientales ; ils sont accompagnés d'albite. Le plus beau béryl taillé appartient à M. H.-P. Hope ; il ne pèse que 184 grammes, mais sa couleur et sa transparence ne laissent rien à désirer ; il a coûté 12,500 francs; cette pierre provient de la mine de Cangayum. Les béryls de Sibérie sont ceux qui offrent le plus grand nombre de formes cristallines.

Davidstonite. — M. Davidston, professeur d'histoire naturelle au collége d'Aberdeen, a trouvé dans une carrière de granite de Rubislaw, près de cette ville, un minéral en masses prismatoïdes, auquel M. Thomson a donné le nom de *davidstonite*. Ce savant chimiste l'avait cru composé exclusivement de silice et d'alumine ; M. Plattner a montré que c'est une émeraude; elle contient en effet, d'après son analyse : silice 66,10 ; alumine 14,58 ; glucine 13,02; magnésie 4,16 ; protoxyde de fer 0,52 ; eau 0,80.

EUCLASE.

Ce minéral, constamment cristallisé, présente un clivage tellement facile parallèlement au plan diagonal g^1, que le plus léger choc brise les cristaux dans cette direction ; c'est par allusion à cette propriété que Haüy l'a désigné sous le nom d'*euclase*, qui provient de ευ, bien, et κλαω, se briser.

Les cristaux d'euclase sont complétement hyalins ; leur couleur habituelle est le vert d'eau, analogue à celle du béryl ; quelques échantillons sont bleuâtres et même bleus ; les faces des cristaux et la cassure sont très-brillantes ; leur éclat est vitreux. Leur dureté est 7,5 ; ils rayent le quartz, mais ils sont très-fragiles ; la cassure en travers est conchoïdale et vitreuse. Ils possèdent la réfraction double à un haut degré. Electriques par la simple pression, ils conservent leur vertu pendant 24 heures.

La pesanteur spécifique de l'euclase est de 30,98. Au chalumeau, à une chaleur très-forte, elle fond sur les bords et donne un émail blanc; avec le borax, se gonfle, produit une légère effervescence, blanchit et se convertit ensuite, par une dissolution lente, en un verre transparent et incolore.

La cristallisation de l'euclase dérive d'un prisme rhomboïdal oblique, *fig.* 84, *pl.* 159, dans lequel l'incidence des faces latérales est de 114° 50′, celle de la base sur chacune d'elles de 118° 46′, et le rapport d'un des côtés de la base à la hauteur à peu près celui des nombres 25 : 13.

Les cristaux portent tous un assez grand nombre de faces verticales; les faces M ont beaucoup d'éclat ; les autres faces verticales sont fortement striées dans le sens de leur longueur. La base n'existe dans aucun cristal, elle est déterminée par la considération que les faces d^1 sont produites par un décroissement d'une rangée sur les arêtes D.

Fig. 85, *pl.* 160. Prisme aigu à 12 faces, composé des faces M, h^1, g^1, et h^5, surmonté d'un pointement à quatre faces résultant des modifications d^1 et $b^{1/3}$ placées sur les arêtes de la base.

Fig. 86. Même forme portant en outre des facettes i, données par un décroissement intermédiaire, dont l'expression est $i = (d^1\, b^{1/3}\, g^{1/2})$.

Fig. 87. Prisme avec deux modifications intermédiaires i et i'; la dernière est le résultat de la loi $i' = (d^{1/5}\, b^{1/5}\, g^{1/2})$.

Fig. 88. Prisme portant trois modifications intermédiaires, $i = (d^1\, b^{1/3}\, g^{1/2})$; $i' = (d^{1/5}\, b^{1/5}\, g^{1/2})$; $i'' = (b^1, d^{1/3}, g^{1/2})$.

Fig. 89. Même forme augmentée des modifications $i''' = (b^5, b^{1/2}, h^2)$; et $i^{IV} = (b^5\, d^{1/2}\, g^1)$.

Fig. 90 et 91. Ces deux beaux cristaux, qui appartiennent à M. Heuland, contiennent, outre les modifications précédentes, des facettes b^1 et a_4, que je n'ai pas eu occasion d'étudier.

Les cinq premières figures représentent des cristaux appartenant à l'École des mines ; ils proviennent de la collection de M. le marquis de Drée.

Haüy avait pris pour forme primitive un prisme rectangulaire oblique ; sa face P est la même que dans la *fig.* 84. Quant aux faces M et T, elles correspondent aux faces h^1 et g^1 de mes figures ; en adoptant le prisme rhomboïdal oblique, les lois de dérivation sont plus simples ; les cristaux sont plus facilement placés, et le clivage est plus en harmonie avec leur disposition générale.

Les angles principaux de l'euclase sont, d'après M. Lévy [1] :

P sur M	= 118° 46′.		M sur M	= 114° 50′.
P sur g^1	= 90°.		M sur h^1	= 147° 25′.
M sur h^3	= 170° 30′.		M sur h^3	= 165° 8′.
M sur $b^{1/3}$	= 139° 44′.		M sur b^1	= 91° 35′.
M sur a_2	= 131° 38′.		M sur d^1	= 138° 23′.
M sur a_4	= 154° 32′.		g^1 sur h^3	= 107° 40′.
b^1 sur b^1	= 143° 50′.		g^1 sur h^5	= 113° 20′.
d^1 sur d^1	= 156° 10′.		$b^{1/3}$ sur $b^{1/3}$	= 105° 58′.
a_2 sur a_2	= 151° 47′.		a_4 sur a_4	= 130° 15′.
M sur i	= 143° 58′.		i sur i	= 134° 18′.
M sur i'	= 147° 24′.		i' sur i'	= 99° 44′.

[1] *Journal d'Édimbourg*, vol. XIV, n° 27, janvier 1826.

M sur i''	= 99° 53'.	i'' sur i''	= 113° 42'.
M sur i'''	= 153°.	i''' sur i'''	= 122°.
M sur i^{IV}	= 116°.	i^{IV} sur $i^1{}_{\text{V}}$	= 105° 20'.

L'euclase est composée, d'après l'analyse de Berzélius [1] :

		Oxyg.		Rapp.
Silice............	43,22		22,45	3
Alumine.....	30,56		14,27	2
Glucine..........	21,78	13,75	14,25	2
Protoxyde de fer...	2,22	0,50		
Oxyde d'étain.....	0,70			
	98,48			

Ces éléments conduisent à la formule $Al^2Si + 2GSi$.

Analogies. — Gisement. — L'éclat vif et brillant de l'euclase, son clivage facile parallèlement à g^1, qui se décèle par des glaces dans cette direction, donnent à ce minéral un aspect particulier; on peut cependant le comparer à la *topaze couleur d'aigue-marine*, et à la *tourmaline blanche* de l'île d'Elbe ; la cristallisation montre que la topaze est en prisme droit, et la tourmaline en rhomboèdre; l'étude de la double réfraction indiquerait la différence entre ces trois minéraux. Le prix de l'euclase étant élevé, je n'ose pas indiquer d'essais qui altèrent les échantillons, mais la moindre fracture donnerait immédiatement un caractère certain.

Les premiers échantillons d'euclase ont été rapportés en Europe par Dombey au retour d'un voyage dans le Pérou; mais il paraît qu'ils provenaient de Rio-Janeiro; depuis, ce minéral a été retrouvé dans la province de Minas-Geraès, au Brésil, si célèbre par ses mines d'or et ses mines de diamant. L'euclase est recueillie presque exclusivement dans les alluvions qui produisent le diamant; on la regarde comme associée aux itacolumites schisteuses de cette province du Brésil.

[1] *Journal de Schweigger*, t. XXVII, p. 7.

PHÉNAKITE.

Les premiers cristaux de phénakite ont été rapportés de l'Oural, mélangés avec des cristaux de béryl; leur pointement rhomboïdal les avait fait désigner sous le nom de *quartz rhomboïdal;* M. Nordenskiöld ayant reconnu que les propriétés de ce nouveau minéral ne pouvaient s'accorder avec celles du quartz, lui a donné le nom de *phénakite*, qui rappelle sa ressemblance trompeuse [1]. Plus récemment, la phénakite a été retrouvée dans la mine de fer de Framont, dans les Vosges; les cristaux sont moins gros que ceux de l'Oural, mais ils sont plus nets; leurs faces sont aussi miroitantes que celles des cristaux d'émeraude. La phénakite de l'Oural est associée à du schiste micacé; celle de Framont est disséminée dans un quartz ferrugineux, formant un filon dans le terrain de transition.

La phénakite est hyaline et incolore, sa cassure est conchoïdale et vitreuse; un peu plus dure que le quartz, elle est fragile par suite de fissures irrégulières qui la traversent dans tous les sens; sa pesanteur spécifique est de 29,69; inaltérable au chalumeau, elle fond avec le borax en un verre transparent; elle est inattaquable par les acides.

La forme primitive de la phénakite est un rhomboèdre obtus, *fig.* 92, *pl.* 161, sous l'angle de 115° 25′; les cristaux de l'Oural ont la forme générale du rhomboèdre primitif portant des indications de l'équiaxe b^1 sur ses arêtes culminantes, et du prisme à six faces d^1, *fig.* 93.

M. Nordenskiöld[2] a trouvé l'angle P sur b^1=147° 42′ 30″.

Ces mêmes cristaux portent de petites faces qui appartiennent à un métastatique; l'angle qui le détermine est, d'après le même minéralogiste, P sur n = 122° 17′ 30″. Les cristaux de phénakite sont maclés dans le sens de l'axe du prisme.

---

[1] φεγας, erreur. — [2] *Annales de Poggendorff*, t. XXI, p. 57.

Les cristaux de Framont affectent également la forme du prisme à six faces d^1 ; le pointement est à six faces, mais sur chacune d'elles on aperçoit une gouttière plus ou moins prononcée, *fig.* 95, d'où il résulte que le prisme est formé de la réunion de plusieurs cristaux ; dans quelques-uns, ces gouttières portent, *fig.* 96, de petites faces sur les côtés, assez nettes pour qu'on puisse déterminer le sommet rhomboédrique. M. de Billy, ingénieur en chef des mines, a donné à la collection de l'École des mines plusieurs échantillons dont les cristaux sont assez réfléchissants pour que j'aie pu en mesurer les angles avec exactitude.

	Phénakite de Framont, par Bischof [1].	Oxyg.	Rapp.	De l'Oural, par Hartwall [2].	Oxyg.	Rapp.
Silice	54,37	28,25	1	55,14	28,65	1
Glucine	45,52	28,79	1	44,47	28,12	1
Chaux, magnésie, etc.	0,09			0,39		
	99,98			100,00		

Les rapports atomiques qui existent entre la silice et la glucine conduisent à la formule GS*i*.

Analogies. — La transparence, l'éclat et l'absence de couleur donnent à la phénakite les plus grands rapports avec le *quartz hyalin, le béryl, l'euclase* et la *topaze blanche*. La forme cristalline fournit une distinction certaine, du moins pour les échantillons des localités connues ; les cristaux qui en proviennent ont des faces assez nettes pour qu'on puisse en apprécier la forme avec exactitude. La pesanteur spécifique de la phénakite est supérieure à celle du quartz.

---

[1] *Annales de Poggendorff*, t. XXXI, p. 58.

[2] *Annales de Poggendorff*, t. XXXIV, p. 525.

LVe GENRE.

SILICATES ALUMINEUX ET ALCALINS

AVEC LEURS ISOMORPHES.

GROUPE DES FELDSPATHS.

Les granites et la plupart des roches qui constituent les terrains non stratifiés contiennent comme partie constituante essentielle un minéral lamelleux, nacré, blanc ou blanc rosé, en général de couleur claire, désigné sous le nom de *feldspath;* le plus ordinairement il est essentiellement composé de silice, d'alumine et de potasse; mais cette composition n'est pas absolue. Feu M. Brédif, ingénieur des mines, avait reconnu, dès **1811**, que certains feldspaths des Alpes contiennent de la soude au lieu de potasse [1]; cette observation intéressante avait été regardée comme un fait isolé, et on n'attacha alors qu'une faible importance à une découverte qui devait cependant, vingt ans plus tard, amener des divisions nombreuses dans les roches cristallisées. Aussi l'espèce feldspath fondée par Wallerius, et que Romé de l'Isle et Haüy avaient admise dans son ensemble, resta-t-elle intacte jusqu'aux travaux de M. G. Rose et de M. Lévy; ces deux savants minéralogistes ont montré presque en même temps que parmi les cristaux de feldspath, certains appartiennent au prisme rhomboïdal oblique, tandis que les autres, échappant à la symétrie propre à ce système cristallin, doivent être associés au prisme oblique non symétrique.

M. Lévy, guidé par les caractères cristallographiques, en fit alors deux espèces sous les noms de *feldspath* et de *cleavelandite* [2]. Il y ajouta plus tard une troisième espèce, la *murchisonite* [3], dédiée au géologue distingué qui nous a fait

---

[1] Registre du laboratoire de Moutiers.

[2] *Annales de philosophie*, décembre 1823.

[3] *Philosophical magasine*, t. Ier, p. 448.

connaître, de concert avec M. de Verneuil, la constitution géologique de la Russie.

M. G. Rose [1], réunissant l'étude de la forme à celle de la composition, constitua alors, aux dépens du feldspath, quatre espèces auxquelles il imposa les noms d'*orthose*, d'*albite*, de *labrador* et d'*anorthite*; et il désigna l'ensemble de ces espèces par l'expression de *groupe des feldspaths ;* les deux premières divisions de M. Rose correspondent aux deux espèces de Lévy.

Les travaux postérieurs de M. Abisch, de M. Deville, de M. Rivière et de plusieurs autres minéralogistes ont prouvé l'exactitude de ces divisions; seulement quelques nouvelles espèces ont encore été détachées de l'ancien feldspath. Enfin on a réuni au même groupe la *pétalite* et le *triphane,* qui constituent aussi des roches granitiques dont les caractères se rapprochent du feldspath, et dont la composition est analogue, à la seule exception que la lithine y remplace la potasse, de même que la soude tient lieu de cet alcali dans les roches à base d'albite.

L'expression de groupe des feldspaths est défectueuse ; en effet, les espèces qui le constituent n'appartiennent pas au même système cristallin; la composition, différente pour quelques-uns sous le rapport des éléments, est atomiquement différente pour la plupart; en sorte qu'il n'existe de rapprochement entre eux ni par la forme ni par la composition. Les caractères extérieurs sont, il est vrai, tellement analogues, que la reconnaissance de ces espèces est une des plus grandes difficultés de la minéralogie; en outre, les formes, quoique différentes sous le rapport des systèmes auxquels elles appartiennent, sont très-rapprochées par leurs angles : il est donc impossible de les distinguer à l'œil, s'il n'existe pas de circonstances qui le permettent, telles que les hémitropies, ou des modifications particulières. La couleur, l'éclat, la dureté, la pesanteur spécifique, presque les mêmes pour ces minéraux, augmentent leur analogie; leur réunion en un

[1] *Annales de chimie et de Physique*, septembre 1823, t. XXIV, p. 16.

groupe est donc fondée plutôt sur la difficulté qu'on éprouve à les reconnaître que sur les principes philosophiques qui président à la spécification des minéraux.

Les rapports nombreux que je viens de signaler entre les espèces de ce groupe s'effacent quand, au lieu de considérer les caractères isolément, on les étudie ensemble ; l'on parvient assez facilement à reconnaître les espèces les plus importantes, telles que le *feldspath*, l'*albite*, le *labrador* et l'*oligoclase*, en examinant simultanément la forme des cristaux, la netteté du clivage, les caractères chimiques et la nature de la roche qui les renferme ; ce dernier caractère est très-important, car, malgré le mélange que l'on observe entre eux, ils constituent en général des roches différentes par leur nature, ou du moins par leur âge, et il a conduit souvent à la reconnaissance de ces minéraux.

J'ai annoncé que M. Abisch et M. Deville avaient fait chacun une classification des minéraux du groupe des feldspaths : je crois devoir exposer succinctement ces classifications avant d'indiquer l'ordre dans lequel je les décrirai.

Le tableau suivant résume la classification de M. Abisch [1]. On remarquera que ce savant a d'abord admis dans ces minéraux deux grandes divisions en rapport avec la forme cristalline; puis il les a coordonnés d'après leur pesanteur spécifique, caractère que M. Breithaupt a déjà proposé pour leur détermination.

---

[1] Recherches sur la nature des feldspaths, *Annales de Poggendorff*, ou *Annales des mines*, 1841, t. I, p. 648.

DÉSIGNATION.	DENSITÉS.	PREMIER SYSTÈME CRISTALLIN DES FELDSPATHS.						
		$\dddot{S}$.	$\dddot{Al}$.	$\dddot{Fe}$.	$\dot{Ca}$.	$\dot{Mg}$.	$\dot{K}$.	$\dot{Na}$.
Anorthite..........	27,630	43,79	35,49	0,57	18,93	0,34	0,54	0,68
Labrador..........	27,140	53,48	26,46	1,60	9,49	1,74	0,22	4,10
Andésite...........	27,328	59,60	24,21	1,58	5,77	1,08	1,08	6,53
Oligoclase (Berzélius)	26,680	63,70	23,95	0,50	2,05	1,60	1,20	8,11
Périkline (Gmelin)..	26,410	67,94	18,93	0,48	0,15	»	2,41	9,98
Pontellaria.........	»	68,23	18,30	1,01	1,26	0,51	2,53	7,99
Albite à potasse.....	26,223	70,22	17,29	0,82	2,09	0,41	3,71	5,62
Albite (Rose).......	26,140	69,78	18,79	»	»	»	»	11,43
		DEUXIÈME SYSTÈME CRISTALLIN DES FELDSPATHS.						
Ryacolithe (Rose)...	26,180	50,31	29,44	0,28	1,07	0,23	5,92	10,56
Feldspath vitreux...	25,970 (Époméo.)	66,73	17,36	0,81	1,23	1,20	8,27	4,10
Orthose...........	25,756 (Adulaire.)	65,69	17,97	»	1,34	»	13,99	1,01
	25,552 (Baveno.)	65,72	18,57	traces	0,34	0,10	14,02	1,25

Il résulte de l'examen de ce tableau que la relation atomique 1 : 3, entre les quantités d'oxygène contenues dans les bases $\dot{R}$ et $\ddot{R}$, est le seul élément qui soit constant pour tous les membres de la série, et qui puisse être regardé comme caractéristique du genre. Les proportions d'oxygène de la silice, qui vont en croissant à partir de l'anorthite, forment une série de cinq membres, représentant, suivant M. Abisch, autant d'espèces déterminées. La potasse domine dans les feldspaths les plus silicatés appartenant aux roches plutoniques, tandis que dans les combinaisons moins silicatées qui caractérisent les roches volcaniques, elle est remplacée par la oude et la chaux.

Une autre remarque non moins importante est que la pe-

PROPORTIONS D'OXYGÈNE.			FORMULES.
$\dot{R}$.	$\dddot{R}$.	$\dddot{S}$.	
5,51 [1]	16,74 [3]	22,74 [4]	$\dot{R}^3\dddot{S} + 3\dddot{R}\dddot{S}$.
6,58 [1]	12.87 [3]	27,77 [6]	$\dot{R}\dddot{S} + \dddot{R}\dddot{S}$.
3,79 [1]	11.70 [3]	30,96 [8]	$\dot{R}^3\dddot{S}^2 + 3\dddot{R}\dddot{S}^2$.
3,09	11,32	33,09	$\dot{R}\dddot{S} + \dddot{R}\dddot{S}^2$.
»	»	»	
3,01 [1]	8.84 [3]	35,43 [12]	$\dot{R}\dddot{S} + \dddot{R}\dddot{S}^3$.
2,85 [1]	9,16 [3]	36.47 [12]	
»	»	»	
4,09 [6]	13,84 [3]	26,14 [6]	$\dot{R}\dddot{S} + \dddot{R}\dddot{S}$.
3,25 [1]	8,36 [3]	34,65 [12]	$\dot{R}\dddot{S} + \dddot{R}\dddot{S}^3$.
2,99 [1]	8,39 [3]	34,12 [12]	
2,78 [1]	8,67 [3]	34.13 [12]	

santeur spécifique va en augmentant avec la quantité de chaux et d'alumine, à mesure que la silice diminue.

M. Deville[1] remarque que dans les espèces du groupe du feldspath les proportions d'oxygène contenues dans les bases à un atome, dans les sesquibases et la silice, sont des multiples de 3, et qu'on peut les représenter généralement par la relation $1 : 3 : n3$. Il fait observer, en outre, que dans l'amphigène, ainsi que dans l'andésine, trouvée par M. Abisch dans le porphyre de Marmato, ces proportions sont 1 : 3 : 8 ; il conclut de ces relations qu'on peut créer une seconde famille, celle des amphigénides, analogue à la famille des feldspaths, dont le caractère chimique, tiré des proportions relatives d'oxygène

[1] *Comptes-rendus de l'Académie des sciences*, t. XX, p. 182, 1845.

des trois éléments, serait $1:3:n4$. Il propose, en conséquence, la classification suivante de ces deux familles :

FELDSPATHIDES.	AMPHIGÉNIDES.
$1:3:n3$.	$1:3:n4$.
Premier genre $1:3:6$. $\dot{B}\,\dddot{Si} + \dddot{B}\,\dddot{Si}$.	Premier genre $1:3:4$. $\dot{B}^3\,\dddot{Si} + 3\dddot{B}\,\dddot{Si}$
Première espèce : *rhyacolite*.	Première espèce : *anorthite*.
Deuxième espèce : *labrador*.	Deuxième espèce : *néphéline*.
	Troisième espèce : *paranthine*.
Deuxième genre $1:3:9$. $\dot{B}\,\dddot{Si} + \dddot{B}\,\dddot{Si}^2$.	Deuxième genre $1:3:8$. $\dot{B}^3\,\dddot{Si}^2 + 3\dddot{B}\,\dddot{Si}^2$.
Première espèce : *oligoclase*.	Première espèce : *amphigène*.
Deuxième espèce : *triphane* (Regnault).	Deuxième espèce : *andésine*.
3e genre $1:3:12$. $\dot{B}\,\dddot{Si} + \dddot{B}\,\dddot{Si}^3$.	3e genre. $1:3:12$. $\dot{B}^3\,\dddot{Si}^3 + 3\dddot{B}\,\dddot{Si}^5$.

Première espèce : *orthose*.
Deuxième espèce : *albite*.
Troisième espèce : *pétalite*.

Le troisième genre étant commun aux deux familles feldspathiques et amphigénides, établit une relation chimique entre ces minéraux.

M. Deville ajoute qu'il existe une classe de minéraux extrêmement remarquables, parce qu'ils se rencontrent, quoique hydratés, dans les roches d'origine essentiellement ignée : ce sont les *zéolites*, qui peuvent se diviser en roches feldspathides hydratées, et roches amphigénides hydratées, en sorte qu'on aurait pour les zéolites les deux séries $1:3:n3+r\mathrm{A}q$, et $1:3:n4+r'\mathrm{A}q$. r et r' représentant des nombres entiers.

Les rapprochements faits par M. Deville sont remarquables ; ils deviendraient des guides précieux pour une classification chimique des minéraux ; mais ils me paraissent présenter des inconvénients dans l'étude de la minéralogie considérée comme science naturelle ; ils rapprochent, en effet, la néphéline, qui cristallise en prisme à six faces régulier, la paranthine dont la forme est le prisme à base carrée, des espèces feldspathiques dont les formes obliques sont tellement analogues, que leur distinction exige l'emploi du goniomètre à réflexion.

Je crois, en outre, qu'il faut restreindre le groupe feldspathique aux minéraux qui forment des roches; car c'est seulement sous ce rapport qu'il offre un véritable intérêt. Resserré dans ces limites, il se présente en première ligne deux genres:

a. Minéraux en prisme rhomboïdal oblique.
b. Minéraux en prisme oblique, non symétrique.

Je dois ici faire une remarque, c'est que dans certains minéraux, la soude et la potasse se substituent l'une à l'autre; plusieurs personnes ont pensé que cela devait avoir également lieu pour le feldspath et l'albite, dont les formules sont $3AlSi^3 + KSi^3$ et $3AlSi^3 + NaSi^3$. Ils ont, en conséquence, assimilé ces deux genres, en supposant que le feldspath cristallisait comme l'albite dans le système du prisme oblique; la symétrie du feldspath serait alors le résultat de l'égalité accidentelle de l'angle de la base sur les deux faces verticales, tandis que dans l'albite la base est inégalement inclinée sur ces deux faces. Cette considération est fondée sur la supposition que le feldspath ne possède de clivage que suivant une des deux faces verticales ; d'où il résulterait que les deux faces M ne seraient pas de même nature; mais cette différence de clivage n'existe pas réellement ; en effet, d'après les observations de M. Descloizeaux, que j'ai eu l'occasion de vérifier, les échantillons d'adulaire du Saint-Gothard, les feldspaths de Bavéno, d'Arendal en Norwège, de Rabenstein en Bavière, d'Aveiro en Portugal et de Newcastle dans le Delaware, possèdent un tissu lamellaire très-sensible sur les deux faces M ; cette objection sérieuse disparaît donc, et la séparation des minéraux feldspathiques en deux genres, sous le rapport cristallin, doit être conservée; elle est d'autant plus intéressante que l'absence de symétrie dans les cristaux dérivant du prisme doublement oblique fournit, dans un assez grand nombre de cas, un moyen de distinction facile.

L'étude des angles, jointe à celle de la composition, me conduit à admettre sept espèces. Sous ce dernier rapport je ferai remarquer qu'il existe quatre genres distincts : 1° *les feldspaths à potasse*, 2° *à soude*, 3° *à lithine*, 4° *à chaux;* ces distinctions ne sont cependant pas absolues, la plupart de ces minéraux contiennent à la fois deux alcalis, comme les feldspaths vitreux du Mont-Dore, et celui des environs de Naples; fréquemment en outre une petite quantité d'un alcali remplace une proportion correspondante de l'autre; les minéraux qui sont caractérisés par la chaux contiennent presque toujours de la soude. Malgré ces remplacements, on peut néanmoins admettre ces quatre genres, en ce sens que l'une des quatre bases domine et peut se distinguer par des essais.

Minéraux potassés.

Feldspath ou **orthose**...................... $3AlSi^3 + KSi^3$.

Saint-Gothard, Baveno, Arendal, granites de la Bretagne, des montagnes du centre de la France, etc.

Pierre de lune, adulaire, eisspath.

Feldspath vitreux, Ancien ryacolithe[1], ... $3AlSi^3 + (K, Na)\,Si^3$.

Murchisonite.................... $3AlSi^3 + KSi^3$.

Minéraux sodifères.

Albite.................................. $3AlSi^3 + NaSi^3$.

Montagnes de l'Oisans, Saint-Gothard, col du Bonhomme, Arendal, Barèges, dans les Pyrénées; Salzbourg, Kerabinsk en Sibérie. En cristaux dans les granites de la Bretagne, du centre de la France, etc.

Péricline, tétartine,

Carnatite....................... $3AlSi^3 + (Na, Ca, Mg)\,Si^3$.

Oligoklase (spodumène à soude)........... $3AlSi^2 + (Na, K, Ca)\,Si^3$.

Roches de Suède, de Norwège, de la Finlande, du Spitzberg.

Minéraux à lithine.

Pétalite................................ $3AlSi^3 + LSi^3$.

Triphane; spodumène.................... $3AlSi^2 + LSi^3$.

[1] M. Gust. Rose avait donné le nom de *ryacolithe* au feldspath vitreux du Mont-Dore, qu'il avait considéré comme formant une espèce particulière. Des observations postérieures ayant appris qu'il ne différait de l'adulaire que parce qu'une certaine quantité de potasse était remplacée par de la soude, cette espèce fut supprimée. M. Rose a conservé le nom de ryacolithe à des cristaux provenant de la Somma, qu'il avait également associés au feldspath vitreux. Cette restriction du nom de *ryacolithe* a donné lieu à beaucoup de confusion : le nouveau ryacolithe ne me paraît pas devoir figurer dans le groupe des feldspaths : je l'ai néanmoins décrit à la suite des minéraux qui le composent.

Minéraux à base de chaux.

Labradorite............................ $3Al\dot{S}i + (Ca, Na, f)\,Si^3$.
Côte de Labrador, Ingremanie, roches volcaniques de l'Auvergne, etc.
Andésine.
Anorthite............................ $3Al\dot{S}i + (Ca, Mg, Na, K)\,Si$.

Je ferai remarquer que l'*orthose*, l'*albite* et le *pétalite* ont la même relation atomique ; il en est de même pour le *triphane* et l'*oligoklase ;* aussi beaucoup de minéralogistes décrivent cette dernière espèce sous le nom de *spodumène à soude*, le mot *spodumène* étant synonyme de *triphane*.

Ces différentes espèces sont cristallisées ou dumoins cristallines. Leur distinction est par conséquent certaine, parce qu'elle repose sur le double caractère de la forme et de la composition. Mais on connaît en outre des minéraux amorphes qui sont réunis au feldspath, sous le nom de *feldspath compacte*, *feldspath jade*, *feldspath vitreux*, etc., qu'il est difficile de classer. Leur composition ne justifie pas cette réunion. En effet, s'ils contiennent de la silice, de l'alumine, de la chaux et des alcalis, s'ils sont, en outre, durs et fusibles en émail blanc, comme le feldspath, les proportions de leurs éléments n'offrent aucune constance, et de plus ces proportions s'éloignent ordinairement beaucoup des relations qui caractérisent les sept espèces que j'ai indiquées ci-dessus. J'ajouterai que le nom générique de feldspath, que portent ces minéraux amorphes, leur avait été donné avant la séparation de cette espèce en plusieurs ; il serait donc maintenant aussi naturel de les associer à l'albite, ou au labrador, sous les noms d'*albite compacte*, et de *labrador compacte*, qu'à la plus ancienne de ces espèces. Ces minéraux amorphes sont, en général, des magmas, ou pour ainsi dire, de la pâte de minéraux silicatés, laquelle aurait produit des espèces distinctes, si la cristallisation avait pu se développer. Mais le refroidissement brusque, ou toute autre circonstance, ayant empêché les molécules élémentaires de se porter les unes vers les autres pour donner lieu à des cristaux, il s'est formé des roches dont les caractères extérieurs sont assez constants, mais les différences notables qu'elles présentent dans leur composition empêchent de les classer avec certitude. Les unes contiennent, en effet, comme base à un atome, de la potasse, les autres de la soude ou de la chaux, et quelquefois même ces trois éléments réunis. J'ai déjà signalé ces magmas dans le second volume de cet ouvrage [1] ; mais M. Durocher en a récemment prouvé l'existence, en montrant, ainsi que je l'indiquerai plus tard, que la composition du granite prise en masse est la même que celle des pâtes de porphyre et des feldspaths compactes qui lui sont associés.

Ces magmas ne pouvant avoir de place déterminée, je les laisserai à la suite du feldspath; les principaux sont :

1° Le *feldspath compacte* ou *pétrosilex*, comprenant la léalite et l'adinole;

2° Le *feldspath tenace* ou *jade*, appelé également *saussurite;*

3° Le *feldspath sonore* ou *phonolite;*

4° Le *feldspath résinite* ou *rétinite*, comprenant la *perlite*, l'*obsidienne*, et la *ponce*.

On pourrait peut-être faire une exception pour la *saussurite*, dont la composition est à peu près constante ; plusieurs analyses la rapprochent de l'albite, et dans ce cas, il faudrait la placer à la suite de cette espèce.

Je n'ai pas cité le *feldspath terreux*, attendu qu'il est le résultat certain de la décomposition du feldspath. Quand cette décomposition est incomplète, on aperçoit encore des indices du clivage, et, dans ce cas, on doit considérer le feldspath terreux comme du feldspath altéré; lorsqu'au contraire la décomposition est entière, il se produit une espèce particulière d'argile, désignée sous le nom de *kaolin*, et dont j'ai donné la description, page 252 de ce volume.

---

[1] *Traité de minéralogie*, t. II, p. 22.

FELDSPATH ou ORTHOSE.

Spath fusible; Spath étincelant; Adulaire; Orthoclase.

Le feldspath se trouve en cristaux engagés dans les roches anciennes, en cristaux tapissant des géodes, et en masses lamelleuses ; leur forme dérive d'un prisme rhomboïdal oblique. La couleur du feldspath est le blanc de lait, le blanc grisâtre, le blanc verdâtre, le blanc rougeâtre ; il présente, en général, des teintes claires ; quelquefois, cependant, le feldspath est rouge de chair ; il est alors opaque : enfin, une variété particulière, la *pierre des amazones,* est d'un beau vert. La cassure du feldspath est éminemment lamelleuse dans deux sens perpendiculaires entre eux, la base P et le plan diagonal g^1 ; il existe en outre deux clivages moins faciles dans la direction des faces M; la cassure en travers est esquilleuse.

Sa dureté est exprimée par le nombre 6 ; il raye le verre : sa pesanteur spécifique moyenne est de 25,30, ainsi qu'il résulte du tableau ci-joint :

Feldspath adulaire du Saint-Gothard	25,69
— rouge de chair d'Arendal	25,74
— blanc à grandes lames de Bretagne	25,72
Pierre des amazones, fragment poli	25,81
Cristal simple de Baveno	24,96
Hémitrope de Baveno	23,94

Exposé à l'action du chalumeau, il devient blanc vitreux, et fond difficilement sur les bords en un verre bulleux, demi-transparent ; avec le borax il se dissout très-lentement et sans effervescence en un verre diaphane.

La composition du feldspath résulte des analyses suivantes :

	Adulaire du Saint-Gothard, par Berthier[1].	Oxyg.	Rapp.	Lamellaire rouge de Cayenne, par Beudant[2].	Oxyg.	Rapp.
Silice	64,20	33,35	12	65,03	33,78	12
Alumine	18,40	8,59	3	17,96	8,39 }	3
Peroxyde de fer.	»	»		0,47	0,14 }	
Potasse	16,95	2,87	1	16,21	2,75 }	1
Chaux	»	»		0,35	0,10 }	
	99,55			100,02		

Ces deux analyses conduisent à la formule $3\text{A}l\text{S}i^3 + \text{KS}i^3$, caractéristique du feldspath ; M. Gustave Rose a fait exécuter par ses élèves des analyses qui montrent qu'il est bien rare que la potasse soit pure. Il résulte de ces recherches[3] que l'adulaire même contient une certaine quantité de soude.

	Feldspath blanc jaunâtre d'Alabaschka, dans l'Oural.	Blanc rougeâtre de Schwarzbach, en Silésie.	Adulaire du Saint-Gothard.	Oxyg.	Rapp.
Silice	65,91	67,20	65,75	34,16	12
Alumine	21,00	20,03	18,18	8,69	3
Peroxyde de fer..	»	0,18	»	»	
Potasse	10,18	8,85	14,14	2,41 }	1
Soude	3,50	5,06	1,44	0,37 }	
Chaux	0,11	0,21	trace		
Magnésie	»	0,31	*id.*		
	100,70	101,84	99,54		

Les relations atomiques sont encore ici 12 : 3 : 1 ; mais pour les obtenir, il faut admettre le remplacement d'une certaine quantité de potasse par de la soude. Dans le feldspath de Schwarzbach, qui, cependant, était en cristaux bien nets, la proportion de soude est de 5 pour 100.

Souvent même il faut admettre le remplacement d'une petite quantité d'alcali par de la chaux et de la magnésie, en sorte que la formule la plus générale du feldspath orthose serait $3\text{A}l\text{S}i^3 + (\text{K}, \text{N}a, \text{C}a, \text{M}g)\,\text{S}i^3$; mais la potasse est toujours

[1] *Annales des mines*, deuxième série, t. VII.
[2] *Traité de minéralogie*, t. II. p. 103.
[3] *Annales de Poggendorff*, t. LV, p. 365.

très-dominante. Dans les feldspaths de la Suède et de la Norwège, la soude entre toujours pour 4 à 5 p. 100, comme dans celui de Schwarzbach.

Le feldspath vitreux, qui forme de beaux cristaux dans le trachyte, et que M. G. Rose avait anciennement désigné sous le nom de *ryacolithe*, présente une composition analogue à celle du feldspath de Silésie. Ses analyses donnent en effet :

	Du Mont-Dore, par Berthier[1].	Du Drachenfels, par le même[1].	Oxyg.	Rapp.		De l'Époméo, par Abisch[2].	Oxyg.	Rapp.	
Silice	66,20	66,60		34,59	12	66,73		34,65	12
Alumine	19,80	18,50		8,65	3	17,36	8,09	8,36	3
Protoxyde de fer	»	»	»			0,81	0,27		
Potasse	6,90	8,00	1,35			8,27	1,39		
Soude	3,70	4,00	1,02	2,75	1	4,10	1,07	3,25	1
Magnésie	2,00	1,09	0,38			1,20	0,45		
Chaux	»	»	»			1,23	0,34		
Protoxyde de fer	»			0,06					

L'identité de composition est corroborée par l'identité de forme : le feldspath vitreux cristallise, en effet, en prisme rhomboïdal oblique, dont les angles sont P sur M = 112° 19′, M sur M = 119° 21′. Sa dureté est la même : la pesanteur spécifique des cristaux du Mont-Dore est de 26,18. Les seules différences consistent dans l'éclat qui est plus vitreux, et dans le grand nombre de fissures qui le traversent dans tous les sens. Il semblerait que les cristaux de feldspath vitreux ont éprouvé une espèce de trempe, par suite de laquelle ils se seraient fendillés dans toutes espèces de directions.

Quelque commun que soit le feldspath cristallisé, les cristaux entièrement lisses et brillants, comme il serait nécessaire de les avoir pour les mesurer au goniomètre à réflexion, sont cependant d'une extrême rareté ; aussi n'est-on pas bien sûr des angles du feldspath, et les mesures données par M. Rose et par M. Lévy ne sont pas complétement d'accord.

M. Rose admet pour les angles de la forme primitive :

---

[1] *Annales des mines*, deuxième série, t. III.

[2] *Annales des mines*, troisième série, t. XIX, p. 624, 1841.

P sur M = 112° 1'. Et M sur M = 120°.
Les angles plans sont pour la base 114° 43', et 65° 17'.
Pour les faces verticales, 103° 30', et 76° 30'.

D'après M. Lévy, la valeur de ces angles est :

P sur M = 112° 35'. Et M sur M = 118° 58'.

Le rapport d'un des côtés de la base à la hauteur est environ comme les nombres 100 : 93.

Dans cette forme primitive, les clivages faciles sont placés, ainsi que je l'ai annoncé, suivant les faces P et g^1 ; Haüy avait adopté le solide de clivage comme forme fondamentale, en sorte que sa face M correspond à g^1 de nos figures, et que sa face T est une de nos faces verticales; il est nécessaire de se rappeler cette synonymie de lettres, pour étudier les figures nombreuses du feldspath que Haüy a données.

La forme primitive, *fig.* 97, *pl.* 162, est rare; cependant on en possède des cristaux assez nets du Saint-Gothard et de l'Irlande. Ces derniers portent presque toujours une facette a^1, placée sur l'angle A; cette facette est une des plus fréquentes du feldspath, c'est le biseau x de Haüy.

La *fig.* 98 est un prisme composé des faces M et a^1; la base a disparu par l'extension de la modification a^1. Ces cristaux sont très-fréquents au Saint-Gothard; quelquefois ils sont purs et brillants, mais souvent ils sont mélangés d'une grande quantité de paillettes de chlorite, qui les rendent entièrement verts. Ces cristaux ressemblent beaucoup à la forme primitive, attendu que l'angle de M sur a^1 est presque égal à l'angle de P sur M ; mais si on examine le clivage, on voit que les lames sont placées en sens contraire que dans la forme primitive. On trouve en outre au Saint-Gothard des espèces de rosettes de cristaux, formées de quatre cristaux de cette forme, qui se croisent à angle droit.

Fig. 99. Même forme avec une indication de la base.

Fig. 100. Prisme à six faces, formé des faces M et de la modification g^1, surmonté du biseau a^1.

Fig. 101. Prisme à six faces, dans lequel le biseau $a^{1/2}$ remplace le biseau a^1 ; la face $a^{1/2}$ est la face y de Haüy.

Les deux *fig*. 100 et 101 dominent dans un grand nombre de cristaux de feldspath; de petites faces verticales g^2, et des modifications sur les angles $e^{1/2}$, ou sur les arêtes $b^{1/2}$, viennent souvent s'y joindre; mais la disposition générale des cristaux est le résultat des faces M, P, a^1, et g^1 ; cette dernière modification est ordinairement très-étendue, en sorte que les prismes sont aplatis.

Fig. 102. Prisme à six faces M, M, g^1, P, portant les biseaux $a^{1/2}$ et a^1, et des modifications $b^{1/2}$; bel échantillon de la collection de l'École des mines, provenant des montagnes de la Clayette, dans le département de Saône-et-Loire.

Fig. 103, *pl*. 163. Prisme à six faces, surmonté du biseau a^1, avec une facette h^1 placée sur l'arête d'intersection des faces M.

Fig. 104. Prisme à six faces M, M, g^1, surmonté du biseau a^1, et portant les petites faces g^2. Ces cristaux sont très-fréquents au Saint-Gothard et à Baveno ; dans ces localités les facettes g^2 sont souvent mates; cette circonstance fournit un moyen commode pour placer les cristaux maclés de feldspath. Il suffit en effet de mettre ces facettes verticales; la position des faces M et de P en résulte naturellement.

Fig. 105, *pl*. 163. Même forme avec la réunion des deux biseaux a^1 et $a^{1/2}$.

Fig. 106. Même forme, avec les trois biseaux $a^{1/2}$, a^1, et $a^{3/2}$.

Fig. 107. Même forme portant de petites faces $b^{1/2}$ et $e^{1/2}$. Il existe de beaux cristaux de cette variété provenant d'Auvergne ; le plus ordinairement ils sont maclés à la manière des cristaux *fig*. 116 et 117, *pl*. 165.

Fig. 108. Beau cristal de feldspath vert de Sibérie, de la collection de l'École des mines ; je le cite pour montrer l'identité de cette variété avec le feldspath blanc ordinaire.

Fig. 109, *pl*. 164. Prisme composé des faces P, g^1, et

$a^{1/2}$; cette forme est fort rare sans aucune modification ; elle est au contraire très-fréquente avec les petites facettes additionnelles M, M, g^2, a^1 et $b^{1/2}$, que l'on voit dans les *fig.* 110, 111, 112 et 113. Elle existe aussi très-souvent à l'état de macles, *fig.* 118 à 120.

Dans tous ces cristaux, dont l'École des mines possède des échantillons, les faces P, g^1 et $a^{1/2}$ sont très-dominantes, et donnent l'aspect général aux formes qui en résultent ; les faces P et g^1 étant perpendiculaires entre elles, et de plus g^1 et $a^{1/2}$ étant également placées l'une sur l'autre à angle droit, il en résulte que ces cristaux ont la forme générale d'un prisme rectangulaire droit ; on est alors disposé à les placer de manière que les faces P et g^1 soient verticales ; les clivages faciles suivant ces deux faces, sont dans ce cas des guides qu'il faut consulter ; l'un d'eux, celui parallèle à g^1, détermine le plan diagonal, et par suite la position du cristal.

Les cristaux simples, *fig.* 110, 111, 112 et 113, sont abondants dans les granites du centre de la France, notamment dans les montagnes d'Autun, de Beaujeu et de la Lozère ; les cristaux maclés proviennent particulièrement de Baveno, dans les environs du lac Majeur.

Le feldspath est très-souvent en cristaux hémitropes ; l'association des cristaux a lieu dans quatre directions :

1° Parallèlement à la base P ; la *fig.* 114, *pl.* 164, représente un cristal de Baveno offrant cette hémitropie ;

2° Parallèlement à la face g^1, *fig.* 115, *pl.* 165 ;

3° Dans le troisième genre d'hémitropie, l'un des cristaux élémentaires restant fixe, l'autre tourne autour de l'arête H suivant laquelle se coupent les deux faces M ;

4° Enfin parallèlement à la face $e^{1/2}$, laquelle correspond au plan diagonal du prisme P, g^1, et $a^{1/2}$, *fig.* 108. J'ai cité plus haut cette dernière hémitropie, comme très-fréquente à Baveno.

L'hémitropie parallèle à la face g^1 présente une circonstance particulière sur laquelle il est nécessaire de donner quelques détails, parce qu'elle fournit un moyen de distinguer le feldspath de l'albite et du labrador. La base P étant perpendiculaire à g^1, un plan 1, 2, 3, 4, 5, 6, *fig.* 115, qui passe par les arêtes 2,3,6,5, coupe le cristal en deux parties égales, tellement disposées que si l'on fait tourner l'une d'elles, celle de droite par exemple, d'une demi-circonférence, elle s'applique sur l'autre, de manière que rien en apparence n'est changé; la ligne ff', quoique composée de deux parties, reste cependant horizontale, et le cristal ne présente pas d'angles rentrants ; toutefois l'hémitropie est indiquée par les clivages qui, bien que se prolongeant d'un cristal dans l'autre, s'arrêtent sur ce plan de jonction ; en sorte qu'il en résulte nécessairement que le cristal est composé de deux demi-cristaux placés en sens inverse.

Dans les cristaux d'albite ou de labrador, *fig.* 132, *pl.* 167, le prisme n'étant pas rhomboïdal, les deux diagonales AO,EE ne sont pas perpendiculaires l'une sur l'autre; l'hémitropie produit alors un angle saillant d'un côté, et un angle rentrant de l'autre : cette espèce de gouttière fournit un caractère de distinction facile, et comme ce genre d'hémitropie est très-fréquent, il en résulte qu'il est du plus haut intérêt de le constater. Lorsque les cristaux ont une certaine grosseur, on le remarque à la seule inspection ; pour les cristaux très-petits, on le reconnaît par le miroitement de la lumière ; en effet, si une partie de la gouttière est éclairée de manière à réfléchir la lumière à l'œil de l'observateur, l'autre partie est au contraire complétement obscure; en exposant alors successivement l'échantillon en sens inverse à la lumière, la partie éclairée devient obscure, et réciproquement.

Dans le troisième genre d'hémitropie, celui qui a lieu par la révolution d'un des cristaux élémentaires autour de l'arête H, l'un des cristaux fait pour ainsi dire volte-face, en sorte que la face g^1 de droite du second cristal s'applique sur le g^1 de droite du premier.

Ces hémitropies, au lieu d'être formées de deux demi-cristaux, sont le résultat de la pénétration de deux cristaux complets, emboîtés l'un dans l'autre, ainsi que le représentent les *fig.* 116 et 117, *pl.* 165. Le premier cristal s'enchâsse pour ainsi dire dans le second, de telle façon que la face P de l'un regarde le biseau de l'autre et que les faces M se confondent.

Ces associations de cristaux, très-fréquentes dans les granites, le sont surtout dans les trachytes. Le feldspath vitreux du Mont-Dore et celui du Drachenfels affectent très-souvent ce mode de groupement.

Les cristaux offrant des hémitropies parallèles à la face $e^{1/2}$ sont généralement formés du groupement régulier de deux moitiés semblables; ils se présentent sous la forme d'un prisme rectangulaire droit allongé, dont deux des pans correspondent aux faces P des deux cristaux élémentaires, et les autres aux faces g^1 ; la *fig.* 118 représente un cristal maclé de Baveno, composé des faces P, g^1, g^2, M, $a^{1/2}$, et a^1.

Les *fig.* 119 et 120 proviennent également de Baveno, sauf quelques petites facettes; ils sont analogues à la précédente.

L'adulaire du Saint-Gothard présente également des cristaux analogues aux *fig.* 119 et 120, mais il en existe dans cette localité qui sont le résultat du groupement régulier de trois et même de quatre cristaux; la *fig.* 121, *pl.* 166, représente la première de ces associations; dans la *fig.* 122 les quatre cristaux sont groupés d'une manière tellement régulière, que l'échantillon offre l'apparence d'un prisme à base carrée, terminé par une pyramide tétraèdre modifiée; les pans du prisme correspondent aux faces P; les lettres symboliques que portent les figures indiquent la nature des facettes qui entrent dans la composition de ces singuliers cristaux.

Angles principaux.

	D'après Lévy.	M. G. Rose.	Kupfer.	Feldspath vitreux.
P sur M	= 112° 35′	112° 1′	112° 16′	112° 19′.
M sur M	= 118° 58′	120°	118° 48′ 6″	119° 21′.
P sur h^1	= 116° 28′ 30″	115° 40′	116° 7′.	
M sur h^1	= 149° 29′	150°.		
P sur g^1	= 90°	90°	90°,	
M sur g^1	= 120° 31′	120°	120° 35′	120° 19′ 3″.
P sur g^2	= 102° 39′.			
M sur g^2	= 150° 0′ 10″	150°.		
P sur $a^{1/2}$	= 99° 16′.			
M sur $a^{1/2}$ (*y*. Haüy)	= 134° 22′	135° 21′	134° 19′	134° 34′.
P sur a^1 (*x*. Haüy)	= 129° 30′	»	129° 40′	129° 31′.
M sur a^1	= 110° 33′	112° 1′	110° 40′ 3″	110° 52′.
P sur $a^{3/2}$ (q. Haüy)	= 146° 3′.			
M sur $a^{3/2}$	= 96° 26′.			
P sur $e^{1/2}$	= 135°	135°	135° 3′ 4″	135° 16′.
M sur $e^{1/2}$	= 121° 52′.			
P sur $e^{3/2}$	= »	161° 34′.		
P sur $e^{1/6}$	= »	108° 26′.		
P sur $b^{1/2}$	= 124° 37′	123° 59′	124° 42′	124° 41′.
M sur $b^{1/2}$	= 122° 58′	»	»	123° 1′ ″.
P sur $b^{1/4}$	= 97° 55′	97° 41′	»	
M sur $b^{1/4}$	= 149° 41′	»		
P sur b^1	= »	150° 18′.		
P sur i	= 116° 8′ 30″	»		
M sur i	= 126° 36′	»		
g^1 sur g^2	= 150° 30′ 10″	150°.		
$a^{1/2}$ sur a^1	= 150° 45′.			
P sur $d^{1/2}$	= »	146° 1′.		
a^1 sur $a^{3/2}$	= 163° 27′.			
$a^{1/2}$ sur $a^{3/2}$	= 133° 13′.			
$b^{1/2}$ sur $b^{1/2}$	= 126° 11′.			
a^1 sur h^1	= »	115° 40′	114° 13′	114° 22′.
h^1 sur $a^{1/2}$	= »	145° 15′	144° 15′	144° 23′.
h^1 sur $a^{3/2}$	= »	99° 6′.		
h^1 sur $a^{3/4}$	= »	128° 41′.		
a^1 sur $b^{1/2}$	= »	153° 26′	»	153° 19′.
a^1 sur b^1	= »	150° 18′	153° 7′	
g^1 sur b^1	= »	105° 30′.		
$e^{1/2}$ sur $e^{1/2}$	= 90° 6′	»	»	90° 32′.
$b^{1/2}$ sur $b^{1/2}$	= 126° 15′	»	»	126° 38′.
$a^{1/2}$ sur $b^{1/2}$	= 140° 32′	»	»	140° 41′.
g^2 sur g^2	= 58° 49′	»	»	59° 21′.

J'ai comparé, dans ce tableau, les angles du feldspath mésurés par Lévy, Rose et Kupfer ; j'ai ajouté dans la 4e colonne les angles connus du feldspath vitreux; il résulte de cette comparaison que cette dernière variété de feldspath, malgré quelques différences dans ses caractères extérieurs, est identique, sous le rapport cristallin, avec le feldspath ordinaire, comme j'ai montré qu'il l'était par la composition atomique.

Feldspath lamelleux, lamellaire et grenu. — Cette variété de feldspath, qui forme des veines et des filons dans les roches de granite et de porphyre, présente une cassure lamelleuse très-nette dans deux directions perpendiculaires P et g^1, et faiblement indiquée parallèlement à M et M. Sa couleur est le blanc laiteux, le blanc grisâtre, ou le rouge rose; sa dureté, sa pesanteur spécifique et sa manière de se comporter au chalumeau sont les mêmes que pour les cristaux; quelquefois les lames sont moins nettes; le feldspath est alors lamellaire; enfin il devient grenu par une diminution dans la grandeur des lames et par leur entre-croisement.

Le feldspath lamelleux présente, dans certains cas, des reflets nacrés ou chatoyants; on désigne cette variété par les noms de feldspath nacré; telle est la *pierre de lune* qui offre des reflets blanchâtres avec une teinte légère de bleuâtre ou de verdâtre, qui partent d'un fond demi-transparent et légèrement laiteux. Lorsque les reflets présentent les couleurs de l'iris, les feldspaths sont appelés *opalins*. La plupart des variétés opalines appartiennent au labrador, notamment celles de Saint-Paul, sur les côtes du Labrador.

Feldspath terreux.—On remarque dans certaines roches, notamment dans les granites graphiques, que le feldspath est remplacé par une partie blanche et terreuse; l'examen de ces roches a fait voir qu'il existait un passage entre ces parties terreuses et le feldspath cristallisé, d'où l'on a conclu qu'elles étaient le résultat de l'altération du feldspath. Cette conclusion devient évidente par l'observation intéressante que M. Brongniart a faite de parties terreuses ayant conservé la forme des cristaux originels; lorsque la décomposition est complète, ces caractères disparaissent, et le feldspath donne naissance à une argile particulière désignée sous le nom de kaolin[1].

Neckronite. — Minéral blanchâtre, blanc grisâtre, passant au gris de lin, d'un éclat un peu soyeux ; en petites masses cristallines ou en cristaux à six faces dérivant d'un prisme rhomboïdal, clivables en deux directions rectangulaires; rayant le verre et difficilement fusible. Il n'existe aucune analyse de la neckronite, mais ses caractères extérieurs et surtout ses clivages me conduisent à la considérer comme un feldspath.

Eis-spath. — On rencontre dans les roches de la Somma des cristaux limpides et brillants, auxquels on a donné ce nom par allusion à leur ressemblance avec de la glace ; leurs caractères les rapprochent du feldspath vitreux. En effet, dans les cristaux analogues à la *fig.* 107, *pl.* 163, la face P est perpendiculaire sur g^1. La composition de l'eis-spath confirme ce rapprochement.

Feldspath compacte.—Pétrosilex.—Hornstein fusible.— Ce minéral, ou plus exactement les roches qui portent ce nom, sont fusibles en émail blanc, avec plus ou moins de difficulté; elles rayent le verre et elles offrent une cassure esquilleuse plus ou moins distincte, dont les esquilles sont tantôt larges, tantôt petites et mal terminées; enfin quelquefois, comme dans les pétrosilex des Vosges, la cassure est conchoïde et unie ; ce dernier cas est rare, en sorte que les trois conditions que je viens d'énoncer donnent par leur réunion les caractères de distinction du pétrosilex ; ils ne sont pas absolus, mais cependant ils sont spéciaux à un certain nombre de roches qui rentrent dans le pétrosilex. Le quartz agate, désigné sous le nom de néopètre, et surtout la variété compacte, appelée par les Allemands hornstein, *pierre de corne*, ont la plus grande analogie avec le feldspath compacte. Cette analogie est telle que ces minéraux ont été longtemps confondus, et que pour les différencier, Werner a distingué le pétrosilex par l'expression de *hornstein fusible*, en appliquant celle de *hornstein infusible* au quartz compacte esquilleux.

---

[1] Voir la description du kaolin, p. 252 de ce volume.

Le pétrosilex est plus ou moins translucide sur les bords; son éclat est mat ou légèrement luisant à la manière des corps gras; sa couleur la plus ordinaire est le gris rougeâtre ou verdâtre, le gris de cendre et le blanc grisâtre; il en existe cependant de rouge de sang, tel est le pétrosilex du Salberg en Suède, dont M. Beudant a fait une espèce particulière sous le nom d'*adinole.*

La pesanteur spécifique de ce minéral est variable, mais elle se rapproche beaucoup de celle du feldspath lamelleux; elle est pour le

Pétrosilex du Salberg................................ 26,59
— des Pentland-Hills (Écosse)................ 26,60
— de la butte des Touches..................... 26,40
— rouge de chair, de Grythillan en Écosse, appelé *léélite*.............................. 26,06

Les analyses suivantes montrent que les pétrosilex sont essentiellement composés de silice, d'alumine et d'alcali, ce qui les rapproche du feldspath; mais les proportions de ces éléments sont très-variables; elles s'écartent de celles du feldspath; ils contiennent notablement plus de silice, et l'alcali y existe au contraire en beaucoup moins grande quantité.

	Silice.	Alumine.	Soude	Potasse.	Magnésie	Chaux	Oxyde de fer.	Eau.
Pétrosilex rouge, du Salberg, par M. Berthier..........	79,5	12,20	6,00	»	1,10	»	0,5	»
Pétrosilex gris verdâtre, de Nantes, par M. Berthier. .	75,20	15,00	»	3,40	2,4	1,20	»	1,5
Pétrosilex gris verdâtre, de Bretagne, par M. Durocher.	75,4	15,5	»	3,8	1,4	»	1,20	»
Pétrosilex gris verdâtre, des Pentland-Hills...........	71,17	13,60	»	3,19	0,1	0,40	1,40	3,5
Pétrosilex gris rougeâtre, de Saxe....................	68,00	19,00	»	5,6	1,1	»	4,50	»
Pétrosilex gris de fumée, de la butte des Touches (Loire-Inférieure...............	76,40	14,10	1,6	2,30	1,6	0,80	2,25	»
Léélite, par Thomson......	81,91	6,55	»	8,88	»	»	6,42	»

Gisement. — Le pétrosilex forme des nœuds, des veines, des amas, dans les terrains de granite ; il sert de base aux porphyres qui sont associés à ces terrains ; il se trouve en masses plus ou moins considérables et en filons intercalés, soit dans les terrains cristallins, soit dans les terrains neptuniens. Les bords de la Loire entre Nantes et Angers offrent de distance en distance des buttes plus ou moins élevées, mais toujours fortement saillantes de cette nature de roche; le pétrosilex y est souvent pur, quelquefois aussi il admet de très-petits cristaux de feldspath et passe à l'*eurite* de M. Brongniart ; assez fréquemment il est mélangé de cristaux de quartz et donne alors naissance aux porphyres quartzifères qui jouent un rôle si important dans la constitution géologique de la Bretagne. Enfin, les pétrosilex sont en couches intercalées dans les terrains de transition ; dans quelques circonstances, ce sont des pseudo-couches forméespar le prolongement de filons, mais d'autres fois ce sont de véritables couches, comme dans les Vosges. Dans les environs de Thann, l'origine neptunienne du pétrosilex est même confirmée par la présence de fossiles végétaux ; les troncs d'arbres que l'on y rencontre et dont l'intérieur est à l'état de roche, ont la cassure esquilleuse et leur pâte fond difficilement en un émail gris. Il est hors de doute que ces couches fossilifères ont été déposées sous le régime des eaux, mais leur état actuel paraît le résultat d'une action postérieure, qui les a rendues homogènes et les a transformées en pétrosilex ; toutes les observations conduisent à penser que ce sont des couches, primitivement à l'état d'argile, qui ont subi ce métamorphisme par l'action ignée dont les Vosges présentent partout des preuves.

J'ai indiqué que le pétrosilex forme des amas dans les terrains granitiques et que souvent même il y constitue la pâte des porphyres qui se trouvent avec quelque fréquence dans ces terrains ; cette circonstance a conduit M. Durocher à penser que le pétrosilex est du granite en masse, ou, pour me servir de l'expression que j'ai employée, qu'il constitue un magma dans lequel la cristallisation n'ayant pu se développer, les minéraux propres aux roches cristallines y sont à l'état élémentaire.

Les considérations employées par M. Durocher et les comparaisons qu'il établit entre la composition moyenne des granites et des pétrosilex donnent une grande probabilité à son opinion, ce qui m'engage à les citer presque textuellement.

« Les proportions relatives des éléments du granite sont « susceptibles de beaucoup de variations ; quelques recherches « m'ont conduit à apprécier, dit M. Durocher [1], avec assez « d'exactitude leurs quantités respectives. C'est le quartz qui « éprouve les variations les moins étendues, elles sortent rare- « ment des limites de 30 à 40 pour 100 de la masse totale ; « le feldspath et le mica varient en sens inverse : tantôt la « proportion du feldspath s'élève jusqu'à 50 et même 55 pour « 100, et alors le mica descend jusqu'à 15 pour 100. « C'est le cas de beaucoup de granites à gros cristaux de « feldspath ; tantôt, au contraire, le mica forme 50 pour 100 « du granite, et le feldspath n'y entre que dans le rapport de « 15 à 20 pour 100, ainsi qu'on le voit dans certaines es- « pèces de granite à petits grains, et particulièrement dans « les granites schistoïdes si communs en Bretagne. La compo- « sition normale et qui paraît être la plus générale consiste « dans les rapports suivants : feldspath, 40 pour 100 ; quartz, « 35, et mica, 25. »

En attribuant au feldspath et au mica les compositions indiquées dans le tableau ci-dessous, et qui représentent les moyennes d'un grand nombre d'analyses, on trouve pour la composition des granites :

1° *Très-feldspathique*, c'est-à-dire contenant 50 de feldspath et 15 de mica ;

2° *Le granite normal ;*

[1] *Sur l'origine des roches granitiques*, par M. Durocher, ingénieur des mines, professeur de minéralogie et de géologie à la Faculté des sciences de Rennes. *Comptes-rendus de l'Académie*, 1845, premier semestre, p. 1278.

3° Enfin pour le *granite très-micacé*, contenant 50 de mica et 15 de feldspath, les éléments suivants :

	Composition moyenne		Composition des granites		
	du feldspath.	du mica.	très-feldsp.	normal.	très-micacé.
Silice.	64	47	74,0	72,3	68,10
Alumine.	19	31	14,1	15,3	18,30
Alcalis.	13	9	7,8	7,4	6,40
Chaux, magnésie, oxyde de fer...	2	10	2,5	3,3	5,30
Acide fluoriq., etc.	»	3	»	»	»

Si l'on compare maintenant cette composition avec celle que j'ai donnée ci-dessus pour les pétrosilex, on trouve une analogie évidente; les pétrosilex de Nantes, par M. Berthier, et de Bretagne, par M. Durocher, contiennent 75 pour 100 de silice, comme le granite très-feldspathique ; la proportion d'alumine est de 15 pour 100 ; l'alcali seulement est un peu faible. Le granite très-micacé correspond à une variété de pétrosilex de Saxe dans laquelle l'analyse a signalé : silice, 68 ; alumine, 19, alcalis, 5,6. Dans ce dernier rapprochement, la quantité d'alcalis est elle-même presque identique.

Feldspath sonore. — Klingstein. — Phonolite. — Cette roche, qui appartient au terrain trachytique, est rapprochée du feldspath par sa cassure esquilleuse et par sa fusibilité en émail blanc grisâtre. Elle est un peu moins dure que le feldspath; sa cassure est irrégulièrement schisteuse, ce qui permet de la débiter en tuiles grossières. C'est à raison de cette circonstance qu'une petite montagne de phonolite, du groupe du Mont-Dore, est appelée *roche tuillière*.

La couleur du phonolite est le gris verdâtre, gris noirâtre; cette roche s'altère et devient blanchâtre, l'altération se propage par zones ; le phonolite contient souvent de très-petits cristaux disséminés dans sa masse, qui sont principalement de labrador.

Pesanteur spécifique du phonolite d'Auvergne.... 25,75.

Pesanteur spécifique du phonolite de Marienberg, 25,77.

M. le professeur Gmelin a montré que le phonolite se compose de deux parties distinctes, l'une soluble dans les acides, l'autre inattaquable par ces réactifs; la composition de la première se rapproche de la mésotype, ou plus généralement des zéolithes; celle de la seconde est à peu près la même que celle du feldspath vitreux. M. Gmelin suppose en conséquence que le phonolite est une roche composée dont les éléments n'ont pu se séparer par la cristallisation; elle fournit un nouvel exemple des magmas que j'ai signalés, et joue dans les terrains trachytiques le même rôle que les porphyres associés aux granites. Les analyses faites depuis les travaux de M. Gmelin ont confirmé cette composition mixte des phonolites; la proportion des parties solubles est assez variable.

Le phonolite de Marienberg contient, d'après Mayer, 37 pour 100 de parties solubles sur 63 d'insolubles.

Le phonolite des environs de Tœplitz, 49 pour 100 de parties solubles sur 51 d'insolubles.

Le phonolite d'Auvergne, 35,20 pour 100 de parties solubles sur 64,80 d'insolubles.

La moyenne pour six analyses a donné pour la composition de ces deux parties et pour celle du phonolite même :

	Soluble.		Insoluble.		Phonolite.
		Oxyg.		Oxyg.	
Silice	42,16	21,99	65,56	34,05	57,66
Alumine	23,91	11,16	17,20	8,03	19,96
Oxyde ferrique	6,20	1,90	2,88	0,88	3,42
Oxyde de manganèse	1,13	0,34	0,79	0,23	0,75
Chaux	2,22	0,62	0,68	0,19	1,01
Magnésie	1,26	0,48	»	»	1,53
Soude	11,38	2,81	3,38	0,86	6,98
Potasse	3,03	0,51	8,45	1,43	6,06
Eau	7,41	6,58	»	»	2,33

Les rapports atomiques qui résultent de cette composition conduisent à admettre que la partie soluble du phonolite d'Auvergne peut être considérée comme constituant une zéolithe dont la formule serait : $\dot{B}\,\dddot{Si} + 3\,\overset{\cdots}{\not{B}}\,\dddot{Si}, + \frac{3}{2}\,\dot{\not{H}}$.

Quant à la partie insoluble, elle est presque identique avec le feldspath vitreux.

M. Burat, qui a fait une étude circonstanciée du groupe du Mezenc dans lequel les phonolites jouent un très-grand rôle, a reconnu qu'un assez grand nombre de ces roches ne sont pas solubles dans les acides ; elles sont alors entièrement analogues par leur cassure esquilleuse, leur dureté, et la manière de se comporter au chalumeau, à certains pétrosilex; toutefois ces phonolites sont schisteux, et se débitent par plaques. Aucune analyse de ces roches n'ayant été faite, je ne saurais émettre une opinion à leur égard ; mais j'ai dû citer l'observation intéressante de M. Burat, qui semble établir un passage entre les pétrosilex et les phonolites.

Feldspath résinite. — Rétinite. — Pechstein. — Roches à cassure conchoïde et vitreuse, dont l'éclat gras est analogue à celle de la résine, ou du verre ; elles sont fusibles avec boursouflement, en émail blanc ou blanc grisâtre ; c'est presque le seul caractère qu'elles présentent de commun avec le feldspath ; elles sont un peu moins dures, et surtout beaucoup moins tenaces ; leur pesanteur spécifique est notablement plus faible :

Le feldspath résinite de Meisen pèse......	23,59
— — de Newry...........	23,10
— — du Cantal...........	23,60

La couleur est généralement d'un vert bouteille, vert noirâtre, vert poireau ; quelquefois le feldspath résinite est brun rougeâtre, ou gris cendré. Ces différents caractères, sauf la fusibilité, se retrouvent dans le quartz résinite ; aussi l'un et l'autre ont-ils été longtemps confondus sous le nom de *pechstein*, pierre de poix, et c'est Werner qui les a distingués par les expressions de *pechstein fusible* et *pechstein infusible*. Ce qu'il y a de remarquable, c'est que cet aspect résineux correspond à la présence de l'eau, en sorte qu'il paraît en être le résultat.

	Feldspath résinite du mont Meissen, par Klaproth [1].	de Newry, par Knox [2].	De Poschappel, par Tromsdorff [3].	De l'Ile d'Aran, par Berthier [4].	Du Cantal, par *id.*
Silice	73,00	72,80	74,00	67,6	64,40
Alumine	14,50	11,50	17,00	8,7	15,64
Chaux	1,00	1,12	1,50	3,5	1,20
Oxyde de fer	1,00	3,03	2,75	3,6	4,30
Oxyde de manganèse	0,10	»	»	»	»
Magnésie	»	»	»	1,6	1,20
Soude	1,75	2,88 Lithine	3,00 Soude	5,7	»
Potasse	»	»	»	5,5	5,40
Eau	8,50	8,50	»	»	7,10
	99,85	99,83	99,25	95,2	99,24

Ces analyses montrent que le pechstein est, comme le pétrosilex, plus silicaté que le feldspath ; la quantité d'alcali est beaucoup moindre, et sa nature varie d'un échantillon à l'autre, en sorte qu'on peut indifféremment associer ces roches au feldspath, à l'albite, et même au pétalite.

Le pechstein du Cantal contient des cristaux de feldspath vitreux ; dans d'autres localités le pechstein présente des nœuds cristallins qui dégénèrent en petits noyaux arrondis ; quelquefois ces noyaux sont d'un gris clair : on les a comparés à de la perle, et la roche a pris le nom de *perlstein* ou de *perlite ;* on l'appelle aussi *sphérolite*, d'après la forme des noyaux ; le passage que je viens de citer conduit donc à réunir le perlite au pechstein ; il est également fusible en émail blanc avec boursouflement ; sa dureté est analogue ; sa pesanteur spécifique est la même ; le perlite de Tokay pèse en effet 23,45 ; il contient également de l'eau, seulement la proportion en est moindre.

---

1 *Beitrage*, t. III, p. 237.
2 *Edimbourg Journ. of science*, t. XIV, p. 382.
3 *Frommsdorff's. N. Journ. der Pharmacie*, t. III, p. 301.
4 *Traité de minéralogie* de M. Beudant, t. II, p. 113.

	Perlite de Tokay, par Klaproth[1].	Du Mexique, par Vauquelin[2].		Sphérolite de Spechthaussen, par Erdmann[3].
Silice.........	75,25	77,00		68,53
Alumine......	12,00	13,00		11,10
Chaux........	0,50	1,50		8,33
Oxyde de fer..	1,60	2,00		4,00
Magnésie.....	»	»		1,30
Soude........	» }	2,70		3,40
Potasse.......	4,50 }	»	Ox. de mangan.	2,30
Eau..........	4,50	4,00		0,30
	98,35	100,20		99,26

Les pechsteins appartiennent aux terrains de porphyre, de grès rouge, et aux trachytes; ce sont seulement ces derniers terrains qui contiennent des perlites.

Obsidienne. — Cette roche présente une cassure vitreuse éclatante et parfaitement conchoïde; on ne peut mieux la caractériser qu'en disant qu'elle ressemble à du verre, ou à de l'émail; c'est effectivement un verre qui accompagne les éruptions ignées; la séparation entre l'obsidienne et le pechstein est quelquefois difficile à faire, aussi existe-t-il beaucoup d'erreurs sur les indications du gisement de l'obsidienne; toutefois, je ferai remarquer que la différence entre l'éclat résineux et l'éclat vitreux qui distingue ces deux roches est généralement très-prononcée.

Les obsidiennes sont ordinairement d'un vert foncé, ou noires; quelques-unes présentent des zones noires et grises; elles fondent en un verre bulleux, tantôt de couleur verte, tantôt tout à fait blanc; dans ce cas elles produisent un boursouflement marqué; certaines variétés doublent ou même triplent de volume avant de fondre. Celles qui donnent un émail blanc sont colorées par du bitume, ou par du carbone.

Quelques obsidiennes présentent des nœuds cristallins qui se détachent en couleur claire sur le fond; on les désigne par le

[1] *Beitrage*, t. III, p. 326.
[2] *Traité de minéralogie de Beudant*, t. II, p. 115.
[3] *Journ. für Techn. chem.*, t. XV, p. 32.

nom d'obsidiennes perlées, ou à *œil de perdrix*. L'obsidienne du Mexique offre un chatoiement brillant et soyeux, elle ressemble à une aventurine verte à très-petits grains ; cette apparence soyeuse paraît le produit d'une multitude de petites bulles de gaz qui ont été emprisonnées dans le sens du courant. Cette disposition communique à l'obsidienne une structure fibreuse. A l'île Bourbon, on connaît de l'obsidienne capillaire en filaments soyeux et isolés.

On doit encore citer l'obsidienne en grains de la grosseur d'un pois, ou d'une noisette, du Kamtschatka, qui a reçu le nom de *marékanite*, et celle de l'Inde qui forme des boules ou des sphères de $0^{m},05$ à $0^{m},07$ de diamètre, analogues à de petits boulets de canon ; cette dernière variété est un peu plus dure que le quartz ; elle le raye avec difficulté ; par sa couleur et son éclat, elle est exactement identique avec du verre à bouteilles. Une de ces sphères d'obsidienne de l'Inde a offert à M. Damour un phénomène singulier : il la faisait scier pour en obtenir des plaques, et lorsque l'échantillon fut coupé circulairement jusqu'au deux tiers environ de son diamètre, il fit entendre un sifflement suivi d'une forte détonation ; la moitié de la sphère non scellée dans le mastic se divisa par l'explosion en nombreux fragments, qui furent lancés de tous côtés avec violence. La cassure a montré qu'il existait, au centre, des cavités sphéroïdales de la grosseur d'un poise. Cette détonation imprévue donne lieu de penser que les boules d'obsidienne de l'Inde ont été refroidies dans des circonstances analogues aux larmes bataviques, qui sur une échelle moindre ont la propriété d'éclater avec bruit, en projetant de nombreux fragments.

La pesanteur spécifique de cette obsidienne est 24,7 ; celle de Hongrie pèse 25,48 ; l'obsidienne chatoyante du Mexique, 22,54.

	De Pasco en Colombie, par Berthier[1].	De Las Navajas, près du Mexique, par Vauquelin[2].	De Telkebanya, par Erdmann[3].	De l'Inde, par Damour[4].
Silice..........	69,46	78,0	74,80	70,34
Alumine.......	2,60	10,0	12,40	8,63
Oxyde de fer...	2,60	2,0	2,03	10,52
— de manganèse.	»	1,6	1,31	0,32
Magnésie.......	2,60	»	0,90	1,67
Chaux.........	7,54	1,0	1,96	4,56
Potasse........	7,12	6,0	6,40	»
Soude.........	5,08	»	»	3,34
Matière volatile.	3,00	»	»	»
	1,000	98,6	99,80	99,38

Il résulte de ces analyses que les obsidiennes ont des compositions très diverses, et qu'elles s'écartent toutes de la composition du feldspath.

L'obsidienne appartient aux terrains essentiellement volcaniques, brûlants ou éteints; elle y forme des coulées étendues comme aux îles Eoliennes, à Ténériffe, ainsi que dans les Cordilières du Pérou et du Mexique. Dans ces dernières contrées les coulées se sont accumulées sur de grandes épaisseurs, et forment, d'après M. de Humboldt, de véritables montagnes.

L'obsidienne en grains, en boules ou en sphères est en monceaux épais à la surface du sol, ou enveloppée dans des courants de lave ou de ponces. Dans l'île Ponce, notamment au lieu nommé dit *Chiar di Luna*, ces sphères atteignent jusqu'à un décimètre de diamètre. Elles sont entourées d'une écorce blanche, et disposées elles-mêmes en écailles concentriques.

Ponce.—Cette roche est légère, spongieuse, criblée de pores arrondis ou allongés; elle est rude au toucher; quoique facile à briser, elle raye l'acier et le verre le plus dur; sa texture est ordinairement fibreuse; ses fibres, qui suivent toutes

---

[1] *Annales des mines*, troisième série, t. V, p. 543.
[2] *Annales de chimie et de physique*, t. V, p. 230.
[3] *Journ. für Technische chem.*, t. XV, p. 32.
[4] *Comptes-rendus de l'Académie des sciences*, t. XVIII, 1844.

sortes de directions, ont un éclat vitreux lorsqu'elles sont grosses, et presque soyeux lorsqu'elles sont fines et déliées.

La couleur dominante de la ponce est le blanc grisâtre, le gris perlé avec un éclat soyeux, le gris bleuâtre; cette pierre est souvent assez légère pour surnager; dans quelques variétés sa pesanteur spécifique est seulement de 9,14; réduite en poudre, elle pèse 22 à 24. Elle fond assez facilement en émail blanc.

	Ponce du Commerce, par Berthier.	Ponce du Commerce, par Brandes.	De Lipari, par Klaproth.	Tuf ponceux du Pausilippe.
Silice........	70,00	69,25	77,50	54,25
Alumine.....	16,00	12,75	17,50	14,61
Chaux.......	2,50	3,50	»	Magnésie 0,85
Oxyde de fer.	0,50	4,50	1,75	7,90
Potasse.....	6,50	0,88	3 (potasse et soude)	6,94
Soude.......	»	0,88		1,83
Eau.........	3,00	7,00	»	13,41
	98,50	98,76	99,75	99,79

On voit, aux îles Ponces, l'obsidienne noire devenir grisâtre, se charger de bulles et passer à une ponce légère et filamenteuse; l'Ecole des mines possède un échantillon où ce passage est très-marqué; la ponce doit donc être associée à l'obsidienne; c'est un verre volcanique qui s'est refroidi sous l'influence de courants gazeux; les pores nombreux qu'on y observe sont les traces des bulles qui l'ont traversé.

La liaison intime que je viens d'indiquer entre la ponce et l'obsidienne est plutôt exceptionnelle que normale; le plus ordinairement les pierres ponces forment des couches composées de parties incohérentes, dont on ne voit pas la relation avec les terrains volcaniques; quelquefois même on trouve au milieu de ces couches des coquilles à l'état fossile; cette double circonstance a donné à une certaine époque des doutes sur l'origine des ponces, et plusieurs minéralogistes leur ont attribué une formation neptunienne; ils ont comparé leurs pores aux cellules des pierres meulières dont l'origine aqueuse ne saurait être mise en doute. Les observations nouvelles ont pour ainsi dire réuni les deux opinions; les ponces en couches appartiennent effectivement à des terrains tertiaires très-modernes; ceux-ci, d'une époque postérieure aux éruptions ponceuses, sont en partie formés aux dépens de ces roches volcaniques; ils ont donc une double origine, et rentrent dans la classe de tous les terrains de sédiment.

Le tuf ponceux qui recouvre la Campagne de Naples, qui forme les Champs Phlégréens, et s'élève jusque sur les cimes de la Somma, appartient à cette classe de terrains : il est composé de débris de pierres ponces, qui ont été entraînés dans les eaux et se sont ensuite déposés en couches régulières. J'ai montré que ce tuf ponceux [1] a été plus tard relevé par des éruptions trachytiques qui lui ont donné son relief actuel. Telle est l'origine des collines coniques qui forment les Champs Phlégréens et du manteau sédimentaire qui s'étend sur les pentes de la Somma. Le tuf ponceux qui recouvre Herculanum et Pompeï est de même nature que celui de toute la Campagne de Naples; en sorte que l'enfouissement de ces deux villes paraît le résultat de la destruction d'une partie de la Somma, à l'époque où le Vésuve actuel s'est formé.

Murchisonite. — Le conglomérat d'Exeter, appartenant à la formation du grès rouge, contient des cristaux d'un blanc rose, disséminés dans sa masse, qui ont toujours été considérés comme du feldspath ; les porphyres associés à ce conglomérat, ainsi que cela est habituel dans cette formation, renferment des cristaux de même nature. M. Lévy, en les examinant, a reconnu qu'ils offraient trois clivages distincts, deux à angle droit l'un sur l'autre, analogues aux deux principaux clivages du feldspath, qui ont lieu suivant les faces P et g^1 ; le troisième, aussi facile que les deux autres, mais d'une apparence nacrée, fait, avec la face P, un angle de 106° 50′, tandis qu'il est rectangulaire sur g^1 : ce clivage est le seul caractère

[1] *Mémoire sur les terrains volcaniques des environs de Naples*, par M. Dufrénoy, *Annales des mines*, deuxième série, t. XI, p. 113.

qui, suivant M. Lévy, distingue la murchisonite du feldspath; car la dureté, la pesanteur spécifique, la manière de se comporter au chalumeau de ces deux minéraux sont analogues. On verra bientôt que la composition est la même; quant au système cristallin, les angles que j'ai donnés ci-dessus montrent que la murchisonite appartient au prisme rhomboïdal oblique.

Malgré l'importance qu'on doit accorder au clivage, je ne pense pas, cependant, que cette circonstance seule suffise pour donner lieu à une espèce particulière, quand tous les autres caractères lui sont communs avec le feldspath. Plusieurs espèces minérales, notamment le pyroxène, la chaux carbonatée, etc..., offrent des variétés qui possèdent des clivages supplémentaires particuliers, sans qu'on ait cru devoir distinguer ces variétés par des noms différents. La séparation de la murchisonite me paraît d'autant moins nécessaire que son clivage nacré n'est pas en contradiction avec le système cristallin du feldspath; on peut supposer qu'il représente une face placée soit sur l'angle A, soit sur l'angle O, dont la trace étant parallèle à la grande diagonale de la base, est par suite perpendiculaire à la face g^1; la loi qui donnerait cette face serait $a^{6/5}$ ou $o^{10/3}$, suivant qu'on la supposerait le résultat d'une troncature sur l'angle A ou sur l'angle O. Ces modifications ne sont pas, il est vrai, connues dans le feldspath ; elles sont en outre assez compliquées ; mais ces considérations ne me paraissent pas de nature à compenser l'identité qui résulte de l'ensemble des caractères. Du reste, M. de Brooke a déjà fait remarquer que la pierre de lune en Norwège offre le troisième clivage de la murchisonite ; je crois qu'il existe également dans le feldspath à reflets dorés d'Archangel, qu'on désigne sous le nom de *pierre du soleil*. M. Schéerer, qui a fait une étude spéciale de cette variété de feldspath, a annoncé que les reflets dorés qu'il présente sont dus à l'interposition de petits cristaux de fer oligiste ; il a, en effet, remarqué au microscope qu'il existait de petites lames hexagonales intercalées dans le sens du clivage de la pierre du soleil; l'action des acides lui a en outre indiqué que ces lames étaient presque exclusivement composées de peroxyde de fer ; enfin la pierre du soleil, soumise à l'action des acides, était devenue blanche et entièrement analogue à un feldspath ordinaire[1].

L'analyse de la murchisonite a donné à M. R. Phillips :

Silice.......	68,6	100.
Alumine....	16,6	
Potasse.....	14,8	

Cette composition est très-rapprochée de celle du feldspath; elle présente seulement un peu trop de silice.

ALBITE.

Cleavelandite; Péricline; Tétartine; Sanidine.

L'albite est ordinairement en cristaux; il en existe cependant en masses lamelleuses et même en masses grenues. Cette dernière variété est la plus anciennement connue; sa couleur générale est le blanc de lait, quelquefois légèrement nuancée de gris, de rouge et de vert; très-rarement transparente, elle est assez souvent translucide : son éclat est vitreux.

La dureté de l'albite est la même que celle du feldspath; elle raye aisément le verre. Sa manière de se comporter au chalumeau est analogue; elle est également inattaquable par les acides.

Sa pesanteur spécifique varie de 26,1 à 2,63. On doit remarquer à cet égard que pour certains cristaux du Tyrol, de Saualpe en Carinthie, et de Zöblitz en Saxe, la pesanteur spécifique s'abaisse à 25,50, ce qui a engagé M. Breithaupt à en faire une espèce à part, sous le nom de *péricline ;* mais la valeur des angles de cette variété ayant été trouvée la même que pour l'albite du Saint-Gothard, les compositions étant également identiques, ainsi qu'il résulte des analyses que je donnerai

[1] *Philos. Mag. and Ann. of Philosophy*, t. I, p. 448.

dans quelques lignes, la distinction de M. Breithaupt n'a pas été admise.

L'albite cristallise sous la forme d'un prisme oblique non symétrique, *fig.* 123, *pl.* 166, dans lequel les incidences sont, d'après M. Rose : P sur M = 115° 5'. P sur T = 110° 51'. MT = 122° 15'.

M. Lévy : P sur M = 115°. P sur T = 111° 16'. MT = 121°.

En adoptant les mesures de M. Lévy, les dimensions de ce prisme sont :

B : C : H : : 87,4 : 27 : 96.

Il existe des clivages dans trois sens, comme dans le feldspath ; ils sont placés dans la même position, relativement à la forme primitive ; deux parallèles aux faces P et T, le troisième suivant le plan diagonal g^1 ; le plus facile est dans la direction de la face P, le plus difficile, en général, dans le sens de T ; cependant, pour la variété qui a reçu le nom de périclinc, c'est suivant cette dernière face qu'a lieu le second clivage facile : il est, du reste, toujours un peu moins net que dans le feldspath.

M. Lévy a adopté pour forme primitive le solide de clivage : les cristaux d'albite ne sont pas alors comparables à ceux du feldspath ; comme il est important, pour établir la différence entre ces deux espèces, de disposer les cristaux exactement de la même manière, j'ai placé le second clivage facile, appelé jadis M, parallèlement au plan diagonal, ainsi que je l'ai fait pour le feldspath. La correspondance des faces est alors :

Dufrénoy...	P	M	T.
Lévy.......	P	M	g^2.
Rose.......	P	T	*l.*

Les cristaux d'albite ont beaucoup d'analogie avec ceux de feldspath, ils sont cependant généralement plus plats : on y distingue également deux formes dominantes ; l'une composée des faces P, M et T, *fig.* 123 à 127, l'autre des plans P,

g^1 et a^2, *fig.* 128, 129 et 130. Cette dernière est la représentation de la forme P, g^1 et $a^{3/2}$ du feldspath; les faces a^2 remplacent seulement, dans cette espèce, les faces $a^{3/2}$.

Fig. 124 et 125 : ces cristaux sont entièrement analogues à ceux du feldspath ; seulement les faces g^2 et g^4, placées l'une à gauche de la face M, l'autre à droite de la face T, n'ont pas la même inclinaison, et sont données par des lois différentes : il en est de même des faces $d^{3/2}$ et e_2 ; ces cristaux ont donc une apparence de symétrie qui n'existe pas en réalité.

Dans les *fig.* 126 et 127 la symétrie est moins marquée, attendu qu'il existe dans la *fig.* 126 deux modifications sur l'arête D, tandis que l'on ne voit, dans la position analogue, qu'une seule modification e_2 ; la *fig.* 127, *pl.* 167, offre trois facettes d^1, $d^{3/2}$ et d^2, dans une situation analogue; dans ce cas donc, non-seulement les inclinaisons des faces qui ont l'air de se correspondre sont différentes, mais en outre le nombre de modifications n'étant pas le même, le prisme est doublement oblique.

Les cristaux d'albite sont très-souvent hémitropes; cependant ceux du Saint-Gothard, dont les prismes sont si courts que les plans d'une des extrémités se rencontrent avec ceux de l'autre, sont simples. Les hémitropies de l'albite sont analogues à celles du feldspath ; elles ont lieu :

1° *Parallèlement à l'arête* h^1, de manière que la face du biseau inférieur P du cristal de droite s'applique contre la face P du cristal de gauche que l'on suppose immobile; cette macle, très-fréquente dans le feldspath, est rare dans l'albite : le cristal dessiné provient des environs d'Ekatherinembourg en Sibérie;

2° *Parallèlement à la face* g^1; les *fig.* 132 à 137 offrent des exemples de cette hémitropie, disposition presque normale pour les cristaux d'albite, tant elle est fréquente; la face g^1 n'étant pas dans ce minéral perpendiculaire sur P, comme dans le feldspath, il en résulte que ce mode d'hémitropie donne lieu à un angle rentrant; c'est cette espèce de gouttière qui offre le caractère le plus saillant de l'albite. Les cristaux sont en général fort plats; souvent même plusieurs sont superposés l'un sur l'autre, et l'on remarque alors des stries parallèles dues à des faces éclairées et à des faces obscures; ces stries sont parallèles au second clivage facile, on pourrait les regarder comme des traces de ce clivage; mais si on examine les cristaux à la loupe, on remarque distinctement les gouttières successives résultant de l'application des cristaux à 180 degrés les uns sur les autres.

Les cristaux du département de l'Isère, ceux d'Arendal en Norwège, de Tintayel dans le Cornouailles, offrent de bons exemples de cette hémitropie.

La *fig.* 140, *pl.* 169 représente des cristaux de Pfisch, en Tyrol, qui ont été décrits sous le nom de *péricline* par M. Breithaupt.

3° *Parallèlement à la face* P; la *fig.* 138 représente des cristaux de péricline de Grainer dans le Tyrol, dont on voit des échantillons dans toutes les collections; la *fig.* 139, *pl.* 169, que j'emprunte à M. Lévy, appartient à une albite verte grisâtre d'Arendal en Norwège.

Angles principaux.

	Lévy.	Rose.	Descloizeaux.	Breithaupt.
P sur M	= 115° 0′.	115° 5′.	114° 40′.	114° 45′.
P sur T	= 111° 16′.	110° 51′.	111° 10′.	110° 37′.
M sur T	= 121°.	122° 15′.	120° 45′ à 122.	120° 37′.
P sur g^1	= 86° 30′.	86° 24′.	86° 30′.	86° 41′.
M sur g^1	= 119° 30′.	117° 53′.	120°.	119° 5′.
T sur g^1	= 60° 30′.	60° 8′.	60° 20′.	
P sur g^2	= 106° 26′.			
M sur g^2	= 150° 2′.		149° 50′.	
g^1 sur g^2	= 149° 26′.	150° 40′.	150° 10′.	
P sur g^4	= 80° 10′.		80° 15′.	
M sur g^4	= 90° 13′.			
g^1 sur g^4	= 150° 17′.		150°.	
P sur e^2	= 133° 12′ 30′.	133° 55′.	133° 5′.	
M sur e^2	= 50° 57′.		51° 10′.	
g^1 sur e^2	= 133° 18′.			
P sur d^1	= 94° 15′.			
M sur d^1	= 150° 46′.	149° 23′.		

Lévy.	Rose.	Descloizeaux.	Lévy (*Suite*).
g^1 sur d^1 = 121° 30′.			a^2 sur a^5 = 162° 30′.
P sur $d^{4/3}$ = 104° 10′.			a^1 sur a^2 = 149° 15′.
M sur $d^{4/5}$ = 140° 40′.			a^3 sur a^2 = 166° 45′.
g^1 sur $d^{4/5}$ = 118° 55′.			P sur f = 151°.
P sur d^2 = 121° 38′.		122°.	P sur P angle rentrant=173°.
M sur d^2 = 123° 21′.			M sur a^2 = 137° à 137° 30′.
g^1 sur d^2 = 113° 59′.			M sur a^3 = 114° 20′.
P sur a^2 = 98° 12′.	97° 37′.	97°.	T sur a^2 = 135° à 135° 30′.
P sur a^5 = 114° 45′.	115° 30′.		T sur a^5 = 112° 30′.
P sur a^6 = 128°?	127° 23′.	129°.	

La quatrième colonne comprend les angles que Breithaupt a donnés pour la péricline; ils sont très-rapprochés de ceux de l'albite, et confirment l'identité qui résulte de la composition de ces deux minéraux. On doit remarquer que les cristaux d'albite sont généralement striés, et qu'il est très-difficile de s'en procurer qui se prêtent à une mesure exacte.

L'albite présente une composition presque toujours identique; seulement, de même que dans le feldspath une petite quantité de soude remplace de la potasse, dans l'albite c'est au contraire quelquefois une petite quantité de potasse qui tient lieu d'une certaine proportion de soude.

	Albite de Finlande, par Tengström [1].	Fibreuse de Finbo, par Rose [2].	Péricline du St.-Goth., par Thanlow [3].	De Zœblitz, par Gmelin [4].	Du Dauphiné, par Brédif [5].	Oxyg.	Rapp.
Silice......	67,99	70,48	69,90	67,94	67,99	35,12	12
Alumine...	19,61	18,45	19,43	18,93	19,61	9,15	3
Soude.....	11,12	10,50	11,47	9,99	11,12	2,84 }	
Potasse....	»	»	»	2,41	»	» }	1
Chaux.....	0,66	0,55	»	0,15	0,66	0,18 }	
Ox. de fer..	0,70	»	0,20	0,48	»	»	
	100,08	99,98	100,10	99,90	99,38		

Il résulte de ces analyses que la composition de l'albite est représentée par la formule $3AlSi^3+NaSi^3$. Il est probable que

[1] *Annales de philosophie*, février 1824, p. 155.
[2] *Gilbert's Annales*, t. LXXIII, p. 173.
[3] *Annales de Poggendorff*, t. XLII, p. 571.
[4] *Kastner's Arch.*, 1824, Hft. I.
[5] Procès-verbaux du laborat. de l'École des mines de Moutiers.

souvent une certaine quantité de potasse remplace de la soude. Ainsi qu'on le remarque dans la péricline de Zœblitz, presque toujours la chaux tient lieu d'une certaine proportion de soude. L'albite du Dauphiné, dont les cristaux sont transparents et offrent par conséquent une pureté presque complète, renferme une petite quantité de cette terre.

Albite lamelleuse et grenue.—Il existe des masses d'albite lamelleuse ; leur aspect est analogue à celui du feldspath, et lorsque ces masses ne présentent pas d'hémitropies, il est difficile de distinguer ces deux minéraux l'un de l'autre. Cependant les deux clivages P et g^1 offrent plus de différence entre eux dans l'albite que dans le feldspath; enfin, l'angle de P sur g^1 est de 93° 30′ dans la première de ces substances, tandis qu'il est droit dans la seconde ; cette différence de trois degrés est sensible même au goniomètre d'application.

Les masses grenues sont blanches et presque saccharoïdes. Elles ont quelquefois aussi une disposition un peu fibreuse.

Albite terreuse. — Il est probable que certains kaolins sont à base d'albite. J'ai vu, dans les Alpes, des roches granitoïdes décomposées que je suppose devoir se rapporter à cette espèce. J'ai indiqué des kaolins, page 254, notamment ceux de Breage dans le Cornouailles, de Zöblitz en Saxe, de Bornholm en Scandinavie, qui renferment un peu de soude. J'ai également cité ces localités comme présentant des cristaux d'albite bien déterminés.

Albite compacte.—Les analyses de pétrosilex que j'ai données ont montré que plusieurs contenaient de la soude et devaient plutôt être associés à l'albite qu'au feldspath. Tel est le pétrosilex du Salberg en Suède, qui contient 6 pour 100 de soude.

Gisement. — L'albite forme de petits filons dans les granites des Alpes ; elle est en outre souvent disséminée en petits cristaux dans le granite; il en est très-peu dans lesquels on n'observe des lamelles hémitropes. Quelquefois leur proportion est considérable. M. Durocher a observé des granites gris de la Bretagne dans lesquels il évalue que l'albite forme le tiers de l'élément feldspathique; les granites du centre de la France en contiennent des cristaux assez nombreux ; leur abondance paraît même être en relation avec leur âge. C'est principalement dans les granites modernes que l'on trouve l'albite avec quelque fréquence; les granites à grands cristaux du Forez, qui forment une chaîne dans le granite gris en petits cristaux, en sont parsemés. Du reste, quelque abondante que soit l'albite, elle ne devient jamais l'élément dominant des granites, en sorte qu'on peut dire qu'il n'existe pas de granite à base d'albite.

Les porphyres et les diorites sont au contraire des roches essentiellement albitiques ; les diorites sont formés de l'association de cristaux d'albite et d'amphibole; les porphyres dioritiques sont composés des mêmes éléments; mais dans ces roches, les cristaux d'albite, généralement très-petits, se distinguent difficilement de la pâte, et souvent il faut mouiller la roche pour les apercevoir; on les reconnaît alors presque toujours aux stries que j'ai indiquées ci-dessus comme étant le caractère des cristaux hémitropes de cette espèce.

Albite cristallisée non lamelleuse. — J'ai recueilli sur les moraines situées au pied nord-est du glacier du Mont-Rose deux cristaux d'un blanc grisâtre et jaunâtre, de $0^m,06$ de hauteur sur $0^m,04$ de large, dont la forme est analogue à la *fig.* 105 du feldspath; ces cristaux, malgré la netteté de leurs faces, sont complétement opaques, et leur cassure est esquilleuse à la manière de la saussurite. J'avais pensé, en les recueillant, que c'était de la saussurite cristallisée : une analyse de M. Delesse, que je vais rapporter dans quelques lignes, montre que les cristaux du Mont-Rose ne contiennent pas de chaux et qu'ils se rapprochent de l'albite.

La densité de ces cristaux est de 26,49 ; ils fondent très-difficilement, et sur les bords seulement de la pièce d'essai, en un verre blanc bulleux.

Feldspath vosgien. — L'étude minéralogique des roches

d'origine ignée, qui forment les montagnes des Vosges, a conduit M. Delesse à distinguer sous le nom de *feldspath vosgien* une espèce du groupe feldspath, qu'il regarde comme nouvelle; elle est analogue par plusieurs de ses caractères au labrador. J'ai eu l'occasion de vérifier les observations de M. Delesse, je les transcris d'après la note manuscrite qu'il m'a fait l'amitié de me communiquer.

Ce feldspath forme la base d'un porphyre qui se rencontre au haut Rovillon, près de Saint-Bresson, à Belonchamp, dans la vallée de Fresse et dans un grand nombre d'autres localités; il est cristallisé; dans les échantillons provenant du haut Rovillon, il présente même des prismes terminés par un biseau. Ces cristaux sont tellement adhérents à la pâte qu'on n'a pu en étudier la forme; toutefois des macles qui donnent lieu à des bandes parallèles, comme dans l'albite, font supposer que le feldspath vosgien cristallise dans le système du prisme doublement oblique. Il est accompagné de pyroxène d'un beau vert pistache. La roche porphyrique qui le contient présente toutes les variétés, depuis un porphyre nettement caractérisé, à cristaux de feldspath distincts, jusqu'à une roche verte à grains fins dans laquelle l'élément pyroxénique est le plus abondant.

Sa couleur est le blanc verdâtre, il est caractérisé par un éclat gras particulier; il est facilement décomposé d'une manière partielle par les acides, mais l'attaque complète ne se fait qu'avec difficulté; toutefois lorsque la matière a été porphyrisée avec soin, l'acide sulfurique bouillant l'attaque en entier. L'alcali qui domine est la soude; je réunis dans le tableau ci-joint son analyse à celle des cristaux du Mont-Rose.

	Du Mont-Rose, par l'acide hydr. fluorique.	par le carb. de soude. Oxyg.	Rapp.	Feldspath vosgien.	Oxyg.	Rapp.
Silice	68,0	35,3	14	48,83	25,36	5
Alumine colorée	22,0	10,3	4	32,00	14,44	3
Chaux	une trace.	»	»	»	»	»
Magnésie	0,4	0,2 }		4,61	1,29 }	
Soude	7,8	2,0 }	1	Ox. ferr. 1,80	0,41 } 5,03	1
Potasse	0,7	0,1 }		12,76	3,23 }	
	98,9			100,00		

L'analyse des cristaux du Mont-Rose se rapproche de celle de l'albite; toutefois, elle contient une proportion notablement trop forte d'alumine.

Le feldspath vosgien me paraît offrir de l'analogie avec le labrador; il est soluble, comme ce minéral, dans l'acide sulfurique, et sa forme cristalline est de même nature. Sa composition présente, il est vrai, une certaine différence; la proportion de silice qu'il contient est trop faible; en effet, dans le labrador, la relation entre les éléments est 6 : 3 : 1; pour le minéral des Vosges, ce rapport est 5 : 3 : 1.

LABRADOR.

Feldspath opalin; Labradorite (Beudant).

Ce minéral a été classé avec le feldspath jusqu'au Mémoire de M. Gust. Rose que j'ai cité en décrivant cette espèce, malgré l'observation de Klaproth qui en avait fait ressortir la différence de composition. Il se trouve principalement en masses lamelleuses d'un gris de cendre ou de fumée; souvent il offre des reflets de couleur rouge, bleue, jaune ou verte, qui donnent à cette pierre, lorsqu'elle est polie, un aspect très-agréable. Ce sont ces reflets qui attirèrent l'attention des missionnaires sur le labrador de Saint-Paul, qui a été pendant longtemps fort recherchée pour les objets d'ornements.

Le labrador se présente aussi en petits cristaux disséminés dans certaines roches, notamment dans le basalte et les laves. Celles de l'Etna en sont en grande partie formées; elles donnent lieu par leur désagrégation à un sable où les cristaux de labrador sont très-abondants; on cite particulièrement ceux de la coulée du mont Calanna dans le Val del Bove, qui ont 6 à 8 millimètres de long sur une épaisseur d'un demi-millimètre au plus. Ils sont accouplés par leurs faces g^1 et forment des hémitropies; les cristaux de labrador nettement terminés paraissent très-rares; cependant M. Rose en cite un bel échantillon appartenant à la collection du Musée de Berlin, dont la forme est analogue à celle des cristaux d'albite que j'ai donnés *fig.* 125, *pl.* 166; ce sont des prismes à six faces, formés des faces M, T et g^1, portant en outre sur l'angle de la base deux facettes inclinées correspondantes, sauf les angles, aux biseaux a^2, a^3. M. Rose n'a pu mesurer les angles de ces cristaux. Il paraît que M. Descloizeaux a recueilli aux îles Färoë des cristaux assez nets de labrador; c'est du moins ce qui résulte d'une lettre qu'il a écrite à M. Damour (juillet 1846). Il n'a pu encore étudier ces cristaux d'une manière exacte.

Les seuls angles connus sont ceux qui résultent du clivage. Deux sont placés de même que dans le feldspath et dans l'albite, suivant les faces P et g^1; le troisième a lieu parallèlement à la face T, comme dans la variété d'albite désignée sous le nom de péricline.

Le clivage suivant P est très-brillant; il est au moins aussi net que dans le feldspath; c'est toujours dans ce sens que s'opère la cassure; le clivage parallèle à g^1 est vitreux et esquilleux ; celui suivant T est à peine sensible; on ne peut l'obtenir que par une cassure dirigée exprès en plaçant une lame de couteau dans le sens de ces lames et en frappant ensuite dessus avec un marteau.

Les angles connus sont :

P sur g^1 = 93° 30' et 86° 30'.
P sur T = 114 8', et T sur g^1 = 119° 16'.

On remarquera que P sur g^1 est oblique; par conséquent

la forme du labrador est un prisme oblique non symétrique. De même que le feldspath et l'albite, le labrador est le plus ordinairement en cristaux ou en masses lamelleuses maclées, parallèlement à la face g^1; il présente donc la gouttière caractéristique de l'albite. Souvent aussi plusieurs plaques hémitropes sont accolées ensemble suivant la face g^1; on observe alors des stries prononcées sur la face large produite par le clivage. Ce caractère laisserait de l'incertitude entre le labrador et l'albite, si la manière de se comporter aux acides et la nature de la roche ne donnaient le moyen de distinguer ces deux minéraux. Le labrador est en effet soluble dans l'acide hydrochlorique, tandis que l'albite est inattaquable par ce réactif.

Le labrador raye le verre ; sa pesanteur spécifique moyenne est de 27,10.

Labrador de l'île Saint-Paul....	27,025.
— d'Écosse............	26,95.
— de l'Ingrie.........	27,50.
— de l'Etna...........	27,14.

Fusible au chalumeau avec difficulté.

	Labrador de la côte St.-Paul, par Klaproth [1].	De l'Ingrie, par Klaproth [2].	De l'Etna, par Abich [3].	Cendres de la Guadeloupe, par Dufrénoy [4].	Du Brandebourg, par Dulk [5].	Oxyg.	
Silice.......	55,75	55,00	53,48	56,18	54,66	27,4	6
Alumine.....	26,50	24,00	26,46	25,77	27,87	13,0	3
Chaux.......	11,00	10,25	9,49	9,76	11,50	2,25 }	1
Soude.......	4,00	3,50	4,10	»	5,46	1,39 }	
Potasse......	»	»	0,22	»	»	»	
Oxyde de fer...	1,25	5,25	2,69	7,22	»	»	
Magnésie.....	»	»	1,74	»	»	»	
	98,50	98,00	98,18	98,93	99,49		

Les analyses qui précèdent établissent que le labrador est essentiellement composé de silice, d'alumine, de chaux et de

[1] et [2] *Beitrage*, t. VI, p. 250.

[3] *Annales de chimie et de physique*, t. LX, p. 332.

[4] *Annales des mines*, 3e série, t. XII, p. 355.

[5] Klöden's, *Beitrage z. min. und geog. der Brandenburg*, t. VIII, p. 2.

soude; souvent une certaine quantité d'oxyde de fer tient lieu d'une proportion correspondante d'une des bases à un atome. Dans les cendres de la Guadeloupe, la soude est remplacée complétement par cet oxyde; la formule qui résulte de ces analyses est : $3A\mathit{l}\dot{S}\dot{i} + (Ca,Na) \dot{S}\dot{i}^3$.

M. Beudant a adopté la formule $3A\mathit{l}\dot{S}\dot{i}^3 + Ca\dot{S}\dot{i}$. Elle se rapproche en effet davantage de la composition du labrador de Saint-Paul; mais la composition moyenne est au contraire mieux représentée par la formule que j'ai indiquée, qui est celle donnée par M. Gustave Rose.

Gisement. — Le labrador forme des roches cristallines qui ont de l'analogie avec les granites, mais dans lesquelles il n'existe pas de quartz; étant peu chargé de silice, il n'entre en général que dans la composition des roches basiques. Il est associé avec l'hyperstène, comme à la côte du Labrador et à l'île de Sky en Écosse; au diallage, pour former l'euphotide; mais c'est surtout sa réunion avec le pyroxène qui est la plus fréquente. Aussi le basalte et les laves sont en grande partie composés de l'association de ces deux minéraux.

Saussurite. — Jade. — Les euphotides que l'on trouve fréquemment dans les Alpes sont composées de schillerspath lamelleux et d'un minéral blanc compacte, à cassure éminemment esquilleuse, que l'on avait réuni au feldspath sous le nom de *feldspath tenace*. Saussure, ayant étudié avec détail le gisement et la position des euphotides, désigna sous le nom de *jade* ce minéral particulier. Le mot de *jade* étant employé depuis longtemps pour certaines roches également esquilleuses, mais de compositions très-différentes, qui sont, pour la plupart, apportées de la Chine, en objets travaillés, M. Beudant lui a substitué le nom de *saussurite*, qui est assez généralement adopté.

La composition de la saussurite, quoique variable, présente cependant plus de constance que cela n'est habituel pour les minéraux compactes, et peut-être pourrait-on ériger la saussurite en espèce. J'ai cependant préféré la décrire à la suite du labrador, avec lequel elle a beaucoup de rapport de composition ; souvent en outre la saussurite est attaquable par les acides, ce qui établit un rapprochement de plus entre ces minéraux.

L'éclat de la saussurite est gras et luisant; les fragments minces sont fortement translucides; sa couleur est généralement le blanc laiteux; elle passe au blanc jaunâtre ou au gris clair. Sa texture est grenue, quelquefois un peu lamellaire; elle offre dans ce cas une apparence cristalline. Elle raye le verre, mais elle est surtout remarquable par une grande ténacité; caractère qui l'a fait désigner par le nom de *feldspath tenace*. Sa pesanteur spécifique est un peu supérieure à celle du feldspath et du labrador.

Pesanteur spécifique de la saussurite du mont Genèvre. 28,50
— — de la vallée d'Orezza, en Corse. 31,8
— — du cap Lizard, en Cornouailles. 28,01

	des Alpes, par Klaproth[1].	du mont Genèvre, par Boulanger[2].	Oxyg.	Rapp.	d'Orezza[3], par *idem*.	Oxyg.	Rapp.
Silice.	49,00	44,60	23,1	3	43,6	22,6	3
Alumine.	24,00	30,40	14,0	2	32,0	14,9	2
Chaux.	10,50	15,50	4,3		21,0	5,9	
Oxyde de fer. . .	6,50	»	»		»	»	
Magnésie.	3,75	2,50	0,9	1	2,4	0,9	1
Soude.	5,50	7,50	1,9		»	»	
Potasse.	»	»	»		1,6	0,3	
		100,5	100,6				

Ces analyses mènent presque exactement à la formule $2AlSi + (Ca, Mn, Mg) Si$, qui a été adoptée par M. Boulanger auquel on doit un travail intéressant sur la saussurite.

PÉTALITE.

Ce minéral a été observé pour la première fois par d'Andrada dans la mine de fer d'Utoë en Suède, où il forme

[1] *Beitrage*, t. IV, p. 271.

[2] Sur la composition de la saussurite, *Annales des mines*, troisième série, t. VIII, p. 159, année 1835.

une veine dans la pegmatite; presque tous les échantillons que j'ai vus dans les collections viennent de cette localité; il en résulte qu'ils sont identiques les uns avec les autres; cependant on en possède aussi de Sterling aux États-Unis.

La pétalite forme des masses lamelleuses d'un blanc laiteux, ou d'un blanc rosé. Elle présente un clivage facile et deux clivages assez difficiles; ces deux derniers font un angle de 106° environ; on peut les considérer comme appartenant aux deux faces d'un prisme. Le troisième serait alors parallèle au plan diagonal h^1; il serait donc placé dans le sens de la grande diagonale, tandis que pour le feldspath, l'albite et le labrador, le clivage correspondant est situé parallèlement à la modification g^1.

L'angle de 106° a été obtenu par le goniomètre à réflexion, et j'ai lieu de le croire exact. Il diffère notablement des mesures indiquées, qui diffèrent du reste toutes entre elles; en sorte que la structure cristalline du triphane me paraît avoir été mal déterminée jusqu'à présent.

Haüy donne un prisme droit de. . . .	137° 10′.
Mohs un prisme rhomboïdal de. . . .	95°.
M. Brooke *id.* de. . . .	100°.
Enfin, Léonhard un parallélipipède oblique de. .	84°.

La pétalite est translucide en lames minces, son éclat est vitreux; sa dureté est de 6; il raye difficilement le verre; sa pesanteur spécifique est de 24,40.

Exposé au chalumeau il devient vitreux, demi-transparent et blanchit, puis il se fond avec difficulté; il colore la flamme du chalumeau en pourpre, caractère commun à toutes les substances qui contiennent une proportion un peu notable de lithine.

Il est inattaquable par les acides.

La composition du pétalite, est :

	Arfvedson[1].	Oxyg.	Hagen[2].	G. Gmelin[3].	Oxyg.	Rapp.
Silice.	79,212	41,14	77,06	74,17	38,53	12
Alumine.	17,225	8,04	18,02	17,41	8,13	3
Lithine.	5,761	3,27	2,66	5,16	2,93	
Soude.	»	»	2,26	»	»	1
Chaux.	»	»	»	0,32	0,09	
	102,198		100,00	97,06		

La formule qui se rapproche le plus des éléments donnés par ces analyses est $3AlSi^3 + LSi^3$, analogue à celle du feldspath ; il existe seulement un peu trop de silice, mais il se pourrait que cet excédant fût emprunté à la roche.

TRIPHANE.

Zéolite de Suède, Spodumène.

Ce minéral, comme le précédent, a été découvert par d'Andrada dans la mine de fer d'Utoë en Suède; il a été retrouvé postérieurement par Léonhard à Sterzing, dans le Tyrol; enfin, plus récemment, on a recueilli du triphane à Killiney, près Dublin, et à Sterling dans le Massachussets.

Dans ces différentes localités, le triphane forme des masses lamelleuses, clivables suivant les faces d'un prisme de 86 degrés; il existe un troisième clivage, plus facile que les deux autres, parallèle au plan passant par la petite diagonale, dont le signe serait g^1. Ce minéral ne présentant aucuns cristaux terminés, on ne peut savoir si la forme primitive est un prisme rhomboïdal ou s'il est doublement oblique.

La couleur du triphane est le gris verdâtre ou blanchâtre; en lames minces il est translucide, opaque dans la plupart des échantillons; son éclat est un peu nacré; il raye le verre et étincelle sous le choc du briquet.

Au chalumeau se boursoufle et se fond en un verre incolore presque transparent; avec le borax se boursoufle et se

[1] *Journal de Schweigger*, t. XXII, p. 93.
[2] *Annales de Poggendorff*, t. XLVIII, p. 361.
[3] *Gilbert's Annales*, t. LXII, p. 399.

dissout avec difficulté ; il colore la flamme du chalumeau en pourpre ; mis sur une feuille de platine, il y produit une tache brune par suite de l'action de la lithine sur ce métal.

Pesanteur spécifique du triphane de Suède. . . .		31,7
—	— de Dublin. . .	31,8

La composition du triphane d'Utoë est :

	Par Arfvedson[1].	Stromeyer[2].	Hagen[3].	Regnault[4].	Oxyg.	Rapp.
Silice.	66,40	63,29	66,14	65,30	33,92	9
Alumine.	25,30	28,78	27,03	25,34	11,83	3
Lithine.	8,85	5,63	3,83	6,76	3,72 }	1
Oxyde de fer. . . .	1,45	0,79	0,32	2,83	0,64 }	
— de manganèse.	»	0,20	»	»	»	
Soude.	»	»	2,68	»	»	
	100,00	98,59	100,00	100,23		

Ces analyses sont extrêmement rapprochées les unes des autres ; la formule qui les représente le plus exactement est $3\mathrm{A}l\mathrm{S}\ddot{i}^{2} + \mathrm{L}\mathrm{S}\ddot{i}^{3}$.

OLIGOCLASE.

Spodumène à soude ; Natronspodumen.

Ce minéral, dont le nom était à peine connu il y a quelques années, paraît devoir jouer un rôle égal à celui de l'albite ; il entre comme partie constituante dans certains granites, gneiss et même dans des schistes micacés. Il paraît être rarement en cristaux nets ; cependant M. Durocher a recueilli, dans le voyage qu'il vient de faire dernièrement en Suède et en Norwège, des échantillons cristallisés qu'il a donnés à l'Ecole des mines ; leur forme entièrement analogue à celle des cristaux d'albite, *fig.* 125, est un prisme à six faces, très-aplati parallèlement à la face g^1, et surmonté, tantôt d'un biseau composé de la base et d'une face a^2,

[1] *Ebendas*, t. XXII, p. 107.
[2] *Untersuchungen über der min.*, etc., t. I, p. 426.
[3] *Annales de Poggendorff*, t. XLVIII, p. 361.
[4] *Annales des mines*, troisième série, 1839, p. 380.

tantôt d'un double biseau correspondant aux faces a^2 et a^3 de l'albite. L'angle de la face P sur g^1 n'est pas droit, d'où il résulte que la forme primitive de l'oligoclase est un prisme oblique non symétrique. Les cristaux maclés, ou pour mieux dire les lames ou plaques maclées présentent des angles rentrants, qui confirment la nature de la forme primitive.

L'oligoclase est habituellement associé à l'orthose, et constitue, ainsi que ce minéral, des masses lamelleuses ; la plupart sont fortement striées par des lignes fines, mais très-prononcées, dues à une série de gouttières produites par des macles, comme dans l'albite et dans le labrador. Il existe deux clivages, un très-marqué correspondant à la base P; le second parallèle au plan diagonal g^1 est simplement indiqué, d'où il suit que la cassure est ordinairement esquilleuse dans ce sens. Le clivage parallèle à la base est aussi facile que dans le feldspath ; il en résulte que la cassure s'opère toujours dans cette direction, souvent même il y a un commencement d'exfoliation due au phénomène des anneaux colorés.

Il n'existe pas de troisième clivage correspondant aux faces M de l'orthose; la cassure est inégale et vitreuse dans ce sens, et se rapproche de celle du quartz.

La couleur de l'oligoclase est le gris clair, gris laiteux, quelquefois le gris verdâtre avec une teinte jaunâtre. Lors même qu'il est associé à l'orthose rouge de chair, il conserve ordinairement sa couleur grise; ce n'est que dans quelques cas rares qu'il est rougeâtre ou rosé. Ordinairement translucide, rarement demi-transparent. Son éclat sur les faces de clivage est vitreux, passant à l'éclat perlé ; sur les cassures inégales, l'éclat est gras.

La dureté de l'oligoclase est la même que celle de l'orthose; il raye le verre, et il est rayé par le quartz ; sa densité est de 26,40 à 26,60. Fusible au chalumeau en émail blanc, il est inattaquable par les acides.

La composition de l'oligoclase conduit à la formule $3Al\dot{S}i^2 + \dot{N}a\dot{S}i^3$, analogue à celle qui caractérise le triphane ou spodumène, ce qui l'a fait désigner généralement par les minéralogistes allemands sous le nom de *natronspodumen*. Les analyses suivantes établissent cette composition :

	I.	II.	III.	IV.	Oxyg.	V.	Oxyg.	Rapp.
Silice.	63,70	61,55	62,6	63,51	32,9	61,06	31,72	9
Alumine. . .	23,95	23,80	24,6	23,09	10,7	19,68	9,46	3
Perox. de fer	0,50	»	0,1	»	»	4,11	1,26	
Chaux.	2,05	3,18	3,0	2,44	0,6	2,16	0,60	1
Magnésie . .	0,65	0,80	0,2	0,77	0,2	1,05	0,41	
Soude.	8,11	9,67	8,9	9,37	2,3	7,55	1,93	
Potasse. . . .	1,20	0,38	»	2,19	0,3	3,91	0,66	
	100,16	99,38	99,4	101,37	99,52			

I. De Danvikszoll, par Berzélius [1]. II. D'Ytterby en Suède [2], par le même. III. De l'Ariége, par Laurent [3]. IV. D'Arendal, par Hagen [4]. V. D'Ajatska dans l'Oural, exécutée dans le laboratoire de M. Rose.

La dernière analyse contient plus de peroxyde de fer et de potasse que les autres; les relations atomiques sont néanmoins les mêmes, seulement il faudrait faire entrer ces éléments dans la formule, qui devient alors :

$$3(Al, F)\,Si^2 + (Na, Ca, K, Mg)\,Si^2.$$

Gisement. — Les roches granitiques constituent le gisement habituel de l'oligoclase ; c'est en Suède et en Norwège qu'il se montre avec les caractères les plus prononcés, et qu'il a été observé pour la première fois. M. Gustave Rose l'a reconnu ensuite dans le granite des Riesengebirge ; M. Durocher, qui a bien voulu me donner cette note sur le gisement de l'oligoclase, l'a observé dans des granites de la Finlande et du Spitzberg, à la baie de la Madeleine.

L'oligoclase se rencontre quelquefois comme minéral accidentel; mais en général dans les granites il fait, de même que l'orthose, partie intégrante de la roche. Il ne se montre

[1] *Jahresbericht*, t. IV, p. 147. — [2] *Id.*, t. XIX, p. 302.
[3] *Annales de chimie et de physique*, t. LIX, p. 108.
[4] *Annales de Poggendorff*, t. LIV, p. 329.

ordinairement que dans les granites à gros grains, ce sont du moins les seuls où il soit facilement discernable. On ne l'avait indiqué que dans quelques parties de la Suède et principalement sur les côtes, mais dans le dernier voyage que M. Durocher a fait dans cette contrée, il l'a reconnu dans toutes les parties de la Suède qu'il a visitées; il l'a également retrouvé dans les parties basses et montagneuses de la Norwège. Toutefois l'oligoclase ne paraît exister que dans une certaine variété de granite qui est habituellement à gros grains, et qui est postérieure à une autre espèce de granite dont les éléments sont beaucoup moins volumineux.

Dans la Scandinavie, l'oligoclase se rencontre souvent aussi dans le gneiss, ou le micaschiste, et M. Durocher en a même observé dans le calcaire; mais il ne paraît pas être essentiel à ces roches, et il provient probablement du granite que l'on voit en contact avec elles.

A mesure que l'on a étudié avec plus de soin les roches granitiques, on a reconnu que l'albite y jouait un rôle plus important. La difficulté de distinguer ce minéral de l'oligoclase rend possible que dans quelques cas on se soit mépris sur la véritable nature de l'albite; M. G. Rose croit en effet que beaucoup de porphyres dioritiques, au lieu d'être à base d'albite, sont composés d'oligoclase et d'amphibole.

D'après un travail récent de M. Deville [1], l'oligoclase formerait la base des roches de Ténériffe; ce minéral se trouverait donc, comme le feldspath, à la fois dans les terrains de cristallisation et dans les terrains volcaniques; les cristaux analysés par M. Deville appartenaient à trois localités représentant les divers âges de roches qui composent le massif du volcan :

« 1° Cristaux extraits du trachyte ancien, formant le re-
« vers du grand cirque de soulèvement de Fuente-Agria. Ces
« cristaux, quoique présentant un grand éclat, ne sont ce-

[1] *Comptes-rendus de l'Académie*, t. XIX, p. 47.

« pendant pas mensurables; ils possèdent trois clivages faciles, « et offrent des stries extrêmement fines, conduisant au « prisme oblique non symétrique leur densité est 25,93;

« 2° Cristaux de 2 à 3 millimètres, nettement terminés, « mais peu réfléchissants, empâtés dans une roche rejetée en « fragments par le volcan; les mesures douteuses que M. Deville a obtenues conduisent également à un prisme irrégu- « lier, dont les angles diffèrent fort peu de l'orthose, l'an- « gle rentrant dû à l'hémitropie étant environ de 178° 30′; « leur densité est 25,94;

« 3° Les cristaux qui ont donné lieu à la troisième série « d'analyses de M. Deville proviennent d'une lave moderne; « ils sont d'un grand éclat, cependant non mensurables; les « stries dues au retournement suivant le plan diagonal g^1 « sont très-distinctes; leur densité est 25,86. »

La moyenne de cinq analyses exécutées par des procédés différents a donné pour la composition de ces cristaux :

		Oxyg.	Rapp.
Silice.	62,97	32,97	9
Alumine.	22,69	11,41	3
Chaux.	2,06	0,58	1
Magnésie.	0,54	0,21	
Soude.	8,45	2,16	
Potasse.	3,69	0,62	

qui correspond à la formule $3Al\dot{S}i^2+(Na,K,Ca)\,\dot{S}i^3$, formule de l'oligoclase.

La pesanteur spécifique des cristaux de Ténériffe se rapproche également de celle de l'oligoclase; le caractère des clivages s'en écarte au contraire beaucoup.

ANORTHITE.

Biotine; Christianite (Monticelli); Indianite H.

Ce minéral se trouve en cristaux tapissant les druses de blocs dolomitiques que l'on rencontre épars sur les pentes de la Somma, ainsi que dans des roches composées de mica et de pyroxène vert, adhérentes à cette même dolomie.

L'anorthite est presque toujours en cristaux bien formés, la plupart sont limpides, d'un éclat vitreux analogue à celui du quartz; quelquefois ils n'ont pas de transparence, et semblables alors à de l'albite, ils brillent d'un éclat perlé. La forme primitive de l'anorthite est un prisme oblique non symétrique, *fig.* 141, *pl.* 169, dont les angles sont:

P sur M = 101° 39′ P sur T = 110° 57′ M sur T = 120° 30′.

De même que pour l'albite et le labrador, j'ai dû changer la forme primitive de M. Rose et de M. Lévy. La correspondance des faces est:

Dufrénoy....	P	M	T.
G. Rose. ...	P	l	T.
Lévy......	P	M	g^1.

Les cristaux habituels représentés dans les *fig.* 142, 143 et 144, *pl.* 169, sont analogues à ceux de l'albite; les facettes placées sur l'arête D ne se représentant pas sur l'arête F, le prisme ne saurait être rhomboïdal. Les cristaux d'anorthite sont fréquemment maclés. Cette disposition est moins habituelle que pour l'albite et le labrador.

Les macles ont principalement lieu parallèlement à la face g^1, ainsi qu'on l'observe dans les *fig.* 146, 147, 148 et 149, *pl.* 170; elles portent dans ce cas toujours un angle rentrant à un des sommets; on connaît aussi des cristaux offrant une hémitropie parallèlement à la face P, *fig.* 150, ceux-ci sont plus aplatis que les cristaux ordinaires d'anorthite et se rapprochent davantage par leur forme de l'albite; la nature de la roche et leur éclat fournissent deux moyens de distinction.

Il existe dans l'anorthite des clivages parallèles à la base P, et au plan diagonal g^1, d'une perfection presque égale; la cassure est conchoïde dans d'autres sens.

La pesanteur spécifique est 27,60 à 27,63. L'anorthite est dure, mais elle est friable [1].

[1] *Annales de chimie et de physique*. t. XXIV, 1825.

Les angles principaux obtenus par M. Rose sont :

T sur g^1	= 117° 28′.	P sur T	= 110° 57′.
M sur T	= 120° 30′.	M sur g^1	= 122° 2′.
P sur a^1	= 98° 29.	P sur o^1	= 138° 46′.
P sur a^2	= 128° 27′.	P sur $c^{1/2}$	= 121° 50′.
P sur a^3	= 145° 12′.	P sur c^2	= 94° 53′.
P sur d^1	= 134° 46′.	g^1 sur d^1	= 116° 12′.
P sur g^1	= 85° 48′.	g^1 sur $c^{1/2}$	= 115° 20′.
P sur i^1	= 133° 13′.	g^1 sur c^2	= 122° 45′
P sur e^1	= 137° 22′.	P sur b^2	= 125° 38′.

Angles plans de P. . . 121° 33″, et 58° 17′.
de M. . . 113° 45′, 66° 15′.
de T. . . 106° 42′, et 78° 18′.
de g^1. . . 116° 15′, et 63° 45′.

On remarquera que l'angle de P sur g^1, qui est de 94° 12′ ou 85° 48′, est oblique ; c'est par allusion à cette propriété que M. Rose a donné à ce minéral le nom d'*anorthite*, dérivé d'ἀνορτος, sans angle droit.

L'anorthite est fusible en émail blanc; elle est soluble par digestion dans l'acide hydrochlorique.

Les analyses suivantes font connaître la composition de ce minéral.

	Par M. Rose[1].	Par M. Abich[2]. I.	II.	III.	Oxyg.		Rapp.
Silice.	44,49	44,98	44,12	43,79	»	22,74	4
Alumine.	34,46	33,84	35,12	35,49	16,57	16,74	3
Peroxyde de fer.	0,74	0,33	0,70	0,57	0,17		
Chaux.	15,68	18,07	19,02	18,93	5,13	5,31	1
Magnésie.	5,26	1,56	0,56	0,34	0,21		
Potasse.	»	0,88	0,25	0,54	0,09		
Soude.	»	»	0,27	0,68	0,17		
	100,63	99,66	100,04	106,34			

Ces analyses ont toutes une grande analogie : elles conduisent à la formule $3\mathit{Al}\ddot{S}i + Ca\ddot{S}i$; une certaine quantité de magnésie, de soude et de potasse remplace une proportion correspondante de chaux.

[1] *Gilbert's annals*, t. LXXIII, p. 173.
[2] *Annales de Poggendorff*, t. LI, p. 519.

Les analyses de M. Abich sont postérieures à celle de M. Rose ; les analyses I et II ont été faites sur de l'anorthite tapissant des géodes dans la dolomie. Le n° III se rapporte à des cristaux engagés dans des blocs contenant du pyroxène et du mica ; on remarquera que ces derniers cristaux renferment plus d'alcali et moins de magnésie, circonstance qui décèle l'influence des minéraux au milieu desquels les espèces minérales cristallisent.

Biotine. — M. de Monticelli a donné ce nom à des cristaux provenant de la Somma, limpides et très-brillants, dont les *fig.* 151 et 152, *pl.* 171, représentent la disposition générale. D'après l'examen cristallographique que M. Brooke en a fait, ce sont des cristaux d'anorthite dans lesquels la face P a pris un très-grand développement, tandis que les faces verticales sont, au contraire, très-raccourcies ; la comparaison des figures de la biotine avec celles de l'anorthite, notamment avec le cristal dessiné dans la *fig.* 145, montre la complète identité de ces minéraux.

RHYACOLITE.

M. Gustave Rose [1] avait désigné indifféremment par ce nom le feldspath vitreux du Mont-Dore et du Drachenfels, qui constituent des trachytes, ainsi que des cristaux analogues, disséminés dans les roches de la Somma, qui contiennent de la néphéline. Les analyses des cristaux du Mont-Dore, du Drachenfels, et d'une partie même de ceux de la Somma, se rapportent exactement à la composition de l'orthose, et leurs formes cristallines étant les mêmes, M. Rose[2] n'a conservé le nom de rhyacolite qu'à une portion des cristaux de la Somma, auxquels il l'avait appliqué. Cette restriction du mot rhyacolite étant généralement ignorée, j'ai dû la signaler pour évi-

---

[1] *Annales de Poggendorff*, t. XV, p. 193.

[2] Recherches sur la composition du feldspath vitreux et du rhyacolite, par M. G. Rose, *Annales de Poggendorff*, t. XXVIII, p. 147.

ter des erreurs que j'avais moi-même commises avant de connaître le second Mémoire de M. Rose.

Parmi les échantillons de la Somma, quelques-uns contiennent de l'amphibole hornblende, d'autres sont formés de la réunion de pyroxène vert noirâtre, de mica noir et de néphéline. Ces deux variétés de roches renferment des cristaux vitreux d'un blanc de neige, tantôt disséminés dans la roche, tantôt tapissant des druses ; dans ce cas leurs formes sont nettes, et les cristaux sont susceptibles de mesure.

Les cristaux blancs, quoique de même apparence et de même forme, sont différents ; ceux associés à l'amphibole sont insolubles dans les acides ; leur densité est de 25,53, et leur composition est identique avec celle du feldspath ; ils possèdent deux clivages rectangulaires comme ce minéral.

Les cristaux associés au pyroxène appartiennent également au prisme rhomboïdal oblique. Ils ont également deux clivages rectangulaires, et leur angle, de 119° 21′, est extrêmement rapproché de celui du feldspath. Mais l'analogie entre ces cristaux et le feldspath se borne aux caractères que je viens de rapporter. Ils sont en effet solubles dans les acides, et la silice s'en sépare à l'état pulvérulent : leur pesanteur spécifique est de 26,18 ; et leur composition en diffère complétement, ainsi qu'il résulte de l'analyse que je donne ci-après. Ces cristaux constituent le *rhyacolite ;* ils sont fusibles au chalumeau sur les bords d'esquilles minces, un peu plus aisément que l'adulaire, et en colorant encore la flamme plus fortement en jaune.

		Oxyg.		Rapp.
Silice.	50,31	26,14	26,14	6
Alumine.	29,44	13,75	13,84	3
Peroxyde de fer. . .	0,28	0,09		
Chaux.	1,07	0,30		
Magnésie.	0,23	0,09	4,09	1
Potasse.	5,92	1,00		
Soude.	10,56	2,76		
	37,81			

Ces nombres conduisent à la formule $\dddot{\overline{Al}}\,\dddot{Si} + (\dot{Na},\dot{K})\,\dddot{Si}$, ou $3AlSi + (Na, K)\,Si^3$. La même que celle du labrador; il en résulte que si l'on considère seulement la forme, le rhyacolite est isomorphe avec le feldspath ordinaire, mais par sa composition il se rapporte au labrador.

Il paraîtrait, d'après M. G. Rose, qu'on trouve aussi dans l'Eiffel des cristaux de rhyacolite associés à de l'augite noire, de la haüyne et du spène jaune, mais en cristaux disséminés, tandis que le feldspath vitreux y forme des roches.

Analogies des minéraux feldspathiques. — La reconnaissance des différents minéraux que l'on réunit généralement sous le nom de groupe de feldspath est une des difficultés de la minéralogie ; leur dureté et leur état cristallin servent à les distinguer des autres minéraux, mais ces caractères ne suffisent pas pour les classer entre eux. Je crois donc utile de rapporter dans ce résumé leurs principaux caractères de distinction ; il est bien entendu qu'on ne peut comparer que les minéraux cristallisés ou lamelleux ; les feldspaths compactes n'ont, en effet, aucune composition constante, et ils ne sont mis à la suite de ce groupe que par défaut de place fixe dans la classification des minéraux.

Lorsque les minéraux de ce groupe sont en cristaux, la distinction résulte de l'étude même des cristaux; les modifications apprennent, en effet, s'ils dérivent du prisme rhomboïdal oblique, ou au prisme doublement oblique. L'*orthose* et le *feldspath vitreux* appartiennent seuls du premier de ces systèmes ; l'*albite*, le *labrador*, l'*oligoclase*, l'*anorthite* et le *rhyacolite* dépendent du second ; les roches qui contiennent l'*anorthite* et le *rhyacolite* sont particulières, et sous ce rapport on ne peut confondre ces minéraux avec les trois autres; leur analogie est plutôt avec des *zéolites*, la *néphéline* et la *méionite;* l'examen de la forme ne laisse alors aucun doute.

Les cristaux de labrador et d'oligoclase sont rares ; il est dès lors probable, quand on rencontre dans les roches granitoïdes des cristaux nets analogues au feldspath, et dont les formes se rapportent au prisme oblique non symétrique, qu'ils appartiennent à de l'albite; toutefois, il ne faut pas se fier exclusivement à cette considération, puisque l'oligoclase, regardée comme fort rare il y a quelques années, a été trouvée depuis avec fréquence dans les granites du nord de l'Europe. La valeur des angles, et surtout la netteté et le nombre de clivages offrent un moyen de distinguer ces substances, ainsi que je vais l'indiquer pour les masses lamelleuses. Je rappellerai, en outre, que les cristaux de feldspath, d'albite, de labrador et d'oligoclase sont souvent maclés parallèlement à la face g^1; dans ce cas, les trois derniers minéraux présentent des angles rentrants. Quand les minéraux sont à l'état lamelleux, comme on l'observe dans les granites et dans les porphyres, l'examen de la forme ne suffit plus : supposons d'abord, ce qui paraît être le cas le plus général, que ces lames, ou cristaux imparfaits soient maclés ; pour le feldspath, cette circonstance donne quelquefois lieu à une ligne qui divise les lames en deux parties également miroitantes; pour l'albite, le labrador et l'oligoclase, il en résulte une gouttière dans laquelle les deux faces, plongeant l'une vers l'autre, une partie du cristal est éclairée, tandis que l'autre est obscure. Le plus ordinairement les macles sont réunies plusieurs ensemble, et au lieu d'une gouttière, on observe une série de stries nettes, profondes et fort rapprochées les unes des autres; ces stries sont d'autant plus nettes, que l'albite, le labrador et l'oligoclase ayant un clivage très-facile parallèlement à P, il se forme par la cassure, des lames assez larges, sur la surface desquelles se dessinent les stries parallèles à g^1.

Le feldspath a trois clivages, deux très-faciles, perpendiculaires entre eux suivant P et g^1; un troisième prononcé, mais esquilleux, parallèle à la face M.

L'albite a également trois clivages : le premier, très-net, est parallèle à P; le second facile, mais moins cependant que dans le feldspath, est suivant g^1; le troisième est parallèle à T, par conséquent différemment placé que dans le feldspath. On doit ajouter que ce dernier clivage est peu marqué, en sorte qu'on peut dire que généralement on n'en observe que deux.

Le labrador et l'oligoclase ne possèdent qu'un clivage facile; il a lieu suivant P; il est tellement net, que les cassures s'effectuent toujours dans ce sens.

Le labrador existe principalement, peut-être exclusivement, dans des roches privées de quartz, ce qui donne un moyen de distinction très-important. Ce minéral est en outre soluble dans les acides; la réunion de ces deux caractères ne laisse jamais d'incertitude.

La différence de pesanteur spécifique est suffisante dans la plupart des cas pour séparer le feldspath, l'albite et le labrador; on peut même apprécier ce caractère avec des balances sensibles, en opérant sur un poids déterminé. Les pesanteurs spécifiques de ces trois minéraux sont comme les nombres 25,60 : 26,10 : 27,10. Quant à l'oligoclase, sa pesanteur spécifique, 26,4, se rapproche beaucoup de celle de l'albite, ce qui, joint à son insolubilité dans les acides, rend la distinction de ces deux minéraux plus difficile. L'existence d'un seul clivage net dans l'oligoclase, et sa cassure dans le sens de M et T, sont les deux caractères les plus saillants que l'on possède pour reconnaître cette espèce; on les apprécie bien par l'usage, mais il est nécessaire de se familiariser avec eux.

Les caractères chimiques viennent encore en aide quand le tissu lamelleux et l'examen de la pesanteur spécifique ne suffisent pas.

Le labrador, étant soluble dans les acides, est par cela seul distingué du feldspath, de l'albite et de l'oligoclase.

Pour ces trois minéraux, il faut constater la présence de la potasse ou de la soude; pour y parvenir, je me sers d'un procédé que M. Damour m'a communiqué et qui, bien que compliqué en apparence, est cependant encore assez expéditif; une heure suffit pour pratiquer cet essai, et comme il n'exige aucune pesée, il n'exige pas non plus une grande habitude pour l'exécuter. Je l'ai répété à plusieurs reprises avec succès sur l'adulaire du Saint-Gothard, sur le feldspath de Baveno, sur l'albite du Dauphiné, ainsi que sur l'albite laminaire qui accompagne la tourmaline verte des Etats-Unis.

Il consiste à broyer dans un mortier d'agate deux centigrammes environ de la matière à essayer, avec dix à douze centigrammes d'un mélange formé de parties égales de nitrate et de carbonate de baryte. On expose le tout sur une capsule de platine à la flamme d'une lampe à l'alcool; on délaye la masse sèche qui en résulte avec quelques gouttes d'acide sulfurique, qu'on évapore ensuite à siccité. On ajoute alors de l'eau pure, et l'on décante avec soin la liqueur éclaircie. Le résidu insoluble qui reste au fond de la capsule est formé de sulfate de baryte et de la silice du minéral que l'on essaye. La liqueur claire renferme de l'*alun à base de potasse* ou *à base de soude*, selon qu'on a opéré sur du *feldspath* ou sur de l'*albite*. On reconnaît la présence de la potasse en concentrant la liqueur, et en y ajoutant une goutte de chlorure de platine dissous dans l'alcool; ce réactif détermine sur-le-champ la formation d'un précipité jaune de chlorure platinico-potassique très-peu soluble dans l'eau et insoluble dans l'alcool. La dissolution concentrée d'alun à base de soude est, à la vérité, légèrement troublée par l'addition de chlorure platinique; mais ce trouble, dû à la présence de l'alcool, ne ressemble pas à celui que détermine la potasse, et une très-petite quantité d'eau, ajoutée à la liqueur, suffit pour lui rendre sa limpidité.

Je n'ai parlé dans ce résumé ni du *pétalite*, ni du *triphane*, attendu qu'ils ne forment pas de roches, et que sous ce rapport leur distinction est moins importante. Elle est, du reste, facile; le *pétalite* a deux clivages, sous l'angle de 106°. Sa pesanteur spécifique, 24,40, est même plus faible que celle du feldspath. Le triphane possède trois clivages, dont l'un, beaucoup plus facile que les deux autres, serait suivant le plan diagonal; sa pesanteur spécifique est au contraire beaucoup plus grande que celle des différents minéraux de ce groupe;

elle s'élève à 31,70. En outre la lithine communique à ces deux minéraux des caractères pyrognostiques particuliers ; ils colorent la flamme du chalumeau en pourpre, et quand on fait l'essai sur une feuille de platine, ils y produisent une tache brune, par suite de l'action de la lithine sur ce métal.

PINITE.

Micarelle.

Ce minéral, observé pour la première fois dans la mine appelée *Pini*, à Schnéeberg en Saxe, a été retrouvé dans un assez grand nombre de localités; son apparence est partout la même ; il est constamment cristallisé, et cependant il règne beaucoup d'incertitude sur sa composition, et même sur le système cristallin auquel il appartient.

Les cristaux de pinite atteignent souvent 2 centimètres de longueur sur 1,5 centimètre de largeur : leur couleur est le gris de cendre, le gris rougeâtre ; ils sont opaques et sans éclat, soit sur les faces, soit dans la cassure qui est inégale; peu durs, ils rayent à peine la chaux carbonatée. Leur pesanteur spécifique est de 27,8 à 29,8 ; au chalumeau la pinite blanchit, fond sur les bords en donnant un verre blanc et bulleux; avec le borax elle fond difficilement en un verre blanc transparent, légèrement coloré par le fer. La pinite de Saxe est infusible.

La forme primitive de la pinite est un prisme droit, non symétrique, sous l'angle de 91° 20′ environ; ses cristaux les plus habituels, *fig.* 154, *pl.* 171 consistent dans la forme primitive portant deux facettes h^x et h^y, qui se reproduisent sur chaque arête verticale. Fréquemment la face large présente un angle rentrant, et plus fréquemment encore on observe une arête saillante vers son milieu. Cette disposition annonce que la plupart des cristaux de pinite sont maclés.

Haüy et M. Lévy adoptent pour forme primitive de la pinite le prisme régulier à six faces. Cependant tous les cristaux d'Auvergne que j'ai examinés, et ce sont les plus nets, m'ont donné invariablement un angle compris entre 91° 20′ et 92°: on y remarque presque toujours deux faces h^x et h^y inégalement inclinées sur les faces adjacentes, ce qui annonce que le prisme n'est pas rhomboïdal; en outre, l'une de ces facettes h^x porte une troncature c, *fig.* 155, qui, ne se représentant pas sur h^y, établit une différence entre ces deux faces, et indique la disymétrie du cristal. Les angles que j'ai pu mesurer sont:

P sur M	=	90°.		P sur T	=	90°.	
M sur T	=	91°.		M sur h^x	=	149° 40′.	
T sur h_y	=	122° 15′.		h^x sur h^y	=	148°.	
C sur h_x	=	138° 30′.		M sur h^y	=	117° 40′.	

Les prismes sont, il est vrai, à douze faces, mais quatre M, et T appartiennent à la forme primitive, et huit h^x h^y g^z, $g^{z'}$ aux modifications.

Haüy mentionne en outre des cristaux en prismes à six faces bordés. J'ai, il est vrai, remarqué que quelques cristaux ont les arêtes d'intersection de h^x et de la base tronqués, mais par des faces inégales et irrégulièrement placées; elles n'offrent pas la disposition annulaire si remarquable que l'on observe dans les prismes réguliers à six faces.

Les cristaux de pinite que je viens de décrire proviennent d'un grand nombre de localités, notamment de Saint-Pardoux et de Morat en Auvergne; de Lisenz dans le Tyrol, du pays de Bade, du Connecticut, etc.; ils sont ordinairement disséminés dans du granite, et paraissent lui être contemporains.

On décrit aussi, sous le nom de pinite, de gros cristaux rougeâtres en prisme à six faces, qui proviennent de Schnéeberg en Saxe. Les bases de ces cristaux sont nettes, mais les faces en sont irrégulières. Ils ont en outre une propriété particulière, c'est de se diviser parallèlement à la base par lames feuilletées. La cassure qui en résulte est rougeâtre et luisante, comme si les lames qui les composent étaient enduites de talc ou de

[1] Ces angles sont ceux donnés par la mesure.

mica ; on ne peut donc les considérer comme le résultat de clivage : il semble que les cristaux de cette variété de pinite soient formés de lames hexaèdres empilées les unes sur les autres, mais séparées par cet enduit rougeâtre et luisant, qui lui donne l'aspect particulier que je viens de signaler ; ces cristaux portent aussi des biseaux sur plusieurs arêtes latérales.

La composition de la pinite de Saxe est extrêmement différente de celle de la pinite d'Auvergne ; aussi M. Beudant en a fait deux espèces particulières. Je n'ai pas cru devoir adopter cette opinion, attendu que la composition des cristaux de pinite varie d'une localité à l'autre ; la différence n'est pas, il est vrai, aussi grande que pour la pinite de Saxe, mais elle est trop considérable pour attacher une importance exclusive à ce caractère, ordinairement si essentiel ; cependant les différents cristaux de pinite ont un air de famille qu'on ne peut méconnaître, et la différence de composition me paraît tenir à une altération que ce minéral a éprouvée après sa formation ; le peu de dureté de la pinite et sa complète opacité militent en faveur de cette opinion, les silicates étant presque toujours durs et d'un éclat pierreux.

	D'Auvergne. par Gmelin[1].	De Neustadt, par Massalin[2].	De Schnéeberg en Saxe, par Klaproth[3].
Silice	55,96	45,0	29,50
Alumine	25,48	30,0	63,75
Peroxyde de fer	5,51	12,6	6,75
Magnésie	3,76	»	»
Potasse	7,89	12,4	»
Soude	0,39	»	»
Eau	1,41	»	»
	100,40	100,00	100,00

La première analyse conduirait à la formule $3AlSi^2+(K, Mg, Fe)Si$. Beudant adopte, pour la pinite de Saxe la formule Al^2Si, qui représente effectivement l'analyse de Klaproth, en faisant abstraction du peroxyde de fer.

[1] *Kastner's Archiv.*, t. I, p. 226.
[2] *Trommsdorff's New Journ.*, t. IV, p. 234.
[3] *Minéralogie de Beudant*, t. II, p. 29.

GIGANTOLITE.

M. Nordenskiöld, qui a recueilli ce minéral auprès de Taunnela dans la Finlande, lui a donné le nom de gigantolite, par suite des dimensions de ses cristaux qui atteignent 4 centimètres de longueur. Leur forme générale est celle d'un prisme à six faces; M. le comte de Wachmeister[1] annonce que les prismes sont réguliers et que certains cristaux portent même une facette sur chaque arête verticale sous l'angle de 120°, valeur qui s'accorde avec le système rhomboédrique; toutefois il ajoute qu'il existe deux clivages verticaux, d'où il résulterait que le prisme est rhomboïdal; les échantillons assez imparfaits que j'ai examinés me conduisent à adopter cette dernière opinion, et je crois en outre que la gigantolite doit être associée à la pinite. En effet, sa couleur est d'un brun rougeâtre, comme pour la pinite de Saxe. Son éclat est gras et cireux comme le talc; très-tendre, elle se laisse même entamer par l'ongle.

Au chalumeau la gigantolite fond en une scorie d'un vert clair; avec le borax on obtient un verre transparent.

L'analyse a donné :

			Oxyg.	Rapp.
Silice	46,25		24,03	4
Alumine	25,10		11,72	2
Oxyde de fer	15,60	3,45		
Magnésie	3,80	1,47		
Oxyde de manganèse	0,89	0,19	5,87	1
Potasse	2,70	0,46		
Soude	1,20	0,30		
Eau	6.00		5,85	1
	101,54			

La formule que M. Wachmeister a tirée de cette analyse est $2AlSi + (F, Mn, Mg, K, Na)Si^2 + Aq$, notablement différente de celle de la pinite d'Auvergne. L'état de la gigantolite me

[1] *Annales de Poggendorff*. t. XLV, p. 558.

fait penser qu'elle a éprouvé une altération : sa composition ne serait pas alors un caractère absolu.

GIESECKITE.

Ce minéral a été apporté par M. Charles Giesecke, d'Akulliarasiarfsuk dans le Groënland, où il accompagne du feldspath rouge ; il est en prismes hexaèdres réguliers, d'un brun foncé extérieurement, mais d'un vert olive intérieurement; sa cassure est granulaire et esquilleuse à la manière de la serpentine, dont il se rapproche par sa couleur et son éclat un peu résineux : sa dureté est très-faible, 3,5; il raye à peine la chaux carbonatée; sa poussière est plus dure; sa pesanteur spécifique est, d'après les observations de M. Haidinger, de 28,32.

M. Stromeyer[1] a trouvé que la gieseckite est composée de :

		Oxyg.	Rapp.
Silice	46,07	23,93	9
Alumine	33,82	15,79	6
Potasse	6,20	1,05	1
Magnésie	1,20	0,46	
Oxyde de fer	3,35	0,76	
Oxyde de manganèse	1,15	0,25	

Eléments qui conduisent à la formule :

$$6AlSi + KSi^3.$$

Les caractères extérieurs de la gieseckite et sa composition ont de grands rapports avec la pinite. M. Léonhard les a réunies depuis plusieurs années. Je suis assez porté à adopter cette réunion ; toutefois la gieseckite paraît appartenir au prisme à six faces régulier, autant du moins qu'on peut en juger par le goniomètre d'application, le seul dont on puisse se servir, ses cristaux ne réfléchissant pas la lumière; on ne pourra décider cette question que lorsqu'on en possédera des cristaux portant des modifications.

---

[1] *Gilbert's Ann.*, t. XXXIII, p. 372.

M. le docteur Tamnau, de Berlin[1], a réuni la gieseckite à la néphéline, par suite de sa forme. La composition en est très-notablement différente : la dureté de la néphéline qui raye le verre, et sa manière de se comporter au chalumeau, me paraissent s'opposer également à cette réunion.

AMPHIGÈNE.

Leucite; Grenat du Vésuve; Leucolite.

L'amphigène est un des minéraux dont les caractères sont le plus tranchés : constamment cristallisé en trapézoèdres, *fig.* 157, *pl.* 172, il est généralement d'un blanc laiteux, couleur à laquelle Werner avait emprunté le nom de *leucite* (de λευκος, blanc). Cependant quelques cristaux sont gris, et l'on en trouve de rouges couleur de chair, à Albano, près Rome : il est vrai qu'ils sont altérés et que leur couleur est due à une petite quantité d'oxyde de fer dont ils sont mélangés.

La cassure de l'amphigène est conchoïdale ondulée ; son éclat est éminemment vitreux : Haüy annonce qu'il possède des clivages dans le sens des faces du cube, mais je n'en ai aperçu aucun dans les nombreux cristaux que j'ai examinés ; sa dureté est de 6 : il raye difficilement le verre ; sa pesanteur spécifique est de 24,83. Infusible au chalumeau avec le borax, se fond difficilement en un verre transparent. Soluble par digestion dans les acides.

M. Brewster a remarqué que l'amphigène possédait la double réfraction, phénomène qui serait contraire aux lois qui lient la forme cristalline aux propriétés optiques des minéraux ; mais M. Biot a fait voir que les couleurs que l'on observe dans l'amphigène sont données par la polarisation lamellaire.

---

[1] *Annales de Poggendorff*, t. XLIII, p. 149.

	De la Somma, par Klaproth[1].	D'Albano,	De Pompéi,	De la Somma, par Awdejew[2],	par Arfsvedson[3].	Oxyg.	Rapp.
Silice.........	53,75	54	54,5	56,05	56,10	29,14	8
Alumine......	21,63	23	23,5	23,03	23,10	10,79	3
Potasse.......	21,35	22	19,5	20,40	21,15	3,58	1
Soude.........	»	»	»	1,02	»	»	
Oxyde de fer..	»	»	»	»	0,95	»	
	99,73	99	97,50	100,50	101,30		

Ces analyses de l'amphigène sont presque identiques, elles conduisent à la formule $3Al\dot{S}i^2 + K\dot{s}i^2$.

Analogies. — Gisement. — L'amphigène ressemble par sa forme et sa couleur à l'*analcime;* il offre aussi par sa forme de l'analogie avec le *grenat*, et dans les premiers moments où ce minéral fut découvert, on le désigna par les noms de *grenat blanc* et de *grenat du Vésuve;* le grenat blanc proprement dit n'existe pas ; on connaît bien quelques cristaux de grenat hyalins et incolores provenant de Tellemarken en Finlande, mais ils sont en dodécaèdres rhomboïdaux, leur éclat est très-vif. Ils sont durs et rayent le quartz, enfin ils sont associés à une roche granitoïde ; quant à l'analcime, elle est fusible en émail blanc, tandis que l'amphigène résiste à la fusion.

L'amphigène appartient essentiellement aux terrains volcaniques ; il entre comme partie constituante dans les laves de la Somma, de Frascati, d'Albano, près Rome, etc., on en connaît également dans les roches basaltiques des bords du Rhin ; on l'a indiqué dans les roches anciennes des Pyrénées, notamment dans le micaschiste et le gneiss des environs de Gavarnie ; j'ai cherché sans succès, dans plusieurs voyages que j'ai faits dans les Pyrénées, à vérifier cette indication ; je doute donc beaucoup de l'exactitude de cette assertion qui cependant a été reproduite par Haüy.

---

[1] *Beitrage*, t. II, p. 39.
[2] *Annales de Poggendorff*, t. LV, p. 107.
[3] *Afhandl. i Fys.*, t. VI, p. 139.

SODALITE.

La sodalite a été découverte par M. Charles Giesecke, qui l'a recueillie dans une roche micacée du Groënland; plus tard, M. le comte de Borkowsky l'a retrouvée dans les roches de la Somma ; enfin M. G. Rose a récemment réuni à cette espèce la *cancrinite* du mont Ilmen dans l'Oural. La réunion de ces trois variétés de sodalite repose principalement sur la composition qui est presque identique, quoiqu'elle soit cependant exceptionnelle par la présence d'une notable proportion de chlore. Les deux premières variétés sont cristallisées ; on y observe le dodécaèdre rhomboïdal et le même solide portant des traces du cube sur ses angles.

La sodalite du Groënland est d'un vert grisâtre; translucide, son éclat est gras et vitreux, sa cassure est conchoïde et esquilleuse; sa pesanteur spécifique est de 23,7.

La variété du Vésuve est blanche, demi-translucide, quelquefois transparente ; son éclat est vitreux ; elle est blanche, cependant quelques échantillons sont d'un vert d'eau ; sa pesanteur spécifique est de 22,89 à 22,92.

La sodalite de l'Oural, ancienne cancrinite, est d'un beau bleu de saphir plus ou moins intense, analogue à la couleur de l'outremer ; son éclat est fortement vitreux, surtout sur les plans de clivages placés suivant les faces du dodécaèdre ; elle est transparente ; sa pesanteur spécifique est 22,87 à 22,89.

La dureté de ce minéral est de 5,75, un peu moindre que celle du feldspath.

Exposée au chalumeau, la sodalite s'arrondit sur les bords et fond difficilement en un verre blanc bulleux. Avec le borax elle donne un verre clair ; soluble par digestion dans l'acide nitrique.

	Du Groënland, par Ekeberg [1].	Du Vésuve, par Arfvedson [2].	De l'Oural, par G. Rose [3].			Atom.
Silice	36,00	35,09	37,60	Silice	37,60	4
Alumine	32,00	32,59	31,37	Alumine	31,37	3
Soude	25,00	26,55	25,45	Soude	19,09	3
Oxyde de fer	0,15	»	»	Sodium	4,73	1
Acide hydrochlor.	6,75	5,30	5,58	Chlore	7,21	2
					100,00	

En admettant que l'acide hydrochlorique soit à l'état de chlorure de sodium, l'analyse prend, dans cette supposition, la forme indiquée dans la dernière colonne.

La formule qui représente la sodalite est alors :

$$3\dddot{A}l\,\dddot{S}i + \dot{N}a^3\dddot{S}i + NaCl^2.$$

La comparaison que j'ai établie entre les différentes variétés de sodalite montre que la cancrinite ne diffère des deux autres variétés que par la couleur, mais que tous les caractères essentiels sont les mêmes.

Analogies.—La sodalite blanche ressemble à la *néphéline*, à la *méionite*, et à plusieurs *zéolites;* la difficulté avec laquelle elle se fond fournit un caractère de distinction. La variété bleue offre de l'analogie avec l'*outremer :* la présence de l'acide sulfurique que l'on constate facilement dans la seconde et de l'acide hydrochlorique dans la sodalite, donne un moyen immédiat de les distinguer; la nature de la roche est un caractère empirique très-bon à consulter.

CANCRINITE.

Ce nom, abandonné pour la sodalite bleue, a été reporté par M. G. Rose sur un autre minéral provenant également de l'Oural, qui peut-être n'est également qu'une variété de sodalite. Cette nouvelle cancrinite est rose; elle forme de

[1] *Thomson's*, *Annals Philosophy.*, t. I, p. 101.
[2] *Journal de Sweigger*, t. XXXIV, p. 210.
[3] *Annales de Poggendorff*, t. XLVII, 377.

petites masses compactes, tantôt disséminées irrégulièrement dans une roche micacée qui lui sert de gangue, tantôt en petits fragments ramifiés et fortement engagés les uns dans les autres. Elle se clive très-bien dans trois directions qui font entre elles des angles de 120 degrés, et sont parallèles aux pans du prisme à six faces régulier, que M. Rose a adopté pour forme primitive.

La cancrinite est translucide, et même complétement transparente dans les fragments minces; son éclat, nacré sur les faces de clivage, est gras et analogue à celui de l'éléolite.

Sa dureté, 5,5, est moyenne entre celle de l'apatite et du feldspath; sa pesanteur spécifique est de 24,53.

Les acides hydrochlorique et nitrique la dissolvent facilement avec un fort bruissement. La dissolution nitrique n'est que très-légèrement troublée par le nitrate d'argent.

De petites écailles, chauffées dans la pince de platine, deviennent d'abord blanches et opaques; elles fondent ensuite avec facilité et en écumant en un verre blanc bulleux.

Il résulte des analyses de M. Rose [1] et de Scheerer que la composition de la cancrinite est :

	I.	II.	Scheerer [2].	Oxyg.	Rapp.
Silice	40,59	40,26	39,11	20,32	9
Alumine	28,29	28,24	28,98	13,53	6
Chaux	7,06	6,34	8,03	2,25	1
Soude	17,38	17,66	17,65	4,51	2
Potasse	0,57	0,82	»	»	
Acide carbonique et traces de chlore	6,38	6,38	6,23	4,50	2
	100,27	99,70	100,00		

La formule qu'on déduit de cette analyse est :

$$2\dddot{\overline{Al}}\,\dddot{Si} + \dot{Na}^2\,\overline{\dddot{Si}} + \dot{Ca}\ddot{C} \text{ ou } 6Al\,Si + Na^2Si^3 + CaC^2.$$

On remarquera qu'elle représente un atome d'éléolite et un atome de carbonate de chaux, et comme l'éléolite cristal-

---

[1] *Annales de Poggendorff*, t. XLVII, p. 779.

[2] *Scheerer ebendas*. t. XLIX, p. 377.

lise en prisme à six faces, il se pourrait que ce fût un mélange de deux espèces accidentellement en proportion définie. Dans le cas contraire, la cancrinite offrirait un exemple très-remarquable d'une combinaison qui n'a pas encore été rencontrée, savoir, d'un silicate avec un carbonate.

Stroganowite. — La composition de ce minéral se rapporte presque exactement à celle de la cancrinite ; elle contient seulement une forte proportion de chaux, en remplacement d'une quantité atomique correspondante de soude; en effet, Hermann [1] a obtenu pour les éléments de la stroganowite :

		Oxyg.		Rapp.
Silice	40,58	»	21,08	9
Alumine	28,57	»	13,34	6
Chaux	20,20	5,74	6,63	3
Soude	3,50	0,89		
Acide carbonique	6,40	»	4,65	2
Ox. de fer et de mangan.	0,89			
	100,14			

En admettant qu'un atome de chaux soit combiné avec l'acide carbonique, on retrouve la formule :

$$6\mathrm{A}l\mathit{Si} + (\mathit{Na}, \mathit{Ca})^2 \mathrm{S}i^3 + \mathit{Ca}\mathrm{C}^2.$$

que l'on vient d'indiquer pour la cancrinite ; il est remarquable qu'il entre dans la stroganowite un atome de carbonate de chaux, comme dans la cancrinite; ce second exemple pourrait faire croire que le carbonate de chaux est un élément essentiel de la composition.

La stroganowite est en petits grains hyalins, d'un blanc bleuâtre, soudés ensemble, analogues à du quartz; la disposition granuliforme assez marquée qu'elle présente l'en distingue; elle raye la chaux phosphatée, mais est rayée par une pointe d'acier; sa pesanteur spécifique est de 27,90. Elle est associée avec la werdtite, et quelquefois avec de la parenthine de Blocke en Finlande.

NÉPHÉLINE.

Beudantine; Davyne; Covellinite; Sommite; Schorl blanc: Pinguite; Carolinite; Lithrodes; Pseudo-néphéline.

Les fragments de roches dolomitiques que l'on trouve épars sur la surface de la Somma présentent de nombreuses druses, qui renferment avec abondance des cristaux blancs hyalins, en prismes à six faces réguliers; quelques différences dans la composition, et peut-être même des erreurs d'analyse ont conduit à les séparer en plusieurs espèces, sous les noms de *néphéline*, *beudantine*, *davyne*, et de *covellinite;* l'identité que l'on observe entre les facettes placées soit sur les angles, soit sur les arêtes des prismes à six faces, appartenant à ces différents minéraux, montre que la hauteur est la même pour tous et qu'ils constituent une seule et même espèce.

Les *fig.* 158, 159 et 162, *pl.* 172, représentent les différentes modifications de la néphéline; ce sont des prismes à six ou à douze faces portant une ou plusieurs séries de bordures b^1 et $b^{1/2}$. Le prisme à six faces simple, qui constitue la forme primitive, est de beaucoup le plus abondant; les dimensions sont B : H :: 25 : 21.

Les angles qui régissent les modifications sont :

M sur M	= 150°	P sur M	= 90°
M sur g^1	= 150°	P sur g^1	= 90°
M sur b^1	= 134° 10′	P sur b^1	= 135° 50′
M sur $b^{1/2}$	= 152° 46′	P sur $b^{1/2}$	= 117° 14′

M. Lévy signale dans la néphéline des indices de clivage parallèlement à la base et aux faces latérales du prisme régulier à six faces. Sa cassure est conchoïde et inégale; son éclat est vitreux; j'ai annoncé que la néphéline est blanche, ou transparente; celle du Kaiserstlhul est ordinairement grise, mais sa poussière est blanche; la néphéline raye le verre; elle est fusible en un verre blanc bulleux; un fragment transparent, mis dans l'acide nitrique à froid, y devient nébuleux, caractère auquel Haüy a emprunté le nom de néphéline [1]; elle est soluble en gelée dans les acides.

Sa pesanteur spécifique est de 23,60. La composition de la néphéline est établie par les analyses suivantes :

	Du Katzenbuckels, par Scheerer [2].	par Gmelin [3].	par Scheerer [4].	De la Somma, par Arfvedson [5].	Oxyg.	Rapp.
Silice	44,29	43,36	43,70	44,11	22,91	4
Alumine	33,28	33,49	32,31	33,73	15,75	3
Soude	15,44	13,36	15,83	20,46	5,23	1
Potasse	4,94	7,13	5,60	»	»	
Chaux	1,77	0,90	0,84	»	»	
Oxyde de mangan.	0,65	1,50	1,07	»	»	
Eau	0,21	1,39	1,39	0,62	»	
	100,32	101,13	100,74	98,92		

Ces analyses conduisent toutes à la formule $3Al\dot{S}i + Na\dot{S}i$. Seulement il faut remplacer une portion de la soude par de la potasse ; d'après des recherches de M. Mitscherlich que M. G. Rose a cité dans sa *Cristallographie*, la davyne serait une néphéline, dans laquelle la potasse serait presque entièrement substituée à la soude, en sorte que la formule qui représenterait cette variété serait $3Al\dot{S}i + K\dot{S}i$: l'analyse donnée par M. Covelli [6] est si différente de ce résultat, que je crois devoir la transcrire, de crainte qu'il n'y ait eu confusion dans les minéraux ; j'ajouterai toutefois que tous les échantillons de davyne que j'ai examinés se rapportent à la néphéline.

Silice	42,97	96,95
Alumine	33,28	
Chaux	12,02	
Peroxyde de fer	1,25	
Eau	7,43	

La néphéline de Katzenbuchels, près de Heidelberg, est

[1] Du mot νεφελη, nuage.

[2] *Ebendas*, t. XLVI, p. 291.

[3] *Journal de Schweigger*, t. XXXVI, p. 74. — [4] *Id.*, XLIX, 359.

[5] *Jahresbericht*, t. II, p. 97.

[6] *Prodomo della mineral. Vesuv.*, p. 375.

disséminée dans des roches basaltiques ; il en est de même de celle du Kaisersthul en Brisgaw ; quand les basaltes sont décomposés, on peut extraire des cristaux complets de néphéline ; leur forme hexaèdre est la même que celle des cristaux du Vésuve ; leur éclat est vitreux, et leur couleur est un gris clair ; dans les basaltes compactes, on n'est guidé que par la coupe hexagonale des cristaux.

Il existe dans les laves de Capo di Bove, près de Rome, de petits cristaux en prismes à six faces, que l'on a désignés sous le nom de *pseudo-néphéline ;* aucune analyse n'en fait connaître la nature, mais leur analogie avec la néphéline les fait généralement classer avec cette espèce.

Eléolite[1]. — **Pierre grasse.** — **Fettstein.** — Ce minéral forme des masses amorphes bleuâtres ou verdâtres, quelquefois avec une teinte rougeâtre ; leur éclat résineux, gras, et un peu chatoyant leur donne un caractère particulier, qui a valu à ce minéral les noms que je viens de rappeler ; la composition de l'éléolite est la même que celle de la néphéline, ce qui a engagé Léonhard à l'associer à cette espèce ; depuis, M. Möller a décrit des cristaux d'éléolite sous la forme d'un prisme hexaèdre régulier, en sorte que la réunion proposée par Léonhard d'après les caractères chimiques est confirmée par les caractères cristallographiques. Du reste l'éclat des cristaux de néphéline de Katzenbuchels est fort analogue à celui de la pierre grasse. L'éléolite raye le verre ; ses caractères chimiques sont les mêmes que pour la néphéline ; l'identité de composition est établie par les analyses suivantes :

[1] De ελαιος, huile.

	Éléolite brune, par Scheerer[1].	Verte, par Gmelin[2].	Rapp.	Oxyg.
Silice	45,51	44,19	22,95	4
Alumine	33,53	34,42	16,08	3
Soude	15,86	16,87	4,32	1
Potasse	4,50	4,73	0,80	
Chaux	0,81	0,52	0,14	
Magnésie	»	0,68	0,26	
Oxyde de fer	»	0,65		
Eau	»	0,60		
	100,21	102,66		

Nombres qui conduisent à la formule $3\text{A}l\text{S}i + (\text{N}a,\text{K})\,\text{S}i$, que j'ai donnée pour la néphéline.

Le gisement de l'éléolite est entièrement différent de celui de la néphéline ; elle est empâtée dans la siénite de Friedrischswärn en Norwège.

Analogies. — La néphéline cristallisée ressemble par son éclat, sa couleur et la nature de la roche qui en forme la gangue, à la *méionite* et à certains cristaux allongés de *sodalite* offrant alors la forme prismatique; la méionite est en prisme à base carrée. La sodalite se présente, il est vrai, sous la forme d'un prisme à six faces, comme la néphéline ; mais son pointement est à trois faces, tandis que la néphéline est bordée sur toutes les arêtes de la base.

La forme de l'*émeraude* et de la *chaux phosphatée* donne aux variétés blanches que l'on observe dans ces espèces une certaine analogie avec la néphéline. L'émeraude est très-dure, et raye facilement la néphéline ; la chaux phosphatée serait au contraire rayée par la néphéline ; l'essai au chalumeau et l'action des acides fournissent en outre des moyens de distinction entre ces trois minéraux.

DIPYRE.

Il régnait, il y a peu de temps encore, de l'incertitude sur cette espèce, fondée par Haüy d'après une analyse

[1] *Ebendas*, t. XLVI, p. 74.

[2] *Annales de Poggendorff*, t. XLVIII, p. 577.

que Vauquelin avait faite sur des cristaux mal triés. M. Delesse [1], ingénieur attaché à l'Ecole des mines, ayant pu se procurer dans la collection de cet établissement des cristaux nets de dipyre, a établi les véritables caractères de cette espèce minérale.

Il en existe deux variétés : l'une, que l'on trouve près du Gave à Libarens, dans le département des Basses-Pyrénées, est en petits cristaux disséminés dans un calcaire argileux; il est accompagné de talc argenté verdâtre ou rougeâtre. Ces cristaux, dont l'éclat est vitreux, sont tantôt transparents, tantôt d'un blanc mat ; ceux-ci ont éprouvé un commencement de décomposition et se désagrégent avec facilité.

La seconde variété existe à Mauléon, ainsi qu'à Lès, sur les bords de l'Ariège, dans une pâte argileuse de couleur brune ou jaunâtre. Cette espèce d'argile, très-onctueuse au toucher, surtout quand elle est jaune, contient une grande quantité de talc à un état de division extrême. Elle se désagrége facilement quand on la lave à l'eau chaude, ce qui fournit un moyen facile d'en extraire des cristaux assez purs.

Ces deux variétés de dipyre ne présentent aucune différence dans leurs propriétés physiques ou chimiques, les cristaux sont des prismes quadrangulaires à base carrée, ou des prismes octogones, arrondis à leurs extrémités, qui ressemblent à de l'orge perlé. Il résulte de la mesure des angles que l'octogone est régulier; le dipyre possède des clivages faciles parallèlement aux plans diagonaux du prisme carré; il en existe aussi, mais de moins prononcés, parallèlement aux faces de ce prisme.

Le dipyre est dur, raye le verre, et se casse facilement ; sa cassure présente un éclat vitreux, analogue à celui que l'on observe sur les faces du prisme dans les cristaux non altérés; sa dureté est de 26,46.

---

[1] Sur le dipyre, par M. Delesse, ingénieur des mines. *Annales des mines*, quatrième série, t. IV, p. 609, 1843.

Au chalumeau, le dipyre perd sa transparence et fond avec un léger bouillonnement en un verre blanc et bulleux. Avec le sel de phosphore, la fusion a lieu facilement, et on voit nager dans la perle un squelette de silice.

Il ne s'attaque que difficilement par les acides même concentrés, et il est nécessaire, pour que l'action ait lieu, que le minéral soit réduit en poudre extrêmement fine.

Quatre analyses faites par des procédés différents ont donné à M. Delesse, pour la composition moyenne du dipyre :

		Oxyg.	Rapp.	
Silice.......	55,5	28,81	5,52	21
Alumine....	24,8	11,58	2,22	ou 9
Chaux......	9,6	2,70 }		
Soude......	9,4	2,40 }	1,00	4
Potasse.....	0,7	0,12 }		
	100,00			

La formule qui exprime le mieux les résultats de cette analyse est :

$$3\dddot{A}l\,\dddot{S}i + 2(\dot{C}a\,\dddot{S}i + (\dot{N}a,\ \dot{K})\,\dddot{S}i) \text{ ou } 9AlSi + 2Ca\,Si^3 + 2Na\,Si^3.$$

La forme cristalline du dipyre avait engagé quelques minéralogistes à le regarder comme une variété de *parenthine*, l'analyse de M. Delesse repousse ce rapprochement. M. Kobell ayant reconnu dans le dipyre la présence d'une assez grande quantité de chaux, qui avait échappé à Vauquelin, ce chimiste l'avait considéré comme du *labrador*. Le système cristallin du dipyre est incompatible avec celui du labrador, en sorte que cette réunion ne saurait non plus être admise.

Dipyre de Zimmapan. — M. Bustamente a envoyé du Mexique un minéral en prismes bacillaires blancs à éclat soyeux, dont M. Thomson a fait une espèce particulière sous le nom de *quadrisilicate d'alumine*. On l'avait considéré au Mexique comme une variété de dipyre, mais ses caractères pyrognostiques s'y opposent; en effet, il gonfle au feu et blanchit sans se fondre, tandis que le dipyre fond facilement. D'après les expériences de M. Delesse, la densité du minéral du Mexique est de 26,02. Les cristaux présentent des prismes à six faces aplaties; cette forme, jointe à l'éclat et à la couleur, donne au dipyre de Zimmapan de l'analogie avec la trémolite; les acides, même l'acide sulfurique concentré, ne l'attaquent que très-imparfaitement.

Ce minéral est accompagné de pyrite et de mica argenté; les paillettes de mica pénètrent jusque dans son intérieur, en sorte qu'il est impossible de les isoler et d'obtenir des fragments de la substance assez purs pour en faire une analyse exacte.

HUMBOLDTILITE.

Mellilite; Somervillite.

Il résulte des recherches de M. Damour [1] que les deux substances désignées sous les noms de *humboldtilite* et de *mellilite* appartiennent à une seule espèce minérale; l'examen cristallographique que M. Descloizeaux [2] en a fait confirme les conclusions tirées de l'analyse, et d'après la proposition de ce minéralogiste, je les réunis sous le nom de *humboldtilite*. Il est vrai que deux autres minéraux ont déjà été dédiés à M. de Humboldt; mais l'un d'eux avait été séparé à tort de la datholite par M. Lévy, et l'autre, le fer oxalaté, porte un nom chimique que j'ai conservé, attendu que les noms significatifs offrant une idée à l'esprit, et soulageant la mémoire, me paraissent devoir être adoptés, toutes les fois que le petit nombre d'éléments qui entrent dans la composition des minéraux rend leur emploi possible.

La mellilite et la humboldtilite cristallisent l'une et l'autre dans le système du prisme à base carrée; la première porte rarement des modifications sur les arêtes ou sur les angles de la base; la seconde, au contraire, très-modifiée, est en prisme à

---

[1] *Nouvelles analyses et réunion de la mellilite et de la humboldtilite*, par M. Damour.

[2] *Détermination de la forme primitive de la humboldtilite*, par M. Descloizeaux. *Annales de chimie*, troisième série, t. X.

seize faces, surmonté d'un pointement à quatre faces basé, *fig.* 164, *pl.* 173. La netteté des cristaux a permis à M. Descloizeaux de déterminer les différentes modifications de l'humboldtilite, ainsi que les dimensions du prisme, qui sont B : H :: 14 : 9. Les angles observés sont :

M sur M	= 90°.	P su M	= 90.
M sur h^1	= 135°.	M sur h^2	= 153° 30′.
M sur b^1	= 122° 45′.	P sur b^1	= 147° 15′.
h^1 sur h^2	= 161° 35′.	b^1 sur b^1	= 135°.

La humboldtilite proprement dite se trouve en masses cristallines parmi les blocs de la Somma ; elle est ordinairement recouverte d'un enduit calcaire blanc terreux, que les acides faibles enlèvent avec facilité ; elle est alors jaune pâle ; sa cassure est vitreuse, elle raye facilement le verre ; sa pesanteur spécifique est de 29.

La mellilite provient de Capo-di-Bove ; elle est en petits cristaux jaune de miel, ou jaune brunâtre, adhérant à une lave ; elle est demi-transparente ; sa cassure est vitreuse, et n'offre aucun clivage. Elle raye facilement le verre ; sa pesanteur spécifique est de 29,5.

Au chalumeau, la humboldtilite et la mellilite en cristaux peu colorés fondent lentement en un verre jaunâtre pâle ; elles donnent un verre noir, si l'on a employé des cristaux bruns. Fondus avec le borax sur une petite coupelle, ces minéraux se dissolvent complétement, avec la seule différence que la réaction du fer est plus marquée pour la mellilite.

L'acide hydrochlorique les dissout avec facilité, en formant une gelée.

La composition qui résulte des analyses de M. Damour est :

Pour la mellilite.		Oxyg.		Rapp.	Humboldtilite.	Oxyg.		Rapp.
Silice	38,34		19,91	3	40,69		21,14	3
Alumine	8,61	4,02	12,38	1	10,88	5,08	6,43	1
Oxyde ferriq.	10,02	3,07			4,43	1,35		
Chaux	32,05	9,00	7,09	2	31,81	8,93	12,34	2
Magnésie	6,71	2,59			5,75	2,22		
Potasse	1,51	0,25			0,36	0,06		
Soude	2,12	0,54			4,43	1,13		

Ces éléments conduisent à la formule :

$$(\dddot{\overline{Al}}\,\dddot{\overline{Fe}})\,\dddot{Si} + 2\,(\dot{Ca}, \dot{Mg}, \dot{K}, \dot{Na})\,\dddot{Si} \text{ ou } (Al, Fe)\,Si + 2\,(Ca, Mg, K, Na)\,Si.$$

Somervillite. — M. de Brooke [1] a décrit sous ce nom des cristaux provenant du Vésuve, dont la forme, les modifications et leurs incidences sont, d'après les observations de M. Descloizeaux, identiques à celles de la humboldtilite ; ils possèdent, comme les cristaux de cette espèce, un seul clivage parallèle à la base ; leur manière de se comporter au chalumeau est la même ; enfin ils sont associés, dans les laves anciennes de la Somma, au calcaire et au mica noir. Il résulte de ces observations que la somervillite du Vésuve est de la humboldtilite.

Analogies. — La humboldtilite se rapproche par sa forme de la *méionite ;* ce dernier minéral a beaucoup plus d'éclat, il est hyalin, ou complétement blanc, ses cristaux sont allongés, enfin il fond au chalumeau avec bouillonnement ; j'ajouterai que la méionite, quoique originaire de la Somma, comme la humboldtilite, est ordinairement associée aux blocs de dolomie cristalline, tandis que la seconde substance est disséminée dans les géodes des laves mêmes.

SARCOLITE.

Ce minéral, que l'on observe dans les cavités des laves de la Somma, cristallise en prisme à base carrée. M. Breithaupt a proposé de le réunir à la humboldtilite ; mais les incidences données par M. de Brooke [2] conduisent à une forme primitive dont les dimensions B : H : : 62 : 55 diffèrent notablement de celles de la humboldtilite ; les angles mesurés par ce savant cristallographe sont :

---

[1] *Brande's quaterly Journal*, vol. XVI, p. 274.

[2] *Philosophical Magazine*, vol. X, p. 139.

P sur b^1	= 138° 25′.	M sur b^1	= 131° 35′.
P sur a^1	= 128° 33′.	M sur a^1	= 133° 34′.
P sur a^2	= 157° 19′.	M sur a^2	= 102° 28′.
P sur h^1	= 90°.	M sur h^1	= 135°.
		M sur h^2	= 153° 26′.

La disposition générale des cristaux de sarcolite avait fait croire à Haüy que sa forme primitive était cubique, et il avait réuni ce minéral à l'analcime; mais depuis l'observation de M. de Brooke les cristaux d'analcime rouge de Haüy doivent être désignés sous le nom de sarcolite. On remarquera que dans la *fig.* 166, *pl.* 173, la petite facette $a_{1/5}$ ne se reproduit pas à droite et à gauche de b^1, en sorte qu'il existe une hémiédrie dans la sarcolite.

La cassure de ce minéral est conchoïdale et vitreuse, analogue à celle du quartz; son éclat est nacré ; il raye la chaux phosphatée. Sa pesanteur spécifique est de 25,45 ; il est fusible au chalumeau.

D'après une analyse que M. Scacchi a publiée dans son ouvrage intitulé *Quadria-cristallografici*, la sarcolite est composée de :

			Oxyg.	Rapp.
Silice....	42,11	101,97.	21,87	2
Alumine.	24,50		11,44	1
Chaux...	32,43		9,10	1
Soude..	2,93		0,72	

Ces résultats conduisent à la formule simple :

$$AlSi + (Ca, Na)\ Si,$$

la même que la formule du grenat; elle n'a, du reste, aucune analogie avec la composition de l'analcime et de la chabasie, minéraux avec lesquels on l'a confondue; la première contient 12 pour 100 de soude, la seconde 20 pour 100 d'eau. Elle diffère également des éléments de la humboldtilite. La différence que la cristallographie établit entre cette espèce et la sarcolite, est donc confirmée par l'étude de la composition.

LATROBITE.

Diploïte (Breithaupt).

M. de Brooke[1], qui a fait connaître cette espèce, l'a dédiée à M. le révérend C. J. Latrobe, qui l'a rapportée de l'île Amitok, près de la côte du Labrador; elle est associée avec du mica noir et de la chaux carbonatée laminaire. Les échantillons que j'ai examinés sont en masses lamelleuses amorphes. Je n'en connais pas de cristaux; la latrobite possède un clivage triple assez facile, qui conduit à adopter pour forme primitive un prisme oblique dans lequel P sur M = 98° 30', P sur T = 93° 30', et M sur T = 91°.

Elle raye le verre, mais elle est rayée par le feldspath. Sa cassure est lamellaire et inégale; son éclat est vitreux : elle est opaque et rougeâtre.

Exposée au chalumeau, dans des pinces de platine, elle se fond en émail blanc; avec le borax elle donne un globule de couleur améthyste pâle.

D'après les recherches de M. Gmelin[2] la latrobite est composée de :

		Oxyg.	Rapp.
Silice	44,633	22,18	5
Alumine	36,814	17,19	4
Chaux	8,281	2,32	
Potasse	6,575	1,11	1
Oxyde de manganèse	3,160	0,69	
Magnésie	0,628	0,24	
Eau	2,041		
	102,162		

Ces éléments conduiraient à la formule

$$4\text{Al}Si + (Ca, Mn, Ka)\,Si.$$

[1] *Annales de philosophie*, 2e série, t. X, p. 235.
[2] *Annales de Poggendorff*, t. III, p. 68.

RAPHILITE.

Ce minéral, qui provient des environs de Perth, dans le haut Canada, forme des masses aciculaires radiées, d'un gris verdâtre. Leur éclat soyeux leur donne une grande analogie avec la trémolite grisâtre ; ses aiguilles, quoique fines et complétement soudées ensemble, sont cependant discernables, et l'on peut même les séparer facilement. Lorsqu'elles sont isolées, on reconnaît avec une forte loupe que leur forme est rectangulaire; elles sont alors hyalines, et leur aspect est vitreux.

La dureté de la raphilite, un peu supérieure à celle de la chaux carbonatée, est de 3,5 ; sa pesanteur spécifique est de 28,50.

Au chalumeau, elle devient blanche et opaque, et les extrémités des aiguilles s'arrondissent, mais ne fondent pas en un globule. Avec le borax elle donne un verre transparent.

La composition de la raphilite est de :

		Oxyg.		
Silice	56,478		29,34	9 ?
Alumine	6,160		2,87	1
Chaux	14,750	4,14		
Protoxyde de fer	5,389	1,22		
— de manganèse	0,447	0,10	9,34	3.
Magnésie	5,451	2,10		
Potasse	10,533	1,78		
Eau	0,500			
	99,708			

Ces éléments sont approximativement représentés par la formule

$$Al\,Si^3 + 3\,(Ca,\ fe,\ K)\,Si^2.$$

Le nom de *raphilite*, donné à ce minéral par M. Thomson[1] qui l'a décrit, est emprunté à sa forme aciculaire ; il provient de ῥαφις, aiguille.

Analogies.—L'éclat soyeux, la couleur et la disposition aciculaire de la raphilite, lui donnent beaucoup d'analogie avec

[1] *Traité de minéralogie*, premier vol., p. 153.

la *trémolite grise*, l'*asbeste raide*, la *chaux carbonatée*, et la *chaux sulfatée* fibreuses. La presque infusibilité de la raphilite la distingue des deux premiers minéraux; sa dureté donne un moyen de la différencier des deux autres.

COUZERANITE.

M. de Charpentier[1] a désigné sous ce nom un minéral qui se présente avec quelque fréquence dans le calcaire de transition des Pyrénées ; il l'a recueilli pour la première fois dans la partie du département de l'Ariège, appelée anciennement le *Couzeran*. Ce géologue n'ayant donné qu'une description très-sommaire de la couzeranite[2], j'en ai fait connaître les caractères cristallographiques et chimiques dans un Mémoire particulier, inséré dans les *Annales de chimie et de physique*.

La couzeranite cristallise en prisme oblique rhomboïdal, dont les angles sont P sur M = 92 à 93, et M sur M = 96, *fig.* 167, *pl.* 173. Ces mesures ne sont qu'approximatives, les faces généralement peu lisses n'étant pas miroitantes. Les nombreux cristaux que j'ai vus, et provenant de localités très-diverses des Pyrénées, sont presque toujours simples; quelques-uns portent cependant une petite facette h', *fig.* 168, sur l'arête verticale obtuse. La couleur la plus générale est le gris noirâtre ; son intensité est en rapport avec la couleur du calcaire dans lequel on la trouve : gris clair dans les cristaux de la vallée de l'Ariège, ils sont presque entièrement noirs au pont de la Taule, dans la vallée de Seix, où le calcaire est fortement coloré en noir par du bitume. Il est donc probable que la couleur noire de la couzeranite n'est pas essentielle ; effectivement on trouve dans beaucoup de points des Pyrénées des cristaux d'un blanc laiteux, et d'un gris rougeâtre que l'on rapporte à la couzeranite ; mais ces cristaux paraissent altérés ; quelques-uns sont tendres, et même en partie désagrégés.

---

[1] *Essai sur la constitution géognostique des Pyrénées*, p. 224.

[2] *Annales de chimie et de physique*, t. XXVIII, p. 280.

La cassure des cristaux de couzeranite est difficilement lamelleuse parallèlement à la petite diagonale ; elle est conchoïde et inégale dans les autres sens. Son éclat assez vif est vitreux, un peu résinite ; elle est opaque ou simplement translucide dans les fragments minces.

La couzeranite raye le verre, mais non le quartz : sa pesanteur spécifique est de 26,90 ; elle est fusible au chalumeau en un émail blanc, analogue à celui que donne le feldspath; elle est inattaquable par les acides.

J'ai obtenu pour la composition de la couzeranite :

		Oxyg.	Rapp.
Silice.........	52,37	27,20	14
Alumine......	24,02	11,22	6
Chaux........	11,85	3,33	2
Magnésie.... .	1,40	0,54	
Potasse.......	5,52	0,94	1
Soude.........	3,96	1,01	
	99,12		

La formule qui se rapproche le plus de ces éléments est $6Al\dot{S}i + 2(Ca, Mg)\,\dot{S}i^3 + (K, Na)\,\dot{S}i^2$. Elle deviendrait beaucoup plus simple si l'on admettait 15 d'oxygène dans la silice au lieu de 14.

Analogies. — D'après ses caractères extérieurs, la couzeranite a quelque analogie avec la *macle* et le *pyroxène;* la cassure en est fort différente ; sa fusibilité en émail blanc ne permet de la confondre ni avec l'un, ni avec l'autre de ces minéraux.

M. de Brooke a proposé de réunir la couzeranite au feldspath : sa forme a effectivement quelque analogie avec les cristaux de feldspath composés des faces P , g^1 et $a^{3/2}$; mais il n'y existe pas d'angle droit; de plus la couzeranite ne possède qu'un clivage indistinct.

LVIe GENRE.

SILICATES ALUMINEUX HYDRATÉS

AVEC ALCALIS, CHAUX ET SES ISOMORPHES.

Ce genre présente un ensemble de minéraux remarquable par la similitude de leurs caractères ; tous hyalins ou d'un blanc laiteux, ils sont généralement peu durs, se laissent rayer par une pointe d'acier; leur pesanteur spécifique est comprise entre 19,5 et 27. Au chalumeau ils se comportent d'une manière analogue, donnent de l'eau par la calcination, enfin ils sont solubles dans les acides.

APOPHYLLITE.

Ichthyophtalme; Albine; Tesselite; Zéolite d'Hellesta.

Les premiers échantillons d'apophyllite ont été recueillis dans les roches amphiboliques d'Utoë en Suède; leur éclat nacré les avait fait désigner sous le nom d'*ichthyophtalme*, qui signifie *œil de poisson*, et fait allusion à cette propriété. Ce minéral a été retrouvé dans un grand nombre de localités ; mais il est surtout abondant aux îles de Faroë, de Naalsoë, et en Islande, où il est associé avec des roches volcaniques ; la variété qui provient d'Islande a été connue pendant longtemps sous le nom de *mésotype épointée*.

L'apophyllite se trouve en masses lamelleuses et en cristaux : sa forme primitive est un prisme à base carrée, *fig.* 169, *pl.* 174, dans lequel le rapport d'un côté à la hauteur est à peu près celui des nombres 9 : 11. Cette forme est très-fréquente aux îles Naalsoë et Faroë : les cristaux ont des dimensions presque égales, en sorte qu'ils paraissent cubiques ; leur éclat est très-nacré, surtout parallèlement à la base.

Les cristaux d'apophyllite portent tous un pointement a^1, placé sur les angles de la forme primitive ; souvent il est très-saillant, ainsi qu'on l'observe dans les *fig.* 170, 171, 173 et 174, qui appartiennent à des cristaux d'Islande, des îles Fâroë, de Fassa en Tyrol, et d'Andréasberg en Saxe.

Les *fig.* 175 et 176, qui représentent principalement des cristaux de Suède et de Finlande, portent comme les premiers le pointement a^1; seulement, au lieu d'être allongés, ils sont fortement aplatis, et offrent l'aspect de tables quelquefois assez larges. Les facettes a^1 n'y sont indiquées que par de petits triangles généralement fort brillants, qui offrent un contraste marqué avec les faces verticales chargées de stries parallèles aux arêtes H. Quelques cristaux portent aussi une bordure résultant des facettes b^1. Dans les cristaux de Fassa en Tyrol, il existe, en outre, une seconde bordure $b^{5/2}$; ils sont également en tables aplaties, *fig.* 177.

Les cristaux dans lesquels le pointement a^1 est complet sont rares, la face P existe sur le plus grand nombre ; souvent large et très-miroitante, elle est au moins presque toujours indiquée.

Dans les cristaux *fig.* 178 et 179, appartenant à la collection de M. Allan, et dont M. Descloizeaux m'a communiqué les dessins, il existe de petites facettes $a^{1/2}$ que je n'ai vues sur aucun échantillon.

L'apophyllite possède un clivage très-net parallèlement à la base, d'où il résulte que les cristaux se cassent avec facilité dans cette direction. Ce clivage est constamment indiqué par le phénomène des anneaux colorés. Il existe aussi des clivages faiblement marqués parallèlement au pointement a^1.

L'apophyllite jouit de la double réfraction à un axe, mais certains cristaux, notamment ceux de Naalsoë, et de l'île Fâroë, ont offert à M. Brewster des phénomènes particuliers qui avaient engagé ce célèbre physicien à la considérer comme ayant deux axes ; il avait même décrit cette variété sous le nom de *tessélite*, qui rappelle en partie les dessins sous forme de mosaïque qui se développent sous l'influence de la lumière polarisée. M. Biot a fait voir que ces phénomènes étaient le résultat du tissu lamellaire de l'apophyllite parallèlement aux faces a^1, et qu'ils rentraient dans ceux qu'il a désignés sous le nom de polarisation lamellaire. (Voir vol. 1er, p. 282.)

La cassure de l'apophyllite transversalement au clivage est inégale; sa couleur est le blanc, blanc grisâtre, bleuâtre ou rougeâtre ; elle est transparente ou au moins translucide. Une variété que Werner a désignée sous le nom d'*albine*, et qui provient de Marienberg en Bohême, est opaque ; elle est d'un blanc mat : cet état particulier de l'albine paraît être le résultat d'une altération assez profonde.

La dureté de l'apophyllite est de 4,5 ; elle raye la chaux fluatée, et elle est rayée par le feldspath ; sa pesanteur spécifique est de 23,35. Au chalumeau, sur le charbon, se fendille et s'exfolie ; à un feu vif, se boursoufle et fond, avec continuation du boursouflement, en un verre bulleux et incolore ; donne de l'eau par la calcination dans le tube ; soluble avec gelée dans les acides.

	De Färoë, dite tessélite, par Berzélius[1].	De Fassa, par Stromeyer[2].	De Disco,	D'Utoë, par Berzélius[1].	Oxyg.	Rapp.
Silice	52,58	51,86	51,86	52,90	27,48	30
Chaux	24,98	25,20	25,22	25,21	7,08	8
Potasse	5,37	5,14	5,31	5,27	0,89	1
Eau	16,20	16,04	16,90	16,00	14,22	16
Acide fluorique	0,64	»	»	0,82	»	»
	99,57	98,24	99,29	99,30		

Ces analyses presque identiques conduisent à la formule $8Ca\ddot{S}i^3 + KSi^6 + 16Aq$. On remarquera qu'il n'existe pas d'alumine dans l'apophyllite, je l'ai néanmoins réunie aux silicates alumineux, par suite de l'analogie de caractères qu'elle offre avec les minéraux qui constituent ce genre.

[1] *Jahresbericht*, t. III, p. 154.
[2] *Untersuchungen*. p. 286.

Angles principaux.

P sur M	= 90°.	M sur M	= 90°.
P sur a^1	= 120° 5′.	M sur a^1	= 128° 20′.
P sur h^2	= 90°.	M sur h^2	= 164°.
a^1 sur a^1	= 104° 18′.	P sur b^1	= 135° 51′.
P sur $a^{1/2}$	= 109° 41′.	P sur $b^{3/2}$	= 143° 57′.

Oxahvérite. — M. Brewster a désigné par ce nom de petits cristaux d'apophyllite d'un jaune pâle, qui ont été recueillis sur des bois pétrifiés par les sources d'Oxhaver en Islande. Ces cristaux, malgré l'imperfection de leurs faces, se rapportent cependant à la forme de l'apophyllite; l'analyse que M. Turner [1] en a donnée ne laisse aucun doute sur la réunion de l'oxhavérite à cette espèce. Ce gisement est remarquable, parce qu'il prouve que dans cette localité l'apophyllite est de formation actuelle.

Analogies. Gisement. —L'apophyllite se rapproche par sa forme, sa couleur blanche et sa dureté, de la *méionite*, la *mésotype* et la *stilbite;* la forme du pointement de l'apophyllite donne à ce minéral un caractère particulier ; mais ce qui le distingue surtout, c'est d'une part son éclat nacré, et de l'autre son clivage facile parallèlement à la base. La *heulandite* a également un éclat nacré très-prononcé, et, sous ce rapport, elle offre une certaine analogie avec l'apophyllite; mais sa forme en prisme oblique rhomboïdal ne peut laisser aucun doute, même pour les cristaux mal déterminés, parce qu'il en résulte que le clivage est oblique aux arêtes du prisme.

J'ai indiqué, au commencement de cet article, deux gisements de l'apophyllite, l'un dans les roches amphiboliques de la Suède et de la Finlande, l'autre dans les roches volcaniques de l'Islande. A Andréasberg, au Hartz, elle se trouve dans un filon de galène, associée à la stilbite ; on doit encore signaler sa présence dans le calcaire d'eau douce à fri-

[1] *Jahresbericht*, t. VIII, p. 200.

ganes des environs de Clermont en Auvergne ; dans ce singulier gisement elle est en petits cristaux bien nets de la variété *fig.* 170, tapissant les cavités des tubes mêmes de friganes, en sorte qu'elle doit avoir été formée postérieurement au dépôt de ce terrain tertiaire ; peut-être est-elle en relation avec les filons de basalte qui traversent le calcaire d'eau douce de cette localité.

MÉSOTYPE.

Zéolite radiée ; Zéolite en aiguilles ; Crocalite ; OEdelite ; Edélite ; Höganite ; Lehuntite ; Radiolite ; Nadelstein ; Natrolite.

La mésotype se trouve en cristaux blancs prismatiques, presque rectangulaires, en aiguilles, et en masses aciculaires radiées : la difficulté de mesurer l'angle du prisme avec exactitude jette un certain vague sur la cristallisation de cette espèce, et a donné lieu à des divisions plus ou moins certaines sous les noms de *mésotype*, *natrolite*, *scolézite* et *mésolite ;* l'identité de composition entre la mésotype et la natrolite a fait, depuis longtemps, abandonner la séparation de ces minéraux ; mais la différence de composition, du moins quant à la nature des éléments constitutifs que l'on observe entre les autres, a au contraire engagé la plupart des minéralogistes à les conserver.

L'étude des échantillons de la collection de M. Drée, qui renferme de belles suites de mésotype, de mésolite et de scolézite, me conduit à penser que ces trois espèces doivent être réunies en une seule, composant trois sous-divisions en rapport avec la nature des éléments ; dans ce cas :

La *mésotype* ou la *natrolite* serait la mésotype à soude représentée par la formule $3A\mathit{l}Si + NaSi^3 + 2Aq$.

La *mésolite* serait une mésotype à base de soude et de chaux, dont la formule serait $3A\mathit{l}Si + (Na,Ca)\,Si^3 + 3Aq$.

Enfin la *solézite* serait une mésotype calcaire, représentée par la formule $3A\mathit{l}Si + CaSi^3 + 3Aq$.

Les caractères extérieurs sont d'accord avec cette division ;

toutefois je dois signaler une légère différence dans la composition, qui consiste en ce que la mésotype proprement dite ne contient que deux atomes d'eau, tandis que la mésolite et la scolézite en renferment trois.

Mésotype. — Sa forme primitive est un prisme rhomboïdal droit, sous l'angle de 91° 20', *fig.* 180, *pl.* 175, dans lequel le rapport d'un des côtés de la base est à la hauteur à peu près comme les nombres 100 : 51.

La forme la plus habituelle est le prisme surmonté d'un pointement à quatre faces b^1, placé sur les arêtes, *fig.* 181, *pl.* 176 ; les cristaux du Puy-de-Marmant en Auvergne, que l'on peut regarder comme le type de cette espèce par leur netteté et leurs dimensions, affectent cette forme ; les faces du pointement sont très-brillantes et facilement mesurables ; les faces latérales sont chargées de stries verticales assez profondes, qui rendent, au contraire, la mesure de l'angle de ces faces très-difficile à obtenir exactement.

On trouve également au Puy-de-Marmant des cristaux, *fig.* 182, portant des modifications h^1, placées sur les arêtes latérales obtuses. M. Lévy cite en outre des modifications i dont la loi $(b'b^{1/20}g^{1/21})$ est très-compliquée ; je n'ai pas eu l'occasion d'étudier cette variété de mésotype, et le dessin que je donne, *fig.* 183, est emprunté à des cristaux de la collection Turner. Les cristaux de mésotype sont transparents ; ils jouissent de la double réfraction à deux axes ; leur éclat est vitreux : il existe des clivages difficiles parallèles aux faces M, mais la cassure est généralement conchoïde et inégale. Elle raye la chaux carbonatée ; sa pesanteur spécifique est 22, 49. Au chalumeau, elle est fusible avec bouillonnement en un émail spongieux. Soluble en gelée dans l'acide nitrique.

Les cristaux de mésotype sont quelquefois groupés d'une manière irrégulière, mais le plus ordinairement ils forment des masses divergentes dans lesquelles les extrémités libres des aiguilles portent le pointement quadruple ; les autres sont soudés ensemble et donnent lieu à des masses *bacillaires*.

ainsi qu'on l'observe dans les échantillons de Fassa en Tyrol ; quand les aiguilles ont de faibles dimensions, la mésotype devient *aciculaire*, *fibreuse radiée*, et même *capillaire;* la mésotype du Groënland, celle de Aussig en Bohême, et la natrolite de Hohentwiel appartiennent à cette dernière variété.

La **radiolite** de Brevig en Norwège, décrite par M. Hünefeld[1], appelée plus tard **Brevicite** [2] par Berzélius, est une mésotype, ainsi qu'il résulte de l'analyse, n° III.

Lehuntite. — M. Thomson a donné ce nom à un minéral qui tapisse les cavités d'une amygdaloïde de Glen-Arm, dans le comté d'Antrim, qui rentre également par sa composition dans la mésotype : on pourrait le désigner sous le nom de mésotype compacte ; il est d'un rouge de chair ; sa cassure est grenue, et son éclat nacré ; il raye la chaux carbonatée ; sa pesanteur spécifique est 21,53.

Natrolite. — Haüy a donné ce nom à une variété de mésotype d'un jaune brunâtre, qui présente une structure globuliforme fibreuse, radiée ; sa composition est exactement la même que celle de la mésotype d'Auvergne ; les mamelons sont, en outre, quelquefois enveloppés d'une couche blanche de la même substance, qui, en même temps qu'elle est plus pure, ainsi que l'indique sa couleur, est cristalline ; les extrémités des aiguilles portent alors le même pointement que la mésotype, en sorte que la réunion de ces deux variétés est complète.

Quoique la natrolite soit assez tendre, elle est cependant susceptible d'un beau poli ; on la taille dans le pays sous forme de plaques pour objets d'ornement ; on observe alors d'une manière très-nette la succession des zones dont elle est composée, ainsi que son tissu aciculaire radié.

Le nom de *natrolite* est appliqué par quelques minéralogistes, et notamment par M. Haidinger, à l'espèce mésotype prise dans son ensemble, à cause de la forte proportion de soude qui la caractérise.

---

[1] *Jahr. der chemie.* t. XXII, p. 361.

[2] *Annales de Poggendorff.* t. XXIII, p. 112.

	I. Mésotype d'Auvergne, par Fuchs[1].	II. Natrolite de Högau, par Klaproth[2].	III. Radiolite de Brevig, par Hünefeld[3].	IV. De Färoë, par Smithson[4].	Oxyg.	Rapp.
Silice	48,17	48,00	41,88	49,0	25,45	6
Alumine	26,51	24,25	23,79	27,0	12,61	3
Peroxyde de fer	»	1,75	»	»	»	
Soude	16,12	16,50	14,07	17,0	4,35	1
Eau	9,17	9,00	10,00	9,6	8,45	2
	99,16	99,50	89,74	102,6		

Gisement. — La mésotype appartient essentiellement aux terrains volcaniques ; en Auvergne, en Irlande, dans les Hébrides, en Islande, etc., elle constitue des noyaux plus ou moins volumineux dans les roches basaltiques et dans les tufs qui leur sont associés.

Mésolite. — On retrouve dans la mésolite les mêmes variétés que dans la mésotype, savoir, des cristaux groupés sous forme *bacillaire*, dont les extrémités libres portent un pointement à quatre faces ; des masses *aciculaires radiées*, passant à la structure *capillaire ;* enfin quelques-unes sont *globuliformes* et *radiées*. Les échantillons les mieux caractérisés proviennent d'Islande ; ils constituent des masses aciculaires plutôt que bacillaires ; leur éclat est moins vif que pour la mésotype, leur couleur est un blanc grisâtre sale, surtout à l'extrémité des cristaux.

La forme primitive de la mésolite est un prisme rhomboïdal droit de 91° 22′, *fig.* 185, *pl.* 176, dont les dimensions sont B : H :: 50 : 26, presque identique avec la mésotype que l'on a vu être de 91° 20′. Ces angles, que j'emprunte à M. Lévy, sont très-rapprochés des mesures données par M. G. Rose ; du reste j'établirai dans quelques lignes une comparaison qui fera ressortir le rapprochement que je viens d'indiquer.

[1] *Journal de Schweigger*, t. VIII, p. 353.
[2] *Beitrage*, t. V, p. 44.
[3] *Journal de Schweigger*, t. LII, p. 361.
[4] *Minéralogie de Beudant*, t. II, p. 59.

Les cristaux les plus habituels sont également, *fig.* 186, la forme primitive surmontée du pointement à quatre faces b^1 ; on trouve en outre des prismes à six faces, *fig.* 187, *pl.* 177, donnés par des modifications g^1 placées sur les arêtes aiguës.

D'après les observations de M. Haidinger et de M. G. Rose [1], les cristaux de mésolite sont le plus ordinairement maclés parallèlement au plan h^1 ; cette macle est indiquée par un angle légèrement rentrant sur les faces du pointement, de 178° 28′; elle est surtout rendue visible par une raie penniforme qui divise la face g^1 en deux, ou pour mieux dire qui marque la réunion des faces g^1 et g' appartenant aux deux cristaux élémentaires; les *fig.* 188, 189, 190 et 191, qui m'ont été communiquées par M. Descloizeaux, montrent cette disposition; les plans que j'ai joints à deux de ces cristaux indiquent la composition du sommet. Dans les deux dernières variétés il existe plusieurs modifications que l'on ne connaît pas dans la mésotype proprement dite; ces modifications sont quelquefois très-nettes, et, d'après les mesures données par Phillips, elles seraient représentées par la loi $b^{1/3}$; les *fig.* 190 et 191 représentent des cristaux de mésolite de la collection de M. Allan, appartenant maintenant à M. Robert Greg, de Norcliff-Hall.

La mésolite possède des clivages indistincts suivant les faces M; elle raye la chaux fluatée; sa pesanteur spécifique est de 22,50; au chalumeau elle devient opaque, se boursoufle et fond ensuite en un verre bulleux et incolore. Soluble avec gelée dans les acides.

---

[1] M. G. Rose a désigné, sous le nom de *mésotype*, la mésolite d'Islande (*Annales de Poggendorff*, 1843, p. 424).

	Mésolite d'Islande, par Fuchs[1].	De Hauenstein, par Freissmüth[2].	De Färoë, par Berzélius[3].	Cristallisée en aiguilles d'Islande, par *idem*.[4].	Oxyg.	Rapp.
Silice........	47,46	44,56	46,80	47,00	24,42	6
Alumine......	25,35	27,56	26,50	26,13	12,20	3
Chaux........	10,04	7,09	9,87	9,35	2,62	1
Soude.........	4,87	7,69	5,40	5,47	1,39	
Eau..........	12,41	14,12	12,30	12,25	10,89	3
	100,13	101,02	100,87	100,20		

Les relations atomiques qui résultent de ces éléments conduisent à la formule que j'ai indiquée ci-dessus $3A/Si + (Ca, Na) Si^3 + 3Aq$. On remarquera que les proportions de chaux et de soude sont variables, et que ces deux corps se remplacent l'un l'autre; lorsque ce remplacement est complet, la mésolite devient de la scolézite, que je vais décrire dans quelques lignes.

Harringtonite. — M. Thomson a donné ce nom à une mésolite formant des noyaux dans une amygdaloïde du nord de l'Irlande; elle est d'un blanc de neige; sa texture est compacte et terreuse; sa pesanteur spécifique est 22,17 : la composition que je transcrirai ci-après est fort analogue à celle de la mésolite d'Irlande donnée par Fuchs.

Cluthalite. Ce minéral, décrit également par M. Thomson, me paraît appartenir aussi à la mésolite; seulement, dans la cluthalite c'est le protoxyde de fer et la magnésie qui se substituent à la chaux. Il provient des montagnes au nord de Kilpatrick, près de Dumbarton; son nom est emprunté à la vallée de la Clyde, désignée anciennement par celui de Clutha.

La cluthalite forme des noyaux dans une amygdaloïde; la structure de ces noyaux, dont les dimensions atteignent de 4 à 6 centimètres, est fibreuse aciculaire; on y distingue des prismes qui paraissent rectangulaires. Ce minéral est d'un rouge de

---

[1] *Journal de Schweigger*, t. XVIII, p. 1.
[2] *Handworterbuch von Rammebsberg*, t. I, p. 419.
[3] et [4] *Jahresbericht*, t. III, p. 147.

chair. Sa pesanteur spécifique est 21,66 ; son éclat est vitreux.

Poonahlite. — On doit encore citer ici le minéral auquel Gmelin[1] a donné ce nom ; son aspect est semblable à celui de la mésotype ; il est en masses fibreuses rayonnées, blanches à éclat nacré, adhérentes à de beaux cristaux verdâtres d'apophyllite, et forment conjointement avec ce minéral de volumineux rognons dans une amygdaloïde de Poonah, ou mieux Punah dans les Indes Orientales ; la seule différence, d'après Broocke, entre la poonahlite et la mésotype, c'est que l'angle des faces MM, au lieu d'être compris entre 91° à 91° 38, serait de 92°. Les fibres ou baguettes sont rarement terminées.

La composition de la Poonahlite confirme sa réunion avec la mésotype.

Mésole. — On désigne généralement par ce nom des globules qui ont une structure lamelliforme, mais cependant radiés du centre à la circonférence. Leur couleur est un blanc grisâtre, quelquefois avec une teinte jaunâtre ; leur éclat est soyeux ou nacré ; ils se trouvent à Naalsoë, tapissant les cavités d'une amygdaloïde et associés avec de la chabasie. Les caractères extérieurs de ces globules les rapprochent de la stilbite, surtout de la variété désignée sous le nom de *sphérostilbite*, mais leur composition est presque identique avec la mésolite ; je crois en conséquence qu'on doit réunir la mésole à cette variété de mésotype.

	Harringtonite[2], par M. Thomson.	Cluthalite[3], par M. Thomson.	Mésole de Suède, par Hisinger[4].	Mésole de Faroë, par Hisinger[4].	Poonahlite, par G. Gmelin[1].	Oxyg.	
Silice	44,96	51,27	42,17	42,60	45,12	23,44	6
Alumine	26,85	23,56	27,80	28,00	30,45	14,22	3
Chaux	11,01	1,23	9,09	11,43	10,20	2,86	
Protox. de fer	0,88	Magn. 7,31	Potasse »	»	»	»	1
Soude	5,66	5,13	10,19	5,63	0,66	0,11	
Eau	10,28	10,56	11,77	12,70	13,39	11,90	3
	99,54	99,06	100,15	100,36	99,82		

[1] *Annales de Poggendorff*, t. XLIX, p. 538.
[2] *Éléments de minéralogie*, t. Ier, p. 329. — [3] *Idem*, p. 333.
[4] *Edinburg philos. journ.*, t. VII, p. 7.

La mésolite d'Islande est électrique par la chaleur, tandis que la mésolite de la plupart des autres localités ne l'est pas ; cette circonstance la rapproche de la scolézite.

Antrimolite. M. Thomson a donné ce nom à un minéral trouvé sur la côte nord de la côte d'Antrim en Irlande, qui se rapporte par ses caractères extérieurs à la mésolite; il s'en rapproche également par la composition, cependant il contient un peu plus d'eau, et la soude y serait remplacée par de la potasse. Il consiste en stalactites, ayant environ la longueur et l'épaisseur d'un doigt, adhérentes au sommet des cavités d'une roche amygdaloïde; au centre de chaque stalactite est un cristal de chaux carbonatée.

L'antrimolite est blanche ; elle se compose de fibres qui divergent du centre, et qui étant soudées ensemble ont un éclat soyeux ; à la loupe, on remarque que les fibres ont une forme quadrangulaire ; la dureté de l'antrimolite est de 3,75, et sa pesanteur spécifique de 20,96. Elle donne par la calcination de l'eau acidulée ; au chalumeau on obtient un émail blanc; se dissout dans l'acide nitrique avec gelée.

M. Thomson [1] a trouvé pour la composition de ce minéral :

		Oxygène.	
Silice..........	43,470	22,58	8
Alumine.......	30,260	14,13	5
Chaux.........	7,500	2,10	1
Potasse........	4,100	0,69	
Protoxyde de fer	0,190	»	
Chlore.........	0,098	»	
Eau...........	15,320	13,62	5
	100,938		

Ces éléments conduisent à la formule :

$$5Al\dot{S}i + (Ca, K)\,Si^3 + 5Aq.$$

Scolézite. — Ce nom, qui provient de σχωλης *cheveux*, rappelle que le minéral qui le porte est principalement en masses

[1] *Traité de minéralogie*, t. Ier, p. 326.

aciculaires radiées, souvent même en masses *capillaires*, également radiées; dans ce cas les fibres sont soudées ensemble, et l'éclat est nacré; mais il existe en outre des échantillons dans lesquels les aiguilles ont des dimensions assez considérables, dont la texture est *bacillaire radiée:* les aiguilles qui les constituent sont souvent terminées à leur extrémité libre par un pointement à quatre faces b^1, placé sur les arêtes, et entièrement analogue à celui de la mésotype. La forme primitive de la scolézite est du reste la même que celle de la mésotype, c'est un prisme rhomboïdal, qui d'après Fuchs est de 91° 20′.

Dans les masses bacillaires, l'éclat vitreux est plus marqué dans la scolézite que dans la mésotype et la mésolite. Elle raye la chaux fluatée; sa pesanteur spécifique est de 22,14 à 22,7. Difficilement fusible en un verre bulleux, elle donne de l'eau par la calcination; elle est soluble en gelée par les acides.

La scolézite est électrique par la chaleur. Elle possède un axe d'électricité qui se confond avec l'axe du cristal. L'extrémité libre et divergente est le pôle antilogue, tandis que l'extrémité engagée et convergente est le pôle analogue.

Lorsque les cristaux de scolézite sont maclés, les deux extrémités qui ont des pôles opposés sont réunies, et il n'y a pas alors développement d'électricité; mais si on enlève par le polissage l'un des cristaux qui forment la macle, l'autre est toujours électrique; j'ai emprunté l'indication de cette jolie expérience au Mémoire que MM. Riess et G. Rose ont publié sur les propriétés pyro-électriques des minéraux.

Haüy avait remarqué que certains cristaux de mésotype devenaient électriques par la chaleur, tandis que d'autres n'acquéraient pas cette propriété; je viens d'indiquer qu'il en est de même pour les cristaux de mésolyte; la scolézite paraît au contraire être constamment pyro-électrique. Il existe donc sous le rapport physique une différence essentielle qui conduirait à faire deux espèces sous les noms de *mésotype* et de *scolézite;* la composition chimique appuierait cette division, la mésotype étant à base de soude, et la scolézite à base de chaux; dans ce cas la mésolite serait répartie entre ces deux divisions, et la distinction aurait lieu par l'étude de l'électricité; malheureusement elle est fort difficile à faire pour ce genre de corps.

Malgré cette différence essentielle, je crois qu'il est préférable de réunir ces minéraux en une seule espèce avec des sous-divisions ainsi que je l'ai proposé; le tableau suivant, dans lequel j'ai comparé leurs angles, montre le peu de différence cristallographique qui existe entre eux, et la difficulté de l'observer.

	Mésotype. Lévy.	Mésolite. Lévy.	Mésolite. Rose.	Scolézite. Rose.
P sur M	= 90°.	90°.	90°.	90°
M sur M	= 91° 20′.	91° 22′.	91° 05′.	91° 22′.
M sur h^1	= 135° 35′.	»	»	»
M sur g^1	= »	134° 19′.	134° 13′.	
M sur b^1	= 116° 56′.	117° 10′.	116° 27′.	
b^1 sur b^1	= 143° 2′.	142° 47′.	143° 29′.	143° 33′.
b^1 sur b^1	= 142° 15′.	141° 52′.	141° 56′.	142° 40′.

M sur $(b^1 b^{1/20} g^{1/21})$ = 154° 10′; b^1 $b^{1/20}$: $g^{1/21}$ = 146° 21′; b^1—$(b^1$ $b^{1/20}$ $g^{1/21})$ = 178° 20′.

Angles de la mésolite donnés par Phillips.

M sur $b^{1/8}$ = 147°.	b^1 sur $b^{1/5}$ = 150° 10′.	$b^{1/5}$ sur $b^{1/5}$ = 108° 16′.
P sur a^2 = 159° 51′.	M sur a^2 = 103° 56′.	b^1 sur a^2 = 161° 24′.
P sur h^3 = 90°.	M sur h^4 = 161° 42′.	

Les analyses suivantes établissent la composition de la scolézite.

	De Staffa, par Fuchs [1].	D'Islande, par *id.*[2].	D'Auvergne, par Guillemin [3].	De Faroë, par Fuchs [4].	Oxyg.	Rapp.
Silice......	46,75	48,94	49,0	46,19	24,00	6
Alumine...	24,82	25,98	26,5	25,88	12,08	3
Chaux......	14,20	10,44	15,3	13,86	3,89 }	1
Soude......	0,39	»	»	0,48	0,13 }	
Eau........	13,64	13,90	9,0	13,62	12,12	3
	99,80	99,26	99,8	100,03		

[1], [2] et [4] *Journal de Schweigger*, t. VIII, p. 353.

[3] *Annales des mines*, t. XII, deuxième série, p. 8.

La formule qui résulte de ces éléments est $3AlSi + CaSi^3 + 3Aq$, que j'ai indiquée au commencement de cet article; la scolézite d'Auvergne contient moins d'eau, et sous ce rapport elle est complétement identique avec la mésotype.

Gisement. — La scolézite appartient presque exclusivement aux terrains volcaniques; celles d'Islande, de l'île de Fāroë, sont en noyaux dans des amygdaloïdes qui se rattachent au trapp, ou peut-être au basalte; les scolézites du Vivarais, des environs de Clermont, de Fassa en Tyrol, constituent des nodules dans les tufs basaltiques. Mais on doit faire une exception pour la scolézite de Pargas en Finlande, qui paraît être dans le même calcaire saccharoïde qui renferme la parenthine.

Analogies. — La *mésotype*, la *mésolite* et la *scolézite* offrent, d'après la description que je viens de donner, une identité complète; toutefois on peut les distinguer par l'éclat; mais le caractère le plus certain consiste dans la recherche de la chaux, recherche toujours très-simple, puisque ces minéraux sont solubles dans les acides; la mésotype n'en contient pas et se distingue immédiatement; pour les deux autres il faut doser la chaux. On peut encore comparer les minéraux qui nous occupent avec l'*apophyllite* et la *stilbite*, lorsqu'ils sont cristallisés; avec l'*arragonite* et la *préhnite*, quand ils offrent la texture fibreuse radiée : l'apophyllite a un éclat nacré fort remarquable, ainsi qu'un clivage très-prononcé parallèlement à P; la stilbite possède un clivage vertical dans le sens de g^1, tellement facile que les cristaux semblent composés de petites lames placées les unes à côté des autres.

L'arragonite est soluble avec effervescence dans les acides; enfin la préhnite raye le verre, et sa pesanteur spécifique est plus grande dans le rapport de 9 : 7.

STILBITE.

Zéolite nacrée, feuilletée, Desmine; Hypostilbite; Sphérostilbite; Strahlzéolithe.

La stilbite est en cristaux, en lamelles cristallines formant des tables extrêmement minces, et en masses mamelonnées à structure fibreuse radiée; sa forme primitive est un prisme rhomboïdal droit, *fig.* 192, *pl.* 177, sous l'angle de 94° 11', dans lequel le rapport de B à H est à peu près celui des nombres 100 : 111. On rencontre rarement des cristaux affectant la forme primitive, cependant l'Ecole des mines en possède un échantillon que M. Delesse a décrit et dont il a donné l'analyse. Les cristaux ordinaires sont des prismes à six faces très-aplatis, M, M et g^1, *fig.* 193, *pl.* 178, surmontés d'un pointement à quatre faces b^1, placé sur les arêtes. Assez fréquemment ce pointement porte sur son sommet une petite face brillante P, *fig.* 194. Quelques cristaux de Färoë ont en outre de petites facettes h^1, *fig.* 195, placées sur l'arête de devant. La stilbite possède un clivage tellement facile suivant la modification g^1, que les cristaux qui ont une certaine épaisseur paraissent formés de plaques minces appliquées les unes sur les autres suivant cette face. Ce caractère se reproduit même sur le pointement qui est mat et rugueux, par suite des traces que produisent les petites plaques. Les cristaux qui présentent cette disposition sont désignés sous le nom de *flabelliforme*, ou en *éventail.*

Les principaux angles sont :

M sur M = 94° 11'. M sur h^1 = 137° 6'. b^1 sur b^1 = 114°.
M sur g^1 = 132° 55'. M sur b^1 = 138° 3'. b^1 sur b^1 = 119° 50'.
P sur b^1 = 131° 59'.

L'éclat de la stilbite est nacré suivant les faces g^1, un peu vitreux dans les cassures transversales, lesquelles sont du reste fort difficiles à obtenir par suite de la facilité du clivage.

La couleur de la stilbite est le plus ordinairement un blanc laiteux, quelquefois sale et jaunâtre; certains échantillons sont bruns; il en existe une variété rouge, à l'île d'Egroë en Finlande; le plus grand nombre des cristaux de stilbite rouge de Kilpatrick en Ecosse appartiennent à la heulandite; toutefois, il existe de la véritable stilbite rouge dans cette localité; les cristaux en sont assez volumineux, ils sont facilement reconnaissables au pointement à quatre faces.

La dureté de la stilbite est de 3,5; elle raye la chaux carbonatée, et elle est rayée par la chaux phosphatée; sa pesanteur spécifique est de 21,60; au chalumeau, sur le charbon, se boursoufle en commençant à fondre, et donne un verre bulleux et incolore; soluble dans les acides, en y faisant difficilement gelée.

	De Naalsoë, par Retzius [1].	Loc. inconnue, par Delesse [2].	De Vagoë, par Duménil [3].	Desmine, par Mohs [4].	De Rodefjords, par Hisinger [5].	Oxyg.	Rapp.
Silice.....	56,08	50,5	56,50	56,93	58,00	30,13	12
Alumine..	17,22	16,7	16,50	16,34	16,10	7,52	3
Chaux.....	6,95	6,5	8,48	7,55	9,20	2,58	1
Soude	2,17	pot. 3,0	1,50	1,74	»	»	
Eau......	18,35	18,8	18,50	17,79	17,40	15,47	6
	100,77	100,0	101,48	100,55	100,70		

Les analyses donnent pour la formule qui représente la composition de la stilbite $3AlSi^3 + CaSi^3 + 6Aq$; on remarquera que la *desmine* de Mohs, dont l'analyse est la quatrième dans le tableau qui précède, offre exactement la même composition que la stilbite cristallisée, et ne peut être séparée de cette espèce; elle provient de Färoë.

Analogies. — La *stilbite* a quelque ressemblance par sa forme avec la *mésotype*, mais son éclat nacré et son clivage facile suivant la modification g^1, sont deux caractères de distinction très-prononcés; les lames minces de stilbite formant des

---

[1] *Jahresbericht*, t. IV, p. 153. — [2] *Thèse de minéralogie*, p. 15.
[3] *Annales de Poggendorff*, t. LV, p. 107. — [4] *Ebendas*, t. XXIII, p. 63.
[5] *Dessen chem. Analysen, etc.*, 1823. Bd. I, § 63.

espèces de tables, offrent beaucoup d'analogie avec la *chaux sulfatée*, le *silicate de zinc*, et *l'antimoine oxydé*, également en petites tables. Ce dernier minéral possède des clivages rectangulaires qui le distinguent ; j'ajouterai qu'il est constamment adhérent à de la galène ; au chalumeau, sur le charbon, il se réduit et donne des fumées blanches accompagnées d'une odeur antimoniale. La chaux sulfatée, et le silicate de zinc sont infusibles au chalumeau ; le premier est en outre très-tendre et s'écrase sous la simple pression de l'ongle.

Gisement. —La stilbite se trouve principalement avec les roches volcaniques anciennes, et partage en Islande les gisements de la mésotype ; elle existe surtout avec abondance sur les rhomboèdres de chaux carbonatée transparente désignée sous le nom de spath d'Islande ; on la rencontre en outre dans des filons de plomb, à Arendal en Norwège, et à Andréasberg au Hartz ; dans les montagnes de l'Oisans, elle tapisse de petits filons dans le gneiss, et on l'a trouvée au Saint-Gothard, en recouvrement sur les cristaux d'adulaire.

Sphérostilbite. — M. Beudant a désigné sous ce nom une variété de stilbite, en globules à structure fibreuse radiée, blancs, d'un éclat nacré, et très-brillants; dans la cassure la sphérostilbite est fusible avec exfoliation et boursouflement ; soluble en gelée dans les acides ; sa pesanteur spécifique est 23,10, un peu supérieure à celle de la stilbite, mais la composition en est identique.

Hypostilbite. — La différence entre ce minéral et le précédent consiste en ce que les globules qui constituent l'hypostilbite sont mats ou peu éclatants, que les fibres qui la composent sont très-fines, en sorte que leur cassure est sans éclat, et passe à la texture compacte; du reste sa pesanteur spécifique, 21,40, est identique à celle de la stilbite ; il en est de même des caractères chimiques. La seule différence consiste dans la proportion de silice qui est un peu moindre, ainsi qu'on l'observera dans les analyses que je vais transcrire ; mais cette différence ne me paraît pas de nature à amener une division quand tous les caractères extérieurs et chimiques sont les mêmes.

	Hypostilbite de Fāroë, par Beudant [1].	Hypostilbite de Dalsnypen, par Duménil [2].	Sphérostilbite de Fāroë, par Beudant [1].	Sphérostilbite de Dalsnypen, par Duménil [2].	Oxyg.	Rapp.
Silice.........	52,43	52,25	55,91	56,50	29,35	12
Alumine......	18,32	18,75	16,61	16,50	7,71	3
Chaux.........	8,10	7,36	9,03	8,23	2,31	1
Soude.........	2,41	2,39	0,68	1,58	0,27	
Eau...........	18,70	18,75	17,84	18,30	16,27	6

La formule qui résulte des éléments de la sphérostilbite de Fāroë est $3AlSi^5 + CaSi^3 + 6Aq$, la même que pour la stilbite.

L'hypostilbite et la sphérostilbite se trouvent associées à la stilbite dans les amygdaloïdes de Fāroë, de Vagoë, Näaljsoë, etc.

HEULANDITE.

Cette espèce est un démembrement de la stilbite de Haüy; elle se compose principalement des cristaux de stilbite qu'il avait désignés sous le nom d'*anamorphique* et de *octoduodécimale*. M. Brooke, auquel nous en devons la description, l'a dédiée à M. Heuland, qui a si puissamment contribué à l'avancement de la minéralogie.

La heulandite est presque constamment en cristaux nets et bien déterminables; on en possède cependant des échantillons laminaires provenant d'Ecosse. Son éclat nacré sur la face de clivage lui communique un caractère particulier qui la fait reconnaître à la première vue. Sa couleur la plus fréquente est le blanc de neige; les échantillons de Kilpatrick et de plusieurs autres localités d'Ecosse sont d'un rouge de chair : les cristaux sont fortement translucides, quelquefois complétement transparents. Sa dureté, 3,5, est analogue à

[1] *Traité de minéralogie*, t. II, p. 119 et 120.

[2] *Dessen chem. analysen, etc.*, 1823, Bd, I, § 63.

celle de la stilbite; sa pesanteur spécifique est 21,95 à 22. Exposée au chalumeau, la heulandite se fond avec bouillonnement et phosphorescence en un globule blanc et opaque; elle donne de l'eau par la calcination; elle ne forme pas gelée avec les acides.

La forme primitive de la heulandite est un prisme rhomboïdal oblique, *fig.* 196, *pl.* 178, dans lequel l'incidence des faces latérales est de 97° 39′; l'inclinaison de la base sur chacune d'elles, de 108° 1′, et le rapport entre un des côtés de la base et la hauteur à peu près celui des nombres 1,000 et 588; il existe un clivage très-facile parallèlement à la modification g^1; il est légèrement courbe.

Les cristaux sont généralement formés par les faces P, g^1 et a^1, ainsi qu'on le voit dans les *fig.* 197, à 200; les faces M sont assez rares; néanmoins l'Ecole des mines possède des cristaux de Fåroë, ainsi que de la stilbite rouge de Fassa en Tyrol, sur lesquels elles existent[1]. Elles sont représentées par de petites facettes, *fig.* 197 et 198, *pl.* 178 et 200, *pl.* 179, reconnaissables parce que leurs arêtes d'intersection avec g^1 et h^1 sont parallèles et verticales; quelques-uns de ces cristaux ont 4 à 5 millimètres de long; ils sont toujours aplatis et semblent des tables, dont la base serait la face large g^1; les cristaux sont presque toujours réunis par cette face large, et présentent la disposition flabelliforme qu'on remarque dans la préhnite.

Les analyses suivantes font connaître la composition de la heulandite.

---

[1] Dans les figures de Haüy, la face M de la stilbite représente g^1 de la heulandite, *s*, = P; T = h^1; *z* = b^1.

	Thomson [1].	Rammelsberg [2].	Walmstedt [3].	Oxyg.	Rapp.
Silice.......	59,145	58,2	60,07	31,21	15
Alumine....	17,920	17,6	17,08	8,97	4
Chaux......	7,652	7,2	7,13	2,00 }	1
Oxyde de fer.	»	»	0,20	0,05 }	
Eau.........	15,400	16,0	15,10	13,32	6
	100,117	99,0	99,58		

Ces éléments conduisent à la formule $4Al\ddot{S}i^3 + Ca\ddot{S}i^3 + 6Aq$; l'analyse de Rammelsberg contient un peu plus d'eau, elle serait plus exactement représentée par la formule $4Al\ddot{S}i^3 + Ca\ddot{S}i^3 + 7Aq$.

Depuis la rédaction de cet article, M. Damour a présenté à l'Académie des sciences[4] un Mémoire sur la composition de la heulandite; les résultats qu'il a obtenus se rapprochent de ceux que je viens de transcrire ci-dessus; toutefois ils en diffèrent par la présence de la soude et de la potasse que Thomson, Rammelsberg et Walmstedt n'avaient sans doute pas recherchées; ses analyses lui ont en outre donné un peu moins d'eau, ce qui tient à ce que M. Damour a été conduit à admettre que la heulandite contient environ 1 pour 100 d'eau à l'état hydroscopique, quantité qu'elle perd sous un appareil pneumatique, et qu'elle reprend par son exposition dans l'air humide.

Ces différences, quoique légères, conduisent M. Damour à adopter une formule différente de celle qui résulte des analyses de Rammelsberg et de Walmstedt, ce qui m'engage à les indiquer; elles lui ont donné :

---

1 *Traité de minéralogie*, t. I, p. 347.
2 *Handwörterbuch der mineralogie*, t. I, p. 302.
3 *Edinburg, philos. journ.*, t. VII, p. 10.
4 *Comptes-rendus de l'Académie des sciences*, t. XXII, p. 926, 1846.

	I.		Oxyg.	Rapp.	II.		Oxyg.	
Silice......	59,64		30,98	12	60,07		31,20	12
Alumine...	16,33		7,63	3	15,96		7,45	3
Chaux......	7,44	2,07			7,67	2,15		
Soude......	1,16	0 29	2,51	1	1,15	0,29	2,54	1
Potasse....	0,74	0,13			0,60	0,10		
Eau........	14,33		12,74	5	14.33		12,74	5
	99,64				100,30			

Les rapports qui existent entre l'oxygène des éléments de la heulandite peuvent donc être représentés par la formule

$$3AlSi^3 + (Ca, Na, K) Si^3 + 5Aq.$$

M. Damour fait remarquer que la composition de la heulandite est alors identique avec celle que M. G. Rose et M. Beudant ont obtenue pour l'épistilbite. Elle ne diffère de la stilbite que par la proportion d'eau; M. Damour se croit autorisé, d'après ces faits, à réunir un certain nombre de zéolithes en un groupe dont les principes constituants présenteraient les rapports :

$$\dot{B} : \dddot{Al} : \dddot{Si} : : 1 : 3 : 12.$$

Le tableau suivant indique le rapprochement fait par M. Damour.

	$(\dot{B})$		$(\dddot{Al})$		$(\dddot{Si})$		$\dot{H}$	
Stilbite..........	1	:	3	:	12	:	6;	$\dot{B}=\dot{C}a$
Harmotome........	1	:	3	:	12	:	6;	$\dot{B}=\dot{B}a$.
Heulandite.......	1	:	3	:	12	:	5;	$\dot{B}=(\dot{C}a, \dot{N}a, K)$.
Epistilbite.......	1	:	3	:	12	:	5;	$\dot{B}=(\dot{C}a, \dot{N}a)$.
Brewstérite.......	1	:	3	:	12	:	5;	$\dot{B}=(\dot{S}r, \dot{B}a)$.
Zéolith. d'Ædelfors	1	:	3	:	12	:	4;	$\dot{B}=\dot{C}a$.

Dans chacune de ces espèces le rapport 1 : 3 : 12 entre les bases et la silice reste constant; la quantité d'eau seule varie.

La réunion de l'harmotome à ce groupe résulte des analyses de M. Damour que nous donnerons à la description de cette espèce.

Ædelforsite. — *La zéolite* rouge d'Ædelfors, décrite par quelques personnes sous le nom d'*ædelforsite*, a été souvent placée à la suite de la chabasie ; l'analyse suivante, due à Retzius [1], la rapproche de la heulandite.

		Oxyg.	Rapp.
Silice	60,28	31,34	12
Alumine	15,42	7,20	3
Chaux	8,18	2,29	1
Eau	11,07	9,29	4
Oxyde de fer	4,16		
Magnésie et mangan.	0,42		
	99,53		

Gisement. — La heulandite appartient spécialement aux terrains volcaniques ; en Islande, à l'île de Faroë, elle forme des géodes, ou des noyaux, soit dans les basaltes, soit dans les tufs qui leur sont associés ; à Fassa en Tyrol, à Kilpatrick en Ecosse, on la trouve dans des amygdaloïdes. M. Lévy la cite au Saint-Gothard en recouvrement sur des cristaux de chaux carbonatée.

Angles principaux.

P sur M	= 108° 1'.	M sur M = 97° 39'.
P sur g^1	= 90°.	M sur g^1 = 131° 11'.
P sur h^1	= 114° 5'.	M sur h^1 = 138° 49' 30''.
P sur a^1	= 130° 20'.	M sur a^1 = 108° 58' 20''.
P sur b^1	= 147° 8'.	M sur b^1 = 75° 9'.
P sur d^1	= 155° 25'.	M sur d^1 = 132° 36'.
h^1 sur a^1	= 115° 35'.	a^1 sur b^1 = 147° 22'.
b^1 sur b^1	= 135° 52'.	d^1 sur d^1 = 146° 31'.

EPISTILBITE.

Ce minéral provient de l'Islande, et des îles Fároë ; il est disséminé dans les roches de trapp qui contiennent la stilbite ; il avait même été constamment confondu avec cette espèce, jusqu'à la description que M. G. Rose en a donnée dans le jour-

[1] *Journal de Schweigger*, t. XXVII, p. 391.

nal de Brewster [1]; il est en cristaux dont la forme générale, *fig.* 201, *pl.* 179, est celle d'un prisme à six faces, surmonté d'un pointement dans lequel deux faces dominent. D'après M. Rose, ces cristaux dérivent d'un prisme droit rectangulaire sous l'angle de 135° 10′; la plupart sont maclés parallèlement à une des faces M. Ils possèdent un clivage très-facile, suivant le plan diagonal qui passe par les angles obtus; la couleur de l'épistilbite est le blanc pur ou le blanc jaunâtre; elle est translucide; son éclat est vitreux, excepté sur la surface de clivage où il est nacré.

Sa pesanteur spécifique est de 22,49; sa dureté est de 4 à 4,5. Au chalumeau et dans les acides elle se comporte comme la heulandite; la composition de ces deux espèces est du reste presque la même, ainsi qu'il résulte de la comparaison suivante de leurs analyses :

	Heulandite.		Epistilbite. Rose.	Beudant.
Silice	59,15	59,95	58,59	58,61
Alumine	17,92	16,87	17,52	17,03
Chaux	7,65	7,19	7,56	8,21
Soude	»	»	1,78	1,20
Eau	15,40	15,10	14,48	13,80
	100,12	99,11	99,93	98,85

Cette analogie de caractères chimiques, confirmée par la presque identité de caractères extérieurs, a conduit M. Lévy à examiner si la cristallisation de l'épistilbite ne pourrait pas également se rapporter à la heulandite; je vais rapporter la discussion importante [2] qu'il a publiée sur ce sujet.

M. Lévy remarque d'abord que l'angle des faces MM de l'épistilbite, 135° 10′, est presque exactement celui des faces b^1, b^1, de la heulandite, dont la mesure est 135° 52′ : le clivage facile est en outre placé de telle façon qu'il

[1] *Journal de Brewster*, t. IV, p. 283.

[2] *Sur l'identité de l'épistilbite et de la heulandite. Philosophical magazine*, volume Ier, p. 6, 1827.

divise en deux parties égales cet angle; il joue donc un rôle analogue à celui du clivage g^1 de la heulandite; en admettant cette double supposition et plaçant les cristaux d'épistilbite de manière que les faces M de ce minéral soient parallèles à b^1 de la heulandite, ils présentent la disposition, *fig.* 204, *pl.* 179; leurs différentes faces se dérivent alors par des lois simples de la forme primitive de la heulandite, ainsi qu'il résulte du tableau suivant dans lequel on a établi la comparaison entre les angles de ces deux minéraux.

Angles calculés des modifications de la heulandite.				Angles de l'épistilbite donnés par M. Rose.			
h^2	sur h^2	=	147° 40'.	s	sur s	=	147° 40'.
b^1	sur b^1	=	135° 52'.	M	sur M	=	135° 10'.
o^1	sur b^1	=	122° 15'	t	sur M	=	122° 9'.
$a^{1/2}$	sur b^1	=	123° 19'				
o^1	sur $a^{1/2}$	=	108° 29'.	t	sur t	=	109° 46'.
$d^{1/2}$	sur o^1	=	154° 31'	t	sur u	=	154° 51'.
a_8	sur $a^{1/2}$	=	154° 11'				

Les cristaux d'épistilbite seraient donnés dans ce cas par des modifications dont les lois seraient :

$$h^2,\ a^{1/2},\ a^8,\ o^1,\ b^1,\ d^{1/2}.$$

Je n'ai pas eu l'occasion d'étudier de cristaux d'épistilbite bien caractérisés, ce qui m'empêche d'émettre une opinion motivée sur cette importante question ; cependant j'avoue que l'identité de composition, confirmée par le rapprochement donné par M. Lévy, me semble établir d'une manière complète la réunion de l'épistilbite à la heulandite ; néanmoins les renseignements que M. Descloizeaux m'a donnés me laissent quelque incertitude ; il a vu de très-beaux cristaux d'épistilbite dans la collection de M. Robert Greg de Norcliff-Hall, et il trouve que leur aspect présente des différences notables avec la heulandite.

BREWSTÉRITE.

Les premiers échantillons de ce minéral ont été recueillis au cap Strontian en Ecosse; confondu avec l'apophyllite, il en a été séparé par M. Brooke, qui a établi, par l'étude de sa cristallisation, qu'il constituait une espèce particulière; plus tard M. Connell d'Edimbourg, et M. le docteur Thomson ont confirmé cette séparation par l'analyse; la brewstérite a été retrouvée depuis dans le Dauphiné; dans les mines de plomb de Saint-Turpet, près de Freibourg, dans le Brisgaw, ainsi qu'au col du Bon-Homme, dans les Alpes; les échantillons de cette dernière localité présentent des cristaux bien déterminés. La brewstérite cristallise suivant un prisme rhomboïdal oblique, sous l'angle de 136°, *fig.* 205, *pl.* 179.

Les cristaux sont très-chargés de facettes verticales, ils en présentent ordinairement douze, *fig.* 206, dont les signes sont M', h^1, g^1, et g^3; ils portent en outre pour la plupart un biseau extrêmement obtus, e sur $e = 172°$. Ce biseau, dans un certain nombre de cristaux, remplace entièrement la base; cependant on voit des stries parallèles à la petite diagonale, qui indiquent une espèce d'intermittence entre P et les faces e.

Il existe dans la brewstérite un clivage parallèle à la modification g^1; sa dureté, un peu supérieure à celle de la heulandite, est représentée par le nombre 4,5. Sa pesanteur spécifique est de 22,5 à 24. Elle est blanche ou d'un gris jaunâtre. Translucide, son éclat est vitreux, ou nacré sur les faces de clivage.

Au chalumeau, devient opaque, se gonfle et fond avec difficulté; elle est soluble dans les acides.

	De Dalsnypen (îles de Faroë), par Retzius [1].	Du cap Strontian, par Thomson [2].	par Connell [3].		Oxyg.	Rapp.
Silice	56,76	53,045	50,66		27,84	15
Alumine	17,73	16,540	17,49		7,17	4
Chaux	4,50	0,800	1,35	0,38		
Soude	2,53	»	»	»		
Baryte	»	6,050	6,75	0,70	1,99	1
Strontiane	»	9,005	8,33	1,29		
Eau	18,33	14,735	12,59		13,86	6
	99,85	100,175	99,17			

La première analyse appartient probablement à une substance désignée improprement sous le nom de brewstérite; les deux autres ont été exécutées sur des échantillons du cap Strontian même; la formule $4\text{Al}\dot{Si}^{5} + (\dot{Ba},\dot{St})\,\dot{Si}^{3} + 6Aq$ en représente assez bien les résultats; cette composition est fort remarquable par la présence de la baryte et de la strontiane.

PECKTOLITE.

Photolith (Breitaupt); Picolite.

Kobell a donné ce nom à un minéral trouvé au Monte-Baldo, dans la vallée de Fassa, en Tyrol, avec de la natrotite; sa couleur est le blanc grisâtre; il est en masses sphéroïdales, fibreuses, divergentes, composées d'aiguilles assez déliées : sa surface est mate; son éclat est nacré. Sa dureté est de 4,5; et sa pesanteur spécifique est de 26,5. Ses éléments sont, d'après Kobell [4] :

		Oxyg.		Osmélite, par M. Adam.
Silice	51,20	26,65	11	52,91
Chaux	33,77	9,48	4	32,96
Soude	8,26	2,11	1	8.89
Potasse	1,57	0,26		4,01
Eau	8,89	7,90	3	»
Alumine	0,90	Oxide de fer		0,54
	104,49			100,75

[1] *Jahresbericht*, t. IV, p. 154.
[2] *Traité de minéralogie*, t. Ier, p. 318.
[3] *Edinb. New.-Philos. journ.*, n° XIX, p. 35.
[4] *Kastner's Archiv.*, t. XIII, p. 385.

Ils conduisent à la formule :

$$4CaSi^2 + (K,Na), Si^3 + 3Aq.$$

Osmélite. — Il résulte de l'analyse de M. Adam que j'ai transcrite ci-dessus, et que ce minéralogiste a eu l'obligeance de me communiquer, que l'osmélite est identique avec la pectolite. Elle se trouve également en masses fibreuses radiées, soudées ensemble ; la cassure est à la fois fibreuse et esquilleuse; l'éclat en est soyeux. L'osmélite est assez brillante; sa couleur blanche est un peu altérée par la décomposition d'une faible trace de manganèse qu'elle contient. Sa pesanteur spécifique, 27,9, est analogue à celle de la pectolite ; l'osmélite est mélangée avec de la datholite, près de Wolfstein, sur les bords du Rhin.

FAUJASSITE.

Ce minéral est disséminé en petits octaèdres, limpides et très-brillants, dans les cavités d'une roche amygdaloïde du Kaisersthül, la même qui contient l'hyalosidérite ; la découverte en est due à M. le marquis de Drée qui l'a signalée le premier et en a déterminé la forme cristalline ; mais c'est M. Damour qui en a donné la description [1] et fait connaître la composition.

Les cristaux de faujassite ne portent aucune modification ; ce sont des octaèdres simples, *fig.* 208, *pl.* 180, ou des octaèdres hémitropes, *fig.* 209, qui dérivent d'un prisme rectangulaire droit dont les dimensions sont B : H :: 4 : 3 ; les angles de l'octaèdre sont :

b^1 sur b^1 par-dessus le sommet...	74° 30'.
b^1 sur b^1 adjacent...............	111° 30'.
b^1 sur b^1 opposé.................	105° 30'.

[1] Description de la faujassite, par M. Damour, *Annales des mines*, quatrième série, t. Ier, p. 395, 1842.

Ils sont fragiles, rayent le verre; leur cassure est vitreuse et inégale, leur pesanteur spécifique est 19,23. Chauffée dans le tube, la faujassite laisse dégager beaucoup d'eau; au chalumeau elle gonfle, fond en émail blanc et bulleux; soluble dans l'acide hydrochlorique.

Sa composition est :

		Oxyg.	Rapp.
Silice.......	49,36	25,64	10
Alumine....	16,77	7,83	3
Chaux......	5,00	1,40 }	1
Soude.......	4,34	1,11 }	
Eau.........	22,49	19,97	8

Eléments qui conduisent à la formule :

$$3A\mathit{l}S\mathit{i}^2 + (C\mathit{a}, N\mathit{a})\, S\mathit{i}^4 + 8A\mathit{q}.$$

GISMONDINE.

Abrazite; Zéagonite; Phillipsite de Lévy; Harmotome de Marbourg.

Le nom de gismondine a été appliqué à plusieurs minéraux, ainsi que l'indique la synonymie qui précède; ces assimilations ne me paraissent pas toutes exactes; l'harmotome de Marbourg, par exemple, présente une composition différente de celle de la gismondine, et ses caractères extérieurs ont également des différences notables, qui m'ont engagé à la décrire à part sous le nom de *gmélinite*.

Les échantillons qui forment le type de cette espèce proviennent du Vésuve; ils sont souvent isolés et distincts; leur forme est un octaèdre, *fig.* 211, *pl.* 180, tronqué sur les arêtes horizontales; quelquefois ils sont groupés. Ils n'affectent pas d'ordinaire la structure mamelonnée, fréquente au contraire pour la phillipsite. Les octaèdres paraissent au premier abord très-nets, mais quand on cherche à mesurer leurs angles, on trouve que les faces donnent toujours plusieurs réflexions, en sorte que les mesures sont fort incertaines. Après avoir examiné un grand nombre de cristaux, M. de Marignac et M. Descloizeaux ont adopté pour les angles des faces contiguës de l'octaèdre 122° 30′, et 117° 30′; les mesures des angles à la base varient dans des limites très-étendues, elles sont comprises entre 89, et 93° 30′. On ne saurait assurer si le prisme duquel ils dérivent est rhomboïdal ou à base carrée. M. Lévy annonce que ce sont des prismes à quatre faces surmontées d'un pointement également à quatre faces; il est possible qu'il confonde, dans ce cas, la gismondine avec la phillipsite.

La gismondine raye la chaux carbonatée ; elle est ordinairement hyaline et très-brillante ; quelquefois d'un blanc laiteux; son éclat est vitreux ; sa pesanteur spécifique est de 22, 65; fusible avec boursouflement ; elle est soluble dans l'acide hydrochlorique, à froid et sans être réduite en poudre; elle ne laisse aucun résidu, mais elle prend en gelée par le refroidissement. M. de Marignac indique que la gismondine perd une portion de son eau et devient opaque quand on l'expose à une chaleur modérée, bien inférieure à 100°, tandis que la phillipsite n'éprouve aucune altération. Cette expérience simple est, suivant ce minéralogiste, entièrement caractéristique [1]; réduite en poudre, la gismondine perd même dans le vide une partie de son eau à la température ordinaire.

	Harmotome de Marbourg, par Gmelin [2].	Zéagonite de Capo di Bove, par Carpi [3].	par Kobell [4].	Gismondine du Vésuve, par Marignac [5].	Oxyg.		Rapp.
Silice	48,51	41,4	42,84	35,88		18,64	9
Alumine	21,76	2,5	26,04	27,23		12,71	6
Chaux	6,26	48,6	7,70	13,12	3,75		
Magnésie	»	1,5	»	»	»		
Protoxyde de fer	0,99	2,5	»	»	»	4,23	2
Potasse	6,33	»	5,76	2,85	0,48		
Eau	17,23	»	17,66	21,10		18,76	9
	100,38	96,5	100,00	100,18			

[1] *Annales de chimie et de physique*, troisième serie, t. XIV, p. 46, 1845.
[2] *Leonhard's Zeitschrift für Miner.*; 1825, t. Ier, p. 8.
[3] *Annales de Poggendorff*, t. V. p. 174.
[4] *Journ. für prat. chem.*, t. XVIII, p. 105.
[5] Inédite.

Ces analyses offrent des différences considérables ; celle de Carpi se rapporte probablement à un autre minéral ; l'analyse de l'harmotome de Marbourg par Gmelin diffère très-notablement de la gismondine par Marignac, ce qui m'a engagé, ainsi que je l'ai dit plus haut, à la considérer comme une espèce particulière ; quant à la zéagonite de Capo-di-Bove, le résultat de l'analyse l'identifie à la phillipsite ; je l'ai néanmoins conservée à la gismondine, pour sa forme qui a l'apparence d'un octaèdre ; mais c'est en réalité un prisme rectangulaire surmonté d'un pointement à quatre faces, placé sur les arêtes.

L'analyse de Marignac conduit à la formule :

$$6 \mathrm{A}l\mathrm{S}i + (\mathrm{C}a, \mathrm{K})^2 \mathrm{S}i^3 + 9 \mathrm{A}q.$$

PHILLIPSITE.

Cette espèce a la plus grande analogie avec la précédente ; instituée par M. Lévy [1] à une époque où l'on ne connaissait pas de différence entre l'harmotome d'Andréasberg et celle de Marbourg, il indiquait pour caractère essentiel que la phillipsite ne contenait pas de baryte ; aujourd'hui ce caractère n'a plus de valeur, puisqu'il exprime précisément la distinction que Gmelin a établie entre l'harmotome de Marbourg, et celle d'Andréasberg qui constitue la véritable harmotome ; il se pourrait dès lors que la phillipsite dût être réunie à la gismondine ; toutefois les analyses récentes de M. Marignac décèlent une certaine différence de composition, et j'ai conservé ces deux espèces sous les réserves que je viens d'énoncer.

La phillipsite provient d'Aci-Reale en Sicile ; du Vésuve ; de Capo-di-Bove, près Rome, et d'Islande ; les cristaux sont des prismes rectangulaires, *fig.* 213, *pl.* 181, terminés par un pointement à quatre faces placé sur les arêtes du prisme. Il existe également des cristaux, *fig.* 214, dans lesquels le

---

[1] *Annales de philosophie*, t. X, p. 361, 1825.

pointement est sur les angles, ils paraissent pour la plupart être le résultat de macles; on y observe toujours, en effet, des lignes *cd* légèrement saillantes, qui divisent en deux parties égales les faces du pointement; on aperçoit en outre sur ces faces deux systèmes de stries dirigées obliquement les unes sur les autres, et venant aboutir à cette même ligne *cd* : quelquefois enfin il existe une gouttière longitudinale assez prononcée : les cristaux de phillipsite seraient donc, comme ceux d'harmotome, le résultat du croisement de deux cristaux prismatiques réunis à angle droit suivant l'axe vertical; seulement dans la phillipsite, les prismes étant presque exactement carrés, le groupement ne se manifeste le plus souvent que par les deux systèmes de stries que j'ai signalés.

M. Brooke [1] indique plusieurs autres groupements; l'un d'eux, *fig.* **215**, dont la forme générale est celle d'un octaèdre, appartient à la gismondine; ce savant minéralogiste ayant réuni la phillipsite et la gismondine, avait cru pouvoir expliquer la formation des octaèdres par les groupements dont cette figure donne la disposition.

La phillipsite d'Islande a été désignée sous le nom de **Christianite.** M. Descloizeaux a établi dans un travail inédit, et qu'il a bien voulu me communiquer, son identité complète avec la phillipsite d'Aci-Reale ; ses cristaux présentent même des facettes qui n'existent pas sur les échantillons de cette dernière localité, en sorte que leur étude complète l'histoire de ce minéral; leur forme, *fig.* **213**, est celle d'un prisme à six faces basé.

Les mesures obtenues par M. Descloizeaux sont :

P sur M	= 90°.	M sur M	= 110°.
P sur b^1	= 120° 22′.	M sur b^1	= 149° 38′.
P sur g^1	= 90°.	M sur g^1	= 125°.
b^1 sur b^1	= 120° 40′.	b^1 sur b^1 de retour	= 90°.
b^1 sur b^1 par-dessus M	= 119° 16′.	b^1 sur g^1	= 121°.

[1] *Philosophical Magazine*, vol. X, 1837.

On remarquera que ces angles sont très-rapprochés de ceux que j'ai donnés ci-dessus d'après M. de Marignac.

D'après les angles obtenus par M. Descloizeaux, les dimensions de la forme primitive sont H : B :: 59 : 93.

M. Lévy indique pour les valeurs des angles du pointement octaédrique 123° et 117°, à peu près les mêmes que j'ai donnés pour la gismondine. M. Marignac a trouvé pour les deux angles adjacents du pointement 121° 20′ environ; pour l'inclinaison des deux autres faces 120°; enfin pour l'incidence de deux faces opposées du pointement par-dessus le sommet 91° 12′ à 91° 30′. M. Descloizeaux a obtenu des incidences analogues, et toujours plus faibles que celles de M. Lévy, ce qui pourrait faire supposer qu'il a mesuré des cristaux de gismondine, au lieu de cristaux de phillipsite.

Les cristaux de phillipsite d'Aci-Reale sont blancs laiteux et opaques; ceux de Capo-di-Bove et du Vésuve sont au contraire hyalins et incolores; ces différences ne sont pas du reste absolues, et M. de Brooke cite un groupe de la forme *fig.* 214, dans lequel les cristaux qui se croisent sont en partie opaques, en partie transparents.

La phillipsite forme quelquefois des mamelons très-serrés, qui ne présentent que des pointes à la manière des boules de fer sulfuré blanc, mais sur une très-petite échelle; on n'y distingue les cristaux qu'avec le secours de la loupe, et seulement même par le miroitement qu'ils produisent.

La phillipsite raye la chaux carbonatée; sa pesanteur spécifique est de 22,13; elle s'attaque avec la plus grande facilité par les acides, même à froid, et sansêtre pulvérisée, elle ne laisse aucun résidu. La liqueur se prend par l'évaporation en une gelée incolore et transparente. Au chalumeau elle blanchit, s'exfolie presque sans frissonner et fond en un verre limpide.

Les cristaux opaques, les seuls que Lévy ait désignés sous le nom de phillipsite, offrent une composition analogue aux cristaux hyalins, ainsi qu'il résulte des analyses suivantes :

	Phillipsite opaque, par Marignac [1].	Hyaline, par Marignac [2].		Oxyg.		Rapp.
Silice........	43,95	42,87	43,64		22,67	12
Alumine......	24,34	25,00	24,39		11,39	6
Chaux........	5,31	7,97	6,92	1,98	373	2
Potasse.......	11,09	9,20	10,35	1,75		
Eau..........	15,31	15,44	15,05		13,38	7
	100,00	100,48	100,35			

Ces éléments conduisent à la formule $6AlSi + KSi^3 + CaSi^3 + 7Aq$.

La phillipsite contient plus de potasse et moins d'eau que la gismondine; le dosage de l'eau fournit donc un moyen de distinguer l'un de l'autre ces deux minéraux, si toutefois on doit les considérer comme distincts.

EDINGTONITE.

Antiédrite. Br.

Ce minéral se présente en petits cristaux très-nets d'un blanc grisâtre; ils sont translucides et assez éclatants; la forme primitive est un prisme à base rectangle; les cristaux sont ordinairement des octaèdres portant sur les arêtes de la base un pointement à quatre faces; quelquefois, comme dans la *fig.* 217, *pl.* 181, qui représente des cristaux que M. Descloizeaux a vus chez M. Edington à Glasgow, cet octaèdre est en outre surmonté d'un biseau obtus. Les angles mesurés par M. Haidinger sont :

M sur b'	115° 26'	b' sur b' par-dessus le sommet	129° 8'
M sur b'	133° 39' 30"	b' sur b' *id.*	92° 41'

L'édingtonite possède un clivage facile suivant les faces du prisme. Chauffée dans le tube, elle perd son eau, devient opaque et blanche. Elle fond difficilement en un verre incolore. Elle est attaquée par l'acide hydrochlorique avec gelée, mais l'attaque n'est pas complète. Sa dureté est de 4, à 4,5 ; sa pesanteur spécifique varie de 27 à 27,5.

[1] et [2] *Annales de chimie et de physique*, troisième série, t. XIV, p. 44, 1845.

Turner[1] a trouvé pour la composition de ce minéral :

Silice......	35,09	88,78
Alumine...	27,69	
Chaux.....	12,68	
Eau.......	13,32	

Il suppose que la perte considérable que présente son analyse est due à des alcalis. M. Gerhard a admis, pour la composition de l'édingtonite, la formule :

$$2AlSi + (Ca, Na) Si + 2Aq.$$

Il n'indique pas la raison qui l'a engagé à regarder l'édingtonite comme contenant de la soude plutôt que de la potasse.

La propriété de s'attaquer incomplétement, citée par Turner, a conduit Rammelsberg à considérer l'édingtonite comme un mélange de deux minéraux, et ne devant pas constituer une espèce particulière. Sa composition la rapproche de la gismondine; l'analyse de Turner est fort analogue à celle que M. Marignac a donnée pour cette dernière espèce.

L'édingtonite provient des environs de Dumbarton en Ecosse; elle était placée, dans la collection de M. Edington de Glasgow, avec la thomsonite, c'est M. Haidinger[2] qui l'en a séparée.

GLOTTALITE[3].

M. Thomson a donné ce nom à un minéral de Glascow, qui se présente en cristaux agglomérés, d'un blanc laiteux; leur forme paraît être un octaèdre régulier ; quelques-uns sont même cubiques; ils sont transparents, très-brillants, et leur éclat est vitreux.

La dureté de la glottalite est de 3,5; sa pesanteur spéci-

[1] *Annales de Poggendorff*, t. V, p. 196.
[2] *Journal d'Edimbourg*, par Brewster, vol. Ier, p. 376.
[3] De *Glotta*, ancien nom de la Clyde.

fique 21,81. Chauffée dans le tube, elle donne une grande quantité d'eau; fusible au chalumeau en un émail blanc.

Ses éléments sont, d'après M. Thomson [1] :

		Oxyg.		Rapp.
Silice	37,02		19,24	3
Alumine	16,31		7,61	1
Peroxyde de fer	0,50	0,15	6,86	1
Chaux	23,93	6,71		
Eau	21,25		18,98	3
	99,01			

La formule qui représente cette composition est $AlSi + CaSi^2 + 3Aq$.

Je n'ai pas eu l'occasion d'étudier la glottalite; M. Thomson annonce que l'échantillon qu'il a décrit est unique; il est adhérent à du grès, le même qui forme le terrain d'Edimbourg.

LAUMONITE.

Zéolite efflorescente; Laumonite.

La propriété que possèdent plusieurs variétés de ce minéral de s'effleurir à l'air et de tomber en poussière l'a fait appeler *zéolite efflorescente* par Werner; Haüy a substitué à ce nom celui de *laumonite*, qui rappelle le nom d'un des membres les plus distingués du Corps royal des mines.

La laumonite est en cristaux allongés d'un blanc laiteux, ou d'un blanc jaunâtre; ses cristaux deviennent tantôt bacillaires, tantôt aciculaires; on en connaît aussi des masses lamelleuses.

La forme de la laumonite, d'après la détermination que j'en ai faite, est un prisme rhomboïdal oblique, *fig.* 218, *pl.* 181, dans lequel P sur M = 114° 54′, M sur M = 95° 30′, et le rapport B : H est à peu près comme les nombres 13 : 18.

Les cristaux sont des prismes à quatre faces, *fig.* 219 et

[1] *Traité de minéralogie*, t. Ier, p. 328.

220, *pl.* 182, ou à six faces, *fig.* 221, portant des modifications a^1, a^2, et b^1.

Les angles que j'ai mesurés sont :

	Laumonite d'Huelgoat.	Des États-Unis.	De Cormayeur.
M sur M	= 95° 30'.	95° 25'.	95° 20'.
M sur M en retour	84° 30'	»	84° 33' [1].
P sur M	= 114° 54'.	114° 45'.	115° 5'.
P sur a^1	= 88° 21'.	»	88° 60'.
P sur a^2	= 123° 42'.	»	»
M sur a^1	= 105° 42'.	Le calcul donne 105° 30'.	
M sur g^1	= 132° 5'.	»	»
M en retour sur b^1	= 135° 30'.	»	»
a^1 sur $a^{1/2}$	= 144°.	$a^{1/2}$ sur b^1 = 150°.	b^1 sur b^1 = 139° 7'.

La laumonite possède trois clivages ; deux suivant les faces du prisme, et le troisième parallèlement à un plan passant par les petites diagonales ; ces clivages, faciles dans les échantillons récemment extraits de leur gîte, s'obtiennent par la simple pression dans les cristaux qui ont subi la plus légère altération : sa dureté est moindre que celle de la chaux carbonatée ; son éclat est nacré. Sa pesanteur spécifique est pour :

Les cristaux d'Huelgoat....	23,45
Des États-Unis............	24,10
De Cormayeur............	23,30

Fusible au chalumeau en un verre bulleux ; elle est soluble dans l'acide sulfurique.

	De Huelgoat [2], par Gmelin.	De l'île de Sky [3], par Connell.	De Cormayeur [4], par Dufrénoy.	De Philipsburg, aux États-Unis, par Dufrénoy [4].	Oxyg.	Rapp.
Silice......	48,3	52,04	50,38	51,98	26,15	8
Alumine...	22,7	21,14	21,43	21,12	9,87	3
Chaux......	12,1	10,62	11,14	11,71	3,30	1
Eau........	16,0	14,92	16,15	15,05	13,39	4
	99,1	98,72	99,10	99,86		

[1] Cet angle devrait être de 84° 40' pour s'accorder avec la valeur 95° 20' ; mais j'ai préféré mettre la mesure directe à l'angle calculé.

[2] *Leonard's Taschenb, für miner.*, t. XIV, p. 408.

[3] *Edinb. Journ. of sciences*, 1829, p. 282.

[4] *Annales des mines*, troisième série, t. VIII, p. 503, 1835.

Ces analyses établissent une complète identité entre les laumonites de ces quatre localités ; la formule commune qui les représente est :

$$3\mathrm{A}l\mathrm{S}i^2 + \mathrm{C}a\mathrm{S}i^3 + 4\mathrm{A}q.$$

Malgré cette identité, il existe une différence notable dans le caractère de l'efflorescence ; la laumonite de Philipsburg n'est aucunement altérée ; celle de Cormayeur, qui forme un petit filon dans le gneiss, est fendillée suivant le clivage de g^1, mais elle ne tombe pas en fragments, tandis que la laumonite de Bretagne se réduit en quelques mois en une véritable farine fossile ; on est obligé de la conserver à l'abri du contact de l'air, soit en la plongeant dans un vase plein d'eau, soit en la recouvrant de gomme ; ce dernier moyen est imparfait, il n'empêche pas le fendillement, et il faut de temps à autre renouveler la couche de gomme.

Léonhardite. — Blum a le premier séparé de la laumonite une zéolithe analysée plus tard par Delffs et Babo[1], à laquelle ils ont donné le nom de léonhardite ; ces chimistes avaient adopté la formule $3\dot{\mathrm{C}a}\,\dddot{\mathrm{S}i} + 4\dddot{\mathrm{A}}l\dddot{\mathrm{S}i}^2 + 12\dot{\mathrm{H}}$ ou $\mathrm{C}a\mathrm{S}i^3 + 4\mathrm{A}l\mathrm{S}i^2 + 4\mathrm{A}q$, pour la léonhardite séchée à 100 degrés ; mais lorsque ce minéral a été séché dans le vide, il perd 13,54 à 13,80 ; sa composition est dans ces deux cas :

			Oxyg.	Rapp.
Silice......	56,128	54,92	28,53	11
Alumine...	22,980	22,49	10,50	4
Chaux.....	9,251	7,05	2,59	1
Eau.......	11,641	13,54	12,04	5
	100,000	100,00		

Qui conduirait à la formule $3\dot{\mathrm{C}a}\,\dddot{\mathrm{S}i} + 4\dddot{\mathrm{A}}l\,\dddot{\mathrm{S}i}^2 + 15\dot{\mathrm{H}}$ ou, $\mathrm{C}a\mathrm{S}i^3 + 4\mathrm{A}l\mathrm{S}i^2 + 5\mathrm{A}q$. En comparant cette formule à celle de la laumonite, on voit que la léonhardite serait une laumonite impure ; Rammelsberg[2] la suppose mélangée de $\dddot{\mathrm{A}}l\,\dddot{\mathrm{S}i}^3 + 3\dot{\mathrm{H}}$, qui représente la composition de la cimolite.

[1] *Annales de Poggendorff*, t. LIX, p. 336. — [2] *Idem*, t. LXII, p. 147.

Depuis la rédaction de cet article, MM. Malaguti et Durocher ont publié[1] des recherches sur la laumonite, desquelles il résulte que ce minéral contient de l'eau hygroscopique, qu'il perd dans le vide, et qu'il reprend à un air humide. C'est à cette propriété que ces savants attribuent la décomposition de la laumonite : « Cette altération, disent-ils, est beaucoup plus lente « à l'air libre que lorsque le minéral est placé dans le vide ; « des cristaux de laumonite exposés à l'air humide n'é- « prouvent au contraire aucune altération. Nous en conser- « vons ainsi depuis dix-huit mois, et ils sont encore aussi « nets et aussi éclatants que le premier jour. »

Il résulte en outre de l'existence de l'eau hygroscopique, que la composition de la laumonite serait un peu différente de celle que nous avons indiquée ; d'après MM. Malaguti et Durocher, ses éléments seraient :

		Oxyg.	Rapp.
Silice......	52,467	27,256	10
Alumine...	22,561	10,536	4
Chaux.....	9,412	2,688	1
Eau.......	15,560	13,662	5
	100,000		

D'où la formule deviendrait :

$$CaSi^2 + 4AlSi^2 + 5Aq.$$

D'après les expériences que nous venons de citer, l'eau se dégage successivement.

De 10 à 100 degrés, la laumonite perd	3,17	7,67
De 100 à 200..........................	2,91	
De 200 à 300..........................	1,20	

Ce n'est qu'à une température beaucoup plus élevée que la dernière moitié de l'eau, qui entre dans la composition de la laumonite, se dégage.

On a recueilli de la laumonite aux environs de Kilpatrick

[1] *Annales des mines*, quatrième série, t. IX, p. 325, juillet 1846.

en Ecosse, au Saint-Gothard, et à Geisalpe dans le Tyrol; à Cormayeur, dans le groupe du Montblanc; à Philipsburg, dans les Etats-Unis, etc.; la localité la plus célèbre est la mine de Huelgoat, dans la Bretagne. C'est de cette mine que proviennent les plus beaux échantillons, ainsi que les cristaux de forme assez variés que j'ai décrits.

PREHNITE.

Chrysolithe du Cap; Koupholite; Edelithe; Clitonite (EMMENS).

Cette espèce a été instituée par Werner d'après des échantillons apportés du cap de Bonne-Espérance par le colonel *Prehn*, en 1780; elle constitue des cristaux, des lamelles très-petites, dont les formes sont cependant distinctes, et des masses fibreuses radiées, à structure souvent réniformes; la couleur de la prehnite est le vert d'asperge, et le jaune verdâtre de nuances diverses; les échantillons qui viennent de la Chine sont toutefois entièrement incolores, ou du moins aussi clairs que le béril; ordinairement translucide, quelquefois même diaphane; son éclat est vitreux; sa cassure est inégale.

La dureté de la prehnite est 5; elle raye facilement le verre; sa pesanteur spécifique est de 29,26. Au chalumeau fond d'abord en une scorie blanche, qui se transforme en un globule compacte. Réductible en gelée par les acides.

La forme primitive de la prehnite est un prisme rhomboïdal droit, *fig.* 222, *pl.* 182, de 100° environ; 99° 50′, d'après M. Lévy, dans lequel le rapport B : H est comme les nombres 7 : 5. Ce prisme est en même temps la forme la plus habituelle, il est ordinairement très-surbaissé, comme dans les cristaux du bourg d'Oisans, en Dauphiné; souvent les cristaux sont imparfaits, ce qui tient à ce que, lorsqu'ils acquièrent une certaine dimension, ils sont le résultat de la superposition de plusieurs cristaux; cette superposition n'a pas lieu d'une manière complète, les axes parallèles à la petite diagonale de la base divergent de telle façon que les arêtes latérales correspondant à un angle obtus peuvent décrire un arc entier; cette disposition donne aux cristaux de prehnite une forme grossière de crête de coq.

Koupholite. — Dans quelques localités, notamment à Dumbarton en Ecosse, et à Barèges dans les Pyrénées, la prehnite est en petites tables à six faces, *fig.* 223. Dans cette dernière localité, les cristaux sont extrêmement minces, ce sont de simples paillettes anguleuses au lieu d'être arrondies; cette variété est spécialement désignée sous le nom de Koupholite.

A Ratschinges en Tyrol, les cristaux de prehnite présentent quelque développement. Ainsi les faces en sont brillantes, et on y observe plusieurs modifications; la *fig.* 224, qui appartient à des cristaux de la collection de M. Turner, offre outre les modifications verticales g^1 et h^1, des faces b^1, a^1 et a^2 placées sur les arêtes et les angles.

L'Ecole des mines possède un échantillon de Kilpatrick en Ecosse, dans lequel la prehnite existe à la fois en masses radiées, et en petits cristaux rectangulaires allongés, *fig.* 226, *pl.* 183, composés des faces g^1 et h^1. Ils portent en outre quatre petites facettes $b^{1/7}$, et des traces des faces M; les facettes h^1 et $b^{1/7}$ sont éclatantes et faciles à mesurer; j'en donne les angles d'après des observations de M. Descloizeaux.

La prehnite est électrique; cette propriété était connue depuis longtemps; mais MM. Rose et Reiss ont montré qu'elle possédait des pôles centraux, en sorte que dans la prehnite les axes d'électricité sont pour ainsi dire tournés en sens contraire; leurs pôles analogues se confondent, et l'axe paraît avoir trois pôles. Les deux axes sont dirigés suivant la petite diagonale, et le pôle analogue commun se trouve au milieu; les antilogues sont au contraire aux extrémités de la même ligne, comme cela a lieu pour toute la masse du cristal.

Prehnite radiée. — Elle constitue des masses sphéroïdales, ou des rognons composés, des cristaux bacillaires, qui divergent; la partie extérieure des rognons est ordinairement rugueuse et offre des rudiments de cristaux. Cette disposition permet de reconnaître la manière dont les cristaux de prehnite qui les forment sont accolés.

Les principaux angles connus sont :

P sur M	$= 90^0$.	M sur M	$= 99^0\ 50'$.
P sur a^1	$= 128^o\ 40'$.	a^1 sur a^1	$= 177^0\ 20'$.
M sur a^1	$= 91^0\ 30'$.	a^1 sur h^1	$= 91^0\ 20'$.
M sur h^1	$= 139^0\ 55'$.	M sur g^1	$= 130^o\ 5'$.
P sur e^1	$= 105^0\ 16'$.	M sur e^1	$= 128^0\ 30'$.
e^1 sur e^1	$= 149^o\ 28'$.	e^1 sur e^1	$= 30^o\ 32'$.
P sur $b^{1/7}$	$= 100^0\ 43'$.	M sur $b^{1/7}$	$= 169^0\ 17'$.
$b^{1/7}$ sur $b^{1/7}$ par-dessus M	$= 158^0\ 40'$.	$b^{1/7}$ sur $b^{1/7}$	$= 101^o\ 35'$.
$b^{1/7}$ sur h^1	$= 138^o\ 35'$.	$b^{1/7}$ sur g^1	$= 131^0$ environ
$b^{1/7}$ sur $b^{1/7}$ par-dessus h^1	$= 97^0$ à $97^0\ 50'$.		

La composition de la prehnite est très-uniforme; la plupart des analyses connues conduisent à la formule :

$$3AlSi + Ca^2Si^3 + Aq.$$

	Fibreuse de Dumbarton, par Walmstedt [1].	Koupholite des Pyrénées, par Walmstedt.	De Ratschinges, par Gehlen [2].	Du bourg d'Oisans, par Regnault [3].		
					Oxyg.	Rapp.
Silice	44,10	44,71	43,00	44,50	23,13	6
Alumine	24,26	23,99	23,25	23,44	10,94	3
Chaux	26,43	25,41	26,00	23,47	6,59	2
Protoxyde de fer	0,74	1,25	2,00	4,61	1,05	
— de manganèse	»	0,19	0,25	»	»	
Eau	4,18	4,45	4,50	4,41	3,92	1
	99,71	100,00	99,00	100,46		

Analogies. — Gisement. — La prehnite en cristaux présente quelque ressemblance avec la *baryte sulfatée*, la *strontiane sulfatée* et le *feldspath;* la variété en petites lames minces, appelée koupholite, est analogue au *silicate de zinc* et à la *chaux sulfatée;* enfin lorsque la prehnite est en masse fibreuse, on peut la confondre avec la *mésotype*, la *stilbite*, la *wavellite* et l'*arragonite*.

[1] *Jahresbericht*, t. V, p. 217. — [2] *Journal de Schweigger*, t. III, p. 171.
[3] *Annales des mines*, troisième série, vol. XIV, p. 154.

La baryte sulfatée et la strontiane sulfatée ont une pesanteur spécifique beaucoup plus considérable ; elles sont infusibles au chalumeau et insolubles dans les acides.

La dureté du feldspath est plus grande que celle de la prehnite ; il est en outre difficilement fusible au chalumeau, et inattaquable par les acides.

La chaux sulfatée, le silicate de zinc, sont moins durs, et infusibles ; la mésotype et la stilbite sont moins dures ; j'ajouterai que ces deux minéraux sont d'un blanc laiteux, tandis que la prehnite fibreuse est toujours d'un vert d'asperge. Cette couleur se retrouve au contraire dans l'arragonite et dans la wavellite ; la première est fusible et fait effervescence avec les acides ; la seconde est rayée par la prehnite ; elle se dissout dans les acides sans faire gelée.

La prehnite existe en filons dans les roches anciennes, ainsi qu'on l'observe dans les montagnes du bourg d'Oisans en Dauphiné, où elle est associée à du gneiss ; dans les Pyrénées, etc. Son gisement le plus ordinaire est en rognons dans les amygdaloïdes de l'âge du grès rouge ; c'est dans ce genre de roches qu'on la rencontre à Oberstein dans la Prusse rhénane, à Dumbarton en Ecosse, etc. ; souvent elle est accompagnée de cuivre natif.

CHABASIE.

Zéolite cubique ; Cuboïde. *Chabasin :* Acadialite (ALGER).

Ce minéral cristallise suivant un rhomboèdre obtus de 94° 46′ ; sa forme se rapproche beaucoup du cube, ce qui l'avait fait désigner par les anciens minéralogistes sous le nom de *zéolite cubique*. Le rhomboèdre primitif, *fig.* 227, *pl.* 183, est assez fréquent ; on le trouve dans les amygdaloïdes d'Oberstein dans la Prusse rhénane, ainsi que dans une roche analogue à Dalsnypen, à l'île Faroë ; les faces de ces cristaux sont tantôt nettes et éclatantes, tantôt striées par des lignes parallèles aux arêtes, indiquant les traces du rhomboèdre équiaxe. Cette forme n'existe pas complète, mais les cristaux de chabasie de la Nouvelle-Ecosse, qui ont été désignés sous le nom d'*acadialite*, offrent la réunion du primitif et de l'équiaxe, *fig.* 228. Les angles mesurés par M. G. Rose ne laissent aucun doute sur la nature de ces cristaux.

Assez fréquemment, les cristaux de chabasie affectent une disposition triangulaire indiquée dans les *fig.* 229 et 230; la première est composée de trois rhomboèdres P, b^1, et e^1, association que Haüy avait désignée sous le nom de *trirhomboïdale;* la seconde présente de plus un métastatique b^{12}.

Outre les formes simples que je viens de décrire, la chabasie est souvent en cristaux maclés ; la multiplicité des faces qu'ils présentent en rend l'étude assez difficile, surtout quand les angles rentrants ne sont pas bien prononcés ; les *fig.* 231, 232 et 233, que j'emprunte à M. Lévy, appartiennent à des cristaux de Dalsnypen ; la pénétration des cristaux élémentaires a lieu suivant l'axe; les lettres symboliques indiquent les modifications dont ils se composent.

La couleur de la chabasie est le blanc laiteux, le blanc rougeâtre ; les cristaux sont tantôt transparents, tantôt translucides ; leur éclat est vitreux, et leur cassure inégale ; elle raye facilement le verre; sa pesanteur spécifique est 21; aisément fusible en une masse blanchâtre et spongieuse, elle est soluble en gelée, à chaud, dans les acides.

Les angles de la chabasie sont :

P sur P	= 94° 46'.		P sur a^1	= 128° 35'.
P sur e^1	= 119° 42'.		e^1 sur e^1	= 72° 53'.
P sur b^1	= 136° 23'.		b^1 sur b^1	= 125° 13'.
P sur b^{12}	= 175° 16'.		b^{12} sur b^{12}	= 173° 46'.
P sur d^1	= 133° 37'.		b^{12} sur b^{12}	= 104° 13'.
d^1 sur d^1	= 120°.		b^1 sur a^1	= 147° 4'.

	De la vallée de Fassa, par Hofman [1].	De Rubendörfel, par Rammelsberg [2].	De Kilmalcolm, par Thomson [3].	De Gustafsberg, par Berzélius [4].	Oxyg.	Rapp.
Silice.........	48,18	48,363	48,76	50,65	26,31	9
Alumine......	19,27	18,615	17,55	17,90	8,36	3
Chaux........	9,63	9,731	10,40	9,37	2,73	
Soude........	1,54	0,255	»	»	»	1
Potasse.......	0,21	2,565	1,55	1,70	0,28	
Eau..........	21,10	20,171	21,72	19,90	17,69	6
	99,93	100,700	99,98	99,52		

Les rapports qui résultent de ces analyses conduisent à la formule :

$$3Al\,Si^2 + (Ca,\ K,\ Na)\ Si^3 + 6Aq.$$

Analogies. — Gisement. — La forme rhomboédrique de la chabasie la distingue des zéolites avec lesquelles elle est souvent associée. Cette forme la rapproche au contraire de la *chaux carbonatée;* elle se confond en outre avec la *lévyne*, qui lui a été pendant longtemps réunie. La chaux carbonatée est soluble dans les acides avec effervescence; elle est infusible au chalumeau ; enfin elle est très-lamelleuse, et son angle est de 105° 5′ ; la disposition des cristaux de lévyne est différente; ils sont toujours fortement basés, et présentent trois angles rentrants, *fig.* 236, *pl.* 184; enfin, l'angle du rhomboèdre est aigu et sa valeur est de 79° 29′. J'ai déjà annoncé que la chabasie se trouvait à Oberstein, dans les amygdaloïdes associées au grès rouge ; elle existe aussi dans les amygdaloïdes trappéennes de Färoë en Islande et de Fassa en Tyrol.

PHAKOLITE.

J'avais d'abord eu l'intention de réunir la phakolite à la chabasie, dont elle se rapproche par la forme et par la compo-

[1] *Annales de Poggendorff*, t. XXV, p. 495.
[2] *Handwörterbuch, der mineralogie*, t. Ier, p. 149.
[3] *Traité de minéralogie*, t. Ier, p. 334.
[4] *Afhandl. i Fys*, t. VI, p. 190.

sition ; toutefois les proportions différentes de silice et d'eau, qui ne permettent pas d'adopter la même formule pour ces deux espèces, m'ont engagé à décrire la phakolite à part, tout en annonçant la possibilité de sa réunion à la chabasie.

Les cristaux de phakolite, *fig.* 234, pl. 184, affectent la forme d'un dodécaèdre bi-pyramidé comme l'hydrolite, ce qui pourrait la faire également considérer comme une variété de cette espèce; mais on observe sur les faces de la pyramide, des stries, et quelquefois même des angles rentrants qui montrent que ces cristaux sont formés de la réunion de trois rhomboèdres, comme cela a lieu pour la phénakite (*fig.* 95, *pl.* 161). D'après les mesures de M. Breithaupt, qui a fait connaître cette espèce, l'angle de ce rhomboèdre serait de 94° 24; il ne diffère que de quelques minutes du rhomboèdre de la chabasie, qui est de 94° 46'.

Les cristaux sont arrondis et fort surbaissés, ce qui leur donne pour la forme une certaine analogie avec les polypiers désignés sous le nom de *lenticulites*.

La phakolite est blanche, hyaline ; assez dure, elle raye le verre avec difficulté ; sa pesanteur spécifique est de 21,20 ; dans le tube elle donne de l'eau par la calcination ; au chalumeau elle fond en un verre blanc laiteux ; soluble avec facilité dans les acides ; la composition de ce minéral résulte des analyses suivantes :

	Par le docteur Anderson[1].				Par Rammelsberg[2].			
			Oxyg.	Rapp.	I.	II.	Oxyg.	Rapp.
Silice........	45,628	»	23,71	8	46,20	46,46	24,14	8 ou 7 ?
Alumine.....	18,480	9,08 }	9,22	3	22,30	21,45	10,01	3
Perox. de fer.	0,431	0,14 }			10,34	10,45	2,93 }	
Chaux.......	13,304	3,74 }			0,34	»	0,24 }	1
Magnésie....	0,143	0,05 }	4,44	1	1,77	0,95	0,22 }	
Soude.......	1,684	0,43 }			»	1,29		
Potasse.....	1,314	0,22 }			»	»		
Eau.........	17,976	»	15,98	5	19,05	19,40	17,24	5
	99,960				100,00	100,00		

[1] *Trans. of the royal Society of Edinburg*, t. XV, p. 333.

[2] *Minéralogie de Rammelsberg*, premier supplément, p. 112.

Ces rapports peuvent être représentés par les expressions $3AlSi^2 + CaSi^2 + 5Aq$ ou $3AlSi^2 + CaSi + 5Aq$.

La phakolite provient de Leipa en Bohême; elle tapisse les cavités d'une amygdaloïde rougeâtre, paraissant décomposée.

LÉVYNE.

Ce minéral a été signalé pour la première fois par M. Heuland, dans les cavités d'une amygdaloïde de Dalsnypen, dans l'île de Fâroë, où il est accompagné de chabasie et d'analcime; il en a communiqué un échantillon à M. Brewster qui, après avoir reconnu, par l'examen des propriétés optiques, qu'il constituait une espèce distincte, l'a désigné sous le nom de *lévyne*, en l'honneur du savant cristallographe, auquel on doit la connaissance de plusieurs espèces intéressantes.

La forme primitive de la lévyne est un rhomboèdre aigu, *fig.* 235, *pl.* 184, sous l'angle de 79° 29′; les cristaux ordinaires sont de ses tables à six faces aplaties, *fig.* 236, portant des biseaux sur les faces du prisme, et des gouttières sur chacun de ses angles ; il résulte de cette disposition que les cristaux de lévyne sont le produit du groupement de trois cristaux associés suivant le même axe, et placés l'un par rapport à l'autre sous l'angle de 60°. On a indiqué en outre comme appartenant à la lévyne des cristaux, *fig.* 237, qui seraient également des macles formées de la réunion de trois rhomboèdres; mais les échantillons qui affectent cette forme me paraissent appartenir à de la chabasie; ils sont de couleur rouge de chair, et proviennent de Hartfield-Moss en Ecosse, où il existe des cristaux appartenant à cette espèce minérale.

La lévyne possède des clivages difficiles parallèlement aux faces P; sa cassure est inégale, ou imparfaitement conchoïde; son éclat est vitreux; sa couleur est le blanc laiteux; elle est fortement translucide; elle raye le verre; sa dureté peut être représentée par 5; sa pesanteur spécifique est de 21,98.

Au chalumeau, elle gonfle, blanchit et se fritte; avec le

sel de phosphore, donne un globule transparent avec un nuage de silice; elle devient opaque par le refroidissement. La lévyne est difficilement soluble dans les acides.

La lévyne a été successivement analysée par Thompson, Berzélius et Connell; mais il a régné de l'incertitude sur la composition de ce minéral jusqu'au travail récent de MM. Descloizeaux et Damour. Cette incertitude est le résultat de la difficulté d'obtenir des cristaux de lévyne exempts de mélange, en sorte que les analyses présentent des différences assez notables; M. Descloizeaux ayant recueilli, dans le voyage qu'il a fait en Islande dans le courant de l'été dernier, des cristaux bien déterminés de lévyne, M. Damour a eu à sa disposition des matériaux purs pour en faire l'analyse, et les résultats qu'il a obtenus présentent la véritable composition de ce minéral.

	De Faroë, par Berzélius [1].	De l'île de Sky, par Connell [2].	De Faroë, par Damour [3].	Oxyg.		Rapp.
Silice........	48,00	46,30	44,48		23,10	6
Alumine......	20,00	22,47	23,77		11,11	3
Chaux........	8,35	9,72	10,71		3,01	1
Soude........	2,86	1,55	1,38	0,35	0,61	
Potasse.......	0,41	1,26	1,61	0,26		
Magnésie.....	0,40	Ox. fer. 0,96	»			
Eau..........	19,30	19,51	17,41		15,47	4
	99,32	102,07	99,36			

Les rapports atomiques entre les éléments de la lévyne, tels qu'ils résultent de l'analyse de M. Damour, sont représentés par les formules :

$$\overset{......}{Al\,Si} + (\dot{Ca}, \dot{K}, \dot{Na})\,\ddot{Si} + 4\dot{H}, \text{ ou } 3Al\,Si + Ca\,Si^2 + 4Aq.$$

M. Damour remarque que la lévyne, par sa composition, peut se placer à la suite de la mésotype et de la scolézite, minéraux dans lesquels on observe les rapports suivants entre l'oxygène et la silice.

[1] *Ebendas*, 146.
[2] *Edinburg, Journ. of Sciences*, 1829, p. 262.
[3] *Annales des mines*, quatrième série, t. IX, p. 333.

	$\dot{B}$	$\dddot{Al}$	$\dddot{Si}$	$\dot{H}$.
Mésotype..	1 :	3 :	6 :	2.
Scolézite...	1 :	3 :	6 :	3.
Lévyne....	1 :	3 :	6 :	4.

La lévyne a été retrouvée dans le comté d'Antrim en Irlande; à Skagartrand en Irlande; dans le Vicentin; on l'a également indiquée à Hartfield-Moss, dans le Renfrewshire en Ecosse; la variété qui provient de cette dernière localité est rouge de chair, et il existe quelques doutes sur sa véritable nature, ainsi que je l'ai fait remarquer plus haut.

HYDROLITE.

Gmélinite; Sarcolite.

Vauquelin, auquel on doit la première analyse de ce minéral, l'avait confondu, à cause de sa couleur rosée, avec la sarcolite du Vésuve; l'hydrolite a été également comparée à tort à l'analcime; M. Leman, dans la description qu'il a publiée du musée minéralogique de M. Drée, l'a distinguée sous le nom d'*hydrolite;* plus tard Brewster lui a donné le nom de *gmélinite*, en l'honneur du célèbre professeur auquel la minéralogie est redevable de nombreux travaux chimiques importants. Trouvée d'abord à Montecchio-Maggiore et à Castel, dans le Vicentin, en cristaux tapissant les cavités d'une amygdaloïde, elle a été recueillie plus tard à Glenarm, dans le comté d'Antrim en Irlande, dans une roche analogue; je présume qu'elle existe également dans la Nouvelle-Ecosse, du moins un cristal que M. Clemson, ancien élève des mines, aujourd'hui ministre plénipotentiaire des Etats de l'Union près du gouvernement belge, a donné au cabinet de minéralogie de l'Ecole des mines, semble l'indiquer d'une manière certaine; il était adhérent à une roche porphyrique décomposée. La netteté des faces du cristal d'hydrolite de M. Clemson m'a permis d'en mesurer les angles avec beaucoup d'exactitude.

La forme primitive de l'hydrolite est un prisme à six faces régulier, *fig.* 258, pl. 185, dont les dimensions sont

B : H :: 10 : 8. Ces dimensions sont un peu différentes de celles qui résultent des angles obtenus par M. Brewster.

La forme ordinaire est le même prisme, *fig*. 239, surbaissé et surmonté d'une pyramide à six faces basée b^1.

Les angles connus sont :

	Pour les cristaux du Vicentin.	De l'état de New-Jersey.
P sur b^1	= 138° 12′.	139° 50′.
M sur b^1	= 131° 48′.	130° 5′.
b^1 sur b^1 par-dessus M	83° 36′.	80° 6′.
b^1 sur b^1 contigus	= »	142° 10′.

La dureté de l'hydrolite est de 4,5 ; elle ne raye pas le verre. La pesanteur spécifique de celle d'Antrim est, d'après Brewster, 20,5. Celle d'Amérique, par Descloizeaux, est 20,5 à 20,7.

Les échantillons d'Irlande et du Vicentin sont d'un rose couleur de chair ; le cristal de New-Jersey est d'un blanc laiteux ; l'Ecole des mines possède en outre des cristaux de Bohême, qui sont hyalins et vitreux, quoique un peu opalins.

Fusible au chalumeau avec boursouflement en un verre blanc et hyalin; elle donne de l'eau par calcination, et se dissout dans les acides.

La composition de l'hydrolite de Montecchio-Maggiore, de Castel et d'Irlande est donnée par les analyses suivantes :

	De Montecchio-Maggiore, par Vauquelin [1].			de Castel,	De Glenarm, par Rammelsberg [2].			
		Oxyg.	Rapp.		I.	II.	Oxyg.	Rap.
Silice.......	50,00	25,97	11	50,00	46,40	46,54	24,18	8
Alumine. ..	20,00	9,34	4	20,00	21,08	20,17	9,42	3
Chaux......	4,50	1,26 }	1	4,25	3,67	3,89	1,09 }	
Soude......	4,50	1,15 }		4,25	7,30	7,10	1,82 }	1
Potasse....	»	»		»	1,60	1,87	0,31 }	
Eau........	21,00	18,67	8	20,00	20,40	20,41	18,13	6
	100,00			98,50	100,45	100,98		

Bien que les résultats de ces analyses soient très-rap-

[1] *Annales du Muséum*, t. IX, p. 249, et t. XI, p. 42.
[2] *Annales de Poggendorff*. t. XLIX, p. 211.

prochés les uns des autres, cependant on peut en tirer des relations différentes.

M. Beudant représente l'hydrolite de Montecchio-Maggiore et de Castel par la formule :

$$4Al\,Si^2 + (Ca,\ Na)\,Si^3 + 8Aq.$$

L'analyse de Rammelsberg est mieux représentée par l'expression :

$$3Al\,Si^2 + (Ca,\ Na,\ K)\,Si^2 + 6Aq.$$

Elle est en outre plus simple, et me paraît sous ce rapport préférable à la précédente.

Analogies. — Les cristaux de Montecchio-Maggiore et surtout ceux d'Irlande offrent de la ressemblance avec la variété de *chabasie* tri-rhomboïdale, ainsi qu'avec la *lévyne.*

Les cristaux de New-Jersey sont presque identiques avec la *chaux phosphatée* blanche du Saint-Gothard ; l'étude de la forme distingue l'hydrolite des deux premières espèces ; la chaux phosphatée se présente au contraire comme l'hydrolite en prisme annulaire à six faces ; dans ce cas, il faut constater la présence de l'eau ou la pesanteur spécifique, caractères qui ne laissent de doute ni sur l'une ni sur l'autre espèce.

Lédérérite. — Ce minéral, décrit par M. A.-A. Hayes [1], est précisément l'hydrolite du cap Blemidon dans la Nouvelle-Ecosse, dont j'ai donné les angles ci-dessus ; la netteté des cristaux qui proviennent de cette localité me les fait même regarder comme le meilleur type de cette espèce. Toutefois je les cite à part, attendu que, d'après l'analyse de M. Hayes, ils contiennent une certaine quantité de phosphate de chaux, et que M. Berzélius, qui avait d'abord admis que ce phosphate était à l'état de mélange, a supposé plus tard qu'il était combiné ; la première manière de voir me paraît de beaucoup préférable, attendu que l'identité de l'hydrolite et de la lédérérite serait fondée à la fois sur la forme cristal-

[1] *Journal de Silliman*, t. XXV, p. 73.

line et sur la composition, la formule atomique étant, sauf la quantité d'eau, la même pour ces deux minéraux.

		Oxyg.			Rapp.
Silice	49,47	25,70			8
Alumine	21,48	10,05			3
Chaux	11,48	3,22	2,04 +	1,18	
Soude	3,04	1,01	»		1
Oxyde de fer	0,14	0,03	»		
Acide phosphorique	3,48	1,95		1,95	
Eau	10,01	8,89			3?
	100,00				

En supposant que l'acide phosphorique soit à l'état de phosphate de chaux, on trouve qu'il doit absorber, 2,37 de chaux, correspondant à 1,18 d'oxygène ; la formule devient donc :

$$3Al\,Si^2 + (Ca, Na)\,Si^2 + 3Aq.$$

La formule admise par M. Berzélius est :

$$3(\dot{Ca}, \dot{Na})^3 \dddot{Si}^2 + 3\dddot{Al}\,\dddot{Si}^2 + 6\dot{H} + Ca(Gl, Fl) + 3\dot{Ca}\ddot{P}.$$

HERSCHELITE.

Ce minéral provient d'Aci-Reale en Sicile ; il se trouve en cristaux blancs, translucides et opaques, ayant la forme de tables à six faces, dont chaque face est remplacée par un biseau b^1, b^1. Ces tables sont souvent réunies par leur base, à la manière de la prehnite, c'est-à-dire un peu en éventail. L'herschelite est adhérente à une roche entièrement composée de petits grains cristallins d'olivine.

M. Lévy[1], auquel on doit la description de cette espèce, a trouvé que les angles sont : P sur $b^1 = 132°$; b^1 sur $b^1 = 124° 45'$. En admettant que la forme primitive soit un prisme hexagonal régulier, et que la modification en indique la hauteur, le côté de la base de ce prisme est à très-peu près égal à sa hauteur.

La base est généralement terne et courbe ; les faces b^1 sont

[1] *Annals of philosophy*, t. X, p. 361, 1825.

brillantes, mais on y observe des plans en gradins, qui apportent de la difficulté à la mesure.

Il y a encore peu de mois, il régnait de l'incertitude sur la composition de ce minéral ; aucune analyse régulière n'en avait été faite ; on savait seulement, par un essai de M. Wollaston, qu'il contenait de la silice, de l'alumine et de la potasse ; M. Scacchi, directeur du Musée de minéralogie de Naples, ayant adressé à M. Damour des morceaux très-purs d'herschelite, ce chimiste distingué a pu en faire une analyse qui constate son identité avec l'hydrolite.

Les résultats qu'il a obtenus sont [1] :

	I.	Oxyg.	Rapp.	II.	Oxyg.		Rapp.
Silice.......	47,37	24,62	8	47,46		24,65	8
Alumine....	20,90	9,76	9	20,18		9,42	3
Soude......	8,33	2,13		9,35	2,39		
Potasse.....	4,39	0,74	1	4,17	0,70	3,16	1
Chaux......	0,38	0,11		0,25	0,07		
Eau........	17,84	15,85	5	17,65		15,68	5
	99,23			99,06			

Toutefois on remarquera : 1° que l'herschelite ne contient pas sensiblement de chaux ; 2° qu'elle présente une proportion moindre d'eau ; cette dernière circonstance tient à ce que M. Damour a fait sécher dans le vide les cristaux sur lesquels il a opéré, et qu'ils ont perdu environ 2 pour 100 d'eau hygroscopique ; il est probable que le même phénomène se serait présenté pour les cristaux d'Irlande et du Vicentin. En adoptant cette manière de voir de M. Damour, la formule représentant ces deux minéraux serait :

$$3Al\,Si^2 + (Na,\ K,\ Ca)\,Si^2 + 5Aq.$$

L'identité de l'hydrolite et de la herschelite ressort également des autres caractères ; elle est d'un blanc pur ; sa pesanteur spécifique est de 20,6. Chauffée dans le matras, elle

[1] *Annales de chimie et de physique*, troisième série, t. XIV.

laisse dégager beaucoup, et elle se fond au chalumeau en un émail blanc de lait; les acides l'attaquent très-facilement. Je dois toutefois faire remarquer qu'il existe une assez grande différence entre les angles de l'hydrolite et de l'herschelite, circonstance dont l'état de la surface des cristaux pourrait peut-être rendre compte.

L'herschelite provient d'Aci-Reale en Sicile, elle tapisse les cavités d'une roche volcanique; les cristaux sont le plus ordinairement fortement agrégés à la manière de la prehnite.

BEAUMONTITE.

Ce minéral, encore très-rare, que M. Lévy [1] a dédié à M. Elie de Beaumont, provient de Baltimore aux Etats-Unis; il est en petits prismes à bases carrées, surmontés par des pyramides obtuses, *fig.* 241, *pl.* 185; tous les cristaux offrent les deux sommets, et sont étroitement engagés entre eux; les incidences des faces de la pyramide terminale, mesurées avec le goniomètre de Wollaston, sont de 132° 20′, pour deux faces dont l'intersection est parallèle à un des bords de la base de la forme primitive, et de 147° 18′, pour deux faces dont l'intersection est inclinée à cette base. D'après ces mesures, la forme primitive de la beaumontite est un prisme droit à base carrée, *fig.* 240, dont le rapport d'un des côtés de la base à la hauteur est B : H :: 23 : 10. Les cristaux se clivent facilement parallèlement aux faces latérales de la forme primitive, mais plus aisément parallèlement à une des faces, que parallèlement à l'autre; cette plus grande facilité correspond à un éclat nacré particulier. Cette différence dans le clivage et dans l'éclat pourrait faire supposer que le prisme est simplement rectangulaire.

La couleur des cristaux de beaumontite est le blanc jaunâtre; ils sont translucides; leur dureté est à peu près la même que celle de la chaux phosphatée. Leur pesanteur spécifique est de 22,40.

---

[1] *Journal de l'Institut*, 1839, n° 313, p. 455.

Dans le tube fermé, la beaumontite donne de l'eau, blanchit, gonfle et devient farineuse. Sur le fil de platine, elle produit une perle blanche et opaline. Elle résiste aux acides, ce qui paraît en opposition avec les caractères qu'elle présente au chalumeau, qui sont ceux des zéolithes. Cependant en poudre fine, l'acide sulfurique la décompose complétement, et la silice se sépare à l'état grenu.

M. Delesse [1], ingénieur des mines et professeur de minéralogie à la Faculté de Besançon, a trouvé la beaumontite composée de :

		Oxyg.		Rapp.
Silice	64,20		33,3	15.
Alumine	14,10		6,6	3.
Protoxyde de fer.	1,20	0,3		
Chaux	4,80	1,3	2,2	1.
Magnésie	1,70	0,6		
Soude et perte	0,60			
Eau	13,40		11,9	5.

Ces résultats conduisent aux formules :

$$\ddot{\overline{A}}l\,\dddot{S}i^3 + (\dot{C}a,\ \dot{f}e,\ \dot{M}g)\,\dddot{S}i^2 + 5\dot{\overline{H}},\ \text{ou}\ 3Al\,Si^4 + (Ca,\ fe,\ mg)\,Si^3 + 5Aq.$$

Ce minéral contient plus de silice qu'aucune zéolithe connue ; c'est sans doute à cette propriété qu'il faut attribuer sa résistance à l'action des acides ainsi que sa dureté.

Les cristaux de beaumontite sont associés avec des cristaux de haydénite d'un jaune brunâtre ; ils forment une petite couche, sur une roche granulaire, composée en grande partie de grains de quartz et de haydénite.

HARMOTOME.

Andréolite ; Andreasbergolite ; Hyacinthe blanche cruciforme ; pierre cruciforme ; Ercinite ; Kreuzstein.

La disposition particulière des cristaux d'harmotome, qui sont croisés à angles droits, *fig.* 246, *pl.* 186, a été remarquée depuis très-longtemps ; aussi trouve-t-on la description de ce

[1] *Thèse sur l'emploi de l'analyse chimique dans les recherches de minéralogie*, p. 16, 1843.

minéral dans les auteurs les plus anciens, notamment dans Vallerius, où elle porte le nom de *kreutzstein*, *pierre de croix*. Ce croisement régulier existe dans plusieurs autres minéraux, comme dans la staurotide ; mais outre que la couleur en est différente, les axes sont à angles droits ; toutefois il est très-probable que la pierre de croix des anciens minéralogistes renferme deux espèces distinctes, que Gmelin a désignées sous les noms d'*harmotome d'Andréasberg* et *harmotome* de *Marbourg*, qu'on peut distinguer d'une manière plus générale par les noms d'*harmotome barytifère* et d'*harmotome à base de chaux*, attendu que l'une et l'autre espèce se trouvent dans plusieurs localités.

Les cristaux d'harmotome sont rarement simples ; cependant on connaît en Saxe et au cap Strontian, en Écosse, des échantillons dans lesquels on n'aperçoit pas d'angles rentrants. Thomson avait désigné ces derniers sous le nom de *morvénite*, mais MM. Descloizeaux [1] et Damour ont montré qu'ils appartiennent à l'harmotome barytifère ; leur forme est celle d'un prisme à six faces, aplati par la modification g^1, parallèle au plan diagonal ; ces cristaux portent un pointement à quatre faces b^1, placé sur les arêtes de la base, *fig*. 243, *pl*. 185 : ils dérivent d'un prisme rhomboïdal droit, *fig*. 242, sous l'angle de 110° 30′, dans lequel les dimensions sont B : H :: 59 : 93. Dans quelques cristaux il existe en outre sur la base une pyramide quadrangulaire très-surbaissée, analogue à celle que l'on observe sur l'anatase ; l'incidence de deux faces de cette pyramide étant, d'après M. Descloizeaux, de 178° 28′, le signe cristallographique qui les représente serait à peu près b^{70}.

Les cristaux de morvénite sont ordinairement allongés suivant leur axe principal, ce qui leur donne un aspect différent de ceux de l'harmotome d'Andréasberg, qui sont allongés dans

---

[1] Examen cristallograph. et analyse de la morvénite ; réunion de ce minéral à l'harmotome. *Annales des mines*, quatrième série, t. IX, p. 339.

le sens de la petite diagonale de la base; en outre, dans ceux-ci les faces M manquent presque toujours, ou elles ne sont indiquées que par des plans très-étroits ; elles sont au contraire assez développées dans les cristaux de Strontian. Dans les cristaux d'harmotome d'Oberstein, *fig.* 244, *pl.* 186, les faces M sont également assez étendues.

Les *fig.* 246, 247 et 248 montrent la disposition des cristaux croisés.

L'harmotome présente trois clivages, un parallèle à la base et deux suivant les faces M ; il existe un quatrième clivage parallèle à la modification g^1 ; ce clivage ainsi que celui suivant P sont très-faciles; c'est la disposition des clivages qui m'a engagé à adopter pour forme primitive le prisme rhomboïdal droit, ainsi que M. Lévy l'a proposé; Haüy avait pris pour cette même forme l'octaèdre rectangulaire résultant des faces b^1 prolongées. L'axe horizontal de cet octaèdre était en outre placé verticalement, en sorte que les faces P et g^1 de nos figures représentent les faces *o* du prisme rectangulaire de Haüy.

Les principaux angles sont :

	Morvénite, par M. Descloizeaux.		Harmotome,	
	Angles observés.	Angles calculés.	par Phillips.	par Lévy.
M sur M	= 110° 30′.	110° 56′ 32″.	110° 26′.	110° 20′.
P sur M	= 90°.		90°.	90°.
M sur g^1	= »	124° 31′ 44″.	125° 5′.	125° 25′.
b^1 sur b^1	= 121° 30′	»	»	»
b^1 sur b^1 de retour	= 89° 30′.	»	»	89° 45′.
P sur b^1	= 120° 47′.	120° 27′ 15″.	»	121° 5′.
M sur b^1	= 150°.	149° 32′ 45″.	149° 32′.	149° 35′.
a^1 sur a^1	= »	»	»	69° 30′.
M sur b^{70}	= 151° 35′.	»	»	»
b^{70} sur b^1	= 177° 57′.	»	»	178°.

La couleur de l'harmotome est le blanc laiteux, quelquefois un peu jaunâtre ; les cristaux d'Andréasberg et de Norwège sont opaques ; ceux de Strontian sont fréquemment hyalins, surtout pour la variété désignée sous le nom de morvénite ; son éclat est vitreux ; sa dureté est de 4,25 ; elle raye la chaux fluatée, et elle est rayée par la chaux phosphatée. Sa cassure et inégale et raboteuse.

Pesanteur spécifique de l'harmotome d'Andréasberg....	23,92
M. Damour a trouvé pour l'harmotome d'Écosse........	24,98
— pour la morvénite....................................	24,47

Au chalumeau, les cristaux de ces deux variétés dégagent de l'eau, blanchissent et deviennent friables à la première application de la chaleur ; ils fondent ensuite difficilement sur les bords en un verre demi-transparent.

Réduits en poudre, ils sont attaqués facilement par l'acide hydrochlorique, sans former gelée ; de la silice pulvérulente et très-blanche se dépose de la dissolution.

La composition de l'harmotome est, d'après les analyses suivantes :

	De Strontian, par Connell[1].	De Norwège, par Berzélius[2].	D'Oberstein, par Köhler[3]. Oxyg.	De... par Kobell[4].	D'Andreasberg, par Rammelsberg[5]. I	II	Oxyg.	Rapp.
Silice......	47,04	44,10	22,86	46,65	48,14	48,68	25,29	12
Alumine...	15,24	20,14	9,40	16,54	17,85	16,83	7,86	3
Baryte.....	20,85	18,27	1,91	19,12	19,94	20,08	2,10	1
Chaux.....	0,10	»	»	1,10	»	»	»	
Potasse....	0,88	»	»	1,10	»	»	»	
Eau........	14,92	17,19	16,28	15,25	14,07	14,68	13,05	6
	99,03	100,00		99,76	100,00	100,27		

	Harmotome du cap Strontian, par M. Damour.	Oxyg.	Rapp.	Morvénite, I.	II.	Oxyg.	Rapp.
Silice.......	47,74	24,80	12	47,60	47,59	24,72	12
Alumine....	15,68	7,32	3	16,39	16,71	7,80	3
Baryte......	21,06	2,20	1	20,86	20,45	2,14	1
Oxyde de fer.	0,51	»	»	0,65	0,56	»	
Potasse......	0,78	»	»	0,81	»	»	
Soude.......	0,80	»	»	0,74	»	»	
Eau........	13,19	11,72	6	14,16	14,16	13,38	6
	99,76			101,21	99,47		

On remarquera d'abord que ces analyses offrent une grande analogie ; que celles de l'harmotome du cap Strontian par

---

[1] *Edinb. new. philos. Journ.*, 1832, juillet, p. 33.
[2] *Jahresbericht*, t. V, p. 214. — [3] *Annales de Poggendorff*, t. XXXVII, p. 561.
[4] *Handwörterbuch der mineralogie*, t. I, p. 291.
[5] *Handwörterbuch der mineralogie*, t. I, p. 290.

M. Damour, et d'Andréasberg par Rammelsberg sont presque identiques avec les résultats obtenus par le premier de ces chimistes pour la morvénite ; il ne peut donc exister aucun doute sur la réunion de la morvénite à l'harmotome, puisque la forme cristalline et la composition de ces deux minéraux sont les mêmes.

Malgré la grande analogie qui résulte, pour la composition de l'harmotome, des analyses citées ci-dessus, elles mènent cependant à des rapports un peu différents.

M. Berzélius admet le rapport....	1 : 5 : 12 : 8
MM. Kobell et Rammelsberg.....	1 : 4 : 10 : 6
M. Köhler celui de.............	2 : 7 : 18 : 12

M. Damour remarque que ses analyses ainsi que celles de Rammelsberg et de Kobell sont assez bien représentées par le rapport :

1 : 3 : 12 : 6.

Dans cette supposition, l'harmotome aurait pour formule :

$$\dddot{A}l\,\dddot{S}i^3 + \dot{B}a\,\dddot{S}i + 6\dot{H}, \text{ ou } 3Al\,Si^3 + Ba\,Si^3 + 6Aq.$$

C'est ce rapport que M. Damour adopte à cause de son identité avec celui qui représente la composition de la stilbite. Du reste il s'accorde assez bien avec les analyses, car en calculant les éléments de l'harmotome d'après cette supposition, on trouve :

		En 100.
4 atomes de silice.....	= 2309,24	50,38
1 atome d'alumine....	= 642,33	14,02
1 atome de baryte....	= 956,88	20,87
6 atomes d'eau.......	= 674,88	14,73
	4583,33	100,00

M. Damour[1] fait observer, à propos des cristaux maclés d'harmotome, qu'il a souvent remarqué « qu'en faisant cristalliser

[1] Mémoire ci-dessus cité, p. 348.

« des sels, les cristaux qui se déposent d'une dissolution « pure et homogène, livrée à l'évaporation spontanée, ne « sont jamais maclés, tandis que ceux qui prennent nais- « sance dans une dissolution renfermant d'autres sels, ou des « matières susceptibles de réagir sur cette dissolution, of- « frent souvent au contraire des cristaux hémitropes; cette « supposition rendrait, ajoute M. Damour, raison de la diffi- « culté qu'on éprouve à trouver des nombres offrant entre « eux un rapport simple dans l'analyse d'une substance de- « puis longtemps soumise à l'examen des minéralogistes. »

Analogies. — Les cristaux d'harmotome croisés ne sauraient se confondre avec aucun autre minéral; lorsqu'ils sont simples, leur forme dodécaèdre les rapproche du *zircon*, de l'*apophyllite*, de la *stilbite* et de la *phillipsite*. La dureté et la couleur excluent tout d'abord le zircon; l'apophyllite est un prisme à base carrée, et toutes les modifications se représentent au nombre de quatre; elle possède en outre un clivage très-facile parallèlement à la base; la stilbite a un clivage très-facile dans le sens de l'axe; elle s'exfolie sur les charbons ardents, enfin ses cristaux sont ordinairement formés de la réunion de cristaux appliqués suivant les plans de clivage, en sorte que les faces du sommet sont rugueuses. Quant à la phillipsite, la mesure de l'angle du pointement, qui est de 122 degrés environ, et l'absence de baryte sont les deux caractères essentiels; on doit ajouter que la phillipsite est disséminée dans une roche volcanique, ce qui donne encore un moyen de reconnaissance.

Gisement. — L'harmotome garnit l'intérieur des géodes de roches amygdaloïdes, notamment à Oberstein, dans la Prusse rhénane; elle est disséminée dans des filons, comme à Andréasberg, au Hartz et au cap Strontian en Ecosse. Celle de Kongsberg, qui se distingue par une couleur rose de chair, tapisse aussi des cavités dans la roche amphibolique, dans laquelle est exploitée la belle mine d'argent de Kongsberg; ses gisements sont les mêmes que ceux de la stilbite.

CHRISTIANITE.

Harmotome de Marbourg; Harmotome à base de chaux: Phillipsite en partie.

MM. Gmelin et Hepel, ont publié en 1825 un Mémoire dans lequel ils ont montré que l'harmotome devait être divisée en deux espèces, sous les noms d'*harmotome à baryte*, et d'*harmotome à base de chaux;* les caractères extérieurs de ces deux espèces sont les mêmes; cependant la cristallisation, quoique analogue, diffère notablement, ainsi qu'il résulte de la comparaison suivante des angles:

Christianite.		Morvénite.	Christianite.		Morvénite.
M sur M	110°	110° 30′	M sur b'	147° 30′	149° 32′.
M sur b^1	70	»	M sur g^1	124°	124° 32′.
M sur P	92 ?	90	b' sur b'	121°	121° 30′.
P sur b^1	121° à 122′.	120° 47′.	b' sur b' de retour	92° (Gmelin)	89° 30′.

Je ferai remarquer que cette différence s'est reproduite dans les échantillons de Marbourg, ainsi que dans l'harmotome d'Annerode; que la composition des cristaux de ces deux localités offre une grande analogie, enfin que l'harmotome d'Islande est également, d'après un travail de M. Damour, à base de chaux; il résulte de ces différents faits que ce minéral se présente avec des caractères de constance telle qu'il est nécessaire de le séparer d'une manière définitive de l'harmotome proprement dite ; cette distinction avait depuis longtemps été effectuée par plusieurs minéralogistes, qui avaient associé l'harmotome calcaire à la phillipsite; mais les analyses de phillipsite par Marignac, que j'ai citées, établissent que cette réunion ne saurait avoir lieu; d'après ces observations j'ai donc cru devoir ériger l'harmotome calcaire en une espèce particulière. J'ai adopté pour cette espèce le nom de *christianite*[1] que M. Descloizeaux a proposé en l'honneur de Sa Majesté le roi de Danemarck CHRISTIAN VIII, qui accorde une protection si éclairée aux sciences naturelles, et se livre lui-même avec un si grand intérêt à l'étude de la minéralogie.

---

[1] Je rappellerai que le minéral du Vésuve désigné par Monticellie, sous le nom de *christianite*, n'est qu'une variété d'anorthite.

La christianite est un peu moins dure que l'harmotome.

La pesanteur spécifique de la christianite de Marbourg est de 21,66.
— — de Habichtswalde. 21,65.
— — de l'Islande....... 22.

La christianite est d'un blanc laiteux opaque; elle devient friable à la flamme d'une bougie. Au chalumeau, elle se disperse à une chaleur vive, se fond ensuite sans se boursoufler en un verre translucide et bulleux; à une chaleur lente, elle se dissout très-facilement dans le borax. Elle se dissout en totalité dans l'acide hydrochlorique étendu.

La composition de la christianite résulte des analyses suivantes :

	De Stempel près Marbourg, par Gmelin et Hepel [1].	Oxyg.		D'Annerode, près Giessen, par Wernekink [2].	D'Habichtswalde, près Cassel, par Köhler [3].	D'Islande, par Damour [4].	Oxyg.	
Silice.........	48,02	24,95	8	48,36	48,22	48,41	25,15	8
Alumine......	22,60	10,29	3	20,20	23,33	22,04	10,30	3
Chaux........	6,56	1,84 }	1	5,91	7,22	8,49	2,38 }	1
Potasse.......	7,50	1,21 }		6,41	3,90	6,19	1,05 }	
Baryte........	»	»		0,46	»	»	»	
Oxyde de fer et de magnésie.	0,18	»		0,41	»	»	»	
Eau..........	16,75	14,89	4,5	17,09	17,55	15,60	13,86	4
	100,61			98,64	100,22	100,73		

Ces résultats offrent la plus grande analogie; la quantité d'eau est seulement un peu plus forte dans les trois premières analyses que dans celle de M. Damour; cette différence tient probablement à la précaution que ce dernier chimiste a prise de faire sécher la matière à analyser pendant plusieurs jours, sous une cloche, au-dessus d'une capsule contenant de l'acide sulfurique concentré.

Les formules qui représentent le mieux ces différentes analyses sont :

$$3\ddot{\ddot{Al}}\,\dddot{Si}^2 + (\dot{Ca}, \dot{K})^3\,\dddot{Si}^2 + 12\,\dot{\text{H}},\ \text{ou}\ 3Al\,Si^2 + (Ca, K)\,Si^2 + 4Aq.$$

[1] *Leonhard zeitschrift für minéralogie*, 1825, p. 1.
[2] *Annales de Gilbert*, t. LXXVI, p. 171.
[3] *Annales de Poggendorff*, t. XXXVII, p. 561.
[4] *Annales des mines*, quatrième série, p. 336, 1846.

Gisement et Analogies. — La christianite paraît appartenir essentiellement aux terrains volcaniques. Celle de Stempel, près Marbourg, se trouve dans une wacke basaltique ; il en est de même de celle d'Annerode. La christianite d'Islande est en géodes, dans une amygdaloïde volcanique ; les analogies sont les mêmes que pour l'harmotome, et ce sont les mêmes caractères qui servent à la distinguer.

ANALCIME.

Zéolite dure ; Cubicite.

Ce minéral a été signalé pour la première fois par Dolomieu, qui en a recueilli une variété hyaline et très-brillante aux îles Cyclopes, où elle recouvre un basalte. Mais c'est Haüy qui l'a érigé en espèce et en a fait connaître les caractères.

L'analcime cristallise dans le système cubique ; les cristaux sont, *fig.* 250, *pl.* 187 : le cube portant une troncature triple a^2 sur chaque angle ; le trapézoèdre, *fig.* 251, qui est le résultat du prolongement de ces mêmes faces a^2 ; enfin un hexatétraèdre très-obtus, *fig.* 252, dont le signe est inconnu.

Elle présente un clivage parallèle aux faces du cube, mais difficile à obtenir. Cependant, dans certains cristaux de Fassa, il est assez marqué pour que la cassure devienne imparfaitement lamelleuse ; elle est généralement inégale, ondulée ; à grains très-fins, lorsque les cristaux sont opaques.

On cite de l'analcime mamelonnée ou globulaire ; l'Ecole des mines possède des échantillons de cette variété ; mais je ne crois pas que leur identité avec les cristaux soit bien certaine ; elle m'a paru beaucoup plus tendre.

La couleur de l'analcime est le blanc avec des nuances de rouge couleur de chair. Souvent opaque, elle est fréquemment transparente, quelquefois complétement hyaline ; les cristaux ont alors beaucoup d'éclat et une cassure vitreuse.

Sa dureté est environ 6 ; elle raye le verre avec difficulté. La pesanteur spécifique de l'analcime de Fassa est de 20,68 ;

celle des cristaux d'Irlande est, d'après M. Thomson, de 22, 78.

L'analcime donne de l'eau dans le tube d'essai ; au chalumeau, elle fond sans ébullition en un globule vitreux. Elle forme une gelée avec l'acide hydrochlorique.

La composition de l'analcime ne présente que peu de variation, ainsi qu'il résulte des analyses suivantes :

	De Kilpatrik en Écosse, par Connell[1].	De Blagodat en Oural, par Henry[2].	De la Chaussée des Géants, par Thomson[3].	De Fassa en Tyrol, par H. Rose[4].	Oxyg.	Rapp.
Silice.......	55,07	57,34	55,60	55,62	28,63	8
Alumine....	22,23	22,58	23,00	22,99	10,74	3
Soude......	13,71	11,86	14,65	13,53	3,46	1
Potasse.....	»	0,55	7,90	»	»	
Eau........	8,22	9,00		8,27	7,35	2
	99,23	101,33	101,15	99,91		

Ces proportions conduisent aux formules :

$$3\ddot{\ddot{A}}l\,\dddot{S}i^2 + \dot{N}a^3\dddot{S}i^2 + 6\dot{\dot{H}},\ \text{ou}\ 3Al\,Si^2 + Na\,Si^2 + 2Aq.$$

Analogies. — Les cristaux d'analcime offrent la plus grande ressemblance avec l'*amphigène*. On peut également les comparer au *grenat blanc*, à la *mésotype* et à la *stilbite*. L'amphigène ne possède pas de clivages, et elle est infusible au chalumeau. Le grenat raye le quartz; sa pesanteur spécifique est, en outre, presque double de celle de l'analcime. La mésotype et la stilbite ont des formes qui ne peuvent s'accorder avec le système régulier. Ces minéraux sont, l'un et l'autre, très-tendres, et l'analcime les rayerait avec la plus grande facilité.

Gisement. — L'analcime possède le double gisement de plusieurs des zéolithes; disséminée en cristaux dans le basalte des îles Cyclopes et de l'île de Sky; dans le tuf basaltique, ou la wacke, au Vésuve; à Fassa, dans le Tyrol; et à Montecchio-

[1] *Edinburg Journ. of sciences*, 1829, p. 262.
[2] *Annales de Poggendorff*, t. XLVI, p. 264.
[3] *Traité de minéralogie*, t. Ier, p. 338.
[4] *Annales de Gilbert*, t. LXXII, p. 181.

Maggiore, dans le Vicentin ; elle existe dans les amygdaloïdes porphyriques de Dumbarton, et dans le filon d'argent natif de Nerkich, aux environs d'Arendal.

ITTNÉRITE.

Ce minéral a été décrit par M. de Ittner, et il a été considéré comme une variété de sodalite, jusqu'à l'analyse qu'en a faite M. Gmelin, qui l'a érigé en une espèce particulière. L'ittnérite a été trouvée seulement dans une roche volcanique du Kaiserstlhül, dont elle tapisse les cavités; sa cristallisation paraît mal connue. M. Beudant annonce qu'elle est en prismes réguliers à six faces, tandis que M. Phillips l'a décrite comme un dodécaèdre analogue à la sodalite. Le seul échantillon qui existe à l'Ecole des mines ne m'a pas permis de décider cette question, si importante cependant pour l'établissement de cette espèce minérale. M. Damour m'a communiqué un échantillon dont les cristaux sont des prismes à six faces, mais ils me paraissent appartenir à la variété de néphéline du Kaiserstlhül. Ce minéralogiste possède également un échantillon désigné sous le nom d'ittnérite, qui provient d'Oberberzheim; il est en masse, d'un gris foncé. Sa cassure, grossièrement lamelleuse dans un sens, est très-esquilleuse dans les autres directions. Son éclat, assez vif dans la cassure, est gras et luisant à la manière de la wernérite en masse ; il est, du reste, facilement fusible, et j'ai trouvé sa pesanteur spécifique de 23,61.

L'ittnérite du Kaiserstlhül est d'un blanc laiteux un peu bleuâtre ; elle raye le verre ; sa pesanteur spécifique est de 23,84.

L'ittnérite donne de l'eau par calcination ; elle est fusible en un verre transparent, et soluble en gelée dans les acides.

L'analyse de M. Gmelin [1] a fourni les résultats suivants :

[1] *Journal de Schweigger*. t. XXXVI, p. 74.

		Oxyg.		Rapp.
Silice	34,016		17,57	4
Alumine	28,400		13,26	3
Chaux	5,235	1,47		
Soude	12,150	3,10	4,83	1
Potasse	1,565	0,26		
Eau	10,759		9,56	2
Protoxyde de fer	0,616			
Gypse	4,891			
Sel commun	1,618			
	98,250			

En considérant le sulfate de chaux, le sel et l'oxyde de fer comme étrangers, on trouve la formule :

$$3Al\,Si + (Ca, Na, K)\,Si + 2Aq.$$

SCOULÉRITE.

Pipestone; Terre à pipes; Pfeifenstein.

M. le docteur Scouler a rapporté des échantillons d'un minéral à texture argileuse, avec lequel les Indiens de l'Amérique du Nord confectionnent leurs pipes. M. Thomson, auquel il en a remis un, ayant trouvé que sa composition était remarquable, en a fait une espèce particulière sous le nom de *pipestone*, qui rappelle l'usage de cette matière terreuse. J'ai adopté le nom de scoulérite proposé par Dana.

Sa couleur est d'un gris bleuâtre ; sa poussière est d'un gris clair. Tendre et douce au toucher, on la moule et on la coupe facilement. Sa pesanteur spécifique est de 26,08. Infusible au chalumeau, elle est attaquable par les acides.

Sa composition moyenne est, d'après deux analyses de M. Thomson [1] :

		Oxyg.	Rapp.
Silice	56,11	29,15	8?
Alumine	17,31	8,08	2
Peroxyde de fer	6,96	2,13	
Soude	12,48	3,19	
Chaux	2,17	0,61	1
Magnésie	0,20	0,07	
Eau	4,58	4,07	1
	99,81		

[1] *Traité de minéralogie*, t. Ier, p. 287.

Si l'on suppose avec M. Thomson que le fer est accidentel, la composition de la scoulérite serait à peu près représentée par la formule :

$$2Al\,Si^3 + (Na, Ca, Mg)\,Si^2 + Aq.$$

Si, au contraire, on admet que le peroxyde de fer remplace de l'alumine, on aurait l'expression :

$$5Al\,Si^2 + 2Ca\,Si^2 + 2Aq.$$

La première se rapproche de la composition de certaines zéolithes, notamment de l'analcime, sauf la proportion d'eau qui est environ de 8 pour 100. On pourrait peut-être alors supposer que ce minéral est une zéolithe terreuse.

Analogies. Gisement. — Les caractères de la scoulérite sont analogues à ceux des argiles; la recherche de la soude est le seul moyen de distinction qui présente de la certitude. Son gisement est inconnu.

THOMSONITE.

Comptonite.

La thomsonite faisait partie de la mésotype de Haüy, qui l'a décrite sous le nom de *zéolithe en aiguilles;* elle en a été séparée par M. Brooke, qui en a fait connaître les caractères particuliers. Les premiers échantillons bien caractérisés provenaient de Kilpatrik, près Dumbarton en Ecosse. La thomsonite a été retrouvée depuis dans plusieurs localités, notamment à Lochwinnok dans le Renfrewshire, en Ecosse ; à Dalsnypen, aux îles Faroë, à Seeberg, près Kaden ; enfin les cristaux de comptonite du Vésuve paraissent devoir être réunis à cette espèce, ainsi que je l'indiquerai dans quelques lignes.

La thomsonite cristallise en prisme droit rhomboïdal, *fig.* 253, *pl.* 187, sous l'angle de 90° 40', dans lequel le rapport d'un des côtés de la base est à la hauteur comme les nombres, 25 : 43. Cette forme préside à tous les cristaux de thomsonite, qui sont des prismes à six ou à huit faces, *fig.* 255 et 256, produits par les modifications h^1 et g^1, mais dans lesquels les faces primitives sont très-dominantes. Presque toujours il s'y joint de petites facettes $a^{1/3}$ placées sur les angles de devant. Les cristaux sont ordinairement allongés, aplatis et serrés les uns contre les autres, et constituent par leur ensemble des cristaux d'un certain volume.

M. Lévy cite des cristaux très-allongés, formant des faisceaux qui se croisent, et d'autres échantillons en masses aciculaires radiées. Ils proviennent de Kilpatrick. L'Ecole des mines en possède plusieurs échantillons; ils ressemblent beaucoup à la mésotype radiée; ils sont cependant plus brillants.

La thomsonite offre deux clivages faciles parallèlement aux plans diagonaux de la forme primitive. Sa couleur est le blanc laiteux ; translucide, quelquefois transparente, son éclat est vitreux, sa cassure inégale; elle raye la chaux fluatée, et sa dureté est représentée par le nombre 4,5. Sa pesanteur spécifique varie de 22,90 à 23,7.

Au chalumeau, blanchit, se gonfle, mais ne fond pas.

	De Kilpatrick, par Berzélius [1].	Oxyg.	Rapp.	Par Thomson [2].	De Dalsnypen, par Retzius [3].	De Lochwinnok, par Thomson [2].	Oxyg.	Rapp.
Silice.......	38,30	19,84	4	37,08	39,20	36,80	19,11	4
Alumine....	30,20	14,10	3	31,02	30,05	31,36	14,64	3
Chaux......	13,54	3,80 }	1	12,75	10,58	15,40	4,32 }	1
Soude......	4,53	1,15 }		4,70	8,11	2,64	0,67 }	
Magnésie...	»	»		»	Ox. fer. 0,50	0,20	»	
Eau	13,10	11,64	2	13,00	13,40	13,00	11,55	2
	100,17			98,55	101,84	100,00		

Ces analyses, malgré quelques différences, offrent une grande analogie : elles conduisent à la formule :

$$3Al\,Si + (Ca,\,Na)\,Si + 2Aq.$$

Comptonite. — M. Brewster a dédié ce minéral à M. le comte de Compton, qui l'a recueilli dans les cavités d'une

[1] *Jahresbericht*, t. II, p. 96. — [2] *Traité de minéralogie*, t. Ier, p. 315.
[3] *Ebendas*, t. IV, p. 154.

roche amygdaloïde au Vésuve. Il avait été confondu avec l'apophyllite; mais tous ses caractères l'en distinguent, tandis qu'il est au contraire identique avec la thomsonite, et qu'on doit le réunir à cette espèce. En effet, ses cristaux, *fig.* 254 et 257, sont des prismes à 8 faces, dérivant d'un prisme rhomboïdal droit de 91°, qui ne diffère que de quelques minutes de la forme primitive de la thomsonite; la seule différence apparente consiste en ce que certains cristaux de comptonite portent un biseau très-obtus e^x, que l'on ne connaît pas dans les cristaux de thomsonite.

La comptonite raye la chaux fluatée; sa pesanteur spécifique est de 23,5 à 23,8. Elle est blanche, translucide et transparente.

Au chalumeau elle donne de l'eau, devient opaque et fond difficilement en un verre poreux.

La composition de la comptonite complète l'identité qui résulte de l'examen de la cristallisation et de ses caractères extérieurs.

	Comptonite d'Elbogen, par Melly [1].	du Vésuve,	De Seeberg, près Kaden, par Rammelsberg [2].	Oxygène.	Rapp.
Silice......	37,80	37,00	38,74	20,12	4
Alumine...	31,60	31,07	30,83	14,39	3
Chaux.....	13,25	12,60	13,43	3,77	
Soude......	3,62	6,25	3,35	0,98	1
Potasse....	0,65	»	0,54	0,09	
Eau.......	13,27	12,24	13,10	11,64	2
	100,19	99,16	100,49		

Ces analyses conduisent à la formule :

$$3Al\ Si + (Ca, Na)\ Si + 2Aq.$$

La même que pour la thomsonite.

Scoulérite. — Nom donné à une variété de thomsonite de Port-Rush en Irlande, qui contient 6,5 de soude; la quan-

[1] *Bibliothèque universelle*, nouvelle série, t. XV, p. 193.
[2] *Handwörterbuch der mineralogie*, t. II, p. 205.

tité d'alumine est seulement un peu faible (*Philosophical magazine*, décembre 1840, p. 402). On remarquera que j'ai déjà décrit un minéral sous le nom de scoulérite (page 483).

Gisement; Analogies. — La thomsonite appartient à la fois aux trapps amygdaloïdes et aux roches volcaniques; elle porte tous les caractères des zéolithes. Sa large base et sa forme presque carrée ne lui donnent de ressemblance qu'avec l'*apophyllite*; la structure éminemment lamelleuse de ce dernier minéral, parallèlement à sa base, est un caractère de distinction très-facile à saisir.

KILLINITE.

Ce minéral a été découvert par M. le docteur Taylor, dans un filon de granite à Killiney, dans la baie de Dublin.

M. Thomson, auquel on en doit la description, annonce qu'il est quelquefois cristallisé. Dans les différents échantillons que j'ai examinés, la killinite forme des baguettes allongées et plates, à la manière de la sillimanite, disséminées dans un granite très-quartzeux; on y observe deux sens de clivage qui se coupent à peu près sous l'angle de 135°. Malgré ces clivages, la cassure de la killinite est esquilleuse, mais les fragments en sont prismatoïdes.

Sa couleur est d'un vert jaunâtre, assez clair, quelquefois avec une légère teinte brunâtre ; elle a un éclat gras, analogue à celui de la cire. Elle est opaque, ou seulement translucide sur les bords; sa dureté est de 3,5, à peu près la même que la dureté de la chaux carbonatée; la poussière qu'elle donne quand on la raye est blanche. Sa pesanteur spécifique est de 27,11.

Au chalumeau, elle blanchit, devient friable, et fond difficilement en un globule opaque et d'un blanc laiteux.

Une première analyse a été faite par M. Barker, mais la perte assez considérable qu'elle présentait donnait de l'incertitude sur la composition de la killinite; depuis elle a été analysée de nouveau par M. le capitaine Lehunt et par M. Blythe, dans le laboratoire de M. Thomson. Les résultats des analyses sont :

	Par M. Barker [1].	Par C. Lebunt [2].	Par M. Blythe [3].	Oxyg.	Rapp.
Silice	50,00	49,08	47,92	24,90	11
Alumine	24,69	30,60	31,04	14,50	7
Potasse	5,00	6,72	6,06	1,03	
Protoxyde de fer	2,49	2,27	2,33	0,53	
— de manganèse	0,75	»	1,26	0,26	1
Chaux	0,25	0,68	0,72	0,20	
Magnésie	0,25	1,08	0,46	0,17	
Eau	5,00	10,00	10,00	8,89	4
	98,43	100,43	99,79		

Ces proportions conduisent à la formule :

$$7Al\ Si + (K, f)\ Si^4 + 4Aq,$$

qui est très-compliquée et fort peu probable. L'état de ce silicate me fait penser que c'est un minéral ayant éprouvé un commencement de décomposition.

Analogies. — On a comparé la killinite au *triphane*, mais son peu de dureté s'oppose à cette association ; ses caractères extérieurs la rapprocheraient davantage de la *parenthine*, qui est du reste aussi beaucoup trop dure pour qu'on puisse l'assimiler avec la killinite : sous ce rapport on pourrait peut-être la confondre avec certaines variétés de serpentine de couleur très-claire. Celle-ci est infusible, et contient une très-forte proportion de magnésie.

La killinite fait partie essentielle du granite dans lequel elle est disséminée. Ses masses allongées semblent des cristaux prismatoïdes imparfaits.

AGALMATOLITE.

Talc glaphique; Pierre de lard; Lardite; Koréïte; Bildstein; Pagodite (Beudant).

Ce minéral nous est apporté de la Chine sous la forme de petites statuettes, de pagodes, qui servent d'ornement pour

[1] *Transactions de la Société royale d'Irlande*, t. XII.
[2] et [3] *Minéralogie* de M. Thomson, t. Ier, p. 331.

les cheminées. On a trouvé à Nagyag en Transylvanie une substance qu'on associe à l'agalmatolite par l'analogie qu'elle offre avec la pierre de la Chine, ainsi que par sa cassure et sa composition.

Ses caractères ont une constance qui ont déterminé tous les auteurs à en faire une espèce, quoique cependant la composition en varie dans des limites assez larges ; ce serait plutôt une pâte homogène qu'une espèce minérale proprement dite.

Sa couleur est le blanc, presque toujours avec une teinte légère de rose, de gris, de jaune, de vert, de rouge ou de brun ; mais le blanc domine presque constamment et les couleurs de l'agalmatolite sont le plus ordinairement très-claires. Elle est fortement translucide.

Sa cassure est inégale et esquilleuse ; son aspect est constamment mat; elle offre un grain très-serré et très-fin. Sa dureté est à peine de 2,50 ; elle se laisse couper et modeler facilement avec un instrument tranchant. Sa pesanteur spécifique est de 28,15. M. Beudant ne l'indique que de 26; elle donne de l'eau par calcination : cette opération la rend dure, luisante et écailleuse ; elle est infusible.

La composition de l'agalmatolite résulte des analyses suivantes :

	Jaune ; de Chine, par Vauquelin [1].	Rouge ; de Chine, par John [2].	par Thomson [3].	Onchosine, par Kobell [4].	Rouge ; de Nagyag, par Klaproth [5].	
Silice........	56,00	55,50	49,82	52,52	54,50	55,0
Alumine......	29,00	31,00	29,60	30,88	34,00	33,0
Potasse.......	7,00	5,25	6,80	6,38	6,25	7,0
Chaux........	2,00	2,00	6,00	3,82	»	»
Oxyde de fer..	1,00	1,25	1,50	0,80	0,50	0,5
Eau..........	5,00	5,00	5,50	1,60	4,00	3,0
	100,00	100,00	99,22	99,00	99,50	98,5

[1] *Journal des mines*, n° 88, p. 257.
[2] *Annales de philosophie*, t. IV, p. 214.
[3] *Traité de minéralogie*, t. I, p. 343.
[4] *Journ. für praktr. chem.*, t. II, p. 295.
[5] *Beitrage*, t. V, p. 19.

Ces proportions sont assez rapprochées les unes des autres pour montrer qu'il existe une grande analogie entre ces échantillons, mais elles sont cependant trop loin d'être identiques pour que l'on puisse en conclure une formule qui représenterait la composition de l'agalmatolite.

Analogies. — La cassure esquilleuse de l'agalmatolite lui donne de la ressemblance avec la *saussurite* et la *stéatite;* le premier de ces minéraux est dur et raye le verre ; le second moins dur, au contraire, est plus onctueux ; mais ce qui le distingue surtout, c'est la grande proportion de magnésie qu'il contient.

Onchosine. — Kobell a désigné sous ce nom un minéral d'un vert-pomme, passant au grisâtre et au brunâtre, que l'on observe disséminé en petites masses dans une dolomie un peu micacée, à Possegen, près de Jamsberg dans le Salzbourg. La composition de l'onchosine, que j'ai mise en regard de l'agalmatolite, montre qu'il y a presque identité entre ce minéral et la pierre de la Chine.

L'onchonsine est compacte ; sa cassure est esquilleuse ; elle a un éclat gras ; elle est translucide, sa dureté est intermédiaire entre la dureté du sel gemme et celle du spath calcaire ; enfin sa pesanteur spécifique, 28,10, est presque identique avec celle de l'agalmatolite.

PIERRE DE SAVON.

Seifenstein ; Wachstein.

Minéral qui se distingue par son onctuosité, et qui sous ce rapport devrait être placé à la suite des stéatites ; la présence de l'alumine m'a engagé à le décrire après l'agalmatolite, qui offre des caractères analogues.

Très-tendre, on peut la couper au couteau comme du savon ; sa couleur est grisâtre ou bleuâtre. Sa composition est :

	Du Cornouailles, par Klaproth[1].	Oxyg.	Rapp.	par Svanberg[2].	Oxyg.	Saponite de Swärdsjö, par Svanberg[3].	Oxyg.	Rapp.
Silice	45,00	23,35	5	46,8	24,32	50,89	26,45	5
Alumine	9,25	4,32	1	8,0	3,74	9,40	4,39	1
Magnésie	24,75	9,57	2	33,3	12,91	26,52	10,26	2
Protox. de fer	1,00	0,23		0,4	0,13	2,06	0,63	
Potasse	0,75	»		»	»	»	»	
Chaux	»	»		0,7	0,19	0,78	0,22	
Eau	18,00	16,00	4	11,0	9,86	10,50	9,83	2
	98,75			100,2		100,15		

La formule qui me paraît représenter le mieux ce minéral est $AlSi^5 + 2MgSi + 4Aq$: celle que M. Beudant a adoptée est $AlSi^2 + 2MgSi^2 + 4Aq$. La pierre à savon provient du cap Lizard dans le Cornouailles, elle forme des veines dans une serpentine.

Saponite; — Piotine. — On a trouvé à Svärdsjö en Dalécarlie un minéral entièrement analogue à la pierre à savon du Cornouailles ; elle a été désignée très-souvent par les noms de *saponite* et de *piotine;* Svanberg, qui a fait connaître sa composition, a donné également une nouvelle analyse de la pierre du Cornouailles, qui présente quelques différences avec les résultats de Klaproth, et la rapproche de la saponite de Dalécarlie.

L'analyse de ce dernier minéral est représentée par la formule :

$$AlSi^5 + 2MgSi + 2Aq.$$

Elle est la même que pour la pierre du Cornouailles, sauf la quantité d'eau.

Cérolithe ou **Kérolithe.** — On doit associer à la pierre de savon le minéral que Pfaff a décrit sous ces noms; il ressemble à de la cire jaune : il est compacte, à cassure esquilleuse ou opaque; translucide sur les bords; il est fragile et

[1] *Beitrage*, t. II, p. 180, et t. V, p. 22.
[2] *Annales de Poggendorff*, t. LVII, p. 165.
[3] *Kongl. vatenskaps Acad. Handlingar*. 1840.

doux au toucher, mais moins que la pierre à savon du Cornouailles : sa pesanteur spécifique est de 29,10.

Il contient :

	De Silésie, par Pfaff[1].	De Zoblitz, par Delesse[2].	Oxyg.	par Melling[3].	Oxyg.
Silice	37,95	53,5	27,8	47,13	24,45
Alumine	12,18	0,9		2,57	»
Magnésie	18,01	28,6	11,0	36,13	13,98
Oxyde de fer	»			2,92	0,66
Eau	31,00	16,4	14,6	11,50	10,22
	99,14	99,4		100,25	

La pierre du Cornouailles, la saponite de Dalécarlie et les variétés différentes de cérolithe sont analogues ; elles présentent cependant de notables différences, ce qui tient à ce que ces minéraux affectent une certaine manière d'être qui les caractérise, mais ils sont indéterminés comme les pâtes de porphyre.

La cérolite décrite par Pfaff provient de Franckenstein en Silésie. L'École des mines possède des échantillons qui ont été vendus comme venant de cette localité; ils sont d'un blanc mat, légèrement rosé, au lieu d'être verdâtres. Leurs caractères extérieurs sont analogues à ceux de la stéatite.

STELLITE.

Zéolithe calcaire.

La description de ce minéral a été donnée par M. Thomson ; il lui a imposé le nom de *stellite* pour rappeler la disposition radiée qu'il présente. Il constitue de petits cristaux aciculaires qui divergent de plusieurs centres, comme on l'observe quelquefois pour la chaux sulfatée fibreuse. Les groupes de cristaux peuvent avoir un pouce de diamètre ; M. Thomson annonce que, vue à la loupe, chaque aiguille paraît appar-

[1] *Journal de Schweigger*, t. LV, p. 242.
[2] *Thèse sur l'emploi de l'analyse*, etc., p. 20.
[3] *Journal für prat. chem.*, t. XX, p. 118.

tenir à un prisme à quatre faces, dont les angles ne sont pas droits. La stellite est d'un blanc de neige; son éclat est soyeux et changeant; elle est fortement translucide; sa dureté est de 3,25, et sa pesanteur spécifique de 26,12.

Au chalumeau, elle fond en un émail blanc très-pur.

Sa composition est, d'après l'analyse de Thompson[1] :

		Oxyg.	Rapp.
Silice.........	48,47	25,24	11
Alumine......	5,30	2,40	1
Chaux........	30,96	8,69	
Magnésie.....	5,58	2,16	5
Prot. de fer...	3,53	0,80	
Eau..........	6,11	5,43	2
	99,95		

Ces proportions conduisent à la formule :

$$AlSi + 5(Ca, Mg, fe) Si^2 + 2Aq,$$

qui est bien peu rationnelle. Si l'on pouvait supposer qu'il existe un hydrosilicate d'alumine en mélange, on trouverait une composition analogue à celle de l'*amphibole* ou de l'*asbeste*, minéraux avec lesquels la stellite a la plus grande analogie de caractères extérieurs.

La stellite a été trouvée seulement sur les rives du Forth, dans le canal de la Clyde, un peu à l'est de Kilsyth. Elle était en petits filons, dans une roche d'amphibole verte.

OTTRÉLITE.

Ce minéral est connu depuis longtemps, mais comme on n'en possédait aucune description circonstanciée, il était relégué dans les collections parmi les matières incertaines. Son éclat miroitant l'avait fait placer par quelques minéralogistes à la suite du diallage. MM. Damour[2] et Descloizeaux en

---

1 *Traité de minéralogie*, t. Ier, p. 313.

2 *Annales des mines*, quatrième série, t. II, p. 357, 1842.

ont fixé la place par l'étude que le premier a fait des principes constituants de l'ottrélite, et le second de ses caractères extérieurs.

L'ottrélite est répandue avec une grande abondance dans les schistes d'Ottrez, petit village situé à la limite des provinces du Luxembourg et de Liège. Elle s'y trouve en petits disques plats de 1 à 2 millimètres de diamètre, et dont l'épaisseur ne dépasse pas un demi-millimètre. Ces disques sont engagés avec tant d'adhérence dans le schiste que M. Descloizeaux n'a pu en isoler des morceaux présentant des formes cristallographiques distinctes : tout ce qu'il a pu constater, c'est qu'ils appartiennent à un prisme hexagonal, ou à un rhomboèdre très-aigu, tronqué profondément par un plan perpendiculaire à l'axe, et comprimé suivant ce plan.

La couleur de l'ottrélite est le gris-noir un peu verdâtre. Cette couleur est surtout visible sur les fragments minces qui sont translucides. Les petits disques se divisent très-facilement parallèlement à leur base. Les lames qui en résultent sont ondulées, mais brillantes; dans les autres sens, la cassure est inégale, terne et légèrement grenue.

Elle raye difficilement le verre ; sa pesanteur spécifique est de 44.

Dans le tube fermé, l'ottrélite dégage un peu d'eau; seule, au chalumeau, elle fond difficilement sur les bords en un globule noir attirable. Avec le borax, se dissout lentement, et donne la réaction du fer ; avec le carbonate de soude, sur la feuille de platine, elle accuse fortement la présence de manganèse.

La poudre n'est attaquable que par l'acide sulfurique chauffé.

M. Damour a fait deux analyses de l'ottrélite que nous transcrivons ci-après :

	I.	Oxyg.	Rapp.	II.	Oxyg.		Rapp.
Silice	43,52	22,60	4	43,34		22,51	4
Alumine	23,89	11,15	2	24,63		11,50	2
Oxyde ferreux	16,81	3,82 }	1	16,72	3,80 }	5,63	1
Oxyde manganeux	8,03	1,80 }		8,18	1,83 }		
Eau	5,63	5,00	1	5,66	»	5,03	1
	97,88			98,53			

Ces proportions conduisent aux formules :

$$2\ddot{\ddot{A}}l\ddot{S}i + (\dot{F}e, \dot{M}n)^3 \ddot{S}i^2 + 3\dot{H},$$
$$\text{ou } 2AlSi + (f, mn) Si^2 + Aq.$$

RHODALITE.

M. Thomson a donné ce nom à un minéral disséminé en nodules dans une amygdaloïde d'Irlande. Sa texture est terreuse, mais il semble formé de la réunion de petits cristaux rectangulaires ou même à base carrée. Sa couleur est le rouge rose, ou couleur de chair.

Sa dureté est de 2. Il est facilement rayé par une pointe d'acier. Sa pesanteur spécifique est de 20. M. Thomson annonce qu'elle doit être supérieure, attendu qu'il n'a pu obtenir d'échantillon privé d'air. Au chalumeau, donne beaucoup d'eau, se réduit en poudre, mais ne fond pas.

La composition de la rhodalite est, d'après une analyse de M. Richardson [1]:

		Oxyg.	Rapp.		
Silice	55,90	29,04	8		4
Alumine	8,30	3,87	1 }	ou	1
Peroxyde de fer	11,40	3,50	1 }		
Oxyde de manganèse	une trace.	»			
Chaux	1,10	0,03			
Magnésie	0,60	0,23			
Eau	22,00	19,56	6		3
	99,30				

Si le fer est réellement au maximum, on peut le considérer comme isomorphe de l'alumine, et la rhodalite doit être

[1] *Minéralogie* de Thomson, t. Ier, p. 354.

associée aux hydrosilicates d'alumine. La formule qui exprime sa composition est alors :

$$\dot{A}l\ddot{S}i^4 + 3Aq.$$

Dans le cas, au contraire, où le fer serait au minimum, elle deviendrait :

$$\dot{A}l\ddot{S}i^4 + (\dot{F}e, \dot{C}a, \dot{M}g)\ \ddot{S}i^4 + 6Aq.$$

Ces expressions sont très-différentes de celles qui représentent les minéraux connus. Il y a donc lieu, quant à présent, d'admettre la rhodalite au nombre des espèces minérales. Toutefois je rappellerai que M. Thomson annonce qu'il a été impossible de séparer complétement la rhodalite de sa gangue, et que l'analyse présente de l'incertitude.

Je n'ai pas eu l'occasion d'étudier d'échantillons de ce minéral ; j'en ai emprunté la description à la *Minéralogie* de M. Thomson.

VERMICULITE.

L'échantillon que j'ai étudié, et qui appartient à M. Damour, se compose de deux parties distinctes : l'une, d'un vert foncé, lamelleux et très-tendre, en forme la masse ; la seconde, blanchâtre, d'un éclat nacré, également lamelleuse, en recouvre la surface, tapisse toutes les cavités, et passe à la première; elle paraît en quelque sorte être le résultat de la décomposition de celle-ci. Son éclat est savonneux ; elle est douce au toucher, très-tendre ; sa dureté est représentée par le nombre 1 ; sa pesanteur spécifique est de 25,25.

Ces caractères donnent à la vermiculite beaucoup d'analogie avec le talc, et les minéralogistes l'avaient associée à cette espèce. M. Thomson l'ayant analysée, reconnut que la composition de ce minéral ne concordait avec aucune des variétés de talc; il lui a donné le nom de *vermiculite*, par la propriété qu'il possède de se contracter au feu à la manière d'un ver.

Quand on le chauffe à une chaleur approchant du rouge,

il projette des lumières rougeâtres qui se contournent comme feraient une masse de petits vers en mouvement. A une température plus élevée, il prend un aspect argenté, avec une légère teinte de rouge ou de jaune. Il est infusible.

M. Thomson [1] a trouvé pour la composition de ce minéral :

		Oxyg.		Rapp.
Silice	49,08	25,50		12
Alumine	7,28	3,40	8,34	4
Peroxyde de fer	16,12	4,94		
Magnésie	16,96	6,56		3
Eau	10,28	9,13		4

Elle serait représentée à peu près par la formule :

$$4Al\dot{S}i^2 + Mg^3Si^4 + 4Aq.$$

J'ai admis cette espèce d'après l'autorité de M. Thomson. Les échantillons que j'ai vus me font supposer qu'elle doit être rangée dans les magmas indéterminés.

La vermiculite a été apportée en Angleterre par M. le docteur Holmes de Montréal. Son gisement est inconnu ; il se l'était procurée à Vermont. M. Teschemacker a trouvé, à Millbury, un minéral que ses caractères extérieurs ainsi que son mode de fusion assimilent à la vermiculite. Aucune analyse de cette seconde variété n'a été faite.

ESMARKITE.

Sous ce nom, qui avait été donné primitivement à un autre minéral par Hausmann [2], Erdmann a décrit une substance trouvée à Bräkke, dans la commune de Bamla, à deux lieues de Brevig en Norwège. Elle forme des cristaux prismatiques allongés, dont les angles et les arêtes sont arrondis. Ces cristaux sont, en outre, recouverts d'une couche verdâtre talqueuse et serpentineuse qui en cache les caractères. Ils ont un clivage perpendiculaire à l'axe, ce qui conduit à admettre que l'esmarkite cristallise en prisme rhomboïdal droit. Dans

[1] *Traité de minéralogie*, t. Ier, p. 373.

[2] Une variété de datholite.

un échantillon appartenant à la collection de l'Ecole des mines, il semble exister un biseau sur deux angles opposés; mais l'arrondissement des faces ne me permet pas d'assurer si cette disposition est bien réelle. La cassure en travers offre un éclat résineux. Ces cristaux ont une certaine apparence de parenthine; ils sont toutefois beaucoup moins durs; la chaux carbonatée les raye; il se pourrait qu'ils aient déjà éprouvé un commencement de décomposition.

La pesanteur spécifique de l'esmarkite est de 27,09; au chalumeau, elle donne de l'eau, devient gris bleu, et fond, seulement sur les bords aigus, en un verre de couleur verdâtre.

Sa composition est, d'après Erdmann[1]:

		Oxyg.	Rapp.
Silice	45,97	23,88	5
Alumine	32,08	14,98	3
Magnésie	10,32	3,99	
Oxyde ferreux	3,83	0,89	1
Oxyde manganeux	0,41	0,09	
Eau	5,49	4,88	1
Oxyd. cuivrique, plombique, cobaltique et titanique	0,45		
	98,55		

La formule qui représente cette composition est:

$$3\text{Al}Si + (Mg, fe, mn)\,Si^2 + Aq.$$

L'esmarkite est disséminée dans un granite; elle est accompagnée d'amphibole, de tourmaline, de titanate de fer, etc.

PRASÉOLITE.

La description de ce minéral se rapporte presque exactement à celle de l'esmarkite; Erdmann, qui l'a fait connaître en même temps que celle-ci, dit en effet que la praséolite a été trouvée par Esmark, à Bräkka, dans un granite où elle est accompagnée de tourmaline, de titanate de fer et de mica; qu'elle affecte la forme de prismes à quatre, à huit et même à

[1] *Jahresbericht*, t. XXI, p. 174.

douze faces ; que sa couleur varie du vert clair au vert foncé ; qu'elle a peu d'éclat, et que sa pesanteur spécifique est de 27,54. Enfin, au chalumeau, elle fond difficilement en un verre grisâtre. Ces caractères, qui sont presque textuellement ceux de l'esmarkite, sont confirmés par l'analyse, qui offre une grande analogie avec la composition de cette dernière espèce. Malgré cette identité, j'ai conservé provisoirement cette espèce, parce que l'Ecole des mines possède, outre des cristaux de praséolite, que je considère comme de l'esmarkite, des échantillons de praséolite compacte, ayant une cassure esquilleuse, et ressemblant, par leur couleur d'un vert clair et leur éclat, à de la serpentine. Du reste, les autres caractères sont les mêmes que pour les cristaux.

La composition de la praséolite est, d'après Erdmann [1] :

		Oxyg.	Rapp.
Acide silicique	40,94	21,27	3
Alumine	28,79	13,75	2
Magnésie	13,73	5,32	
Oxyde ferreux	6,96	1,58	1
Oxyde manganeux	0,32	0,07	
Eau	7,28	6,56	1
Oxydes plombique, cuivrique et cobaltique	0,50		
Acide titanique	0,40		
	99,02		

Ces éléments conduisent à la formule :

$$2\text{Al}Si + (\text{M}g, fe, mn)\,Si + \text{A}q.$$

Cette expression est, au premier abord, très-éloignée de celle qui représente l'esmarkite ; mais, si on compare terme à terme les analyses de ces deux minéraux, on y remarquera une grande analogie.

[1] *Jahresbericht*, t. XXI, p. 173.

BONSDORFITE.

Cette espèce me paraît être encore la reproduction de l'esmarkite sous un autre nom. L'absence d'échantillons bien déterminés m'empêche de faire cette réunion d'une manière définitive; toutefois, je dois dire que le seul échantillon que possède l'Ecole des mines est presque identique avec ceux d'esmarkite ; il constitue des cristaux arrondis prismatoïdes, verdâtres, tendres, disséminés dans un granite. L'analyse de Bonsdorf, d'après laquelle M. Thomson a constitué cette espèce, suffirait seule pour faire adopter la réunion de ce minéral à l'esmarkite.

D'après la description que M. Thomson[1] en a donnée, la bonsdorfite est cristallisée en prisme à six faces, portant des facettes sur toutes les arêtes verticales, en sorte que leur aspect général est cylindroïde. Leur couleur est le vert olive ; ils admettent un clivage peu net, perpendiculairement à l'axe. L'éclat des faces est analogue à celui du talc; la cassure en travers est cireuse; translucide en fragments minces.

Sa dureté, 3,5, est analogue à celle de la chaux carbonatée; sa pesanteur spécifique est de 27,60.

D'après l'analyse de Bonsdorf[2], ce minéral est composé de :

		Oxyg.	
Silice...........	45,05	23,41	5
Alumine.........	30,05	14,03	3
Magnésie........	9,00	3,48 }	1
Protoxyde de fer.	5,30	1,21 }	
Eau............	10,60	9,42	2
	100,00		

On remarquera que les relations entre la silice, l'alumine et la magnésie sont comme les nombres 5 : 1 : 3 : précisément les mêmes que pour l'esmarkite. La seule différence

[1] *Traité de minéralogie*, t. Ier, p. 323.
[2] *Kong. vet. Acad. Handl.*, 1827, p. 15.

consiste dans la proportion d'eau ; mais, pour des minéraux qui ont peut-être subi une certaine altération, cette différence ne pourrait seule s'opposer à une réunion qui résulte de tous les caractères et de l'ensemble de la composition.

Iolithe hydratée. — M. Thomson a décrit, à la page 279 de son *Traité*, le minéral précédent sous le nom de *bonsdorfite* ; par inadvertance, il a donné, à la page 323, une nouvelle description de cette espèce, sous celui d'*iolithe hydratée* (hydrous-iolithe), par lequel il exprime que sa composition correspond à un atome d'iolithe uni à deux atomes d'eau ; la comparaison des caractères et de l'analyse de ces deux minéraux ne laisse aucun doute sur ce double emploi. Les chiffres décimaux de l'analyse sont même identiques pour chacun des éléments.

KARPHOLITE.

Carpholite (Beudant).

La karpholite est en fibres soyeuses rayonnées, d'un jaune-paille foncé, quelquefois d'un jaune clair, avec un éclat légèrement nacré ; on l'a trouvée à Schlakenwald en Bohême ; elle forme un petit filon sur de la chaux fluatée blanchâtre et violâtre, reposant elle-même sur du quartz amorphe. Elle a été décrite par Werner, peu de temps avant sa mort.

La dureté de la karpholite est d'environ 3,5 ; elle raye la chaux fluatée et elle est rayée par le feldspath. Sa pesanteur spécifique est, d'après Breithaupt, de 29,35 à 29,36.

Au chalumeau, sur le charbon, commence par se gonfler ; blanchit et donne ensuite, par une fusion lente, un verre brun et opaque, qui, à la flamme extérieure, devient beaucoup plus sombre qu'à la flamme intérieure ; avec le borax on obtient la réaction du manganèse.

La composition de la karpholite est établie par les analyses suivantes :

	De Steinmann [1].	De Stromeyer [2].	Oxyg.	Rapp.
Silice	37,53	36,154	18,78	4
Alumine	26,47	28,669	13,39	3
Protox. de manganèse	18,33	19,160	4,20	1
Idem de fer	6,27	2,290	0,50	
Chaux	»	0,270	»	
Eau	11,36	10,780	9,58	2
Acide fluorique	»	1,470		
	99,96	98,794		

Les relations entre les éléments conduisent aux formules :

$$3\ddot{\ddot{A}}l\dddot{S}i + (\dot{M}n, \dot{F}e)^3 \dddot{S}i + 6\dot{\dot{H}} \text{ ou } 3AlSi + (mn, fe)\,Si + 2Aq.$$

Analogies. — La karpholite ressemble, par sa structure fibreuse, à certaines *zéolites*, à *l'asbeste*, à la *wavellite*, et au *kakoxène;* toutes les zéolites sont blanches, à l'exception de la natrolite qui est également jaune comme la karpholite; mais le premier de ces minéraux présente des couches de nuances différentes; la karpholite est, en outre, fusible avec une grande facilité; l'asbeste n'est pas ordinairement en fibres radiées; elle est fusible en émail blanc; la wavellite est d'un blanc nacré et soyeux ; elle est soluble avec facilité dans les acides. Quant au kakoxène, il est fusible en une scorie noire, attirable à l'aimant; l'étude de la gangue est en outre un guide précieux pour ces minéraux peu abondants.

PYROSCLÉRITE.

Ce minéral est disséminé dans une roche feldspathique de l'île d'Elbe : il forme de petites plaques cristallines d'un vert-pomme très-clair, assez analogue à la couleur du talc; cette disposition lamelleuse lui donne de l'analogie avec le diallage, mais son double clivage à angle droit l'en distingue ; l'un de ces clivages est beaucoup plus facile que l'autre; peu dur, il raye le sel gemme, et il est rayé par la chaux fluatée.

[1] *Journal de Schweigger*, t. XXV, p. 413.
[2] *Untersuchungen der mineralkörper.*

Rayé par une pointe d'acier, la poussière que l'on obtient est blanche; sa cassure est inégale et lamelleuse; son éclat nacré est peu vif; il est fortement translucide sur les bords.

Soluble dans l'acide hydrochlorique avec formation de gelée; il donne de l'eau par la calcination; se fond difficilement au chalumeau en un verre transparent, légèrement coloré par l'oxyde de chrome.

Kobell[1] a obtenu pour la composition de la pyrosklérite les éléments suivants :

		Oxyg.	Rapp.
Silice	37,03	19,24	6
Alumine	13,50	6,30	2
Oxyde de chrome	1,43	0,38	
Magnésie	31,62	12,24	4
Protoxyde de fer	3,52	0,80	
Eau	11,00	9,78	3

Les relations qui résultent de cette analyse, sont :

$$2Al\dot{S}i + 4Mg\dot{S}i + 3Aq.$$

KAMMÉRÉRITE.

La composition de ce minéral est presque identique avec celle de la pyrosklérite; j'avais même pensé que c'étaient des échantillons du même minéral qui avait été analysé séparément par Kobell et Hartwall; mais les caractères extérieurs sont trop différents pour admettre que cette confusion ait pu se produire. Je n'ai pas, du reste, eu l'occasion de voir d'échantillon de kammérérite, et la description suivante est la reproduction de celle de Nordenskiöld[2].

Elle est d'un bleu violet; à l'état compacte, elle ressemble à de la chaux fluatée, quoiqu'elle soit composée de lames fines comme la lépidolithe; certains échantillons sont verdâtres ou d'un gris verdâtre; elle est translucide sur les bords, surtout après avoir été plongée dans l'eau. Sa cassure est compacte et à grains fins; son éclat est gras et luisant.

---

[1] *Journ. für prat. chem.*, t. II, p. 51.

[2] *Trans. russ. imper. min. Soc. for* 1842, p. 80.

La kammérérite est cristallisée en prisme à 6 faces, présentant un clivage perpendiculaire à l'axe. Une plaque mince, soumise aux tourmalines montre la croix noire, d'où M. Nordenskiöld a conclu qu'elle cristallise en rhomboèdre; mais il n'a pu mesurer aucun angle, et ses caractères cristallographiques sont encore indéterminés. Au feu elle donne de l'eau sans aucune trace d'acide; elle devient seulement plus foncée; elle ne fond pas même sur les bords minces. Avec le borax on obtient la réaction de l'oxyde de chrome. Sa composition est, d'après Hartwall [1] :

		Oxyg.	Rapp.
Silice	37,00	19,22	6
Alumine	14,20	6,63	2
Oxyde de chrome	1,00	0,29	
Magnésie	31,50	12,19	4
Chaux	1,50	0,43	
Eau	13,00	11,55	3?
	98,20		

La proportion d'eau est un peu plus forte dans la kammérérite que dans la pyrosklérite; toutefois les relations atomiques sont encore les mêmes, et la formule $2Al\ddot{S}i + 4Mg\ddot{S}i + 3Aq$ est encore celle qui s'accorde le mieux avec les résultats de l'analyse.

La kammérérite a été trouvée, avec l'ouwarovite, à douze werstes de Bissensk, dans les montagnes de l'Oural. Elle appartient aux terrains anciens. Quelques étiquettes russes attribuent le nom de kammérérite à une matière argileuse rougeâtre, associée aux cristaux d'ouwarovite, dont elle porte même les empreintes; mais c'est une fausse application de ce nom.

CHONIKRITE.

Substance compacte, à cassure inégale, imparfaitement conchoïde, d'un blanc mat, et translucide seulement sur les

[1] Berzélius, *Jahresbericht*, t. XXIII, p. 266.

bords : elle raye le sel gemme et elle est rayée par la chaux carbonatée. Sa pesanteur spécifique est de 29,5 ; elle donne de l'eau et fond difficilement en un verre grisâtre.

Sa composition est, d'après Kobell[1] :

		Oxyg.		Rapp.
Silice.	35,69	18,54		9
Alumine.	17,12	7,99		2
Magnésie.	22,50	8,70		
Chaux.	12,60	3,55	12,58	3
Protox. de fer. . .	1,46	0,33		
Eau.	9,00	8,00		2
	98,37			

On peut la représenter par la formule :

$$2\text{A}l\text{S}i^2 + (\text{M}g, \text{C}a, fe)^3\ \text{S}i^3 + 2\text{A}q,$$

laquelle est fort irrégulière.

Les échantillons de chonikrite que j'ai examinés ressemblent à de la *saussurite*, ou à de la *parenthine* en masse.

Elle me paraît appartenir à ces produits minéraux imparfaits qui ne constituent pas d'espèces proprement dites. Je cite la chonikrite pour qu'on puisse en trouver la description en cas de besoin. Elle provient de l'île d'Elbe ; elle y a été trouvée en fragments roulés, mais elle appartient aux terrains granitiques, si abondants dans cette île.

KIRWANITE.

Ce minéral, que M. Thomson a dédié à Kirwan, forme des nodules, des espèces d'amandes allongées dans un basalte de la côte N.-E. de l'Irlande. Sa couleur est d'un vert-olive. Sa texture est indistinctement fibreuse ; ses fibres sont fortement soudées ensemble, de telle sorte que la cassure est un peu esquilleuse. La partie qui touche immédiatement le basalte forme une zone claire, qui sépare nettement la kirwanite de la roche : elle est opaque.

[1] *Journ. für prat. chem.*, t. II, p. 51.

Sa dureté est de 2, et sa pesanteur spécifique de 29,41. Au chalumeau, elle devient noire et fond en partie.

Sa composition est, d'après Thomson[1] :

		Oxyg.		Rapp.
Sicile	40,50	21,04		12
Alumine	11,41	5,32		3
Chaux	19,78	5,55	10,99	6
Protoxyde de fer	23,91	5,44		
Eau	4,35	3,86		2
	99,95			

Les relations les plus rapprochées conduisent à la formule:

$$3\mathrm{A}lSi^2 + 6(Ca, fe)\,Si + 2\mathrm{A}q.$$

La quantité de silice est un peu trop faible pour que la formule soit exacte.

PYROPHYLLITE.

Ce minéral, recueilli d'abord dans les montagnes de l'Oural, a été considéré comme du talc fibreux ; M. le docteur Fiedler[2] ayant reconnu qu'il présentait au chalumeau des réactions différentes du talc, l'a désigné sous le nom de pyrophyllite, par suite de la manière remarquable dont il se comporte au chalumeau.

Il forme des rognons composés de fibres rayonnées et divergentes, tantôt isolés dans les géodes d'une masse quartzeuse. Ces fibres ne sont pas déliées à la manière de celles qui constituent les zéolites; elles sont plates, lamelleuses dans le sens de la longueur, et chaque filament s'élargit en divergeant du centre, à la manière des pétales de certaines fleurs.

La couleur de la pyrophyllite varie du vert d'herbe au vert-de-gris; cette couleur est d'autant plus vive que le quartz qui l'entoure est plus pur ; elle est analogue à celle de certains talcs des Alpes. L'Ecole des mines possède un échan-

---

1 *Traité de minéralogie*, t. Ier, p. 378.

2 *Annales de Poggendorff*, 1832, n° 6.

tillon de pyrophyllite des environs de Spa, qui est presque blanc et dont l'éclat est nacré. L'éclat de la variété verte est également nacré ; les lames minces sont transparentes ; elle est tendre à la manière du talc : sa poussière est blanche. La pesanteur spécifique varie de 27 à 28.

A la flamme d'une bougie, une lame déjà mince s'exfolie rapidement, occupe un volume beaucoup plus grand ; elle devient d'un blanc de neige, opaque, prend l'éclat soyeux et se présente alors sous la forme d'un faisceau de filets très-minces. Au chalumeau le minéral donne, en outre, une lumière blanche phosphorescente. A une forte température les faisceaux de fils se soudent ensemble par la pointe.

Les éléments de la pyrophyllite sont, d'après une analyse de Hermann[1], de Moscou :

		Oxyg.	Rapp.
Silice	59,79	30,07	20
Alumine	29,46	13,75	9
Magnésie	4,00	1,55	1
Protoxyde de fer	1,80	»	
Argent	une trace	»	
Eau	5,62	5,00	3
	100,67		

Ils conduisent à la formule :

$$9A\ell Si^2 + MgSi^2 + 3Aq.$$

Malgré ses caractères extérieurs, la pyrophyllite présente une composition qui n'a aucune analogie avec le talc. Elle a été trouvée dans des déblais de fouilles anciennes, près de Beresoff, à une verste et demie au delà du pont de Blagodad.

PENNINE ET CHLORITE.

Haüy avait décrit, sous le nom de talc et comme type de cette espèce, de petits cristaux en prismes à six faces, d'un vert assez foncé, possédant un clivage très-facile parallèlement

[1] *Annales de Poggendorff*, t. XV, p. 592.

à leur base, et ayant un éclat métalloïde. Des analyses faites par M. Morin[1], vers 1839, et plus tard la description de la pennine par MM. Fröbel et Schweizer,[2] ont montré que ces prétendus cristaux de talc contenaient, outre la silice et la magnésie, éléments essentiels de ce minéral, de l'alumine, de l'oxyde de fer, et 12 à 13 pour 100 d'eau; il résultait de cette composition, si différente de celle du talc, que ces cristaux devaient constituer une espèce particulière.

Cette division si utile a peut-être été poussée trop loin, car on a institué trois espèces aux dépens de ces anciens cristaux de talc, sous les noms de *pennine*, de *chlorite*, et de *ripidolithe ;* MM. de Marignac et Descloizeaux, auxquels l'on doit un Mémoire fort intéressant sur ces minéraux, semblent avoir l'opinion que j'émets dans ce moment, car ils disent dans leur travail[3] :

« Ces trois espèces très-voisines, presque identiques par « leurs caractères extérieurs, sont représentées par les for- « mules suivantes :

Ripidolithe ..	$2Al^3Mg + 3Mg^2Si^3 + 6Aq$,
Chlorite	$2Al^3Mg + 4Mg^2Si^3 + 8Aq$,
Pennine......	$2Al^3Mg + 5Mg^2Si^3 + 10Aq$,

dans lesquelles les combinaisons des éléments sont les mêmes, et qui ne diffèrent que par une légère variation dans leurs proportions.

La description de la chlorite est due à Kobell, qui ne pouvait pas connaître, à l'époque où il l'a faite, le travail de M. Fröbel sur la *pennine*, en sorte que ce savant minéralogiste a de son côté montré que les anciens cristaux de talc constituaient une espèce particulière; c'est également Kobell qui a donné à une partie de ces cristaux le nom de *ripidolithe*.

---

[1] *Bibliothèque universelle de Genève*, t. XXI, p. 1.

[2] *Annales de Poggendorff*, t. L, p. 523.

[3] *Bibliothèque universelle de Genève*, nº 97. Janvier, 1844.

PENNINE.

Elle se présente en cristaux et en larges masses cristallines lamellaires; sa forme primitive, *fig.* 258, *pl.* 188, est un rhomboèdre aigu de 63° 15′; les très-petits cristaux offrent seuls ce polyèdre complet; les gros sont très-profondément tronqués dans une direction perpendiculaire à l'axe; ils se présentent sous la forme de tables plus ou moins épaisses, et de troncs de rhomboèdres, *fig.* 259, à bases triangulaires ou hexagonales, dont les pans sont des triangles, ou des trapèzes faisant alternativement avec la base un angle aigu de 79° 30′ et un angle obtus supplémentaire.

Quelques cristaux très-rares offrent sur les arêtes latérales du rhomboèdre des modifications appartenant au prisme hexagonal régulier; enfin on trouve assez souvent une macle composée de deux cristaux tabulaires, confondant leurs axes, et opposés base à base, de sorte que les plans latéraux du solide qui en résulte offrent alternativement un angle saillant et un angle rentrant de 159 degrés.

La couleur de la pennine est d'un vert noir sur les faces du rhomboèdre, et d'un vert émeraude sur les faces du clivage; les lames minces et les petits cristaux sont transparents, ils jouissent au plus haut degré du dichroïsme. La lumière transmise dans le sens du grand axe est d'un beau vert émeraude, tandis qu'elle est brune ou rouge hyacinthe perpendiculairement à cet axe; une lame de pennine placée entre deux plaques de tourmaline croisées ne rétablit pas la lumière : mais en l'inclinant convenablement dans le prisme de Nichol il se produit des couleurs qui annoncent que ce minéral possède un seul axe de double réfraction perpendiculaire au plan des lames.

Les lames minces de pennine, que l'on obtient facilement par le clivage, se laissent briser suivant les trois côtés d'un triangle équilatéral, parallèles à trois faces du rhomboèdre.

La dureté de la pennine est, sur la base, un peu supérieure

à celle de la chaux sulfatée; sur les faces du rhomboèdre elle est comparable à la dureté de la chaux carbonatée.

Les lames minces sont très-flexibles, mais non élastiques; la poudre, d'un blanc légèrement verdâtre, est onctueuse au toucher.

La pesanteur spécifique varie de 26,29 à 26,53. Chauffée au rouge dans le tube, la pennine dégage de l'eau : au chalumeau elle s'exfolie, blanchit et fond difficilement en un émail grisâtre ; en poudre fine, elle est complétement attaquée par l'acide hydrochlorique au moyen d'une ébullition prolongée.

	Pennine de Zermatt, dans le Valais; par Schweizer [1].		de Binnen, par Marignac et Descloizeaux.			
					Oxyg.	Rapp.
Silice	33,07	33,36	33,40	33,95	17,64	15
Alumine	9,69	13,24	13,41	13,46	6,27	6
Oxyde chromique	»	0,20	0,15	0,24	0,07	
Protoxyde de fer.	11,36	Perox. 5,93	5,73	6,12	1,87	
Magnésie	38,24	34,21	34,57	33,71	13,05	12
Eau	12,58	12,80	12,74	12,52	11,13	10
	99,04	99,74	100,00	100,00		

MM. de Marignac et Descloizeaux ont représenté cette composition par la formule :

$$2\mathrm{A}l^3\mathrm{M}g + 5\mathrm{M}g^2\mathrm{S}i^3 + 10\mathrm{A}q,$$

dans laquelle la magnésie est à la fois à l'état d'aluminate et de silicate; on pourrait associer les éléments de manière à n'avoir que des silicates, la formule deviendrait alors :

$$3\mathrm{A}l^2\mathrm{S}i + 12\mathrm{M}g\mathrm{S}i + 10\mathrm{A}q,$$

qui me paraît plus simple.

L'échantillon de Binnen est en masse cristalline feuilletée. Les plus beaux cristaux de pennine proviennent de la vallée Zermatt en Valais, au pied du Mont-Rose.

M. Necker avait déjà séparé la pennine dans sa *Minéralogie*

[1] *Annales de Poggendorff*, t. L, p. 523.

sous le nom d'*hydrotalc;* elle a reçu, de M. Morin, le nom de *wasserglimmer*, qui veut dire mica renfermant de l'eau. La variété qu'il a analysée se rapporte mieux à la ripidolithe, quoique la proportion de magnésie en soit très-faible.

CHLORITE HEXAGONALE.

C'est principalement dans cette division que viennent se ranger les anciens cristaux de talc cristallisé, notamment ceux d'Ala, qui accompagnent les cristaux de grenat, si remarquables par leur éclat, la pureté de leur forme et leur couleur d'un rouge orangé; les cristaux de talc du Saint-Gothard, qui offrent un passage insensible à la chlorite écailleuse, laquelle existe en paillettes sur les groupes d'adulaire; le talc de Sibérie, et en particulier celui d'Achmatowsk, qui accompagne également les grenats rouges. Nous citerons encore les cristaux du Tyrol, des États-Unis, et de Mauléon dans les Pyrénées. Nous ajouterons que les cristaux de chlorite hexagonale des États-Unis et d'Ala, considérés par M. Biot comme du mica, ont été décrits par cet illustre physicien comme mica à un axe.

Le nom de *chlorite* ayant été appliqué à beaucoup de minéraux verdâtres, tantôt en masses granulaires, comme on en observe dans les filons d'étain du Cornouailles, tantôt en paillettes, comme celles que l'on voit avec l'axinite du Dauphiné, MM. de Marignac et Descloizeaux ont ajouté l'épithète d'*hexagonale*, pour les distinguer de ces cristaux.

La chlorite hexagonale est fort répandue; elle cristallise en petits dodécaèdres bipyramidés, et non en troncs de rhomboèdres comme la pennine. Les cristaux du Tyrol sont très-nets, et M. Descloizeaux a pu en mesurer les angles; il a reconnu que les faces adjacentes de la pyramide étaient inclinées l'une sur l'autre de 132° 40′, et que l'angle de ces faces sur la base est de 106° 50′; ce qui conduit à adopter pour la forme primitive de la chlorite hexagonale un prisme à six faces régulier, *fig.* 260, *pl.* 188, dont les dimensions sont B : H :: 6 : 7. Le plus ordinairement les cristaux se présentent sous la forme d'une table hexaèdre très-mince et biselée sur ses bords horizontaux.

Elle est généralement d'un vert assez foncé. Cependant celle de Mauléon, dont M. Delesse, ingénieur des mines, a donné la description, est d'un vert jaunâtre très-clair, avec des reflets argentés : il en est de même de la chlorite des Etats-Unis.

Ce minéral est tendre, onctueux au toucher, flexible et non élastique, translucide et même transparent ; lorsqu'il est en lames minces, il n'offre pas le dichroïsme comme la pennine; son clivage, parallèle à la base du prisme, est très-facile ; on peut enlever des plaques avec une lame de canif. Sa pesanteur spécifique est de 26,73. Au chalumeau la chlorite présente les mêmes réactions que la pennine ; les nombreuses analyses de la chlorite conduisent à des résultats fort analogues.

	D'Achmatowsk[1],	du Zillerthal[2], par Kobell.	De Mauléon[3], par Delesse.	d'Ala, par Descloizeaux et Marignac.	de Sibérie, par Descloizeaux et Marignac.	Rapp.
Silice	31,25	31,47	32,10	30,01	30,11	18
Alumine	18,72	16,67	18,50	19,11	19,45	12
Oxyde ferrique	»	»	»	4,81	4,61	
Magnésie	32,08	32,56	36,70	33,15	32,27	15
Oxyde ferreux	5,10	5,97	0,60	»	»	
Eau	12,63	12,43	12,10	12,52	12,52	13
	99,78	99,09	100,00	99,60	99,76	

MM. de Marignac et Descloizeaux observent que ces résultats pourraient conduire à la formule :

$$6Al^2Si + 12MgSiAq + Mg^3Aq ;$$

mais ils préfèrent adopter l'expression :

$$2Al^2Mg + 4Mg^2Si^2Aq^2.$$

1 *Kastner's Archiv.*, t. XII, p. 42.
2 *Journ. für prat. chem.*, t. XVI, p. 470.
3 *Thèse sur l'emploi de l'analyse*, etc., p. 32.

qui se rapproche beaucoup des résultats de l'analyse, et présente l'avantage d'être du même ordre que la formule qui représente la pennine.

La chlorite argentée des environs de Mauléon dans les Pyrénées est disséminée dans un calcaire qui contient des cristaux de quartz soluble dans les acides; ce calcaire, qui appartient au terrain de craie, a été modifié par les ophites, il est dans le même gisement que le dipyre.

Ripidolithe. — Les cristaux de l'ancien talc qui ont reçu ce nom sont en lames entassées, diminuant de grosseur, de manière que la cassure des espèces de prismes qui résultent de cette association affecte la disposition en éventail.

Cette disposition se rapporte à la forme bi-pyramidale, en sorte que la ripidolithe paraît dériver plutôt d'un prisme à six faces que d'un rhomboèdre.

Les localités principales où l'on recueille de ces cristaux sont Rauris en Tyrol, le canton des Grisons, la vallée du Zillerthal et le Saint-Gothard; les cristaux provenant de cette dernière localité existent dans toutes les collections.

La dureté de la ripidolithe est analogue à celle de la chlorite hexagonale; elle possède également un clivage très-facile parallèlement à la base. Elle est généralement peu transparente; on n'a pu s'assurer ni de ses propriétés optiques, ni si elle était dichroïte. Sa pesanteur spécifique est de 26,75.

Les analyses qui ont établi sa composition ont donné:

	Du Zillerthal, par Kobell [1].	Wasser-Glimmer, par Morin [2].	Du St.-Gothard, par Varrentrapp [3].	De Rauris [2], par Varrentrapp [3].	Oxyg.	Rapp.
Silice	27,32	34,8	25,37	26,06	13,54	9
Alumine	20,69	10,2	18,50	18,17	8,47	6
Magnésie	24,89	8,1	17,09	14,69	5,68	8
Protoxyde de fer	15,23	18,0	28,79	26,87	6,11	
— de manganèse	0,47	5,0	»	0,62	»	
Eau	12,00	14,4	8,96	10,47	9,30	6
Résidu inattaquable	»	Chaux 8,4	»	2,24	»	
	100,00	98,9	98,71	99,40		

[1] *Journ. für prat. chem.*, t. XVI, p. 470.
[2] *Bibliothèque de Genève*, n° 41, p. 147.
[3] *Annales de Poggendorff*, t. XLVIII, p. 185.

Les rapports qui rentrent dans la formule indiquée dans les généralités sur ces espèces sont 9 : 6 : 8 : 6; ils diffèrent assez notablement des résultats de l'analyse; toutefois ce sont les rapports qui s'accordent le mieux avec les trois analyses que nous avons citées; ces différences me semblent prouver qu'il faut peut-être donner pour ces espèces une grande importance à la cristallographie, et n'en admettre que deux, la *pennine* et la *chlorite hexagonale;* peut-être même vaudrait-il mieux faire une seule espèce, avec deux divisions correspondantes au rhomboèdre, et au prisme hexaèdre régulier.

Chlorite écailleuse — C'est probablement à cette espèce qu'il faut associer les minéraux en masse verdâtre, composés de petites paillettes à structure grenue, ou schisteuse, qui existent avec tant d'abondance dans les Alpes, et que l'on désigne sous les noms de *chlorite, chlorite écailleuse*, *chlorite schisteuse;* du moins les analyses suivantes semblent indiquer cette réunion; toutefois ici, comme nous avons déjà eu l'occasion de le remarquer, la potasse remplace quelquefois une certaine proportion de base à un atome.

	Chlorite schisteuse, par Grüner.	Oxyg.	Écailleuse, par Berthier.	Oxyg.	Rapp.
Silice	29,50	15,32	26,80	13,92	9
Alumine	15,62	7,27	19,60	9,15	6
Oxyde de fer	23,39	5,32	23,50	5,33	8
Magnésie	21,39	8,28	14,30	5,33	
Chaux	1,50	0,42	Potasse 2,70	0,45	
Eau	7,38	6,56	11,40	10,13	6

La dernière analyse se rapproche surtout beaucoup de celle de la ripidolithe de Rauris, et on pourrait la représenter par la même formule.

Si on comparait toutes les analyses qui ont été faites sur les minéraux portant le nom de chlorite, on trouverait des différences très-notables; elles tiennent à ce que souvent ces chlorites sont des roches composées, qui, malgré leur apparence d'homogénéité, sont très-variables de composition.

LÉPIDOMÉLANE.

Ce minéral provient de Presberg en Wermeland; il a été décrit et analysé par Soltmann [1] : il est en petits cristaux, ou en écailles dépassant rarement 2 à 3 millimètres, dont la forme, quoique irrégulière, se rapproche cependant d'une table à six faces; ces écailles sont d'un noir d'aile de corbeau, elles donnent par réfraction une couleur d'un vert très-vif, avec éclat adamantaire; en parties minces, la lépidomélane est transparente ; sa poussière est vert de montagne; sa pesanteur spécifique et de 3 ; les petits cristaux de lépidomélane ne sont pas isolés; ils constituent des masses grenues et un peu schistoïdes. L'acide nitrique et l'acide hydrochlorique les attaquent aisément en laissant la silice sous forme d'écailles molles et nacrées.

L'analyse de la lépidomélane a donné :

Silice	37,40	Oxyg. »	19,43	Rapp. 4
Alumine	11,60	5,42	13,90	3
Peroxyde de fer	27,66	8,48		
Protoxyde de fer	12,43	2,83	4,59	1
Magnésie et chaux	0,60	0,20		
Potasse	9,20	1,56		
Eau	0,60	»		
	99,49			

Cette analyse est fort analogue à celle du mica noir par Klaproth ; les caractères extérieurs de la lépidomélane la rapprochent des micas, ou de la chlorite hexagonale; l'absence d'acide fluorique, qui paraît caractériser les micas, m'a engagé à la placer à la suite de la chlorite.

La formule $3\dot{A}l\dot{S}i + (\dot{M}g,\dot{F}e,\dot{K})\dot{S}i$, qui correspond à l'ancien mica à un axe, considéré actuellement comme de la chlorite, me paraît confirmer l'association à cette espèce.

---

[1] *Annales de Poggendorff*, t. L, p. 664.

NACRITE.

Talc écailleux ; Talc granulaire.

Ce minéral se trouve en petites lamelles, en petites écailles blanches nacrées, tantôt réunies sous forme de petites masses, tantôt en paillettes isolées, recouvrant des cristaux de quartz et de feldspath.

La disposition de ces paillettes et leur éclat leur donnent quelque analogie avec le talc; c'est cette ressemblance qui a engagé Haüy à les désigner sous le nom de *talc granulaire;* l'analyse ayant montré qu'ils contenaient de l'alumine et de la potasse, M. Beudant en a fait une espèce particulière sous le nom de nacrite.

Les analyses de Vauquelin établissent des différences très-notables entre les minéraux qui se présentent sous cet aspect, en sorte que ce serait peut-être une manière d'être, une structure particulière, qui appartiendrait à plusieurs minéraux. L'impossibilité de faire cette séparation m'a engagé à adopter l'espèce nacrite de Beudant.

	Du Saint-Gothard.	Oxyg.	Rapp.	De l'île de Naxos.	Oxyg.	Rapp.
Silice	50,0	25,97	6	56,00	29,05	9?
Alumine	26,0	12,24	3	18,00	8,40	3?
Potasse	17,5	2,88		8,00	1,35	
Chaux	1,5	0,42	1	3,00	0,84	1
Oxyde de fer	5,0	1,13		4,00	0,91	
Eau				6,00	5,33	2
Perte				5,00	»	
	100,0			100 00		

Les relations atomiques qui résultent de ces analyses sont tellement différentes, qu'il est inutile de chercher à grouper par une formule les éléments dont se composent les nacrites.

TERRES VERTES ALUMINEUSES.

Il existe des substances vertes, terreuses, plus ou moins agrégées, toujours très-tendres, que leur analogie de caractères conduit à réunir en un groupe ; mais quand on étudie les éléments dont elles sont formées, on reconnaît que leur composition est trop variable pour qu'on doive les admettre au nombre des espèces minérales; toutefois leur analogie de caractères a conduit tous les minéralogistes à les réunir en un groupe afin d'en faciliter l'étude.

M. Beudant a remarqué que parmi ces terres vertes les unes sont alumineuses, les autres ne contiennent pas d'alumine; cette différence de composition a engagé M. Beudant à les diviser en deux groupes : je suivrai le même ordre; je vais par conséquent indiquer, à la fin du genre qui m'occupe, *les terres vertes alumineuses ;* le second groupe sera associé aux silicates à base de fer.

Les terres vertes alumineuses donnent toutes de l'eau par la calcination ; elles sont en général fusibles en émail noir, ou en scorie d'un vert-bouteille. Souvent assez tendres pour tacher le papier, quelquefois cependant elles possèdent la dureté du gypse ; leur pesanteur spécifique varie de 28 à 32. Presque toujours solubles dans les acides, la liqueur qui en résulte contient une assez forte proportion de fer.

Nous réunissons ici plusieurs analyses de ces terres vertes, qui présentent, par leur ensemble, la composition générale de ces produits minéraux.

	De Lossossna, par Klaproth.	De Timor, par M. Berthier.	Du calcaire grossier, par M. Berthier.	Du grès vert du Havre, par M. Berthier.	de Glaris, par M. Berthier.
Silice.	51,50	46,0	46,3	49,7	52,3
Alumine.	12,00	11,7	7,6	6,9	5,6
Protoxyde de fer. .	17,00	17,4	22,3	19,5	23,0
Magnésie.	3,50	8,0	6,0	»	4,9
Chaux.	2,50	3,6	3,0	»	»
Soude.	4,50	»	»	Potasse 10,6	3,0
Eau.	9,00	13,9	15,0	12,0	8,5
	100,00	100,6	100,2	98,7	98,3

On remarquera que les proportions de silice, de protoxyde de fer et d'eau sont à peu près constantes, en sorte qu'il se pourrait que ces terres vertes fussent simplement des silicates de fer plus ou moins mélangés de minéraux alumineux; s'il en était ainsi, il faudrait, malgré la présence de l'alumine en proportion assez considérable dans l'échantillon de l'île de Timor, les réunir à la seconde variété de terres vertes, considérée par M. Beudant comme n'étant pas alumineuses; dans tous les cas, la couleur verte de l'une et l'autre variété paraît due à la présence du silicate de protoxyde de fer.

WICHTINE.

Minéral noir, à cassure terne et faiblement conchoïde. M. Laurent, qui a donné la description de ce minéral, annonce qu'il présente des clivages conduisant à un prisme rhomboïdal presque rectangulaire; l'échantillon que j'ai examiné appartient à la collection de M. Damour; il n'offre aucune trace de clivage; sa cassure est anguleuse et prismatoïde, comme celle des fragments de roches chauffés à une haute température, et qui se sont fendillés sans éprouver de fusion, notamment du schiste siliceux. La wichtine raye le verre; elle est fusible en émail noir, et devient magnétique par l'action du chalumeau; sa pesanteur spécifique est 30,2; elle est inattaquable par les acides.

Sa composition est, d'après l'analyse de M. Laurent[1] :

		Oxyg.	Rapp.
Silice	56,3	29,2	4
Alumine	13,3	6,2	1
Oxyde ferrique	4,0	1,2	
Oxyde ferreux	13,0	2,9	1
Chaux	6,0	1,8	
Magnésie	3,0	1,1	
Soude	3,5	1,0	
	99,1		

Ces relations sont assez exactement représentées par la formule $(Al, Fe)\,Si^2 + (fe, Ca, Mg, Na)\,Si^2$, de laquelle il résulte que la wichtine est un bisilicate d'alumine et de fer,

[1] *Annales de chimie et de physique*, t. LIX, p. 109.

combiné avec un bisilicate de protoxyde de fer, de chaux, de magnésie et de soude; elle provient de Wichty en Finlande.

On remarquera que la silice est dans ce cas en proportion trop considérable, et que la formule serait aussi exacte si on adoptait la relation 9 : 4, qui est celle de l'amphibole; dans cette supposition, la wichtine pourrait être considérée comme une cornéenne dure ou une amphibole compacte; ses différents caractères me paraissent en effet la rapprocher entièrement des trapps amphiboliques.

SEYBERTITE.

Ce minéral, qui se trouve à Amity, village de l'État de New-York, a été décrit comme *bronzite* par Finch [1]; il a été considéré comme une variété de cette espèce, jusqu'au Mémoire que M. Clemson [2] a publié sur ce sujet. La seybertite est en grandes lames, d'un beau rouge, qui se présentent avec une certaine transparence, lorsque l'épaisseur en est très-faible; ces lames sont disséminées dans une roche composée de chaux carbonatée, d'amphibole, de graphite et de spinelle noir; elle se laisse rayer par une pointe d'acier; possède deux clivages dont l'un est très-facile, et l'autre très-peu distinct. Sa pesanteur spécifique est de 31,60.

Seul au chalumeau, ce minéral est infusible; avec les divers flux, il donne des perles blanches transparentes, sans aucun phénomène de coloration. La calcination le fait virer au jaune, et dans cet état il ressemble à certaines variétés de pyrite de fer. Lorsqu'il est réduit en poudre impalpable, il est facilement attaqué par les acides forts; il est même alors attaqué à froid par l'acide acétique.

M. Clemson a obtenu pour la composition de la seybertite les résultats suivants :

---

[1] *American journal of sciences*, t. XVI, p. 185.

[2] *Annales des mines*, troisième série, t. II, p. 493.

	Seybertite, par Clemson.		Oxyg.	Rapp.	Clintonite, par Richardson [1].	Xantophyllite, par Meitzendorf [2].		Oxyg.	Rapp.
Silice	17,00		8,82	6	19,35	16,30		8,47	2
Alumine	37,60		17,55	12	44,75	43,95		20,53	6
Magnésie	24,3	9,39			9,05	13,26	3,72		
Chaux	10,7	2,99	13,51	9	11,45	19,31	7,47	11,92	3
Protoxyde de fer	5,0	1,13			Peroxyde. 4,80	2,53	0,58		
Soude	»				»	0,61	0,15		
Eau	3,6	»	3,19	2	4,55	4,33	»	3,81	1
Zircone					2,05				
Ox. de mangan.					1,35				
Acide fluor.					0,90				
	98,29				98,25	100,00			

Les relations atomiques des éléments de la seybertite sont exprimées par la formule 3(M*g*, C*a*, *fe*) Si^2 + 6(M*g*, C*a*, *fe*) Al^2 + 2A*q*, dans laquelle la silice et l'alumine jouent ensemble le rôle d'acide ; si on supposait ces deux corps isomorphes, on pourrait mettre la formule sous la forme 4 (M*g*, C*a*, *fe*) $(Si, Al)^2$ + A*q*, qui est plus simple; mais l'isomorphisme entre l'alumine et la silice n'est pas un fait bien constaté.

Clintonite. — Holmite. — Holmesite. — Ce même minéral avait déjà été analysé par Richardson, qui l'avait appelé *clintonite*, en l'honneur d'un gouverneur du comté d'Orange ; il avait été également désigné sous le nom de *holmite*, pour rappeler que la première découverte de cette substance était due à M. Holm. J'ajouterai que le docteur Horton annonce avoir observé des cristaux terminés à leurs deux extrémités et portant des facettes à la fois sur toutes les arêtes verticales ; il n'a pu en mesurer les faces, et par conséquent établir leurs relations avec la forme primitive. L'analyse de M. Richardson, que j'ai mise en regard de celle de M. Clemson, présente quelques différences avec celle-ci.

Xantophyllite. — Ce minéral, décrit par M. G. Rose[3], paraît, d'après la composition que Meitzendorf en a donnée,

[1] *American Journal of sciences*, t. XXXI, p. 173.
[2] *Voyage en Oural*, t. II, p. 527.
[3] *Annales de Poggendorff*, t. I, p. 654.

être une variété de seybertite; les résultats que j'ai transcrits ci-dessus sont la moyenne de quatre analyses.

Les éléments de la xantophyllite peuvent difficilement s'associer pour donner lieu à une formule autrement qu'en supposant que l'alumine joue, de même que la silice, le rôle d'acide; on a dans cette supposition l'expression :

$$2(Ca, Mg, fe, Na)\,Si + (Ca, Mg, fe, Na)\,Al^6 + Aq.$$

On pourrait cependant supposer l'alumine à deux états, d'abord combinée avec les bases à un atome, puis avec de l'eau.

La xantophyllite se trouve à Statoust, dans l'Oural; elle forme des masses arrondies et colonnaires d'une structure feuilletée; elle se clive très-facilement suivant les pans d'un prisme régulier à six faces; son éclat est nacré; ses faces sont rayées par l'apatite, mais ses angles rayent fortement ce minéral; sa couleur est d'un brun rougeâtre. Au chalumeau, elle ne fond pas, mais elle devient trouble et opaque; avec le borax on obtient un verre légèrement verdâtre; ce minéral est décomposé, quoique difficilement, par l'acide hydrochlorique bouillant.

GÈDRITE.

Ce minéral a été découvert par M. le vicomte d'Archiac de Saint-Simon, dans la vallée de Héas, près de Gèdre, dans les Hautes-Pyrénées. Il est en masses cristallines, présentant une texture fibreuse radiée, un peu lamellaire, analogue à la texture de certaines variétés d'amphibole. Il ne possède pas de clivages assez prononcés pour qu'on puisse préjuger sa forme cristalline. Sa couleur est d'un brun de girofle; il offre un éclat demi-métallique très-faible; la gèdrite raye très-difficilement le verre; elle est rayée par le quartz; sous le pilon elle s'écrase avec facilité et donne une poussière d'un jaune fauve. Elle est assez tenace et reçoit l'empreinte du marteau. Sa pesanteur spécifique est de 32,60.

Au chalumeau, la gèdrite fond facilement en un émail

noir un peu scoriacé ; avec le borax, on obtient un verre très-foncé, presque noir ; elle est inattaquable par les acides.

Son analyse m'a donné[1] :

		Oxyg.	Rapp.
Silice.	38,81	20,22	10
Alumine.	9,31	4,29	2
Protoxyde de fer. . . .	45,83	10,44	5 } ou 6
Magnésie.	4,13	1,60 }	1 }
Chaux.	0,67	0,19 }	
Eau.	2,30	2,04	1

Les relations atomiques conduisent à la formule :

$$2 Al Si^3 + 6(fe, Mg) Si + Aq.$$

A l'époque où je fis la description de cette espèce, je l'avais considérée comme un silico-aluminate, représenté par la formule : $5 f Si^2 + Mg Al^2 + Aq$.

Il me paraît préférable de la ranger dans les silicates simples.

Les caractères de la gèdrite la rapprochent beaucoup de l'antophyllite, mais elle en diffère essentiellement par la composition, cette dernière espèce ne contenant pas d'alumine.

SISMONDINE.

M. Bertrand de Lom, qui a découvert ce minéral à Saint-Marcel en Piémont, l'a dédié à M. de Sismonda, professeur à l'Université de Turin, et auteur de la carte géologique du Piémont; la description en a été faite par M. Delesse[2], ingénieur des mines, professeur de géologie à la Faculté de Besançon.

La sismondine est engagée dans une espèce de chlorite schisteuse. Elle est accompagnée de grenats rouges et de fer titané. Elle est en masses lamelleuses d'un vert noirâtre, passant un peu au gris ; ses clivages, au nombre de trois, sont

---

[1] Description de la gèdrite par Dufrénoy, *Annales des mines*, troisième série, t. X, p. 582.

[2] *Thèse sur l'emploi de l'analyse chimique dans les recherches de minéralogie*, p. 43.

très-faciles et semblent conduire à un prisme rhomboïdal oblique. L'un d'eux, qui aurait lieu suivant la base, a beaucoup d'éclat et réfléchit la lumière avec miroitement. Outre ces clivages, M. Delesse annonce que la sismondine en possède un autre fortement incliné, mais dont il ne saurait indiquer la direction avec exactitude. En travers du sens des lames, la cassure est irrégulière, terne et résineuse.

Dans le tube fermé, la sismondine donne de l'eau; il faut chauffer assez fortement pour la faire dégager entièrement. Au chalumeau, elle est infusible, mais devient d'un brun de tombac. Avec le borax, elle offre les réactions du fer; en poudre impalpable, elle est complétement attaquée par les acides sulfurique, hydrochlorique et nitrique.

M. Delesse a obtenu pour la composition de ce minéral :

		Oxyg.	Rapp.
Silice.	24,10	12,5	2
Alumine.	40,71	19,0	3
Protoxyde de fer. .	27,10	6,2	1
Eau.	7,25	6,4	1
Titane.	une trace		
	99,15		

Il l'a représenté par la formule :

$$FeSi^2 + Al^3Aq,$$

dans laquelle l'alumine est à l'état d'hydrate. Cette formule conduit M. Delesse à considérer la sismondine comme formée d'un atome de pyroxène à base de fer, combiné avec trois atomes de diaspore.

BOMBITE.

M. Leschenault a rapporté ce minéral des environs de Bombay; il l'a recueilli en fragments roulés, et son gisement réel est inconnu, mais il paraît appartenir au terrain ancien. Il est en masse amorphe, d'un noir bleuâtre, à grains très-fins; il raye le quartz. Sa pesanteur spécifique est 22,10. Fusible avec bouillonnement au chalumeau en un verre jaunâtre. M. Laugier en a retiré par l'analyse :

Silice.	50,00	Oxyg. 25,97
Alumine.	10,50	4,90
Oxyde de fer.	25,00	5,69
Magnésie.	3,50	1,35
Chaux.	8,50	2,38
Charbon.	3,00	»
Soufre.	0,30	»
	100,00	

M. Laugier[1] a regardé la bombite comme une pierre de touche ; elle en porte effectivement tous les caractères ; mais cette comparaison ne la spécifie pas d'une manière certaine, attendu que les pierres de touche présentent des compositions variables; ce sont des roches presque toujours métamorphiques, et par conséquent mal définies ; la bombite nous paraît exister dans ces conditions, elle ne doit donc pas être classée parmi les espèces minérales, attendu qu'elle ne possède ni forme cristalline, ni composition déterminée.

XANTHITE.

M. le docteur Thomson, de New-York, a le premier indiqué l'existence de ce nouveau minéral : il le décrit comme formé d'un assemblage de très-petits grains ronds d'un gris jaunâtre clair, peu adhérents et que l'ongle peut séparer ; ces grains sont translucides; vus au microscope, ils offrent une texture lamelleuse. M. Mather a retrouvé à Amity, dans l'Etat de New-York, la xanthite en masses distinctement lamelleuses, dans la même roche qui a fourni les grains analysés par le docteur Thomson. Ces masses sont fragiles; il a obtenu par le clivage des fragments prismatiques, *fig.* 262, *pl.* 189, dont les angles sont :

P sur M = 97° 30′. P sur T = 94°. M sur T = 107° 40°.

Taillée en plaques minces, la xanthite jouit de la double réfraction. Sa pesanteur spécifique est de 32,01.

M. Thomson annonce que la variété en grains est infusible,

[1] *Annales de chimie et de physique*, première série, t. XXVII, p. 311.

tandis que d'après M. Mather la variété lamelleuse serait fusible en une perle verdâtre.

M. Thomson [1] a trouvé la première composée de :

		Oxygène	
Silice.	32,71	16,99	6
Alumine.	12,28	5,63	2
Chaux.	36,31	10,19	5
Protoxyde de fer.	12,00	2,73	
—de manganèse.	3,68	0,82	
	97,58		

Les relations atomiques qui résultent de cette analyse donnent la formule : $Al^2Si + 5(Ca, fe, mn) Si$.

M. Berzélius[2] a supposé le fer à deux états d'oxydation, et il a adopté pour la composition de la xanthite l'expression :

$$2(\dot{C}a^3, \dot{M}g^2, \dot{F}e^3) \dddot{S}i + (\ddot{A}l^2, \ddot{F}e^2) \dddot{S}i.$$

LVII. GENRE SILICATES NON ALUMINEUX.

WOLLASTONITE.

Tafelspath; Spath en tables; Zurlite; Zurlonite; Schaalstein; Grammite; Bisilicate de chaux.

Le nom de *spath en tables*, sous lequel ce minéral a été décrit vers l'année 1793 par Strütz, rappelle qu'il est éminemment lamelleux. Il possède trois clivages qui conduisent à un prisme rhomboïdal oblique, sous les angles de P sur M = 104° 48′, et M sur M = 95° 38′. Des cristaux que l'on a trouvés depuis à Capo-di-Bove, près Rome, établissent entre les dimensions du prisme le rapport B : H :: 40 : 25.

Ces cristaux sont des tables aplaties, *fig.* 264, *pl.* 189, chargées de facettes; d'après les mesures de M. Brooke, auquel on doit la détermination du système cristallin de la wollastonite, les angles sont :

P sur M = 104° 48′. M sur M = 95° 38′.

---

[1] *Edinburg Journ. of scienc.*, new ser., t. IV, p. 372.

[2] *Jahresbericht*, t. XII, p. 173.

P sur o^1	= 129° 42'.	P sur o^5	= 150° 23'.
P sur o^3	= 159° 30'.	P sur h^1	= 110° 12'.
P sur e^1	= 115° 33'.	P sur e^2	= 33° 43'.
P sur e^5	= 145° 7'.	P sur $b^{1/2}$	= 86° 8'.
P sur d^1	= 132° 35'.	P sur $b^{1/2}$	= 93° 52'.
P sur $d^{1/2}$	= 120° 42'.		

La wollastonite présente des cristaux hémitropes dont les faces de jonction sont parallèles à la base du prisme.

Sa couleur est le blanc pur, blanc jaunâtre, blanc grisâtre avec un éclat nacré, quelquefois très-vif, comme dans la variété laminaire qui provient de Vermont aux Etats-Unis. Les cristaux du Vésuve et les masses laminaires de Capo-di-Bove sont souvent hyalines ; elles ont un grand éclat.

Sa dureté est de 3,5. Elle est rayée par la chaux phosphatée ; sa pesanteur spécifique varie de 28,05 à 28,60. Le premier nombre a été obtenu par Haidinger sur des échantillons du Bannat ; le second, par Karsten, pour la wollastonite de Rhode-Island. Elle ne donne pas d'eau dans le tube d'essai ; au chalumeau se résout, au bord, en une perle de verre, incolore, demi-transparente ; elle exige un feu très-ardent pour se fondre ; se dissout aisément et en grande quantité dans le borax et produit un verre transparent.

La composition de la wollastonite est donnée par un grand nombre d'analyses dont les résultats sont presque identiques.

	De Cziklowa, dans le Bannat, par Beudant [1].	Du lac Champlain, par Seybert [2].	De Pargas, par Bonsdorff [3].	De Capo-di-Bove, par Kobell [4].	De Perhoniemi, par H. Rose [5].	Oxyg.	Rapp.
Silice	53,10	51,10	52,58	51,50	51,60	26,80	2
Chaux	45,10	46,00	45,45	45,45	46,41	13,03	1
Magnésie	1,80	1,30	0,68	0,55	»	»	
Oxyde de fer	»	»	1,13	»	traces		
Eau	»	1,00	0,99	2,00	»		
	100,00	99,40	99,83	99,50	98,01		

1 *Annales des mines*, deuxième série, t. V, p. 305.
2 *Silliman journal*, t. IV, p. 320.
3 *Mémoires de l'Académie impériale de Saint-Pétersbourg*, t. IX, p. 376.
4 *Journ. für prat. chem.*, t. XXX, p. 469.
5 *Annales de Gilbert*, t. LXXII, p. 70.

Les relations qui résultent de ces analyses établissent que la wollastonite est un bisilicate de chaux, représenté par l'expression $CaSi^2$.

Les gisements de la wollastonite sont nombreux; dans le Bannat, la Finlande, les Etats-Unis, etc. ; elle se trouve associée aux roches anciennes; à Capo-di-Bove, près Rome, et au Vésuve, elle appartient aux roches volcaniques. A Castle-Hill, près Édimbourg, elle forme des rognons dans des roches basaltiques.

Wollastonite fibreuse. — Les échantillons du Bannat ont une texture fibro-laminaire. Celle de Pargas est fibreuse et possède un éclat soyeux qui lui donne de l'analogie avec l'amphibole blanche. M. Lévy annonce que les échantillons de Castle-Hill sont à fibres divergentes. Cette différence de structure se lie avec une différence très-notable dans la manière de se comporter avec les acides. La wollastonite de Pargas est à peine soluble, tandis que celle du Vésuve donne presque immédiatement une gelée abondante; l'identité de composition qui résulte des analyses précédentes ne m'a pas permis de séparer ces deux variétés; mais cette différence d'action est au moins très-remarquable.

Chelmsfordite. — Dana [1] a décrit sous ce nom des masses lamelleuses blanches, trouvées à Chelmsford dans le Massachussets, qui portent tous les caractères de la wollastonite. D'Alger annonce, dans sa *Minéralogie*, page 68, qu'on a même recueilli dans cette localité des cristaux qui sont en prismes rhomboïdaux obliques : un essai a donné 75 pour 100 de silice, et 25 pour 100 de chaux ; si une analyse exacte établissait cette composition, la chelmsfordite devrait peut-être former une espèce particulière.

Wollastonite de Thomson. — Ce chimiste ayant appelé silicate de chaux le minéral que je viens de décrire, a donné le nom de *wollastonite* à un autre minéral qui se trouve en

---

[1] *Outlines of mineralogy and geology of the vicinity of Boston.*

grande quantité dans une roche amphibolique située à Kilsyth, près du Forth, dans le canal de la Clyde. Cette association me paraît juste, en ce sens que la composition, quoique fort différente par la présence de la soude, peut cependant se mettre sous la même forme atomique; effectivement Thomson a trouvé pour la composition de sa wollastonite[1] :

Silice.	52,744	Oxygène. . .	26,10	Rapp. 2
Chaux.	31,684	9,60		
Soude.		009'29,45	12,90	1
Magnésie.	1,520	0,58		
Protoxyde de fer. .	1,200	0.27		
Alumine.	0,672			
Eau.	2,000			
	99,420			

La relation est encore, dans ce cas, deux atomes de silice pour un atome de chaux et de soude.

M. Thomson annonce que la wollastonite d'Écosse est en masses fibreuses radiées, qu'elle a un éclat soyeux, et que sa pesanteur spécifique est de 28,50, caractères qui s'accordent avec ceux de la wollastonite du Bannat et de Pargas.

La wollastonite est du petit nombre de minéraux que l'on peut reproduire artificiellement; on y parvient en fondant ensemble de la chaux et de la silice dans des proportions convenables; l'on obtient des masses qui se clivent dans les mêmes directions que les variétés naturelles.

La formule de la wollastonite est la même que celle du pyroxène. De plus, la cristallisation de ces deux espèces dérive d'un prisme rhomboïdal oblique, dont les angles ne sont pas très-éloignés; il se pourrait donc que plus tard le pyroxène et la wollastonite fussent réunis en une seule espèce : je n'ai pas osé faire cette réunion par suite de la différence de 3 degrés qui existe entre les angles de la base sur les faces verticales; mais comme ces mesures sont très-difficiles à obtenir, je ne serais pas étonné que l'on en obtînt de plus rapprochées, si on pouvait avoir des cristaux bien nets.

[1] *Traité de minéralogie*, t. I, p. 131.

EDELFORSITE.

Trisilicate de chaux.

M. Hisinger a décrit sous ce nom un silicate de chaux d'Edelforss en Smoland, dans lequel le rapport de l'oxygène de la silice à l'oxygène de la chaux est comme 3 : 1. Cette composition, notablement différente de celle de la wollastonite, paraît donner lieu à une espèce particulière.

L'edelforsite est d'un blanc grisâtre, opaque et à cassure grenue; sa dureté est analogue à celle de la chaux fluatée. Sa pesanteur spécifique est de 25,84. Au chalumeau elle fond en une pâte incolore.

M. Beudant signale une variété d'edelforsite à Csiklov a, en petites aiguilles d'un blanc mat, raides, cassantes, divergentes, isolées vers le sommet, et paraissant dériver de prismes rhomboïdaux.

M. Damour m'a communiqué un échantillon d'edelforsite qui est en masses fibreuses, divergentes, à éclat nacré et soyeux, et fort analogues à de la trémolite. Il provient d'Arendal; il est associé à de la dolomie lamelleuse et de l'épidote.

L'analyse de la variété de Csiklova donne des résultats analogues à ceux de la pierre d'Edelforss.

	D'Edelforss, par Hisinger.	Oxygène...			De Csiklova, par Beudant.		
Silice	57,75	29,91		3	61,6	31,99	3
Chaux	30,16	8,47	9,02	1	36,1	10,64	1
Magnésie	4,75	0,18			2,3	0,89	
Protoxyde de fer	1,00	0,37			100,0		
— de manganèse	0,65						
Alumine	3,75						
	98,06						

L'edelforsite est donc le silicate triple de chaux, $CaSi^3$; peut-être vaudra-t-il mieux le considérer comme de la wollastonite contenant de la silice gélatineuse en excès.

DYSCLASITE.

Zéolite tenace.

Ce minéral, trouvé aux îles Faroë, a été décrit par M. Arthur Connell, qui en a également déterminé la composition : sa texture est imparfaitement fibreuse; il est formé de la réunion de petits cristaux aciculaires, ce qui lui donne la texture fibreuse : translucide, en aiguilles minces, il est même transparent; il possède la double réfraction ; sa pesanteur spécifique est de 33,62 ; sa dureté est à peu près de 4, 25 ; il est très-tenace, et il est nécessaire, pour le casser, de frapper des coups de marteau réitérés ; le nom de *dysclasite*, que M. Connell lui a donné, est emprunté à cette propriété.

La dysclasite chauffée dans le tube donne de l'eau ; au chalumeau, elle devient opaque, blanche, et fond seulement sur les bords minces. Elle se dissout dans l'acide muriatique, avec formation de gelée.

	Dysclasite, par Connell [1].	Oxyg.	Rapp.		Danburite, par Shépard [2].	Okénite, par Würth [3].	Oxyg.	Rapp.
Silice	57,69	29,96	4		56,00	54,86	28,52	4
Chaux	26,83	7,54	1		28,33	26,15	7,34	1
Eau	14,71	13,08	2		8,00	17,91	15,95	2
Soude	0,44				»	1,02	0,26	
Potasse	0,23				5,12	»	»	
Peroxyde de fer	0,32			Yttria	0,85	»	»	
— de manganèse	0,22			Alumine	1,70	0,46	0,25	
	100,44				100,00	100,48		

L'analyse de la dysclasite conduit à la formule :

$$CaSi^{4} + 2Aq.$$

Okénite. — Ce minéral, analysé par Würth, offre une composition presque toujours identique avec la dysclasite ; il annonce qu'elle est très-tenace, que sa pulvérisation est

[1] *Transactions de la Société d'Edimbourg*, t. XIII, p. 46.
[2] *Americ. Journ. of scienc.*, t. XXIII, p. 137.
[3] *Annales de Poggendorff*, t. LV, p. 107.

difficile. Les échantillons d'okénite que j'ai étudiés sont d'un blanc de neige ; leur texture est fine et homogène; leur cassure, unie et à grains très-serrés, présente dans quelques parties la texture fibreuse; mais les fibres sont soudées ensemble, et forment une masse homogène comme dans certains échantillons de mésolite.

L'okénite est soluble en entier dans l'acide hydrochlorique; enfin, sa pesanteur spécifique est de 58,45 ; en sorte que tous ses caractères se rapportent à ceux de la dysclasite.

Danburite. — Ce minéral, décrit et analysé par Shépard, me paraît devoir être également considéré comme une variété de dysclasite ; sa composition s'en rapproche beaucoup ; les différences consistent dans la présence de la potasse, et la proportion d'eau qui est moindre; il est cristallisé dans un prisme rhomboïdal oblique, dans lequel on observe un clivage facile, parallèlement à la base. Les échantillons frais sont d'un jaune clair, mais ils deviennent entièrement blancs dès qu'ils présentent un commencement de décomposition. La pesanteur spécifique de la danburite est de 28,30.

Gisement. — La dysclasite appartient aux roches volcaniques ; l'okénite a été rapporté de l'île de Discô, dans le Groënland, où elle paraît exister dans une roche amphibolique ; quant à la danburite, elle occupe des géodes dans une roche feldspathique dans le comté de Danbury aux États-Unis.

TALC.

Le nom de talc a été donné à des minéraux d'un vert ordinairement clair, quelquefois aussi très-foncé, onctueux, doux au toucher, peu durs, infusibles et composés essentiellement, sinon exclusivement, de *silicate* de magnésie ; ce nom a même été appliqué par extension à des minéraux dont la composition était fort différente, tels que le *talc glaphique*, le *talc pailleté*, etc. Cette généralisation du mot *talc* a toujours apporté de la difficulté dans la classification des substances magnésiennes ; cette difficulté s'est beaucoup augmentée dans ces dernières années, quand l'analyse a appris que le talc cristallisé de Haüy, celui qui formait par conséquent le type de l'espèce, devait en être séparé ; les petits cristaux en tables à six faces, souvent empilés les uns sur les autres, qu'on appelait *talc cristallisé*, forment en effet maintenant deux espèces distinctes sous les noms de *pennine* et de *chlorite hexagonale* (voir leur description, p. 507); elles contiennent, outre de la silice et de la magnésie, 13 parties d'alumine, de l'oxyde de fer, et 12 ou 13 pour 100 d'eau.

L'espèce talc est donc réduite maintenant à la variété lamelleuse de Haüy ; il existe cependant des variétés fibreuses, mais la plupart appartiennent à la pyrophyllite. Dans ces limites le talc est d'un blanc verdâtre très-clair, ordinairement argentin, onctueux au toucher ; il est tellement tendre qu'on le raye facilement avec l'ongle ; sa poussière, d'un blanc de neige, est semblable, par sa douceur à la main, à de la poussière de savon dur ; son éclat, un peu nacré, est gras ; infusible au chalumeau, il est également inattaquable par les acides. Sa pesanteur spécifique est de 25,65 à 25,80.

Lorsque le talc est lamelleux, ce qui est le cas général, le clivage est très-facile dans un sens, que l'on considère comme la base du prisme ; on peut en séparer des lames avec un instrument tranchant, et même avec l'ongle : ces lames, souvent assez grandes, sont transparentes, d'un vert d'eau clair ; elles sont flexibles, mais non élastiques, et se plient comme une lame de plomb. M. Delesse [1] annonce, dans un Mémoire sur le talc de Rhode-Island, qu'outre le clivage facile que je viens de signaler, le talc présente deux clivages, indiqués par deux systèmes de stries parallèles, suivant lesquelles les lames se plient plus facilement ou tendent à se casser. Ces deux derniers clivages font un angle de 113° 30′, d'où il résulterait que la forme primitive du talc est un prisme rhomboïdal droit, dans lequel l'angle M sur M serait de 113° 30′ ;

[1] *Annales des mines*, quatrième série. t. IX, p. 312, 1846.

ses propriétés optiques s'accordent avec ce genre de forme, car une lame de talc placée entre deux tourmalines, et inclinée convenablement, laisse apercevoir deux branches d'hyperbole qui montrent qu'elle possède deux axes de double réfraction.

La variété fibreuse se compose de filaments larges, parallèles, soudés ensemble, mais qui se séparent les uns des autres à la manière des lames; elle n'est pas radiée : c'est la pyrophyllite qui présente ce dernier caractère.

	De Chamouni, par Marignac [1].	Oxyg.	Rapp.	Du Zillerthal, par Beudant [2].	Du petit Saint-Bernard, par Berthier [3].	Talc de Rhode-Island, par Delesse [4].	Oxyg.	Rapp.
Silice.......	62,58	32,42	9	63,0	58,2	61,75	32,079	15
Magnésie...	35,40	13,74 }	4	33,6	32,2	31,68	12,260 }	6
Ox. ferreux.	1,98	0,47 }		»	4,6	1,70	0,387 }	
Eau........	0,04	»		3,4	3,5	4,83	4,294	
	100,00			100,0	99,5	99,96		

Ces analyses ne diffèrent que par la proportion d'eau. D'après les expériences de M. Delesse, cette différence paraît tenir à ce que la calcination n'a pas été assez forte, car à une chaleur rouge prolongée, le talc de Rhode-Island n'a perdu que quelques millièmes de son eau. M. Delesse a dû avoir recours à un bon feu de charbon dans un four de calcination pour faire dégager toute l'eau ; il s'est du reste assuré qu'il ne se dégageait que de l'eau, en chauffant à la lampe à émailleur dans un tube de verre fort. Par le même procédé, le talc du Zillerthal a perdu 4,70, et un schiste talqueux vert, de Greiner en Tyrol, a perdu 5,70. Il est donc probable que le talc contient en moyenne près de 5 pour 100 d'eau ; cet élément serait alors essentiel, et la formule qui le

---

[1] *Bibliothèque de Genève*, n° 97. Janvier, 1844.

[2] *Traité de Minéralogie*, t. II, p. 208.

[3] *Annales des mines*, première série, t. VI, p. 451, 1821.

[4] *Annales des mines*, t. IX, quatrième série, p. 315.

représenterait, en prenant pour point de départ le talc de Rhode-Island, serait :

$$\dot{M}g^6\dddot{S}i^5 + 2\dot{H}, \text{ ou } 3Mg^2Si^5 + 2Aq.$$

Cette formule est d'accord avec celle de Kobell, qui, admettant que le talc est anhydre, a adopté pour sa composition le signe $\dot{M}g^6\dddot{S}i^5$.

L'échantillon du petit Saint-Bernard, analysé par M. Berthier, est désigné sous le nom de *talc écailleux*, parce que les lames ne sont pas continues, et se lèvent pour ainsi dire par écailles.

Schiste talqueux. — Le talc que je viens de décrire constitue des rognons, de petites masses dans des schistes talqueux ; il existe en outre à l'état lamelleux, dans certains granites des Alpes, notamment dans le granite désigné par Saussure sous le nom de *protogine*. Il passe, en outre, au schiste talqueux, roche d'un vert clair, à éclat argentin, onctueuse au toucher, et infusible au chalumeau ; ce schiste ne paraît pas être du talc parfaitement pur, on y aperçoit des points verts, qui appartiennent probablement à de la chlorite, et en altèrent un peu la composition : les analyses suivantes montrent qu'effectivement ces schistes sont très-rapprochés du talc pur, mais ils contiennent une certaine quantité d'alumine et de fer qu'ils empruntent à la chlorite.

	De Hof Gastein, par Rammelsberg [1].	De Greiner, de Proussiansk, par Kobell [2].	
Silice.	57,83	62,8	62,80
Magnésie.	25,58	32,4	31,92
Oxyde ferreux. .	9,45	1,6	1,10
Alumine.	7,06	1,0	0,60
Eau.	»	Perte au feu 2,3	1,92
	99,92	100,1	98,34

Ces analyses n'accusent pas d'eau ; cependant ces schistes

[1] *Handwörterbuch der mineralogie*, deuxième supplément, p. 145.
[2] *Kastner's Archives*. t. XII, p. 29.

doivent en contenir, puisque j'ai indiqué, il y a quelques lignes, que M. Delesse en avait trouvé 5,7, dans le schiste talqueux de Greiner, le même dont j'ai donné l'analyse d'après Kobell; cette différence tient à ce qu'on n'a pas recherché cet élément, persuadé que ces schistes ne le renfermaient pas.

Beaucoup de roches que l'on désigne sous le nom de *schistes talqueux* doivent ce nom à un ensemble de caractères extérieurs; mais, en réalité, ils n'appartiennent en aucune façon à l'espèce talc; quelquefois on devrait les désigner sous le nom de *chlorites schisteuses*, bien qu'ils aient l'onctuosité du talc, parce qu'ils se rapprochent de la composition de la chlorite. Le plus ordinairement ces roches dues à des causes métamorphiques ont des compositions très-diverses; elles diffèrent beaucoup les unes des autres, et ne présentent sous ce rapport d'analogie avec aucun minéral connu. L'aspect talqueux serait donc dans ce cas plutôt un mode de texture, que le résultat de la composition.

Les analyses suivantes, faites sur des roches classées dans presque toutes les collections de géologie sous le nom de schistes talqueux, mettent ces différences dans tout leur jour.

	Schiste talqueux de Coray, par Vauquelin [1].	Du St.-Gothard, par Schafhault [2].	Du Zillerthal, par Schafhault [2].
Silice	45,60	50,20	40,695
Alumine	25,10	35,90	18,150
Oxyde ferreux	5,40	2,36	5,250
Soude			1,230
Soude, Potasse	6,50	8,45	
Potasse			11,163
Magnésie	16,10	»	»
Carbonate de chaux	»	»	22,740
Eau	»	2,45	0,600
	98,70	99,36	99,828

Le schiste analysé par Vauquelin est celui qui contient les staurotides de Bretagne; le schiste du Saint-Gothard est la

[1] *Journal des mines*, t. IX, p. 225.
[2] *Ann. der chem. und pharm.*, t. XLVI, p. 334.

belle roche à disthène et staurotide qui existe dans toutes les collections; quant à celui du Zillerthal, sans être aussi connu des minéralogistes que les deux autres roches, ses caractères sont également très-prononcés; on remarquera que les deux dernières ne contiennent pas de magnésie.

Pierre ollaire. — Il existe à Chiavenna dans la Valteline, à Cosne dans les Grisons, et dans plusieurs points du Piémont, etc., une roche d'un gris verdâtre, donnant une poussière presque blanche, mate, composée ordinairement de grains ou de lamelles cristallines, que l'on associe au talc, sous les noms de *talc endurci*, *talc compacte;* elle serait peut-être mieux placée à la suite des ripidolithes par la disposition de ses lames, mais elle se rapproche du talc par son onctuosité. La facilité avec laquelle on taille cette roche et son infusibilité l'ont fait employer très-utilement; on la tourne sous forme de marmites et autres vases qui résistent très-bien à l'action du feu; on en construit des poêles qui sont presque indestructibles. Ces propriétés remarquables l'ont fait désigner sous le nom de *pierre ollaire*, qui rappelle ses usages; on la connaît également dans le pays sous le nom de *pierre de Cosne;* une analyse de Wiegler [1] a donné :

Silice	38,12	99,16
Magnésie	38,54	
Oxyde ferreux	15,62	
Chaux	0,41	
Alumine	6,66	
Acide fluorique	0,41	

Cette composition, très-éloignée de celle du talc, se rapprocherait de la composition de la chlorite si elle contenait de l'eau; il serait, du reste, possible que Wiegler eût omis de doser cet élément, car on observe cette omission dans beaucoup d'analyses anciennes.

[1] *Karsten Tabell.*, p. 43.

STÉATITE.

Talc stéatite; Craie de Briançon; Speckstein.

La stéatite se présente à deux états; peut-être est-il plus exact de dire que l'on décrit comme stéatite deux minéraux magnésiens d'aspect différent, l'un et l'autre tendres et doux au toucher comme le talc.

Le premier, connu sous le nom de *craie de Briançon*, est d'un blanc de lait; légèrement schisteux, ses feuillets indistincts sont souvent ondulés; sa cassure est esquilleuse en même temps que schisteuse, son éclat est nacré; très-doux au toucher, à la manière du savon; cette variété représente le véritable *spekstein* des Allemands.

La stéatite de Bareuth, qui forme le second type, est compacte, à cassure esquilleuse, passant à la cassure terreuse; sa couleur n'est pas aussi pure que celle de la craie de Briançon; elle est d'un blanc sale, blanc grisâtre, blanc jaunâtre; quelquefois légèrement rougeâtre; onctueuse et douce au toucher, comme la précédente. Elle offre par la cassure plus d'analogie avec la serpentine, mais elle se rapproche, par la composition, de la craie de Briançon.

L'une et l'autre sont rayées par l'ongle; leur pesanteur spécifique varie de 26,50 à 28. M. Delesse a trouvé pour la stéatite de Nyntsch en Hongrie, 27,67.

Au chalumeau, la première variété se gonfle et s'exfolie; elle devient d'un blanc plus mat; elle perd en partie son onctuosité, puis se fritte légèrement sur les bords minces. Celle qui provient de Briançon est une roche composée à la manière du gneiss, et c'est peut-être à cette circonstance qu'elle doit sa schistosité. La masse paraît formée de stéatite associée à des feuilles de talc; la calcination met cette composition en évidence; par cet essai, les lamelles de talc interposées conservent leur éclat nacré, et se distinguent alors très-facilement de la pâte. M. Delesse, qui a fait connaître ce caractère, annonce que toutes les stéatites schisteuses, à l'exception de celle de Nyntsch, lui ont présenté ce caractère.

La stéatite est inattaquable par l'acide hydrochlorique, mais elle est cependant décomposée par une longue ébullition avec l'acide sulfurique.

Les analyses de la stéatite offrent beaucoup d'analogie, s'il n'y a pas identité complète, en sorte qu'il est probable que c'est une espèce minérale assez bien déterminée.

	Du mont Canigou, par Lychnell [1].	d'Ecosse, par Lychnell [1].	de Chine, par Lychnell [1].	De Bareuth, par Brandes [2].	D'Ingenis, près Abo, par Tengström [3].	De Briançon, par Vauquelin [4].	De Nyntsch, par Delesse [5].	Oxyg.	Rapp.
Silice.	66,70	64,53	66,53	60,12	63,95	62,25	64,85	33,69	15
Magnésie. . . .	30,23	27,70	33,42	30,15	28,25	27,25	28,43	11,04	} 5
Protox. de fer. .	2,41	6,85	»	3,02	0,60	1,00	1,40	0,31	}
Eau.	»	»	»	5,63	2,71	6,00	5,22	4,52	2
	99,34	99,08	99,53	98,92	97,51	96,50	99,90		

La plus grande différence qui existe dans ces analyses consiste dans la proportion d'eau ; mais pendant longtemps on n'a pas regardé cet élément comme essentiel, et il est probable qu'il n'a pas été recherché par Lychnell ; les analyses de Vauquelin, Brandes et Delesse accusent toutes près de 6 pour 100 d'eau ; M. Delesse s'est assuré que pour la stéatite, comme pour le talc, cette eau est bien à l'état de combinaison. La formule qu'il propose est :

$$5\dot{M}g\dddot{S}i + 2\dot{H}, \text{ ou } 5MgSi^3 + 2Aq.$$

La stéatite de Bareuth remplace assez fréquemment des cristaux appartenant à des espèces minérales différentes; on connaît des cristaux de quartz, de chaux carbonatée, de baryte sulfatée à l'état de stéatite; ces pseudomorphoses, toujours dif-

[1] *Kongl. veten. Acad. Handlingar*, 1834, p. 97.

[2] *Journal de Schweigger*, t. XX, p. 277.

[3] *Jahresbericht*, t. IV, p. 156.

[4] *Annales du Muséum*, t. IX, p. 1.

[5] *Annales des mines*, quatrième série, t. IX, p. 318, 1846.

ficiles à expliquer, le sont surtout pour des minéraux compactes ; car dans ce cas on ne peut pas admettre le remplacement successif, comme cela peut avoir lieu par la cristallisation.

SERPENTINE.

Ophite ; Néphrite ; Pierre ollaire ; Stéatite ; Gymnite ; Baltimorite ; Kypholite.

La serpentine est plutôt une roche qu'une espèce minérale proprement dite. Cependant ses caractères extérieurs, qui ont une certaine constance, et sa composition essentiellement formée de silice, de magnésie et d'eau, font de la serpentine un groupe assez bien défini. Elle est d'un vert tantôt clair, tantôt très-foncé ; quelquefois de couleur homogène, comme la serpentine de Corse, dont la teinte est un vert-poireau clair ; elle est alors essentiellement esquilleuse ; cette variété est désignée sous le nom de *serpentine noble ;* souvent cette roche présente deux nuances de couleur très-différente, d'un vert foncé, avec des taches, ou des bandes d'un vert clair comme la peau des serpents, ou d'un vert clair avec des taches plus foncées. La serpentine est toujours très-tendre ; on peut la tailler, la scier et la tourner avec facilité. Cette propriété fait que, dans les contrées où la serpentine existe, on en fait des ustensiles nombreux, tels que des encriers, des salières, etc., elle donne en outre un très-beau marbre, surtout quand elle offre des veines de calcaire, ainsi qu'on l'observe pour la serpentine des Apennins.

Sa cassure est inégale, et presque toujours très-esquilleuse ; elle a un éclat gras ; douce au toucher, elle n'est savonneuse, ni comme le talc, ni comme la stéatite ; tenace, elle reçoit l'empreinte du marteau ; sa pesanteur spécifique varie de 25 à 26,60 ; elle donne de l'eau par calcination ; infusible au chalumeau, elle durcit par l'action du feu. Attaquable en partie par les acides.

Les caractères de la serpentine offrent quelque analogie avec ceux de la stéatite ; cependant la première de ces espèces est de couleur claire, très-onctueuse au toucher; elle est en outre beaucoup plus silicatée; dans la stéatite il existe à peu près le double de silice que de magnésie; dans la serpentine les proportions de ces éléments sont assez rapprochées les unes des autres.

La composition de la serpentine présente des différences qui résultent de la manière dont cette roche a été produite; elle est, comme les pâtes de porphyre, à l'état de magmas; c'est plutôt une manière d'être qu'un minéral particulier. Souvent en outre la serpentine est associée avec des minéraux qui, bien que cristallisés, sont cependant répandus dans sa masse d'une manière presque homogène; la serpentine contient alors des éléments étrangers à sa composition, tels que de l'alumine, de la chaux, etc., de la silice en excès. Le tableau ci-joint renferme un assez grand nombre d'analyses de serpentine; il montre sa composition générale, et les différences qui peuvent exister par des mélanges accidentels.

	Silice.	Magnésie	Chaux	Protoxyde de fer.	Prot. de manganés.	Oxyde de chrome	Alumine.	Eau.
Serpentine de Germantown, près Philadelphie, par Nutall.	42,0	33,0	3,5	7,00	»	»	»	13,00
— de Hoboken, par *idem*...	36,0	46,0	2,0	»	»	0,5	»	15,0
— de *idem*, par Lychnell..	41,67	41,25	»	»	»	1,64	»	13,80
— jaune de Finlande, par *idem*.	42,01	38,14	3,22	1,30	Cerium 2,24	»	»	12,15
— de Gulsjö, par Mosander.	42,34	44,20	»	0,18	»	»	»	12,38
— cristallisée de Snarum, par Hartwall.	42,97	41,96	»	2,48	»	0,87	»	12,02
— noble, par John.	42,50	38,63	0,25	1,50	0,62	0,25	1,00	15,50
— noble de Fahlun, par Lychnell.	41,95	40,64	»	2,22	»	»	0,37	11,68
— blanche, par Valdheim..	45,4	35,4	0,8	2,6	»	»	1,9	14,0
— néphrite de Smitfield, par Bowen.	44,68	34,0	4,25	1,74	»	»	0,56	13,41
— néphrite d'Icolm-Kill, par Thomson.	44,85	36,15	»	3,60	»	»	1,30	13,35
— pikrolite de Philipstad en Suède, par Stromeyer...	41,66	37,16	»	4,05	2,25	»	»	14,72
— pikrolite de Taberg, par Lychnell.	40,98	40,64	»	2,22	»	»	0,37	12,86
— *idem*, par Almroth.	40,04	38,80	»	8,28	»	»	»	9,08
— piéraphylle de Sala, par Svanberg.	49,89	30,10	0,78	6,86	»	»	1,11	9,83
— hydrophite de Taberg, par Svanberg.	36,19	21,08	»	22,73	0,17	»	2,89	16,08

Ces analyses ne sauraient être exprimées par une même formule, cependant on voit que les proportions les plus habituelles sont 42 à 44 pour 100 de silice, 36 à 38 de magnésie, et de 12 à 13 d'eau ; j'ai annoncé que la serpentine était colorée en vert, couleur qu'elle doit à de l'oxyde de chrome, dont la présence est révélée par plusieurs analyses. Cependant il existe des serpentines blanches; telles sont celle de Gulsjö, analysée par Mosander, la néphrite de Smithfield, etc. Ces variétés ressemblent beaucoup par leurs caractères extérieurs à la stéatite, mais leur composition en diffère essentiellement.

Pikrolite. — Ce minéral décrit comme espèce particulière par Haussmann, est une serpentine d'un vert de montagne.

Piéraphylle [1]. — L'analyse de ce minéral, que j'ai donnée à la fin du tableau précédent, montre que ce minéral est une variété de serpentine ; il est amorphe, d'un gris verdâtre foncé; sa pesanteur spécifique est de 27,50.

Rhodochrome. — M. Gustave Rose[2] a décrit sous ce nom une serpentine chromifère; un essai de cette roche y a constaté la présence de la silice, de la magnésie, de l'oxyde de chrome, de l'eau, ainsi que d'un peu d'alumine et de chaux; ses caractères sont du reste ceux de la serpentine ordinaire.

Hydrophite. — Ce minéral, à cassure amorphe, tendre d'un vert de montagne, et dont la pesanteur spécifique est de 26,60, se rapporte encore assez bien à la serpentine; dans tous les cas il ne possède aucun caractère spécifique; l'analyse qui est jointe au tableau de la composition des serpentines donne seulement plus de fer et d'eau que ces roches n'en contiennent habituellement; Svanberg y a trouvé 0,12 d'acide vanadique.

On a pu remarquer dans le tableau qui précède sur la composition de la serpentine, que celle de Snarum est cristallisée; sa forme, d'après l'observation de M. Quensted[3], appartient

---

[1] *Rapport annuel de Berzélius*, 1840, p. 120.
[2] G. Rose, *Voyage dans l'Oural*, t. II, p. 157.
[3] *Annales de Poggendorff*, t. XXXVI, p. 370.

au péridot; en sorte que les cristaux de serpentine de Snarum sont des pseudomorphoses, comme ceux de stéatite de Bareuth; il existe même quelque analogie de caractères entre ces deux roches, mais la composition des cristaux de Snarum ne saurait se rapporter à la composition de la stéatite.

Chlorophyllite. — M. Jackson a donné ce nom à une roche grossièrement schisteuse, composée de deux parties très-distinctes, savoir, de la serpentine jaune verdâtre, en petites strates minces, séparées par un enduit de talc ou de pennine; la cassure en travers montre très-bien cette association; du moins elle est très-marquée dans un échantillon que l'École des mines possède, et qu'elle a reçu directement des États-Unis par l'intermédiaire de M. Vattemare, auquel on doit le système d'échanges internationaux.

MÉTAXITE.

Ce minéral est d'un vert-olive-pistache; il est en fibres droites ou radiées, soudées ensemble; les filaments en sont toujours épais, et ressemblent plutôt à des baguettes de certaines asbestes qu'aux fibres soyeuses de l'amiante; ils sont en outre engagés dans de la serpentine, dans laquelle ils se fondent; ils en partagent la cassure mate, cependant ils s'en distinguent par un éclat légèrement nacré, ou plutôt un peu luisant. Chauffée dans le tube, la métaxite noircit et donne de l'eau; suivant M. Kobell, qui a fait connaître cette espèce, on peut au chalumeau l'arrondir sur les bords quand elle est en esquilles très-minces. Ce caractère lui paraît même assez prononcé pour distinguer la métaxite, de l'asbeste, à laquelle elle paraît ressembler au premier abord; elle s'en distingue encore plus facilement quand on la traite par les acides, car elle est attaquée immédiatement à froid par l'acide muriatique, ou par l'acide sulfurique; la silice conserve du reste la forme des fibres et leur éclat soyeux; sa dureté est de 3,5, et sa pesanteur spécifique de 24,21.

M. Delesse a fait une nouvelle analyse de la métaxite, qui concorde avec celle de Kobell.

	Par Kobell [1].	Oxyg.	Par Delesse [2].	Oxyg.	Rapp.
Silice.	43,50	22,59	42,10	21,9	9
Magnésie.	40,08	15,48	41,90	16,2	7
Protoxyde de fer. . .	2,08	0,47	2,00	0,4	
Alumine.	0,40		0,40	»	
Eau.	13,00	12,26	13,60	12,10	5
	99,06		100,00		

Les formules qui s'accordent avec ces relations sont très-peu simples ; M. Delesse propose les suivantes :

$$Mg^7Si^9 + 5Aq, \text{ ou } 3(\dot{M}g^2\dddot{S}i + \dot{H}) + Mg\dot{H}^2.$$

La structure fibreuse est un mode de cristallisation qui peut conduire à admettre la métaxite au nombre des espèces ; toutefois il me paraîtrait préférable de la considérer comme de l'asbeste mélangé de serpentine.

PYRALLOLITE.

Ce minéral a été recueilli à Storgard, dans les environs de Pargas en Finlande, par M. le comte de Steinheit ; la description en a été donnée par Nordenskiöld, qui en a également fait l'analyse. Il est disséminé dans le calcaire, et associé avec du pyroxène, de la wernérite et du sphène.

La pyrallolite se trouve en masse cristalline et en cristaux d'un pouce environ de longueur ; sa forme primitive paraît être un prisme doublement oblique dans lequel P sur T$=80^0$ et M sur T$=94^\circ$ 36′ ; les arêtes de la base, qui correspondent à la face M, sont quelquefois remplacées par un biseau qui s'élargit et fait disparaître la base ; il résulte de cette disposition que le prisme n'est pas rhomboïdal. Cette face fait un angle de 138° 30′ avec M ; la face T est beaucoup plus large que la face M, en sorte que le prisme est aplati.

[1] *Journ. für prat. chem.*, t. II, p. 297.

[2] *Thèse sur l'emploi de l'analyse chimique et minéralogique*, p. 26.

La pyrallolite constitue aussi des masses amorphes, dans lesquelles on aperçoit cependant une disposition lamelleuse dans un sens; sa couleur est le blanc, avec une légère teinte de vert. Opaque, elle est translucide sur les bords minces. Son éclat est gras, un peu résineux; sa dureté est représentée par le nombre 3. Elle donne une poussière blanche; sa pesanteur spécifique est 25,55 à 25,94. Au chalumeau elle devient d'abord noire, puis blanchit. Elle fond difficilement sur les bords en un émail blanc [1].

L'analyse de Nordenskiöld [1] a donné :

		Oxyg.	
Silice	56,62	»	29,41
Magnésie	23,38	9,05	11,02
Chaux	5,38	1,56	
Oxyde de fer	0,99	0,21	
— de manganèse	0,99	0,20	
Alumine	3,38	»	
Eau	3,58	3,18	

M. Berzélius a admis pour la composition de la pyrallolite la formule $MgSi^2$, qui représente le péridot; M. Beudant suppose que c'est une variété de talc.

On doit remarquer que les cristaux de pyrallolite sont opaques, tendres, et à cassure unie, ou esquilleuse, caractères peu habituels aux cristaux; il serait donc possible, ou que ces cristaux fussent des pseudomorphoses, ou des cristaux altérés; leur forme n'est pas très-éloignée de celle du péridot.

M. le professeur Nutall annonce que la pyrallolite a été retrouvée à Kingbridge, près New-York, dans un calcaire grenu, ainsi qu'à Franklin, dans la Nouvelle-Jersey; dans cette dernière localité elle serait dans une siénite.

PICROSMINE.

Ce minéral, d'un vert grisâtre, d'un vert de montagne, est opaque, ou légèrement translucide sur les bords; sa dureté, 2,5, est inférieure à celle de la chaux carbonatée; son éclat

[1] *Journal de Schweigger*, t. XXXI, p. 386.

est nacré ; sa cassure, fibreuse, laminaire ou terreuse, suivant la texture des échantillons, offre quelque éclat ; lorsqu'elle est fibreuse, elle ressemble aux échantillons d'asbeste raide, qui sont associés, ou même soudés avec du talc. Haidinger, auquel on en doit la description, lui a donné le nom de *picrosmine*, par suite de l'odeur argileuse qu'il développe quand il est humide. Ce savant minéralogiste annonce que la picrosmine est quelquefois cristallisée en un prisme rhomboïdal, dans lequel la base est remplacée par un biseau ; il existe en outre des modifications verticales, qu'on peut considérer comme placées sur les arêtes H et G de ce prisme.

La pesanteur spécifique de la picrosmine est de 25,96 à 26,00 ; au chalumeau, elle donne de l'eau, noircit d'abord, puis devient blanche et opaque, mais ne fond pas ; elle acquiert alors une dureté égale à 5.

Sa composition est, d'après Magnus [1] :

		Oxyg.	Rapp.	Boltonite [2].
Silice.	54,886	28,38	4 2	56,64
Magnésie.	33,348	12,91		36,52
Peroxyde de fer. .	1,399	0,43	2 ou 1	2,46
— de manganèse. .	0,420	0,09		»
Alumine.	0,793			5,07
Eau.	7,301	6,50	1	»
	98,147			100,69

La formule à laquelle conduit l'analyse de Magnus est $2Mg\dot{S}i^2 + Aq$. Je ferai remarquer que ce minéral est peu dense, qu'il est opaque, quoique cristallisé ; il pourrait peut-être alors être considéré comme le résultat de la décomposition d'un autre minéral : cette supposition me paraît être confirmée par la forme de la picrosmine, ainsi que par sa composition, qui se rapporte au pyroxène, lorsqu'on fait abstraction de l'eau. M. Haidinger annonce que la picrosmine ressemble à l'asbeste :

[1] *Annales de Poggendorff*, t. VI, p. 53.

[2] *Traité de minéralogie* de Thomson, t. Ier, p. 173.

ce minéral est également considéré par la plupart des minéralogistes comme une variété de pyroxène.

La picrosmine cristallisée provient de la mine de fer et d'Engelsburg, aux environs de Presnitz, en Bohême.

Boltonite.—M. le docteur Thomson réunit à la picrosmine le minéral que M. le professeur Nutall a désigné sous le nom de *boltonite;* l'analyse que j'ai transcrite plus haut s'accorde assez bien avec ce rapprochement, quoiqu'elle n'accuse pas la présence de l'eau; la pesanteur spécifique de la boltonite est de 29,75; sa dureté est 3,5; sa couleur est le blanc verdâtre, ou le gris jaunâtre; elle se présente en masse formée de cristaux irrégulièrement agrégés, qui paraissent appartenir à un prisme rhomboïdal oblique; elle a été observée dans le calcaire blanc de Bolton, dans le Massachussets.

Kobell, considère la boltonite comme un pyroxène magnésien; la relation entre l'oxygène de la silice et de la magnésie s'accorderait avec ce rapprochement, seulement il n'y aurait dans ce pyroxène qu'une base à un atome; sa dureté serait beaucoup trop faible pour un pyroxène; je rapporte les opinions de M. le docteur Thomson et de Kobell sans pouvoir les discuter, n'ayant pas vu d'échantillons de boltonite.

PÉRIDOT.

Chrysolite; Chrysolite des volcans; Olivine; Hyalodisérite; Limbilite; Chusite; Sidéroclepte; silicate de magnésie anhydre.

Le péridot a été employé par les lapidaires longtemps avant qu'aucun naturaliste en eût déterminé les formes cristallines; les cristaux de péridot étaient effectivement très-rares avant la découverte des cristaux du Vésuve; les échantillons que l'on possédait dans les collections provenaient presque tous de terrains d'alluvion, et dans la plupart les faces étaient fortement arrondies.

La couleur du péridot est un vert jaunâtre, un vert olive clair, qui a fait désigner ce minéral sous le nom d'*olivine;*

toutefois cette dénomination ne s'appliquait pas indistinctement à tous les échantillons ; les cristaux étaient plus spécialement désignés sous le nom de *chrysolite*, tandis que la variété granulaire portait celui d'*olivine*.

La cassure du péridot est conchoïde et éclatante ; il présente un clivage difficile dans le sens de la modification g^1. Il est transparent ou au moins fortement translucide ; son éclat est vitreux.

La dureté du péridot est de 6,5; il raye difficilement le verre; sa pesanteur spécifique varie de 33 à 34. D'après Haidinger, le péridot taillé pèse 34,10. Stromeyer a trouvé la pesanteur spécifique de l'olivine pure de 33,38 à 33,44; la pesanteur spécifique de l'olivine, disséminée dans le fer de Pallas, est, d'après le même chimiste, de 33,44.

Au chalumeau, il est infusible ; l'olivine est soluble dans les acides; le péridot oriental s'attaque plus difficilement, mais cependant l'acide hydrochlorique le dissout en faisant gelée; dans l'acide nitrique il perd sa couleur.

Péridot cristallisé. — Haüy avait adopté pour la forme primitive du péridot un prisme rectangulaire droit. Cette forme s'accordait effectivement assez bien avec la disposition des cristaux de Péridot de l'Orient, les seuls que l'on connût à l'époque où il a publié son traité de minéralogie ; mais les cristaux du Vésuve, ainsi que ceux qui ont été plus récemment recueillis par M. Bertrand de Lom, dans les sables volcaniques du Puy en Velay sont mieux représentés par le prisme rhomboïdal oblique, ainsi que M. Lévy l'a proposé dans le catalogue de la collection de M. Turner. Pour faire concorder ces deux formes, il suffit de considérer l'axe vertical de Haüy comme représentant la petite diagonale de la base de la forme primitive de Lévy; la correspondance des faces est :

Haüy.	Lévy.	Haüy.	Lévy.
P	h^1	n	e^1.
M	P	K	g^3.
T	g^1	e	$b^{1/2}$.

Les faces M,M de Lévy n'existent pas dans les cristaux figurés par Haüy ; ces faces sont au reste fort rares.

L'avantage que la forme primitive de Lévy présente, c'est que la cristallisation du péridot n'est pas une exception, comme cela avait lieu en prenant le prisme rectangulaire droit pour point de départ. J'ajouterai que les cristaux artificiels de péridot, si fréquents dans les scories de forges, affectent la forme des cristaux du Vésuve. L'angle du prisme est de 120° 40″. Les dimensions du prisme, *fig.* 265, *pl.* 189, sont B : H :: 5 : 2.

Les cristaux les plus simples sont ceux du Vésuve et du Puy, représentés *fig.* 266 et 267. Ils n'offrent aucune des faces de la forme primitive; on peut les considérer comme des octaèdres allongés, résultant des faces g^1, g^3 et e^1.

Fig. 268, *pl.* 190. Cette variété, désignée par Haüy sous le nom de *monostique*, présente une base assez large; la forme générale est encore donnée par les faces e^1, g^1, et g^3; elle possède en outre des modifications a^1, et $b^{1/2}$.

Les *fig.* 269, 270, 271 et 272 offrent des dispositions analogues à celles de la *fig.* 268, seulement quelques petites facettes $b^{1/2}$, $e^{1/2}$ et e_3 complètent les modifications propres au prisme rhomboïdal droit.

La *fig.* 273, qui appartient à la variété de péridot désignée sous le nom d'*hyalosidérite*, rentre dans les formes précédentes; elle s'en distingue seulement par l'existence de deux biseaux sur l'angle A.

Les cristaux représentés *fig.* 274 et 275, *pl.* 191, que M. Descloizeaux a dessinés dans la collection de M. Robert Greg, de Norcliff-Hall, sont au premier abord très-différents des précédents; ils présentent effectivement plus de facettes, mais la grande différence tient surtout à l'extension des faces P et g^1 ; ils ont été achetés à Constantinople et viennent de l'Orient; on n'en connaît pas la localité. Ces cristaux sont analogues à ceux signalés dans le fer météorique par M. Gustave Rose, et dont j'ai donné le dessin *pl.* 59, *fig.* 40; seulement, pour faire concorder la *fig.* du péridot météorique avec les *fig.* 274 et 275, il faut retourner ce cristal, ainsi que je l'ai indiqué ci-dessus.

Péridot granuliforme. — Il forme des noyaux très-variables de grosseur, depuis 2 ou 3 millimètres jusqu'à 2 décimètres, disséminés dans les basaltes : ces noyaux sont composés de grains arrondis, mais cependant anguleux, d'un vert jaunâtre très-clair, souvent hyalin, ayant, sauf la forme, tous les caractères du péridot; souvent ces grains ont éprouvé un commencement de décomposition ; ils sont alors irisés, rougeâtres ou jaunâtres. La *limbilite* de Saussure et la *chusite* de Werner sont des olivines plus ou moins altérées.

Les deux variétés de péridot ont une composition identique, ainsi qu'il résulte des analyses suivantes :

	Péridot oriental, par Stromeyer[1].	De Silésie ; par Walmstedt[2].	Du Vivarais;	De Bohême.	Oxyg.	Rapp.
Silice	39,73	41,54	41,44	41,42	21,52	1
Magnésie	50,13	50,04	49,19	49,61	19,20	
Protoxyde de fer	9,19	8,66	9,72	9,14	2,08	1
— de manganèse	0,09	0,25	0,13	0,15	0,03	
— de nickel	0,32	»	»	»	»	
Alumine	0,22	0,06	0,16	0,06		
	98,68	100,55	100,65	100,55		

La formule qui résulte de ces analyses est $Mg\dot{S}i$, dans laquelle une plus ou moins grande proportion de protoxyde de fer remplace de la magnésie. Ce remplacement est quelquefois plus considérable que dans les variétés qui précèdent; dans le péridot du Vésuve, par exemple, dont je donne ci-après l'analyse, le protoxyde de fer est de 15 pour 100; dans l'hyalosidérite, cette proportion s'élève à 20 pour 100; enfin M. Fellenberg a donné l'analyse d'un *péridot ferrique* trouvé aux Açores, dans lequel le protoxyde de fer remplace entièrement la magnésie ; cette dernière variété est disséminée dans une roche amygdaloïde composée essentiellement de

[1] *Gotting. Gelehrt-Anz.*, 1824, p. 208.
[2] *Kongl. vet. Acad. Handl.*, 1824, p. 259.

leucite et d'albite : elle est d'un brun foncé avec un éclat résineux; le péridot des Açores est cristallin dans toute sa masse, mais il ne présente pas de cristaux déterminés; sa dureté est intermédiaire entre celle du feldspath et du quartz. Sa pesanteur spécifique est de 41,09.

	De la Somma, par Walmstedt [1].	Oxyg.	Rapp.	Hyalosidérite, par Walchner [2].	Des Açores, par Fellenberg [3].	Oxyg.	Rapp.
Silice..........	40,08	20,82	1	31,62	31,04	16,12	1
Magnésie.......	44,24	17,12		32,40	»	»	
Protoxyde de fer.	15,26	3,47	1	29,71	62,57	14,29	
— de manganèse	0,48	0,10		0,48	»	»	1
Alumine........	0,18			2,31	3,27	»	
				Potasse.... 2,79	Chaux 2,43	0,67	

Hyalosidérite. — La *fig.* 273, *pl.* 190, qui représente les cristaux de ce minéral, ainsi que l'analyse que je viens de citer, établissent son identité avec le péridot. M. William Phillips a retrouvé dans les cristaux d'hyalosidérite presque tous les angles du péridot. Cette variété particulière a été découverte par le docteur Walchner dans une amygdaloïde du Kaiserstühl en Brisgaw; sa couleur est d'un brun rougeâtre; elle donne une poussière brune; sa pesanteur spécifique est de 32,87. Au chalumeau, elle fond en un globule scoriacé noir, qui est attirable à l'aimant.

Gœkumite. — Nom donné par le docteur Thomson, de New-York, à un minéral, provenant de Göckum, dans la province de Dannemora en Suède, pour lequel il a trouvé la composition du péridot. M. Berzélius a analysé un minéral portant le même nom et venant de la même localité, qui serait un grenat. Je donne les analyses de Thomson et de Berzélius, quoique bien contradictoires, afin que les personnes qui ont des échantillons de gœkumite sachent à la suite de quelle espèce ils doivent les ranger. M. Thomson annonce que la gœkumite est d'un vert jaunâtre, laminaire, opaque ou translucide sur les

---

[1] *Kongl. vet. Acad. Handl.*, 1824, p. 259.
[2] *Schweigger's Jahrbuch.*, t. IX, p. 65.
[3] *Bibliothèque de Genève*, t. XXVIII, p. 191.

bords ; sa pesanteur spécifique est de 37,40 ; elle ressemble, par ses caractères extérieurs, à la gahnite.

Cette dernière observation me ferait pencher pour la supposition que la gœkumite de Thomson est un grenat ; ce serait alors une variété de grossulaire.

	Gœkumite, Par le docteur Thomson[1].	Oxyg.	Rapp.	Par Berzélius[2].	Oxyg.	Rapp.	Batrachite, par Rammelsberg[3].		Oxyg.	Rapp.
Silice...........	35,68	18,54	1	36,00	18,70	1	37,69		19,58	1
Chaux..........	25,75	7,23		37,65	10,08		35,45	9,96		
Magnésie.......	»	»	1	2,52	0,97	1	21,70	8,43	19,07	1
Protox. de fer...	34,46	10,56		5,25	1,60		2,99	0,68		
Alumine........	»	»		17,50	8,17		»			
Eau.............	0,60	»		0,36	»		1,27			
	97,88			99,28			99,10			

Batrachite. — Breithaupt a donné ce nom à un minéral qui provient de Rizoniberg, dans le Tyrol méridional, à cause de l'analogie de couleur qu'il présente avec celle du frai de grenouilles. La composition de la batrachite, que j'ai transcrite plus haut d'après l'analyse de Rammelsberg, montre que c'est un péridot particulier dans lequel une grande partie de la magnésie est remplacée par de la chaux. La batrachite est fusible au chalumeau ; elle n'est point attaquable par les acides.

Tautolite. — Ce minéral, qui est disséminé dans les roches volcaniques du lac de Laach sur les bords du Rhin, paraît, d'après la description de Breithaupt, être la même variété de péridot que l'hyalosidérite : sa couleur est le noir de velours ; sa densité est de 6,5 ; sa pesanteur spécifique est de 38,65 ; il est opaque, à cassure conchoïde un peu vitreuse. Au chalumeau, il donne une scorie noire attirable à l'aimant. On ne connaît aucune analyse de la tautolite. M. Breithaupt[4] a trouvé pour la mesure de l'angle MM, 109° 46′, qui ne

[1] *Leonhard's N. Jahrb.*, 1833, p. 430.
[2] *Ebendas*, t. III, p. 276.
[3] *Annales de Poggendorff*, t. LI, p. 446, 1840.
[4] *Journal de Schweigger*, nouvelle série, t. XX, p. 314.

diffère que de quelques minutes de l'angle e^3 sur e^3 du péridot : il suffit de retourner le cristal pour faire concorder ces deux formes.

Knebélite. — Ce nom a été donné par Dobereiner[1] à un minéral rapporté par le major Knebel d'une localité inconnue. D'après l'analyse que je transcris ci-après, la knebélite paraîtrait être un péridot manganésien ; elle compléterait la série du péridot, qui pourrait, comme le grenat, le pyroxène, etc., être composé d'une des quatre bases à un atome, qui se remplacent dans toute proportion ; le *péridot olivine* serait généralement magnésien ; l'*hyalosidérite* serait le péridot ferrugineux ; la *batrachite* serait à base de chaux, tandis que la *knebélite* correspondrait au péridot manganésifère.

La knebélite est en masses d'un gris brunâtre, compacte et tenace ; sa cassure est conchoïde, un peu luisante. Sa pesanteur spécifique est de 37,14 ; infusible au chalumeau, on obtient avec le borax les réactions du manganèse : son analyse a donné :

Silice............	32,50	Oxyg. 16,25	1
Protoxyde de fer ..	32,00	7,11	1
— de manganèse...	35,00	7,77	
	99,50		

La formule qui la représente serait (F*e*, M*n*) S*i*.

Gisement. — Les péridots que l'on emploie dans la joaillerie, les mêmes qui fournissent les cristaux hyalins et chargés de facettes, *fig.* 268 à 272, proviennent du Levant par Constantinople; on ne connaît ni la localité d'où ils sont tirés, ni leur genre de gisement : l'état de leurs arêtes, presque toujours arrondies, indique qu'ils sont recueillis dans des sables d'alluvion ; la différence d'éclat et de formes qu'ils présentent avec les péridots des volcans me fait présumer qu'ils ont été arrachés à des roches feldspathiques ; cette opinion est en quelque sorte confirmée par l'examen d'un joli cristal par-

[1] *Journal de Schweigger*, t. XXI, p. 49.

faitement limpide, qui existe à l'École des mines, dans un échantillon de pegmatite; sa forme se rapporte aux *fig.* 268 à 272, qui appartiennent à la variété hyaline. Les terrains volcaniques brûlants et les terrains laviques fournissent de nombreux cristaux de péridot. J'en ai recueilli une grande quantité dans le sable de la plage de Torre del Greco, près de Naples; ils proviennent de la destruction de la lave même. Les roches de la Somma en contiennent une variété presque incolore, dont les formes sont assez nettes; j'ai cité plus haut les cristaux du Puy en Velay. La variété de péridot appelée olivine est disséminée, dans le basalte, en rognons très-variables de grosseur; ces rognons, composés de grains agglutinés, sont généralement au plus de la grosseur d'une noisette. Ce minéral paraît exister aussi dans des porphyres pyroxéniques d'âges différents, tels que les mélaphyres. Le péridot, que l'on regardait jadis comme exclusif au basalte, et par suite comme caractéristique de cette roche, est donc assez généralement répandu; cependant on peut dire que le terrain basaltique est son gisement le plus fréquent, et celui où il se trouve avec le plus d'abondance.

Analogies.—Le péridot cristallisé présente une forme qui permet de le distinguer facilement des minéraux verdâtres avec lesquels il offre de l'analogie; mais lorsque les cristaux sont roulés, ou que la forme en est difficilement appréciable, on peut le confondre avec la *chaux phosphatée*, la *tourmaline verte*, l'*idocrase*, le *pyroxène diopside* et la *cymophane*. La chaux phosphatée est rayée par une pointe d'acier; soluble dans les acides sans formation de gelée. Les autres minéraux sont plus durs que le péridot; les trois premiers sont en outre facilement fusibles au chalumeau, tandis que le péridot n'éprouve aucune altération par cet essai. Taillée, cette pierre est très-difficile à distinguer de l'*idocrase* et de la *tourmaline*, attendu qu'on ne peut alors faire aucun essai qui en altère les surfaces, et que la pesanteur spécifique de ces trois minéraux est très-rapprochée : la couleur est, pour les personnes habituées à l'examen des pierres fines, un caractère presque certain, le péridot ayant toujours une teinte noirâtre. La double réfraction fournit un bon caractère à employer ; en effet, l'idocrase et la tourmaline cristallisant dans des systèmes ordonnés par rapport à un axe, ne possèdent qu'un axe de double réfraction, tandis que dans le péridot il en existe deux.

Angles principaux.

P sur M	= 90°.	M sur M	= 120° 0' 40".
P sur g^1	= 90°.	M sur g^1	= 119° 59' 40".
M sur g^3	= 160° 55'.	g^1 sur g^3	= 139° 6'.
h^1 sur g^3	= 130° 54'.	g^3 sur g^3	= 81° 48'.
M sur h^1	= 150° 0' 20".	M sur $b^{1/2}$	= 133° 5'.
P sur $b^{1/2}$	= 136° 55'.	$b^{1/2}$ sur $b^{1/2}$	= 141° 56'.
P sur a^1	= 129° 1'.	h^1 sur a^1	= 141°.
P sur e^1	= 154° 57'.	e^1 sur g^1	= 115° 4'.
P sur $e^{1/2}$	= 136° 56'.	$e^{1/2}$ sur g^1	= 133° 5'.
P sur $e^{1/4}$	= 118° 8'.	$e^{1/4}$ sur g^1	= 151° 52'.
P sur e_3	= 128° 7'.	e_3 sur e_3	= 109° 30'.
e_3 sur g^3	= 141° 53' 20".	a^1 sur a^1	= 76° 8'.

VILLARSITE.

M. Bertrand de Lom a recueilli ce minéral dans la mine de fer oxydulé de Traverselle en Piémont; il a eu la complaisance de m'en remettre plusieurs échantillons qui m'ont permis de faire la description de ce nouveau minéral. Je lui ai donné le nom de *villarsite*, en l'honneur du minéralogiste qui a publié une histoire naturelle du Dauphiné.

La villarsite est d'un vert jaunâtre ; sa cassure est grenue ; elle est fort analogue, par sa texture et sa couleur, à certaines variétés de chaux phosphatée d'Arendal. Son peu de dureté et sa demi-transparence la rapprochent de la serpentine, avec laquelle elle offre une assez grande ressemblance ; elle est facile à rayer, et sa disposition grenue lui communique de la fragilité.

Infusible au chalumeau, elle donne un émail vert lorsqu'on la fond avec le borax : enfin elle est attaquable par les acides forts; altérée légèrement à la surface par les acides faibles, on peut facilement séparer la villarsite de la dolomie, avec laquelle elle est associée.

Sa pesanteur spécifique est de 29,75. La villarsite forme des grains arrondis, disséminés dans de la dolomie ; cependant elle a une tendance cristalline, et j'ai même eu des cristaux assez nets pour étudier son système cristallin ; leur forme, *fig.* 277 à 279, *pl.* 191, sont des octaèdres rhomboïdaux, tronqués aux sommets, qui donnent pour forme primitive un prisme rhomboïdal droit, sous l'angle de 119° 56′, dont les dimensions sont B : H :: 10 : 4, 45.

Les angles mesurés sont[1] :

P sur M	= 90°.	M sur M	= 119° 57′.
P sur b^1	= 136° 32′.	b^1 sur b^1	= 86° 46′.

J'avais signalé depuis longtemps, dans les granites de la chaîne du Forez, des grains jaunâtres, tendres, que j'avais alors comparés à de la serpentine[2]. Leur analogie avec la villarsite m'a engagé à en faire l'analyse, et il me paraît certain qu'ils appartiennent à cette espèce minérale ; probablement aussi que certaines parties jaunes que l'on remarque dans les granites du Morvan appartiennent également à la villarsite ; n'ayant pas recueilli d'échantillons de ce dernier minéral, je le mentionne seulement de souvenir ; dans tous les cas, la villarsite existe dans les granites du Forez avec une certaine abondance, et par suite, ce minéral joue un rôle de quelque importance dans les roches cristallines.

D'après mes analyses sa composition est :

	Du Forez.	De Saint-Marcel.	Oxyg.		Rapp.
Silice	40,52	39,61	»	20,57	4
Magnésie	43,75	47,37	18,37	19,73	4
Chaux	1,70	0,53	0,14		
Protoxyde de fer	6,25	3,59	0,69		
— de manganèse	»	2,42	0,53		
Potasse	0,72	0,46			
Eau	6,21	5,80		5,14	1
	99,15	99,78			

[1] *Annales des mines*, 4e série, t. I, p. 387.—[2] *Idem*, 2e série, t. III, p. 51, 1828.

Les relations atomiques conduisent à la formule simple $4Mg\dot{S}i + Aq$, qui correspond à quatre atomes de péridot unis à un atome d'eau.

SILICATES DE FER.

La silice possède une grande affinité pour l'oxyde de fer et s'allie en toutes proportions avec cette base; il en résulte que l'on forme artificiellement de nombreux silicates de fer. Dans la nature la même circonstance se présente, et le nombre de silicates de fer est également très-considérable; mais si l'on n'admet comme espèces minérales que les silicates dont la composition se reproduit dans des localités différentes, ou que les silicates cristallisés, le nombre en est au contraire très-restreint. La *cronstedtite* et l'*hisingérite* seraient peut-être alors les seuls que l'on devrait conserver; toutefois, comme dans un ouvrage de minéralogie il est nécessaire d'indiquer tous les minéraux qui ont été décrits, je rappelerai sommairement les principaux caractères des silicates qui ont reçu un nom particulier; on remarquera que plusieurs d'entre eux ne sont que des produits de décomposition, et que leurs caractères ne présentent aucune constance.

J'ai déjà décrit, tome II, page 493, les silicates qui donnent des minerais de fer, tels que la *chamoisite* et la *berthiérine*.

CRONSTEDTITE.

Chloromélane.

Ce minéral a été trouvé vers l'année 1818 à Przibram en Bohême; il fut alors considéré comme une variété de tourmaline. Décrit par Zyppe à cette époque, il a été analysé, en 1821, par le professeur Steinmann, qui lui a donné le nom de *cronstedtite*.

Il existe en prisme régulier à six faces, *fig.* 356, *pl.* 204, ainsi qu'en cristaux radiés formant des groupes orbiculaires;

les aiguilles qui composent ces groupes sont des pyramides triangulaires, *fig.* 357, appartenant à des pointes d'un rhomboèdre aigu, que l'on peut considérer comme la forme primitive de la cronstedtite ; ce minéral forme, en outre, des masses cristallines et réniformes. Les cristaux présentent un clivage parallèle à la base; la couleur de la cronstedtite est d'un brun foncé ou d'un vert noirâtre très-luisant ; aussi tendre que la chaux sulfatée, elle donne, quand on la raye, une poussière d'un vert porreau foncé; son éclat est résineux ; opaque, en lames minces. Sa pesanteur spécifique est de 33,48.

Au chalumeau, elle se scorifie légèrement sans se fondre; soluble avec gelée dans les acides; elle n'est point attirable à l'aimant.

Les analyses de la cronstedtite ont donné :

	Par Steinmann [1].	Par Thomson [2].	Par Kobell [3].	Oxyg.
Silice	22,452	22,61	22,45	11,66
Oxyde de fer	58,833	58,23	Protox. 33,35	7,59
			Perox. 27,11	8,28
Protox. de manganèse	2,885	5,35	2,88	0,63
Magnésie	5,078	4,17	5,07	1,96
Eau	10,700	10,70	10,70	9,51
	99,968	101,06	101,56	

Ces analyses offrent une assez grande identité, sauf toutefois l'état d'oxydation du fer; cette circonstance, qui influerait notablement sur la composition si les échantillons provenaient de localités différentes, est, dans ce cas, presque sans importance, les échantillons analysés par Steinmann, Thomson et Kobell étant probablement des fragments d'une même masse.

Les relations atomiques conduisent Kobell à adopter pour la formule de la cronstedtite :

$$(f,\ mn,\ mg)\ Si + Fe\ Aq,$$

laquelle exprime que la cronstedtite est composée d'un atome

[1] *Journal de Schweigger*, t. XXXII, p. 69.
[2] *Traité de minéralogie*, t. Ier, p. 462.
[3] *Journal de Schweigger*, t. LXII, p. 196.

d'oxyde de fer, uni à un atome d'hydrate de peroxyde ; c'est effectivement la formule qui se rapporte le mieux à la composition de ce minéral, sans la représenter complétement.

M. Beudant annonce qu'on a indiqué de la cronstedtite à Wheal-Mandlin en Cornouailles.

SIDÉROSCHISOLITE.

Ce minéral a été trouvé à Conghonas do Campo, au Brésil ; il a été envoyé en Allemagne à M. le docteur Wernekink [1], qui en a donné la description et en a fait connaître la composition : il forme de petits cristaux en prisme à six faces, paraissant dériver d'un rhomboèdre ; il possède un clivage facile parallèlement à la base. Son éclat est assez vif, surtout sur la face du clivage ; opaque, sa couleur est le noir de velours, mais sa poussière est verte. Peu dur, il ne raye pas la chaux carbonatée ; sa pesanteur spécifique est environ de 30.

La sidéroschisolite fond avec facilité en une scorie noire attirable à l'aimant ; elle est soluble dans l'acide hydrochlorique ; sa composition est :

		Oxyg.	Rapp.
Silice	16,3	8,47	5
Protoxyde de fer	75,5	15,97	8
Alumine	4,1	1,91	1
Eau	7,3	6,29	3
	103,2		

On pourrait représenter cette composition par la formule : $4\dot{F}e^2\dddot{S}i + \ddot{A}l\dddot{S}i + 3Aq$. La quantité de silice serait seulement un peu faible ; du reste, l'analyse n'a été faite que sur une très-petite quantité, et M. Wernekink ne l'a considérée que comme un simple essai.

Les cristaux de sidéroschisolite tapissent les cavités d'une pyrite magnétique et sont associés avec du fer spathique.

M. Lévy regarde la sidéroschisolite comme une variété de cronstedtite : la forme paraît effectivement en être la même ;

[1] *Annales de Poggendorff*, t. Ier, p. 387.

mais la composition de ces deux minéraux est assez différente, ce qui m'a engagé à décrire à part la sidéroschisolite.

Gelberde. — D'après Kühn [1], la composition de ce minéral est : silice 33,233, alumine 14,211, oxyde de fer 37,758, magnésie 1,380, et eau 13,242; il le regarde comme un silicate d'alumine et de fer dont la composition serait représentée par la formule :

$$AlSi + 2FeSi + 2Aq.$$

Un échantillon de gelberde, que M. Damour m'a communiqué, me semble prouver que ce minéral est une argile ocreuse; il provient d'Amberg.

HISINGÉRITE.

Thraulite.

Hisinger a décrit et analysé un silicate de fer particulier qui provient de Riddarhyttan en Suède; plus tard Kobell a fait connaître la composition d'un minéral à peu près analogue, recueilli à Bodenmais en Bavière, et auquel il a donné le nom de *thraulite* : l'un et l'autre ont été réunis sous le nom d'*hisingérite*, qui a été la cause de quelques erreurs, attendu que Berzélius avait déjà décrit un minéral trouvé dans la mine de Gillinge, que l'on a associé à l'hisingérite; mais ce minéral, appelé *gillingite*, est distinct de l'hisingérite, et il me paraît, du moins d'après l'échantillon déposé à la collection de l'École des mines, un fer oxydulé mélangé de gangue; je l'ai donc réuni à cette espèce (tome II, page 465).

L'hisingérite, comprenant les échantillons de Riddarhyttan et de Bodenmais, constitue des nodules arrondis de 2 à 3 centimètres de diamètre, ayant un clivage assez facile, qui leur communique une structure feuilletée ; toutefois ce silicate est terreux, peu dur, et présente dans les autres sens

[1] *Journal de Schweigger*, t. LI, p. 466.

une cassure conchoïde; sa couleur est le noir brunâtre, sa poussière est d'un brun jaunâtre; sa pesanteur spécifique est de 30,40.

Chauffé dans le tube, il donne de l'eau; au chalumeau, on a obtenu quelques symptômes de fusion; il devient alors magnétique.

	De Riddarhyttan, par Hisinger[1].	De Bodenmais, par Hisinger.	De Bodenmais, par Kobell[2].	Oxyg.	Rapp.
Silice............	36,30	31,775	31,28	16,24	5
Protoxyde de fer..	44,39	49,869	15,22	3,46	1
Peroxyde.........			33,90	10,39	3
Eau..............	20,70	20,000	19,12	16,99	5
	101,39	101,644	99,52		

Ces éléments peuvent être représentés par la formule :

$$3Fe\ Si + fe\ Si^2 + 5Aq.$$

L'hisingérite de Bodenmais est associée avec de la pyrite magnétique et de la dichroïte.

M. Beudant a donné le nom d'*hisingérite* à la gillingite de Berzélius, et celui de *thraulite* aux échantillons de Bodenmais.

Il existe dans la collection de l'École des mines un échantillon désigné sous le nom de *thraulite*, qui est compacte, à cassure résineuse et d'un brun foncé : il est fort analogue à certains échantillons de stilpnomélane.

Stilpnomélane. — Ce silicate de fer n'a été rencontré jusqu'ici qu'à Obergründ, non loin de Zuckmantel, dans la Silésie autrichienne; il se présente en masses, avec une texture feuilletée, d'un noir foncé; mais il prend une nuance verdâtre quand la matière est réduite en poudre fine. Sa pesanteur spécifique est de 33 à 34; sa dureté est à peu près la même que celle de la chaux carbonatée.

Chauffée dans un tube, la stilpnomélane abandonne de

[1] *Annales de Poggendorff*, t. XIII, p. 505.
[2] *Ebendas.* t. XIV, p. 467.

l'eau; elle fond au chalumeau sans addition, mais difficilement, en donnant une perle noire; attaquée seulement en partie par les acides; Rammelsberg l'a analysée par le carbonate de soude, après toutefois l'avoir traitée préalablement par l'acide hydrochlorique étendu d'eau pour enlever le carbonate de chaux provenant de la gangue : quatre analyses lui ont donné[1] :

Silice	43,186	46,500	45,425	46,167
Protoxyde de fer	37,049	33,892	35,383	35,823
Alumine	8,157	7,100	5,882	5,879
Magnésie	3,343	1,888	1,678	2,666
Chaux	1,118	0,197	0,183	»
Potasse et traces de soude	»	»	»	0,750
Eau	5,950	7,900	9,281	8,715
	98,873	97,477	97,832	100,000

Les différences assez notables qui existent entre ces analyses, quoique faites sur des échantillons provenant d'une même localité, conduisent à supposer que la stilpnomélane est un nouvel exemple de la facilité avec laquelle la silice se combine avec le fer sans donner naissance à un minéral déterminé.

Chloropale.—Minéral d'un vert-pré, à cassure terreuse, ou d'un vert brunâtre, à cassure résineuse : la chloropale, assez analogue au fer résinite, porte tous les caractères d'une matière produite par décomposition ; elle provient de Hongrie, et se trouve dans des trachytes désagrégés. Infusible au chalumeau, elle devient noire, puis brune; avec les flux elle donne les réactions du fer; on obtient de l'eau dans le tube d'essai.

Deux analyses de Bernhardi[2] et Brandes ont donné :

[1] *Annales de Poggendorff*, t. XLIII, p. 127.
[2] *Journal de Schweigger*, t. XXXV, p. 29.

	Variété esquilleuse.	V. terreuse.	Oxyg.	Rapp.	De Ceylan[1].
Silice	45,00	45,00	23,37	3	53,00
Protoxyde de fer	33,00	32,00	7,28	1	26,04
Magnésie	2,00	2,00	0,77		1,40
Alumine	1,00	0,75	»		1,80
Eau	18,00	20,00	17,78	2	18,00
	100,00	99,75			100,24

L'essai au chalumeau établit que le fer est à l'état de protoxyde.

M. Thomson a fait l'analyse d'une variété de chloropale de Ceylan, qui est analogue par ses caractères extérieurs à celle de Hongrie, mais dont la composition en diffère notablement, ainsi qu'on le voit d'après les résultats que j'ai transcrits.

Herbeckite. — Je n'ai trouvé dans aucun ouvrage ni description ni analyse de ce minéral ; il provient des mines de fer de Herbeck, près de Zbirow en Bohême, et forme la gangue du kakoxène, qui y existe en veines irrégulières. D'après les échantillons que j'ai examinés, l'herbeckite porte tous les caractères d'un minerai de fer hydraté en roche ; il est brun, avec des parties plus foncées, dont la cassure est un peu résineuse ; assez dur, on peut cependant le rayer avec une pointe d'acier ; il donne alors une poussière jaune ; sa pesanteur spécifique est de 35,50, très-rapprochée de celle des minerais du fer. Il me paraît donc devoir être rangé avec ces minerais ; la silice qu'on y a trouvée, et qui sans doute l'a fait considérer comme du silicate de fer, doit y exister à l'état de mélange ; du reste la loupe y fait découvrir des globules d'agate qui dévoilent l'origine de la silice ; il y a quelques parties dans lesquelles l'agate est fortement colorée en brun, peut-être ces parties constituent-elles la véritable herbeckite ; dans ce cas ce serait l'inverse, c'est-à-dire une agate ou un jaspe chargé de fer.

Pinguite. — Breithaupt a décrit sous ce nom un minéral d'un vert-serin terreux, passant au vert d'huile, qui se trouve

[1] *Traité de minéralogie*, t. Ier, p. 464.

à Neubeschert-Glück-Stholh, près de Wolkenstein dans l'Erzgebirge ; il porte tous les caractères d'un produit de décomposition ; sa cassure est conchoïde ou inégale ; on le raye facilement. Sa pesanteur spécifique est de 23,15. Par la calcination il devient noir et laisse dégager de l'eau; il est attaqué par l'acide hydrochlorique avec résidu de silice gélatineuse.

Il est composé, d'après Kersten :

	Pinguite [1].	Feltbol d'Halsbruck, par Kersten [2].
Silice	36,90	46,40
Peroxyde de fer	29,50	23,50
Alumine	1,80	3,01
Protoxyde de fer	6,10	»
Magnésie	0,45	»
Protox. de manganèse	0,15	»
Eau	25,10	24,50
	100,000	97,41

Feltbol. — J'ai réuni ce minéral à l'argile, page 263, vol. III. Le peu d'alumine qu'il contient ne permet pas de faire cette association ; c'est une terre bolaire mêlée de silice gélatineuse. Sa véritable place est à la suite du fer oxydé rouge terreux ; la pesanteur spécifique du feltbol est de 22,49 ; tendre, onctueux au toucher, il prend de l'éclat quand on l'a frotté; il est attaquable par les acides, et donne de la silice gélatineuse. J'en ai transcrit l'analyse à la suite de la pinguite.

Terre de Vérone. — Cette terre, employée en peinture, a été désignée par Haüy sous le nom de *talc zographique*, qui rappelle cet usage ; malgré cette dénomination, elle ne possède aucune des propriétés du talc ; elle est en masses terreuses d'un vert foncé, à cassure unie, à grains fins ; elle n'est point onctueuse au toucher, mais elle prend de l'éclat par le toucher. Son analyse a donné à Klaproth[3] :

---

[1] et [2] *Journal de Schweigger*, t. IV, p. 303.
[3] *Beitrage*, t. IV, p. 241.

	Terre de Vérone.		Nontronite, par Berthier[1].
Silice	53		44,0
Protox. de fer	28	Peroxyde de fer	29,0
Alumine	»		3.6
Magnésie	2		2,1
Potasse	10		»
Eau	6		18,7
	99		97,4

Nontronite. — Minéral jaune de paille ou jaune-serin un peu verdâtre, onctueux au toucher, se laissant rayer facilement par l'ongle ; donnant de l'eau par la calcination. Soluble avec facilité dans l'acide hydrochlorique avec formation de gelée.

En petits rognons au milieu des amas de peroxyde de manganèse de Saint-Pardoux, près de Nontron dans le département de la Dordogne.

Anthosidérite. — Ce minéral provient de Timpoboenba dans la province de Minas Geraès, au Brésil ; il forme une veine dans le fer oligiste, connu sous le nom de sidérocriste, dont la disposition est schisteuse ; cette veine est parallèle au sens de la cristallisation ; elle se compose de filaments déliés d'un jaune brunâtre, analogues à la variété d'oxyde de titane, des environs de Moutiers en Savoie ; ces filaments, dont la disposition est généralement droite, sont cependant aussi par bouquets radiés. L'anthosidérite a de l'analogie avec le kakoxène, mais il fait feu au briquet. Sa pesanteur spécifique est de 36 environ. D'après l'analyse de Schnedermann[2] il est composée de :

Silice	60,08	Oxyg.	31,2	Rapp.	12
Peroxyde de fer	34,99		10,6		4
Eau	3,59		2,7		1

Ces relations atomiques sont exprimées par la formule $4\dot{F}e\,\dot{S}i^3 + Aq$. M. Schnedermann a adopté pour l'expressio n d

[1] *Annales de chimie et de physique*, t. XXXVI, p. 241.
[2] *Annales de Poggendorff*, t. LIII, p. 292.

l'anthosidérite la formule $\overset{\cdots}{\overline{Fe}}\,\overset{\cdots}{Si}^{3} + \overline{H}$, qui se rapproche beaucoup de la composition, mais pour laquelle la proportion d'eau est trop faible.

SILICATES A BASE DE ZIRCONE.

On a réuni aux silicates de zircone plusieurs autres minéraux qui contiennent cette base, et qui n'ont pas de places déterminées dans la classification.

ZIRCON.

Zirconite; Hyacinthe; Jargon; Ceylanite.

Le zircon est un des minéraux les plus anciennement connus; Werner l'avait séparé en deux espèces sous les noms d'*hyacinthe* et de *zircon;* une couleur d'un rouge brunâtre jointe à une forme qui se rapproche du dodécaèdre par suite de modifications sur les angles, *fig.* 281, *pl.* 192, caractérise l'hyacinthe; le zircon proprement dit se présentait sous la forme d'un prisme à base carrée, surmonté d'un pointement à quatre faces placé sur les arêtes, *fig.* 285. Sa couleur est le jaune brunâtre et verdâtre. Les lapidaires avaient établi une distinction pareille, en substituant seulement au mot *zircon* celui de *jargon de Ceylan*, parce que c'était principalement de cette île que provenaient les variétés qui se rapportent au zircon.

Le zircon est toujours cristallisé. Sa forme primitive est un prisme à base carrée, *fig.* 280, *pl.* 192, dans lequel le rapport des dimensions est B : H :: 10 : 9.

Les modifications sont assez nombreuses; toutefois elles peuvent se grouper en deux formes dominantes qui correspondent, ainsi qu'on vient de le dire, aux deux variétés de Werner; dans la première, la forme primitive domine; dans la seconde, c'est le prisme à base carrée résultant de modifications parallèles aux plans diagonaux, *fig.* 281 à 284; l'une et l'autre sont surmontées de l'octaèdre à base carrée; quelquefois de petites facettes en zigzag existent sur les arêtes d'intersection du prisme h^1 et du pointement, mais elles n'altèrent point la forme générale des cristaux; assez fréquemment les deux prismes carrés M et h^1 existent ensemble, comme dans les *fig.* 288 et 289, *pl.* 193, mais toujours l'un des deux domine :

Depuis quelques années on a trouvé dans les montagnes d'Ismen, près de Miask, dans l'Oural, des cristaux de zircon, dans lesquels le prisme est seulement indiqué par de petites facettes; ces cristaux, dont la couleur est à peu près celle du grenat grossulaire, ont la forme générale d'un octaèdre, *fig.* 294, *pl.* 192, et diffèrent beaucoup, au premier abord, des cristaux ordinaires de zircon, mais l'incidence des faces du pointement établit bientôt l'identité entre ces différentes variétés. Les cristaux de Miask ont offert, outre les deux octaèdres b^1 et $b^{1/3}$, qui se retrouvent assez fréquemment, un troisième $b^{1/2}$, que l'on n'a observé que dans l'Oural. Ces cristaux ont quelquefois en outre des faces a_2, qui conduisent à un bi-octaèdre; ils atteignent jusqu'à deux ou trois centimètres de hauteur, et la plupart sont terminés aux deux sommets; les faces b^1 et M sont très-brillantes; les plans $b^{1/2}$ et $b^{1/3}$ sont ternes et presque toujours assez fortement striés; quant aux faces du prisme dérivé h^1, elles sont ondulées et possèdent un éclat vitreux; les *fig.* 290 à 295 représentent les cristaux de Miask; les signes indicatifs des modifications établissent l'identité la plus complète entre ces cristaux et ceux qui sont plus anciennement connus.

A l'exception des cristaux de l'Oural, les formes de 281 à 284, dans lesquelles le prisme dérivé domine, et qui se rapprochent du dodécaèdre, sont de beaucoup les plus habituelles; de même le rouge brunâtre, ou l'orangé brunâtre, sont les couleurs les plus fréquentes; tels sont les zircons que l'on recueille avec tant d'abondance dans les sables granitiques qui recouvrent la plage des côtes de la Bretagne; dans les sables d'Expailly; dans la siénite de Norwège, etc. Il en existe cependant aussi de jaune verdâtre, de vert jaunâtre, de gris, et même de complétement incolores : ces derniers, qui sont ordinairement hyalins, ont un éclat très-vif, qui approche du diamant, et quelquefois ils ont été émis dans le commerce sous ce nom.

Les cristaux de zircon présentent des clivages parallèlement aux faces M, et, bien qu'ils soient difficiles, j'ai considéré les faces qui y correspondent comme primitives ; on indique également des clivages suivant les modifications b^1; mais je n'ai jamais pu les constater. La cassure du zircon est ondulée, conchoïde et brillante. Il possède la double réfraction à un haut degré. Sa dureté est de 7,5 ; il raye le quartz ; sa pesanteur spécifique est de 45,05 ; M. Thomson annonce qu'il a trouvé pour la pesanteur spécifique de cristaux d'Expailly très-purs 46,81 ; ceux de l'Oural ont donné à M. G. Rose 46,63, à la température de 11° Réaumur.

Au chalumeau, le zircon, s'il est pur, perd sa couleur, mais il conserve sa transparence sans éprouver la moindre trace de fusion. Avec le borax il se dissout très-difficilement en un verre diaphane, qui, saturé jusqu'à un certain point, est susceptible de devenir opaque par le flamber. Complétement inattaquable par les acides.

Sa composition est identique dans tous ses gisements, ainsi qu'il résulte des analyses suivantes :

	De Ceylan, par Vauquelin [1].			De Norwége,	De l'Oural,	D'Expailly,		
				par Klaproth [2].		par Berzélius [3].		
		Oxyg.	Rapp.				Oxyg.	Rapp.
Silice	32,6	16,61	1	33	32,5	33,48	17,39	1
Zircon	64,5	16,96	1	66	64,5	66,52	17,66	1
Oxyde de fer	2	»		»	1,5	»	»	
	99,1			99	98,5	100,00		

Les relations atomiques entre la silice et la zircone sont représentées par les formules :

$$\dddot{Zr}\,\ddot{Si} \text{ ou } Zr\,Si.$$

[1] *Traité de minéralogie* de Haüy.

[2] *Beitrage*, t. III, p. 286, t. V, p. 126.

[3] *Kon. Vet. Acad. Handl.*, 1824.

Analogies. —La couleur, l'éclat, ainsi que la forme cristalline rapprochent le zircon de l'*oxyde d'étain*, de l'*idocrase*, du *grenat* et même du *spinelle;* le grenat cristallise dans le système régulier, en sorte que dans le dodécaèdre du grenat tous les angles sont égaux; il en est de même dans l'octaèdre du spinelle; l'idocrase est toujours basée; les cristaux d'étain non maclés ont presque exactement la même apparence que ceux du zircon, quand toutefois ils sont petits et transparents; mais la pesanteur spécifique de l'oxyde d'étain est de 66, en sorte qu'il n'est pas nécessaire de faire d'expériences, le poids seul suffit pour les distinguer; la pesanteur spécifique suffirait également pour séparer les trois autres minéraux du zircon; en effet, celui-ci pèse 45,05, tandis que la pesanteur spécifique du spinelle est de 34, celle de l'idocrase 34, et celle du grenat brun 36 environ.

Le zircon taillé peut être comparé au *corindon*, à la *topaze jaune*, à l'*aigue-marine*, à l'*idocrase*, au *grenat* et au *spinelle;* la pesanteur spécifique et la double réfraction fournissent deux caractères qui, pris isolément, ou étudiés ensemble, donnent le moyen de déterminer chacun de ces minéraux.

Gisement. — Le zircon appartient essentiellement aux terrains anciens; il est disséminé dans les granites ; j'en ai recueilli, dans ce gisement, aux environs de Tulle, dans le département de la Corrèze; c'est surtout dans les sables qui proviennent de leur destruction que le zircon existe avec abondance. L'hyacinthe de Ceylan se trouve dans des sables analogues ; dans la Nouvelle-Jersey, aux États-Unis, elle est engagée dans un feldspath gris lamelleux, qui fait lui-même partie d'un granite à gros grains; les cristaux des environs de Miask sont très-souvent isolés, mais quelques-uns sont adhérents à des cristaux de feldspath blanc laiteux, associés à du mica en grandes lames, qui montrent que le gisement de l'Oural est encore le terrain ancien.

Les zircons de Friedrischwärn, en Norwège, sont disséminés dans une siénite à gros cristaux de feldspath rouge, célèbre parmi les géologues, comme étant le premier exemple bien constaté d'une roche granitoïde postérieure à un terrain stratifié. Cette siénite forme, d'après les observations de M. de Buch, des filons couchés, qui reposent sur un calcaire de transition avec spirifères et trilobites, en sorte qu'elle doit être arrivée à la surface après le dépôt de ce terrain.

Un dernier gisement du zircon, c'est dans les roches volcaniques d'Expailly, au Puy en Velay. Les échantillons contenant des cristaux dans la roche même sont assez rares, mais le sable du ruisseau d'Expailly contient une si grande quantité de zircon, que cette localité a été souvent exploitée pour recueillir des zircons destinés à l'extraction de la zircone.

Angles principaux.

P sur M	= 90°.	M sur M = 90°.
M sur h^1	= 135°.	M sur b^1 = 132° 10'.
P sur b^1	= 137° 50'.	b^1 sur b^1 = 123° 19'.
P sur $b^{1/2}$	= 118° 54'.	M sur $b^{1/2}$ = 151° 6'.
P sur $b^{1/3}$	= 110° 25'.	M sur $b^{1/3}$ = 199° 35'.
h^1 sur b^1	= 118° 12'.	b^1 sur $b^{1/3}$ = 153° 15'.
M sur a_2	= 148° 17'.	h^1 sur a_1 = 147° 50'.
a_2 sur a_2	= 147° 12'.	

Malakon. — Scheerer a donné ce nom à des cristaux qui proviennent des filons de Hitteroë, les mêmes dans lesquels on trouve la gadolinite; ces cristaux ont tous les caractères du zircon; leur composition est également la même, sauf l'existence de 3 pour 100 d'eau; il résulte de la présence de ce corps, que ces cristaux ont une pesanteur spécifique notablement plus faible, et que la dureté en est moindre; ce sont ces deux seuls caractères qui différencient le malakon du zircon. C'est du premier que M. Scheerer a emprunté le nom de cette espèce, qui dérive du mot μαλακος, *mou*.

Les cristaux de malakon, représentés *fig.* 296, *pl.* 194, sont exactement les mêmes que ceux de zircon, *fig.* 282, *pl.* 192; ils se composent du prisme dérivé h^1, avec de légères indications des faces, M surmonté du pointement b^1; les angles sont presque identiques avec ceux du zircon, ainsi qu'il résulte de la comparaison suivante donnée par Scheerer :

	Malakon.	Zircon.
M sur M =	135°.	135°.
M' sur b^1 =	131°.	132° 10'.
b^1 sur b^1 =	124° 57'.	123° 19'.

Le malakon ne présente pas de clivages ; sa cassure est esquilleuse ; sa dureté est à peu près celle du feldspath ; il est rayé par le quartz et *à fortiori* par le zircon : sa pesanteur spécifique est de 39,03 ; quand on le chauffe à une température élevée, elle devient de 48,20. Dans cette opération le malakon a perdu 3,03 d'eau.

Par réflexion, les fragments de malakon parfaitement purs sont blancs bleuâtres, presque blanc de lait avec un léger mélange de gris. Ils ressemblent à de l'opale commune. La surface des cristaux présente souvent une teinte brunâtre, rougeâtre, ou jaunâtre due au mélange de matières étrangères ; il est translucide en fragments minces. L'éclat des cristaux est vitreux, mais beaucoup plus faible que celui du zircon ; l'éclat de la cassure varie du résineux au vitreux.

Les fragments de malakon, portés au rouge aussi vite que possible, offrent une phosphorescence très-faible, mais cependant saisissable pour un œil exercé : complétement infusible sans addition ; les fragments les plus minces n'éprouvent aucune altération par l'action du chalumeau.

En poudre fine, le malakon n'est pas attaqué par l'acide hydrochlorique ; mais si la poudre a été porphyrisée et tenue en suspension dans l'eau, l'acide sulfurique à chaud l'attaque au moyen d'une longue digestion ; l'acide hydrofluorique l'attaque promptement et complétement dans les mêmes circonstances ; lorsque le minéral a été calciné, il résiste à l'action de tous les acides, et se conduit alors comme le zircon.

M. Scheerer [1] a obtenu pour la composition de ce minéral :

[1] *Annales de Poggendorff*. t. LXII, p. 429.

Silice..........	31,31	Oxyg. 16,27	Rapp. 1
Zircone........	63,40	16,68	1
Oxyde de fer...	0,41		
Yttria.........	0,39		
Chaux.........	0,39		
Magnésie......	0,11		
Eau...........	3,03		
	98,99		

Il est remarquable que la relation atomique soit la même que pour le zircon; ainsi en réalité la forme cristalline, la composition, et la plupart des autres caractères semblent réunir les deux espèces; la pesanteur spécifique est le seul caractère qui offre une différence réelle.

ÆSCHYNITE.

Ce minéral, décrit par Brooke[1], est d'un noir foncé; son éclat est demi-métallique et résineux ; sa cassure est imparfaitement conchoïdale; sa dureté est environ de 5,5 ; il raye la chaux phosphatée, mais il est rayé par le feldspath ; sa pesanteur spécifique est de 50,08 à 51,4. Les cristaux d'æschynite sont rares et imparfaits ; il en résulte que le système cristallin de ce minéral a été longtemps inconnu, et on a confondu l'æschynite avec l'ilménite et la polymignite. La collection de M. Adam possède deux beaux cristaux, qui ont permis à M. Descloizeaux de l'établir d'une manière certaine[2]; c'est un prisme rhomboïdal droit de 129 degrés, *fig.* 297, *pl.* 194, dans lequel le rapport d'un des côtés de la base à la hauteur est comme les nombres 11 et 13. M. G. Rose a publié presque au même moment une description de l'æschynite dans son *Voyage aux monts Ourals*[3] avec M. de Humboldt. Ses angles sont fort rapprochés de ceux de M. Descloizeaux, la *fig.* 301, *pl.* 195, est celle qu'il a donnée.

---

[1] *Edinburg Journal of science*, new. series, t. III, p. 28.
[2] *Annales des mines*, troisième série, t. II, 1842, p. 70.
[3] *Voyage aux monts Ourals*, t. II, p. 349.

Les angles de l'æschynite sont :

	D'après M. Descloizeaux. Mesurés directement.	Calculés.	D'après M. G. Rose.	Rose.
P sur M =	90^0.	90^0.	90^0.	
M sur M =	129°.	129^0.	127° 19'.	
P sur e^1 =	127°.	127^0.	»	
e^1 sur e^1 =	74^0.	74^0.	73^0 44'.	
M sur e^1 =	109° 30'.	110° 6' 36".	»	
e^1 sur g^1 =	144^0.	143^0.	143^0 8'.	
e^1 sur b^1 =	137^0 30'.	127° 48' 25".		M sur $g^1=116^0$ 17'.
b^1 sur b^1 =	137^0 30'.	137^0 32' 54".	»	M sur $g^2=161^0$ 38' 30".
M sur b^1 =	»	147^0 14' 24".	146^0 24'.	

Les cristaux d'æschynite sont striés en longueur, et ne présentent pas assez d'éclat pour qu'on puisse en mesurer les angles par réflexion, ce qui justifie les légères différences que l'on remarque entre les angles observés et ceux qui résultent du calcul des modifications.

Chauffé dans le tube d'essai, l'æschynite donne une petite quantité d'eau; sur le charbon elle se tuméfie et devient jaunâtre; avec le borax, elle produit un verre d'un jaune foncé, et avec le sel de phosphore un verre incolore et transparent.

La composition de l'æschynite est, d'après une analyse de Hartwall[1] :

		Oxyg.	
Acide tantalique.....	33,39	3,84	
Acide titanique......	11,94	4,74	
Zircone.............	17,52	4,61	
Protoxyde de fer.....	17,65	4,02	7,54.
Yttria...............	9,35	1,86	
Oxyde de lanthane...	4,76	0,62	
Oxyde de cérium.....	2,48	0,37	
Chaux...............	2,40	0,67	
Eau.................	1,56		
	101,05		

M. Hermann a adopté pour la formule de l'æschynite, l'expression $2Zr^2Ti + R^6Ta^5$; dans laquelle l'acide titanique et les bases à un atome sont un peu faibles comparativement aux résultats de l'analyse.

[1] *Journ. für prat. chem.*, t. XXXI, p. 89.

Ce minéral provient des monts Ilmen, près Miask en Sibérie; il est disséminé dans un granite à feldspath rougeâtre, le même qui contient du zircon.

POLYMIGNITE.

Le nom de ce minéral, qui provient des mots grecs πολυ, beaucoup, et μιγνω, je mélange, montre qu'il contient une grande variété de bases; l'analyse suivante, due à Berzélius[1], justifie ce nom; toutefois l'acide titanique, le zircon et l'yttria en sont les éléments essentiels, en sorte que la polymignite est considérée comme un titanate de zircone et d'yttria.

Acide titanique.	46,30	96,04.
Zircone.	14,14	
Yttria.	11,50	
Protoxyde de fer. . . .	12,20	
Chaux.	4,20	
Protox. de manganèse.	2,70	
Oxyde de cérium. . . .	5,00	

La polymignite est d'un noir de fer foncé; son éclat est métalloïde; sa poussière est brune; sa cassure est conchoïde, un peu vitreuse. Sa dureté est de 6,5, elle raye le verre; sa pesanteur spécifique est 48,06. Elle est cristallisée en prisme allongé et cannelé à la manière de certains cristaux de manganèse. D'après M. Lévy, sa forme primitive est un prisme rhomboïdal droit, sous l'angle de 115° 10′, *fig.* 301, *pl.* 195, dans lequel le rapport des dimensions est B : H :: 47 : 50. Les cristaux avec pointement sont extrêmement rares, je n'ai pas eu l'occasion d'en étudier; la *fig.* 302 est empruntée à la description du cabinet de M. Heuland par M. Lévy. La *fig.* 303, extraite de la *Minéralogie* de M. d'Alger, paraît être en rapport avec les mesures de M. Rose[2], qui annonce que la polymignite est en prisme surmonté d'un octaèdre

---

[1] *Annales de Poggendorff*, t. III, p. 205.
[2] *Ann. der physiq.*, 1826, p. 506.

rhomboïdal dont les angles sont 136° 28′, 116° 20′, et 80° 16′. L'angle du prisme est de 110° environ.

La polymignite est infusible, et n'éprouve aucune altération par l'action du chalumeau; avec le borax, elle fond aisément en un verre coloré par le fer. Avec le sel de phosphore elle donne un verre rougeâtre.

Ce minéral, encore très-rare, a été trouvé par M. Tank, dans la siénite zirconienne de Friedrischwärn, en Norwège; il est disséminé dans la roche même.

Analogies. — La *polymignite*, l'*œschynite* et l'*ilménite* ont la plus grande analogie entre elles; ce dernier minéral cristallise en rhomboèdre; du reste, la pesanteur spécifique les distingue suffisamment; elle est pour la première de 48,08; pour la seconde, de 51,4 et pour l'ilménite, de 47,80; la polymignite pourrait en outre se confondre avec le *fer oligiste*, le *fer oxydulé* et le *fer chromé*; le fer oligiste donne une poussière rouge; le fer oxydulé est attirable à l'aimant; enfin, le fer chromé produit, avec le borax, un verre de couleur émeraude.

POLYKRASE.

Ce minéral présente la plus grande analogie avec la polymignite; cependant, d'après la description qu'en a donnée M. Scheerer [1], qui l'a fait connaître, la forme et la composition paraissent offrir des différences essentielles. Ses cristaux sont des prismes à huit faces, très-aplatis par l'élargissement de la modification g^1; leur base est remplacée par un double biseau, *fig.* 321, *pl.* 198; une petite facette a, qui se représente sur les angles opposés, montre que la forme primitive est un prisme droit; la mesure suivante des angles établit en outre que ce prisme est rhomboïdal.

Les angles mesurés sont h^1 sur $g^1 = 90$. M sur M $= 140°$. b sur $g^1 = 104°$. b sur b sur $b = 152°$, et g^1 sur $b^x = 127°$;

[1] *Annales de Poggendorff*, t. LXII, p. 439, 1844.

cette forme est de même nature que celle de la polymignite, mais les lois que l'on obtiendrait pour faire dériver l'une de l'autre seraient assez compliquées.

La couleur de la polykrase est par réflexion le noir pur; les petits fragments minces vus à la loupe sont d'un brun jaunâtre; son éclat est métalloïde; sa poussière est d'un brun grisâtre, mais moins vif que pour la polymignite; elle ne présente aucun clivage; sa cassure est esquilleuse. Elle raye le verre; sa pesanteur spécifique a été trouvée en moyenne 51,05.

Au chalumeau, elle décrépite violemment, perd 1,25 d'eau; devient d'un brun gris; sa poussière, après calcination, est jaune d'ocre; elle est infusible; avec le borax elle donne, dans la flamme oxydante, un verre jaunâtre, et dans la flamme réductive, un verre brunâtre. Le sel de phosphore est coloré en jaune ou jaune brunâtre dans la flamme oxydante, et devient verdâtre ou vert sale par le refroidissement.

La poudre la plus fine de ce minéral n'est qu'incomplétement attaquée par l'acide hydrochlorique bouillant, l'acide sulfurique le dissout par une longue ébullition.

D'après un essai qualitatif de Scheerer, la polykrase serait composée d'*acide titanique*, d'*acide tantalique*, de *zircone*, d'*yttria*, de *protoxyde de fer*, d'*urane* et de *cérium*; c'est surtout la présence de l'acide tantalique qui, sous le rapport chimique, distingue ce minéral de la polymignite.

La polykrase est disséminée dans le granite rose d'Hitteroë, qui contient la gadolinite et le zircon.

Je n'ai pas eu l'occasion d'étudier d'échantillons de cette substance; la description est extraite du Mémoire de M. T. Scheerer.

WOHLÉRITE.

Sous ce nom, M. Scheerer de Christiania a dédié à M. le professeur Wöhler un minéral trouvé d'abord dans l'île de Largesund-Fjord, près Brevig en Norwège; et plus tard, à l'île de Lövöé, dans la siénite zirconienne avec de l'éléolite et du pyrochlore.

Il constitue des grains anguleux, et très-rarement des tables prismatiques ; on n'a pu déterminer exactement la forme de ces cristaux, par la difficulté de les séparer de leur gangue; les arêtes des cristaux de wöhlérite sont en outre arrondies, comme cela a lieu pour l'ilménite. Il possède un clivage ; la couleur de ce minéral est le jaune de vin, le jaune de miel, le jaune brunâtre. Celle de sa poussière est un jaune blanchâtre. Sa transparence varie comme celle du zircon ; les faces des cristaux ont un éclat vitreux ; la cassure est conchoïdale, passant à la cassure granuleuse.

Au chalumeau, elle fond, à une température très-élevée, en un verre jaunâtre.

Scheerer[1] a obtenu pour la composition de la wöhlérite :

	Analyse directe.	Éléments essentiels.	Résultat de la formule.		
			Oxyg.	Rapp.	
Silice	30,62	30,62	15,91	30	30,22
Acide tantalique	14,47	14,47	1,66	3	13,66
Zircone	15,17	17,64	4,64	9	17,91
Chaux	26,19	26,19	7,35	15	27,97
Soude	7,78	9,73	2,48	5	10,24
Protoxyde de fer	2,12	98,65			100,00
— de manganèse	1,55				
Magnésie	0,40				
Eau	0,24				
	98,54				

La formule adoptée par Scheerer est : $\dddot{\bar{Z}r}{}^3\,\ddot{\bar{T}a} + 5(\dot{N}a\,\dddot{Si} + \dot{C}a^3\dddot{Si})$. Elle représente assez exactement les résultats de l'analyse, ainsi qu'on le remarquera par la transformation que j'ai faite dans la dernière colonne de la formule, en centièmes.

La wöhlérite est très-rare; je n'en ai vu d'échantillons dans aucune des collections de Paris.

Nota. Haidinger a donné le nom de *wöhlérite* à un minerai de cobalt décrit par Wöhler, et dont j'ai transcrit la composition, vol. II, p. 564.

[1] *Annales de Poggendorff*, t. LIX, p. 327.

ŒRSTEDTITE.

On trouve l'œrstedtite à Arendal en Norwège, sur du pyroxène ; elle est en cristaux bruns et brillants, dont la forme offre beaucoup de ressemblance avec celle du zircon ; ces cristaux sont des prismes à quatre faces, surmontés d'un octaèdre dont l'angle est de 123° 16′ 30″, tandis que celui du zircon est de 123° 19′.

Sa pesanteur spécifique est de 36,29, et sa dureté est intermédiaire entre celle de la chaux phosphatée et du feldspath ; elle est composée, d'après Forchhammer[1], qui a institué cette espèce, de :

Silice	19,71	
Chaux	2,61	
Magnésie	2,05	
Protoxyde de fer	1,13	99,79.
Acide titanique et zircone	68,96	
Eau	5,33	

D'après cette analyse, Forchhammer considère l'œstedtite comme le résultat de l'association de deux tiers de titanate de zircone et d'un tiers de silicate $(Fe,Ca,Mg)\,Si^2 + 3Aq$.

L'œrstedtite donne de l'eau dans le tube d'essai ; elle est infusible au chalumeau.

EUDYALITE.

Ce minéral a été découvert par M. Ch. Giesecke au Groënland, à Kangerdluarsuk, dans la même localité que la sodalite. Il tapisse de petits filons dans du gneiss, et il est associé à de l'amphibole et à du feldspath.

Il est en masse violette lamelleuse, analogue à certains échantillons de silicate de manganèse, avec la seule différence que ce dernier minéral est rose, tandis que l'eudyalite est d'un violet prononcé. On a trouvé quelques cristaux, et d'après

[1] *Annales de Poggendorff*. t. XXXV, p. 630.

la détermination de M. Lévy, ils dérivent d'un rhomboèdre aigu, *fig.* 304, *pl.* 195, sous l'angle de 73° 10′.

Les *fig.* 305, 306 et 307 se composent du primitif, fortement tronqué aux sommets et portant des indices des deux prismes à six faces d^1 et e^2, ainsi que des rhomboèdres e^1 et a^2.

Fig. 308, *pl.* 196. Petit cristal de la collection de l'Ecole des mines, dans lequel il existe en outre des indications d'un métastatique e^3 assez aigu.

La *fig.* 309, représentant également un cristal appartenant à l'Ecole des mines, est en rhomboèdre obtus ; la forme en est très-distincte, mais les faces ne sont pas assez nettes pour que j'en aie pu déterminer les lois de dérivation.

Les cristaux d'eudyalite sont très-rares ; les faces sont miroitantes, en sorte que les angles ont été mesurés exactement par Lévy[1]. Les principaux sont :

P	sur	P	= 73° 40′.	P	sur	a^1	= 112° 33′.
P	sur	e^2	= 167° 17′.	P	sur	b^1	= 126° 50′.
P	sur	d^1	= 143° 10′.	a^1	sur	a^2	= 148° 49′.
a^1	sur	e^1	= 101° 40′.	e^2	sur	a^1	= 90°.
a^3	sur	a^2	= 126° 44′.	e^1	sur	e^1	= 63° 59′.
c^2	sur	e^2	= 120°.	b^1	sur	a^1	= 129° 34′.
d^1	sur	a^1	= 90°.	b^1	sur	b^1	= 96° 15′.
d^1	sur	d^1	= 120°.				

L'eudyalite est translucide seulement sur les bords; sa densité est de 6 ; elle raye la chaux carbonatée; sa cassure est indistinctement lamelleuse, elle passe à la cassure inégale et grenue. Sa pesanteur spécifique est, d'après Lévy, de 28,98. Stromeyer et Thomson l'ont trouvée de 29,03. Exposée au chalumeau, se fond en un verre vert foncé ; elle fait gelée avec les acides.

---

[1] *Edinburg Journal*, t. XII, p. 81.

	Par Rammelsberg[1].	Par Stromeyer[2].		Oxyg.			Oxy.		Rapp.
Silice.	37,02	44,09	52,48	27,26		49,92	25,93		6
Zircone.	12,53	15,60	10,89	2,86		16,88	4,44		1
Oxyde ferreux. . . .	13,60	7,74	6,16	1,40		6,97	1,5		
Oxyde de manganèse.	»	»	2,31	0,52	8,10	1,15	0,25		
Chaux.	15,22	»	10,14	2,81		11,11	3,12	7,93	2
Soude.	17,77	15,92	13,92	3,33		12,28	2,87		
Potasse.	1,06	0,85	»			0,65	0,11		
Chlore.	»	»	1,00			1,19			
			96,70			100,15			

Ces analyses présentent des différences notables, et conduisent difficilement à des rapports de même nature : toutefois les deux analyses de Stromeyer sont assez bien représentées par la formule

$$ZrSi^2 + 2(Ca, Na, fe)Si^2.$$

THORITE.

Ce minéral, trouvé par M. Esmark fils dans une siénite de l'île de Löv-ön, près de Bervig en Norwège, est célèbre par la découverte que Berzélius y a faite d'une nouvelle terre.

La thorite est noire; elle est amorphe; sa cassure est conchoïde, luisante, un peu résineuse, analogue à celle de la gadolinite; elle ne possède pas de clivages. Je n'ai vu indiqué de cristaux de thorite dans aucun ouvrage de minéralogie. Cependant l'Ecole des mines possède deux échantillons cristallisés en octaèdre, qui sont désignés sous le nom de *thorite* ; ils ressemblent par leurs caractères extérieurs à du fer oxydulé ou à du spinelle zincifère ; mais je me suis assuré qu'ils n'appartiennent ni à l'une ni à l'autre de ces espèces minérales. L'un de ces échantillons est sur une gangue de feldspath avec éléolite ; il est très-fragile, et sa surface est couverte de fissures. Facilement rayé par une pointe d'acier, sa poussière

[1] *Annales de Poggendorff*, t. LXIII, p. 145.
[2] *Annales de Gilbert*, t. LXIII, p. 279.

est d'un brun rougeâtre; sa pesanteur spécifique est de 46,30. Au chalumeau, il perd sa couleur noire, devient d'un rouge brun pâle et ne fond pas; il donne de l'eau dans le tube d'essai; avec le borax il fond aisément en un verre dont la coloration est due au fer.

M. Berzélius[1] a trouvé, pour la composition de la thorite, les éléments suivants :

		Oxyg.		
Silice.	18,98	7,82		1
Thorine.	57,91	6,85		
Chaux.	2,58	0,72		
Protoxyde de fer. .	3,40	0,77	9,00	1
— de manganèse. .	2,39	0,52		
Magnésie.	0,36	0,14		
Urane oxydé. . . .	1,61			
Plomb oxydé. . . .	0,80			
Oxyde d'étain. . . .	0,01			
Potasse.	0,14	0,02		
Soude.	0,10	0,02		
Alumine.	0,06			
Eau.	9,50	8,44		1
Minéral non attaqué	1,70			
	99,51			

M. Berzélius a représenté cette composition par la formule

$$\dot{T}h^3 \dddot{S}i + 3\dot{H} \text{ ou } Th\, Si + Aq.$$

AMPHIBOLE.

Hornblende ; Actinote ; Trémolite ; Granatite ; Schorl vert ; Stralite ; Stralstein ; Bissolite ; Pargasite ; Carinthine ; Kératophyllite.

La plus grande partie des échantillons d'amphibole sont noirs et lamelleux, ils se rapportent à la *hornblende* des anciens minéralogistes ; mais à côté de ce minéral si fréquent et qui entre comme partie essentielle dans la composition de différentes roches, il existe plusieurs autres minéraux, les uns d'un vert clair, appelés *actinote* par Werner ; les autres blancs, désignés par le même minéralogiste sous le nom de *trémolite*.

[1] *Kongl. Vetenskaps. Acad. Handl.*, 1829.

L'étude de la forme cristalline de ces différents minéraux a conduit Haüy à les réunir tous en une seule espèce sous le nom d'*amphibole*, qui, constituée ainsi, représente une des espèces les plus essentielles pour le géologue. Cette association, d'abord contestée, est maintenant généralement admise; seulement tous les auteurs sont d'accord pour y faire des divisions qui correspondent à la *trémolite* et à la *hornblende* de Werner. Les caractères extérieurs de ces deux sous-espèces présentent en effet beaucoup de différences; le rôle qu'elles jouent dans la nature semble aussi indiquer cette division : la *trémolite* serait l'*amphibole calcaire*, tandis que la *hornblende* serait l'*amphibole ferrugineuse*. Dans l'une et l'autre sous-espèce la magnésie existe avec abondance ; dans cette division, l'*actinote* forme un groupe intermédiaire qui lie les deux extrêmes ; elle est en effet d'un vert clair, et contient à la fois de la chaux et de la magnésie.

M. Rivière, dans un Mémoire qu'il a communiqué à la Société géologique[1] de France, sur la nature et le gisement des amphibolites, a donné cette division, et il a montré d'une manière très-nette, par de nombreuses moyennes d'analyse, que la composition des différentes variétés d'amphibole est analogue, sauf la permutation des bases, à un atome.

Cette division chimique simple, que j'ai déjà signalée pour plusieurs minéraux et dont le pyroxène nous présentera bientôt un nouvel exemple remarquable, offre une anomalie difficile à expliquer; elle est fournie par les hornblendes avec alumine. On ne sait à quel état de combinaison y existe cette terre ; il est probable qu'elle y est en mélange; mais, même dans cette supposition, on ne voit pas clairement le minéral qui peut la fournir, surtout dans une proportion aussi forte que 12 à 15 pour 100.

Amphibole blanche. — Trémolite. — Gramatite. — Cette sous-espèce ne forme pas de roche, elle est seulement dissé-

---

[1] *Bulletin*. 2e série, t. I, p. 528.

minée dans les calcaires saccharoïdes et les roches schisteuses, associées aux terrains de transition ou à ceux de schiste micacé ou talqueux ; elle est donc beaucoup moins abondante que l'amphibole noire ; je crois néanmoins devoir commencer la description de l'amphibole par cette variété, parce qu'elle est généralement pure, et que les relations chimiques en sont plus faciles à établir.

L'amphibole blanche, constamment cristalline, est en cristaux déterminés ou en masses fibreuses ; ses cristaux, toujours fort simples, sont des prismes rhomboïdaux obliques, *fig.* 311, *pl.* 196, surmontés d'un biseau e^1 ; quelquefois, comme dans la *fig.* 312, *pl.* 197, on observe une trace de la base ; enfin, dans certains cristaux, *fig.* 313, il existe une modification g^1 parallèle au plan diagonal qui passe par les angles obtus. Dans tous les cristaux la forme primitive domine ; c'est un prisme rhomboïdal oblique sous les angles P sur M $=103°\,13'$, et M sur M $=124°\,34'$. Les dimensions sont B : H : : 4 : 1.

Ces dimensions ont été déterminées en supposant que la ligne qui joint l'angle solide O de la forme primitive, *fig.* 310, *pl.* 196, avec l'angle A' qui lui est opposé, est perpendiculaire à l'arête H. Cette hypothèse donne des résultats qui s'accordent très-bien avec l'observation des angles de l'amphibole ; mais on ne peut l'admettre, comme l'a fait Haüy, pour toutes les espèces dont les formes cristallines peuvent dériver d'un prisme rhomboïdal oblique.

M. Beudant, qui regarde la trémolite comme une espèce particulière, indique que l'angle de M sur M est de 126° ; des mesures directes ne m'ont pas donné cette différence.

Les masses fibreuses, beaucoup plus abondantes que les cristaux, sont tantôt à fibres droites et conjointes, tantôt rayonnées ; leur éclat est toujours soyeux ; cette texture est tellement propre à l'amphibole blanche que les cristaux n'en sont pas même complétement exempts, et que souvent ils présentent, dans les échantillons dont la cassure est éminemment lamelleuse, une certaine disposition fibreuse.

Les cristaux possèdent des clivages faciles parallèlement aux faces M. La trémolite raye la chaux carbonatée : ce caractère est difficile à constater, par suite de la facilité avec laquelle les fibres se séparent. La pesanteur spécifique de celle du Saint-Gothard est de 29,31. La trémolite fond tantôt en émail, tantôt en un verre blanc ; quelques variétés sont grises ; cette couleur accidentelle plus ou moins prononcée est due à du graphite.

Les analyses suivantes établissent la composition de la trémolite :

	De Gullsjo [1], par Bonsdorff.	De Fahlun [1], par Bonsdorff.	De Taberg [2], par Bonsdorff.	De Pensylvanie, par Seybert [3].	De Cziklowa [4], par Beudant.	Oxyg.	Rapp.
Silice	59,75	60,10	59,75	56,33	59,5	30,9	9
Chaux	14,11	12,73	14,25	10,67	12,3	5,45	1
Magnésie	25,00	24,31	21,10	24,00	26,8	10,37	3
Protoxyde de fer	0,50	1,00	3,95	4,30	trace		
— de manganèse	»	0,47	0,31	»	»		
Alumine	»	0,42	»	1,67	1,4		
Acide fluorique	0,94	0,83	0,76	»			
Eau	0,10	0,15	»	1,03			
	100,40	100,01	100,12	100,00	100,00		

Toutes ces analyses conduisent à la formule :

$$\dot{C}a\,\dddot{S}i + \dot{M}g^3\,\ddot{S}i^2 \text{ ou } Ca\,Si^3 + 3Mg\,Si^2.$$

Trémolite compacte. — Jade oriental. — Le nom générique de *jade* a été donné à différentes substances qui ont une grande ténacité, une cassure compacte esquilleuse, un certain éclat gras, et des teintes très-claires ; blanc laiteux, blanc verdâtre, blanc rosé ; le *jade* de Saussure, ou la *saussurite* est rangé dans le groupe des feldspaths (p. 376, v. III) ; le *jade de la Chine* a été décrit comme une espèce particulière, sous le nom de *néphrite* (p. 317). Mais M. Damour[5] a reconnu que cette variété de jade, que l'on ne connaît qu'en objets travaillés,

---

[1] *Journal de Schweigger*, t. XXXI, p. 414. [2] *Idem*, t. XXXV, p. 123.
[3] et [4] *Traité de minéralogie* de Beudant, t. II, p. 234.
[5] *Annales de chimie et de physique*, troisième série, t. XVI, p. 469, 1846.

doit être associée à la trémolite. Une analyse que Rammelsberg a publiée en 1843, et que je donnerai conjointement avec celle de M. Damour, confirme cette opinion.

L'échantillon analysé par M. Damour avait été taillé dans l'Inde; il présentait la forme d'une boucle ovale; il est d'un blanc laiteux, demi-transparent, et offre assez bien l'aspect de la cire blanche, et mieux encore celui du blanc de baleine; sa cassure est esquilleuse, il raye le verre facilement; sa pesanteur spécifique est de 29,70; sa ténacité est grande. Chauffé dans le tube, ce jade ne change pas d'aspect; à la flamme du chalumeau, il bouillonne et fond lentement en un émail blanc de lait. L'acide hydrochlorique ne l'attaque pas d'une manière sensible.

	Trémolite du St.-Gothard, par M. Damour.	Jade de Turquie, par Rammelsberg[1].	Néphrite, par Schafhaütl[2]. Amulettes.	Néphrite, par Schafhaütl[2]. Plaque sonnante,	par Damour.	Oxyg.	Rapp.
Silice	58,07	54,68	58,91	58,88	58,46	30,37	9
Chaux	12,99	16,06	12,28	12,15	12,06	3,39	1
Magnésie	24,46	26,01	22,43	22,39	27,09	10,48	3
Oxyde ferreux	1,82	2,15	2,70	2,81	1,15	0,26	
Oxyde manganeux	»	1,39	0,91	0,83	»	»	
Total	97,34	100,29					
Alum.			1,32	1,56	»		
Pot.			0,80	0,80			
Eau.			0,25	0,27	98,76		
			99,60	99,49			

Les relations atomiques qui résultent de l'analyse du jade de l'Inde conduisent donc à la formule :

$$\dot{Ca}\,\dddot{Si} + \dot{Mg}^3\,\dddot{Si}^2 \text{ ou } Ca\,Si^5 + 3Mg\,Si^2.$$

qui caractérise la trémolite. J'ai donné dans le tableau qui précède :

1° Une analyse de la trémolite du Saint-Gothard, par M. Damour, dont les résultats sont presque exactement identiques avec la composition du jade par le même chimiste;

[1] Premier supplément au *Handwörterbuch* de Rammelsberg, p. 105.

[2] *Annales de Poggendorff*, t. LXII, p. 148.

2° Une analyse d'un jade de Turquie par Rammelsberg ;

3° Les analyses de deux échantillons de jade provenant de la Chine, par Schafhäutl ; ces deux analyses diffèrent très-peu de celle de M. Damour, en sorte qu'il est bien certain qu'il y a des trémolites compactes, de même que j'indiquerai dans quelques lignes qu'il existe des amphiboles noires compactes.

L'analogie entre les analyses de Rammelsberg de M. Damour et de Schafhäutl me conduisent à penser qu'il est assez probable que la néphrite analysée par Kastner, et que j'ai conservée comme espèce (page 317 de ce volume), d'après M. Beudant, n'est qu'une roche impure et non une espèce distincte.

Amphibole verte ou actinote. — En cristaux bacillaires allongés, sans aucune terminaison ; d'un vert clair, transparente et très-lamelleuse. Pesanteur spécifique d'un échantillon du Zillerthal, 30,50. Fusible en un verre très-peu coloré en vert.

Amphibole noire. — Hornblende. — Cette variété est plus souvent cristallisée que la trémolite; néanmoins les cristaux terminés sont encore assez rares ; on ne connaît que quelques localités qui en fournissent : Ersby en Finlande; Kostenblatt en Bohême ; Arendal en Norwège ; les échantillons fibreux sont encore assez fréquents, beaucoup moins que pour la variété blanche; le plus généralement la hornblende forme des masses lamelleuses ; les deux clivages suivant les faces M sont très-nets, et le miroitement que ces masses présentent dans le sens de ce clivage est un caractère de distinction très-facile à saisir.

La forme primitive de la hornblende est la même, *fig.* 310, *pl.* 196, que pour la trémolite ; M. Beudant adopte l'angle de 124° 34′, que j'ai indiqué comme caractérisant cette espèce.

Les cristaux habituels, *fig.* 314, *pl.* 197, sont en prismes à six faces, paraissant réguliers par suite du peu de différence entre les angles de M sur M et de M sur g^1 ; ces prismes portent un biseau $b^{1/2}$ placé sur les arêtes de derrière, d'où il suit que le pointement est à trois faces, ce qui donne au prisme une analogie de plus avec le prisme régulier à six faces.

Les *fig.* 315, 316, 317 et 318 offrent quelques modifications, mais qui, étant en général fort peu étendues, n'altèrent que bien faiblement la disposition de la *fig.* 314; dans ces modifications je n'ai pas cité le biseau e^1 qui existe dans la trémolite. Cependant on connaît des échantillons d'Ersby en Finlande, et d'Arendal en Norwège, qui le présentent; les premiers sont d'un vert clair et transparents; ils appartiennent à l'actinote; les cristaux d'Arendal sont, au contraire, noirs, opaques, et possèdent tous les caractères de la véritable hornblende. Ces cristaux établissent donc l'identité complète, sous le rapport cristallographique, entre les trois variétés d'amphibole; la présence de la base P aurait du reste suffi pour la constater.

Les *fig.* 319 et 320, *pl.* 198, représentent des cristaux hémitropes; la différence entre les deux sommets révèle cette hémitropie; elle a lieu parallèlement au plan diagonal qui passe par les angles E.

Les cristaux d'amphibole, provenant de Kostenblatt en Bohême, sont disséminés dans une wacke rougeâtre, en sorte qu'ils possèdent souvent leurs deux sommets; ce sont en général les plus complets; leurs faces sont nettes, mais peu brillantes, et ils sont fissurés dans différents sens.

La hornblende est noire, opaque, éminemment lamelleuse; elle fond facilement en émail noir; la pesanteur spécifique de celle de Bohême est de 31,67. Elle est difficilement attaquable par les acides.

Amphibole aciculaire. — Les cristaux de hornblende sont quelquefois très-allongés et deviennent de véritables aiguilles. Cependant on y aperçoit presque toujours encore les clivages parallèles aux faces M. Cette variété est le *strahlstein* des Allemands. Ces aiguilles sont ordinairement soudées ensemble et donnent lieu, suivant leur diamètre, à des masses *bacillaires*, ou à des masses *aciculaires;* quelquefois elles sont *aciculaires radiées*.

Amphibole lamelleuse. — Elle constitue des masses noires éminemment lamelleuses dans deux directions qui font entre elles l'angle de 124° 34'; ces clivages, extrêmement faciles, communiquent à l'amphibole un miroitement général; mais si on examine avec un peu de soin les échantillons, on reconnaît bientôt qu'il n'existe que deux clivages faisant entre eux un angle obtus ; il suffit pour cela de tourner légèrement l'échantillon à la lumière, et de la faire réfléchir vers l'œil.

Amphibole granuliforme. — Pargasite. — Cette variété provient de Pargas en Finlande; elle est en grains d'un vert plus ou moins foncé, engagés dans une chaux carbonatée blanche lamellaire : on l'a souvent confondue avec le *coccolite*, qui est un pyroxène; mais elle possède les clivages sous l'angle de 124°, caractéristiques de l'amphibole. La pargasite se rapporterait à l'actinote, si l'on admettait trois divisions dans l'espèce amphibole.

Amphibole globuliforme. — On doit signaler encore cette variété, à laquelle les minéralogistes allemands ont donné le nom de *tigererz*, *mine tigrée*. Elle forme des globules, de petits rognons noirs, disséminés dans un feldspath blanc subgranulaire; leur cassure est aciculaire radiée, très-fine; elle provient de Carinthie.

Amphibole compacte. — Cornéenne. — Certains échantillons d'amphibole lamelleuse sont à très-petits grains, et présentent une texture grenue analogue au calcaire saccharoïde; mais la loupe ou le microscope révèlent encore des clivages, et établissent par conséquent l'identité de cette espèce; il n'en est pas de même pour la variété compacte, qui a reçu le nom de *cornéenne*, ou *pierre de corne*, par suite de sa grande ténacité; cette roche est d'un vert noirâtre, vert poireau, très-foncé, passant quelquefois au brun ; sa cassure est unie, très-lisse, rarement esquilleuse, très-souvent pseudo-régulière; très-résistante au marteau, elle est sonore. Son éclat mat est légèrement luisant. Sa raclure est d'un gris noirâtre; elle raye le verre, et donne au chalumeau un émail noir; ce dernier caractère est surtout celui qu'on invoque pour réunir la cornéenne à l'amphibole; quand cette roche appartient aux terrains anciens, terrains dans lesquels l'amphibole joue un certain rôle, cette association est assez probable, mais elle est au moins fort douteuse pour certains trapps modernes. La cornéenne se décompose, et donne lieu à des roches qui, bien que présentant une cassure terreuse, sont encore fort tenaces, parce qu'elles reçoivent l'empreinte du marteau; on les désigne alors sous le nom de *cornéenne tendre*, par opposition aux cornéennes dures; elles ont une odeur argileuse, se laissent rayer par une pointe d'acier, donnent une poussière d'un gris clair, et fondent au chalumeau en une scorie noire. Souvent, dans les terrains de trapps, il en existe des couches entières à l'état terreux : ce sont des tufs produits sous cette forme, et non des roches décomposées; on les considère tantôt comme des *wackes*, tantôt comme des *cornéennes tendres;* le premier nom s'applique principalement aux roches terreuses d'une origine éminemment volcanique, et implique plutôt l'idée de roche pyroxénique que de roche amphibolique.

Sous le rapport de la composition, on doit distinguer les amphiboles sans alumine et celles qui en contiennent; les amphiboles alumineuses sont, il est vrai, de beaucoup les plus fréquentes, mais l'alumine y étant en proportions variables, et de plus la trémolite ne contenant pas cette terre, on doit considérer comme le type de l'espèce les amphiboles non alumineuses.

	Lamelleuse des environs de Nantes, par Dufrénoy.	Des Pyrénées, par Laugier.	Bacillaire du Zillerthal, par Beudant.	Oxyg.	Rapp.
Silice	57,60	54,60	53,1	27,58	9
Chaux	9,56	10,45	11,4	3,20	1
Magnésie	7,85	19,30	7,4	3,02	
Protox. de fer	22,67	12,10	25,6	5,82	3
— de manganèse	»	»	0,2	0,04	
Alumine	0,75	0,85	1,7		
Eau	»	1,55	»		
	98,43	98,85	99,8		

La formule qui résulte de l'analyse de M. Beudant est $CaSi^3 + 3(Mg,fe)\,Si^2$, la même que celle de la trémolite, dans laquelle une grande proportion de magnésie est remplacée par du protoxyde de fer; cette variété d'amphibole peut donc être à juste titre désignée sous le nom de ferrugineuse, ainsi que je l'ai indiqué au commencement de cet article.

HORNBLENDE ALUMINEUSE

	de Kirschpiel, en Suède,	de Slattmyran, près Fahlun, par Hisinger.	du Vogelsberg, par Bonsdorff.	de Nora,	du Fuldaischen, par Klaproth.
Silice	53,60	47,62	42,24	42,00	47,00
Chaux	4,65	12,70	12,24	11,00	8,00
Magnésie	11,35	14,81	13,74	2,25	2,00
Protoxyde de fer	22,52	15,78	14,59	30,00	15,00
— de manganèse	0,35	0,32	0,33	0,25	11,00
Alumine	4,40	7,38	13,92	12,00	26,00
Eau	0,60	»	»	0,75	0,50
	97,10	98,51	97,06	98,25	99,50

Dans ces analyses l'alumine varie dans les proportions de 4,40 à 26 pour 100; Bonsdorff a admis que cette terre remplaçait la silice et que ces hornblendes étaient des silico-aluminates de la forme :

$$Ca\,Si^3 + 3(M,f)\,(Si,\,Al)^2.$$

Cette hypothèse ne satisfait que très-imparfaitement aux résultats des analyses qui précèdent, et il me paraît bien plus probable que l'alumine provient de silicates alumineux intimement mélangés.

Angles principaux.

P sur M	= 103° 13′.	M sur M	= 124° 34′.
P sur $b^{1/2}$	= 145° 43′.	M sur $b^{1/2}$	= 68° 41′.
P sur h^1	= 104° 57′.	P sur e^1	= 164° 49′.
M sur g^1	= 117° 32′.	M sur h^1	= 152° 15′.
M′ sur $d^{1/2}$	= 120° 50′.	e^1 sur g^1	= 105° 11′.
M sur e^1	= 110° 2′.	g^1 sur $b^{1/2}$	= 106°.
$b^{1/2}$ sur $b^{1/2}$	= 148° 22′.	g^1 sur $d^{1/2}$	= 102° 22′.
g^1 sur i	= 129° 8′.	$d^{1/2}$ sur $d^{1/2}$	= 155° 4′.
e^1 sur e^1	= 149° 38′.		

Analogies. — L'amphibole, lorsqu'elle est en cristaux terminés, ne présente en réalité aucune analogie à un œil exercé, mais au premier abord elle ressemble beaucoup à *la tourmaline*, l'*achmite*, la *babingtonite*, le *pyroxène* et l'*épidote;* la première dérive d'un rhomboèdre, en sorte que le sommet et le prisme sont réguliers. L'achmite cristallise en prisme rhomboïdal oblique sous l'angle de 86° 56′, tandis que le prisme de l'amphibole est fort obtus ; la terminaison de l'achmite est en outre un biseau ; enfin le clivage est peu prononcé, tandis qu'il est très-saillant dans l'amphibole.

La babingtonite, trouvée jusqu'ici seulement en cristaux nets, est terminée par un sommet dièdre. Le pyroxène cristallise en un prisme de 87° 5′ ; le prisme est fortement aplati par une face g^1, le sommet est également terminé par un biseau. Quant à l'épidote, la dysimétrie que j'ai signalée dans son pointement (p. 293) est caractéristique. A l'état lamelleux, l'amphibole offre de l'analogie avec le *pyroxène,* le *diallage* et l'*hypersthène.* Le pyroxène ne forme pas de masses lamelleuses proprement dites, les échantillons lamelleux sont seulement des fragments de cristaux. Il faut ici consulter les angles, ce qui est facile même à l'œil : les clivages du pyroxène se rapprochent de l'angle droit, ceux de l'amphibole sont très-obtus. Un seul cas est difficile, c'est quand le pyroxène possède à la fois des clivages suivant M, M, h^1 et g^1, attendu que les angles M sur h^1, ou g^1 sont obtus, le premier de 136° et le second de 133° environ ; mais dans ce cas le pyroxène possède quatre clivages au lieu de deux. On ajoutera que le pyroxène est notablement moins fusible que l'amphibole; sa pesanteur spécifique est au contraire un peu supérieure.

Le diallage ne possède qu'un seul clivage facile ; sa couleur est ou d'un beau vert émeraude, ou d'un vert bronzé; quant à l'hypersthène, il est clivable sous l'angle de 87° 5′ comme le pyroxène, dont il constitue une variété.

L'amphibole aciculaire offre de l'analogie avec la tourmaline, le pyroxène et l'épidote ; la première n'est point lamelleuse; les variétés fibreuses de pyroxène sont d'un vert clair et constituent la *mussite*, qui possède un clivage sur la base; quant à l'épidote aciculaire, elle est fusible avec bouillonnement.

Antophyllite. — Il résulte d'une analyse de Vopilius [1], et de l'étude cristallographique que M. G. Rose [1] a faite de l'antophyllite de Kongsberg, qu'elle doit être réunie à l'amphibole; en effet, ses cristaux se laissent cliver sous l'angle de 124° 30′, caractéristique de l'amphibole; les masses lamelleuses ont les mêmes clivages que dans l'amphibole; la seule différence consiste dans l'éclat légèrement métalloïde qui est analogue à celui du diallage. La couleur, au lieu d'être d'un vert clair comme dans l'actinote, variété à laquelle il faudrait réunir l'antophyllite, est d'un gris jaunâtre passant au brunâtre; elle raye fortement la chaux fluatée et quelquefois le verre. A la chaleur blanche ce minéral abandonne une petite quantité d'eau pure et perd sa transparence; la cassure est fibro-laminaire.

	De Kongsberg, par Gmelin.	De Perth dans le haut Canada, par Thomson.	De Kongsberg, par Vopilius.	Oxyg.	Rapp.
Silice	56,00	57,60	56,74	28,54	9
Magnésie	23,00	29,30	24,35	9,43	3
Protox. de fer	13,00	2,10	13,94	3,17	1
— de manganèse	4,00	»	2,38	0,52	
Chaux	2,00	3,55	»		
Alumine	3,00	3,20	»		
Eau	»	3,55	1,67		
	101,00	99,30	99,08		

La formule qui résulte de l'analyse de Vopilius est :

$$\dot{Fe}\,\dddot{Si} + \dot{Mg}^3\,\dddot{Si}^2, \text{ ou } fSi^3 + 3MgSi^2,$$

la même que celle de la trémolite, dans laquelle l'oxyde de fer remplace la chaux.

[1] *Annales de Poggendorff*, t. XXIII, p. 355.

Arfvedstonite. — Nom donné par M. de Brooke [1] à une variété d'amphibole remarquable par la grande proportion d'oxyde de fer qu'elle contient et qui a remplacé en grande partie les autres bases. Sa couleur est le noir de la hornblende ; elle est opaque, son éclat est résineux ; elle présente deux clivages faciles, lesquels sont, d'après M. de Brooke, sous l'angle de 123° 55′ ; l'angle correspondant de l'amphibole est de 124° 34′ : c'est sur cette seule différence qu'est établie l'espèce arfvedstonite. Elle fond au chalumeau en émail noir. La composition est donnée par les deux analyses suivantes :

	De Faroë, par Thomson [2].	Oxyg.	Du Groënland, par Kobell [3].	Oxyg.
Silice	50,508	26,24	49,27	25,61
Chaux	1,560	0,44	1,50	
Magnésie	»	»	0,42	
Protoxyde de fer	31,548	7,18	36,12	8,24
— de manganèse	8,920	1,99	0,62	
Alumine	2,488		2,00	
Soude avec trace de potasse	»		8,00	2,05
Chlore	»		0,24	
Eau	0,960		»	
	95,964		98,17	

Ces deux analyses s'éloignent assez notablement de la composition de l'amphibole ; toutefois, si l'on suppose que dans l'arfvedstonite du Groënland la soude remplace la chaux, on trouve à peu près les relations 9 : 3 : 1, qui caractérisent l'amphibole; mais je crois que cette soude appartient plutôt à la sodalite, qui est associée avec cette variété d'arfvedstonite, qui est précisément celle décrite par M. de Brooke.

Phyllite. — M. Thomson a donné ce nom à un minéral provenant de Sterling dans le Massachussets, qui se trouve dans le schiste micacé. Les minéralogistes américains l'avaient considéré comme une variété d'amphibole, et la plupart des

[1] *Annals of philosophy*, mai 1823.
[2] *Traité de minéralogie*. t. Ier, p. 483.
[3] *Journ. für prat. chem.*, t. XIII, p. 3.

caractères de la phyllite me paraissent confirmer ce rapprochement, ou du moins je ne vois pas de raison suffisante pour l'en séparer.

Sa couleur est un brun noirâtre; elle présente une disposition lamelleuse irrégulière; son éclat est demi-métallique; elle est opaque, sa dureté est de 5,75, sa pesanteur spécifique de 28,89.

M. Thomson a trouvé, pour la phyllite[1], la composition suivante :

	Phyllite.		Polylite.
Silice	38,40		40,04
Alumine	23,68		9,43
Peroxyde de fer	17,52	Prot.	34,08
Magnésie	8,96	*Id.*	6,60
Potasse	6,80	Chaux	11,54
Eau	4,80		0,40
	100,16		102,09

Polylite. — Elle ressemble à la hornblende par sa couleur et son éclat, mais elle ne possède qu'un seul clivage facile; son éclat est vitreux; elle est opaque et brillante. Sa dureté est de 6,25; sa pesanteur spécifique de 32,31. Au chalumeau sa couleur s'éclaircit, mais elle ne fond pas. J'ai mis l'analyse de la polylite en regard de celle de la phyllite; elle est également due à M. Thomson[2]. La composition de la polylite se rapproche beaucoup de celle de l'amphibole, il y manque seulement un peu de silice : quant à celle de la phyllite, elle est très-différente; peut-être cela tient-il d'une part à des mélanges, et de l'autre à un commencement de décomposition.

Diastatite. — Nom donné par M. Breithaupt à une variété d'amphibole de Nordmarken en Wermeland, dont l'angle présente environ 1 degré de différence avec celui que j'ai indiqué. La pesanteur spécifique de la diastatite est de 30,9 à 31.

---

[1] *Minéralogie* de Thomson, t. Ier, p. 238.
[2] *Ib.*, p. 495.

BABINGTONITE.

M. Lévy [1] a donné ce nom à des cristaux noirs opaques qui se trouvent sur l'albite, à Arendal en Norwège, et que l'on avait pris pour de l'amphibole. Ces cristaux ont la forme d'un prisme à huit faces surmonté d'un biseau, *fig.* 323, *pl.* 198, dans lequel quatre de ces faces sont dominantes ; elles conduisent à un prisme oblique non symétrique, *fig.* 322, dont les angles sont :

P sur M = 92° 34'. P sur T = 88°. M sur T = 112° 30'.

Les dimensions de ce prisme sont comme les nombres 20 : 13 : 11.

Il existe des clivages parallèles aux faces P et T. La cassure est inégale; l'éclat est vitreux ; la babingtonite raye la chaux phosphatée et est rayée par le quartz.

Exposée au chalumeau, se fond à la surface en émail noir; avec le borax donne un globule transparent couleur d'améthyste, qui, dans la flamme de réduction, devient vert bleuâtre. D'après une analyse de Arppe [2], la babingtonite d'Arendal est composée de :

		Oxyg.		Analyse calculée.
Silice	54,4	28,27	5	54,75
Protoxyde de fer	21,3	4,85	1	24,99
— de manganèse	1,8	0,40		20,26
Chaux	19,6	5,50	1	100,00
Magnésie	2,2	0,85		
Alumine	0,3			
	99,6			

La formule qui représente cette composition est :

$$3\dot{Ca}\,\dddot{Si} + \dot{Fe}^3\dddot{Si}^2 \text{ ou } Ca\,Si^3 + Fe\,Si^2.$$

Les proportions calculées d'après cette formule se rapprochent beaucoup des résultats de l'analyse directe.

[1] *Annals of philosophy*, new ser., t. VII, p. 275.
[2] *Jahresbericht*, t. XXII, p. 205.

Analogies. — La babingtonite offre la plus grande ressemblance avec l'*amphibole* et la *tourmaline ;* son éclat, sa couleur et son aspect général sont presque identiques, mais la babingtonite est terminée par une base ou par un biseau très-obtus. Elle possède, en outre, un clivage facile parallèlement à cette base, clivage qui n'existe ni dans l'amphibole, ni dans la tourmaline; le pointement triple et la coupe triangulaire de cette dernière espèce sont deux caractères de distinction faciles à constater.

Dans les échantillons connus de babingtonite, ce minéral est nettement cristallisé; quelques-uns sont accompagnés d'apophyllite.

Gisement. — L'amphibole se trouve dans les schistes micacés, ainsi que dans les gneiss, en cristaux disséminés parallèlement aux feuillets ; elle tapisse des géodes et des cavités de filons qui appartiennent aux mêmes terrains ; elle est surtout abondante dans certaines roches dont elle forme une des parties constituantes. La *siénite* est un granite amphibolique; mais ce sont surtout les *diorites* qui constituent le gisement essentiel de l'amphibole. Ce minéral y est associé avec l'albite. Souvent ces deux minéraux sont distincts, et on remarque l'albite que ses stries distinguent de l'orthose. Souvent aussi ces deux minéraux sont, pour ainsi dire, fondus ensemble, et on ne constate leur présence que par la réaction du chalumeau; la roche qui en résulte est le *grünstein* des Allemands. On le désigne fréquemment aussi par le nom d'*amphibolite*, qui comprend à la fois l'amphibole en masse lamellaire ou compacte, et même les diorites.

L'amphibole est également un produit volcanique ; on la trouve, quoique plus rarement que le pyroxène, dans les laves anciennes et modernes, et les cratères en rejettent accidentellement des cristaux isolés ou des noyaux cristallins avec les cendres et les lapilli. Parmi les roches volcaniques anciennes, ce sont surtout les trachytes qui contiennent l'amphibole en abondance; certaines variétés qui constituent des masses puissantes sont ainsi caractérisées d'une manière toute spéciale.

L'amphibole des terrains volcaniques appartient généralement à la variété hornblende. On retrouve encore cette substance dans certaines roches trappéennes de la période porphyrique. Dans les diorites et les ophites, c'est presque exclusivement la variété actinote qui s'associe aux autres éléments pour constituer des roches.

Du reste, l'amphibole s'isole dans quelques circonstances, et forme seule des masses assez considérables pour qu'on puisse la considérer comme roche. Les terrains serpentineux nous offrent surtout des exemples nombreux de ces concentrations. Telles sont les masses amphiboliques du Campigliose en Toscane : ces masses appartiennent à des dykes éruptifs dont la puissance dépasse dans certains cas vingt-cinq mètres; leur structure est essentiellement radiée et bacillaire, et leur couleur varie du noir au vert foncé; quelquefois elles sont brunes ou jaunâtres. Ces amphiboles sont associées à des granites ainsi qu'à des oxydes de fer, et à divers minéraux de cuivre; aussitôt qu'elles viennent à dominer dans ces magmas éruptifs, la structure radiée sphéroïdale, à zones concentriques, se développe et devient un caractère prononcé des masses.

A l'île d'Elbe, les amphiboles sont surtout des roches métamorphiques de contact, entre les minerais de fer et les roches schisteuses; suivant les circonstances variables de ces contacts, elles passent au pyroxène ou à l'ilvaite.

Dans les Alpes, on rencontre souvent des amphibolites formant des dykes spacieux, et ces dykes n'existent guère que dans les parties où se sont manifestées les roches serpentineuses. Les amphiboles lamelleuses, fibreuses et radiées, paraissent ainsi être des accidents de la grande période des éruptions magnésiennes.

Il résulte de ces détails que l'amphibole existe dans les roches ignées de toutes les époques géologiques, mais elle est surtout abondante dans les terrains de gneiss, de schiste micacé, ou dans les roches métamorphiques qui leur sont associées.

PYROXÈNE.

Allalite, Mussite; Sahlite; Salaïte; Fassaïte, Baïkalite; Malakolite; Maclurite; Pyrgome; Enchysidérite; Lherzolite; Coccolite; Jeffersonite; Basaltine; Vulcanite; Augite.

Cette espèce se présente avec des caractères extérieurs souvent très-variés; la composition des minéraux qui la constituent offrait, avant la découverte de la belle théorie du dimorphisme, des différences apparentes considérables, en sorte que les minéralogistes ont décrit sous des noms particuliers un grand nombre de minéraux qui, distincts en apparence, forment au contraire par leur ensemble une des espèces minérales les mieux caractérisées; le goniomètre ne décèle en effet aucune différence sensible entre ces minéraux, et si la composition varie par la nature des éléments, elle est au contraire d'une constance remarquable pour les rapports atomiques; la réunion de ces minéraux en une seule espèce est due à Haüy, qui l'a opérée par le seul examen cristallographique; plusieurs des associations qu'il a faites ont été même rejetées au premier abord, par suite des variations que je viens de signaler entre les caractères extérieurs et la nature des éléments constitutifs.

Quelques minéralogistes, plus frappés de ces différences que de l'identité de cristallisation, ont conservé un certain nombre des anciennes divisions; M. Beudant en admet deux sous les noms de *diopside* et d'*hédenbergite*; M. Thomson en a conservé quatre; il en est de même de Kobell, qui décrit à part le *diopside*, l'*augite*, la *jeffersonite*, etc. M. Brongniart a adopté au contraire dans son entier la réunion faite par Haüy, mais il a divisé le pyroxène en deux groupes en rapport avec la composition, savoir:

Le pyroxène à base de chaux et de magnésie, dont le *diopside* est la variété la plus importante.

Le pyroxène à base de chaux, d'oxyde de fer et de magnésie, comprenant l'*hédenbergite* et l'*augite*.

Rammelsberg, dans sa *Minéralogie chimique*, considère toutes les variétés de pyroxène comme formant une même espèce qu'il désigne sous le nom d'*augite;* mais il y admet six divisions sous le rapport de la composition, qui sont :

1° Augite calcaréo-magnésienne................ (Ca,M*g*) Si^2
(Mussite, Malacolite, Diopside, etc.)
2° Augite calcaréo-ferrugineuse................ (Ca,*fe*) Si^2
(Hédenbergite.)
3° Augite calcaréo-magnésienne et ferrugineuse.. (Ca,M*g*,*fe*) Si^2
(Malacolite, Sahlite, Pargasite, Augite, etc.
4° Augite ferro-magnésienne.................. (*Fe*,M*g*) Si^2
(Hypersthène).
5° Augite calcaréo-magnésienne................ (Ca,M*n*) Si^2
(Silicate de manganèse, Bustamite.)
6° Augite ferro-magnésienne.................. (*fe*,M*n*) Si^2
(Silicate de manganèse de Franklin.)

Je ferai remarquer que les divisions 5 et 6 correspondent à des silicates de manganèse, que j'ai décrits avec les différentes espèces qui se rapportent au manganèse. Cette circonstance m'a engagé à les mettre à la fin de ce tableau, quoiqu'ils occupent dans Rammelsberg la troisième et la quatrième place.

Ce groupement de toutes les variétés du pyroxène, me paraît le seul rationnel. Toutefois on ne peut, pour l'étude, admettre les divisions de Rammelsberg, parce que les caractères extérieurs ne sauraient les indiquer, et que sous le rapport chimique on peut établir un rapport continu entre elles.

Les deux divisions de Werner, en *diopside* et *augite*, me paraissent naturelles : elles seraient les mêmes que celles de M. Brongniart, si on en excluait l'hédenbergite, qui est éminemment ferrugineuse, mais qui se rattache par la forme de ses cristaux, son gisement et même par sa couleur, au groupe du diopside.

Le passage que j'ai signalé, sous le rapport de la composition, entre le diopside blanc qui ne contient que des traces d'oxyde de fer, et l'hédenbergite qui en renferme 20 pour 100, motive cette exclusion; la baïkalite et la pargasite, dans lesquelles il en existe de 6 à 10 pour 100, forment pour ainsi dire les chaînons intermédiaires entre ces deux divisions extrêmes. On retrouve alors dans le pyroxène, sous le rapport de la composition, les mêmes passages que j'ai signalés pour le grenat, l'épidote, l'amphibole et quelques autres silicates composés de plusieurs bases.

La division en diopside et augite est facile à saisir, et par suite commode pour l'étude. Tous les cristaux d'augite ont des caractères extérieurs et des formes secondaires identiques, une composition analogue et un gisement de même nature. Ces différences si tranchées, en rapport avec le gisement, donnent lieu de penser que pour le pyroxène la plupart des caractères se lient plutôt avec le mode de formation et de refroidissement, qu'avec la composition absolue : en effet, le *diopside* est disséminé dans des filons qui existent dans les terrains anciens, les terrains de transition et dans des terrains métamorphiques; tandis que le *pyroxène noir* ou l'*augite* entre comme élément constitutif dans les roches volcaniques ou dans certains porphyres.

Pyroxène diopside. — Je décrirai d'abord cette variété, qui peut être considérée, sous le rapport de la pureté, comme le type du pyroxène.

Certains échantillons sont complétement blancs, tels sont les diopsides de Lichtfield aux Etats-Unis, de Tammara et de Orrijerfvi en Finlande; les plus nombreux sont d'un vert clair, transparents, ou du moins fortement translucides; enfin il en existe d'un vert-olive ou d'un vert noirâtre; la *sahlite* et la *baïkalite* affectent ces teintes; mais si la nuance verte est plus ou moins foncée, elle est toujours saillante, et le diopside ne passe jamais à la couleur noire comme l'augite. Ce sont les différences de teinte que je viens de signaler, jointes à certaines variations dans le clivage, qui ont donné naissance à cette foule d'espèces que j'ai énumérées dans la synonymie mise en tête de cet article; les treize premiers noms représentent des variétés de diopside, tandis que l'augite n'en offre que deux.

Le diopside, sauf deux variétés, la coccolite et la lherzolite, est constamment cristallisé. Ses cristaux dérivent d'un prisme rhomboïdal oblique, dont les angles sont :

P sur M = 100° 25'. MM = 87° 5'. B : H : : 5 : 2.

Les modifications sont assez nombreuses, mais la forme générale est celle d'un prisme rectangulaire h^1 et g^1, surmonté d'un pointement souvent surchargé de facettes, *fig.* 350, *pl.* 203; dans quelques-uns quatre faces sont dominantes.

Le diopside possède quatre clivages : deux très-faciles suivant les faces M; deux difficiles, parallèlement aux modifications h^1 et g^1; la *sahlite*, la *baïkalite;* et certains échantillons de Manetsok, dans le Groënland, offrent trois clivages également faciles suivant P et M, en sorte que les fragments de clivages donnent des noyaux qui ont la forme primitive; dans une autre variété, la *mussite* ordinairement en masses bacillaires, le clivage facile a lieu suivant la base, et sa présence fournit un moyen de distinction avec l'épidote, l'amphibole, et la tourmaline.

Les cristaux hyalins de diopside jouissent à un haut degré de la réfraction double. Leur cassure est lamelleuse dans le sens de l'axe, conchoïde et inégale en travers. Leur pesanteur spécifique varie de 32,3 à 33,49. Leur dureté est de 6; ils rayent la chaux phosphatée et sont rayés par le quartz : au chalumeau, le diopside fond en un verre incolore, ou légèrement coloré; inattaquable par les acides.

Les cristaux de diopside sont nombreux et variés; la vallée d'Ala en Piémont fournit les cristaux les plus remarquables par leur transparence, la netteté de leurs faces et le nombre des modifications; les cristaux de cette localité affectent généralement la forme représentée *fig.* 342, 343 et 344, *pl.* 202, dans lesquelles un pointement à quatre faces domine. Ces faces, placées d'une manière à peu près symétrique, pourraient induire en erreur sur la nature du système cristallin ; mais la valeur des angles de M sur ${}_5e$, de M sur a_3, ou de M sur $b^{1/4}$ montre que ces faces jouent des rôles différents, et que les cristaux qui les portent dérivent d'un prisme oblique.

Dans les cristaux du Piémont, et en général dans les cristaux de diopside, les faces e_3 dominent le pointement et lui donnent son caractère, tandis que les faces e^1 sont peu développées. C'est le contraire qui a lieu pour les cristaux d'augite; le biseau e^1 y est très-dominant, *fig.* 331 à 335, *pl.* 200 : ce sont des prismes à six faces aplatis, terminés par un biseau sur les angles; mais dans quelques-uns d'eux, notamment dans les cristaux de l'île Bourbon, représentés *fig.* 335, les petites faces e_3 se montrent sous la forme de légères troncatures placées sur les arêtes d'intersection de M et de e^1, en sorte que non-seulement la forme primitive est exactement la même pour tous les cristaux de pyroxène, mais on retrouve les mêmes facettes dans les deux grandes divisions que j'ai admises pour cette espèce. C'est l'existence simultanée des facettes e_3 et e^1 dans les cristaux d'augite et de diopside qui a mis Haüy sur la voie de la réunion de ces deux espèces en une seule.

Souvent l'un des biseaux composant le pointement des cristaux de diopside devient dominant, comme on l'observe dans les *fig.* 342 et 347, pl. 202, de la montagne de Montayeux, près Traverselle ; ils présentent alors une irrégularité apparente qui empêche d'en saisir la forme, et de se rendre compte de chacune des modifications.

La baïkalite possède un biseau particulier, composé des faces P et a^2, qui lui donne une certaine analogie avec la babingtonite; mais elle est d'un vert prononcé, tandis que cette dernière espèce est noire. Je dois encore signaler les cristaux d'Arendal en Norwège; leur couleur les fait désigner sous le nom d'augite, mais ils appartiennent au diopside par leur nuance verte, leur gisement, et même leur composition ; ils se distinguent de ceux que je viens de décrire par leur terminaison, qui est ordinairement plane : ce sont des prismes à six faces, terminés tantôt par la base P, tantôt par une face a^2, *fig.* 328; *pl.* 199; celle-ci est perpendiculaire aux faces M, en sorte que le prisme est droit. C'est par allusion à cette disposition particulière que Haüy a désigné ces cristaux sous le nom d'*ambigus ;* mais heureusement on retrouve dans le même gisement des cristaux, *fig.* 329, dans lesquels la base P est réunie à cette modification, en sorte qu'ils possèdent tous les caractères du pyroxène.

Les cristaux de diopside de Traverselle en Piémont se présentent sous la forme de prismes rectangulaires allongés, quelquefois de 5 à 6 centimètres de longueur; ils sont alors sans pointement; leur terminaison est irrégulière, déchiquetée et comme dentelée. Ces cristaux, dont la forme générale est rectangulaire, présentent des stries longitudinales assez profondes, qui leur donnent même extérieurement une disposition fibreuse. Quelques-uns de ces cristaux sont complétement incolores; la plupart sont d'un vert extrêmement clair; souvent on voit la teinte verte se dégrader, en sorte que certaines parties du cristal sont incolores. Ils sont toujours hyalins, et en général hémitropes; l'hémitropie n'est appréciable que par les propriétés optiques (Voir le Ier volume, page 267); les clivages suivant les faces M sont très-prononcés, et un grand nombre de ces cristaux portent des traces de ces faces; mais le plus ordinairement elles sont le résultat du clivage, qui est extrêmement net et brillant.

Les différents cristaux que j'ai désignés embrassent la plupart des modifications connues ; quelques figures portent trois systèmes de modifications sur les angles ; d'autres figures offrent trois séries de biseaux sur les arêtes B. Nous signalerons encore les cristaux, *fig.* 351 et 353, *pl.* 203, dans lesquels il existe des modifications intermédiaires, i, i' et i''.

Diopside bacillaire. — Mussite. — On trouve à Mussa en Piémont des échantillons, d'un vert grisâtre, composés de grandes baguettes plates, quelquefois de lames parallèles à la face h^1, appliquées les unes sur les autres ; cette variété, désignée sous le nom de *mussite*, présente en outre un clivage parallèle à la base. Quelquefois ces lames ou ces baguettes sont contournées; ce sont des cristaux imparfaits simplement appliqués les uns sur les autres, et il suffit d'une légère pression pour les séparer. Cette variété offre de l'analogie avec l'épidote grise, mais le clivage parallèle à la base l'en distingue.

Diopside granuliforme. — Coccolite. — Cette variété de pyroxène est formée d'un assemblage de grains d'un vert noirâtre, et quelquefois d'un vert clair, chargés de saillies et d'enfoncements; leur volume varie depuis la grosseur d'un gros pois jusqu'à celle d'un grain de millet ; quelques-uns ressemblent à des cristaux dont les angles et les arêtes auraient été oblitérés ; ils n'ont entre eux qu'une faible adhérence, et se séparent par la pression de l'ongle. Le nom de *coccolite* signifie pierre à noyaux; cette variété provient d'Arendal; il en existe aussi au Vésuve ; dans quelques échantillons ces grains ont une cassure résineuse comme les grenats résinites.

Diopside compacte. — Lherzolite. — On rencontre dans les Pyrénées, notamment au lac de Lherz, une roche d'un vert-olive, à cassure éminemment esquilleuse, dont la composition est la même que celle du pyroxène ; mais en outre, on voit dans cette même roche des cavités dans lesquelles il existe des cristaux de pyroxène qui se fondent dans la pâte, en sorte que la réunion de la lherzolite à cette espèce est fondée à la fois sur l'observation des cristaux et sur la composition. Quelquefois la lherzolite présente une disposition lamellaire irrégulière; certains échantillons ont en outre une texture légèrement fibreuse.

	Malacolite d'Orrijerfvi, par H. Rose[1].	Mussite de Mussa, par Laugier[2].	Allalite, pargasite, par Nordenskiöld[3]		Malacolite de Tammara, en Finlande, par Bonsdorff[4].		Oxyg.	Rapp.
Silice	54,64	57,50	55,45	55,40	54,83		28,48	4
Chaux	24,94	16,50	22,60	15,70	24,76	6,94	7,16	1
Oxyde de fer	1,08	6,00	3,85	2,50	0,99	0,22		
Mang. et magn.	2,00		0,75	0,43	»	»		
Magnésie	18,00	18,25	16,75	22,57	18,55		7,18	1
Alumine	»	»	»	2,83	0,28			
	100,66	98,25	99,45	99,43	99,41			

Les analyses qui précèdent se rapportent à des diopsides à peu près incolores, et leur composition est presque exclusivement de la silice, de la magnésie et de la chaux ; les résultats en sont, sinon identiques, du moins entièrement analogues ; ils conduisent à la formule :

$$\dot{C}a^3\, \dddot{S}i^2 + \dot{M}g^3\, \dddot{S}i^2, \text{ ou } Ca\, Si^2 + Mg\, Si^2.$$

	Pargasite verte de Dalécarlie.	Baïkalite verte, par H. Rose.	Oxyg.			Coccolite d'Arendal, par Vauquelin.	Oxyg.	Rapp.
Silice	54,08	53,55	27,04	27,04	2	50	25,97	4
Chaux	23,47	22,21	6,24			24	6,74	1
Magnésie	11,47	15,25	5,90	14,15	1	10	3,87	
Protoxyde de fer	10,02	8,14	1,85			7	1,59	1
— de manganèse	0,61	0,73	0,16			3	0,66	
Alumine	»	0,14	»	»		1,50		
	99,67	100,02				95.50		

Les pyroxènes qui appartiennent à cette seconde série d'analyses sont d'un vert plus ou moins prononcé ; ils contiennent tous de l'oxyde de fer et de l'oxyde de manganèse. Dans la coccolite les bases à un atome se partagent également, de manière que la formule serait :

$$Ca\, Si^2 + (Mg,\, fe,\, mn)\, Si^2.$$

Mais dans le plus grand nombre d'échantillons, l'oxyde

[1] *Annales de chimie et de physique*, t. XXI, p. 374.
[2] *Annales du Muséum*, t. XI, p. 153.
[3] *Journal de Schweigger*, t. XXXI, p. 427.
[4] *Ebendas*, p. 158.

de fer remplace à la fois de la chaux et de la magnésie, et il faudrait alors le partager entre ces deux bases; l'analyse de la malacolite verte par H. Rose en fournit un exemple; dans ce cas, l'oxygène de la silice est double de celui des bases, et l'on a seulement l'expression : $(Ca, Mg, fe)\,Si^2$, qui est la plus générale du pyroxène.

Hedenbergite. — Pyroxène ferrugineux. — Cette variété est caractérisée, sous le rapport de la composition, par le remplacement de la magnésie par l'oxyde de fer, en sorte qu'elle est représentée par la formule :

$$\dot{C}a^3\,\dddot{S}i^2 + \dot{F}e^3\,\dddot{S}i^2, \text{ ou } Ca\,Si^2 + fe\,Si^2.$$

Cependant, il est rare que l'hedenbergite ne contienne pas de traces de magnésie. C'est cette variété que M. Beudant a classée comme la seconde espèce de pyroxène : il admet pour ses angles P sur M = 100° 10′ à 12′, et pour M sur M = 87° 15′; tandis que le diopside a pour mesure, d'après ce savant minéralogiste, PM = 100° 25′, et MM = 87° 5′; la différence d'espèce n'est donc fondée que sur une différence d'angles de quelques minutes. M. Beudant réunit à l'hedenbergite le pyroxène des volcans, ou l'*augite* de Werner. Celle-ci offre des caractères particuliers que je développerai bientôt, tandis que l'hedenbergite passe presque insensiblement au diopside, par l'augmentation successive de l'oxyde de fer et la diminution de magnésie. Dans la dernière série d'analyses que j'ai transcrite, on a vu l'oxyde de fer s'élever à 10 pour 100, et la magnésie réduite à la même proportion; l'hedenbergite du lac Champlain, dont je vais donner la composition, contient encore 7 pour 100 de magnésie : sous le rapport de la composition il existe donc une chaîne presque continue entre le diopside blanc et l'hedenbergite la plus chargée en fer; mais ce qui me paraît plus important, c'est que les formes secondaires de l'hedenbergite rentrent dans celles du diopside. La *fig.* 339, *pl.* 201, qui représente des cristaux de Langsoë près d'Arendal en Norwège, est précisément analogue à certains cristaux de Montayeux en Savoie, qui sont de la diopside verte; des lames minces des cristaux d'Arendal sont assez transparentes pour qu'on puisse en étudier les propriétés optiques; enfin, le gisement est analogue, il appartient à des amas ou à des filons encaissés dans des terrains anciens, et il est accompagné de chaux carbonatée lamellaire.

La pesanteur spécifique de l'hedenbergite est de 31 environ : elle est fusible en émail noir.

	Du lac Champlain, par Seybert [1].	D'un vert noir de Taberg, par H. Rose [2].	Malacolite rouge de Dagerö, par Berzélius [3].	De Tunaberg, par H. Rose [4].	Oxyg.	Rapp.
Silice.........	50,38	52,36	50,00	49,01	25,46	4
Chaux.........	19,33	22,19	20,00	20,87	5,86	1
Magnésie.....	6,83	4,99	4,50	2,98	0,65	
Protox. de fer.	20,40	17,38	18,85	26,08	5,93	1
— de mangan.	»	0,09	3,00	»	»	
Alumine......	1,83	»	»			
	98,77	98,01	94,35	98,94		

Ces différentes analyses donnent la relation $CaSi^2 + FeSi^2$, que j'ai indiquée ci-dessus comme caractérisant cette variété de pyroxène; toutefois, pour la plupart, la séparation des deux bases à un atome est difficile, et il faut dans ce cas associer un peu de magnésie à la fois avec la chaux et le protoxyde de fer. Dans la dernière analyse, par exemple, les quantités d'oxygène sont pour la silice 25,46, pour la chaux et le protoxyde de fer 5,86, et 5,93, qui se rapprochait beaucoup d'être le quart de la silice; mais la relation est encore plus exacte quand on a fait entrer dans le rapport la quantité d'oxygène de la magnésie; car, dans ce cas, on a $5,86 + 0,65 + 5,93 = 12,44$ presque exactement la moitié de l'oxygène de la silice.

La couleur de l'hedenbergite du lac Champlain est un vert-

1 *Silliman American Journ.*, t. IV, p. 320.
2 *Annales de chimie et de physique*, t. XXI, p. 370.
3 *Afhandl. i Fysik.*, t. II, p. 208.
4 *Annales de chimie et de physique*, t. XXI, p. 375.

olive; l'hedenbergite de Tunaberg est également d'un vert foncé; la malacolite de Dageroë en Finlande est brune, couleur due sans doute à ce qu'une petite quantité de protoxyde de fer est passée au maximum.

Jeffersonite. — MM. Keating et Vanuxen[1] ont donné ce nom à une variété de pyroxène, déterminée à la fois par sa forme et sa composition; il diffère de l'hedenbergite en ce qu'il contient une assez forte proportion de manganèse; la jeffersonite est en cristaux qui, d'après la description que M. le docteur Troost[1] en a donnée, sont les mêmes que ceux du diopside de Montayeux; il existe aussi en masses lamelleuses; la couleur des cristaux est un vert-olive; celle des masses lamelleuses est un brun foncé, avec un éclat métalloïde; les clivages sont très-faciles; ils sont au nombre de trois, comme dans la baïkalite et la sahlite. Sa pesanteur spécifique est de 35.

	Par le docteur Thomson[1].	Par Keating[2].	Labor. de l'Éc. des mines.	Oxyg.		Rapp.
Silice........	44,50	56,0	48,6	25,03		2
Chaux........	22,15	15,1	18,2	5,11		
Protox. de fer.	12,30	10,0	15,6	3,04	11,97	1
— de mangan.	»	13,5	12,5	3,82		
Magnésie.....	4,00	»	»			
Alumine......	14,55	2,0	3,4			
Perte par calcin..	1,85	1,0	»			
	99,35	98,6	97,3			

Ces analyses diffèrent notablement entre elles, ce qui tient probablement à ce que la séparation de la gangue a été fort incomplète; celle faite dans le laboratoire de l'Ecole des mines a été exécutée sur un échantillon très-lamelleux et d'un brun rougeâtre. Les proportions se rapprochent beaucoup de la relation 2 : 1, qui appartient au pyroxène.

Hypersthène. — Haüy a indiqué des cristaux d'hypersthène sous la forme de prismes à six faces aplatis, surmontés d'un biseau; les différents échantillons que j'ai eu

[1] *Journ. of the Acad. of nat. sc. Philadelphie*, t. II, p. 99; — [2] t. III, p. 105.

l'occasion d'étudier, et ceux décrits par M. Lévy dans la belle collection de Turner, sont en masses lamelleuses ; on y observe quatre clivages, deux sous l'angle de 87° parallèles aux faces verticales de la forme primitive, et deux perpendiculaires entre eux, parallèles aux modifications h^1 et g^1. Il en résulte que le prisme est rhomboïdal, et comme l'angle de 87° est presque exactement celui du pyroxène, l'hypersthène se confond, sous le rapport cristallographique, avec le pyroxène. Les analyses suivantes établissent la même identité sous le rapport de la composition.

	De l'île Saint-Paul,	De la baie de Baffin,	De la côte du Labrador,	De l'île de Sky,		
	par Thomas Muir [1].		par Klaproth.	par Muir [1].	Oxyg.	Rapp.
Silice	46,11	58,27	54,25	51,348	25,67	2
Chaux	5,38	»	1,50	1,836	0,52 }	
Magnésie	25,87	18,96	14,00	11,092	4,44 } 12,5	1
Protoxyde de fer	12,70	14,42	24,50	33,924	7,54 }	
— de manganèse	5,29	6,34	»	»		
Alumine	4,07	2,00	2,25	»		
Eau	0,48	»	1,00	0,500		
	98,90	99,99	97,50	98,700		

La formule qui représente l'ensemble de ces analyses est $(Mg, Fe)Si^2$, la même que celle du pyroxène ; seulement dans ce minéral la magnésie remplace la chaux ; la proportion de fer est aussi considérable que dans l'hedenbergite.

L'hypersthène a une cassure éminemment lamelleuse. Le clivage le plus facile est suivant h^1 ; néanmoins on obtient des fragments dans lesquels les clivages suivant M sont distincts : sa couleur est le noir, avec éclat métalloïde ; ou le rouge cuivreux, avec un éclat bronzé. Elle raye le verre et elle est rayée par le quartz ; la pesanteur spécifique de l'hypersthène de l'île Saint-Paul est de 33,89. Cette variété est la *paulite* de Werner.

Exposée dans le tube d'essai, ne change pas d'aspect ; au chalumeau, fond aisément en un verre opaque d'un vert grisâtre.

[1] *Annals of New-York*, 1828, p. 9.

L'hypersthène constitue avec l'albite des roches abondantes, remarquables par l'absence du quartz.

Cette circonstance me paraît rendre nécessaire la conservation de l'hypersthène comme une variété particulière de pyroxène.

Pyroxène manganésien. — La jeffersonite offre déjà l'exemple d'un pyroxène dans lequel l'oxyde de manganèse entre comme élément essentiel et remplace en partie les autres bases à un atome; il existe, en outre, des pyroxènes dans lesquels l'oxyde de manganèse joue le rôle principal ; je les ai mis aux silicates de manganèse pour me conformer aux habitudes de la plupart des minéralogistes. Ce serait ici leur véritable place; mais, tout en faisant cette concession aux classifications généralement adoptées, j'ai eu soin d'annoncer (voir page 430, deuxième volume), qu'ils présentaient des clivages sous l'angle de 87° 5′; en sorte que ces silicates de manganèse, notamment ceux de Langsbanhytta en Suède, de Franklin dans l'Etat de New-Jersey, et des environs d'Alger, devraient réellement être considérés comme des pyroxènes manganésiens.

Asbeste. — Amiante. — Carton de montagne. — Les deux premiers minéraux sont caractérisés par leur tissu fibreux, et la propriété de se fondre en un émail grisâtre; l'asbeste est en filaments droits déliés, presque toujours conjoints ensemble, de manière à former une masse fibreuse ; toutefois les filaments ne présentent qu'une légère adhérence les uns aux autres, en sorte qu'on peut toujours les isoler ; on reconnaît alors que ces filaments sont anguleux, et Haüy annonce que dans quelques échantillons ces filaments ont une disposition prismatique.

Dans certains échantillons, les filaments sont entrelacés les uns dans les autres; ils sont pour ainsi dire feutrés, et dans ce cas ils donnent par leur ensemble un minéral mou, qui cède à la pression du doigt à peu près comme le liége; lorsque les fibres sont tellement soudées qu'elles forment un tout continu, qu'on n'en aperçoit plus les fibres, mais qu'il plie sous l'action de la main, on le compare à du carton; on désigne alors cette asbeste tressée par les noms de *papier fossile*, *liége fossile*, *carton de montagne*, et de *cuir fossile;* ces minéraux, toujours de teintes claires, sont fusibles à la manière du pyroxène.

Le nom d'*amiante* est donné à une variété d'asbeste dont les filaments très-déliés ne sont pas adhérents les uns aux autres ; ils sont libres ou du moins faciles à séparer ; doux, flexibles et quelquefois semblables à la plus belle soie ; ordinairement blanc laiteux, blanc verdâtre; certains échantillons ont cependant une couleur fauve. La pesanteur spécifique de l'asbeste est 27 à 28 ; de l'amiante, de 9 à 23, et du carton de montagne, de 9 à 10 : du reste, cette grande légèreté tient à la texture de ces minéraux, car leur pesanteur spécifique moyenne, quand on les réduit en poudre, est de 27 à 29.

Les analyses des différentes variétés d'asbeste montrent qu'elles appartiennent tantôt à l'amphibole, tantôt au pyroxène ; le plus grand nombre se rapportent à cette dernière espèce, mais en outre toutes les collections possèdent des échantillons de pyroxène de la vallée de Traverselle, dans lesquels les cristaux sont en partie fibreux ; de plus, il sont surmontés d'une espèce de houppe d'asbeste, faisant continuité avec les fibres du pyroxène. M. Berthier a trouvé que ces houppes avaient précisément la même composition que le pyroxène, en sorte que cette asbeste appartient au pyroxène par sa composition et par son passage à des cristaux bien déterminés.

Les analyses que je donne ci-après établissent néanmoins que toutes les asbestes ne peuvent être réunies au pyroxène, notamment celle de Baltimore, analysée par le docteur Thomson, et de Reichenstein, par Kobell, attendu qu'elles contiennent l'une et l'autre 12 pour 100 d'eau; elles offrent, du reste, une analogie remarquable, et peut-être y aura-t-il lieu à les ériger en espèce; M. Thomson a eu cette pensée, et il a proposé de les désigner sous le nom de *baltimorite*.

	De Baltimore, par Thomson[1].	Oxyg.	Rapp.	De Reichenstein, par Kobell[2].	Zeuxite; par Thomson[3].	Asbeste de la Tarentaise, par Bonsdorff[4].	Du petit Saint-Bernard, par Berthier[5].	Oxyg.	Rapp.
Silice.	40,95	21,27	4	43,50	33,48	58,20	48,7	25,59	2
Magnésie. . . .	34,70	13,43	3	40,00	2,46	22,40	9,9	3,83	1
Chux.	»	»		»	»	15,55	14,6	4,10	
Prot. de fer. .	10,05	2,29		2,08	26,01	3,29	20,3	4,62	
Alumine. . . .	1,50	»		0,40	31,85	0,14	1,6		
Eau.	12,60	11,70	2	13,8	5,28	0,14	2,2		
Acide fluoriq.	»	»		»	»	0,66	»		
	99,80			99,78	99,08	98,38	97,3		

La formule représentant l'asbeste pyroxéniforme du Petit-Saint-Bernard est $(Ca, Mg. fe)\, Si^2$; l'asbeste de la Tarentaise, par Bonsdorff, se rapproche également de la composition du pyroxène ; cependant les rapports de l'oxygène de la silice à celle des bases est plutôt 9 : 4, qui représente l'amphibole, que 2 : 1. On pourrait, à la vérité, supposer que la silice excédante est combinée à l'alumine.

Zeuxite. — M. Thomson a donné ce nom à un minéral fibreux en tout semblable à l'amiante, qui provient de la mine de Huel Unity, dans le Cornouailles; la forte proportion d'alumine qu'il contient l'éloigne également de la baltimorite et de l'asbeste pyroxénique ; elle est brune avec une teinte verdâtre ; son éclat est chatoyant; sa dureté est de 4,25, et sa pesanteur spécifique de 30,51. Au chalumeau, perd environ 5 pour 100 de son poids, et prend l'apparence d'une scorie.

Pyroxène noir. — **Augite**. — J'ai annoncé que je n'appliquerais ce dernier nom qu'aux pyroxènes des volcans. Quelques minéralogistes allemands lui donnent beaucoup plus d'extension; et pour un grand nombre d'entre eux, les pyroxènes de Taberg et de Tunaberg sont des augites; on a vu que Rammelsberg désigne sous le nom d'augite les pyroxènes en général. L'augite dérive comme le diopside d'un prisme rhom-

[1] *Philosophical magazine*, mars 1843, p. 191.
[2] *Journ. für prat. chem.*, t. II, p. 297.
[3] *Minéralogie de Thomson*, t. Ier, p. 320.
[4] *Minéralogie de Beudant*, t. II, p. 234. — [5] *Idem*, p. 226.

boïdal oblique sous les angles de P sur M=100° 25′ et MM=87° 5′, mais leurs formes secondaires, comme je l'ai déjà annoncé, sont différentes, du moins en apparence; ils sont en prismes à six faces aplatis, *fig.* 331 à 335, par suite de l'élargissement de la modification h^1; en outre, leur terminaison a lieu généralement par le biseau e^1, e^1, qui est très-développé; et si d'autres facettes viennent s'y joindre, comme dans les cristaux, *fig.* 335, elles sont fort petites, et n'altèrent point la forme générale du pointement. Les cristaux de cette variété de pyroxène sont très-fréquemment terminés; on en voit de complets dans presque tous les basaltes et dans un grand nombre de laves; ces cristaux, presque toujours assez raccourcis, offrent, quand on place la face g^1 horizontalement, la disposition générale d'un octaèdre cunéiforme, *fig.* 337, *pl.* 201; assez fréquemment les cristaux sont hémitropes; la face de jonction est parallèle à la modification h^1, *fig.* 338. Le sommet supérieur simule celui d'un prisme rhomboïdal droit, mais le sommet inférieur offre un angle rentrant. On observe, du reste, presque toujours la trace de l'hémitropie sur les faces g^1.

L'augite est d'un noir foncé, opaque, même en lames minces; sa poussière est brune, elle fond en un émail noir; elle raye difficilement le verre, sa pesanteur spécifique est de 33 à 33,60. Celle des pyroxènes de l'Etna, 33,59; de Rhöngebrige, 33,47; de l'Eiffel, 33,56; de Fassa, 33,58.

Les pyroxènes des laves du Vésuve offrent une exception à ces caractères; ceux qui constituent la lave de la Somma sont noirs, comme toutes les augites; mais les pyroxènes de l'Annunciata, de la Torre del Greco, et en général de toutes les coulées du Vésuve sont verts et transparents comme la sahlite, toutefois leur forme est la même que celle des cristaux d'augite.

	Du Rhöngebirge, par Klaproth[1].	De l'Eiffel,	Du porphyre augitique de Fassa, par Kudernatsch[1].	De l'Etna, par Vauquelin[2].	De la Somma, par Dufrénoy[3].	De Frascati, par Klaproth[1].	Oxyg.	Rapp.
Silice	52,00	49,79	50,15	52,00	50,27	48,00	24,93	2
Chaux	14,90	22,54	19,57	13,20	12,20	24,00	6,75	1
Oxyde de fer	12,25	8,02	12,04	14,66	20,66	12,00	2,73	
Magnésie	12,75	12,12	13,48	10,00	10,45	8,75	3,39	
Oxyde de mang.	0,25	»	»	2,00	»	1,00	0,22	
Alumine	5,75	6,67	4,02	3,34	3,67	5,00	2,33	
	97,00	99,14	99,26	95,80	97,25	98,75		

Ces analyses sont généralement représentées par la formule $(Ca,Mg,fe)\,Si^2$; le pyroxène de la Somma est très-chargé d'oxyde de fer; les autres n'en contiennent que 12 à 14 pour 100; ils offrent tous une certaine proportion d'alumine, qui provient probablement de la roche dont ils faisaient partie. Ces mélanges sont quelquefois en proportions considérables, et il est alors difficile de retrouver les éléments constitutifs du pyroxène, encore même qu'il soit cristallisé.

Basalte. — On réunit souvent le basalte au pyroxène, mais c'est une roche composée de parties distinctes, tantôt visibles à l'œil, tantôt fondues l'une dans l'autre, de manière que la roche paraisse homogène; elle est alors d'un noir bleuâtre et très-résistante. Les basaltes sont le plus ordinairement formés de la réunion de pyroxène et de labrador, mais quelques-uns paraissent le résultat du mélange de zéolite; ils contiennent alors de l'eau. Le basalte de Wickerstein, près Querbach, dans la basse Silésie, est dans ce cas; on reconnaît par l'analyse mécanique qu'il se compose de trois parties distinctes, savoir : de l'augite, du fer oxydulé magnétique et de zéolite; ce dernier minéral étant soluble dans les acides, et le fer oxydulé étant attirable à l'aimant, on peut isoler les

---

1 *Handwörterbuch von Rammelsberg*, t. Ier, p. 61.

2 *Journal des mines*, tome 32.

3 *Annales des mines*, troisième série, t. XIII, p. 579, 1838.

unes des autres ces trois parties; M. Lowe[1] a obtenu par ce moyen la composition de chacune d'elles.

Composition mécanique du basalte.		Zéolite.		Augite.	
Augite......	55,58	Silice.....	39,13	Silice.........	47,98
Fer oxydulé.	4,61	Alumine..	29,00	Alumine.....	9,10
Zéolite......	39,81	Chaux....	10,52	Protox. de fer.	16,51
	100,00	Soude....	13,92	Chaux........	14,41
		Potasse. .	1,43	Magnésie......	12,97
		Eau......	7,93		100,97
			100,93		

M. Cordier[2], dans un Mémoire sur l'analyse mécanique des roches, avait depuis longtemps indiqué que le basalte est composé de petits grains cristallins que l'on peut séparer par une trituration grossière; il avait reconnu en outre que ces grains appartiennent à du pyroxène vert foncé, du fer oxydulé titané, du péridot et du labrador; le pyroxène en forme la grande masse.

Wacke. — Le basalte en se décomposant donne naissance à une matière argileuse d'un brun grisâtre; souvent, en outre, il existe dans les terrains de basalte ou dans les terrains de trapps des matières terreuses, qui ont été produites à cet état; les minéralogistes allemands les désignent sous le nom de *wacke;* elles se rattachent au basalte par leur gisement et par leur fusion en scorie noire.

Analogies. — Gisement. — Le pyroxène offre souvent une grande ressemblance avec l'amphibole, et ses analogies sont les mêmes; nous renvoyons en conséquence à l'article *Amphibole*, p. 590, pour les caractères de distinction; le gisement et la nature des roches dans lesquelles existent ces deux minéraux deviennent souvent un guide nécessaire à consulter; les pyroxènes qui appartiennent au groupe du diopside sont en filons dans les terrains de diverses natures, et à l'exception de la lherzolite, ils ne forment pas de roches; l'augite, au

[1] *Annales de Poggendorff,* t. XXXVIII.
[2] *Journal des mines,* t. XXIX, p. 389, 1815.

contraire, appartient essentiellement à certains porphyres et aux terrains volcaniques; elle entre comme partie essentielle dans les *dolérites*, les *mélaphyres* et les *basaltes*. Une partie des trapps est probablement pyroxénique ; la grande différence entre l'augite et l'amphibole noire, ou hornblende, consiste donc en ce que la première appartient aux terrains ignés modernes, et que la hornblende fait partie des terrains désignés plus spécialement sous le nom de terrains anciens, notamment les diorites ou grünstein ; toutefois cette séparation n'est pas absolue. J'ai déjà indiqué, à l'article du gisement de l'amphibole, que ce minéral existe avec une certaine fréquence dans les terrains volcaniques ; M. G. Rose a signalé du pyroxène dans les diorites de l'Oural.

Ouralite. — Outre les cristaux d'amphibole et de pyroxène nettement déterminés, M. Gustave Rose a observé dans les mêmes diorites des cristaux pour ainsi dire mixtes; ils consistent : 1° en cristaux de pyroxène ayant le clivage de 124° 30′, qui caractérise l'amphibole; la diorite du village de Mostowäja, au nord d'Ecatherinimbourg, sur la route qui conduit à Newiansk, en offre de nombreux exemples;

2° En cristaux de pyroxène qui se divisent encore sous l'angle de 124° jusqu'à une certaine distance de leur sursurface, mais dont le centre est occupé par un noyau pyroxénique, c'est-à-dire dont le clivage est de 87° 51′ ; ces derniers cristaux, qui ont souvent un demi-pouce de diamètre, proviennent du village de Muldakajëwsk, près de Miask ; ils seraient donc, suivant M. Rose, ou *de l'amphibole ayant la forme du pyroxène, ou du pyroxène ayant les clivages de l'amphibole*; réunissant ces faits intéressants avec une observation remarquable de M. Weiss[1], qui établit des rapports simples entre les formes primitives de l'amphibole et du pyroxène, M. Rose en a conclu qu'on pouvait considérer ces deux minéraux comme des divisions d'une grande espèce qu'il a

[1] *Annales de Poggendorff*, 1831, p. 321.

désignée sous le nom d'*ouralite*[1] ; elle comprendrait en outre l'*hypersthène* et le *diallage*, minéraux dont la composition est identique ou du moins très-rapprochée de celle du pyroxène.

Cette réunion ne paraît pas avoir été admise par les minéralogistes; les rapports cristallographiques ne suffisent pas, en effet, pour assimiler deux espèces; il faut qu'il y ait identité de cristallisation, et si le pyroxène et l'amphibole appartiennent au même type cristallin; les clivages et leurs formes secondaires, et par suite leurs formes primitives sont distinctes; quant à la composition de ces deux minéraux, quoique analogue, elle offre aussi des différences très-notables; peut-être pourrait-on expliquer la singulière disposition des cristaux de l'Oural par un métamorphisme dans lequel la forme extérieure aurait été conservée, comme cela a eu lieu pour les bélemnites des Alpes, qui ont passé de la structure fibreuse à la structure lamelleuse, sans avoir perdu leurs caractères même spécifiques ; dans ce cas les cristaux de Mostowaja auraient éprouvé une altération complète dans leur texture, tandis que pour ceux de Muldakajëwsk le métamorphisme ne se serait pas propagé jusqu'au centre ; il serait alors resté un noyau de pyroxène avec son clivage, noyau qui serait comme le témoin de l'ancien état de ces cristaux.

Angles principaux.

P	sur M	=	100° 25'.	M	sur M	=	87° 5'.
P	sur g^1	=	90°.	M	sur g^1	=	136° 9'.
P	sur h^1	=	106° 15'.	M	sur h^1	=	133° 33'.
P	sur e^1	=	150° 2'.	M	sur e^1	=	121° 48'.

[1] Les rapports établis par M. Weiss sont les suivants :

L'angle du pyroxène est de 87° 5', dont la moitié est 43° 37' 20". Si on en double la tangente, on obtient le log. 10,2801774, qui correspond à l'angle de 62° 19', dont le double 124° 38' est précisément l'angle des faces MM de l'amphibole ; de même le biseau e^1 sur e^1 du pyroxène est de 120° 57' ; sa moitié est de 60° 28' 30". Le double de la tangente de cet angle donne le log. 10,5479459, correspondant à l'angle de 74° 11' 25", dont le double est 148° 28' 42", correspondant à quelques minutes près à l'angle du biseau $b^{1/2}$ $b^{1/2}$ de l'amphibole.

P sur $e^{1/2}$	=	131° 30′.
P sur $d^{1/2}$	=	146° 15′.
P sur a^1	=	147° 45′.
P sur $b^{1/2}$	=	137° 50′.
P sur $b^{1/4}$	=	114° 10′.
P sur $b^{1/6}$	=	102° 52′.
P sur o^1	=	148° 23′.
M sur e_3	=	132° 5′.
M sur d^1	=	121° 7′.
M sur $b^{1/2}$	=	122° 15′.
M sur $b^{1/4}$	=	144° 25′.
M sur $b^{1/6}$	=	155° 33′.
M sur h^2	=	152° 35′.
e^1 sur e^1	=	120° 38′.
h^1 sur e^1	=	103° 50′.
h^1 sur h^2	=	162° 30′.
h^1 sur a^1	=	105° 56′.
h^1 sur g^3	=	115° 39′.
h^1 sur a^2	=	90°.
g^1 sur $_3e$	=	132′ 16′.
g^1 sur a_3	=	114° 26′.
g^1 sur $d^{1/2}$	=	114° 26′.
g^1 sur $b^{1/6}$	=	135° 45′.
$_8e$ sur $_8e$	=	95° 28′.
e_3 sur e_3	=	81° 46′.
$e^{1/2}$ sur $e^{1/2}$	=	81° 46′.
e^1 sur e_3	=	149° 2′.
i sur h^1	=	109° 28′.
i' sur i'	=	87° 42′.
i'' sur i''	=	87° 2′.
i''' sur g^3	=	143° 7′.
M sur $e^{1/2}$	=	132° 0′.
M sur $d^{1/2}$	=	134° 40′.
M sur a^1	=	101° 5′.
M sur $b^{1/4}$	=	145° 7′.
M sur $b^{1/6}$	=	156° 10′.
M sur a^2	=	90°.
M sur $_3e$	=	145° 9′.
$b^{1/2}$ sur o^1	=	150° 1′.
e^1 sur $b^{1/2}$	=	150° 18′.
$b^{1/2}$ sur $b^{1/2}$	=	120° 38′.
$d^{1/2}$ sur $d^{1/2}$	=	131° 30′.
$b^{1/4}$ sur $b^{1/4}$	=	95° 25′
$b^{1/6}$ sur $b^{1/6}$	=	87° 18′.
h^1 sur a^5	=	126° 36′.
h^1 sur $b^{1/4}$	=	118° 59′.
h^1 sur $d^{1/2}$	=	126° 36′.
h^1 sur $a^{1/2}$	=	60°.
h^1 sur $_8e$	=	118° 59′.
g^1 sur e^1	=	120° 10′.
g^1 sur $b^{1/4}$	=	132° 15′.
g^1 sur d^1	=	104° 35′.
e^1 sur $_3e$	=	156° 39′.
e^1 sur a^3	=	129° 30′.
e^1 sur $d^{1/2}$	=	157° 18′.
g^1 sur $e^{1/2}$	=	139° 7′.
a^3 sur a^3	=	131° 8′.
$b^{1/4}$ sur $b^{1/6}$	=	169° 10′.
d^1 sur d^1	=	150° 50′.
i sur g^1	=	146° 19′.
i' sur i' en retour	=	139° 26′.
i'' sur i'' en retour	=	139° 40′.

DIALLAGE.

Bronzite ; Schiller spath ; Smaragdite.

Le nom de diallage a été appliqué à des minéraux différents, et quelquefois même à des associations de minéraux ; il en résulte qu'il est assez difficile d'en assigner les limites d'une manière exacte. Je comprendrai sous le nom de diallage la *bronzite*, si fréquente dans la serpentine, et certains diallages d'un vert jaunâtre qui font partie des euphotides, notamment ceux du mont Mussinet, près de Turin, et du Mont Genèvre, au sud-est de Briançon ; la plupart des smaragdites d'un vert émeraude, et particulièrement celles qui entrent dans la composition de la belle roche connue sous le nom de *verde di corsica*, sont, d'après M. de La Fosse et M. Hisinger, formées de la réunion de lames d'amphibole et de pyroxène, groupées d'une manière plus ou moins régulière. Des échantillons de cette localité donnent le clivage de 124°, propre à l'amphibole; quelquefois aussi la smaragdite est un mélange d'amphibole et d'albite.

Le diallage, limité ainsi que je viens de l'indiquer, comprend encore deux variétés d'aspect différent, la *bronzite* et le *schillerspath*.

Bronzite. — Elle est d'un brun verdâtre foncé à éclat métalloïde, se rapprochant de celui du bronze; elle possède trois clivages : deux suivant les faces d'un prisme de 87° environ, et l'autre parallèle à la modification h^1; l'angle des deux faces M est presque identique à celui du pyroxène. Le clivage suivant h^1 est beaucoup plus facile que les deux autres; ce caractère sert dans la pratique pour distinguer le diallage de l'hypersthène; toutefois il n'a qu'une importance bien secondaire, et l'on a vu que la facilité des clivages du pyroxène change avec les éléments constitutifs; la sahlite et la baïkalite ont, par exemple, des clivages faciles suivant les trois faces de la forme primitive, tandis que le clivage suivant P n'existe ni dans le diopside, ni dans l'augite.

La densité de la bronzite de Gulsen en Styrie est de 31,25; elle est rayée par l'hypersthène. Au chalumeau elle prend une couleur plus claire, mais elle est infusible sans addition.

Schiller spath. — Je ne place au diallage qu'une partie des échantillons ainsi nommés par les minéralogistes allemands; cette seconde variété de diallage est d'un vert noirâtre, d'un vert-olive, d'un vert grisâtre, quelquefois même d'un gris verdâtre; dans ce dernier cas, elle paraît avoir éprouvé un commencement de décomposition; elle possède un clivage extrêmement facile parallèlement à h^1; Mohs annonce en avoir constaté un second qui ferait avec le premier un angle de 135° ; on ne retrouve pas ici l'angle de 87°, caractéristique du pyroxène; le schillerspath raye la chaux carbonatée, mais il est fortement rayé par le quartz. Exposé à une forte chaleur il devient dur, et forme une masse qui ressemble à de la porcelaine.

Lévy donne pour la pesanteur spécifique du schillerspath du Hartz le nombre 26,92. Il me paraît beaucoup trop faible. M. Regnault a obtenu 31,15 pour celui de Traünstein, dans le pays de Salzbourg, et de 32,61 pour celui du Piémont.

	De Stempel, près Marbourg, par Köhler [1].	D'Ultenthal en Tyrol, par Klapr. [2].	Antigorite du val d'Antigorio, par Schweitzer [3].	Bronzite de Gulsen, par Regnault [4].	Oxyg.		Rapp.
Silice	57,193	56,813	46,20	56,41		29,30	2
Chaux	1,299	2,195	»	»			
Magnésie	32,669	29,677	34,79	31,50	12,19		
Protoxyde de fer.	7,461	8,464	12,86	6,56	1,50	14,43	1
— de manganèse.	0,349	0,616	1,98	3,30	0,74		
Alumine	0,698	2,068	»				
Eau	0,631	0,217	3,70	2,38			
	100,300	100,050	99,53	100,15			

	Vert jaunâtre de Baste au Hartz,	De Prato, près Florence, par Köhler [1].	Du Salzbourg;	Du Piémont, par Regnault [4].		Oxyg.	Rapp.
Silice	53,707	53,200	51,51	50,05		26,09	2
Chaux	17,065	19,088	14,42	15,63	4,39		
Magnésie	17,552	14,909	21,78	17,24	6,67	13,79	1
Protoxyde de fer. }	8,079	8,671	5,82	11,98	2,73		
— de manganèse. }		0,380	»	»			
Alumine	2,825	2,470	2,46	2,58			
Eau	1,040	1,773	3,32	2,13			
	100,268	100,491	99,31	99,61			

La première série d'analyse appartient à la bronzite ; la seconde à la variété de diallage d'un vert jaunâtre. Les échan-

[1] *Handwörterbuch de Rammelsberg*, t. Ier, p. 62.
[2] *Beitrage*, t. V, p. 32.
[3] *Journal de Léonhard*.
[4] *Annales de chimie et de physique*, t. LXIX, p. 68.

tillons du Hartz et de Prato, près de Florence, font partie de la roche de gabro ou d'euphotide; toutes ces analyses donnent la relation 2 : 1, et par suite la formule qui les représente, en faisant abstraction de l'eau, est $(Mg,Ca,fe)\,Si^2$, la même que pour le pyroxène.

On doit remarquer que la bronzite ne contient pas sensiblement de chaux, tandis qu'elle est extrêmement chargée de magnésie, ce qui explique son infusibilité.

Antigorite. — L'échantillon de bronzite du val d'Antigorio, analysé par Schweitzer, présente une cassure lamello-fibreuse. C'est par suite de cette structure particulière, qu'on la regarde comme une espèce distincte, mais beaucoup de bronzites la possèdent; je l'ai observée dans des échantillons de diallages associés à la serpentine de la Roche-Abeille, dans le Limousin. Celle de Hof, près de Bayreuth, est également fibro-laminaire.

J'ai annoncé que la *smaragdite* paraissait, dans la plupart des cas, être de l'amphibole associée à d'autres minéraux.

Le *schillerspath* est souvent impur; on a en outre confondu sous ce nom des minéraux très-différents, ainsi qu'il résulte des analyses suivantes :

	Du Tyrol, par Drappier [1].	Schiller spath de Baste, par Köhler [2].		Oxyg.		Rapp.
Silice	41	43,900	43,075		22,38	9
Magnésie	29	25,856	26,157	10,12		
Chaux	1	2,642	2,750	0,77		
Protoxyde de fer	14	»	10,615	1,93	12,95	5
— avec oxyde de chrome	»	13,021	2,374			
— de manganèse	»	0,535	0,571	0,13		
Alumine	3	1,280	1,732			
Eau	10	12,426	12,426		10,05	4
	98	99,66	100,000			

Ces analyses sont assez rapprochées les unes des autres:

[1] *Journal de physique*, t. LXII, p. 148

[2] *Annales de Poggendorff*, t. XI, p. 192.

Rammelsberg en a tiré la relation 9 : 5 : 4, qui représente assez bien les résultats; et il donne comme représentant la composition de cette variété de schillerspath les formules :

$$(\dot{R}^3 \dddot{Si}^2 + \dot{R}^2 \dddot{Si}) + 4\dot{H}, \text{ ou } 3\dot{R}\dddot{Si} + 2\dot{R}\dot{H}^2.$$

ILVAITE.

Yénite; Liévrite; Fer silicéo-calcaire; Fer calcaréo-siliceux.

M. Fleuriau de Bellevue a rapporté de l'île d'Elbe, en 1796, les premiers échantillons de ce minéral ; il était resté, néanmoins, presque inconnu jusqu'au voyage que M. Lelievre fit en 1802 dans cette ile pour y étudier le célèbre gisement de fer oligiste. Ce savant minéralogiste rapporta un assez grand nombre d'échantillons qui se répandirent dans toutes les collections de l'Europe. Néanmoins, l'ilvaïte fut encore considérée comme une substance très-rare jusqu'en 1814, époque où les communications maritimes se rétablirent. M. Lelievre avait constaté deux gisements, l'un à Rio la Marina, l'autre au cap Calimita. Dans le premier, l'ilvaïte forme une masse assez épaisse, associée à de la dolomie saccharoïde mêlée de talc, et pénétrée de cristaux de pyroxène. Au cap Calimita l'ilvaïte est encore associée à de la dolomie, mais elle est en outre mélangée de fer oxydulé, de grenats, et de cristaux de quartz.

L'ilvaïte se trouve en cristaux, en masses bacillaires, et en masses amorphes. Sa couleur est le noir foncé, tirant quelquefois sur le brun ; sa cassure est résineuse, un peu métalloïde et assez éclatante ; elle raye fortement le verre et est rayée par le feldspath. Sa pesanteur spécifique varie de 38,25 à 39,94. Chauffée à la simple flamme d'une bougie, elle devient magnétique ; exposée au chalumeau, elle se fond aisément en un verre noir opaque ; elle est soluble dans l'acide hydro-chlorique.

Les cristaux d'ilvaïte dérivent d'un prisme rhomboïdal droit, *fig.* 358, *pl.* 204, sous l'angle de 111° 10', dans lequel les dimensions sont à peu près dans le rapport B : H :: 4 : 5. Les cristaux possèdent un clivage difficile parallèlement à la modification h^1 ; on observe quelquefois, sur les faces du biseau, un chatoiement assez prononcé.

La plupart des cristaux sont bruns extérieurement par une petite couche d'hydrate de fer; ils sont en général terminés par un pointement dans lequel le biseau a^2 domine, *fig*. 359 et 360; cette circonstance avait engagé Haüy à considérer ce biseau comme formant, avec les faces M, un octaèdre rhomboïdal qu'il avait adopté pour forme primitive. Dans presque tous les cristaux les faces b^1 existent en concurrence avec le biseau a^2, quelquefois elles deviennent dominantes, et le prisme est terminé par un pointement à quatre faces, ainsi qu'on le remarque dans la *fig*. 361, *pl*. 204. Beaucoup de cristaux portent plusieurs faces verticales h^3 et g^3, qui leur donnent une disposition cannelée ; dans quelques-unes, *fig*. 360, *pl*. 204, les faces g^3 dominent, et le pointement paraît irrégulier. Très-rarement on aperçoit une base, comme cela est indiqué dans la *fig*. 363, *pl*. 205.

Les modifications sur les angles E sont rares ; néanmoins on en aperçoit des traces dans les cristaux représentés *fig*. 363, 364, et *fig*. 366.

Les angles principaux sont :

P sur M	= 90°.		M sur M	= 110° 10′.
P sur g^3	= 90°.		M sur g^3	= 160° 33′.
P sur b^1	= 141° 30′.		M sur b^1	= 128° 30′.
b^1 sur b^1	= 118°.		M sur h^3	= 164° 33′.
P sur a^2	= 146° 40′.		M sur a^2	= 124° 52′.
P sur e^1	= 138° 13′.		M sur e^1	= 112° 2′.
b^1 sur a^2	= 159° 30′.		e^1 sur e^1	= 96° 26′.

La composition de l'ilvaïte présente quelque incertitude par suite du double état de combinaison où se trouve le fer. Vauquelin et Descotils, qui ont fait les premières analyses de l'ilvaïte, avaient admis que le fer était au minimum d'oxydation, mais Kobell et Rammelsberg ont montré qu'il existe à la fois au maximum et au minimum d'oxydation.

	Par Vauquelin[1].	Par Descotils[2].	Par Rammelsberg[3].	Par Kobell[4].	Oxyg.	Rapp.
Silice	30,0	29,0	29,83	29,28	15,21	4
Protoxyde de fer	57,5	55,0	32,70	31,92	7,26	2
Peroxyde de fer	»	»	22,85	23,00	7,05	2
— de manganèse	»	3,0	1,51	1,58	0,35	
Chaux	12,5	12,0	12,43	13,78	3,87	1
Alumine	»	0,6	»	0,61		
Eau	»	»	»	1;26		
	100,00	99,6	99,32	101,43		

L'analyse de Rammelsberg, que j'ai transcrite ci-dessus, est le résultat de la moyenne de plusieurs analyses que ce chimiste a publiées même à différentes époques; elle concorde assez bien avec celle de Kobell; elles conduisent l'une et l'autre à la formule :

$$3(\dot{f}e, \dot{C}a, \dot{M}n)\, \ddot{S}i + \ddot{F}e^2\, \ddot{S}i.$$

Analogies. — L'ilvaïte cristallisée offre quelque ressemblance avec le *pyroxène*, la *tourmaline* et l'*achmite;* l'étude de la forme établit des différences immédiates; le pyroxène et l'achmite cristallisent en prismes rhomboïdaux obliques; la tourmaline en rhomboèdre.

En fragments amorphes, sa couleur noire, son éclat résineux lui donnent de l'analogie avec le *manganèse phosphaté ferrifère;* la *gadolinite*, l'*urane oxydulé*, l'*orthite*, la *pyrorthite*, et l'*allanite*. La pesanteur spécifique, et l'essai au chalumeau, offrent des caractères de distinction faciles entre toutes ces espèces.

WEHRLITE.

Ce minéral se trouve en masse granulaire noire, ayant la plus grande analogie avec le fer oxydulé; il est à peine magnétique ; son éclat est assez vif, mais un peu gras ou rési-

[1] et [2] *Journal des mines*, t. XXI, p. 70.
[3] *Annales de Poggendorff*, t. L, p. 157 et 340.
[4] *Journal de Schweigger*, t. LXII, p. 196.

neux ; sa poussière est d'un vert brunâtre. Sa dureté est de 6,2 ; sa pesanteur spécifique est de 39,00. Au chalumeau, devient magnétique, puis fond en scorie noire.

Sa composition est, d'après Wehrle[1] :

Silice	34,60	Oxyg.	17,97	Rapp.	4
Protoxyde de fer	15,78		3,59		1
Chaux	5,84		1,64		
Protoxyde de fer	42,30		12,99		3
Alumine	0,12				
Oxyde de mangan.	0,28				
Eau	1,00				
	100,00				

La formule qui représente ces relations atomiques est :

$$(fe, Ca)\,Si + 3Fe\,Si.$$

La wehrlite a été considérée comme de l'ilvaïte granulaire; ce rapprochement était assez exact avant que Kobell et Rammelsberg eussent montré que dans ce dernier minéral le fer se présente à deux états d'oxydation.

POLYADELPHITE.

Ce minéral a été recueilli par M. le professeur Nutall, à Franklin, dans l'Etat de New-Jersey ; il y accompagne la franklinite. Il forme des masses composées de grains arrondis et imparfaitement lamelleux, de couleur jaune de différentes nuances ; tantôt jaune de vin ou jaune verdâtre. Les grains de petites dimensions sont translucides, mais la masse est opaque.

L'éclat de la polyadelphite est résineux ; sa dureté est de 4 ; sa pesanteur spécifique de 37,67.

Au chalumeau, noircit, prend l'apparence d'un minerai de fer magnétique, mais ne fond pas.

Sa composition est, d'après Thomson[2] :

---

[1] *Leonhard's New. Jarhb. für min.*, 1834, s. 627.

[2] *Traité de minéralogie*, t. Ier, p. 154.

Silice	36,82	Oxyg. 19,03	
Chaux	24,72	6,94	17,99
Protoxyde de fer	22,95	5,23	
— de manganèse	4,43	0,99	
Magnésie	7,95	3,07	
Alumine	3,35	1,56	
Eau	1,55		
	100,77		

Cette analyse donne à peu près la relation 5 : 4 pour le rapport de la silice et des bases à un atome ; mais si l'on admettait que le fer se trouve au maximum et au minimum à la fois, ce qu'on pourrait supposer d'après la couleur jaunâtre de la polyadelphite, alors l'oxygène de l'alumine devrait être ajouté à celui des autres bases, et on obtiendrait à peu près la relation 1 : 1, qui correspond au grenat : dans ce cas, la polyadelphite serait un grenat analogue à celui d'Ala en Piémont ; du reste, je n'ai pas eu l'occasion d'étudier d'échantillons de ce minéral, et j'indique cétte opinion comme un doute.

ACHMITE.

L'achmite a été trouvée à Rundemyr, dans la paroisse d'Eger, située au sud de la Norwège ; elle est en cristaux engagés dans du quartz amorphe, qui forme un filon dans le granite. La description en a été faite par Stromeyer, et c'est Berzélius qui en a donné la composition.

Les cristaux d'achmite sont allongés ; on annonce qu'il en existe qui ont jusqu'à 1 pied de long. L'Ecole des mines en possède de plusieurs pouces, mais leur fragilité apporte beaucoup de difficultés pour les isoler du quartz qui les renferme ; leur forme dérive d'un prisme rhomboïdal oblique, *fig.* 367, *pl.* 205, qui offre à peu près les incidences du pyroxène ; mais le rapport des dimensions est différent, savoir : P sur M = 100°, M sur M = 86° 56'. B : H :: 5 : 2.

Les cristaux sont des prismes à huit faces fortement aplatis par l'élargissement de la face h^1 ; la plupart sont terminés par un pointement aigu à quatre faces, résultant de la modification

e_3, *fig.* 370, *pl.* 206; quelquefois le biseau e^i vient s'y joindre; enfin on en trouve également avec la base, *fig.* 368 et *fig.* 369.

Les cristaux d'achmite sont fréquemment maclés parallèlement à la face h^1 ; la symétrie du prisme rhomboïdal dérobe, au premier abord, l'existence de cette macle, mais la disposition des stries sur les faces du pointement la révèle bientôt.

M. Mitscherlich annonce que l'achmite possède des clivages suivant les faces M et les modifications h^1 et g^1 ; ils sont, du reste, peu sensibles, et la cassure de ce minéral est conchoïde et inégale; sa couleur est le brun noirâtre ou le vert noirâtre ; translucide seulement sur les bords, son éclat est résineux.

Sa dureté est la même que celle du pyroxène. Sa pesanteur spécifique est, d'après Stromeyer, de 32,40 : Thomson l'a trouvée de 33,98.

Au chalumeau, elle fond aisément en un émail noir; elle est inattaquable par les acides.

	Par le capitaine Le Hunt [1].	Par Stromeyer [2].	Par Berzélius [3].	Oxyg.	Rapp.
Silice	52,02	54,27	55,25	27,79	9
Peroxyde de fer	28,08	34,44	31,25	9,59	3
— de manganèse	3,48		1,08		
Soude	13,33	9,74	10,40	2,916	1
Chaux	0,88	»	0,72		
Magnésie	0,51	»	»		
Alumine	0,66	»	»		
	98,96	98,45	98,70		

La composition de l'achmite est représentée assez bien par la formule suivante :

$$Na\,\dddot{Si} + \dddot{\bar{Fe}}\,\dddot{Si}^2, \text{ ou } Na\,Si^3 + 3Fe\,Si^2.$$

Les angles connus sont :

1 *Minéralogie de Thomson*, t. Ier, p. 480.
2 *Kong. vet. Acad. Handl.*, 1821, t. Ier, p. 160.
3 *Berzelius Jahresbericht*, t. II, p. 94.

P sur M = 00°. M sur M = 86° 56′.
M sur h^1 = 133° 28′ e^1 sur e^1 = 119° 30′.
e^1 sur e^1 par-dessus h^1 = 106°. Angle plan entre des arêtes de e_3
e_3 sur h^1 = 140°. au sommet = 28° 19′.
Arête d'intersection des faces e_3 de côté sur g^1 = 165° 5′.
— des faces de devant sur h^1 = 162° 30′.

KROKIDOLITE.

Blaueisenstein; Mine de fer bleue.

Klaproth a fait connaître ce minéral sous le nom de *blaueisenstein*, qui était également donné à du fer phosphaté; pour éviter toute ambiguïté, Haussmann l'a désigné sous le nom de *krokidolite*, emprunté à sa texture fibreuse.

La krokidolite est bleu de lavande ; sa poussière est également bleue : elle se présente en masses amorphes et en masses fibreuses. Les différents échantillons que j'ai eu l'occasion d'étudier sont fibreux ; les filaments en sont un peu contournés, et ils forment trois ou quatre petites couches superposées les unes aux autres, et séparées par du fer oxydulé; l'éclat est nacré, un peu chatoyant, surtout sur les surfaces polies. Sa dureté est de 4 ; sa pesanteur spécifique est de 32. Elle se fond facilement au chalumeau en une scorie noire attirable, ou en un verre noir ; les fibres exposées à la simple flamme d'une lampe à esprit-de-vin fondent même facilement. Soluble dans l'acide nitrique.

	Compacte, par Klaproth[1].	Asbestiforme, par Stromeyer[2].	En filaments soyeux, par Stromeyer[2].	Oxyg.		Rapp.	
Silice	50,00	50,81	51,64	26,82		10 ou 9	
Protoxyde de fer	40,50	33,88	34,38	7,33		3	3
— de manganèse	»	0,17	0,02	»		»	
Chaux	1,50	0,02	0,05	0,01			
Magnésie	»	2,32	2,64	1,02	2,84	1	
Soude	5,00	7,03	7,11	1,82			
Eau	3,00	5,58	4,01	3,57		x	1
	100,00	99,81	99,85				

[1] *Beitrage*, t. VI, p. 237.
[2] *Annales de Poggendorff*, t. XXIII, p. 153.

Berzélius a adopté, d'après l'analyse de Stromeyer, la formule $(Na, Mg)Si^4 + 3 FeSi^2 + xAq$; si l'on considère toutes les bases comme isomorphes, les relations atomiques deviennent à très-peu près 9 : 3 : 1, et dans ce cas la krokidolite pourrait être représentée par la formule $3(Fe, Na, Mg) Si^3 + Aq$.

Ce minéral provient du fleuve Orange, près du cap de Bonne-Espérance en Afrique.

COMMINGTONITE.

Ce minéral a été trouvé à Commington, dans le Massachussets, dans une roche composée de quartz, de grenat et de commingtonite; sa couleur est d'un gris blanchâtre; il est imparfaitement cristallisé en aiguilles divergentes. Son éclat est soyeux, opaque ou seulement translucide sur les bords. Très-peu dur, il raye à peine la chaux sulfatée. Sa pesanteur spécifique est de 32,01. Infusible au chalumeau; il est composé, d'après l'analyse de Thomas Muir[1], de :

		Oxyg.	Rapp.
Silice............	56,54	29,37	12 ou 13?
Protoxyde de fer..	21,66	4,93	3
— de manganèse..	7,81	1,71	
Soude...........	8,44	2,16	1
Eau..............	3,18	2,72	1
	97,63		

Berzélius a représenté la commingtonite par la formule :

$$Na\ Si^4 + 3(fe, Mn)\ Si^3 + Aq.$$

Kobell regarde l'eau comme accidentelle, et adopte pour l'expression de ce minéral :

$$Na\ Si^3 + 3(fe, Mn)\ Si^3.$$

Cette description est empruntée à la *Minéralogie* de Thom-

[1] *Traité de minéralogie de Thomson*, t. Ier, p. 493.

son; je n'ai pu la contrôler, l'Ecole des mines et le Jardin des Plantes ne possédant pas d'échantillons de commingtonite.

RÉTINALITE.

Ce minéral provient de Granville, dans le bas Canada : ses caractères extérieurs l'avaient fait considérer comme de la serpentine. M. Thomson a montré qu'il en était complétement distinct par la composition ; il ressemble à une masse de résine, analogie d'où M. Thomson a tiré le nom de cette espèce minérale. Sa couleur est d'un jaune brunâtre, son éclat est résineux; sa cassure est conchoïde et luisante; il est fortement translucide sur les bords. Sa dureté est représentée par le nombre 3,71 ; sa pesanteur spécifique est de 24,93. Au chalumeau, il devient blanc et friable, mais il ne fond pas.

Ses éléments sont, d'après l'analyse de Thomson :

		Oxyg.	Rapp.
Silice	40,550	21,07	9
Magnésie	18,856	7,29	3
Soude	18,832	4,80	2
Protoxyde de fer	0,620		
Alumine	0,300		
Eau	20,000	17,78	7
	99,158		

La formule suivante exprime assez exactement les relations atomiques de la rétinalite.

$$2Na\,Si^3 + 3Mg\,Si + 7Aq.$$

Je n'ai pas eu l'occasion de voir d'échantillons de rétinalite; j'en ai donné la description d'après celle que Thomson a insérée dans son *Traité de Minéralogie*, t. Ier, p. 201.

LIXme GENRE. — SILICO-FLUATE.

TOPAZE.

Silice fluatée alumineuse; Chrysolite de Saxe; Phengite; Physalite.

La topaze se présente presque toujours en cristaux hyalins, dont les formes nettes et distinctes fournissent un des moyens les plus faciles de reconnaissance ; on connaît cependant une variété de topaze bacillaire, désignée sous le nom de *picnite*, qui est opaque ou seulement translucide sur les bords, ainsi que de rares échantillons de cristaux de topazes opaques et très-volumineux, appelés *pyrophysalite;* pour ces variétés mêmes, la forme est encore un guide certain, et les angles de ces prismes sont identiques avec ceux des cristaux hyalins.

La couleur la plus habituelle des topazes est le jaune ; l'on dit même *jaune de topaze;* mais, outre que les nuances de cette couleur varient du jaune orangé rougeâtre au jaune de vin pour les topazes du Brésil, et au jaune paille pour les topazes de Saxe, il en existe d'incolores, de bleuâtres et de verdâtres; les topazes de Sibérie, celles d'Ecosse, appartiennent à ces variétés ; elles se rapprochent de l'aigue-marine par leur teinte et par leur transparence.

La topaze possède un clivage très-facile suivant la base des prismes; cette propriété est même cause que les cristaux de topaze à deux sommets sont rares, parce qu'ils se cassent constamment dans cette direction ; ce clivage se décèle aussi par de nombreuses glaces parallèles à la base. On observe également des clivages dans le sens des modifications a^2 et e^2 ; ils sont difficiles à obtenir, mais on les aperçoit au chatoiement d'une lumière vive. M. Lévy annonce qu'il en existe en outre dans le sens des faces M et de g^1 ; malgré ces clivages la cassure en travers est conchoïde et inégale. La dureté de la topaze est représentée par le nombre 8 ; elle raye le quartz. Sa pesanteur spécifique est de 34,99. M. Beudant donne pour limite extrême 35,4.

Elle est électrique par la chaleur en deux points opposés ; quelques cristaux doivent être isolés pour manifester cette propriété ; elle acquiert l'électricité résineuse par le frottement ou par la pression ; les lames transparentes conservent l'électricité pendant longtemps. MM. Reiss et G. Rose ont en outre montré que la topaze possède des *pôles centraux* d'électricité ; les deux axes d'électricité qui les contiennent sont disposés en sens inverse l'un de l'autre ; ils sont dans la direction de la petite diagonale de la base du prisme, de telle sorte que les deux *pôles analogues* se trouvent au milieu de cette diagonale et des deux pôles *antilogues* aux arêtes du prisme qui correspondent aux angles obtus [1].

La topaze possède deux axes de double réfraction : ce caractère offre une anomalie remarquable et encore inexpliquée, elle consiste en ce que l'angle de ces deux axes n'est pas constant dans toutes les variétés de topaze ; dans celle d'Aberdeen en Ecosse, *fig.* 391, *pl.* 209, il est, d'après M. Brewster, de 65° environ, tandis que dans la topaze du Brésil, où il est d'ailleurs variable, il descend jusqu'à 43, et que dans certains échantillons de Saxe, il est de 50 ; ces différences sont analogues à celle que M. Biot a signalées dans le mica, mais pour la topaze on n'observe pas ces différences de composition qui pourraient faire supposer qu'il existe plusieurs espèces ; en outre, les angles de ces différentes variétés de topaze sont absolument identiques.

La topaze est infusible au chalumeau ; avec le borax elle se fond lentement en un verre transparent ; chauffée dans un creuset, sa couleur passe au rouge et au rouge violet ; lorsque la teinte que l'on obtient par cette opération est vive, et qu'il ne s'est déclaré aucune fissure ou *glaces*, les topazes acquièrent un certain prix : on les désigne dans le commerce sous le nom de *topazes brûlées*.

---

[1] Voir le détail des expériences de MM. Reiss et G. Rose, premier volume, p. 239.

Les cristaux de topaze ont tous la forme de prismes allongés; ils dérivent d'un prisme rhomboïdal droit, *fig.* 371, *pl.* 206, sous l'angle de 124° 20′, dont le rapport des dimensions est à peu près B : H :: 25 : 42 ; les faces M sont constamment dominantes; et malgré la variété des modifications, les cristaux de topaze ont tous la plus grande analogie entre eux; toutefois, on peut les réunir en trois groupes, qui sont :

1° Le prisme rhomboïdal basé ; les cristaux de topaze de Saxe appartiennent à cette forme dominante ; quelques cristaux du Brésil offrent des indications de la base; elle est plus fréquente dans ceux de Sibérie, quoique ceux-ci affectent généralement la troisième disposition;

2° Prisme rhomboïdal surmonté d'un pointement à quatre faces, formé généralement par les faces b^2. Cette forme dominante est propre aux cristaux du Brésil;

3° Prisme rhomboïdal terminé par un biseau e^2 : j'ai déjà annoncé que les cristaux de Sibérie offraient principalement cette terminaison.

Ces trois formes passent les unes aux autres par l'élargissement des facettes; en sorte que leur séparation n'est pas absolue, mais elle est cependant presque générale.

Une circonstance qui ajoute de l'intérêt à la distinction de ces trois formes dominantes est la différence des couleurs, que j'ai déjà signalée, en sorte qu'on distingue à la première vue, par ces deux caractères les topazes de Saxe, du Brésil et de Sibérie.

Malgré le petit nombre de formes dominantes de la topaze, il est cependant peu de substances qui puissent rivaliser avec elle pour la variété des modifications et surtout pour la netteté des cristaux; ceux même qui ont un grand volume ont ordinairement leurs faces parfaitement nettes et brillantes.

Les principales modifications que l'on connaît dans la topaze sont :

Sur les angles A.... a^2 a^4 et a^6.
Sur les angles E.... e^1 e^2 e^3 e^4 et e^6.

Sur les arêtes B. . . . b^1 b^2 et b^6.
Sur les arêtes G. . . . g^1 g^2 g^3 et g^5.
Sur les arêtes H. . . . h^1, et h^3.

Lévy a décrit en outre huit modifications intermédiaires dont les lois de dérivation sont :

$(b^1\,b^3\,g^{1/2})$, $(b^1\,b^3\,g^{1/4})$, $(b^1\,b^{1/2}\,g^{1/8})$, $(b^1\,b^{1/5}\,h^{1/4})$, $(b^{1/4}\,b^{1/5}\,g^{1/10})$, $(b^1\,b^{1/3}\,h^{1/8})$, $(b^1\,b^{1/5}\,g^{2/3})$, $(b^1\,b^3\,h^{1/4})$, et $(b^1\,b^{1/2}\,g^{1/2})$.

Les faces verticales g^3 existent dans la plupart des cristaux ; les faces b^2, qui forment le pointement ordinaire des cristaux du Brésil, se retrouvent très-fréquemment dans les cristaux de Sibérie ; seulement elles ne donnent lieu qu'à de fort petites facettes, ainsi qu'on le remarque dans les *fig.* 386 et 388 ; enfin, le biseau e^2 est également presque général ; seulement il est à l'état de rudiment dans les cristaux de Saxe et du Brésil, tandis qu'il donne le caractère général aux cristaux de Sibérie et d'Ecosse.

Les faces les plus rares sont celles placées sur l'angle A et sur l'arête H. ; M. Heuland, dans sa magnifique collection de topazes, qui en renferme plus de 120 variétés, ne possède que trois cristaux avec des modifications sur l'arête H ; celles sur l'angle A sont plus fréquentes, mais elles ne constituent que des facettes de très-peu d'étendue.

J'ai rangé, dans mon atlas, les cristaux de topaze suivant les trois formes dominantes que j'ai indiquées ; la symétrie des modifications m'engage à ne pas décrire ces cristaux, que les symboles font, du reste, parfaitement connaître ; je ferai cependant une remarque cristallographique intéressante, c'est que lorsque les cristaux de topaze sont à deux sommets, on n'observe les faces e^1, e^2, e^3, etc., que sur l'un des deux ; les *fig.* 380, 381, 382 et 383, en offrent des exemples ; les autres facettes sont au contraire au complet ; or, ces facettes, placées sur les angles aigus, correspondent précisément aux axes d'électricité.

Les cristaux de topaze d'Aberdeen en Ecosse, dont la *fig.* 391, *pl.* 209, représente un bel échantillon appartenant à

M. Heuland, affectent une forme particulière; les faces M sont entièrement remplacées par les faces g^3 ; le biseau e^2 domine comme dans les cristaux de Sibérie; il est toutefois accompagné des facettes e^3, b^1, b^2, et a^2. La topaze d'Ecosse possède en outre un caractère optique particulier, au moyen duquel il est facile de la reconnaître : il consiste en deux taches rougeâtres que l'on aperçoit lorsqu'on regarde à travers un de ces cristaux dans la direction de l'axe; ces deux taches sont situées vers les parties correspondant aux angles aigus de la forme primitive.

L'Ecole des mines possède une assez grande partie des formes que j'ai dessinées; j'ai emprunté les autres à l'ouvrage de M. Lévy, sur le cabinet de M. Heuland, notamment les *fig.* 393 à 398, qui représentent des cristaux remarquables par la multiplicité de leurs facettes; c'est également d'après cet important ouvrage que j'ai donné la *fig.* 391 des topazes d'Ecosse :

Angles principaux.

P sur M	= 90°.	M sur M	= 124° 20′.
P sur b^1	= 115° 47′.	M sur b^1	= 154° 13′.
P sur b^2	= 134° 1′.	M sur b^2	= 135° 59′.
P sur b^3	= 145° 24′.	M sur b^3	= 124° 36′.
P sur a^2	= 134° 1′.	P sur i	= 138° 26′.
P sur e^1	= 117° 21′.	P sur i'	= 127° 49′.
P sur e^2	= 135° 59′.	M sur g^1	= 117° 50′.
M sur h^1	= 152° 11′.	M sur g^2	= 150° 5′ 50″.
M sur h^3	= 166° 57′ 20″.	M sur g^3	= 161° 16′ 30″.
b^2 sur b^2	= 140° 46′.	M sur g^3	= 169° 27′ 18″.
b^2 sur b^3	= 168° 37′.	b^1 sur b^2	= 162°.
e^2 sur e^2	= 92° 45′.	e^3 sur e^1	= 161° 22′.
e^1 sur e^4	= 128° 26′.	e^1 sur g^1	= 152° 39′.
g^3 sur g^2	= 122° 16′.	e^2 sur e^4	= 161° 56′.
g^3 sur g^3	= 93° 7° 8′.	g^2 sur h^1	= 122° 17′.
g^2 sur g^3	= 160° 47′.	g^3 sur g^1	= 136° 33′.
g^5 sur g^5	= 103° 16′.	g^3 sur i	= 131° 34′.
b^1 sur g^3	= 148° 22′.	g^3 sur g^3	= 171° 50′.
b^1 sur a^4	= 155° 20′.	a^2 sur h^1	= 134°.

Picnite. — Topaze en larges prismes cannelés, accolés dans le sens de leur longueur, et donnant à cette variété une disposition bacillaire. Très-fragile en travers, par suite du clivage suivant la base. D'un blanc jaunâtre, quelquefois violacée. Sa pesanteur spécifique est de 35,14.

Pyrophysalite. — Topaze en cristaux volumineux, opaques ou simplement translucides sur les bords, d'un blanc verdâtre; les faces M sont distinctes, quoique peu nettes, et souvent enduites d'une couche de mica ; le clivage parallèle à la base se montre par intervalles, il offre alors la même netteté et le même éclat que dans les topazes ordinaires. Elle provient de Finbo en Suède, près de Fahlun.

Topazes roulées. — On trouve dans les alluvions aurifères du Brésil un assez grand nombre de galets de topaze; quelques-uns présentent encore, malgré l'arrondissement des angles, les formes cristallines de ce minéral, mais la plupart sont entièrement roulés, et ressemblent à du quartz. Une circonstance singulière, c'est que la couleur de ces topazes roulées est le blanc verdâtre, comme l'aigue-marine; leur diamètre est aussi considérable que celui des topazes ordinaires, en sorte qu'elles n'appartiendraient probablement pas à la même variété que les cristaux de topaze du Brésil.

La composition chimique de la topaze offre une grande uniformité. La picnite et la pyrophysalite, malgré leurs différences extérieures avec les cristaux limpides, sont composées presque exactement des mêmes éléments. Toutefois, on éprouve quelque difficulté à établir la formule représentant la composition de la topaze, lorsque l'on suppose que l'acide fluorique que l'on recueille directement dans les analyses appartient à du fluor; elle est au contraire simple dans la supposition que la topaze est un silico-fluate d'alumine. J'adopte quant à présent cette manière de considérer la topaze, que M. Berzélius a proposée.

	Picnite de Saxe.	Topaze de Saxe.	Pyrophysalite de Finbo.	Topaze du Brésil.	Oxyg.	Rapp.
Silice	34,36	34,24	34,36	34,01	17,67	3
Alumine	57,74	57,45	57,74	58,38	27,27	5
Acide fluorique	7,77	7,75	7,77	7,79	5,67	1
	99,87	99,64	99,87	100,18		

Ces rapports seraient représentés par la formule :

$$3Al\,Si + Al^3\,Fl.$$

D'après des analyses récentes, M. Forchhammer[1] considère la topaze comme composée de la manière suivante :

	De Saxe [1].	Picnite.	De Brésil [1]	De Lané's mine [2]. dans le Connecticut.	Pyrophysalite de Finbo [2].
Silice	35,52	39,04	»	35,59	35,66
Alumine ...	55,14	51,25	54,88	55,96	55,16
Fluor......	17,21	18,18	17,33	17,35	17,79
	107,87	108,77	»	108,80	108,61

Analogies. — Cristallisée, la topaze n'offre aucune analogie ; la couleur de l'*aigue-marine*, il est vrai, rapproche ce minéral de la topaze de Sibérie ou d'Ecosse, mais sa forme en prisme régulier à six faces et ses modifications sextuples ne laissent aucun doute, quand on peut étudier la disposition des cristaux de ces deux substances.

La topaze en galets roulés peut se confondre avec le *quartz* et le *béryl* au même état ; la topaze raye le quartz : elle est plus lourde dans le rapport de 35 à 26,5 ; elle possède un clivage facile. Pour l'émeraude, c'est encore la pesanteur spécifique qu'il faut consulter ; sa pesanteur spécifique est seulement de 27.

La topaze taillée offre plus d'analogies par suite de la diversité de ses nuances : celle du Brésil, dite *goutte d'eau*, limpide et incolore, peut se confondre avec le *diamant*, le *quartz hyalin*, le *spinelle* blanc. Le diamant et le spinelle sont plus durs, leur réfraction est simple ; le quartz est moins dur et moins pesant.

La topaze jaune peut se confondre avec le *corindon jaune*, le *quartz jaune*, l'*émeraude jaune*, et la *cymophane*. Pour ces minéraux, la pesanteur spécifique suffit seule pour les distinguer.

---

[1] *Journ. für prat. chem.*, t. XXIX, p. 195.

[2] *Berzelius Jahresbericht*, t. XXIV, p. 328.

La topaze brûlée offre de la ressemblance avec le *spinelle rouge*, le *corindon rouge*, la *tourmaline* et le *grenat*. Il faut ici consulter les teintes, qui sont généralement très-différentes; la distinction d'avec le corindon et le grenat est facile sous ce rapport : le corindon est d'un rouge plus riche, le grenat est toujours violacé; mais il existe de la difficulté pour la séparer de la tourmaline rouge, dont la teinte est quelquefois la même : il faut alors étudier séparément la pesanteur spécifique, la dureté, la double réfraction, et même l'angle sous lequel a lieu la polarisation de la lumière.

J'ai eu l'occasion d'examiner une fort belle topaze taillée, de cette couleur, appartenant à M. Ratte, bijoutier de Paris; son poids est de 6gr. 675 : j'ai trouvé sa pesanteur spécifique de 35,209 à 10°; sa couleur est un beau rouge avec un œil de jaune qui paraît naturel à la pierre, ce qui lui donne un prix beaucoup plus élevé; M. Ratte l'estime à 25,000 fr. On la supposait être une tourmaline, mais la dureté et l'angle de polarisation de cette pierre, que j'ai trouvé de 58° 42, ne permettent pas de faire cette association.

Gisement. — La topaze appartient aux mêmes terrains anciens que l'émeraude; toutefois elle est moins fréquente, mais elle se trouve avec abondance dans ses gisements. A Altenberg en Saxe, elle existe avec une telle abondance dans la pegmatite, que les minéralogistes allemands l'ont considérée comme essentielle à cette roche, qu'ils ont désignée sous le nom de *topasfels*. A Adontschelon en Sibérie, les cristaux de topaze sont associés au quartz hyalin et au béryl. A Ehrenfriedersdorf en Saxe, la topaze accompagne l'étain oxydé et le fer arsenical.

Les topazes du Brésil viennent pour la plupart d'un endroit nommé *Capao*, au-dessus de Villarica, dans la province de Minas Geraès; leur gangue est une variété de chlorite schisteuse; mais la plupart des cristaux du Brésil que l'on voit dans les collections sont recueillis dans les terrains d'alluvion qui avoisinent les roches de topaze de cette contrée.

CONDRODITE.

Chondrodite ; Maclurite ; Brucite.

Ce minéral se trouve en gros grains cristallins jaune de cire, sur lesquels on observe des faces brillantes, mais toujours arrondies ; Haüy annonce qu'il cristallise en prisme rectangulaire oblique, dans lequel P sur M = 112° 12′ ; les cristaux qu'il décrit sont représentés, *fig.* 399, *pl.* 210 ; ces cristaux sont très-rares ; je n'ai pas eu l'occasion d'en étudier, et les différents auteurs de minéralogie ont transcrit les observations de Haüy sans avoir eu l'occasion de les répéter.

La condrodite présente un clivage assez facile ; cependant sa cassure est conchoïde et inégale ; elle raye légèrement le verre ; son éclat est vitreux. Sa couleur jaune passe quelquefois au brun ; elle est translucide ou opaque. Sa pesanteur spécifique est de 31,99.

Exposée au chalumeau, elle commence par perdre sa couleur, devient opaque et présente quelques indices de fusion sur les bords aigus des fragments ; avec le borax, se convertit par une fusion lente, mais complète, en un verre diaphane qui offre une légère teinte due au fer.

Seybert a le premier reconnu que la condrodite était un silico-fluate de magnésie. Les analyses récentes de Rammelsberg ont confirmé la composition donnée par Seybert.

	Jaune de l'État de New-Jersey, par Seybert[1].	Jaune de Pargos, par Rammelsberg[2].		Gris-jaunât. de Parg.	Humite, par Marignac.			Atomes.
Silice....	32,66	33,06	33,10	33,19	30,88	Silice.....	37,28	2
Magnésie.	54,00	55,46	56,61	54,50	56,72	Magnésie..	50,06	6
Pr. de fer.	2,33	3,65	2,33	6,75	2,19	Magnésium	5,11	1
Potasse...	2,10	»	»	»	»	Fluor.....	7,55	2
Fluor....	4,09	7,60	8,69	9,69	Ac. hyd. fluor. 20,21			
	95,18	99,77	100,75	101,13	100,00		100,00	

En combinant 2 atomes de fluor avec 1 de magnésium, on

[1] *American Journal of sciences*, t. V, p. 336.

[2] *Handwörterbuch von Rammelsberg*, 1er supplem., p. 38.

est conduit à réunir les éléments de la condrodite, ainsi que je l'ai indiqué dans la dernière colonne, et dans ce cas sa composition est représentée par la formule :

$$MgFl + 2Mg^3\ddot{S}i.$$

Gisement. — La condrodite appartient aux terrains anciens ; elle a été trouvée près de Newton, dans le comté de Sussex dans l'Etat de New-Jersey, en petites masses lamellaires arrondies, disséminées dans une chaux carbonatée lamellaire blanche, veinée de graphite ; 2° à Ersby en Finlande, en grains arrondis, présentant cependant des facettes, dans une chaux carbonatée laminaire mélangée de la variété d'amphibole nommée pargasite.

On a en outre recueilli au Vésuve de petits cristaux jaunâtres très-brillants, auxquels Bournon avait donné le nom d'*humite ;* leurs formes paraissent isomorphes avec le péridot. Quant à leur composition, l'analyse de Marignac, que j'ai rapportée ci-dessus, établit leur identité avec la condrodite.

MICA.

Verre de Moscovie; Glimmer.

La structure éminemment lamelleuse du mica, jointe à son éclat demi-métallique très-vif, lui donne un aspect particulier qui le rend un des minéraux les plus faciles à reconnaître. Le clivage a lieu parallèlement à la base des cristaux ; il est si net et si facile, que l'on peut en enlever des feuilles non-seulement avec la lame d'un canif, mais souvent même par la simple interposition de l'ongle : ces feuilles sont flexibles et élastiques, en sorte que, malgré leur faible épaisseur, on peut les plier sur elles-mêmes sans les rompre, et même sans y produire la moindre fissure. Cette propriété du mica permet d'enlever des lames très-minces, et on en obtient qui n'ont que 0^m002 dépaisseur ; elles sont complétement diaphanes. En Russie, où les cristaux atteignent quelquefois près de 0^m50 de diamètre, on s'en sert dans quelques localités comme de carreaux de vitres.

La dureté du mica est 2,5, moindre que celle de la chaux carbonatée ; sa pesanteur spécifique varie de 26,5 à 29,49. Ses couleurs sont très-variées. Ce sont différentes nuances de blanc, de gris, de vert, de brun, de rouge, de violet et de noir ; le blanc argentin, le vert grisâtre et le noir sont les couleurs les plus habituelles.

Au feu, les variétés de mica se conduisent de manières fort différentes; les micas qui contiennent de l'acide fluorique perdent leur éclat, et deviennent mats par la calcination dans des vases fermés; les autres perdent également leur transparence, mais ils acquièrent un éclat demi-métallique, argenté ou doré. Exposés au chalumeau, les uns sont fusibles, et les autres infusibles : dans le borax, quelques variétés se dissolvent avec effervescence, les autres fondent, au contraire, avec tranquillité.

Ces différences dans les propriétés chimiques des micas annoncent qu'il doit exister des différences correspondantes dans leur composition. Effectivement, les analyses que je vais rapporter dans quelques lignes établissent non-seulement que les éléments qui entrent dans ces minéraux varient d'un échantillon à l'autre, mais que les relations atomiques diffèrent, en sorte qu'on ne peut les rapporter à une seule formule, et que ce ne sont pas de simples variétés qui diffèrent par la prédominance d'un élément isomorphe sur l'autre, comme cela a lieu pour la plupart des silicates, notamment pour le pyroxène, l'amphibole et le grenat. Les micas comprendraient donc un groupe d'espèces dont les caractères essentiels seraient la structure éminemment lamelleuse et l'éclat vif demi-métallique et brillant auquel leur nom fait allusion [1].

Les résultats de l'analyse avaient depuis longtemps été indiqués par l'étude que M. Biot avait faite des propriétés optiques du mica; dans le Mémoire qu'il a publié à ce sujet, cet illustre physicien a établi que les minéraux portant le

[1] *Micare*, briller, reluire, éclairer.

nom de mica ne sauraient appartenir à une même espèce ;

Que les uns possédant un seul axe de double réfraction, cristallisent par conséquent dans le système rhomboédrique;

Que les autres offrant deux axes de double réfraction, cristallisent dans des formes moins régulières.

M. Biot a en outre observé que les micas à un axe sont tantôt attractifs, tantôt répulsifs, en sorte que les *micas rhomboédriques* admettraient au moins deux espèces.

Quant aux micas à deux axes, l'angle de ces deux axes varie de 60° à 76°. M. Biot les a réunis en quatre groupes, dans lesquels ces angles seraient de 50°, 63°; 66° et 74 à 76°; ces groupes ne sont pas nettement séparés les uns des autres : il existe des micas, pour ainsi dire intermédiaires, mais ils sont donnés par l'examen d'un certain nombre d'échantillons qui présentent l'une de ces quatre valeurs. Il résulterait de ces observations que les micas à deux axes présenteraient encore plus de divisions que les micas à un axe, en sorte que le genre mica serait très-complexe, et que les caractères extérieurs qui les lient ensemble, et forment au premier abord une division si naturelle, seraient, pour ainsi dire, une manière d'être commune à un assez grand nombre de minéraux. Pour discuter ces divisions avec quelque certitude, il serait nécessaire d'étudier les échantillons mêmes qui ont servi à M. Biot pour l'exécution de son beau travail : à défaut de cette étude, je crois nécessaire d'extraire du Mémoire de M. Biot quelques détails sur les principaux groupes qu'il a signalés.

MICAS A UN AXE.

« I. **A un axe attractif.** — Mica verdâtre de la vallée « d'Ala en Piémont ; en cristaux quelquefois transparents, « dont la surface est onctueuse au toucher. »

[1] Sur l'utilité des lois de la polarisation de la lumière pour reconnaître l'état de cristallisation et de combinaison dans un grand nombre de cas où le système cristallin n'est pas immédiatement observable. *Mémoires de l'Académie royale des sciences*, 1816, p. 273.

Les échantillons d'Ala sont les seuls dans lesquels M. Biot ait constaté l'action attractive ; depuis son Mémoire, ces échantillons ont été reconnus appartenir à une espèce particulière, qui a reçu le nom de chlorite héxagonale. (Voir la description de cette espèce, vol. III, p. 511.)

« II. **Mica à axe répulsif.** — 1° Mica verdâtre, venant de « Ceylan, où il se trouve dans les sables, avec les rubis;

« 2° Mica du Vésuve et de la Somma, en lames très-pures « et comme vitrées ; souvent en pyramides inclinées, dont « une ou plusieurs faces seulement sont obliques sur les « bases;

« 3° Mica jaunâtre, un peu onctueux au toucher, à ré- « flexion spéculaire imparfaite ;

« 4° Mica foliacé noir de Sibérie ; les lames minces, vues « par transmission, ont une teinte de vert sombre, qui res- « semble au 3e ordre des anneaux réfléchis ;

« 5° Mica du Groënland ;

« 6° Mica volcanique des bords du Rhin ;

« 7° Mica rouge du Piémont;

« 8° Mica rectangulaire verdâtre de Tospham, aux Etats- « Unis. »

9° Plusieurs autres variétés, dont le gisement était inconnu à M. Biot.

1° Je n'ai pas vu l'échantillon de mica de Ceylan et je ne saurais par conséquent faire aucune remarque à son égard.

2° M. Biot annonce que les cristaux du Vésuve sont en pyramides inclinées, ce qui veut probablement dire que les faces du pointement ne font pas, avec les faces verticales, des angles égaux, auquel cas le prisme serait oblique. Effectivement, les cristaux du Vésuve décrits par Lévy, dans son catalogue de la collection de Turner, dérivent d'un prisme rhomboïdal oblique dans lequel P sur M = 98° 40′ ; dans ce cas, je ne puis comprendre que ces cristaux n'aient qu'un seul axe de double réfraction ; l'exactitude que M. Biot apporte à toutes ses expériences ne peut laisser de doute sur son observation, mais on peut en conserver sur le lieu d'où provient ce mica, en sorte que je ne puis la discuter et savoir si l'échantillon observé n'appartient pas à un autre minéral.

Les analyses de quelques-uns de ces micas montrent qu'ils contiennent une forte proportion de magnésie; leur composition se rapporte à celle de la pennine ou de la chlorite hexagonale, à l'exception de la proportion d'eau, qui s'élève de 10 à 12 pour 100 dans ces espèces, et qui ne dépasse pas 4 pour 100 dans le mica à un axe,

	3° par Vauquelin [1].	4°	5° par Kobell [2].	7°	8° de Bodenmais, par Kobell.	
Silice	40	42,12	41,00	42,64	40,00	40,80
Alumine	11	12,83	16,88	12,86	16,16	15,13
Peroxyde de fer	8	10,38	4,50	»	7,50	»
Magnésie	19	16,15	18,86	25,39	21,54	22,00
Prot. de mangan.	»	»	»	1,06	»	»
— de fer	»	9,36	5,86	7,11	»	13,00
Chaux	Une trace.	»	»	»	»	»
Potasse	20	8,58	8,76	6,03	10,83	8,83
Eau	2	1,07	4,30	3,17	3,00	0,44
Fluor	»	»	»	0,62	0,53	»
Magnésium	»	»	»	0,36	»	»
Aluminium	»	»	»	0,10	»	»
	100	101,49	99,35	99,34	99,56	100,26

Les numéros correspondent à ceux de M. Biot : j'ai ajouté une nouvelle analyse de Kobell sur le mica à un axe qui accompagne la cordiérite de Bodenmais en Bavière; ce mica contient, de même que les autres variétés de cette espèce, une très-forte proportion de magnésie.

MICA A DEUX AXES.

1° De Zinnwald en Bohême. Ce mica, dont l'angle de compensation est de 25°, ou autrement, dont l'angle des deux axes est de 50°, est d'un gris foncé, avec éclat argentin;

2° Angles des axes 60°. M. Biot a rangé dans ce groupe :

---

[1] *Mémoire* de M. Biot, p. 325.

[2] *Annales de Poggendorff*, t. XXXVI, 1846, p. 309.

a. Mica verdâtre, à feuilles toujours plissées, provenant du Mexique ;

b. Un mica blanc argentin de Russie ; un mica en grandes feuilles, de Philadelphie ;

c. Enfin, le mica hexagonal du Saint-Gothard : pour ce dernier l'angle des axes est de 64°.

3° Les micas dont la compensation est comprise entre 33 et 35°, ou l'angle des axes de 66 à 70°, sont les plus nombreux. M. Biot cite :

a. Un mica de Sibérie, en feuilles planes très-fermes, ordinairement d'un jaune sombre et enfumées; en feuilles bien planes, très-régulièrement superposées, aisément et continuellement séparables, jusqu'à une ténacité extrême ; exerçant une réflexion spéculaire très-vive et offrant un poli parfait quand on les sépare les unes des autres ;

b. Mica argentin des Grandes-Rousses, dans le département de l'Isère;

c. Mica en grandes feuilles, de Couserans, dans les Pyrénées ;

d. Mica d'Arendal en Norwège, remarquable par l'éclat argentin de ses lames, et par la forme presque toujours irrégulièrement pyramidale qu'elles affectent dans leur superposition.

4° Les micas dont l'angle des axes est compris entre 74° et 76° sont peu nombreux. M. Biot ne cite que le mica rose des Etats-Unis, qui lui ait offert cet écartement. Il est en plaques d'un brillant nacré, avec des parties ordinairement teintes en rose par un peu de manganèse. Ses feuillets sont très-réfléchissants, mais rarement plans, et rarement réguliers dans leur superposition.

	1° par Vauquelin.	2°		3°		4°
		a.	*b.*	*a.*	*b.*	
Silice.	46,4	54	49	49	45	48,48
Alumine	18,5	22	18	26	33	33,91
Peroxyde de fer. . . .	20,0	11	14	6,80	4	Mag. 1,30
Potasse.	11,2	10	11,2	11,20	15	11,30
Oxyde de manganèse.	2,4	Eau. . .	5	5	»	3,26
	98,5		97,2	98,00	97	98,25

Ces analyses de Vauquelin laissent peut-être quelque chose à désirer, en ce sens que ce chimiste n'a cherché ni l'acide fluorique que l'on trouve maintenant dans la plupart des micas, ni la lithine que l'on ne connaissait pas à cette époque ; mais j'ai dû les transcrire pour compléter l'exposition du Mémoire de M. Biot : elles sont néanmoins très-remarquables par l'absence complète de magnésie.

Les analyses suivantes semblent montrer que cette règle est générale :

	D'Utoé, par H. Rose.	De Achotzh, par Ros .	De Sibérie, par Klaproth.	Du Cornouailles, par Turner.	De Brodbo p. Swanberg.
Silice.	47,50	47,19	48,00	36,54	47,97
Alumine	37,20	32,80	34,25	25,47	31,69
Peroxyde de fer.. .	3,20	1,47	4,50	27,06	5,37
— de manganèse.	0,90	2,58	0,50	1,92	1,67
Potasse.	9,60	8,35	8,75	5,48	8,32
Chaux..	»	6,13	»	0,93	»
Acide fluorique.. .	0,56	0,29	»	2,70	Fluor 0,72
Eau.	2,67	4,07	»	»	3,32
Aluminium.	»	»	»	»	0,35
	101,59	102,88	96,00	100,00	97,31

Dans cette seconde série d'analyses la proportion de silice est environ de 48 pour 100, et celle de l'alumine s'élève de 32 à 37 ; si on les compare aux analyses de Vauquelin, on reconnaît que ces micas ont beaucoup d'analogie avec ceux qui portent le n° 3, dans lesquels l'écartement des axes est de 66 à 70° ; ce sont les micas que M. Biot considère comme les plus abondants, et les analyses que je viens de transcrire d'après Rammelsberg confirment l'opinion de M. Biot. Ces différents micas sont à bases de potasse; il existe certaines variétés qui contiennent de la lithine ; ils sont en général moins fusibles, et la présence de cet alcali est en outre décelée par la couleur rouge que prend la flamme dans l'essai au chalumeau ; quelques auteurs ont voulu en faire une espèce particulière, mais aucune raison n'appuie cette division. Les analyses suivantes donnent la composition des micas à lithine.

	Lépidolithe. de Rosena par Gmelin,	par Regnault.	De Zinnwald, par Gmelin.	D'Altenberg.	De l'Oural.	Du Cornouailles.
Silice.	52,25	52,40	46,23	40,19	50,35	50,82
Alumine.	28,35	26,80	14,14	22,79	28,30	21,33
Prot. de mangan.	3,66	1,50	4,57	2,02	1,23	»
— de fer. .	»	»	17,97	19,78	»	9,08
Potasse.	6,90	9,14	4,90	7,49	9,04	9,86
Lithine.	4,79	4,85	4,21	3,06	5,49	4,05
Acide fluorique.	5,07	4,40	8,53	3,99	5,20	4,81
Eau	Traces.	»	0,83	»	»	»
	101,02	99,09	101,38	99,25	99,61	99,95

On remarquera que, même pour les micas à lithine, les proportions de silice et d'alumine se rapprochent beaucoup de celles qui caractérisent les micas n° 3 de M. Biot. Celui de Zinnwald forme seul une exception; effectivement M. Biot l'avait classé dans la première catégorie, pour laquelle l'angle des deux axes est de 50°.

Les analyses qui précèdent, quoique offrant une certaine analogie, ne sauraient être réunies dans une seule formule; il est même difficile de les grouper d'une manière nette et d'en conclure des espèces; il en résulte donc que sous le rapport chimique, il règne, pour la classification des micas, une incertitude égale à celle que M. Biot a signalée pour les propriétés optiques.

Cristallisation. — Le mica est constamment cristallisé, mais les cristaux nets sont rares, il est ordinairement en lamelles ou en paillettes plus ou moins épaisses; les cristaux les plus fréquents sont à six faces très-aplaties, *fig.* 401, *pl.* 211, dont les angles sont de 120°. Leur base est très-éclatante; les faces verticales en sont rugueuses et striées horizontalement comme si chaque cristal était formé de la réunion de cristaux empilés les uns sur les autres suivant la base. L'observation d'un axe et de deux axes de double réfraction dans les cristaux de mica a révélé que le prisme ne devait être que rarement régulier; effectivement, la plupart des cristaux de mica offrant des modifications, ne portent pas un nombre égal de facettes sur les arêtes de la base; en sorte qu'ils appartiennent presque tous à l'espèce à deux axes; l'égalité des angles de la base apprend donc seulement que la forme primitive du mica est un prisme rhomboïdal droit, sous l'angle de 120° : le prisme à six faces résulte, dans ce cas, de modifications g^1, qui font, avec M, des angles également de 120°.

La *fig.* 401 me paraît représenter la grande généralité des cristaux de mica ; j'en ai également observé, *fig.* 402, qui se rapportent avec certitude au prisme rhomboïdal droit, notamment des cristaux de mica verdâtre, de la Clayette, dans le département de Saône-et-Loire, ainsi que des échantillons provenant du département du Finistère et d'autres du lac Baïkal en Sibérie ; les cristaux de cette dernière localité avaient 0m 015 de diamètre ; les facettes b^1 faisaient sur P un angle de 95° environ ; la base était visiblement perpendiculaire sur les faces M, ainsi que sur les modifications g^1.

Les cristaux de mica, dérivant du prisme rhomboïdal droit sous l'angle de 120 degrés, me paraissent de beaucoup les plus fréquents ; mais il existe en outre des cristaux de mica qui appartiennent au prisme rhomboïdal oblique ; M. Phillips, qui les a fait connaître le premier, donne pour les angles de la forme primitive de cette espèce

P sur M = 98° 40', et M sur M = 120°.

Les dimensions seraient : B : H :: 1 : 1,017, ou :: 100 : 101.

Les modifications indiquées par M. Lévy sont : h^1, g^1, d^1, $d^{1/2}$, $b^{1/2}$, $e^{1/2}$.

Les angles qui les déterminent sont :

P	sur g^1	=	90°.	M	sur g^1	=	120°.
P	sur h^1	=	100°	M	sur h^1	=	150°.
P	sur d^1	=	135° 16'.	M	sur d^1	=	143° 44'.
P	sur $d^{1/2}$	=	121° 7'.	M	sur $d^{1/2}$	=	157° 13'.
P	sur $b^{1/2}$	=	105° 56'.	M	sur $b^{1/2}$	=	155° 44'.
P	sur $e^{1/2}$	=	113° 19'.	M	sur $e^{1/2}$	=	121°.
d^1	sur d^1	=	138° 18'.	$d^{1/2}$	sur $d^{1/3}$	=	128° 41'.
$b^{1/2}$	sur $b^{1/2}$	=	121° 48'.				

On remarquera qu'on ne retrouve pas dans ces modifications l'angle P sur $b^1 = 95°$, que j'ai observé sur les cristaux de la Clayette et du lac Baïkal, d'où il résulte que ces deux espèces sont réellement différentes par la cristallisation.

Les *fig.* 404 à 406, *pl.* 211, que j'emprunte à M. Lévy, montrent la disposition des facettes; elles appartiennent pour la plupart à des cristaux de Miask en Sibérie.

Observations. — Les difficultés qui entourent l'étude des micas, sous le rapport de la composition chimique, de leurs propriétés optiques, et de leur cristallisation, m'ont engagé à rapporter avec quelque détail les faits relatifs à ces minéraux; ces propriétés conduisent à deux divisions nettement déterminées :

I. **Un axe répulsif.** — *Mica magnésien.* — *Prisme hexagonal régulier.*

II. **Deux axes répulsifs.** { a. *Potassiques.* { *Prisme rhomboïdal droit.* / b. *Lithiques.* { *Prisme rhomboïdal oblique.*

J'ai supprimé le mica à axe attractif, qui représente l'espèce chlorite hexagonale. Les micas à axe répulsif se rapprochent des pennines par leurs caractères extérieurs, et on est assez généralement disposé à les associer à cette espèce; mais leur composition en diffère trop notablement pour que l'on puisse faire cette association.

La pennine contient en effet moyennement 12 pour cent d'eau, et offre à peine des traces d'alcali; les micas à un axe ne renferment que 1 à 2 pour 100 d'eau, et la potasse s'élève moyennement à 10 pour 100. Il me paraît donc impossible de ne pas admettre les micas à un axe comme espèce.

La grande abondance de magnésie que ce genre mica renferme les caractérise sous le rapport chimique, mais cette terre communique aux micas qui la contiennent un éclat vague, un toucher gras et onctueux qui les rendent assez faciles à distinguer par leur aspect; ils sont, en outre, tous solubles dans l'acide sulfurique, ce qui donne un moyen pratique de les isoler des micas à deux axes.

Ces derniers doivent être classés en deux groupes, savoir :

Mica en prisme droit rhomboïdal.
— **en prisme oblique rhomboïdal.**

Je ne vois aucun moyen pratique de faire cette division, quand les cristaux ne présentent pas de modifications, ce qui est le cas le plus général. Toutefois mes observations me portent à croire que la première espèce est de beaucoup la plus fréquente, et que notamment les micas qui entrent dans la composition des granites du centre de la France et de la Bretagne cristallisent en prisme rhomboïdal droit. Je dois cependant ajouter que dans beaucoup de cristaux de mica, les arêtes latérales du prisme sont obliques à la base, ce qui indiquerait que le prisme est oblique; mais ces cristaux étant formés de tables ou de plaques appliquées suivant leur base; l'obliquité des arêtes me paraît plutôt le résultat d'une application imparfaite des plaques qui ont glissé les unes sur les autres, que celui de la cristallisation propre au mica. Je pense, en outre, que la plupart des cristaux de micas se rapportent à ceux que M. Biot a signalés sous le n° 3 par l'angle de compensation de 33° à 35°, correspondant à l'écartement des angles de 66° à 70°; j'ajouterai que depuis la découverte de M. Biot sur la polarisation lamellaire, cette distinction des micas d'après l'angle des deux axes de double réfraction ne me paraît plus aussi importante qu'elle l'était à l'époque où M. Biot a fait son travail sur les micas; car la différence de fissilité des micas peut influencer l'observation; de plus, la substitution des corps isomorphes affecte également l'angle des axes de double réfraction, et leur écartement n'est pas le même dans le diopside hyalin qui ne contient pas de fer que dans le pyroxène sahlite dans lequel le fer entre dans une proportion de 8 à 10 pour 100.

L'absence de la soude dans les micas me paraît enfin un fait très-intéressant à signaler, parce qu'elle se rattache à la nature même des granites qui les contiennent. Les granites les plus anciens paraissent essentiellement feldspathiques; l'albite augmente pour ainsi dire de progression avec l'époque plus moderne des roches granitiques, et ce sont les terrains cristallisés les moins anciens qui contiennent du talc ou de la pennine en remplacement du mica.

La composition la plus générale des micas se rapporte aux variétés qui contiennent 45 à 50 pour 100 de silice, 32 à 35 d'alumine, 10 à 12 d'alcali et de 2 à 4 pour 100 d'acide fluorique. Néanmoins les différences que l'on observe entre ces éléments ne peuvent se grouper sous une formule générale, et chaque analyse donne presque lieu à une expression particulière; on peut seulement dire que les micas sont des silico-fluates, dans lesquels les éléments sont :

(*Al*, *Fe*, K, L, *Si*, *Fl*),

la magnésie et la soude en étant exclus, ou du moins n'y entrant que dans des proportions très-faibles.

Lépidolithe.—On désigne par ce nom des masses composées de petites écailles, ou de paillettes brillantes qui lui donnent l'aspect de l'aventurine; ces paillettes isolées portent tous les caractères du mica, en sorte que la lépidolithe peut être considérée comme du mica en masse cristalline.

La couleur la plus générale de la lépidolithe est le lilas, qui varie du lilas rouge sale foncé, au lilas tendre, tirant sur le blanc; il en existe cependant d'un vert jaunâtre; on a trouvé cette dernière variété dans le même filon de quartz qui renferme les émeraudes de Limoges.

La lépidolithe de Campo à l'île d'Elbe est d'un rose lilas; celle de Rosena en Moravie est également lilas foncé ; on y distingue de larges paillettes d'un rose pâle, mais nacrées, sur lesquelles on peut même étudier les propriétés optiques. Sa pesanteur spécifique est de 28,5. J'ai donné, dans le dernier tableau, page 646, la composition de cette lépidolithe qui rentre dans les micas à lithion, elle est difficilement fusible.

Mica hémisphérique. — Mica palmé. — La première de ces variétés est en lames convexes et concaves d'un blanc argentin ; ces lames sont quelquefois placées les unes sur les autres et vont en augmentant d'étendue, de manière à former une ou plusieurs pyramides renversées ou convergentes. On observe cette variété dans un granite de Suède à feldspath rouge; dans le granite des environs de Vaolry près Limoges, les lames de mica sont également en écailles courbes et larges de 0m 02 de diamètre ; ces écailles ont environ 0,003 d'épaisseur.

Dans la vallée de Barèges il existe un granite à grandes parties dans lequel les lames de mica, qui sont d'un blanc d'argent, sont groupées de manière à simuler des feuilles ondulées portant une nervure centrale ; on désigne cette variété particulière sous le nom de *mica palmé*.

Analogies. — La structure feuilletée du mica, son éclat demi-métallique, lui donnent quelque analogie avec le *talc cristallisé*, la *pennine*, le *diallage*, la *chaux sulfatée*, l'*urane phosphaté*, le *fer oligiste* et le *molybdène sulfuré*. Ces deux derniers minéraux tachent les doigts ; l'urane phosphaté et la chaux sulfatée sont tendres et sont rayés par l'ongle. Le diallage ne peut se lever en lamelles minces ; quant à la pennine, elle est douce, onctueuse au toucher; elle est en outre flexible, mais non élastique.

Gisement. — Le mica appartient aux terrains anciens ; il fait partie essentielle des granites, des gneiss et des schistes micacés ; il se trouve disséminé en veines dans ces mêmes roches ainsi que dans les terrains de transition. On le rencontre accidentellement dans les terrains volcaniques ; enfin il est très-fréquent dans les terrains neptuniens, il y existe à l'état de paillettes qui ne sont autre chose que des fragments provenant de la destruction des terrains anciens ; ces paillettes minces et légères se sont déposées sur leur face large ; il en résulte que le mica est placé dans le sens des couches et qu'il forme pour ainsi dire des enduits qui séparent les strates les uns des autres.

Rubellane. — Breithaupt a donné ce nom à un mica d'un brun rougeâtre à éclat nacré, opaque et tendre ; ses lames ne sont pas flexibles; on suppose que ces deux derniers caractères, peu habituels au mica, sont le résultat d'une altération plus ou moins prononcée. Sa composition diffère notablement de celles des micas par la présence de la chaux ; il se pourrait que la rubellane dût être associée aux pennines ou à la ripidolite. Klaproth a trouvé la rubellane composée de silice, 45 ; alumine, 10 ; oxyde de fer, 20 ; chaux, 10; potasse et soude, 10 ; matières volatiles, 5.

La rubellane a été trouvée à Schima dans le Mittelgebirge en Bohême, avec de l'augite.

LEUCOPHANE.

Ce minéral a été découvert par Esmark, près de l'embouchure de la Langesundf-Jord en Norwège, disséminé dans une siénite avec albite, éléolite et yttrotantalite.

La leucophane est rarement cristallisée, mais elle possède trois clivages distincts, qui donnent par leur réunion un prisme sous les angles de 58° 24′ 7″ et 36° 26′ 3″; sa couleur varie du vert sale au jaune de vin pâle; ses lames minces sont diaphanes, sa dureté est à peu près celle du spath fluor. Sa poussière est blanche, sa pesanteur spécifique est de 29, 74.

Au chalumeau la leucophane fond sans addition en une perle transparente tirant sur le violet. Quand on la traite dans un tube de verre avec du sel de phosphore, il s'en dégage du gaz fluo-silicique.

Sa composition est, d'après Erdmann[1] :

		Oxyg.		Rapp.
Silice	47,82		24,84	3
Glucine	11,51		7,16	1
Chaux	25,00	7,02	7,25	1
Oxyde manganeux	1,01	0,23		
Potassium	0,26			
Sodium	7,50			2
Fluor	6,17			

Ces rapports conduisent à la formule :

$$2Na\,Fl + \dot{C}a^3\,\dddot{S}i^2 + \dot{G}l^3\,\dddot{S}i.$$

[1] *Kon. vet. Acad. Handl.* pour 1840.

LXe GENRE. SILICO-BORATES.

DATHOLITE.

Esmarkite ; Chaux boratée siliceuse ; Botriolite ; Humboldtite.

La datholite contient à la fois de l'acide silicique et de l'acide borique. Cette composition presque exceptionnelle la distingue de tous les minéraux ; elle lui communique en outre des caractères pyrognostiques particuliers, desquels il résulte que sous le rapport chimique cette espèce est une des mieux déterminées ; il règne au contraire quelque incertitude sur le système cristallin de la datholite. M. Lévy l'a considérée comme dérivant d'un prisme rhomboïdal droit sous l'angle de 103° 25′, tandis que M. Haidinger admet que sa forme primitive est un prisme rhomboïdal oblique dans lequel P sur M = 90° 8′ 30″ et M sur M = 115° 16′. M. Lévy a décrit en outre, sous le nom de *humboldtite* les cristaux de Geiseralpe en Tyrol, *fig.* 417, *pl.* 213, et *fig.* 418 et 419, *pl.* 214, qui sont, d'après ce minéralogiste, en prisme rhomboïdal oblique. Un essai de M. Wollaston ayant indiqué que la humboldtite présente une composition analogue à celle de la datholite, on a généralement réuni ces deux minéraux en leur conservant le nom de datholite ; enfin, un défaut de symétrie que l'on observe dans certains cristaux de datholite d'Andreasberg, au Hartz, a conduit Mohs et Haidinger à adopter, ainsi que je l'ai déjà énoncé, le prisme rhomboïdal oblique, comme la forme primitive de la datholite. Cette manière de voir a été en outre confirmée par la découverte de cristaux de quartz pseudomorphiques désignés par Phillips sous le nom d'*haytorite*, et qui offrent les angles et la forme de la datholite, avec le même défaut de symétrie que l'on remarque dans les cristaux d'Andreasberg.

J'aurais désiré pouvoir éclaircir cette question, mais aucune des collections de Paris ne possède de cristaux de la humboldtite de Lévy, en sorte que je suis obligé de m'en rapporter exclusivement à ses figures; quant à la datholite, l'Ecole des mines possède de bons échantillons d'Arendal et d'Andreasberg qui portent, ainsi que je vais le dire, tous les caractères d'être en prisme rhomboïdal droit.

Cristaux d'Arendal. — Leur forme générale est celle du prisme rhomboïdal P, M et M, sous l'angle de 103° 25'; les cristaux sont ordinairement aplatis; les plus simples, *fig.* 408, *pl.* 212, portent deux modifications a^1 et $a^{1/2}$ sur les angles obtus; elles se représentent à l'angle supérieur et inférieur, et quand les cristaux sont implantés sur l'angle aigu, on retrouve les modifications a^1 et $a^{1/2}$ à la fois sur les angles supérieurs et inférieurs, ainsi que je l'ai représenté dans les *fig.* 408, 409 et 410, *pl.* 212. Ces trois variétés de cristaux portent en outre de petites facettes a_3, qui tronquent les arêtes d'intersection des faces M et a^1; enfin dans la *fig.* 409 il existe des facettes b^1 qui forment une bordure sur les quatre arêtes de la base.

Le retour des modifications a^1 et $a^{1/2}$ sur les quatre angles obtus, la symétrie des faces a_3, qui se représentent à gauche et à droite de a^1, enfin l'existence simultanée de troncatures sur les quatre arêtes de la base, sont autant de caractères qui se rapportent à un prisme rhomboïdal droit.

Cristaux d'Andréasberg. — Ils diffèrent beaucoup, au premier aspect, des cristaux d'Arendal, en ce sens qu'ils sont fort allongés au lieu d'être aplatis. Leurs faces sont en outre très-brillantes, tandis que les cristaux d'Arendal sont mats et d'un éclat gras, à l'exception des faces h^1, qui miroitent fortement. Quant aux modifications, elles sont les mêmes, et leurs incidences sont presque analogues. Leur forme générale, *fig.* 413 et 414, *pl.* 213, est encore le prisme rhomboïdal, P, M et M; ils portent les modifications $a^{1/2}$ et a_3 sur les angles obtus, mais il existe en outre ordinairement des modifications sur un seul des angles aigus, ainsi que je l'ai représenté sur la *fig.* 413; la symétrie exigerait le retour de ces mêmes modifications sur l'angle aigu opposé; c'est probablement ce défaut de symétrie qui a conduit à regarder les cristaux d'Andreasberg comme dérivant d'un prisme rhomboïdal oblique dont les angles seraient P sur M $= 90° 8' 30''$ et MM $= 77°$: pour ramener les cristaux d'Arendal à cette hypothèse, il suffit de les placer sur l'angle aigu, et de considérer les angles que j'ai appelés A, comme étant les angles E des prismes rhomboïdaux obliques; les angles E deviennent alors A et O, et on remarquera que, sauf le placement du prisme sur l'angle aigu, les formes seraient sensiblement les mêmes, attendu que les angles sont presque identiques; en effet, pour les cristaux d'Andréasberg P sur M ne diffère de l'angle droit que de 8 minutes, et le supplément de 103° 25 est de 76° 35, tandis que l'on annonce que M sur M est de 77°; rien ne s'oppose donc absolument à cette hypothèse, la symétrie des cristaux d'Arendal ne serait qu'apparente. Toutefois, ce serait un jeu de la nature si singulier que d'avoir reproduit à quatre reprises des facettes d'apparence symétrique, savoir : a^1, $a^{1/2}$, a_3 et b^1, que je crois plus naturel de supposer que dans les cristaux d'Andréasberg certaines faces manquent ou sont réduites à des facettes presque invisibles, ainsi que cela est si fréquent dans les cristaux. Je suis d'autant plus porté à admettre cette supposition, qu'un cristal d'Andréasberg appartenant à l'Ecole des mines et provenant de la collection de M. de Drée, porte une petite facette triangulaire qui miroite à une vive lumière et qui serait la correspondante de e^1. On aperçoit en outre que les arêtes qui aboutissent à cette face sont émoussées, en sorte qu'en réalité les modifications se reproduiraient sur les cristaux d'Andréasberg comme sur ceux d'Arendal, et que la seule différence serait dans l'allongement des cristaux.

Haytorite. — On a recueilli dans la mine de fer de Haytor, dans le Devonshire, des cristaux aplatis, jaunâtres, dans lesquels Wöhler a trouvé 98, 5 de silice; la cassure esquilleuse de ces cristaux se rapporte à celle de l'agate ; ils sont en outre carriés comme la plupart des pseudo-morphoses. La surface des cristaux d'haytorite est assez réfléchissante pour que M. Lévy ait pu déterminer les angles de la plupart de leurs faces, et la mesure de ces angles l'a conduit à les associer à la humboldtite[1]; toutefois leur forme est plutôt celle de la datholite d'Andréasberg, avec l'aplatissement des cristaux d'Arendal, en sorte que l'haytorite formerait pour ainsi dire la liaison entre toutes ces variétés; la *fig.* 415, *pl.* 213, représente un des cristaux décrits par M. Lévy et dont l'Ecole des mines possède un fort bel échantillon; il est dessiné dans la supposition que le prisme est oblique. On y remarque que les modifications ne sont pas les mêmes sur les angles aigus, formant les angles antérieurs et postérieurs; si on plaçait le cristal sur l'angle obtus, il présenterait la même disymétrie que les cristaux d'Andréasberg. Les signes cristallographiques que j'ai indiqués sont le résultat de la mesure des angles, ils établissent l'identité de l'haytorite avec la datholite.

Humboldtite. — M. Lévy a donné ce nom à de petits cristaux d'un blanc jaunâtre, blanc laiteux, représentés, *fig.* 417, *pl.* 213, *fig.* 418 et 419, *pl.* 214, qui proviennent de Geiseralp dans le Tyrol, où ils sont accompagnés d'apophyllite laminaire. Leur forme générale est en apparence fort différente des cristaux de datholite, mais lorsqu'on place les cristaux de humboldtite, comme je les ai dessinés, on retrouve la correspondance de la plupart des faces avec celles de la datholite et de l'haytorite; il est par suite probable qu'ils appartiennent à la datholite; les comparaisons que je vais établir entre les angles ne laissent aucun doute pour ce dernier rapprochement.

En résumant les détails que je viens de donner sur la cristallisation de la datholite, les cristaux d'Arendal et d'Andréasberg sont identiques et portent tous les caractères d'appartenir au système du prisme rhomboïdal droit; il est assez probable que la humboldtite et par suite que l'haytorite doivent être rangées avec la datholite; mais cependant je n'oserais pas l'affirmer d'une manière absolue, d'autant plus que l'essai de M. Wollaston ne donne aucune proportion entre les éléments

[1] *Annals of philosophy*, janvier 1824.

de la humboldtite, et qu'il paraît en résulter seulement qu'elle contient de la silice, de la chaux et de l'acide borique.

Angles principaux.

Datholite.		Humboldtite.	Haytorite.
P sur M	= 90°.	90° 8′ 30″.	91° 41′.
M sur M	= 103° 25′ ou 76° 35′.	77° 25′.	77°.
P sur a^1	= 147° 45′	147° 50′.	147° 38′.
M sur a^1	= 114° 46′ 52″.	»	»
P sur $a^{1/2}$	= 129° 42′.	132° 56′.	135 ?
P sur b^1	= 121°.	»	»
M sur b^1	= 149°.	»	»
P sur $b^{1/2}$	= 141° 14′.	140° 50′.	141° 20′.
P sur a_3	= 126° 24′.	»	»
M sur a_3	= 140° 36′	»	»
M sur g^3	= 160° 38′.	161° 20′.	160° 50′.
M sur h^1	= 163° 16′.	»	»
P sur $e^{1/4}$	= 116° 41′ 56″.	116° 20′.	116° 42′.
M sur $e^{1/4}$	= 123° 33′ 54″.	»	»
h^1 sur $a^{1/2}$	= 140° 18′.	140° 50′.	141° 20′.

On remarquera que l'angle de P sur M est pour la humboldtite de 90° 8′ 30″. Si effectivement cet angle n'est pas droit, bien qu'il s'en rapproche beaucoup, cette espèce serait en prisme oblique, et dans ce cas, il y aurait lieu à adopter la distinction de Lévy.

Les cristaux de datholite sont tantôt complétement hyalins, tantôt d'un blanc laiteux. Dans le premier cas les faces sont très-miroitantes; elles sont mates et ont un éclat gras dans la seconde variété; leur cassure est éminemment vitreuse, leur pesanteur spécifique est de 29,89 ; leur dureté est de 5, à peu près la même que celle de la chaux phosphatée.

La couleur de la datholite est presque constamment le blanc légèrement verdâtre, quelquefois le blanc jaunâtre.

Exposée à la flamme d'une bougie, elle devient opaque, se désagrége et peut aisément se réduire en poudre entre les doigts : au chalumeau, gonfle et se fond en un globule d'une couleur rose pâle; réduite en poussière elle fait gelée dans les acides.

	Datholite d'Andréasberg, par Rammelsberg[1].	Botryolite, par *id*.	D'Arendal, par Rammelsberg[1],	par Stromeyer[2].	Oxyg.	Rapp.
Silice.	38,48	36,09	37,52	37,36	19,41	4
Chaux..........	35,64	35,22	35,40	35,67	10,02	2
Acide borique...	20,32	19,34	21,37	21,26	14,62	3
Eau.	5,58	8,64	5,71	5,71	5,08	1
	100,00	99,29	100,00	100,00		

Ces différentes analyses, très-rapprochées l'une de l'autre, conduisent à la formule :

$$Ca\, Bo^3 + Ca\, Si^4 + Aq.$$

Botriolite. — Minéral d'un blanc verdâtre, en concrétions globulaires, à cassure fibreuse, divergente, très-peu apparente, passant à la cassure vitreuse; ses globules présentent en outre des couches concentriques qui se séparent par écailles; ils sont quelquefois adhérents les uns aux autres, ce qui lui a fait donner le nom de *botriolite*, qui signifie pierre en grappes. Klaproth avait depuis longtemps montré que ce minéral contient de la silice, de la chaux, et de l'acide borique; l'analyse de Rammelsberg que j'ai transcrite ci-dessus me paraît établir sa réunion avec la datholite; on remarquera toutefois qu'elle contient une proportion plus forte d'eau, ce qui a engagé plusieurs minéralogistes à considérer la botriolite comme une espèce particulière.

Analogies. Gisement. — L'éclat, la couleur et la dureté de la datholite lui donnent quelque ressemblance avec la *chaux fluatée*, la *prehnite* et l'*anhydrite*; la manière particulière dont elle se comporte au chalumeau est un caractère qui ne laisse aucun doute sur sa nature.

Les premiers échantillons de datholite ont été recueillis à Arendal en Norwège; elle est associée à de la chaux carbonatée laminaire et à une roche de talc verdâtre; depuis elle

[1] *Handwörterbuch*, von Rammelsberg, t. Ier, p. 183.
[2] *Annales de Poggendorff*, t. XII, p. 155.

a été retrouvée à Andreasberg, au Hartz; dans la vallée de Glen Farg, dans le comté de Perth en Ecosse; dans une roche de trapp du Connecticut, dans la Nouvelle-Jersey, aux Etats-Unis. Nous citerons aussi les cristaux de Geiseralp en Tyrol, qui forment une veine dans une roche amphibolique, et dont quelques échantillons sont accompagnés d'apophyllite.

TOURMALINE.

Schorl électrique; Aphryzite; Apyrite; Indicolite; Daourite; Rubellite; Sibérite; Turmalin; Cockle.

Ce minéral, un des plus anciennement connus, portait, dans la *Minéralogie* de Valerius, le nom de *lyncurium* : celui de schorl, qui lui a été substitué dans la nomenclature allemande, a été emprunté au village de Schorlaw en Saxe, où ce minéral existe avec abondance dans une roche quartzeuse. La tourmaline est constamment cristallisée; quelquefois cependant les prismes s'allongent, deviennent des aiguilles plus ou moins déliées, qui donnent lieu par leur réunion à des masses bacillaires passant à la structure fibreuse.

Les cristaux de tourmaline appartiennent au système rhomboédrique; on y observe :

1° Cinq rhomboèdres, dont les signes sont P, b^1, e^1, $e^{1/2}$, e^3, a^4. L'angle du primitif est P sur P $= 133° 36'$;

2° Les deux prismes réguliers à six faces d^1 et e^2, qui se représentent dans presque tous les minéraux qui cristallisent dans le système rhomboédrique;

3° Enfin, des métastatiques au nombre de quatre, définis par les signes d^2, $d^{3/2}$, e_2, et $i = (d^1 d^{1/5} b^{1/4})$.

Toutes les modifications, à l'exception du prisme d^1, sont hémiédriques; le rhomboèdre primitif existe souvent aux deux sommets du cristal, mais dans quelques échantillons, cependant bien caractérisés, ces faces manquent au sommet supérieur, ainsi qu'on le remarque dans les *fig.* 426 et 427, *pl.* 215, qui représentent, la première la sibérite, la seconde un cristal de Campo Lango, à l'île d'Elbe. L'hémiédrie de la tourmaline se lie à sa propriété d'être électrique et polaire [1].

Les cristaux de tourmaline sont allongés; ils affectent la forme générale d'un prisme, tantôt à six faces d^1, tantôt à neuf faces; dans ce dernier cas, ils résultent du prisme d^1 et de trois des faces du prisme e^2 ; la suppression de trois des faces du second prisme se combine presque toujours avec un rétrécissement considérable des faces du prisme d^1 ; il résulte de cette disposition que les cristaux de tourmaline offrent souvent une coupe triangulaire qui les fait reconnaître à la première vue. Les *fig.* 421 à 425, *pl.* 214 et 215, montrent cette disposition.

M. Rose, auquel on doit un travail important sur la tourmaline [2], annonce que les trois faces du prisme e^2 que l'on observe sont presque toujours les mêmes, en sorte que si l'on décompose ce prisme en deux prismes triangulaires e^2, et e'^2, on peut assurer que ce dernier est fort rare; pour les autres modifications on observe tantôt la moitié supérieure, tantôt la moitié inférieure ; on a deux moyens pour savoir laquelle des deux moitiés existe sur les cristaux que l'on examine; le premier consiste dans la position du rhomboèdre primitif dont les faces, pour le sommet supérieur, s'appuient sur les faces du prisme e^2, ainsi qu'on le remarque dans les cristaux *fig.* 421, 422, 423, etc., *pl.* 214, tandis que dans le sommet inférieur l'arête d'intersection de deux des faces P correspond à la même face du prisme e^2; le second moyen est fourni par le plus ou moins de netteté de ces modifications, qui sont éclatantes à un des sommets, pendant qu'elles sont mates ou striées à l'autre extrémité.

Les rhomboèdres b^1 et e^1, *fig.* 430 et 434, sont presque aussi fréquents que le primitif; le rhomboèdre $e^{1/2}$, *fig.* 432,

---

[1] J'ai donné quelques détails sur l'électricité de la tourmaline dans le premier volume de cet ouvrage, p. 232. Je ne fais ici que rappeler cette propriété.

[2] *Annales de Poggendorff*, 1844.

se trouve également sur un grand nombre de cristaux ; la base des prismes à six faces existe le plus ordinairement au sommet supérieur, *fig.* 430, 433, 434; les cristaux de l'île d'Elbe et de Chursdorf en Saxe, *fig.* 431 et 434, présentent cette face à chaque sommet, jamais elle n'existe seulement au sommet inférieur. Elle est brillante au sommet supérieur et mate à l'autre extrémité.

Les métastatiques sont toujours hémièdres ; ils n'existent qu'à la partie inférieure du cristal ; le plus fréquent est celui donné par la loi d^2, *fig.* 426 et 431.

Ces observations sur la position des faces des modifications hémièdres appartiennent à M. G. Rose ; elles l'on conduit à déterminer la nature de l'électricité de chaque sommet, et par conséquent à fixer celle de chaque pôle de la tourmaline : il annonce que le sommet du cristal, composé du rhomboèdre primitif, placé sur les faces du prisme, est électrisé positivement par une élévation de température. Cette règle suffit dans la plupart des cas pour connaître chacun des pôles, attendu qu'il est peu de cristaux qui ne portent au moins des traces du primitif. Si le sommet surmonté du rhomboèdre P était cassé, la présence d'un métastatique suffirait pour cette détermination, ces genres de modifications paraissant appartenir exclusivement au sommet inférieur.

La couleur la plus générale de la tourmaline est le noir ou le noir brunâtre : c'est celle du véritable schorl; mais il en existe d'un grand nombre de variétés de couleur : l'île d'Elbe en fournit de presque complétement incolores, ou du moins n'ayant qu'une faible teinte rosée.

La *rubellite* de Sibérie est d'un beau rouge ; les tourmalines du Brésil sont souvent bleues; à Utö en Suède, il existe une variété d'un beau bleu indigo, *fig.* 429, *pl.* 215, qui a été désignée sous le nom d'*indicolite* par Dandrada; un grand nombre de tourmalines sont vertes, avec des teintes différentes. A Ceylan et au Brésil certaines variétés, d'un vert obscur, ont reçu des lapidaires le nom d'*émeraude du Brésil;*

les tourmalines du Saint-Gothard sont d'un vert clair ; le vert est presque aussi fréquent que le noir, mais les nuances en sont très-variables ; quelquefois même on voit la teinte se dégrader comme dans les pyroxènes. Les tourmalines bleues et vertes sont dichroïtes ; ces différences de teintes sont accompagnées de différences correspondantes dans le degré de transparence ; les tourmalines noires et brunes sont ordinairement opaques; les autres sont souvent complétement hyalines; elles possèdent une propriété particulière, qui consiste à polariser la lumière ; il en résulte que lorsqu'on reçoit un rayon de lumière à travers deux plaques de tourmaline taillées parallèlement à l'axe et croisées à angle droit, la partie du croisement est obscure : cette propriété est mise en usage pour étudier la nature de la double réfraction des cristaux. (Voir à ce sujet l'article *Double réfraction*, vol. Ier, page 263.)

Les différences de couleur et de transparence pourraient conduire à admettre plusieurs espèces de tourmalines, mais les facettes que l'on observe dans chacune de ces variétés sont les mêmes; les angles en sont identiques, aussi les propriétés optiques n'éprouvent aucune variation avec la couleur; sous ces rapports l'identité est complète. Il n'en est pas de même pour la composition qui est assez variable; mais ces variations ne présentent aucune règle fixe, et ne sauraient guider dans les divisions à établir. Les cristaux de tourmaline rouge sont généralement moins chargés de facettes que les noirs : pour faire ressortir cette relation entre la couleur et la forme, j'ai rangé les cristaux de tourmaline dont j'ai donné les figures par ordre de couleur ; les signes symboliques indiquent les modifications : elles sont les mêmes que pour la chaux carbonatée, seulement le rhomboèdre primitif qui sert de base à ces modifications est beaucoup plus obtus.

La pesanteur spécifique de la tourmaline est peu variable ; malgré les différences de composition, elle est comprise entre les nombres 30,69 et 30,76. Sa dureté est de 8. Elle raye facilement le verre ; la cassure est inégale et conchoïde. Au chalumeau, les variétés noires et brunes se boursouflent et fondent en une scorie noire. Les variétés vertes et rouges se boursouflent, mais ne fondent pas; la rouge est surtout complétement infusible : propriété qui avait engagé Haüy à la séparer sous le nom de *tourmaline apyre*.

La composition de la tourmaline est caractérisée par la présence de l'acide borique, mais elle offre, quant à présent, beaucoup d'incertitude, et il est impossible de représenter toutes les variétés par une même formule; on éprouve même de la difficulté à les réunir en plusieurs groupes. Cependant on admet généralement trois divisions qui correspondent à la nature de l'alcali qu'elles renferment : le tableau suivant est rangé d'après cette répartition de l'alcali :

	Bore.	Silice.	Alumine.	Oxyde de fer.	Ox. de mang.	Chaux	Magnésie.	Potasse.	Lithine
1° Tourmaline à lithine.									
Rouge de Rosena, par Gmelin	5,74	43,12	36,43	»	6,32	1,20	»	2,41	2,04
Rouge de Pern, par Gmel.	4,18	39,37	44,00	»	5,02	»	»	1,29	2,52
Verte du Brésil, *id*	4,59	39,16	40,00	5,96	2,14	»	»	»	3,59
Verte du Groënland	9,00	41,00	32,00	5,00	1,00	»	3,00	»	5,00
Bleue d'Utö, par Arfvedson	1,10	40,30	40,50	4,85	1,50	»	»	»	4,3
2° Tourmaline sodifère.								Soude.	
Noire de Bovey, par Gmel.	4,11	35,20	35,05	17,86	0,43	0,55	0,70	2,09	»
Verte de Chesterfield, par Gmelin	3,88	38,80	39,61	7,43	2,88	»	»	4,95	»
Noire d'Eibenstock	1,89	33,05	38,23	23,86	»	0,86	»	3,17	Fer.
Noire du Groënland	3,63	38,79	37,19	5,81	»	»	5,86	»	3,35
3° Tourmaline potassique.								Potasse.	
D'Eibenstock	»	36,75	34,50	21,00	»	»	0,25	6,00	»
Noire du Spessart	2,64	36,50	31,00	23,50	»	»	1,25	5,50	»
								Potasse et soude	
Noire de Käringbricka en Westmanland	3,83	37,65	33,46	9,38	»	0,25	10,98	2,53	»
Noire de Mucugnaga, par Le Play	5,72	44,10	26,36	11,96	»	6,50	6,96	2,32	»
Brune de Rabenstein en Bavière, par Gmel.	4,02	35,48	34,75	17,44	1,89	»	4,68	2,23	»

D'après ces analyses, les tourmalines rouges paraissent contenir généralement de la lithine, mais cet alcali n'est pas exclusif à cette variété de couleur ; la tourmaline verte du Groënland en renferme 5 pour 100, la bleue d'Utö 4,30 : quant aux tourmalines noires, elles sont chargées d'une grande proportion de fer : celle d'Eibenstock en contient 23,86; du Spessart, 23,5 ; toutefois, la tourmaline de Käringbricka, dans le Westmanland, quoique également noire, ne contient que 9,38 d'oxyde de fer. Ainsi la composition ne rend pas compte de la couleur, et on est obligé d'admettre, ainsi que je l'ai déjà indiqué pour le pyroxène, que le mode de formation influe sur la disposition moléculaire et produit des couleurs différentes.

Rammelsberg[1] résume l'article très-intéressant qu'il a donné dans sa *Minéralogie chimique* sur la tourmaline, en proposant les formules suivantes pour les différentes variétés de cette espèce :

	$\dddot{B}$	:	$\dot{R}$	:	$\dddot{Al}_2$	:	$\dddot{Si}$
Pour la tourmaline rouge de Pern..........	1	:	1	:	8	:	8
— — rouge de Rosena........	1	:	1	:	5	:	7
— — verte de Chesterfield....	2/3	:	1	:	5	:	5
— — brune de Rabenstein....	2/3	:	1	:	2	:	4
— — noire de Macugnaga.....	1/3	:	1	:	2	:	2

Ces formules, qui représentent assez exactement la composition des tourmalines auxquelles elles se rapportent, montrent que les relations atomiques sont très-variables, et qu'il est impossible de les grouper en une seule expression.

Tourmaline cylindroïde.—Fréquemment les aiguilles de tourmaline sont en prismes déformés par l'arrondissement de leurs faces et par de nombreuses cannelures qui semblent indiquer que les échantillons sont le résultat de plusieurs cristaux accolés. Malgré cette disposition, la coupe triangulaire est souvent encore apparente.

Aciculaire. —**Radiée.** — La tourmaline rouge de Sibérie est ordinairement en masse aciculaire radiée; les aiguilles augmentent de dimension en divergeant, et leurs extrémités

[1] *Handwörterbuch des chemischen Teils der mineralogie,* t. II, p. 243.

passent à la structure bacillaire ; elles sont dans ce cas presque toujours terminées par le rhomboèdre primitif ; la tourmaline noire se présente quelquefois aussi à l'état aciculaire, et aciculaire radié; elle offre alors beaucoup d'analogie avec l'amphibole noire, mais l'absence de clivage donne un moyen facile de distinguer ces deux minéraux.

Gisement. — La tourmaline existe avec abondance dans les terrains anciens; disséminée dans le granite et le gneiss d'une manière irrégulière, elle est distribuée d'une manière plus régulière dans le schiste micacé : ses cristaux s'étendent sur la surface des feuillets, où ils forment de petites veines très-minces; elle constitue une roche particulière, désignée sous le nom de *schorl rock*, composée de quartz et de tourmaline. Au Saint-Gothard la tourmaline, d'un vert clair, est engagée dans de la dolomie saccharoïde, qui est elle-même associée avec du calcaire compacte, que l'on rapporte à la période jurassique. Ce gisement de la tourmaline serait beaucoup plus moderne que les autres ; il appartient à cette variété particulière de terrains formés par la voie métamorphique, dans lesquels on observe un très-grand nombre de minéraux.

Angles principaux.

P sur P	= 133° 36′.	P sur e^2	= 117° 9′.
P sur a^1	= 152° 51′.	P sur b^1	= 156° 43′.
P sur e^1	= 141° 40′.	P sur e^3	= 143° 8′.
P sur d^1	= 113° 13′.	P sur $d^{3/2}$	= 138° 12′.
P sur e_2	= 158° 25′.	a^1 sur a^4	= 165° 36′.
b^1 sur b^1	= 155° 9′.	e^2 sur a^4	= 104° 24′.
e^1 sur e^1	= 103° 20′.	d^1 sur i	= 160° 54′.
e^2 sur e^2	= 120°.	e^2 sur i	= 169° 7′.
d^1 sur d^1	= 120°.	a^1 sur e^2	= 90°.
a^1 sur b^1	= 165° 36′.	a^1 sur d^1	= 90°.
a^1 sur $e^{1/2}$	= 152° 11′.	e^2 sur b^1	= 104° 24′.
e^2 sur e^1	= 135° 44′.	e^2 sur d^2	= 154° 1′.
e^2 sur d^1	= 150°.	e^2 sur $e^{1/2}$	= 117° 9′.
b^1 sur e^1	= 148° 40′.	b^1 sur d^1	= 102° 26′.
d^1 sur d^1	= 142° 8′.	d^1 sur $d^{3/2}$	= 155° 1′.
d^2 sur d^2	= 149° 26′.	d^2 sur d^2	= 116° 22′.
$d^{3/2}$ sur $d^{3/2}$	= 114° 4′.	$d^{3/2}$ sur $d^{3/2}$	= 137° 26′.
e_2 sur e_2	= 158° 48′.	e_2 sur e_2	= 136° 50′.

La plupart de ces angles sont ceux donnés par Haüy.

Analogies. — Les couleurs de la tourmaline et son éclat lui donnent de la ressemblance avec plusieurs minéraux dont les principaux sont : l'*amphibole*, le *pyroxène*, l'*achmite*, l'*ilvaïte*, l'*émeraude*, l'*épidote* et le *péridot*. Lorsque les cristaux présentent un pointement, l'examen de ce pointement est le meilleur caractère ; lorsque les prismes sont cassés, et que ce caractère manque, la coupe triangulaire de la tourmaline laisse rarement de doutes ; quand enfin le prisme à six faces domine, on distingue la tourmaline de l'amphibole et du pyroxène par les clivages que ces deux minéraux possèdent toujours ; de l'émeraude, par sa dureté, son infusibilité et son clivage parallèle à la base. L'achmite et l'ilvaïte ont une cassure résineuse ; la première présente des clivages parallèles aux faces ; la seconde est soluble dans les acides. La cristallisation du péridot et de l'épidote ne peuvent, dans aucun cas, donner des prismes de 120 degrés, et dont tous les angles sont égaux comme pour la tourmaline.

AXINITE.

Schorl violet ; Yanolite ; Thumite ; Thumerstein.

L'axinite a été pendant longtemps le seul représentant du sixième système cristallin ; ses cristaux presque toujours très-nets, dont les faces sont miroitantes, offrent des défauts de symétrie qui au premier abord ont jeté des doutes sur les lois qui président à leur dérivation. Sa forme primitive est un prisme oblique non symétrique, *fig*. 435, *pl*. 216, dans lequel :

P sur M = 135° 15'. P sur T = 115° 30'. M sur T = 134° 50'.
B : C : H : : 9 : 4 : 5.

la forme primitive est toujours très-dominante.

Fig. 436, *pl*. 217. Primitif, portant une modification sur l'angle I seulement. Ces cristaux simples proviennent de l'Isère et contiennent de la chlorite.

Fig. 437. *Idem*, avec une modification sur l'arête F; de l'Isère.

Fig. 439. Primitif portant des facettes, h^1, f^1, i^1, i^2 et c^2, de l'Isère.

Ce cristal réunit à lui seul les défauts de symétrie de chacun des trois autres; les facettes f^1, i^1, i^2 et c^2 n'ont pas de correspondantes, ce qui établit l'indépendance des différents éléments de l'axinite.

Fig. 440. Dans ces cristaux, qui appartiennent encore au beau gisement du Dauphiné, la forme primitive est dominante; elle porte seulement des facettes i^2, c^1, $c^{1/2}$, e^1, g^1, et i, que je n'ai pas indiquées dans les figures précédentes; la loi de dérivation de la face $i = (c^1\ f^{1/4}\ g^{1/2})$.

Fig. 441 et 442. Ces deux cristaux, qui proviennent de la mine de Bottalack en Cornouailles, ont un aspect entièrement différent de ceux de l'Isère; ce sont des plaques minces par suite de l'agrandissement de la base. Les faces M et T existent néanmoins; ces plaques sont appliquées les unes contre les autres presque sans adhérence. J'ai emprunté ces figures à M. Lévy, à qui l'on doit la description de cette variété d'axinite.

L'axinite possède deux clivages parallèles aux modifications g^1 et g^2; leur présence a engagé Haüy à considérer ces modifications comme les faces de la forme primitive; la disposition générale des cristaux rend celle que j'ai adoptée préférable.

L'axinite est ordinairement hyaline et violette, quelquefois elle est verdâtre; mais cette couleur est due à de la chlorite interposée. La teinte violette est produite par de l'oxyde de manganèse qui entre environ pour 3 pour 100 dans sa composition ; son éclat est vitreux.

Sa dureté est de 6,5 ; elle raye le verre ; sa pesanteur spécifique est de 32,71 ; au chalumeau elle fond avec bouillonnement en verre d'un vert foncé; la flamme du chalumeau est colorée en vert. Le borax donne la réaction du manganèse ; elle est inattaquable par les acides.

Les angles principaux de l'axinite sont :

P sur M	= 135° 25′.	M sur T	= 134° 50′.
P sur T	= 115° 30′.	T sur f^1	= 152° 5′.
P sur f^1	= 143° 26′.	T sur i	= 105° 16′.
P sur i	= 93° 47′.	T sur g^2	= 105° 14′.
P sur c^1	= 134° 43′.	M sur c^1	= 90° 27′.
P sur c^2	= 89° 53′.	M sur c^2	= 135° 25′.
M sur h^1	= 151° 5′.	T sur h^1	= 164° 20′.
M sur g^1	= 102° 20′.	T sur g^1	= 146° 55′.
M sur g^2	= 60° 49′.	T sur g^2 en retour	= 74° 46′.

La composition de l'axinite présente de l'incertitude, comme celle de tous les minéraux qui contiennent de l'acide borique ; néanmoins les analyses de Rammelsberg[1] ont une grande similitude et peuvent se représenter par une expression générale :

Du Dauphiné.		Oxyg.	Rapp.		De Tresebourg.	De Miask, en Oural.
Silice	43,686	22,696		6	43,736	43,720
Alumine	15,630	7,299			15,660	16,923
Oxyde ferrique	9,450	2,897	11,122	4	11,940	10,210
— manganique	3,050	0,926			1,369	1,158
Chaux	20,670	5,806			18,900	19,966
Magnésie	1,700	0,638	6,552	2	1,774	2,213
Potasse	0,640	0,108			»	»
Acide borique	5,610	3,858		1	6,621	5,810
	100,420				100,000	100,000

Ces rapports peuvent être groupés de la manière suivante :

$$2(Al, Fe, Mn)^2 Si^3 + (Ca, K, Mg)^2 Bi.$$

Rammelsberg propose les formules :

$$2 \left\{ \begin{matrix} \dot{C}a^5 \\ \dot{M}g^3 \end{matrix} \right\} \dddot{Si} + \left\{ \begin{matrix} \dddot{Al} \\ 2\dddot{Fe} \\ \dddot{Mn} \end{matrix} \right\} \dddot{Si} + \dddot{Bo}\,\dddot{Si}.$$

Axinite laminiforme. — A Thum en Saxe, il existe des échantillons d'axinite en masse, composés de lames croisées. Lorsque la couleur en est violette, ces échantillons portent assez distinctement les caractères de l'axinite, mais lorsqu'elle est verdâtre, ils sont très-difficiles à reconnaître. La manière de se

[1] *Handwörterbuch der mineralogie*, t. I, p. 72.

comporter au chalumeau décèle leur nature : cette variété a été désignée par le nom de *thumerstein*.

Gisement. — Les plus beaux cristaux d'axinite proviennent des montagnes de l'Oisans, dans le département de l'Isère; ils existent dans des filons quartzeux qui traversent les roches amphiboliques ; on la retrouve dans plusieurs autres points des Alpes ; on en connaît au Pic d'Ereslids, dans les Pyrénées, à Kongsberg en Norwège, dans le Cornouailles, etc. Dans cette dernière localité, elle remplit des géodes dans un filon stanifère.

LXIme GENRE. SILICO-TITANATES.

SPHÈNE.

Titane calcaréo-siliceux ; Titane silicéo-calcaire ; Titanite ; Menas ; Pictite ; Sémeline ; Ligurite ; Rayonnante en gouttière ; Spinthère.

Le sphène est un des minéraux qui présentent le plus de variété dans sa cristallisation. On est embarrassé dans le choix des faces que l'on doit prendre pour celles de la forme primitive ; car à ne considérer que les cristaux d'une certaine localité, on est conduit à un résultat différent de celui que fournissent les cristaux d'une autre localité. Haüy, qui ne connaissait que peu les cristaux, avait adopté pour la forme primitive un octaèdre rhomboïdal correspondant à un prisme rhomboïdal droit. M. Rose, dans une dissertation très-remarquable qu'il a publiée en 1820 sur cette espèce minérale, a montré qu'il dérivait d'un prisme rhomboïdal oblique. M. Lévy a également reconnu que les cristaux de sphène appartenaient au cinquième système cristallin, mais sa forme primitive est différente de celle de Rose.

Un minéral nouvellement découvert par M. Bertrand de Lom à Saint-Marcel en Piémont, et que j'ai décrit sous le nom de *greenovite*, paraît nécessiter que l'on change encore la

[1] *De sphenis atque titanitæ systemate cristallino.*

forme primitive du sphène; une analyse de M. Caccarié, par suite de laquelle la greenovite devait être considérée comme un titanate de manganèse, me l'avait fait regarder comme une espèce particulière; mais deux nouvelles analyses, l'une de M. Delesse, l'autre de M. Marignac, ayant établi d'une manière incontestable l'identité de composition de la greenovite et du sphène, il n'est plus possible de maintenir la première de ces espèces. La greenovite possède des clivages faciles, et ces clivages se retrouvent dans les cristaux de sphène du Saint-Gothard, circonstance qui a conduit à adopter pour forme primitive de ce minéral le solide de clivage de la greenovite. La forme primitive de M. Rose et de M. Lévy, et celle de la greenovite se déduisent par des lois assez simples; mais cette simplicité est loin de se reproduire dans les nombreuses modifications que l'on connaît dans le sphène.

M. Descloizeaux, dans un travail inédit, qu'il a eu la complaisance de me communiquer, a établi la concordance de ces trois formes primitives. Un second voyage qu'il exécute dans ce moment en Islande ne lui a pas permis de rédiger le Mémoire qu'il a l'intention de publier sur le sphène; je regrette cette circonstance qui me met dans l'impossibilité d'indiquer toutes les formes connues de sphène.

La base est la même dans les trois formes primitives que je viens de rappeler. Pour comparer les cristaux de M. Rose avec ceux de greenovite, il faut supposer que les premiers soient retournés de manière à amener en avant le plan T′ et la base P′; la correspondance a lieu de la manière suivante :

Greenovite.	Sphène de Rosa.	Sphène de Lévy.
M.	P′.	P.
M.	T′.	e .
$a^{7/5}$.	x.	a^2.
b'.	n.	$e^{1/3}$.
a'.	y.	a^1.

Cette correspondance résulte des angles suivants :

M sur M	= 111.	T′ sur T′	= 110° 54′.	e_3 sur e_3	= 110° 52′.
M sur b^1	= 108° 52′.	T′ sur n	= 108° 50′.	e^3 sur $e^{1/5}$	= 108° 42′.
P sur M	= 119° 10′.	P sur T′	= 119° 18′.	P sur e_3	= 119° 5′.

M sur a^1 = 71° 1′.	T′ sur y = 70° 25′.	»
P sur $a^{7/5}$ = 138° 12′.	P′ sur x = 137° 27′.	P sur a^2 = 141?
p^1 sur b^1 = 136° 48′.	n sur n = 136° 6′.	$e^{2/3}$sur $e^{1/3}$ = 136° 30′.
P sur b^1 = 145° 26′.	P′ sur n = 144° 53′.	P sur $e^{1/5}$ = 145° 12′.
P sur a^1 = 120° 30′.	P′ sur y = 119° 32′.	P sur a^1 = 120° 8′.

Les autres faces pour lesquelles la correspondance est établie sont :

Greenovite. Angles calculés.	Sphène Rose.
a_3 sur a_3 = 133° 56′ 22″.	l sur l = 133° 48′.
P sur a_3 = 86° 12′ 22″.	P′ sur l' = 85° 22′.
M sur a_3 = 149° 44′ 20″.	l' sur T′ = 150° 15′.
i sur i = 76° 12′ 40″.	M sur M = 76° 2′.
i sur P = 87° 27′ 25″.	M sur P′ = 86° 59′.
a_3 sur i = 151° 8′ 4″.	l sur M = 151° 7′.
M sur i = 151° 12′ 7″.	M sur T′ = 151° 35′.
e^1 sur e^1 = 114° 23′ 56″.	r sur r = 113° 30′.
P sur e^1 = 147° 11′ 58″.	P sur r = 146° 45′.
M sur e^1 = 135° 45′ 54″.	T sur r' = 135° 43′.

L'identité de ces nombreux angles, jointe à celle que j'ai signalée dans la composition, ne peut laisser de doute sur la réunion de la greenovite au sphène. Le *pictite* de Saussure, dont la *fig.* 454, *pl.* 220, indique la forme, est aussi un sphène ; les signes cristallographiques inscrits sur ses faces montrent la correspondance avec la greenovite.

Les *fig.* 444 et 445, *pl.* 218, appartiennent à la greenovite; la *fig.* 446 représente les cristaux les plus habituels du sphène des Alpes.

Fig. 447. Ces cristaux sont ordinairement groupés de manière à former une macle, dont la *fig.* 448, *pl.* 219, représente la coupe passant par la petite diagonale de la base et l'arête h; les deux cristaux élémentaires ne sont pas complets, en sorte qu'au lieu de former un X, on voit simplement un angle saillant et un angle rentrant, disposition qui a fait donner à cette variété le nom de *rayonnante en gouttière* ; les parties ponctuées indiquent celles qui sont supprimées.

Le sphène présente des couleurs variées; les cristaux du Saint-Gothard sont ordinairement gris verdâtre, vert grisâtre ou vert rougeâtre ; il en existe également de jaune orangé ; mais cette couleur est plus fréquente dans les petits cristaux du lac de

Laach. On en connaît à Arendal d'un vert olive foncé ; toutefois les cristaux les plus ordinaires de cette localité, qu'on voit dans toutes les collections; sont d'un brun foncé; ils appartiennent à la variété représentée dans les *fig.* 452 et 453, *pl.* 219 ; leurs faces sont très-brillantes, et ils offrent par leur couleur et même par leur forme de l'analogie avec la staurotide.

Les cristaux de *pictite* sont d'un gris sale, avec des reflets jaunâtres comme certains zircons de l'Oural. Leurs faces sont très-brillantes; il existe cependant des stries sur plusieurs d'entre elles.

La *greenovite* est rose, de la même couleur que le silicate de manganèse.

Les variétés de couleurs claires sont transparentes; les brunes sont opaques ; son éclat est vif et adamantin.

La cassure du sphène est inégale et légèrement conchoïde ; sa dureté est de 5,5, il raye la chaux phosphatée et il est rayé par le feldspath; sa pesanteur spécifique varie de 34,68 à 36.

Au chalumeau les variétés jaunâtres ne changent pas de couleur; les autres deviennent jaunâtres : elles sont l'une et l'autre légèrement fusibles sur les bords en un verre d'une couleur foncée; attaquable par l'acide hydrochlorique.

La difficulté de séparer la silice de l'acide titanique a laissé pendant longtemps de l'incertitude sur la véritable composition du sphène; les nouvelles analyses sont entièrement d'accord entre elles et conduisent à adopter pour cette espèce la formule : $\dot{Ca}^3\dddot{Si} + \ddot{T}^3\dddot{Si}$, ou $CaSi + Ti^2Si$.

	Sphène du Zillerthal, par H. Rose[1].	Brun d'Arendal, par Rosales[1].	Brun de Passae, p. Brooke.	Greenovite par Marignac[2].	Greenovite par Delesse[3].	Oxyg.	Rap.
Silice.	32,29	31,20	30,63	32,26	30,4	15,79	2
Acide titaniq.	41,58	40,92	42,56	38,57	42,0	16,68	2
Ox. ferreux. .	1,07	5,62	3,93	0,76	»	»	
— mangan.	»	»	»	0,76	3,8	0,85	1
Chaux.	26,61	22,25	25,00	27,65	24,3	6,83	
	101,55	100,00	102,12	100,00	100,5		

[1] *Annales de Poggendorff*, t. LXII, p. 253.

[2] Inédite. — [3] *Annales des mines*, t. VI, quatrième série, p. 332.

Le sphène du Zillerthal analysé par H. Rose était d'un aune verdâtre, il en a trouvé la pesanteur spécifique de 35,35.

Analogies. — Le sphène en cristaux gris verdâtre offre par sa forme et sa couleur de la ressemblance avec le *feldspath*; son éclat est plus vif, sa pesanteur spécifique est plus forte, dans le rapport de 34 à 26; il est moins fusible; enfin il ne possède pas le tissu lamelleux prononcé du feldspath. La variété brune d'Arendal présente par sa couleur de l'analogie avec le *grenat*, l'*idocrase* et la *staurotide*. L'étude des formes ne laisse aucune incertitude; le grenat et l'idocrase sont en outre fusibles avec facilité; la staurotide étant infusible, il faudrait constater la présence de l'acide titanique au moyen du sel de phosphore.

Gisement. — Le sphène est répandu avec une grande fréquence dans les roches granitiques; il y existe en cristaux disséminés dans la masse même de la roche; on le trouve avec abondance dans les granites de Normandie employés à Paris pour les trottoirs. L'obélisque de Louqsor, qui est une siénite rouge, en contient de nombreux petits cristaux jaunâtres; dans les Alpes et notamment au Saint-Gothard, il est associé aux roches feldspathiques; à Arendal en Norwège, il appartient aux gîtes de fer oxydulé; enfin on trouve également ce minéral dans les roches volcaniques; j'en ai recueilli des échantillons dans le phonolite de la roche sanadoire au Mont-Dore; M. Fleuriau de Bellevue en a observé dans les roches volcaniques d'Andernach; il avait donné le nom de *séméline* à cette variété dont la couleur est le jaune orangé et le jaune citrin. M. Rose, qui a également observé ces mêmes cristaux dans le trachyte vitreux qui forme les bords du lac de Laach, leur avait donné le nom de *spinelline*, qui est un diminutif de spinelle.

MOSANDRITE.

Erdmann[1] a donné ce nom à un minéral que l'on trouve en cristaux imparfaits et en masses lamelleuses d'un rouge

[1] *Jahresbericht*, t. XXI, p. 178.

foncé, dans la même localité que la leucophane ; elle est en masses d'un beau rouge foncé ; en lames minces, elle est rouge par transparence; elle possède plusieurs clivages, et a la même dureté que le spath fluor. Sa pesanteur spécifique est de 29,8; au chalumeau, elle dégage de l'eau et se fond en un verre d'un brun verdâtre; elle se dissout dans le borax en couleur améthyste, et donne avec le sel de phosphore les réactions du titane.

Ce minéral est, d'après un essai, composé de silice, d'acide titanique, d'oxydes de manganèse, de cérium et de lanthane, de chaux, de magnésie, d'un alcali et d'eau. On n'a encore fait aucune analyse quantitative de la mosandrite. Elle ressemble par quelques-uns de ses caractères au sphène; la proportion assez considérable d'eau qu'elle paraît renfermer, ainsi que les oxydes de cérium et de lanthane, éloignent ce rapprochement.

LXIIme GENRE. — SILICATES SULFURIFÈRES.

Dans les minéraux qui appartiennent à ce genre, l'analyse révèle la présence d'une certaine proportion de soufre. On ne connaît pas encore exactement le rôle que joue ce corps dans la composition des minéraux qui le contiennent ; mais pour plusieurs d'entre eux, notamment pour le lapis-lazuli, il est probable qu'il est à l'état de sulfure ; du moins c'est en introduisant du soufre en nature qu'on est parvenu à obtenir artificiellement de l'outremer, dont la richesse de ton est comparable au bleu de l'outremer naturel.

LAPIS-LAZULI.

Lazulite ; Zéolite bleue ; Outremer.

La belle couleur du lapis-lazuli l'a fait rechercher pendant longtemps pour des objets d'ornement ; on le taillait en forme de plaques que l'on faisait servir à la décoration des objets d'art. Aujourd'hui son seul usage est à peu près celui qu'en font les peintres auxquels il fournit le *bleu d'outremer*, qui produit des teintes d'une grande richesse de ton.

Le lapis-lazuli provient de la Perse et des environs du lac Baïkal en Sibérie; il y occupe un filon où il accompagne de la chaux carbonatée blanche ; souvent aussi il est mélangé avec de la pyrite de fer dont la couleur jaune d'or et le vif éclat rehaussent encore la teinte du lapis. Sa cassure est grenue, et offre toujours une disposition cristalline; très-rarement on y trouve des cristaux; ils appartiennent au système régulier. L'Ecole des mines possède un fort bel échantillon de lapis en dodécaèdre régulier; ses faces, nettes et miroitantes, sont facilement mesurables par le goniomètre à réflexion.

La dureté du lapis est de 5,5 ; il raye le verre; sa pesanteur spécifique est de 29,59 en cristaux ; en poussière elle est seulement de 27,6; il est soluble en gelée dans les acides. Exposé au chalumeau, il se fond difficilement en un globule d'abord bleuâtre, qui devient bientôt blanc; avec le borax il se dissout avec beaucoup d'effervescence et forme un globule transparent.

	Par Klaproth [1].		Gmelin [2].		Clément et Desormes [3].
Silice	46,0		49		35,8
Alumine	14,5		11		34,8
Soude	»	Potasse	8	Soude	23,2
Carbonate de chaux	28,0	Chaux	16		3,1
Sulfate de chaux	6,5	Acide sulfur.	2		»
Soufre	»		»		3,1
Oxyde de fer	3,0		4		»
Perte	2,0		10		»
	100,0		100		100,0

Ces analyses, quoique très-différentes entre elles, constatent cependant toutes la présence du soufre ; l'analyse de MM. Clément et Desormes est regardée comme celle qui donne la

[1] *Beitrage*, t. I, p. 189.
[2] *Journal de Schweigger*, t. XIV, p. 329.
[3] *Annales de chimie et de physique*, t. VII, p. 317, 1806.

véritable composition du lapis-lazuli; c'est en se servant du résultat qu'elle a fourni qu'on est parvenu à fabriquer de l'outremer artificiel.

HAUYNE.

Ce minéral se trouve en grains cristallins bleus et bleus verdâtres, quelquefois même en cristaux assez nets, disséminés dans les roches volcaniques. Leur forme est le dodécaèdre régulier; ils sont transparents ou au moins fortement translucides; leur cassure est inégale et conchoïde, leur éclat est vitreux.

La dureté de la haüyne est de 6; elle raye facilement le verre, quelquefois même le quartz. Sa pesanteur spécifique est indiquée de 26 à 33; soluble en gelée dans les acides; au chalumeau, elle perd sa couleur et fond en un verre bulleux; avec le borax elle se dissout avec effervescence en formant un verre transparent, qui devient jaune par le refroidissement.

Les analyses de la haüyne présentent des différences telles qu'il règne beaucoup d'incertitude sur sa véritable composition. Ces différences réunies à la variation dans la pesanteur spécifique, qui dépasse toutes les limites connues pour un minéral cristallisé, conduisent à supposer que l'on confond probablement plusieurs espèces sous le nom de *haüyne*; toutefois les caractères de ces minéraux ont une identité presque absolue.

	Du Vésuve, par Gmelin [1].		Du lac de Laach, par Bergmann [2].		De Niedermandig, par Varrentrapp [3].
Silice	35,48		37,00		35,012
Acide sulfurique	12,39		11,56		12,60
Alumine	18,87		27,50		27,415
Potasse	15,45	Soude	12,24		9,111
Chaux	12,00		8,14		12,552
Oxyde de fer	1,16		1,15	Fer	0,172
— de mangan.	»		0,50	Chlorure	0,581
Eau	1,20		1,50	Soufre	0,239
				Eau	0,619
	96,55		99,59		98,340

[1] *Journal de Schweigger*, t. XIV, p. 325.
[2] *Bulletin des sciences*, pour 1823, t. III, p. 406.
[3] *Annales de Poggendorff*, t. XLIX, p. 515.

Les cristaux de Marino au Vésuve diffèrent surtout de ceux du lac de Laach par la nature de l'alcali ; Rammelsberg réunit la haüyne au lazulite; la forme et la couleur de ces minéraux autorisent cette réunion ; la présence de l'acide sulfurique la confirmerait si la proportion n'en était pas aussi différente.

La haüyne est très-fréquente dans les localités citées ; j'ajouterai que les phonolites, notamment ceux de la roche Thuilière et de la roche Sanadoire, au Mont-Dore ; celui du Puy-Griou au Cantal, et du gerbier de jonc au Mezenc en contiennent avec quelque abondance.

SPINELLANE.

Nosine ; Nosiane.

Ce minéral a été réuni par Rammelsberg, par d'Alger et plusieurs autres minéralogistes, à la haüyne : sa composition ne s'oppose pas d'une manière absolue à cette réunion, et les analyses de spinellane ne diffèrent pas davantage de celles de la haüyne que celles-ci ne diffèrent entre elles. La forme cristalline du spinellane appartient au système régulier ; sous ce rapport, la réunion est encore naturelle. J'ai néanmoins conservé le spinellane comme espèce, par suite de sa différence de pesanteur spécifique, qui est seulement de 22,82, et de ses formes secondaires, *fig.* 457 et 458, *pl.* 220, qui sont des dodécaèdres réguliers portant des faces du cube et de l'octaèdre ; peut-être les échantillons de haüyne dont la pesanteur spécifique est indiquée de 26 devraient-ils être séparés de la haüyne, et réunis à l'espèce que je décris en ce moment.

La couleur du spinellane est brunâtre ou brun verdâtre ; son éclat est vitreux ; sa cassure est inégale et conchoïde ; il raye le verre. Au chalumeau, blanchit et fond aisément en émail blanc; se résout en gelée dans les acides.

	Par Klaproth [1].	Par Bergmann [2]		Par Varrentrapp [3].
Silice	43,0	38,50		35,993
Acide sulfurique	»	8,16		9,170
Alumine	29,5	29,35		33,566
Soude	19,0	16,56		17,837
Chaux	1,5	1,14		1,115
Oxyde de fer	2,0	1,50	Fer	0,041
— de mangan.	»	1,00	Chlore.	0,653
Eau	2,5	3,00	Eau	1,847
Soufre	1,0	»		
	48,5	99,11		99,222

Le spinellane provient du lac de Laach, dans les mêmes laves qui contiennent la haüyne : il a été découvert par M. Nosa, qui l'a décrit sous le nom de spinellane; quelques auteurs, notamment Bergmann, ont désigné ce minéral par le nom du savant qui l'a fait connaître.

HELVINE.

Ce minéral, dont on ne connaît que quelques échantillons, a été trouvé en 1816 à Schwartzemberg en Saxe, par Mohs, dans une veine de schiste talqueux, encaissée dans le gneiss. Werner lui a donné le nom d'*helvine*, par allusion à sa couleur jaune. La description en a été faite par Freisleben.

L'helvine est d'une couleur jaune de cire, tirant vers le jaune brunâtre; elle est en petits cristaux tétraédriques, *fig.* 459, *pl.* 220; quelquefois on voit des facettes sur chacun des angles du tétraèdre, *fig.* 460, *pl.* 221, lequel passe alors à l'octaèdre régulier; la cassure de l'helvine est inégale; elle est légèrement translucide sur les bords; son éclat est résineux; sa dureté est de 6,5; elle raye le verre. Gmelin a trouvé sa pesanteur spécifique de 31,66. Exposée au chalumeau sur le charbon, se fond avec effervescence dans la flamme de réduction, en un globule de même couleur que le minéral : dans la flamme d'oxydation la couleur devient

[1] *Beitrage*, t. VI, p. 371.
[2] *Bulletin des sciences* pour 1823, t. III, p. 406.
[3] *Annales de Poggendorff*, t. XLIX, p. 515.

plus foncée et la fusion plus difficile. Avec le borax elle donne un verre transparent, souvent coloré par le manganèse ; sa poussière se dissout dans l'acide sulfurique, en répandant une fumée épaisse.

La composition de l'helvine est, d'après Gmelin[1] :

	I.	II.
Silice	33,258	35,271
Glucine	12,029	8,026
Alumine avec un peu de glucine	»	1,445
Oxyde manganeux	31,817	29,344
Sulfure de manganèse	14,000	14,000
Oxyde ferreux	5,564	7,990
Résidu inattaqué	1,155	1,155
	97,823	97,231

L'helvine présente le seul exemple d'un sulfure jouant le rôle de base dans les silicates. Le dégagement d'hydrogène sulfuré qui a lieu lorsqu'on dissout ce minéral dans l'acide, ne permet aucun doute sur l'état de combinaison du soufre et du manganèse.

LXIIIme GENRE. — ALUMINATES.

SPINELLE.

Alumine magnésiée ; Rubis spinelle ; Rubis balais ; Rubicelle ; Ceylanite ; Candite ; Pléonaste.

Le spinelle était dans le domaine des joailliers longtemps avant que sa nature minéralogique fût connue : c'est Romé de Lisle qui l'a décrit le premier avec quelque exactitude, et qui a montré que ses cristaux étaient des octaèdres réguliers ; mais ce savant, ne connaissant pas les rapports qui existent entre les différentes formes, n'a pu réunir à cette espèce tous les minéraux qui s'y rapportent : aujourd'hui le spinelle comprend :

Le *rubis spinelle* des joailliers, d'un rouge ponceau assez vif ;

[1] *Annales de Poggendorff*, t. III, p. 53.

Le *rubis balais*, d'un rose violacé, rouge vinaigre;

La *candite* de Bournon, qui cristallise également en octaèdre régulier, mais dont la couleur est d'un noir foncé ;

La *ceylanite*, en cristaux octaèdres opaques, d'un vert foncé;

Le *pléonaste*, que sa forme en dodécaèdre régulier et sa couleur noire ont longtemps éloigné du spinelle. Chacune de ces variétés ont des compositions analogues : la seule différence consiste dans la proportion des bases isomorphes qui se remplacent, c'est-à-dire dans la proportion de magnésie, de protoxyde de fer et de chaux, mais elles sont toutes représentées par la formule (Mg, Fe) Al^3, dans laquelle un atome de magnésie est combiné à un atome d'alumine.

Ces différentes variétés ont été retrouvées depuis dans un grand nombre de localités; ainsi la ceylanite existe en cristaux octaédriques très-volumineux, de près de 1 décimètre de diamètre à Amity, près de New-York aux États-Unis.

La ceylanite paraît devoir sa couleur verte à du silicate de fer : du reste la composition ne rend pas un compte suffisant de sa couleur, car celle d'Amity ne contient pas d'oxyde de fer, et le pléonaste du Vésuve en est également très-peu chargé ; le spinelle fournit donc un nouvel exemple de l'influence du mode de formation sur la coloration de ses variétés.

Il existe en outre des spinelles blancs, blancs violacés, et blancs bleuâtres, qui proviennent du Pégu ; ceux d'Aker en Sudermanie sont d'un gris bleuâtre.

L'octaèdre, l'octaèdre émarginé, l'octaèdre transposé, le dodécaèdre rhomboïdal, et le même solide portant des troncatures de l'octaèdre sur ses angles triples, et des facettes a^2 sur ses angles quadruples, *fig.* 461, 462, 463 et 464, *pl.* 221, sont les seuls cristaux de spinelle que l'on connaisse. Les facettes additionnelles sont, du reste, toujours fort petites; en sorte qu'en réalité on ne remarque que deux formes dominantes : l'octaèdre, qui appartient au spinelle, à la ceylanite et à la candite, et le dodécaèdre, qui est particulier au pléonaste.

Sa cassure est conchoïde; la candite présente cependant des clivages octaédriques, suivant lesquels la cassure s'opère en partie. L'éclat du spinelle est vitreux; les variétés blanches, rouges, violettes et bleues sont hyalines ou du moins translucides; la ceylanite, la candite et le pléonaste sont opaques.

La dureté du spinelle est de 8; elle marche immédiatement après celle du corindon; il raye le quartz avec facilité. Sa pesanteur spécifique varie de 35,23 à 35,85.

Le spinelle est infusible; les variétés rouges se noircissent et deviennent opaques lorsqu'on les expose au chalumeau; mais en se refroidissant elles prennent par transmission une couleur d'un beau vert, elles sont ensuite presque incolores, enfin elles redeviennent rouges. Complétement inattaquables par les acides.

L'identité entre les différentes variétés de spinelle est établie par les analyses suivantes :

	Rubis spinelle, par Abich[1].	Oxyg.	Rapp.	Bleu, d'Aker en Sudermanie, par Abich[1].	Oxyg.	Rapp.	Vert d'Amity, par Thomson[2].	Oxyg.	Rapp.
Silice	2,02	»		2,25	»		4,596	»	
Alumine	69,01	32,22	3	68,94	32,17	3	62,788	29,32	3
Magnésie	26,21	10,14		25,72	9,95		17,868	6,91	1
Chaux	»	»	1	»	»	1	10,564	2,96	
Protox. de fer	0,71	0,06		3,49	0,79				
Ox. de chrome	1,10	0,31		»					
Calcaire							2,804		
Eau							0,980		
	99,05			100,17			99,600		

	Ceylanite, par Laugier[3].	Chlorospinelle de Slatoust en Oural, par Rose[4]. I.	II.	Oxyg.	Rapp.	Pléonaste du Vésuve, par Abich[1].		Oxyg.	Rap.
Silice	2,0	»	»	»		2,38			
Alumine	65,0	64,13	57,34	26,77	3	67,46	»	31,50	3
Per. de fer	»	8,70	14,77	3,36		25,94	9,04	10,18	1
Magnésie	13,0	26,77	27,69	10,67	1	5,06	1,14		
Pr. de fer	16,5	»	»			»			
Chaux	2,0	0,27	»			»			
Oxyde de cuivre	»	0,27	0,62			»			
	95,5	100,14	100,22			100,84			

[1] *Annales de Poggendorff*, t. XXIII, p. 305. — [2] *Traité de minéralogie*, t. Ier, p. 214.
[3] *Mémoires du Muséum*, t. XII, p. 183. — [4] *Annales de Poggendorff*, t. L, p. 652.

Chlorospinelle. — M. Gustave Rose a donné ce nom à un spinelle de l'Oural, dans lequel une certaine proportion d'alumine est remplacée par du peroxyde de fer. Les analyses que j'ai citées ci-dessus montrent que la relation 3 : 1 entre l'alumine et la magnésie n'en est point altérée ; le chlorospinelle se présente en petits octaèdres d'un vert d'herbe, de 6 à 7 millimètres de diamètre. Leur pesanteur spécifique est de 35,94. Ils sont infusibles au chalumeau.

Le spinelle est un des minéraux les plus recherchés par les lapidaires ; il est cependant moins estimé que le corindon rouge, qui est sensiblement plus dur et a plus de feu ; toutefois, lorsque le spinelle a un certain volume et qu'il est d'un rouge vif, il a une grande valeur ; quelquefois on le fait passer pour un rubis oriental. J'ai eu l'occasion d'étudier dernièrement un spinelle rouge d'une grande beauté, appartenant à M. Bischop ; son poids est 11 gram. 2903 : j'ai trouvé sa pesanteur spécifique de 35,842 à 3 degrés 85. Sa couleur est d'un rouge ponceau clair, avec une teinte violacée. M. Bischop l'estime de 100 à 110 mille francs.

J'ai également été chargé de l'examen d'un spinelle hyalin et complétement incolore, que l'on supposait être un diamant ou une émeraude blanche ; sa pesanteur spécifique, qui était de 35,275 à 10 degrés, se rapportait presque exactement avec celle du diamant : son éclat était beaucoup moins vif, mais j'ai pu m'assurer que c'était un spinelle, par l'angle sous lequel cette pierre polarisait la lumière ; je l'ai trouvé de 60° 45′, tandis que pour le diamant ce même angle est de 68 degrés. Ce spinelle blanc pesait 12 gram. 641. On l'avait rapporté taillé de l'Inde.

Analogies. — La forme régulière du spinelle le distingue de presque tous les minéraux : il existe bien des *zircons* en octaèdres ; mais quand on les retourne dans les différents sens, on reconnaît que les axes ne sont pas égaux, et par suite que les octaèdres ne sont pas réguliers. Le *spinelle noir* peut se confondre avec le *grenat* et avec certaines variétés de *fer oxydulé* qui sont mats : le spinelle est plus dur que le grenat; ce dernier est fusible en émail noir : quant au fer oxydulé, il est attirable à l'aimant.

Lorsqu'il est taillé, le spinelle présente plus d'analogies : le spinelle rouge peut, en effet, se confondre avec le *corindon rouge*, la *topaze brûlée*, la *tourmaline rouge* ou *sibérite; le grenat syrien;* les spinelles incolores offrent de la ressemblance avec le *diamant*, le *corindon blanc*, l'*aigue-marine*, le *quartz hyalin* et la *topaze* limpide de Sibérie.

Le spinelle est moins dur que le corindon : sa pesanteur spécifique est moindre, dans le rapport de 20 : 19.

Le diamant est plus dur ; son angle de polarisation est plus fort. La tourmaline est moins dure ; elle est électrique par la chaleur.

L'émeraude et le quartz hyalin sont beaucoup plus légers que le spinelle. La plus grande difficulté consiste dans sa distinction avec la topaze, dont la dureté et la pesanteur spécifique sont comparables : il faut, dans ce cas, avoir recours à l'angle de polarisation et à la recherche de l'indice de réfraction ; ces deux caractères, dont on ne fait pas assez souvent usage, sont très-précieux pour la détermination des pierres taillées.

Gisement. — Les variétés de spinelles rouges et verts appartiennent aux terrains anciens : on les trouve disséminés dans les granites, les gneiss et les roches amphiboliques; ses cristaux sont surtout abondants dans les sables qui proviennent de la destruction de ces terrains; j'en ai recueilli des quantités considérables dans le lavage des sables de la côte de Pyriac en Bretagne, que j'ai fait exécuter pour la recherche de minerais d'étain.

Le spinelle noir se trouve particulièrement dans les terrains volcaniques; il en existe dans les roches de la Somma, dans celles du Puy en Velay : il se pourrait toutefois que cette variété fût également du domaine des roches anciennes. La candite se trouve, en effet, dans les sables qui contiennent à la fois des tourmalines, des zircons, des grenats, des topazes, etc., qui proviennent de la destruction de ce genre de terrains.

GAHNITE.

Spinelle zincifère; Automalite; Automolith.

Ce minéral a été trouvé en 1805 par Gahn, dans une des mines des environs de Fahlun en Suède : il est en octaèdres réguliers, d'un vert foncé, disséminés dans un schiste talqueux. Sa cristallisation est donc la même que celle du spinelle, et sa composition conduit aux mêmes rapports atomiques ; seulement le zinc y remplace la magnésie presque en totalité ; la gahnite doit donc être considérée comme un spinelle zincifère ; elle établit, en outre, l'isomorphisme de l'oxyde de zinc avec la magnésie, la chaux, l'oxyde de fer et l'oxyde de manganèse. Ce minéral a été retrouvé à Franklin, dans les Etats-Unis. Les analyses suivantes montrent l'identité de ces minéraux entre eux ainsi qu'avec le spinelle :

	De Franklin,	De Fahlun en Suède, par Abich[1].	Oxyg.	Rapp.	
Alumine	57,09	55,14	25,75	27,54	3
Peroxyde de fer	»	5,85	1,79		
Oxyde de zinc	34,80	30,02	5,96	9,32	1
Protoxyde de fer	4,55	»	»		
Magnésie	2,22	5,25	2,03		
Silice	1,22	3,84			
Manganèse	une trace.	»			
Cadmium	»	traces.			
	99,38	100,10			

Ces rapports conduisent à la formule $(Zn, Mg)\ (Al, Fe)^3$.

La dureté de la gahnite est la même que celle du spinelle ; sa cassure est conchoïdale ; son éclat est vitreux, passant à l'éclat résineux : elle est translucide sur les bords ; sa pesanteur spécifique est de 42,32. Infusible au chalumeau ; réduite en poudre fine et mêlée intimement avec la soude,

[1] *Annales de Poggendorff*, t. LI, p. 283.

elle donne, au feu de réduction, une auréole très-sensible de fumée de zinc.

Analogies. — La gahnite a quelque ressemblance avec le *fer oxydulé* : elle est plus dure ; elle n'a pas d'action sur le barreau aimanté. Au chalumeau, elle donne des fumées de zinc ; sa pesanteur spécifique est moindre, dans les rapports de 42 : 50.

DYSLUITE.

Ce minéral provient de Sterling, dans la Nouvelle-Jersey, où il accompagne le fer oxydulé et la franklinite ; il est en octaèdres réguliers, d'un jaune brunâtre variant d'intensité dans chaque échantillon, disséminés dans un calcaire noir. La dureté de la dysluite est de 4,5 à 5 ; sa pesanteur spécifique est de 45,5. Son éclat est vif, du moins lorsque les faces des cristaux sont unies, ce qui n'a pas toujours lieu ; il offre peu de résistance au choc ; sa cassure est vitreuse.

Au chalumeau, il prend une couleur rouge, qu'il perd par le refroidissement, et la pièce d'essai ne paraît pas avoir éprouvé d'altération. Chauffé sur le charbon, il devient d'une couleur plus foncée, mais ne fond pas ; avec le borax se dissout très-lentement, et donne un verre transparent d'une belle couleur rouge de grenat.

La composition de la dysluite est, d'après une analyse de Thomson[1] :

				Oxyg.		Rapp.
Alumine	30,490	Alumine	30,490	14,23	22,80	3
Oxyde de fer	41,934	Peroxyde	27,960	8,57		
Prot. de mangan.	7,600	Protoxyde	12,550	1,64	47,83	1
Oxyde de zinc	16,800	Prot. de magn.	7,600	2,85		
Silice	2,966	Oxyde de zinc	16,800	3,34		
Eau	0,400					
	100,022					

Rammelsberg[2] suppose que l'oxyde de fer se trouve dans la

[1] *Minéralogie de Thomson*, t. 1, p. 220.
[2] *Handwörterbuch der mineralogie*, t. 1, p. 243.

dysluite, à la fois au minimum et au maximum d'oxydation, et il présente l'analyse de Thomson sous la seconde forme, dans laquelle la relation entre l'alumine et les bases à un atome est 3 : 1. La dysluite rentrerait alors, par sa composition comme par sa forme, dans le spinelle zincifère.

CYMOPHANE.

Chrysolite orientale; Chrysopal; Chrysobéril.

La plupart des échantillons de cymophane que l'on possède dans les collections sont en cristaux roulés : ils offrent alors des reflets bleuâtres avec une teinte laiteuse, qui semble flotter dans l'intérieur de la pierre, d'où Haüy a tiré sa dénomination ; les faces de ces cristaux étant à peu près effacées par le frottement, il en résulte qu'Haüy n'a connu la cristallisation de la cymophane que d'une manière imparfaite; c'est à G. Rose que l'on doit les premiers travaux cristallographiques sur ce minéral. M. Descloizeaux les a complétés dans un Mémoire qu'il a récemment publié [1]; ce minéralogiste a eu à sa disposition une fort belle suite de cristaux, réunie par M. de Drée, et qui fait actuellement partie de la collection de l'Ecole des mines.

Les cristaux roulés de cymophane proviennent de Ceylan et du Brésil; on les trouve dans les mêmes sables qui contiennent des cristaux de topazes, de corindons et autres minéraux durs, résultant de la destruction des terrains anciens; la cymophane a été retrouvée à Haddam, dans le Connecticut: dans cette localité elle est en cristaux disséminés dans une roche composée de feldspath lamelleux, de quartz et de grenat. Plus récemment on l'a recueillie dans l'Oural; ses cristaux beaucoup plus volumineux ont des caractères extérieurs différents de ceux du Brésil et du Connecticut : ceux-ci sont d'un jaune verdâtre, qui leur avait fait donner le nom de *chrysolite*, par comparaison avec certaines variétés de chaux phosphatée; la

[1] *Annales de chimie et de physique*, troisième série, t. XIII, p. 329.

cymophane de Sibérie est d'un beau vert émeraude, et les minéralogistes russes l'ont rapprochée de cette espèce par la dénomination de *chrysobéril;* l'apparence des cristaux est différente, mais leur forme est la même ; quant à la composition, elle est identique, sauf une très-légère proportion d'oxyde de chrome à laquelle elle doit sa couleur verte.

La dureté de la cymophane est de 8,5 ; elle raye fortement le quartz ; la pesanteur spécifique de la variété du Brésil est, d'après M. Awdjew, de 37,33. M. Rose a trouvé pour les cristaux de Sibérie 36,89. Sa cassure est inégale, conchoïde et légèrement vitreuse ; il existe un clivage difficile parallèlement à la base. M. Lévy annonce en avoir constaté un autre dans le sens des faces g^1 ; je n'ai pu l'observer.

La cymophane du Brésil est complétement hyaline ; elle possède deux axes de double réfraction, qui comprennent entre eux un angle de 31 à 32 degrés.

La forme primitive est, d'après M. Descloizeaux, un prisme rhomboïdal droit de 119° 51′, *fig.* 465, *pl.* 221 ; ses propriétés optiques, et les modifications que l'on observe sur les cristaux ne permettent pas d'adopter le prisme de 120 degrés. Ses dimensions sont 1 : 4 :: 62 : 25.

Les *fig.* 466, 467 et 468, *pl.* 222, représentent les cristaux du Brésil et de Ceylan ; ils sont tous fort allongés dans le sens de la petite diagonale; et une large face g^1 conduirait à les placer de manière que cette face soit verticale; mais cette position ne saurait s'accorder avec les cristaux du Connecticut et de Sibérie; ces deux dernières variétés sont toujours maclées.

La *fig.* 469 représente la macle de Haddam, qui existe également au Brésil : elle est formée de deux cristaux allongés offrant la forme du prisme à six faces, placés d'abord parallèlement, et dont l'un des cristaux élémentaires peut être censé avoir tourné de 60 degrés autour d'un axe perpendiculaire à la face P.

Les cristaux de l'Oural affectent la forme générale d'une

double pyramide à six faces largement basée, *fig.* 470, *pl.* 222. Dans quelques-uns la base est plane, et les cristaux paraîtraient simples, si l'on n'apercevait sur la surface de la base des stries qui y dessinent douze triangles; mais dans la plupart on y remarque six angles rentrants, indiqués sur le plan, *fig.* 471 ; du milieu de ces angles rentrants partent des lignes qui forment les limites des triangles que j'ai signalés. Ces macles sont le résultat de la réunion de trois cristaux sous l'angle de 60 degrés ; les stries existent sur les cristaux de Haddam et sur ceux de Sibérie, mais c'est surtout sur ces derniers qu'elles sont fortement indiquées.

J'ai emprunté les détails qui précèdent sur la cristallisation de la cymophane au Mémoire de M. Descloizeaux ; je vais également en extraire l'indication des principaux angles :

Incidences observées.	Calculées.	Incidences observées.	Calculées.
P sur M = 90°.	90°.	M sur M = 120°.	119° 50′.
P sur b^1 = 154° 50′	155° 3′ 59″.	M sur b^1 = »	114° 56′ 57″.
b^1 sur b^1 = »	156° 36′ 24″.	P sur $b^{1/2}$ = 137° 5′.	137° 5′.
M sur $b^{1/2}$ = 132° 55′.	132° 55′.	$b^{1/2}$ sur $b^{1/2}$ = 85° 50′.	85° 50′.
$b^{1/2}$ sur $b^{1/2}$ = 140° 20′.	140° 5′ 40″.	b^1 sur $b^{1/2}$ = 162° 15′.	162° 1′.
$b^{1/2}$ sur g^1 = »	109° 57′ 12″.	M sur a^1 = 123°.	122° 51′ 12″.
P sur a^1 = 140° 50′.	141° 10′ 45″.	a^1 sur $b^{1/2}$ = 160° 10′.	160° 2′.
M sur $a^{1/2}$ = »	137° 18′ 30″.	P sur $a^{2/3}$ = 129° 40′.	129° 38′ 36″.
P sur $a^{1/2}$ = »	121° 51′ 27″.	M sur $a^{2/3}$ = »	131° 47′ 13″.
$a^{2/3}$ sur $a^{2/3}$ = 100°.	100° 42′ 48″.	$a^{2/3}$ sur $b^{1/2}$ = »	154° 4′ 16″.
P sur e^1 = 155°.	155° 1′.	g^1 sur e^1 = 115°.	114° 59°.
e^1 sur e^1 = »	130° 2′.	P sur $e^{1/2}$ = 136° 40°.	137° 1′ 6″.
g^1 sur $e^{1/2}$ = 133°.	132° 58′ 54″.	e^1 sur $e^{1/2}$ = 162°.	162° 0′ 6″.
e^2 sur $e^{1/2}$ = »	94° 2′ 12″.	g^1 sur $e^{1/2}$ = 144° 40′.	144° 25′.
P sur $e^{1/2}$ = 125° 20′.	125° 34′ 44″.	$e^{1/3}$ sur $e^{1/3}$ = »	71° 9′ 28″.
P sur e_2 = 129° 20′.	129° 5′ 5″.	M sur e_3 = »	137° 10′ 23″
g^1 sur e_3 = 126° 30′.	125° 59′.	e_3 sur $b^{1/2}$ = 164°.	163° 58.
e_3 sur e_3 = 102° 20′.	101° 49′ 48″.	g^1 sur g^1 = »	60° 9′.

Ce dernier angle est celui de la macle.

La cymophane présente dans ses différents gisements une identité de composition remarquable : les analyses suivantes la font connaître :

	Du Brésil, par Awdjew[1].	De Sibérie, par Awdjew[1].	Oxyg.	De Haddam, par Damour[2].	Oxyg.	Rapp.
Alumine........	78,10	78,92	36,86	76,99	35,96	3
Glucine..........	17,94	18,02	11,40	18,88	11,94	1
Oxyde ferrique....	4,46	3,12	0,71	4,12	1,24	
Oxyde de chrome.	»	0,36	»	»		
— de cuivre et de plomb.......	»	0,29		»		
Sable............	»	»		1,1		
	100,50	100,71		100,00		

La formule qui résulte de ces analyses est $Gl\,Al^3$.

TURNÉRITE.

Ce minéral, que M. Lévy[3] a dédié à M. Turner, a été considéré comme appartenant à la variété de sphène désignée sous le nom de *pictite;* sa forme générale se rapporte effectivement aux cristaux de sphène; plusieurs des angles de cette espèce se retrouvent également sur la turnérite, mais le plus grand nombre en diffère; cette raison ne serait peut-être pas suffisante pour la création d'une espèce, si la composition n'était pas essentiellement différente; or, il paraît résulter d'un essai de Children que la turnérite serait un aluminate de chaux et de magnésie, tandis que le pictite est un silicate de chaux et de titane.

La turnérite est en petits cristaux jaunes, jaunes brunâtres, très-brillants, hyalins, ou du moins fortement translucides; sa forme primitive est un prisme rhomboïdal oblique, dont les angles sont P sur M $= 99° 40'$; MM $= 96° 10'$. Sa dureté est moins grande que celle du sphène; elle possède un clivage facile parallèlement à la modification g^1 : la *fig.* 472, *pl.* 223, représente les seuls cristaux décrits par Lévy; les angles qu'il a mesurés sont :

[1] *Annales de Poggendorff*, t. LVI, p. 118.
[2] *Annales de chimie et de physique*, troisième série, t. VII, p. 173.
[3] *Annals of philosophy*, avril 1823, nouvelle série, t. V, p. 241.

P sur $b^{1/2}$ = 119° 30′.	M sur $b^{1/2}$ = 140° 50′.
P sur $b^{3/2}$ = 153° 52′.	M sur $b^{3/2}$ = 106° 28′.
P sur e^{1} = 137° 22′.	P sur e^{2} = 155° 17′.
P sur e_{3} = 110° 11′.	M sur e_{3} = 144° 51′.
P sur a^{1} = 127° 35′.	P sur o^{1} = 142° 29′.
M sur h^{3} = 162° 15′.	M sur g^{3} = 161° 2′.
P sur g^{1} = 90°.	M sur g^{1} = 131° 55′.

La turnérite provient du mont Sorel en Dauphiné ; elle est disséminée sur le même quartz qui sert de gangue à la chrictonite lamelleuse : ce minéral est très-rare. M. Lévy annonce n'en avoir vu qu'un seul échantillon dans les collections de minéralogie de l'Angleterre. Je n'ai pas eu l'occasion de l'étudier.

SIXIÈME CLASSE.

COMBUSTIBLES.

Les minéraux qui constituent cette classe sont, pour la plupart, le produit de l'altération de substances organiques enfouies dans le sein de la terre; souvent encore ils portent des traces de leur origine, et lorsque, par exception, la cristallisation a effacé ce caractère, comme pour le *mellite*, il est rappelé par la nature des éléments qui entrent dans leur composition.

Les combustibles brûlent tous à une température peu élevée avec flamme, et en dégageant une odeur prononcée ; ils sont tendres et fragiles ; leur pesanteur spécifique, ordinairement très-faible, ne dépasse pas 16, l'eau étant prise pour 10.

L'altération que les corps organiques ont éprouvée par suite de leur enfouissement dans le sein de la terre et des phénomènes différents auxquels ils ont été soumis a donné naissance à des produits analogues à ceux que l'on obtient par l'incinération et la distillation de ces mêmes corps; on peut en distinguer trois groupes : les *résines*, les *bitumes* et les *charbons fossiles*. Leur séparation n'est pas complète, ce qui tient à ce que souvent les bitumes s'allient en proportions très-variables avec les résines et les charbons. Il en résulte que les espèces sont très-difficiles à limiter et que les échantillons qui les constituent présentent non-seulement des caractères extérieurs différents, mais n'offrent plus cette identité de composition chimique qui forme le lien entre toutes les variétés que l'on observe dans une même espèce minérale. La spécification des combustibles est donc fondée sur une moyenne de caractères qui, laissant du vague et de l'incertitude, permet d'en augmenter ou d'en resserrer le nombre, selon le point de vue auquel on se place. Je ferai connaître avec quelque détail les espèces qui se présentent avec une certaine fréquence, et je me contenterai de mentionner très-succinctement les espèces rares ou douteuses.

LXVe GENRE. — RÉSINES.

MELLITE.

Mellate d'alumine ; Honingstein des minéralogistes allemands.

Ce minéral, composé d'acide mellique, d'alumine et d'eau, est associé par plusieurs minéralogistes au genre alumine; ses principaux caractères étant analogues à ceux des résines, et sa position géologique étant la même que celle de ces combustibles, j'ai cru devoir réunir le mellite aux résines.

Il est le plus ordinairement en octaèdre à base carrée, *fig.* 473, *pl.* 223, dérivant d'un prisme dans lequel le côté de la base est à la hauteur à peu près dans le rapport des nombres 2 : 3. Outre cette forme, Haüy cite des dodécaèdres, *fig.* 474, des octaèdres épointés, et des octaèdres portant des indices des faces verticales du prisme, *fig.* 475, *pl.* 223.

Le mellite est d'un jaune brunâtre, un peu plus foncé que la couleur du succin ; il est transparent ou au moins translucide ; son éclat est résineux, sa cassure est conchoïde ; sa dureté est 2,5; il raye la chaux sulfatée et il est rayé par la chaux carbonatée ; sa pesanteur spécifique est de 15,97. Exposé à la flamme d'une bougie, il blanchit et perd sa transparence ; chauffé fortement, il blanchit de même, se charbonne, puis tombe en poussière. Soluble dans l'acide nitrique ; sa solution précipite par l'ammoniaque.

La composition du mellite est :

	Par Klaproth [1].	Par Wohler [2].	Calculée.
Acide mellique......	46	41,4	40,53
Alumine............	16	14,5	14,32
Eau................	38	44,1	45,15
	100	100,0	100,00

En adoptant pour la composition de l'acide mellique l'ex-

[1] *Beitrage*, t. III, p. 114.
[2] *Annales de Poggendorff*, t. VII, p. 325.

pression $C^4 O^5 M$, on peut représenter la composition du mellite par la formule $\ddot{A}l \, \overline{M}^3 + 18\dot{H}$, qui se rapporte presque exactement avec l'analyse ; car les proportions qui se déduisent de cette formule et que j'ai transcrites dans la dernière colonne, sont presque identiques avec les résultats de Wöhler.

Le mellite n'a été trouvé que dans une seule localité, à Artern en Thuringe ; il est adhérent à du bois bitumineux.

SUCCIN.

Ambre ; Lyncurion Démostr. ; Electrum ; Bernstein, Werner.

Le succin n'est pas un corps particulier ; il contient de l'*acide succinique* que son odeur agréable, connue sous le nom d'odeur d'*ambre*, caractérise d'une manière assez nette. Mais la proportion d'acide succinique varie dans des limites très-étendues, en sorte qu'on ne peut trouver entre les différentes variétés de succin l'identité de composition qui constitue une espèce minérale. Le succin forme des rognons de grosseurs variables, analogues à des globules de gomme ; très-fragile, sa cassure est constamment conchoïdale et son éclat résineux ; malgré sa fragilité, il raye la chaux sulfatée, mais il est rayé par la chaux carbonatée.

Le succin est d'un jaune orangé, *jaune d'ambre*, d'un jaune blanchâtre, d'un jaune rougeâtre, d'un brun rougeâtre et même d'un jaune grisâtre. Ces différentes nuances correspondent en général à des richesses différentes en acide succinique ; quelquefois entièrement diaphane, il est souvent demi-transparent ou même simplement translucide ; beaucoup de variétés sont opaques. L'ambre du commerce, taillé pour objets d'ornement, est d'un jaune orangé et transparent.

Sa pesanteur spécifique est de 10,81 ; chauffé à l'air libre, le succin entre en fusion à 287 degrés ; puis il s'enflamme et brûle avec une flamme jaunâtre, en répandant une odeur agréable et en laissant un résidu charbonneux ; il ne coule pas à la manière des bitumes; fortement électrique par le frottement, il donne l'électricité résineuse.

Le succin consiste en un mélange de plusieurs substances qui sont: une huile volatile; deux résines solubles dans l'alcool et dans l'éther; l'acide succinique, et un corps bitumineux qui résiste à l'action de tous les dissolvants et qui constitue la partie principale du succin.

La composition du succin est, d'après Drapiez :

		Composit. des cendres.		
Carbone........	80,59			
Hydrogène......	7,31			
Oxygène.......	6,73	Chaux......	1,54	
Cendres........	3,27	Alumine....	1,10	3,27
Perte.........	2,10	Silice.......	0,63	
	100,00			

Ces données ne sont que des approximations, parce qu'elles ont été déduites des analyses des produits que fournit le succin à la distillation, et des quantités relatives de ces produits que Drapiez a obtenues du succin de Trahenières.

Gisement. — Le succin se trouve associé aux lignites dans les terrains d'argile plastique et dans la partie inférieure des terrains crétacés; les localités où il en existe sont nombreuses ; les lignites du Soissonnais, les lignites d'Auteuil près Paris, ceux de Saint-Paulet dans les environs du Pont-Saint-Esprit dans le département du Gard, de Saint-Lon près Dax dans les Pyrénées, sont accompagnés assez fréquemment de succin ; on en recueille également dans les lignites du Groënland; mais la plus grande partie du succin vient des côtes méridionales de la mer Baltique en Prusse, où il est rejeté par la mer entre Kœnigsberg et Memel : quelquefois on l'a même trouvé sur les bords de la Scandinavie. On le recueille presque toujours sur la plage en fragments isolés, mais la drague en rapporte en outre d'adhérent à du lignite, en sorte que le gisement de la Baltique est le même que dans les autres localités que j'ai citées.

On a beaucoup discuté sur l'origine du succin : aujourd'hui, il paraît hors de doute qu'il provient de l'espèce d'arbre qui l'accompagne, et qu'il était originairement une résine dissoute dans une huile volatile ou un baume naturel. Les preuves à cet égard sont nombreuses; souvent, en effet, le succin offre l'empreinte des branches et de l'écorce sur lesquelles il a coulé, et à la surface desquelles il s'est fixé; il contient quelquefois dans son intérieur des insectes, dont quelques-uns sont si déliés, qu'ils n'auraient pu se trouver si librement au milieu de la masse, si celle-ci n'avait été très-fluide. Ces insectes sont différents de ceux de l'époque actuelle ; à Upsal, on voit, en outre, dans le cabinet d'histoire naturelle de la Société des sciences, un morceau de succin qui renferme dans son intérieur une corolle parfaitement conservée d'une plante phanérogame inconnue. Il résulte de ces détails que le succin a été originairement analogue aux résines qui s'écoulent encore aujourd'hui de nos arbres ; il se rapproche de la gomme copale par ses propriétés principales.

RÉTINITE.

Résinasphalte; Erdharz.

On a donné ce nom à des résines fossiles qui se trouvent tantôt dans des dépôts de lignite, tantôt accompagnant la houille; les rétinites ne présentent pas l'uniformité que l'on observe dans le succin et qui le caractérise d'une manière assez complète; toutefois les compositions de ces rétinites sont analogues en ce sens qu'elles contiennent, comme le succin, deux résines en proportions variables, dont l'une est soluble dans l'alcool, surtout dans l'alcool anhydre et dans l'éther contenant de l'alcool, tandis que l'autre est insoluble dans ces liquides.

Les rétinites se présentent sous forme de morceaux ronds, allongés, pesant parfois plusieurs onces, et entourés d'une écorce raboteuse d'un gris sale; elles ont une cassure résinoïde, qui offre ordinairement moins d'éclat que la cassure de la résine ordinaire; elles sont quelquefois translucides, presque toujours d'un gris jaunâtre, brun ou rougeâtre; leur pesanteur spécifique, très-rapprochée de celle de l'eau, varie de 10,70 à 10,40; les rétinites sont assez fusibles, moins que la résine ordinaire; elles s'enflamment facilement, brûlent avec une flamme luisante, fuligineuse, et en répandant une fumée dont l'odeur, analogue à celle du succin, n'est pas désagréable; après la combustion complète elles laissent un peu de cendres.

Rétinite de Halle. — Rétinasphalte. — Forme des rognons dans une couche de lignite brun des environs de Halle; elle est d'un brun jaunâtre ocracé; sa pesanteur spécifique est de 10,50 : Bucholz[1] a trouvé qu'elle était composée de :

Résine soluble dans l'alcool.....	91	100
Résine insoluble dans l'alcool....	9	

La résine soluble dans l'alcool était, après l'évaporation de cet agent, d'un jaune brunâtre : insoluble dans l'eau, très-peu soluble dans l'éther pur, l'éther ordinaire non rectifié la dissolvait aussi bien que l'alcool anhydre; les huiles de térébenthine et de pétrole ne la dissolvaient pas.

La partie insoluble dans l'alcool ne se dissolvait pas dans l'eau; l'éther pur n'en dissolvait, à l'aide de l'ébullition, qu'une très-petite quantité qui se déposait pendant le refroidissement; elle se dissolvait, quoique difficilement, dans les huiles bouillantes; chauffée, elle entrait difficilement en fusion, se décomposait et prenait une couleur noire en répandant une odeur agréable.

Bovey Coal. — Rétinasphalte de Thomson. — Rognons d'un jaune brunâtre, pâle, à cassure imparfaitement conchoïde, trouvés dans une couche de lignite à Bovey dans le Devonshire. Terreuse extérieurement, sa cassure présente un éclat résineux; très-fragile; sa pesanteur spécifique est de 11,35. On

---

[1] *Journal de Schweigger*, t. I. p. 293.

a trouvé au cap Sable, dans l'Amérique du Nord, un minéral analogue, ainsi qu'il résulte des analyses suivantes :

	De Bovey, par Hatchett[1].		Du cap Sable, par Troost[2].	
Résine soluble dans l'alcool...	55	99	55,50	99,50
Asphalte insoluble dans l'alcool.	41		42,50	
Cendres....................	3		1,50	

COPALE FOSSILE.

Résine de Highgate.

La copale fossile a été trouvée en quantité considérable dans une couche d'argile bleue, à Highgate près Londres ; elle est en fragments irréguliers d'un jaune brunâtre, d'un gris brunâtre, quelquefois translucides. Son éclat est résineux ; elle est plus dure que la colophane, mais plus molle que la gomme copale; sa pesanteur spécifique est de 10,46 ; elle fond sans se décomposer, en répandant une odeur qui n'est pas désagréable, et elle brûle avec flamme sans laisser de résidu. L'alcool n'en dissout qu'une quantité insignifiante, et l'eau la précipite de cette dissolution.

On a trouvé dans une ancienne mine du Northumberland, appelée *Settling-Stones*, une résine analogue à celle de Highgate; elle se présente sous forme de gouttes ou de fragments aplatis, plus ou moins arrondis, comme si elle avait été primitivement dans un état de fluidité ou de ramollissement ; elle est dure, mais fragile ; cependant il est difficile de la réduire en poudre au mortier ; sa couleur varie du jaune pâle au rouge foncé ; sa pesanteur spécifique est de 11,6 ; elle est opalescente; elle ne fond pas à 260° centig. ; mais elle brûle à la flamme d'une chandelle ; elle est presque infusible dans l'alcool. L'analyse de ces deux résines, faite par Johnston[3], les rapproche beaucoup ; il les a trouvées composées de :

---

[1] *Philosophical transactions*, 1804, pag. 404.
[2] *Amer. philosoph. trans* . t. II, p. 110.
[3] *Brewster Journal*, t. XIV, p. 87, 1835.

	De Highgate.		Du Northumberland.	
Carbone........	85,408	100	85,133	99,242
Hydrogène.....	11,787		10,853	
Oxygène.......	2,669		»	
Cendres.......	0,136		3,256	

La résine de Highgate peut être représentée par la formule $C^{44} H^{64} O$, et celle de Settling-Stones par la formule $C^2 H^3$. Les proportions qui résultent de ces expressions sont :

Acide carbonique	85,968	89,09
Hydrogène..........	11,228	10,91
Oxygène............	2,804	»
	100,00	100,00

Bérengélite. — Les échantillons de cette résine que Johnston [1] a examinés proviennent de la province de Saint-Juan de Berengela, dans l'Amérique du Sud ; on la trouve en quantité telle qu'on s'en sert à Arica pour calfater les navires ; on la recueille, à ce qu'on prétend, dans des espèces de lacs.

Elle est dure, fragile, s'écrasant sous l'ongle ; sa cassure et son éclat sont résineux ; elle est d'un brun sombre avec un reflet verdâtre ; elle donne une poussière jaune. Ses caractères extérieurs semblent indiquer qu'elle a passé par un état de ramollissement tel, qu'elle devait se prêter facilement à la compression ; elle est insoluble dans l'eau, mais elle se dissout facilement dans l'alcool et dans l'éther et donne des dissolutions brunes ; il ne reste qu'un faible résidu de matières terreuses. Comme toutes les résines, elle est à peu près insoluble dans une dissolution concentrée de potasse caustique, mais elle est attaquée par une dissolution étendue ; Johnston a trouvé pour sa composition :

	I.	II.	Par le calcul.
Carbone.......	72,472	72,338	72,036
Hydrogène.....	9,198	9,359	9,115
Oxygène.......	18,330	18,303	18,849
	100,000	100,000	100,000

[1] *Philosophical magazine*, t. XIV, p. 87, 1825.

La formule $C^{40} H^{62} O^{8}$ représente ces analyses d'une manière presque exacte, ainsi qu'il résulte des proportions calculées que j'ai transcrites dans la dernière colonne.

Guyaquillite. — Johnston, auquel on doit encore la détermination de cette résine, annonce qu'elle forme un amas considérable à Guyaquil dans l'Amérique Méridionale. Il en existe deux variétés : l'une presque homogène, d'un jaune clair, présentant une cassure grenue ; l'autre est mélangée d'une plus ou moins grande quantité de matières bitumineuses d'un brun foncé. La variété pure est opaque, plus dense que l'eau; elle est friable et se laisse facilement réduire en poudre; elle se dissout en grande quantité dans l'alcool et donne une dissolution d'une amertume extrême; elle commence à fondre à 75° cent., mais elle n'est complétement fondue qu'à 110° cent.

Johnston [1] a obtenu pour la composition de la guyaquillite les résultats suivants :

	I.	II.	Proportions calculées.
Carbone........	76,665	77,350	76,783
Hydrogène......	8,174	8,197	8,148
Oxygène........	15,161	14,453	15,069
	100,000	100,000	100,000

Ces éléments sont assez exactement représentés par la formule : $C^{20} H^{26} O^{3}$.

Middletonite. — En rognons arrondis, rarement plus gros qu'un pois, ou en veines de 2 à 3 millimètres de puissance, intercalés dans la houille de Middleton près de Leeds, dans le Yorkshire ; sa couleur est d'un brun rougeâtre par réflexion, et d'un rouge foncé par réfraction ; sa poussière est brun clair, transparente lorsqu'elle est en petits fragments; son éclat est résineux ; elle est dure, mais très-fragile ; sa pesanteur spécifique est de 16; soluble dans l'alcool. Elle n'est point altérée à 200 degrés centigr. Dans un creuset rouge, elle

[1] *Lond. and Edinburg. philos. Mag.*, mars 1838.

brûle à la manière de la résine. La composition de la middletonite est, d'après Johnston[1] :

	I.	II.	III.	Calculée.
Carbone......	86,133	85,440	86,738	86.565
Hydrogène....	8,007	8,029	8,046	7,772
Oxygène......	5,560	6,531	5,216	5,663
	100,00	100,000	100,000	100,000

La formule qui exprime ces proportions est :

$$C^{30}, H^{20} + H^{2}O.$$

Piauzite. — Haidinger a donné ce nom à une résine fossile, d'un brun noir clair, qui se trouve associée au lignite brun de Piauze, près de Neustadt. Sa pesanteur spécifique est de 12,2; elle fond à 315°cent., brûle avec une odeur aromatique et une flamme fuligineuse; elle contient 3,25 pour 100 d'eau hygroscopique et 5,96 de cendres; elle est très-fragile. (*Annales de Poggendorff*, t. LXII, p. 275.)

SUIFS DE MONTAGNE.

Les corps auxquels on a donné le nom de *suifs de montagne* forment un produit intermédiaire entre les résines et les bitumes; ils ont l'aspect de certains corps gras, notamment de la naphtaline et de la stéarine; ils se présentent sous forme de petites masses ou de petites écailles, lamelleuses, ou grenues, de couleurs très-claires; la plupart d'un blanc grisâtre, quelquefois jaunes. Ces petites masses, tantôt transparentes, tantôt opaques, ont un éclat nacré ; elles sont insipides, inodores et très-fusibles ; elles peuvent être distillées sans subir une altération notable: elles sont insolubles dans l'eau, mais elles se dissolvent dans l'alcool, dans l'éther, dans les huiles grasses et dans les huiles volatiles. Les alcalis ne les dissolvent ni ne les saponifient.

---

[1] *London and Edinb. philos. Mag.*, mars 1838.

Les suifs de montagne sont le produit de corps organiques différents; leur composition et leurs caractères présentent donc des variations notables, bien que l'ensemble de leurs caractères soit analogue; on en a examiné plusieurs variétés que je vais indiquer.

Scheerérite. — Cette espèce de suif de montagne provient de Saint-Gall dans les Grisons ; elle est en petites écailles, en petites paillettes cristallines disséminées à la surface de bois fossile et dans les fissures qu'il présente. Celles-ci sont mieux conservées, ont une texture cristalline prononcée ; la scheerérite est incolore, translucide, douée de l'éclat nacré, sans odeur, sans saveur, un peu plus pesante que l'eau ; elle est grasse au toucher et facile à briser entre les doigts. Elle se fond à 45°, et devient alors transparente ; la masse fondue conserve souvent sa liquidité, même après le refroidissement ; elle finit par se prendre en une masse cristalline composée d'aiguilles quadrilatères entrelacées. Elle se distille sans subir d'altération, et quand on condense ses vapeurs, elle cristallise. A l'air libre elle s'enflamme par l'action de la chaleur et brûle avec une flamme luisante, fuligineuse, en répandant une odeur qui n'est pas désagréable ; insoluble dans l'eau, elle est très-soluble dans l'alcool, et pendant l'évaporation spontanée, la matière dissoute se dépose en cristaux.

Fichtélite. — On a retrouvé dans du bois bitumineux d'Uznach, près Redwitz dans le Fichtelgebirge, un minéral analogue auquel Bromeïs a donné le nom de *fichtélite ;* il fond à 45 degrés et se dissout à 92°.

Konlite. — Kraüs a signalé dans la même localité, sous ce nom, une autre variété de suif de montagne, qui fond seulement, suivant ce chimiste, à 114 degrés. Ces variétés de scheerérite ont une composition très-analogue, mais leurs proportions présentent cependant des différences assez notables.

	De Saint-Gall, par Macaire Princeps [1].	par Kraüs [2].	Fichtelite, par Bromeïs [3].	par Tromnsdorff [4].	Könlite, par Kraüs [2].
Carbone....	73	92,49	89,3	92,43	87,446
Hydrogène .	24	7,42	10,7	7,57	11,160
	97	99,91	100,0	100,00	98,606

Les formules correspondant à ces analyses sont :

CH^4; CH; C^4H^6; CH et C^2H^3.

Les compositions calculées d'après ces formules sont :

Carbone.......	74,84	92,45	89,90	92,45	89,09
Hydrogène. ...	25,16	7,55	11,10	7,55	10,91
	100,00	100,00	100,00	100,00	100,00

Les résultats des quatre dernières analyses sont très-rapprochés les uns des autres, et il est probable qu'elles représentent le même minéral; peut-être celle de Princeps est-elle fautive.

Hartite. — Haidinger [5] a donné ce nom à un corps qui provient de Oberhart, près Gloggnitz en Autriche, et qui rappelle par sa couleur et sa translucidité tous les caractères de la cire; il est en petites tables à six faces, qui paraissent dériver d'un prisme de 100 degrés. Elles ont un clivage facile suivant P. Leur pesanteur spécifique est de 10,46 ; leur dureté est de 1 ; l'éclat de la hartite est gras et sa couleur le blanc sale ; elle fond à 74° ; deux analyses de Schrotter [6] donnent pour sa composition :

	I.	II.	Calculée.
Carbone.......	87,473	87,503	87,82
Hydrogène.....	12,048	12,105	12,18
	99,521	99,608	100,00

La composition de la hartite est presque identique avec celle de la fichtélite.

[1] *Annales de Poggendorff*, t. XV, p. 296. — [2] *Idem*, t. XLIII, p. 141.
[3] *Ann. der chem. und pharm.*, t. XXXVII, p. 304.— [4] *Idem*, t. XXI, p. 126.
[5] *Annales de Poggendorff*, t. LIV, p. 261. — [6] *Ebendas*, t. LIX, p. 37.

Ixolyte. — Cette variété de suif de montagne est analogue à l'hartite, elle en diffère par la température à laquelle elle fond ; elle se ramollit à 76 degrés, mais elle fond seulement à 100; Haidinger a tiré son nom de cette propriété : ἰξός, glu, et λύω se dissoudre. Elle provient également d'Oberhart, près Gloggnitz; sa dureté est représentée par le nombre 1 ; sa pesanteur spécifique est 10,08 ; éclat gras ; couleur rouge hyacinthe, se réduit en poussière entre les doigts et devient d'un jaune d'ocre ; sa cassure est imparfaitement conchoïdale, les fragments sont translucides. (*Annales de Poggendorff*, t. LVI, p. 345.)

Ozokérite. — Cette espèce ressemble à la cire par sa consistance et sa translucidité; sa couleur est le vert grisâtre par réflexion, et le brun ou brun jaunâtre par réfraction. Son odeur participe de celle de la cire et du bitume, elle fond à 78 degrés et se volatilise à 135; se ramollit par la chaleur de la main ; brûle avec une flamme claire et sans résidu ; insoluble dans l'eau, elle est au contraire presque entièrement soluble dans l'alcool; elle est soluble dans l'éther et l'essence de térébenthine; sa pesanteur spécifique est de 9,55.

L'ozokérite a été découverte par Meyer, à Slanick en Moldavie; elle est disséminée dans un grès qui est associé avec du sel gemme et du bois bitumineux. On annonce qu'elle y existe avec tant d'abondance, que les habitants s'en servent comme moyen d'éclairage. On trouve aussi près de Vienne, et à la mine de Urpeth dans le Northumberland en Angleterre, un minéral entièrement analogue, ainsi qu'il résulte des analyses suivantes :

	De Moldavie, par Magnus [1].	Par Schrötter [2].	D'Urpeth, par Johnston [3].	Calculée.
Carbone......	85,75	86,204	86,80	85,96
Hydrogène....	15,15	13,787	14,06	14,04
	100,90	99,991	100,86	100,00

[1] *Annales de chimie et de physique*, t. LXIII, p. 390.

[2] *Bibliothèque universelle*, 1836.

[3] *Lond. and Edinb. phil. Magaz.*, troisième série, 1838, t. XII, p. 389.

Ces trois analyses presque identiques conduisent à la formule CH^2.

Hatchetine. — Suif minéral. — Elle est d'un jaune clair ou d'un jaune verdâtre ; en fragments minces elle est translucide, fond à 76 degrés, et quand on la distille, elle passe en répandant une odeur bitumineuse et en laissant un faible résidu de charbon ; elle est soluble dans l'éther, et après l'évaporation spontanée de ce liquide, elle reste sous forme de gouttes molles et inodores.

L'hatchetine remplit de petits filons entourés de spath calcaire dans une mine de fer appartenant à la formation houillère du pays de Galles. Sa consistance est celle de la cire, son éclat est nacré. Conybeare, auquel on doit la découverte et la description de l'hatchetine, annonce qu'il en existe des échantillons en lames minces ; le plus grand nombre sont amorphes. On a retrouvé de l'hatchetine dans les comtés du centre de l'Angleterre ainsi que sur la côte de Finlande.

La composition de la hatchetine est la même que celle de l'ozokérite. Johnston [1] a en effet trouvé pour ses éléments :

Carbone........	85,910	100,534
Hydrogène......	14,624	

Ils sont représentés par la formule CH^2, qui caractérise l'ozokérite.

Suif de Loch-Fine en Ecosse. — Dans cette dernière localité, le suif de montagne nageait à la surface d'une tourbière ; sa pesanteur spécifique est de 6,078 ; il est incolore ; fond à 47° et se distille à 143 ; à l'état fondu il est transparent ; mais en se figeant il perd sa limpidité ; il se dissout dans l'alcool, l'éther, les huiles grasses, les huiles volatiles et le pétrole.

BITUMES.

Les bitumes paraissent pour la plupart être le résultat de la décomposition des corps organiques ; mais il en est pour lesquels cette origine est loin d'être certaine ; tels sont les bitumes qui s'écoulent des terrains volcaniques, ainsi que les huiles qui flottent à la surface de certains lacs. Les bitumes qui proviennent de la décomposition des corps organiques doivent donc présenter des différences correspondant à celles que ces corps affectent; souvent en outre on sait que ces genres de produits sont mélangés entre eux, en sorte que pour les bitumes, comme pour les résines et les suifs de montagnes, les espèces sont mal déterminées. Deux seulement, l'huile de naphte et l'asphalte, se présentent avec des caractères assez constants; mais les autres pourraient bien n'être que des mélanges en proportions variées de ces deux corps, ainsi que cela a lieu pour l'huile de pétrole et pour le malthe.

HUILE DE NAPHTE.

Incolore ou légèrement jaunâtre ; sa pesanteur spécifique est de 7,53; quand on la distille avec de l'eau elle laisse un faible résidu; elle est fluide comme l'alcool; son odeur est faible; elle entre en ébullition à la température de 85° et elle ne subit aucune altération à cette température. L'huile de naphte est insoluble dans l'eau, à laquelle elle communique néanmoins l'odeur qui la caractérise; elle peut être mêlée en toutes proportions avec l'alcool anhydre; l'alcool à 0,82 en dissout à 12°, un cinquième, et l'alcool de 0,84, un huitième de son poids; elle est miscible en toutes proportions avec l'éther et les huiles grasses; elle dissout les résines et l'asphalte. Cette dernière propriété fait que dans la nature l'on trouve constamment l'huile de naphte mélangée d'une certaine quantité de bitume qui la colore et lui donne une odeur quelquefois assez forte.

Elle est très-inflammable; sa vapeur s'enflamme par le contact d'un corps rouge et communique son embrasement à l'huile même.

La composition de l'huile de naphte est, d'après :

	Thomson.	Saussure.
Carbone......	82,2	88,02
Hydrogène....	14,8	11,98
	97,0	100,00

Berzélius adopte ces dernières proportions, qui donnent, pour la formule représentant cette huile, $C^3 H^5$.

Gisement.—On trouve l'huile de naphte dans un grand nombre de localités : il en existe à Salies, dans les Pyrénées, à Amiano, dans le duché de Parme, etc. L'espèce la plus pure se recueille en grande quantité en Perse, sur la côte nord-est de la mer Caspienne, à Baku, non loin de Derbent. La terre consiste dans ces endroits en une marne argileuse imbibée de naphte; on y creuse des puits jusqu'à 10 mètres de profondeur, dans lesquels l'huile de naphte se rassemble peu à peu en quantité assez considérable, en sorte qu'il est facile de la puiser. Dans quelques endroits, près de là, elle s'évapore en telle quantité des ouvertures qui existent dans la terre, qu'on peut l'enflammer ; elle continue alors à brûler jusqu'à ce qu'on l'éteigne, et assez souvent les habitants font cuire leurs aliments au moyen de ce feu.

HUILE DE PÉTROLE.

Cette huile est d'un jaune brunâtre plus ou moins foncé. Elle est moins fluide que l'huile de naphte, quelquefois même un peu sirupeuse; sa pesanteur spécifique varie de 8,36 à 8,78. Quand on la distille avec de l'eau, elle laisse une grande quantité d'une substance brunâtre molle et visqueuse; elle contient les mêmes principes que l'huile de naphte, mais dans des proportions différentes: peut-être pourrait-on la considérer comme cette huile tenant de l'asphalte en dissolution. Les différentes variétés d'huile de pétrole ne différeraient dans ce cas que par la proportion de bitume qu'elles auraient dissoute. Elle brûle avec odeur et en déposant beaucoup de suie.

Unverberden, en distillant l'huile de pétrole, obtint les résultats suivants :

1° Distillée avec de l'eau, il recueillit une huile incolore pesant 1/6 de l'huile employée, bouillant à 95°;

2° En continuant la distillation, une autre huile analogue, mais entrant en ébullition à 112°,5, pesant la moitié de l'huile de pétrole employée;

3° Il resta dans la cornue un résidu jaune qui fut distillé à une température où il n'entrait pas encore en ébullition; il obtint une troisième huile, jaune, douée d'une faible odeur, dont le point d'ébullition était 313° ;

4° Le résidu, traité par l'alcool, donna un suif de montagne qui cristallisait par l'évaporation.

Gisement. — L'huile de pétrole est très-fréquente ; elle est souvent associée avec les couches de combustibles fossiles, mais souvent aussi on ne voit pas de relation entre les sources de pétrole et les dépôts de matières organiques enfouies dans la terre; telles sont celles qui sourdent de porphyres ou des terrains volcaniques.

A Coalbrookdale en Angleterre, il existe une source de pétrole abondante qui prend son origine dans une couche de houille; à Gabian, dans le Languedoc, le pétrole est également en relation avec le terrain houiller ; à Neufchâtel en Suisse, il paraît associé à des lignites tertiaires ; au Puy-de-la-Poix en Auvergne, on recueille un bitume liquide qui donne de l'huile de pétrole et de l'asphalte. On recueille également une grande quantité d'huile de pétrole à Amiano dans le duché de Parme, au Mont Ziblio près de Modène, ainsi qu'au Monte-Ciaro, près de Plaisance; près des îles du Cap-Vert on a vu de grandes masses de pétrole nager à la surface de la mer. Dans ces dernières localités, on ne voit pas de relation entre ce bitume et des dépôts de corps organiques. Le pays des Birmans est la localité principale d'où l'huile de pétrole s'exporte en Europe. La ville de Rainanghong est le centre d'un petit district qui renferme plus de cinq cents sources d'huile de pétrole en activité; le terrain consiste en une argile sablonneuse qui repose sur des couches de grès et d'argile. Audessous on trouve une couche puissante d'un schiste argileux bleu pâle, qui est imbibée de pétrole; on creuse à deux ou trois mètres de profondeur dans cette couche ; l'huile de pétrole se rassemble dans les cavités qu'on y a pratiquées, et il n'est plus nécessaire que de la recueillir.

ASPHALTE.

Bitume de Judée; Karabé de Sodôme; Baume de momie.

La plupart des bitumes que le règne minéral fournit paraissent se rapporter à cette espèce, ou être le résultat d'un mélange d'asphalte et de pétrole.

L'asphalte ressemble extérieurement à la houille, mais sa cassure, toujours homogène, est conchoïde et brillante; il est d'un noir foncé, d'un noir de poix, d'un brun noirâtre; par le frottement il se charge d'électricité résineuse ou négative; sa densité varie de 10,7 à 12 ; il entre en fusion à la température de l'eau bouillante, s'enflamme facilement et brûle avec une flamme luisante en répandant une fumée épaisse et laissant peu de cendres; à la distillation sèche il donne une huile bitumineuse particulière, très-peu d'eau, des gaz combustibles et des traces d'ammoniaque. Il laisse environ un tiers de son poids de charbon, lequel produit, par la combustion, une petite quantité de cendres contenant de la silice, de l'alumine, de l'oxyde ferrique, et quelquefois un peu de chaux et d'oxyde manganique.

Suivant John, l'asphalte peut être décomposé, par différents dissolvants, en trois substances distinctes : l'eau ne lui enlève rien :

1° L'alcool anhydre dissout 5 pour 100 de son poids d'une résine jaune, qui reste, après l'évaporation de l'alcool, sous forme visqueuse. Cette résine ne réagit pas à la manière des acides;

2° La portion non attaquée par l'alcool cède à l'éther 70 pour 100 du poids de l'asphalte d'une résine qui colore l'éther en brun; après l'évaporation de l'éther, cette résine est colorée en noir ou en brun noirâtre, et se dissout facilement dans les huiles volatiles et dans l'huile de pétrole ;

3° Enfin la partie de l'asphalte insoluble dans l'éther est, au contraire, très-soluble dans l'huile de térébenthine et dans l'huile de pétrole.

Gisement. — Il y a une vingtaine d'années, la plus grande partie de l'asphalte qu'on trouvait dans le commerce provenait de la mer Morte qui le rejette sur ses bords où on le recueille ; c'est de là que lui vient le nom de *bitume de Judée ;* on en tirait également de grandes quantités de l'île de la Trinidad. Aujourd'hui que l'asphalte est devenu une matière très-importante pour les constructions, notamment pour faire des enduits dans les lieux humides, ainsi que pour la construction des trottoirs, etc., on recherche ce bitume avec soin. En France il en existe à Seyssel, où il est disséminé dans un grès appartenant aux terrains tertiaires ; à Lobsan, dans un terrain analogue : à Dax, dans les Landes, on le trouve également dans un sable tertiaire ; mais il paraît en relation avec les ophites qui se font jour au milieu de ce terrain, en sorte que ce gisement aurait de l'analogie avec les bitumes qui s'écoulent des terrains volcaniques ; l'asphalte de Monestier, dans le département du Cantal, appartient à ces derniers terrains : il est disséminé dans un tuf basaltique.

Il faut ajouter à ces deux genres de gisements, aujourd'hui très-nombreux, le bitume disséminé dans les calcaires, qui joue un rôle très-important dans l'industrie. A Seyssel, où nous venons de signaler du bitume liquide dans le grès tertiaire, existe un calcaire bitumineux qui est également exploité.

Malthe ou **Poix minérale.** — La ligne de séparation entre ce bitume et le précédent est peu tranchée : le malthe, désigné aussi sous le nom de *bitume glutineux, goudron minéral,* et de *pisasphalte,* est mou et glutineux ; les bitumes de Dax, du Puy-de-la-Poix s'y rapportent par conséquent aussi bien que l'asphalte ; le malthe, toutefois, est constamment mou, tandis que l'asphalte devient solide. Quant à la composition, elle est analogue, sauf le rapport entre les trois éléments indiqués par John. Le malthe contient ordinairement de l'huile de naphte, et c'est à sa présence qu'est dû le ramollissement de ce bitume ; il offre une espèce de passage entre l'huile de pétrole et l'asphalte, se rapprochant d'autant plus de la première qu'il contient davantage de pétrole, et réciproquement.

BITUME ÉLASTIQUE.

Caoutchouc fossile; Élatérite; Dapêche.

Les premiers échantillons de ce bitume ont été trouvés, en 1673, dans la mine de plomb de Matloc dans le Derbyshire, par le docteur Lister, qui le prit pour une espèce de champignon. En 1797 Hatchett en inséra la description dans les *Transactions de la Société Royale*, et montra que sa composition se rapporte aux bitumes : un minéral analogue a été trouvé depuis dans la mine de charbon de Montrelais, près de Nantes, ainsi que dans la mine de charbon de terre de South-Bury, dans le Massachussets.

Le bitume élastique est en rognons plus ou moins considérables, brunâtres, tirant quelquefois sur le verdâtre; compressible entre les doigts, il est extensible et élastique, surtout lorsqu'il a été chauffé dans l'eau bouillante : certains échantillons sont durs comme le cuir.

Ordinairement plus léger que l'eau, sa pesanteur spécifique est de 9,05; il entre facilement en fusion et s'altère en même temps. A une température plus élevée il prend feu et brûle avec une flamme luisante et fuligineuse, en laissant quelquefois jusqu'à 1/5 de son poids d'une cendre composée principalement de silice et d'oxyde ferrique. Si l'on chauffe dans un vase distillatoire le bitume élastique du Derbyshire, il donne une eau acide et une huile volatile analogue à l'huile de naphte; il reste dans la cornue une masse brune, visqueuse, insoluble dans l'eau et dans l'alcool, soluble dans l'éther et dans la potasse caustique. Si l'on continue la distillation, il ne reste dans la cornue qu'un charbon noir et brillant, et il se distille une huile pyrogénée, dont l'odeur rappelle en même temps celle de l'huile de succin.

Henry jeune[1] a trouvé, pour la composition de ce bitume :

	Du Derbyshire.	De Montrelais.
Carbone.....	52,250	58,260
Hydrogène. .	7,496	4,890
Azote.......	0,154	0,104
Oxygène. ...	40,100	36,746
	100,000	100,000

Des recherches récentes de Johnston donnent, pour le bitume élastique, une composition tellement différente de celle obtenue par Henry, qu'il est difficile de supposer que ces deux chimistes aient opéré sur des produits semblables.

Johnston a analysé trois variétés de bitume élastique provenant du Derbyshire, le seul que l'on trouve dans toutes les collections :

1° Bitume de couleur brune, fortement compressible, gras et adhérent un peu aux doigts, fusible à 208° ;

2° D'un brun plus foncé, ayant beaucoup de ressemblance avec le caoutchouc ordinaire ;

3° Plus dur et plus brillant que les deux variétés précédentes, mais devenant mou et élastique par la chaleur.

Il a obtenu pour la composition de ces trois variétés :

	Première variété.	Deuxième variété.		Troisième variété.	
Carbone.......	85,474	84,385	83,671	85,958	86,177
Hydrogène.....	13,283	12,576	12,535	12,342	12,423
	98,757	96,961	96,206	98,300	98,600

La perte que présentent ces analyses est due à de l'oxygène.

[1] *Journal de chimie médicale* pour 1825.

Les rapports qui caractérisent ce bitume seraient, d'après Johnston[1], CH^2, les mêmes que pour l'osokérite.

Idrialine. — Le minerai de mercure d'Idria en Carinthie est disséminé dans une roche bitumineuse qui contient un bitume particulier auquel on a donné ce nom. L'idrialine est d'un noir brunâtre, avec une teinte rouge; elle est fusible à une température comprise entre 200 et 240 degrés. D'après une analyse de Schrötter, il y a des échantillons qui contiennent jusqu'à 77 pour 100 d'idrialine : cette variété de bitume contient, d'après :

	Schrötter [2].		Dumas [3].	Calculé.
Carbone.......	94,50	94,80	94,9	94,84
Hydrogène.....	5,19	5,49	5,1	5,16
	99,69	100,29	100,0	100,00

Ces analyses sont exactement représentées par la formule C^3H^2, et les éléments calculés sont presque identiques avec ceux obtenus directement.

CHARBONS FOSSILES.

J'ai désigné sous le nom générique de *charbons* les combustibles fossiles qui se trouvent en grand dans la nature, et qui laissent à la distillation une proportion de coke toujours considérable. Ces minéraux fournissent à l'industrie, à raison de cette composition, des combustibles d'un emploi avantageux; mais il existe entre leurs usages des différences qui correspondent à leur richesse en charbon, à leur état d'agrégation, à l'abondance et à la nature des matières volatiles qu'ils contiennent, enfin à la quantité de cendres qui résulte de leur incinération.

Les différences dans la composition des charbons fossiles sont en partie indiquées par leurs caractères extérieurs, elles sont en outre, pour la plupart, en rapport avec l'ancienneté

1 *Lond. and Edinb. philos. magaz.* pour 1838. Juillet, p. 23.
2 *Baumgartner's Zeitschrifft,* t. III, p. 245.
3 *Annales de chimie et de physique,* t. L, p. 193.

des terrains dans lesquels ils sont enclavés. Cette double circonstance me conduit à réunir tous les charbons fossiles dans les quatre groupes suivants :

Le *graphite* ;

Les *anthracites*, combustible des terrains de transition ;

Les *houilles*, combustible du terrain houiller ;

Les *lignites*, combustible des terrains postérieurs à la formation houillère.

Ces divisions ne sont pas absolues, car on trouve dans les terrains houillers des couches anthraciteuses : elles ne sont pas même exactes, les calcaires des Alpes contenant à la fois du graphite et des anthracites; mais elles sont générales et représentent l'ensemble des caractères des charbons fossiles ; en effet, les terrains de transition proprement dits ne fournissent que bien rarement, peut-être même dans aucun cas, un combustible capable de remplacer la houille dans la fusion des minerais de fer. De même, les combustibles d'un âge plus récent que la houille ne produisent pas sous le même volume une température propre au travail des hauts fourneaux ; les caractères extérieurs s'accordent également avec ces divisions; l'anthracite, plus compacte, plus dure que la houille, offre le plus généralement une cassure conchoïde. La houille, presque toujours schisteuse, est fragile et s'écrase par le plus léger choc ; les lignites possèdent, dans le plus grand nombre des cas, un tissu qui rappelle leur origine organique, tandis que pour l'anthracite et la houille la structure ligneuse est entièrement effacée ; enfin la densité décroît de l'anthracite à la houille, de la houille au lignite et du lignite au bois des tourbières. Ces caractères, nous le répétons encore, ne sont pas absolus : les lignites ont quelquefois la compacité de la houille; celle-ci possède, dans certains cas, un tissu fibreux propre aux végétaux; mais ce ne sont en réalité que des exceptions, nombreuses peut-être dans les détails, mais qui disparaissent dans une étude d'ensemble, la seule qu'on puisse faire pour des minéraux qui ont une origine commune, et qui ne doivent leurs caractères actuels qu'à une altération plus ou moins profonde des végétaux qui les ont produits.

Ces divisions sont, à très-peu de chose près, les mêmes que celles de Werner ; le célèbre professeur de Freyberg divisait en effet les combustibles fossiles en trois groupes, savoir :

1° **Glanzkohle**. Charbon éclatant. — Anthracite.

2° **Schwarzkohle.** Charbon noir. — Houille.

3° **Braünkohle.** Charbon brun. — Lignites.

Les sous-divisions étaient :

Glanzkohle.

a. Schieffrige-glanzkohle. Anthracite schisteuse.
b. Musliche glanzkohle. Anthracite conchoïde.
c. Mineralische holzkohle. Charbon de bois fossile.

Schwarzkohle.

a. Pechkohle. Houille piciforme.
b. Grobkohle. Houille grossière.
c. Schiefferkohle. Houille schisteuse.
d. Blœtterkohle. Houille lamelleuse. Houille feuilletée.
e. Kennelkohle. Houille compacte.

Braünkohle.

a. Bituminôses-holz. Bois bitumineux.
b. Erdkohle. Lignite terreux.
c. Moorkohle. Lignite friable.
d. Alaunerde. Lignite pyriteux. Terre alunifère.
e. Gemeine braünkohle. Bois bitumineux commun.

GRAPHITE.

Plombagine ; Plumbago ; Mine de plomb ; Fer carburé.

Le graphite renferme 95 à 96 pour 100 de carbone. Cette richesse en carbone l'a souvent fait considérer comme du carbone natif, et on en a réuni la description à celle du diamant; mais les impressions végétales que l'on observe fréquemment dans les roches au milieu desquelles il est enclavé m'ont engagé à placer le graphite au rang des combustibles fossiles, dont il ne possède, il est vrai, aucun des caractères extérieurs : il est d'un gris demi-métallique, qui rappelle celui de certains métaux, et le fait vulgairement désigner sous le nom de *mine de plomb*, bien qu'il ne renferme pas une trace de plomb. Il est constamment cristallin; doux et onctueux au toucher, il est tendre, s'égrène sous les doigts, et laisse, si on le frotte sur le papier, des taches d'un gris métallique plombé; la propriété de laisser des traces sur le papier le rend d'un usage précieux pour la fabrication des crayons, et c'est le graphite qui forme la base des crayons dits de *mine de plomb*, connus en France sous le nom de *crayons de Comté.*

Le graphite a été classé pendant longtemps avec le fer, sous le nom de *carbure de fer;* mais des analyses du graphite de Borrowdale dans le Cumberland, qui forme la base des crayons de Brookmann, si estimés pour le dessin, n'accusent, au plus, qu'un demi pour 100 d'oxyde de fer, tandis que le carbone y entre pour 96 pour 100; il contient en outre 2,50 de matières volatiles; cette substance doit donc être regardée maintenant comme du carbone cristallin.

Sa pesanteur spécifique varie, suivant sa pureté, de 20,89 à 22,45; le plus pur est le plus léger.

Le graphite, toujours cristallin, est quelquefois en petites tables, ou pour mieux dire en petites paillettes hexagonales assez nettement déterminées; il est ordinairement lamellaire ou grenu. On l'indique comme schisteux, mais cette dernière texture ne lui est pas propre; elle n'existe que dans le graphite impur et elle est due à la roche avec laquelle il est mélangé.

Infusible, inattaquable par les flux, le graphite brûle très-difficilement par l'action de la flamme extérieure du chalumeau.

Analogies. — Le graphite présente une certaine analogie avec le molybdène sulfuré; lamelleux, onctueux au toucher et d'un gris métalloïde, il est tendre comme ce minéral; sa couleur, beaucoup plus foncée que celle du molybdène, et qui se rapproche du gris d'acier, au lieu du gris de plomb, permet de le distinguer sans essai; tous ses caractères chimiques sont différents, et, sous ce rapport, la distinction est facile; en effet, le molybdène sulfuré se dissout dans l'acide nitrique, ou plutôt il est attaqué par cet acide qui le transforme en une poussière jaune qui est de l'acide molybdique. Au chalumeau il se décompose, donne une odeur d'acide sulfureux, fume et laisse sur la surface du support un dépôt pulvérulent mais qui ne brûle pas; sa pesanteur spécifique, qui est de 46 environ, est aussi un excellent caractère de distinction.

Gisement. — Le graphite est très-fréquent, mais il se présente rarement en masses exploitables; il appartient essentiellement aux terrains de transition, dont il colore fréquemment les roches; souvent même des gneiss, des schistes micacés, sont enduits d'une légère couche noire graphiteuse tachant les doigts. Cette couleur a, dans plusieurs localités, conduit à faire des recherches de charbon qui n'ont été et ne pouvaient être couronnées de succès.

Les gisements essentiels de graphite constituent, pour la plupart, des amas, des veines qui paraissent intercalées dans la stratification, et seraient par suite contemporains à ce terrain; c'est dans ces circonstances que nous l'avons vu dans les environs de Pontivy en France, et à Borrowdale près de Keswick dans le Cumberland; dans ce dernier lieu, le gîte de graphite constitue des rognons alignés qui forment une espèce de chapelet. Lorsque les rognons ou nodules ont une certaine dimension, le graphite est de qualité supérieure, et son prix s'élève jusqu'à 400 fr. le kilogramme. Quand le graphite est impur et qu'il ne produit que de la poudre, il est sans valeur et son usage se borne à donner une couleur noire grossière dont on se sert pour noircir l'intérieur des cheminées ou pour garantir le fer de la rouille; la Bavière possède également un gîte assez important de graphite.

Le terrain de lias des Alpes, qui contient de l'anthracite sur plusieurs points, offre quelques gisements de graphite, notamment au col du Chardonnet, près de Briançon; ce graphite, accompagné d'empreintes végétales, n'est autre chose que l'anthracite, qui a perdu, par une action postérieure, les matières volatiles qui lui étaient propres, et qui a en outre pris la structure cristalline. Ces altérations remarquables sont accompagnées d'un durcissement du schiste, ainsi que d'un changement dans la texture du grès associé au graphite; les caractères du grès le font même regarder comme du quartzite; ces changements sont en outre en rapport avec des filons de porphyre amphibolique qui traversent toute la montagne et le gîte de graphite même; il est donc naturel de penser que l'existence du graphite se lie au phénomène de métamorphisme dont les Alpes présentent tant d'exemples.

La plupart des gîtes de graphite nous paraissent exister dans des circonstances analogues; leur concordance avec la direction des couches des terrains de transition dans lesquelles on les observe, montre que le graphite est contemporain du dépôt de ces roches, formées toutes par la voie de sédiment. Il est donc naturel de supposer que dans la plupart de ses gisements le graphite est le résultat de végétaux enfouis; toutefois il se pourrait qu'il y eût du graphite natif comme du diamant, et l'on pourrait regarder celui qui colore certaines roches cristallines comme appartenant aux mêmes causes qui ont fourni le carbone répandu en si grande quantité dans les roches calcaires, à l'état d'acide carbonique.

ANTHRACITES.

Les anthracites sont d'un noir grisâtre, toujours douées d'un certain éclat demi-métallique, quelquefois très-prononcé. Leur pesanteur spécifique varie de 16 à 20 ; elles n'atteignent ce dernier nombre que lorsqu'elles sont très-impures; au feu elles brûlent difficilement à cause de leur compacité; elles ne s'embrasent que lorsqu'elles sont en grandes masses et soumises à une chaleur très-élevée; les morceaux isolés s'éteignent presque immédiatement; ils ne s'agglutinent pas entre eux, comme cela a généralement lieu pour la houille. L'anthracite décrépite à la première impression de la chaleur : cette circonstance a empêché jusqu'à présent de l'employer seule pour le travail des hauts-fourneaux; les petits fragments dans lesquels elle se divise encombrent le fourneau, s'opposent à la circulation de l'air, nuisent à la combustion, et arrêtent la fusion des minerais.

On distingue l'*anthracite vitreuse*,

L'*anthracite commune*.

La première, complétement homogène, offre une cassure conchoïde dans tous les sens ; très-éclatante, elle a un reflet demi-métallique prononcé; très-dure, ses fragments sont à bords tranchants; sa pesanteur spécifique est de 16. C'est l'anthracite la plus pure. Celle de Pensylvanie peut être regardée comme le type de cette variété.

L'*anthracite commune* est souvent écailleuse, un peu lamellaire ; elle présente quelques parties brillantes analogues au graphite; elle est d'un noir plus foncé, souvent impure; sa pesanteur spécifique est variable.

La quantité de charbon que l'on obtient par la distillation de l'anthracite s'élève ordinairement à 90 pour 100; elle n'est jamais inférieure à 85 pour 100, abstraction faite des cendres; la proportion de celles-ci est quelquefois très-considérable, elle dépend des matières argileuses qui y sont mélangées; les analyses suivantes, dues à M. Berthier et dans lesquelles on a cherché seulement le charbon, les matières volatiles et les cendres, font connaître cette composition des anthracites; ces genres d'analyses, désignées sous le nom d'*immédiates*, sont différentes des analyses élémentaires, dans lesquelles on confond le carbone qui existe dans les matières bitumineuses volatiles avec le charbon donné par la distillation :

	De Maudre (Isère).	Pensylvanie.	Moutiers.	De Sablé.
Charbon..........	91,3	88,0	70,8	69,3
Cendres...........	2,7	4,0	21,4	24,6
Matières volatiles..	6,0	8,0	7,8	7,1
	100,0	100,0	100,0	100,0

L'anthracite de Sablé, dans laquelle il existe 24,6 pour 100 de cendres, contiendrait environ 89 pour 100 de charbon, si elle n'était pas mélangée à une grande quantité de matière terreuse étrangère aux végétaux qui la composent; la faible quantité de matières bitumineuses qui entrent dans la composition de l'anthracite rend compte de la propriété qu'elle possède de ne pas s'agglutiner à la manière de la houille.

HOUILLES.

Les houilles sont en général d'un beau noir que l'on désigne sous le nom de *noir de velours*. Leur cassure est souvent lamelleuse, ou pour mieux dire schisteuse; elles sont fragiles et peu dures; leur poussière est noire, leur pesanteur spécifique varie de 11,6 à 16; l'hectolitre en morceaux pèse, à Rive-de-Gier, 80 à 90 kilogr.; elles sont très-peu hygrométriques.

Elles donnent à la distillation des gaz combustibles, de l'eau souvent ammoniacale, des huiles bitumineuses, et un charbon dur, brillant, d'un gris d'acier, appelé *coke;* la plupart des houilles se ramollissent par l'action du feu et leurs fragments s'agglutinent; certaines variétés conservent leurs formes et ne s'agglomèrent pas : on appelle les premières *houilles grasses*, et les secondes *houilles sèches*; ces dernières forment un passage aux anthracites.

La quantité de coke que laisse une houille varie avec la température; cependant la différence est peu grande, elle est au plus de 6 pour 100. Les houilles les plus médiocres produisent au moins 45 pour 100 de coke, la majeure partie des houilles en donnent 60; pour quelques-unes cette proportion s'élève à 85 pour 100, elles se rapprochent alors des anthracites.

Les matières volatiles sont des mélanges en proportions très-variables d'hydrogène carboné, de gaz oléfiant, d'hydrogène pur, d'oxyde de carbone, d'acide carbonique, d'azote, de vapeurs huileuses, d'acide hydrosulfurique et d'un peu d'ammoniaque.

La proportion relative de ces différentes substances dépend de la nature de la houille et du degré de chaleur à laquelle on la soumet; elle n'est pas non plus la même, aux différentes époques de l'opération.

La houille distillée en grand, dans les établissements d'éclairage, fournit moyennement 300 litres de gaz par kilogr. pour certaines houilles; notamment pour le Cannel-coal, cette proportion s'élève jusqu'à 400 litres.

Les houilles brûlent avec une flamme jaunâtre accompagnée de fumée, en répandant une odeur bitumineuse; la flamme dure plus ou moins longtemps, suivant la nature de la houille; et quand elle a disparu il reste un coke incandescent qui continue à brûler, si la température du foyer est suffisamment élevée ; le coke s'éteint très-promptement lorsqu'il est couvert de cendres.

On remarque souvent une grande variation dans la qualité de la houille provenant d'une même mine; chaque contrée de mines a en outre ses qualités particulières, et comme elles sont appliquées à des usages spéciaux, elles reçoivent des noms locaux qu'on ne saurait indiquer. Ces différences dans les qualités de la houille, jointes aux passages qu'elles présentent entre elles, rendent la classification de ces combustibles très-difficile; toutefois on peut grouper les houilles dans trois grandes catégories :

Les **houilles sèches ;**

Les **houilles grasses**

Les **houilles maigres**.

Les analyses immédiates suivantes font connaître le rapport du coke, des matières volatiles et des cendres dans chacune de ces trois variétés.

Houilles sèches.

	Mons.	Fresnes.	Rolduc.	Pays de Galles.	Charbon minéral.
Charbon	85,0	82,4	87,7	79,3	91,9
Cendres	2,3	4,2	2,7	1,3	3,9
Matières volatiles	12,7	13,4	10,3	19,4	4,2
	100,0	100,0	100,0	100,0	100,0

Houilles grasses.

	Alais.	Rive-de-Gier.	Carmeaux.	Decazeville.
Charbon	68,1	66,5	71,50	64,5
Cendres	6,4	2,0	3,50	6,3
Matières volatiles	25,5	31,5	25,00	29,2
	100,0	100,0	100,00	100,0

Houilles maigres.

	Cublac.	Tuchan.	Blauzy.	Épinac.
Charbon	70,25	56	76,48	74,75
Cendres	7,40	20	2,28	5,65
Matières volatiles	22,35	24	21,24	19,60
	100,00	100	100,00	100,00

Houille sèche.— Elle ressemble en grande partie à l'anthracite; de couleur plus claire que la houille grasse, elle tire sur le gris d'acier; sa cassure est plutôt conchoïdale que feuilletée, cependant quelques variétés possèdent ce dernier genre de texture. C'est cette houille qui dans le pays de Galles est actuellement passée directement dans les hauts-fourneaux. Elle brûle avec difficulté, ne se gonfle pas et ne s'agglutine que légèrement; elle donne souvent un résidu abondant. Souvent aussi cette variété de houille contient des pyrites; elle produit alors en brûlant une odeur sulfureuse prononcée; elle ne peut dans ce cas être employée au travail des hauts-fourneaux, mais elle peut être brûlée avec avantage dans les fourneaux à réverbère; lorsqu'elle contient beaucoup de cendres, son usage le plus essentiel est la fabrication de la chaux.

On doit associer à la houille sèche les parties noires fibreuses, friables, que l'on désigne souvent sous le nom de *charbon de bois minéral*, parce qu'il en a en effet conservé la texture ligneuse. La composition que j'ai indiquée ci-dessus à la suite des houilles sèches montre qu'il s'en rapproche par sa richesse en charbon.

Houille grasse. — Cette espèce est généralement feuilletée; cette disposition est ordinairement le résultat d'une succession de petites couches de natures diverses, les unes spéculaires, très-éclatantes, à cassure conchoïde; les autres ternes, schisteuses, noires et tachant les doigts. Ces couches appartiennent à deux qualités de houille distinctes qui se sont superposées l'une sur l'autre et se sont probablement formées dans des circonstances différentes ; la partie éclatante brûle avec une belle flamme et en produisant une chaleur considérable; la partie terne est toujours sèche; la nature de la houille dépend de la proportion de ces deux éléments, et comme leurs proportions varient à l'infini, il en résulte que les qualités de houilles offrent également de grandes variations. En France, les houilles grasses[1] sont souvent désignées sous le nom de *houilles maréchales*, parce qu'elles sont éminemment propres au travail de la forge.

La **houille maigre** est généralement un peu plus légère

[1] En Angleterre, on admet généralement les quatre divisions suivantes dans les houilles de bonne qualité :

1° *Caking-coal*, houille collante;
2° *Splint-coal*, houille esquilleuse;
3° *Cherry-coal*, ou *Soaft-coal*, houille molle, tendre;
4° *Cannel-coal*, houille compacte.

La houille collante est la plus propre à la fabrication du coke; elle brûle avec une flamme très-longue, et est employée avec beaucoup d'avantage à la génération de la vapeur.

La houille esquilleuse peut être employée directement dans le travail du fer.

Le cherry-coal a l'inconvénient de s'écraser sous une forte pression, et on le mélange toujours avec le splint-coal dans les hauts-fourneaux destinés à la fusion des minerais de fer.

Le cannel-coal présente tous les caractères du jayet; il est mat, ne tache pas les doigts; dur, sa cassure est conchoïde, et il est susceptible de prendre le poli. Ce charbon, remarquable par sa richesse en hydrogène, est employé de préférence pour le chauffage domestique, parce qu'il donne une belle flamme en brûlant, et que sous ce rapport il offre quelque analogie avec le bois; on l'emploie également pour la production du gaz d'éclairage.

que la houille grasse; d'un noir moins vif. Elle s'allume avec la plus grande facilité, brûle avec une flamme très-longue, sans que les fragments changent de forme ou s'agglutinent. A la distillation, elle fournit beaucoup de gaz, mais laisse un résidu noir et peu cohérent qui ne peut être utilisé comme coke. Ces houilles sont souvent employées pour le chauffage des chaudières à vapeur; elles servent en outre à tous les usages de grille qui exigent de la flamme.

M. Le Play, professeur de minéralogie à l'Ecole des mines, qui a étudié avec beaucoup de soin la nature et les usages industriels de la houille dans presque toute l'Europe, ajoute une quatrième division aux trois que j'ai citées. Il classe ces combustibles de la manière suivante :

I. **Houille sèche** durant au feu, et donnant par la calcination un coke fritté. L'ouest du pays de Galles, la basse Ecosse, les bassins de Mons, d'Anzin, etc., lui ont offert les meilleurs exemples de cette espèce de houille.

II. **Houille maréchale** dont les fragments se soudent par la combustion, et produisent un coke boursouflé. De Newcastle, Saint-Etienne, Aveyron, Alais, nord du pays de Galles, etc.

III. **Houille grasse** à longue flamme. Flénu de Mons, Staffordshire, Sunderland, etc.

IV. **Houille maigre** très-gazeuse. Blanzy, Lancashire, Donetz, etc.

Gisement. — Les différentes variétés de houille se trouvent concentrées, ainsi que je l'ai annoncé dans le terrain dit *terrain houiller*, mais elles n'y sont pas confondues. La *houille sèche* ou anthraciteuse existe dans la partie inférieure du terrain, et par conséquent au-dessous des houilles grasses. C'est ainsi que, dans les bassins de Mons et d'Anzin, toutes les houilles sèches sont accumulées à la base du terrain et pénètrent jusque dans le calcaire anthracifère; ce fait se reproduit dans le pays de Galles et dans plusieurs de nos bassins du centre. Les *houilles maréchales, flénues*, etc., qui représentent les houilles grasses, occupent dans ces divers exemples la partie du terrain houiller immédiatement superposée aux houilles sèches, et elles sont généralement plus développées que celles-ci.

C'est surtout dans nos bassins lacustres du centre de la France que se sont développées les houilles maigres à longue flamme; Blanzy, Épinac, Brassac, fournissent de grandes quantités de ces houilles, que l'on a longtemps confondues avec les houilles grasses sous le rapport du gisement; mais des observations récentes tendent à démontrer que ces houilles sont réellement postérieures aux houilles grasses. Dans les bassins de Saône-et-Loire, par exemple, où les deux variétés existent, les houilles grasses du Creusot sont inférieures aux houilles maigres de Blanzy, qui occupent ainsi la partie tout à fait supérieure du terrain houiller. Les houilles sont quelquefois mélangées d'une grande quantité de matières terreuses. On a souvent donné le nom de *houilles maigres* à ces *houilles impures*, mais c'est à tort, car la nature de la houille dépend de la relation de ses éléments et non de sa pureté.

LIGNITES.

J'ai annoncé que je comprenais sous le nom de lignites les combustibles fossiles de formation postérieure au terrain houiller; ces combustibles ont des caractères très-variables : les uns, d'un noir foncé et homogènes, offrent une grande analogie avec la houille; les autres possèdent encore le tissu ligneux d'une manière tellement complète qu'il est facile de déterminer le genre de végétaux d'où ils proviennent; dans cette dernière espèce de lignites, il existe encore des variations considérables, suivant le degré d'altération des végétaux ; le *jayet*, par exemple, est d'un noir parfait, tandis que certains *bois bitumineux*, d'un roux brunâtre, ont presque conservé la couleur du bois.

La réunion de ces combustibles d'apparence si différente pourrait donc paraître peu motivée, si on se bornait à l'examen seul des caractères extérieurs; elle devient au contraire rationnelle quand on les étudie à la fois sous le rapport de leur emploi dans les arts, de leur composition, et par suite de leur manière de se comporter au feu, enfin de leur gisement.

Les lignites contiennent de 40 à 50 pour 100 de charbon ; cette proportion dépend, comme pour le bois, de la température à laquelle on opère la distillation. Ils ne fondent pas, et leurs fragments ne s'agglutinent pas, comme cela a lieu pour la houille ; à la distillation, ils donnent du gaz, de l'eau acide et des huiles. Ils brûlent avec une flamme longue, accompagnée de fumée, et produisent en brûlant une odeur désagréable et piquante, différente de l'odeur bitumineuse due en partie à l'acide pyroligneux qu'ils contiennent encore ; la flamme se manifeste avant que le lignite soit rouge ; elle est due, comme pour le bois, à un dégagement de gaz qui se fait à une température peu élevée. Lorsque la flamme de la houille est éteinte, celle-ci se couvre d'une cendre blanche, et cesse de brûler presque aussitôt après ; les lignites se couvrent bien également d'une cendre blanche, mais ils continuent à brûler, ainsi que cela a lieu pour la braise : ce caractère, indiqué par M. Cordier, est constant et suffit pour distinguer certains lignites à texture compacte, de la houille, dont ils se se rapprochent beaucoup par les caractères extérieurs.

La pesanteur spécifique des lignites varie de 10 à 15.

Les lignites admettent deux divisions bien tranchées ; savoir :

1° **Lignites piciformes**, appelés aussi *lignites communs*, dans lesquels le tissu organique est complétement effacé.

Ils se sous-divisent en :

a. Lignites piciformes communs ;

b. Lignites piciformes ternes, ou *terreux ;*

2° Les **Lignites fibreux**, ou *bois bitumineux*, présentent tous les caractères du bois ; la couleur de ces lignites et leur compacité donnent naissance à plusieurs variétés, dont les principales sont :

c. *Lignite compacte ; — jaïet* ou *jais.*

d. Lignite fibreux noir; — bois fossile.

e. Lignite fibreux brun; — bois bitumineux.

a. Les *lignites piciformes communs* ont beaucoup d'analogie avec la houille, et il est souvent difficile de les en distinguer. On les désignait autrefois sous le nom de *houille des calcaires*, pour montrer à la fois la relation qui existe entre les caractères extérieurs de ces deux conbustibles et la différence de leur emploi industriel. Les lignites communs sont noirs, à cassure inégale et conchoïde; plus homogènes que la houille, on ne remarque pas dans leur cassure les deux parties distinctes que j'ai signalées dans la houille; leur pesanteur spécifique est de 12 à 12,5; ils s'exfolient par une exposition prolongée à l'air; le tissu ligneux devient souvent alors visible; il est quelquefois mis à nu par la combustion; celle-ci s'opère, ainsi que je l'ai annoncé plus haut, dans des circonstances différentes que pour la houille. Sous le pilon, le lignite le plus homogène donne une poussière brune.

b. Les *lignites communs terreux* se distinguent de la variété précédente par leur peu d'éclat; leur cassure est inégale au lieu d'être conchoïde; ils sont schisteux, et dans ce cas on aperçoit des parties beaucoup plus mélangées de cendres. Cette variété de lignites contient fréquemment des pyrites; elle se décompose alors rapidement au contact de l'air; elle répand en brûlant une odeur sulfureuse, mélangée à l'odeur piquante et désagréable propre aux lignites; les cendres sont en général abondantes.

Les lignites communs fournissent aux arts un combustible très-précieux; ils appartiennent ordinairement aux terrains tertiaires; ceux des environs de Marseille sont à la fois très-estimés et très-abondants; c'est principalement le lignite de cette localité qui avait reçu le nom de *houille des calcaires*, parce qu'il est intercalé dans des couches de calcaire d'eau douce.

c. Lignite fibreux compacte. Cette variété, que l'on désigne généralement sous le nom de *jaïet* et de *jais*, est d'un noir de velours; dur, il est susceptible d'un beau poli et on le taille en objets d'ornement. La texture ligneuse est souvent apparente; elle est indiquée par des zones concentriques dues aux couches successives de bois; elle brûle avec une flamme vive et agréable, en laissant très-peu de cendres. Le jaïet est moins fréquent que les deux premières variétés de lignite; il appartient le plus généralement au grès vert. On en exploite à Sainte-Colombe, dans le département de l'Aude, où il est travaillé comme objet de parures, tels que boutons, boucles d'oreilles, etc.

d. Bois fossile. Sa couleur est encore le noir foncé : il se rapproche du jaïet, mais il n'en a ni l'éclat, ni la cassure conchoïde ; il est presque toujours terne; le tissu ligneux est complétement distinct.

e. Bois bitumineux. Ordinairement d'un brun plus ou moins foncé; il offre, comme le précédent, la structure complète du bois; il est moins altéré que celui-ci, aussi désigne-t-on souvent le bois fossile sous le nom de *bois bitumineux parfait*, et la seconde variété sous celui de *bois bitumineux imparfait.*

On doit ajouter aux lignites la *terre d'Ombre*, ou *terre de Cologne :* elle est terreuse, à grains fins, friable, douce au toucher; elle est presque aussi légère que l'eau ; elle brûle à la manière de l'amadou, en répandant une fumée d'une odeur désagréable. Sa couleur est un brun assez clair.

La terre d'Ombre renferme souvent des débris de végétaux ; elle présente quelquefois elle-même la texture du bois. On y rencontre des fruits ligneux de la grosseur d'une noix, et qui ont été reconnus pour être ceux d'une espèce de palmier. Le lignite de Cologne renferme environ 2 pour 100 de cendres. Il forme des couches de 2 à 3 mètres de puissance ; on l'exploite à ciel ouvert avec une simple bêche; pour le transporter plus commodément, on l'humecte et on le moule dans des vases qui lui donnent la forme d'un cône tronqué.

La terre de Cologne est surtout employée comme couleur.

Les analyses suivantes établissent la relation entre le charbon, les matières volatiles et les cendres. Toutefois, la proportion des cendres est souvent plus considérable, les lignites étant presque toujours mélangés de matières terreuses.

	Jaïet de Sainte-Colombe.	Lignite commun de Marseille.	Lignite commun du Dauphiné	Bois fossile.	Bitumineux.	Terre de Cologne.
Charbon	61,4	49,3	43,6	44,1	38,4	37,4
Cendres	1,7	3,9	7,4	1,4	2,5	5,7
Matières volatiles	37,9	46,8	49,0	Liquides 37,1	39,3	31,3
				Gaz . . . 17,4	19,8	25,6
	100,0	100,0	100,0	100,0	100,0	100,0

A l'exception du jaïet, qui a donné presque autant de charbon que la houille, les lignites les plus riches n'en contiennent pas au delà de 50 pour 100, et bien rarement même 45.

Dysodile ou dusodile. — Je dois citer à la suite des lignites un combustible fossile qui provient de Mellili en Sicile, que M. Cordier[1] a fait connaître, et auquel il a donné le nom de *dysodile* pour rappeler la mauvaise odeur qu'il répand quand on le brûle : il se présente sous forme de feuilles, d'un jaune ou d'un gris verdâtre, entremêlées quelquefois de racines. A l'air humide il se boursoufle et se réduit en morceaux ; il est flexible, légèrement élastique ; sa densité est de 11,4 à 12,5; il est très-inflammable et brûle avec une flamme vive, en répandant une fumée dont l'odeur est analogue à celle de l'assa-fœtida. Après la combustion il reste une masse très-friable, qui affecte la forme des feuilles qui paraissent avoir donné naissance, par leur enfouissement, au dysodile.

Depuis la description de M. Cordier, on a rencontré du dysodile dans plusieurs gisements de lignites; on cite particulièrement celui du Westerwaldt, près de Rolt, et de Siegberg, au nord des Sept-Montagnes, Saint-Amand en Auvergne, et Glimbach, aux environs de Giessen.

[1] *Journal des mines*, t. XXIII, p. 273.

M. Ehrenberg, qui a étudié sous le microscope plusieurs variétés de dysodile, a reconnu qu'elles sont formées en grande partie de carapaces siliceuses d'infusoires appartenant ordinairement à la classe des *naviculaires*, et de débris végétaux qui proviennent principalement d'arbres résineux; il pense que le dysodile a été produit à la manière du schiste à polir, duquel il différerait seulement en ce qu'il contiendrait une quantité plus ou moins grande de débris de végétaux.

M. Delesse [1] a trouvé le dysodile de Glimbach, composé de la manière suivante :

Eau et matières volatiles..	49,1	ou......................	49,1	100.
Carbone................	5,5		5,5	
Cendres................	45,4	Peroxyde de fer.........	11,0	
		Silice soluble............	17,4	
	100,0	Argile insoluble.........	10,0	

TOURBES.

Les plantes herbacées et aquatiques qui croissent dans des vallées marécageuses ou dans des lieux très-humides donnent naissance par leur altération à une espèce de terreau qui, séché, fournit un combustible désigné sous le nom de *tourbe*; la nature des plantes, pour la plupart du genre *sphagnum*, qui forment la tourbe, ainsi que les circonstances dans lesquelles leur altération a lieu, en produisent plusieurs variétés.

Les principales sont :

La *tourbe compacte* ou *limoneuse*. Espèce de terreau solidifié par la compression, l'entrelacement des végétaux et le mélange de matières terreuses;

Tourbe fibreuse. Composée de végétaux fibreux encore visibles;

Tourbe piciforme, contenant de petites branches passées à l'état de charbon et offrant une cassure luisante et résineuse.

M. Brongniart y ajoute la *tourbe papyracée*, formée de feuilles fortement appliquées les unes sur les autres; cette

[1] *Thèse sur l'emploi de l'analyse chimique dans les recherches de minéralogie*, p. 5.

variété correspond au dysodile, que j'ai réuni aux lignites par suite de son gisement.

La tourbe compacte ou limoneuse est la plus commune, c'est presque la seule qui soit employée dans le chauffage.

La pesanteur spécifique des tourbes est très-variable en raison de leur état de dessiccation, et de la proportion de matières terreuses qu'elles contiennent; en se desséchant à l'air, la tourbe éprouve un retrait considérable, qui varie des 3/5 aux 4/5; mais la dessiccation ne s'opère que lentement et n'arrive à son terme qu'après un an. Dans le nord-ouest de la France, les 1000 briquettes de tourbe séchées à l'air pèsent de 300 à 375 kilogr. A Rothau, dans le Haut-Rhin, le mètre cube pèse 360 kilogr.

L'altération des végétaux qui produit la tourbe les transforme en grande partie en une substance particulière qu'on appelle *ulmine*, ou *acide ulmique*.

Les tourbes donnent à la distillation les mêmes produits que le bois, savoir : des gaz combustibles, de l'eau acide et des huiles, et presque toujours, en outre, de l'ammoniaque; le charbon qui reste après la distillation a la même contexture que la tourbe ; mais il occupe un volume beaucoup moindre, le retrait est le plus ordinairement des deux tiers.

La tourbe brûle comme le bois, avec flamme et fumée, mais lentement, parce que sa combustion est retardée par le mélange des matières terreuses ; elle exhale presque toujours une odeur piquante et désagréable qui paraît tenir à la présence de substances animales.

Le tableau suivant, que j'emprunte à M. Berthier, indique la composition immédiate des tourbes :

ÉLÉMENTS CONSTITUTIFS.	Démérary	Château-Landon.	Clermont (Oise).	Reims.	Voltsomma (Bavière).
Charbon	23,5	26,0	30,1	34,9	38,6
Cendres	17,3	15	17,4	6,8	1,7
Matières volatiles liquides	36,7	31	28,4	39,9	38,5
Gaz	22,5	28	24,1	18,6	21,2
	100,0	100	100,0	100,0	100,0

On emploie la tourbe comme combustible, 1° dans son état naturel, c'est-à-dire en briquettes, espèces de cubes formés au louchet et séchés au soleil; 2° après lui avoir fait subir une forte compression qui réduit notablement son volume; 3° à l'état de charbon.

Le charbon de tourbe fournit un combustible dont le pouvoir calorifique est, d'après M. Péclet, les trois quarts de celui du charbon de bois; il est employé avec avantage dans l'industrie pour la génération de la vapeur, la cuisson de la chaux, et même, dans quelques localités, on s'en sert au puddlage de la fonte.

RÉSUMÉ SUR LES COMBUSTIBLES.

Il résulte des analyses immédiates que j'ai empruntées à l'excellent ouvrage de M. Berthier sur les essais par la voie sèche, que la richesse en *charbon* ou en *coke* augmente avec l'ancienneté des combustibles. En effet, l'anthracite contient 80 à 90 pour 100 de charbon; les houilles en renferment de 60 à 80; les lignites de 40 à 50; enfin, dans les tourbes, la proportion de charbon varie de 25 à 36 pour 100.

Mais outre le charbon que l'on obtient par la distillation, les végétaux contiennent des matières bitumineuses qui renferment également du carbone; pour avoir une idée complète de la composition des combustibles fossiles, il est donc nécessaire de connaître leurs éléments mêmes; c'est le but que s'est proposé M. Regnault dans un Mémoire important consacré à la recherche de la composition élémentaire des principaux combustibles; les nombreuses analyses qu'il a exécutées à cette occasion ont établi :

1° Que la richesse en carbone augmente à mesure que les combustibles appartiennent à des terrains plus anciens; conclusion que je viens de rappeler d'après les travaux de M. Berthier.

2° Que la richesse en oxygène suit une marche inverse,

et par suite que la composition des combustibles fossiles se rapproche de plus en plus de la composition des bois, à mesure que ces combustibles appartiennent à des terrains plus modernes.

Le tableau suivant, qui termine le beau travail de M. Regnault et qui en forme le résumé, met ces deux lois dans tout leur jour :

TABLEAU DE LA COMPOSITION ÉLÉMENTAIRE DES COMBUSTIBLES FOSSILES.

DÉSIGNATION DES COMBUSTIBLES.		Densité	Carbon.	Hydrogène.	Oxygène et azote	Cendres.
Terrains de transition.						
I. Anthracites....	Pensylvanie....	14,62	90,45	2,43	2,45	4,67
	Mayenne.......	13,67	91,98	3,92	3,16	0,94
	Pays de Galles..	13,48	92,56	3,33	2,53	1,58
Terrain houiller.						
II. Houilles grasses et dures	Rive-de-Gier....	13,15	87,85	4,90	4,29	2,96
III. Houilles grasses maréchales...	Rive-de-Gier...	12,98	87,45	5,14	5,63	1,78
IV. Houil. grasses à longues flam.	Flénu de Mons...	12,76	84,67	5,29	7,94	2,10
	Cannel-coal	13,17	83,75	5,66	8,04	2,55
V. Houill. sèches à longues flam.	Blanzy	13,62	76,48	5,23	16,01	2,28
Terrains secondaires.						
VI. Charb. de Ceral (Tarn), oolite infér.		12,94	75,38	4,74	9,02	11,86
VII. Lignite de Noroy (marnes irisées).		14,10	63,28	4,35	13,17	19,20
VIII. Jaïet de Belestat (grès-vert)......		13,05	75,41	5,79	17,91	0,89
Terrains tertiaires.						
IX. Lignite parfait de Marseille......		12,54	63,88	4,58	18,11	13,43
X. — imparfait de Cologne.....		11,00	63,29	4,98	26,24	5,49
XI. — — passant au bitume		11,57	73,79	7,46	13,79	4,96
Époque actuelle.						
XII. Tourbe de Louy près Abbeville..		1,2	58,09	5,93	31,27	4,61
XIII. Charbon roux de Bourdaine du Bouchet.		»	71,42	4,85	22,91	0,82
XIV. Bois; composition moyenne.....		7	49,07	6,31	44,62	»

L'augmentation de la proportion d'oxygène est un des faits les plus remarquables.

Les anthracites en contiennent au plus 3 pour 100. Cette proportion devient de 7 à 8 pour les houilles à longues flammes ; elle est de 12 à 15 pour 100 pour les lignites des terrains secondaires, dans lesquels la texture végétale est souvent effacée, tandis qu'elle s'élève de 18 à 25 pour 100 dans les lignites des terrains tertiaires.

Enfin, la tourbe en contient 31 pour 100, tandis que le bois en donne 44.

Une autre remarque intéressante, également en rapport avec la quantité d'oxygène, c'est que les houilles grasses, qui deviennent sèches par l'augmentation de charbon, ou autrement dit par leur passage à l'anthracite, deviennent maigres en se rapprochant des lignites par leur composition ; la houille sèche de Blanzy, par exemple, qui forme le n° V de ce tableau, contient 16 pour 100 d'oxygène, tandis que le jaïet de Belestat, sous le n° VIII, en contient 17. La quantité de carbone, dans le premier de ces combustibles, est de 76,48 ; elle est de 75,41 dans le second.

SUPPLÉMENT.

J'ai réuni dans ce supplément plusieurs minéraux qui paraissent devoir être considérés comme des espèces distinctes, et dont la description a été publiée depuis la rédaction des genres auxquels ils se rapportent par leur composition.

BURATITE.

M. Delesse[1] a donné ce nom à un hydrocarbonate de zinc, de cuivre et de chaux, qui se rapproche, par sa composition atomique, du cuivre carbonaté vert. Le premier échantillon qu'il a analysé provenait de Loktefskoï, dans les monts Altaï en Sibérie; il a retrouvé exactement la même composition sur des échantillons de Chessy, en sorte que cette espèce paraît bien constatée.

La buratite de l'Altaï tapisse de petites druses dans une calamine compacte argileuse ; elle est formée de fibres qui sont autant de petits prismes allongés, terminés à leur extrémité libre par un pointement ; ces fibres, qui ont quelquefois plus de 5 millimètres de largeur, sont transparentes, d'un bleu azuré, avec des reflets nacrés.

La densité de la buratite de Chessy est de 33,20. Dans le tube fermé elle noircit en conservant son aspect fibreux, puis elle décrépite et donne une notable quantité d'eau ; au chalumeau, sur le charbon on obtient la réaction du zinc; avec le carbonate de soude et avec le sel de phosphore, on reconnaît qu'elle contient une grande quantité de cuivre. Elle fait une prompte effervescence avec les acides.

	De Loktefskoï.					De Chessy.			
			Oxyg.		Rapp.			Oxyg.	Rapp.
Oxyde de zinc		32,02	6,31				41,19		
Oxyde de cuivre	70,10	29,46	5,94	14,67	2	72,35	29,00	14,57	2
Chaux...... ...		8,62	2,42				2,16		
Acide carboniq.	29,90	21,45	»	15,60	2	27,65	20,03	14,57	2
Eau...........		8,45	»	7,51	1		7,62	6,77	1

[1] *Comptes-rendus de l'Académie des sciences*, t. XXIII, 1846.

La formule qui représente le mieux ces rapports est :

$$(\dot{Z}n, \dot{C}u, \dot{C}a)^2 \ddot{C}^2 + \dot{H}, \text{ ou } 2(zn, cu, Ca)\,C^2 + Aq,$$

la même que pour le cuivre carbonaté vert. On pourrait donc regarder la buratite comme une malachite dans laquelle l'oxyde de zinc, l'oxyde de cuivre, et la chaux sont isomorphes; déjà, dans les échantillons qui proviennent de l'Altaï et de Chessy, les proportions d'oxyde de zinc et de chaux varient dans des limites assez étendues; mais une variété qui provient de la mine de cuivre de Temperino en Toscane, que M. Burat a remise à M. Delesse, est très-pauvre en cuivre; il l'a trouvée composée de : eau et acide carbonique, 39,16; oxyde zincique, 26,98; oxyde cuivrique, 4,17; chaux, 29,69.

M. Delesse annonce qu'il a eu l'occasion d'observer dans les collections de minéralogie du Muséum d'histoire naturelle et de l'École des mines plusieurs variétés du même minéral, se présentant toujours à l'état fibreux et radié. Il ajoute que le seul minéral connu qui puisse être rapproché du précédent est l'*aurichalcite*, dont l'analyse a été faite avec beaucoup de soin par M. Böttger. D'après la description que ce savant en a donnée (voir vol. II, p. 610), ses propriétés physiques sont les mêmes que celles de la buratite; elle provient en outre de la même localité ; il est également probable que le minéral désigné par Zinken, sous le nom de *kalkmalachite*, et pour lequel Haidinger a proposé la formule $(Cu, Ca)\,C^2 + xAq$, est une variété de buratite.

ÉRÉMITE.

Ce minéral a été découvert en 1836, par M. Dulton, dans la partie nord du comté de Watertown, dans le Connecticut; le nom d'*érémite*, tiré du mot grec ερημια, solitude, lui a été donné parce qu'il n'existe que dans des blocs isolés d'une roche albitique contenant de la tourmaline ; il est en très-petits cristaux de 2 à 3 millimètres de hauteur au plus, mais assez brillants pour que M. Shepard[1], qui l'a fait connaître, ait pu en mesurer les angles. M. G. Rose[2], qui a eu des cristaux d'érémite à sa disposition, a retrouvé les mêmes angles que ceux obtenus par le minéralogiste de New-York.

Les *fig.* 476, 477, *pl.* 223, représentent les cristaux décrits par M. Shepard ; il me paraît résulter de leur symétrie, que leur forme primitive est un prisme rhomboïdal oblique, dans lequel M sur M = 93° 10'.

Les faces h^1 et g^1 sont dominantes, surtout la première, ce qui donne au prisme la forme d'une table.

Les cristaux d'érémite sont brillants ; leur éclat varie depuis celui de la résine jusqu'à celui du verre ; ils sont demi-transparents ; leur couleur est le brun de girofle, le brun jaune ; celle de la poussière est un peu plus pâle que le minéral ; il est cassant. Sa dureté est de 5 à 5,5 ; sa pesanteur spécifique est de 37,14.

Au chalumeau, il devient transparent et se décolore, sans que cependant on puisse parvenir à le fondre, même en écailles minces. Chauffé avec du carbonate de soude sur une feuille de platine, il donne une perle blanche et terne, avec quelques taches d'un brun de girofle. Avec le borax, fond lentement en donnant une légère effervescence ; la perle que l'on obtient est transparente et d'un jaune d'ambre ; elle devient pâle et laiteuse au flamber. Réduite en poudre et chauffée dans un tube de verre avec de l'acide sulfurique, l'érémite attaque fortement le verre ; elle contient donc de l'acide fluorique. Les essais au chalumeau font, en outre, penser qu'elle renferme du titane ; ce serait alors un *fluotitanate*.

Les angles donnés par Shepard sont :

P sur d^1	= 149° 41'.	M sur M	= 93° 10'.
P sur e^1	= 93° 12'.	M sur d	= 146° 17'.
M sur b	= 138° 58'.	M sur h^1	= 136° 35'.

[1] *Journal de Siliman*, t. XXXII, p. 341, et XXXIII, p. 70.
[2] *Annales de Poggendorff*. t. XLVI, p. 645, 1839.

P sur h^1	= 140° 40′.	M sur g^2	= 161° 16′.
h^1 sur g^2	= 117° 5′.	g^2 sur x	= 155° 28′.
h^1 sur a^1	= 126° 8′.	d^1 sur d^1	= 119° 22′.
d sur h^1	= 131° 53′.	b^1 sur b^1	= 106° 36′.
h^1 sur d^1	= 118° 13′.	b^1 sur d^1	= 109° 54′.
x sur x	= 81° 4′.	h^1 sur x	= 120° 10′.
g^1 sur e^1	= 131° 52′.	g^1 sur $e^{1/2}$	= 150° 50′.
h^1 sur e^1	= 100° 13′.	$e^{1/2}$ sur h^1	= 93° 6′.
d sur e^1	= 148° 20′.	e^1 sur b^1	= 141° 34′.

M. Shépard a pris pour forme primitive le prisme rectangulaire h^1 et g^1 ; sa face T, qui n'existe pas dans les cristaux dessinés, est donnée par l'angle T sur h^1 = T sur M = 103° 46′. Cette face a disparu par l'extension des faces P et a^1.

FORSTÉRITE.

Petits cristaux hyalins très-brillants, d'un brun jaunâtre, dérivant, d'après M. Lévy[1], d'un prisme rhomboïdal droit, sous l'angle de 128° 54′. Ils offrent, comme la phillipsite, un pointement à quatre faces b^1, *fig.* 479, *pl.* 224 ; ils possèdent un clivage très-facile parallèlement à la base ; le pointement est donné par les angles b^1 sur b^1 par-dessus M = 107° 46′ ; b^1 sur b^1 adjacent 139° 14′.

M. Children[2] a annoncé que la forstérite est composée essentiellement de silice et de magnésie. On ne possède aucune analyse de ce minéral. Elle provient du Vésuve où elle est associée avec du spinelle noir et du pyroxène vert. Dans les échantillons que j'ai étudiés, les cristaux de forstérite sont au milieu d'une petite zone d'amphibole noire, et ils forment comme des nœuds ; ce caractère empyrique offre un moyen assez constant de reconnaissance.

HAYDÉNITE.

Cleaveland, dans son *Traité de minéralogie et de géologie*, publié à Boston, en 1822, a fait connaître le premier cette

[1] *Annales de philosophie*, deuxième série, t. VII, p. 61.
[2] *Annal. of the Lyc. of nat. histor. of New-York*. t. III, p. 28.

espèce qui venait d'être découverte par M. Hayden de Baltimore; mais la description exacte de la haydénite est due à Lévy[1].

L'haydénite est régulièrement cristallisée en petits prismes rhomboïdaux obliques, dans lesquels P sur M = 95° 5′ et M sur M = 98° 22′. On ne connaît pas de modifications, ce qui empêche de déterminer les dimensions de la forme primitive.

Les cristaux sont souvent maclés parallèlement à la face P ; ils se clivent avec la même facilité parallèlement à toutes les faces de la forme primitive; ils sont ordinairement recouverts d'un enduit de fer hydraté que l'on détache facilement à l'aide d'un canif; les faces sont alors assez brillantes pour qu'on puisse en mesurer les angles avec le goniomètre à réflexion. La couleur de la haydénite est le jaune brunâtre, ou le jaune verdâtre. Les cristaux sont translucides, quelquefois transparents; ils sont aisément rayés par une pointe d'acier; leur dureté est à peu près la même que celle de la chaux fluatée.

Au chalumeau l'haydénite fond avec quelque difficulté en un émail jaunâtre; elle est soluble à chaud dans l'acide sulfurique, et sa dissolution donne quelques aiguilles blanches de chaux sulfatée; elle se décompose facilement et devient alors poreuse; elle forme avec la beaumontite une petite veine dans le gneiss des environs de Baltimore.

HERDÉRITE.

Ce minéral ressemble à de la chaux fluatée; Haidinger, en mesurant les angles, a reconnu qu'il formait une espèce particulière qu'il a dédiée à M. le comte de Herder[2], directeur des mines de Saxe; il est en prismes à six faces, *fig.* 481, *pl.* 224, surmonté d'un pointement à six faces; les angles déterminés par Haidinger sont : MM = 64° 51; *b* sur *b* = 144° 16′ et *bb* = 77° 29′; sa couleur est jaunâtre, jaune, grisâtre ou verdâtre; il est translucide; son éclat est vi-

[1] *Ann. des mines*, 3e série, t. XVII, p. 610. — [2] *Brewster's Journ.*, t. IX, p. 360.

treux, passant à l'éclat résineux. Sa dureté est de 5; sa pesanteur spécifique 29 à 31; sa poussière est blanche; l'herdérite possède deux clivages; sa cassure en travers est conchoïdale. L'herdérite a été trouvée dans les mines d'étain d'Ehrenfriedersdorf, associée à de la chaux fluatée; elle est encore très-rare; Haidinger l'avait désignée par l'expression de *prismatic fluor haloïde*.

MICROLITE.

Ce minéral est en octaèdres réguliers; dans plusieurs cristaux les arêtes sont tronquées par les facettes du dodécaèdre; quelques-uns portent des modifications sur les angles; la couleur de la microlite est le jaune de miel, ou brun rougeâtre; sa poussière est jaune; dureté, 5,25; sa pesanteur spécifique est de 55,62. D'après des essais quantitatifs et une analyse de M. Shépard [1], la microlite est composée d'acide tantalique, 75,70; chaux, 14,84; acide tungstique, yttria et oxyde d'urane, 7,4; mélange, 2,04. La quantité d'acide tantalique est seule certaine. La microlite cristallise comme le pyrochlore; sa composition la rapproche également de ce minéral. M. Berzélius suppose que la microlite est un *yttrotantalite*.

MOSANDRITE.

En cristaux aplatis et en masse compacte, ayant une tendance à la structure fibreuse; clivage facile mais indistinct dans une direction; cassure grenue en travers, couleur d'un brun rougeâtre foncé; éclat un peu gras, passant à l'éclat résineux; translucide dans les esquilles minces et offrant alors par réfraction une couleur rouge grenat; dureté, 4; sa pesanteur spécifique est de 29,3 à 29,8; poussière grisâtre; au chalumeau donne beaucoup d'eau. On ne connaît pas d'analyse; mais d'après des essais, Erdmann [2] a reconnu que la mosandrite est composée principalement de silice, d'acide titanique, des oxydes de cérium et de lanthane

---

[1] *Journal de Silliman*, t. XXXII, p. 338.—[2] *Jahresbericht*, t. XXI, p. 178.

mélangés avec un peu d'oxyde de manganèse, de chaux, de magnésie, de potasse et d'eau.

MUSITE.

Parisite; Carbonate de Lanthane.

Ce minéral a été trouvé à Muso, près Santa-Fé de Bogota, dans le même gisement que les émeraudes. M. le colonel Acosta en a envoyé à Rome, en 1835, un cristal à monseigneur Medici Spada. Ce minéralogiste ayant constaté par l'étude des caractères cristallographiques, qu'il faisait une espèce nouvelle, lui a donné le nom de *musite;* sept ans plus tard, M. Bunsen ayant reçu de M. Paris des échantillons de musite, en fit l'analyse et reconnut qu'il est composé de carbonate de lanthane, corps simple dont les propriétés sont à peine connues. La découverte de la musite est donc à la fois du plus haut intérêt pour la minéralogie et pour la chimie ; elle cristallise dans le système du prisme hexagonal régulier ; le Muséum d'histoire naturelle en possède un fort beau cristal qui lui a été donné par M. Acosta. Il a 2 centimètres de haut sur 1 centimètre à la base ; sa forme est celle d'une double pyramide hexagonale régulière, dont les incidences sont, d'après M. Descloizeaux : d'une face de la pyramide sur la face adjacente, 120° 25′ ; de la base sur une face de la pyramide, 98°. Ces mesures donnent pour les dimensions du prisme B : H : : 14 : 17. Les bases de la pyramide sont brillantes et possèdent un éclat adamantin; la couleur est un jaune brun doré. La musite est légèrement chatoyante et translucide; elle présente un clivage assez facile parallèlement à la base. Les faces de la pyramide portent des stries horizontales assez faibles. La pesanteur spécifique à 8 degrés est de 43,17. Bunsen l'a trouvée de 43,5. Entamée par une pointe d'acier, elle raye le verre avec la plus grande difficulté.

M. Bunsen [1] a obtenu pour les deux faces voisines de la py-

[1] *Annals der chem. und Pharm.*, t. LIII, p. 147.

ramide, 120° 34', et pour l'angle à la base 164° 58', ce qui donne pour le rapport des axes 1 : 0,1524. Il signale des indices de clivages parallèlement aux faces de la pyramide; on pourrait alors prendre le rhomboèdre pour la forme primitive. La composition de la parisite est, d'après M. Bunsen[1] :

Cérium, lanthane et didym	50,78	100.
Chaux	8,29	
Acide carbonique	23,51	
Fluor	50,49	
Oxygène	9,55	
Eau	2,38	

Ces éléments l'ont conduit à adopter pour la formule de la musite : $\dot{R}H^2 + 2CaFl + 8\dot{R}\ddot{C}$, R représentant les oxydes de cérium, de lanthane, de didym et un peu de chaux.

PLAKODINE ou PLACODINE.

Cette nouvelle combinaison de nickel, dont la découverte est due à Breithaupt, a été trouvée dans la mine dite *Jungfer mine*, près de Müsen en Saxe. Elle est associée à du fer spathique et à du nickel arsenical.

La placodine est en tables aplaties, *fig.* 485, *pl.* 224, par une large troncature g^1, parallèle à la petite diagonale[2]. Elle dérive d'un prisme rhomboïdal oblique, sous l'angle de 165° 28'. Les angles, mesurés par Breithaupt[3], sont :

M sur M = 64° 32' ou 115 28'	M sur g^1 = 122° 16'
g^1 sur g^x = 133° 28'	g^x sur g^x = 86° 54'
g^1 sur e^1 = 115° 4'	g^1 sur e^2 = 120° 5'

Elle présente un clivage facile parallèlement aux faces M, et un faiblement indiqué suivant g^1. Sa dureté est de 5,5; sa pesanteur spécifique varie de 79,88 à 80,62; son éclat est

[1] *Ann. lyc. nat. hist.*, New-Yorck, t. III.
[2] *Annals der chem. und Pharm.*, t. LIII, p. 147.
[3] *Annales de Poggendorff*, t. LIII, p. 631.

métallique, sa couleur est le jaune bronze, un peu plus clair que celle de la pyrite magnétique. La cassure est inégale et conchoïde. La cassure conchoïde est surtout prononcée dans les échantillons en masse amorphe.

Au chalumeau, la placodine donne une forte odeur arsenicale ; sa composition est, d'après Plattner [1] :

Arsenic........	39,707 ou	38,86	Rapp. 1
Nickel.........	57,044	61,14	2
Cobalt.........	0,910	100,00	
Cuivre........	0,862		
Fer...........	une trace.		
Soufre........	0,607		
	99,140		

Il résulte de cette composition que la placodine est représentée par la formule Ni^2 AS ; c'est donc un sous-arséniure de nickel. Breithaupt a emprunté le nom de cette espèce au mot πλακωδης, une table.

SPADAÏTE.

Kobell [2] a dédié à monseigneur Medici Spada un minéral qui se trouve en petites masses amorphes et compactes, engagées dans la wollastonite cristallisée de Capo-di-Bove. Sa cassure est imparfaitement conchoïdale et écailleuse ; sa couleur est rougeâtre, tirant au rouge de chair ; sa raclure est blanche.

La spadaïte est translucide sur les bords ; son éclat peu prononcé est gras, sa densité est de 25.

Dans le tube, elle donne une quantité remarquable d'eau, qui n'a pas de réaction alcaline, mais un peu empyreumatique. A la chaleur rouge elle prend une teinte grise, comme beaucoup de silicates talqueux ; fusible au chalumeau, en un émail blanc ; l'acide hydrochlorique concentré l'attaque lorsqu'elle est réduite en poudre fine ; la liqueur dépose des flocons de silice.

---

[1] *Annales de Poggendorff*, t. LVIII, p. 283.

[2] *Annales de Poggendorff*, t. LXI, p. 385.

Sa composition est :

			Oxyg.		Calculée.
Silice..........	56,00		29,09	12	57,02
Magnésie......	30,67	11,86 }	12,01	5	31,88
Oxyde ferreux..	0,66	0,15 }			
Alumine.......	0,66				
Eau...........	11,34		10,03	4	11,10
	99,33				100,00

Si l'on admet, comme pour les silicates magnésiens, un hydrate de magnésie, on peut représenter la spadaïte par la formule : $4\dot{M}g\ddot{S}i + \dot{M}g\dot{H}^4$ ou $4MgSi^3 + MgAq^4$.

Les proportions qui résultent de cette formule et que j'ai transcrites dans la dernière colonne sont très-rapprochées des résultats de l'analyse.

RECTIFICATIONS.

MONAZITE. — EDWARSITE.

M. Gustave Rose a établi, dans un Mémoire publié dans le tome XLIX des *Annales de Poggendorff*, p. 223, que la monazite et l'edwarsite présentent la même cristallisation. M. le professeur Shépard, qui a donné la description de l'edwarsite, s'étant procuré des cristaux plus nets de ce minéral que ceux qu'il avait lors de son premier travail, a reconnu l'exactitude du rapprochement fait par M. Rose, en sorte que ces deux minéraux doivent maintenant être considérés comme formant une seule et même espèce. Cette identité résulte de la comparaison suivante des angles :

Monazite, par Descloizeaux.		Edwarsite, par Shépard.
P sur M	= 100° 25′ 13″.	100° 3′.
M sur M	= 92° 30′.	91° 29′ Rose.
P sur h^1	= 104° 30′.	103° 58′.
M sur h^1	= 136° 30′.	136° 30′.
o^1 sur h^1	= 141° 5′.	140° 10′.
e^1 sur o^1	= 126° 37′.	126° 25′.
e^1 sur g^1	= 132° 5′.	131° 22′.

La forme des cristaux est la même, ainsi que leurs principaux caractères.

Les analyses sont, au premier abord, très-différentes; mais cependant elles contiennent toutes deux une proportion à peu près égale d'acide phosphorique (voir deuxième vol., p. 379 et 381), savoir : l'edwarsite 26,66, et la monazite 28,50; seulement la première renferme 56,53 de peroxyde de cérium, tandis que la seconde n'en a que 26 ; mais, d'un autre côté, elle contient 23,40 d'oxyde de lanthanium, métal qui n'était pas connu quand Shépard a donné l'analyse de l'edwarsite. Il est donc possible que la grande différence de composition que l'on observe entre la monazite et l'edwarsite tienne à l'état de la science à l'époque où Shépard a fait connaître ce dernier minéral.

FER OLIGISTE OCTAÈDRE.

Le fer oligiste cristallise dans le système rhomboédrique; mais cependant on connaît de l'oxyde de fer donnant la poussière rouge, et cristallisant en octaèdre régulier. J'ai eu l'occasion d'en examiner de trois localités, savoir : du Pérou, du Puy-de-Dôme et de Framont. J'ai annoncé que les cristaux du Pérou [1] me paraissaient dus à une épigénie, et que ceux du Puy-de-Dôme, qui étaient en partie magnétiques, étaient un mélange de fer oxydulé et de fer oligiste, et qu'on pouvait supposer que c'était le fer oxydulé qui avait imposé sa forme à ces cristaux.

Quant aux octaèdres de Framont, l'échantillon que j'avais examiné était trop petit pour que j'aie pu en faire un essai régulier, et comme le borax m'avait décelé la présence du manganèse, j'invitai les personnes qui possédaient des cristaux à vérifier s'ils n'appartenaient pas à de la hausmanite, qui donne également une poussière d'un brun rougeâtre. M. Carrière, docteur-médecin à Saint-Dié, dans les Vosges, qui avait recueilli de beaux échantillons de fer octaèdre de

---

[1] Voir deuxième volume, p. 477 et 478.

Framont, et les avait étudiés avec soin, m'a adressé une description détaillée de ce minéral, de laquelle il résulte que c'est véritablement du fer oligiste. Cet oxyde de fer est donc un nouvel exemple de dimorphine. M. Carrière a eu la bonté de m'envoyer, pour la collection de l'École des Mines, deux échantillons qui m'ont permis de vérifier l'exactitude de sa description, que je transcris presque textuellement.

La forme du fer oligiste de Framont est l'octaèdre régulier, dont l'angle est de 109°. Il raye le verre avec facilité; sa couleur est le rouge-brique, propre au fer oligiste ; sa pesanteur spécifique est de 50. Il n'est pas magnétique, mais, quand on le chauffe au rouge, il acquiert cette propriété, et sa poudre devient noire; il est infusible au chalumeau. Le borax en dissout une forte proportion, et donne un verre si foncé, qu'il paraît noir. Quand la proportion est moins forte, le verre est rouge brun, ou orangé, au feu d'oxydation, vert-bouteille et limpide au feu de réduction. Le sel de phosphore donne les mêmes réactions, seulement le verre prend un plus beau rouge au feu d'oxydation.

La soude ne l'attaque pas, et n'y décèle pas la moindre trace de manganèse, à condition toutefois que la matière d'essai provienne d'un cristal entièrement exempt de gangue, car celle-ci contient une proportion plus ou moins forte de cet oxyde. C'est l'absence de cette précaution qui m'avait conduit à penser que les cristaux de Framont pouvaient être de la hausmanite.

Les acides l'attaquent difficilement à froid ; cependant, réduit en poudre fine et mis en digestion dans de l'acide hydrochlorique, il s'y dissout lentement. La dissolution donne les réactions ordinaires des sels ferriques, et le cyanure ferro-potassique n'y détermine aucun précipité, ce qui prouve que ces cristaux ne contiennent point d'oxyde ferreux.

La gangue de ces cristaux de fer oligiste octaèdre est un calcaire grenu blanchâtre, veiné de noir bleuâtre et de brun, pénétré d'une proportion considérable de fer oligiste finement granulaire. Les cristaux y sont disposés en veines ou bandes irrégulières plus ou moins larges. Leur volume varie depuis la limite où ils ne sont visibles qu'à l'aide de la loupe, jusqu'à celle où la hauteur de l'octaèdre est de quatre millimètres environ.

ARGENT CARBONATÉ.

J'ai émis (page 193, vol. III) des doutes sur l'existence de cette espèce ; mais, depuis la rédaction de cet article, l'École des mines a acquis de M. Ravergie un échantillon d'argent carbonaté qui paraît incontestable ; l'acide nitrique y produit, en effet, une effervescence assez vive, et en faisant passer le gaz qui se dégage dans une dissolution de chlorure de chaux, il s'y forme un dépôt abondant de carbonate de chaux.

Dans cet échantillon l'argent carbonaté est grenu, passant à la texture laminaire ; sa couleur est d'un gris foncé dans les cassures anciennes, gris de fer sur les surfaces récentes ; tendre, il se laisse couper quoique difficilement ; il est associé avec de l'argent natif et de l'argent sulfuré.

ANTIMOINE OXYDÉ.

L'École des mines a reçu d'Algérie plusieurs échantillons, composés presque exclusivement d'antimoine oxydé ; il y forme de petits rognons à cassure fibreuse, rayonnés d'un blanc nacré, soudés ensemble, ou réunis par une masse jaunâtre paraissant de l'acide antimonieux mélangé d'oxyde de fer. Les aiguilles sont distinctes et offrent un clivage assez net dans le sens de leur longueur ; les autres caractères de cette variété sont analogues à ceux que j'ai indiqués à la description de cette espèce (page 633, vol. II).

APPENDICE.

La plupart des minéraux que j'ai réunis dans cet Appendice sont rares ou mal caractérisés; les descriptions sommaires que les personnes qui les ont fait connaître en ont publiées ne m'ont pas permis de discuter la place qu'ils doivent occuper dans la classification minéralogique, ni même si leur existence, comme espèce minérale, est suffisamment motivée. Un grand nombre d'entre eux me paraissent être ou des variétés d'espèces déjà connues, ou des minéraux sans caractères constants : j'ai dû néanmoins les indiquer, afin de donner une idée complète de l'état actuel de la science.

Acanthoïde. — Aiguilles très-déliées, blanchâtres, dont la nature n'est pas connue; dans une lave du Vésuve, provenant de l'éruption de 1821.

Ægyrine. — Ce minéral a été découvert près de Brévig, dans la siénite zirconienne. Il ressemble à l'amphibole noire (hornblende), confusément cristallisée, que l'on trouve si abondamment dans la même siénite, surtout à Frederiksvärn, près Brévig; il ne s'en distingue que par une densité notablement plus considérable. A la loupe, on reconnaît que c'est un mélange d'amphibole hornblende, et d'un autre minéral qui paraît être du fer oxydulé ou de la thorite. Esmark y a trouvé, par l'essai au chalumeau, une quantité notable de thorine ; Berzélius, au contraire, n'y a reconnu que de la silice, de l'oxyde de manganèse, de fer, et de l'acide phosphorique.

L'analyse suivante, due à M. Plantamour, confirme la réunion de l'ægyrine à la hornblende :

Silice, 46,571 ; chaux, 5,913 ; magnésie, 5,878 ; protoxyde de fer, 24,384 ; de manganèse, 2,068 ; soude, 7,790 ; potasse, 2,961 ; alumine, 3,413 ; oxyde de titane, 2,017 ; fluor, quantité indéterminée. = 100,905. (*Annales de Poggendorff*, t. XLVIII, p. 500.)

Æquinolite. — Variété d'obsidienne et de feldspath, résinite en rognons sphéroédriques isolés et soudés ensemble. On désigne souvent aussi ces rognons sous le nom de *sphérolithes*. (Vol. III, page 358.)

Alexandrite. — Quelques minéralogistes ont désigné par ce nom la *cymophane* de l'Oural, ainsi que la *phénakite*.

Allomorphite. — D'après les recherches de Gerngross, ce minéral, qui provient d'Unterwirbach, près Saalfeld, paraît être du sulfate de baryte, contenant une certaine proportion de sulfate de chaux. Ses caractères minéralogiques sont les suivants : éclat vitreux, un peu nacré; jaunâtre, grisâtre ou blanchâtre, avec une légère teinte bleuâtre, translucide sur les bords. Dureté 3,5 à 4.

Il décrépite fortement dans le matras, sans donner d'eau; au chalumeau il fond sur les bords; se dissout dans le borax et le sel de phosphore, en produisant une perle incolore; fondu avec la soude il développe une odeur hépatique prononcée. Il est insoluble dans les acides; sa pesanteur spécifique est de 42,65.

L'analyse chimique a donné pour sa composition :

Sulfate de baryte.....	98,05
Sulfate de chaux......	1,90
	99,95

Journ. fur prat. chem., t. XV, p. 322.

Alluaudite. — Nom donné par quelques auteurs à la *dufrénite*. Vol. II, page 537. Ce minéral a été également désigné par le nom de *craurite*.

Alstonite. — Nom donné par Breithaupt à la *baryto-calcite* d'Alstonmoor dans le Cumberland.

Alumine boratée. — L'École des mines possède de petits cristaux gris sales, opaques, en tables rhomboïdales de 95 degrés environ, passant à une table à six faces, par une modification g^1, qui sont composés d'acide borique et d'alumine : ils paraissent altérés à la surface; ces cristaux portent tous les caractères d'avoir été fabriqués artificiellement. Ils proviennent du Thibet, ainsi que le borax.

Amautite. — Pétrosilex blanc grisâtre, à cassure esquilleuse, d'OEdelfors en Suède.

Anauxite. — Substance d'un blanc verdâtre, en masse cristalline grenue, avec un clivage dans un sens; éclat nacré; translucide et transparent sur les bords ; dureté moyenne entre la chaux sulfatée et la chaux carbonatée. Au chalumeau, donne de l'eau alcaline, s'arrondit et blanchit; elle contient, d'après un essai de Plattner : silice 55,70 ; eau 11,5 ; beaucoup d'alumine, un peu de magnésie et de protoxyde de fer. Dureté 2,5 à 3 ; poids spécifique 22,64 à 22,67. Elle provient de Bilin en Bohême ; elle forme des veines irrégulières dans une masse blanchâtre, analogue à du calcaire siliceux. Cette description est faite d'après un échantillon de la collection de M. Adam. (*Journ. fur prat. chem.*, t. XV, p. 325.)

Apatélite. — Sous-sulfate de peroxyde de fer, composé, d'après Maillet, de : acide sulfurique, 43; peroxyde de fer, 53; eau, 4 ; se trouve en masses réniformes et terreuses dans l'argile d'Auteuil, près Paris.

Astrakanite. — Sel recueilli par M. G. Rose dans l'Oural, en cristaux prismatiques imparfaits, blanchâtres et translucides; sa composition est représentée par $\dot{M}g\,\dddot{S}u+\dot{N}a\,\dddot{S}u+4\dot{H}$.

Atélestite. — D'après la description que Shépard a donnée de ce minéral, il est en petits cristaux hyalins ou fortement translucides, ressemblant au sphène. Sa couleur est le jaune de soufre ; sa dureté est comparable à celle de la chaux carbonatée. Son éclat est résineux, passant à l'adamantin; il donne au chalumeau des indices de bismuth ? Trouvé à Schneeberg en Saxe.

Bamlite. [1] — Nom donné par Erdmann à un silicate d'alumine de Bamle en Norwège, dont la composition est :

[1] *Jahresbericht*, t. XXII, p. 196.

Silice..........	56,90	Oxyg.	29,56	Rapp. 3
Alumine.......	40,73		19,34	2
Oxyde de fer....	1,04			
Chaux...... ...	1,04			
Fluor..........	une trace.			
	99,71			

Cette composition conduit à la formule $Al^2\ Si^3$.

La bamlite est blanche grisâtre, rayonnée, fortement translucide, à cassure inégale et esquilleuse ; sa dureté est au-dessus de 6. Son poids spécifique = 29,84.

Baulite[1]. — Les caractères extérieurs de ce minéral l'associent avec les variétés de feldspath résinite que l'on désigne sous les noms de *peschtein* et *perlstein*. L'analyse suivante de Forchhammer justifie cette réunion. Silice, 74,38 ; alumine, 13,78 ; oxyde de fer, 1,94 ; protoxyde de manganèse, 1,19 ; chaux, 0,85 ; magnésie, 0,58 ; potasse, 2,63 ; soude, 3,57 ; chlore, 0,12 ; eau, 2,08. Total, 101,12. La baulite provient de la montagne de Baula en Islande ; elle est en masses globuleuses dont la cassure est quelquefois radiée et concentrique ; sa pesanteur spécifique est de 26,23 ; elle est soluble dans l'acide hydrochlorique. Elle a été rejetée autrefois avec une grande abondance par les volcans de l'Islande et de Faroë. M. Forchhammer la considère comme un des feldspaths constituant les roches de ces îles.

Bavalite. — Silicoaluminate de fer, à structure oolitique, de Bavalon en Bretagne ; offre une grande analogie avec la chamoisite et la berthiérine de Hayanges (2e volume, p. 493). Sa couleur est plus foncée.

Beckite. — Petites masses concrétionnées, à structure botrioïde, d'un gris rougeâtre, d'un gris sale, qui rayent le verre ; elles paraissent analogues à la calcédoine. D'après des essais que M. Damour a eu la complaisance de me communiquer, la beckite est infusible au chalumeau ; elle est

[1] *Berzélius Jahresbericht*, t. XXIII, p. 261.

inattaquable par le sel de phosphore ; avec le carbonate de soude, elle donne un verre limpide et incolore.

Béraunite [1]. — Ce minéral, décrit par Breithaupt, vient de Hradek, près Beraun (Bohême), et se trouve dans un filon d'hématite brune compacte et siliceuse, enclavé dans le terrain de transition. Son éclat est nacré, suivant les faces de clivage, et vitreux dans tout autre sens. Couleur rouge hyacinthe foncé, se fonçant par transmission jusqu'au brun rougeâtre ; sa rayure est jaune d'ocre; en esquilles minces elle est demi-transparente, et d'un beau rouge hyacinthe; en cristaux indistincts, tapissant l'intérieur de druses. Elle possède deux clivages, un premier facile; un second, normal au premier et imparfait. Les échantillons sont la plupart fibreux et rayonnés en houppes, comme le cobalt arséniaté. Dureté, 2 à 3, entre le gypse et le mica; poids spécifique, 28,78.

D'après Plattner, la béraunite donne de l'eau dans le matras : elle fond au chalumeau, en colorant la flamme extérieure en vert bleuâtre intense. Elle se dissout dans l'acide hydrochlorique, en laissant une trace de résidu, probablement de la silice. La dissolution, étendue d'eau, renferme du fer à l'état de peroxyde; d'après ces essais, la béraunite paraît être un phosphate de peroxyde de fer hydraté.

Bergmanite. — J'ai annoncé, page 304 de ce volume, que ce minéral pouvait être réuni à la wernérite. Quelques minéralogistes pensent qu'on doit le regarder comme une variété de mésotype fibreuse, rougeâtre; il est en rognons, dans la siénite zirconienne de Norwège.

Beurre de montagne. — Bergbutter. — Matière molle, quelquefois terreuse, composée essentiellement de sulfate d'alumine, de sulfate de fer et d'eau; la proportion de ce dernier élément est de 40 à 44.

Bleynière. — Ce minéral est le produit de décomposition : il est d'un brun jaunâtre, à cassure esquilleuse; tendre; offre par ses caractères extérieurs de l'analogie avec le fer rési-

[1] *Journ. für prat. chem.*, t. XX, p. 66.

nite. D'après une analyse de Bindheim et Pfaff, il contiendrait : oxyde de plomb, 33,10; acide carbonique, 43,96 ; acide arsénique, 16,42; oxyde de cuivre, 3,24; oxyde de fer, 0,24 ; silice, 2,34; acide sulfurique, 0,62.

Bodénite. — Breithaupt[1] a désigné par ce nom un minéral, qui a beaucoup d'analogie avec l'allanite et l'orthite, que l'on trouve engagé dans l'oligoklase de Boden, près de Marienberg en Saxe : il est d'un noir brunâtre, à cassure résineuse; dans l'échantillon que M. Adam m'a communiqué, la bodénite serait une espèce de baguette courbée, ayant un indice de cristallisation. D'après un essai de Kersten, la bodénite contient de la silice, de l'oxyde de cérium, du lanthane, de l'yttria, de l'alumine, de la chaux, de la magnésie, des oxydes de fer, de manganèse, et de l'eau.

Breislakite. — Filaments capillaires d'un brun rougeâtre, assez analogues à des aiguilles très-fines de titane brun mordoré des Alpes; ils tapissent les cavités de certaines laves de la Somma, dans lesquelles il existe de la néphéline, de la méionite et du pyroxène; la Breislakite contient de la silice, de l'alumine, de l'oxyde de fer, et une proportion considérable de cuivre. Facilement fusible en une scorie noire, brillante et agissant sur le barreau aimanté. Donne avec le borax un verre rouge de sang ou vert, suivant qu'on soumet l'essai à la flamme oxydante ou désoxydante; avec le sel de phosphore, les réactions sont analogues.

Bukite.—Roche composée de parties verdâtres, blanches, grenues, cristallines, et de parties vertes foncées, peu abondantes; analogue par ses caractères extérieurs à un gneiss des Alpes, très-feldspathique. (Échantillon provenant du comptoir d'Heidelberg.)

Bytownite.—M. Thomson a donné ce nom à un minéral en masse amorphe, qui provient des environs de Bytown, dans le haut Canada; sa couleur est un gris bleuâtre clair;

---

[1] *Annales de Poggendorff*, t. LXII, p. 273.

sa texture est grenue; sa cassure, dont l'éclat est assez vif, présente des parties lamelleuses qui paraissent dues à de petits cristaux ; elle est translucide ; son éclat est vitreux; sa dureté, représentée par le nombre 6, est analogue à celle du feldspath; sa pesanteur spécifique est de 28,01. Au chalumeau, elle devient blanche et friable, mais ne fond pas. Avec le carbonate de soude elle se dissout avec effervescence, et donne un globule opaque et blanc. La composition de la bytownite est, d'après Thomson : silice 47,567; alumine 29,647; chaux 9,060; peroxyde de fer 3,575; magnésie 0,400; soude 7,6; eau 1,98.

Calamite. — Ce minéral a la plus grande analogie avec la trémolite : il est en cristaux bacillaires, accolés, d'un gris verdâtre très-clair; sa texture est fibro-lamelleuse. On y aperçoit deux clivages distincts, sous un angle obtus; il raye le verre. Pesanteur spécifique, 30,60 ; de Normark en Norwège.

Canaanite. — Ce minéral, qui existe avec abondance dans le comté de Canaan aux États-Unis, a été considéré par plusieurs minéralogistes comme une variété de wernérite. Mais Dana, qui en a fait l'analyse, regarde que la composition de ces minéraux diffère essentiellement, et il a donné au premier le nom de *canaanite;* il est en masses amorphes, d'un blanc grisâtre ou d'un bleu grisâtre. Sa dureté est de 6, et sa pesanteur spécifique de 30,7 : il se comporte au chalumeau exactement comme la wernérite; il est composé de silice, 53,366. Alumine, 10,380; protoxyde de fer, 4,499; chaux, 25,804; magnésie, 1,624; acide carbonique, 4,00. Total, 9,673. (*Minéralogie d'Alger*, page 90.)

Caporcianite. — Nom donné par Savi à une zéolithe du Monte-Catini en Toscane, que tous ses caractères rapprochent de la scolézite. L'analyse suivante, faite par Anderson, confirme cette association :

Silice	52,8	Oxyg. 23,43	Rapp. 6
Alumine	21,7	10,18	3
Oxyde ferrique	0,1		
Chaux	11,3	3,65	1
Magnésie	0,1		
Potasse	1,1		
Soude	0,2		
Eau	13,1	11,64	3
	100,7		

Cette composition donne pour la formule de la caporcianite, $CaSi^3 + 3AlSi + 3Aq$. La même que celle de la scolézite.

Catlinite. —Jackson a désigné par ce nom une terre à pipes du Coteau de la Prairie, aux Etats-Unis, très-voisine de l'agalmatolite, et dans laquelle il a trouvé : silice 48,2; alumine 28,02; magnésie 6,0 ; oxyde de fer 5,0 ; oxyde de manganèse 0,6 ; calcaire 2,6 (*Silliman journal,* t. XXXV, p. 325.)

Céréolite.—Noyaux d'un jaune verdâtre, se délitant par petites écailles; tendres, onctueux à la manière de la stéatite. Dans une lave altérée des environs de Lisbonne.

Chalilite. — Son nom est emprunté à l'analogie qu'il présente avec le silex ; il est en masse compacte, à cassure conchoïde; sa couleur est le brun rougeâtre ; le blanc rougeâtre sale, mat, ou translucide sur les bords, suivant les échantillons; les premiers ont un aspect terreux, ceux offrant le second caractère ont un éclat vitreux, passant au résineux ; dureté, 4,5; pesanteur spécifique, 22,52. Au chalumeau, blanchit sans se fondre ; donne de l'eau par la calcination. Sa composition est, d'après Thomson[1]: silice, 36,56 ; alumine, 26,26; chaux, 10,28 ; peroxyde de fer, 9,28; soude, 2,72; eau, 16,66. Total, 102,10. Des monts Donegore, dans le comté d'Antrim en Irlande.

Chenocopsolite. — Masses mamelonnées d'un vert jaunâtre, d'un vert grisâtre clair, à cassure conchoïde et rési-

1 *Minéralogie de Thomson*, t. Ier, p. 325.

neuse; donnant au chalumeau des fumées d'arsenic, ainsi qu'un bouton d'argent. La scorie qui en résulte est attirable à l'aimant. Ce minéral provient des mines de Clausthal au Hartz, et d'Allemont dans le Dauphiné. Il est désigné quelquefois sous le nom d'argent-merde-d'oie, par suite de sa couleur. Celui d'Allemont est le résultat de la décomposition du nickel et du fer arsenical; il passe au nickel arséniaté.

Chiléite. — Variété de minerai de fer oxydé, hydraté, contenant de la silice.

Chloritspath; **Chloritoïde**. — Minéral en masses amorphes, d'un noir verdâtre, provenant de l'Oural. Infusible; il devient noir et attirable lorsqu'on le présente à la flamme désoxydante du chalumeau; sa dureté est 5,5; pesanteur spécifique, 35,50.

Erdmann[1] et Bonsdorf[2] ont trouvé pour sa composition :

Erdmann.	I.	II.	Bonsdorff.
Silice.	24,90	24,963	27,48
Alumine.........	46,20	43,833	35,37
Protoxyde de fer..	28,89	31,204	27,05
	99,95	100,000	*mn*, 0,30; *Mg*, 4,29; *eau*, 6,95.

Le chloritspath est donc un silico-aluminate de fer. Erdmann le représente par la formule : $\dot{F}e^3 \dddot{S}i + \dddot{A}l^5 \dddot{S}i$, et Berzélius par : $\dot{F}e^3 \dddot{S}i^4 + 3\dot{F}e \dddot{A}l^2$.

M. Delesse pense que le chloritspath de Bonsdorff est la même chose que la sismondine. (*Annales des Mines*, 1846.)

Chlorophæite. — Le docteur Mac Culloch a désigné par ce nom un silicate de fer formant des nœuds, ou disséminé en grains dans une roche amygdaline verdâtre, liée aux basaltes de l'île de Rum, dans le Fifeshire en Écosse ; ces nœuds donnent à l'essai de la silice et de l'oxyde de fer; ils sont d'un vert pistache et transparents; ils deviennent bruns ou noirs par l'action de l'air; leur cassure est conchoïdale, passant à la cassure

1 *Journ. für prat. chem.*, t. VI, p. 89.
2 *Voyage dans l'Oural*, par M. Rose, t. I, p. 552.

terreuse. Pesanteur spécifique, 20,20; la chlorophæite est rayée par une pointe d'acier.

M. Forchhammer a découvert, dans les roches volcaniques de Quälboë et en Suderoë (Färoë), un minéral d'un vert olive, qu'il regarde comme la chlorophæite du docteur Mac Culloch. Sa pesanteur spécifique est de 18,09 ; il l'a trouvé composé de silice, 32,85 ; protoxyde de fer, 22,08; magnésie, 3,44; eau, 41,63.

Chromochlorite. — Substance en petites lames vertes, très-brillantes, à éclat nacré, engagées dans de la dolomie ; analogues au mica vert émeraude de Kysthtymsk en Oural.

Chrysotile. — Variété d'asbeste de Reicheistein, analogue à la *baltimorite* de Thomson ; c'est le même minéral qui a été désigné par le nom de *métaxite.*

Copiapite. — Haydinger a décrit sous ce nom un sulfate de fer provenant de Copiapo, au Chili, qui se trouve en masses cristallines, dans lesquelles on aperçoit des tables à six faces : il est composé de peroxyde de fer, 33 ; acide sulfurique, 37 ; eau, 30 ; il le représente par la formule $\dddot{F}^2 \dddot{S}u + 18 \dot{H}$.

Cuban. — Cuivre sulfuré cubique, de l'île de Cuba, dont la composition est, d'après Scheidhaüer : soufre, 34,78; cuivre, 22,96; fer, 42,51; total, 100,25. (Breithaupt, *Annales de Poggendorff*, t. LIX, p. 325.) Sa dureté, 5; pesanteur spécifique, 40,26. Il a l'éclat métallique et une teinte entre le jaune de laiton et celui du speiss; raclure noire. (Analogue à la phillipsite ou cuivre panaché.)

Cyclopite. — Filaments blancs, raides, analogues pour l'éclat et la disposition, à de fines aiguilles de chaux sulfatée ; disséminés sur une lave qui contient de la mellilite et de la breislakite. De Capo di Bove.

Damourite. — Minéral en petites lamelles d'un blanc jaunâtre ; enveloppant les cristaux de disthène, de Pontivy en Bretagne. Elles ont peu de cohésion, rayent le talc, mais non la chaux fluatée. Pesanteur spécifique 27,92; au chalumeau, fond avec difficulté en émail blanc. La damourite est inattaquable par l'acide hydrochlorique, mais l'acide sulfurique concentré peut la décomposer complétement.

L'analyse a donné : silice, 45,22; alumine, 37,87; oxyde de fer et de manganèse, trace; potasse, 11,20; eau, 5,25; total, 99,52. M. Delesse représente ce résultat par la formule $3\overline{Al}\dddot{Si} + \dot{K}\dddot{Si} + 2\dot{H}$. La composition de la damourite aurait alors quelque analogie avec celle de la nacrite, analysée par Tennant et Schorl; les caractères extérieurs rapprochent également ces deux minéraux. (*Annales de chimie et de physique*, troisième série, tome XV, page 248.)

Deweylite. — Variété de magnésite qui forme une veine irrégulière, à Middelfield, dans le Massachussets. Composée, d'après Shepard[1], de silice, 40; magnésie, 40; eau, 20. Pesanteur spécifique, 23 ; dureté, 3. La deweylite est blanche, d'un blanc jaunâtre ou grisâtre; sa poussière est blanche; translucide sur les bords; son éclat est vitreux, passant à l'éclat résineux; très-facile à casser, principalement lorsqu'elle est immergée dans l'eau. Sa cassure est imparfaitement conchoïde; quelques échantillons présentent une structure légèrement concrétionnée.

Diaklase. — Masses lamelleuses verdâtres, un peu chatoyantes, présentant l'aspect et le degré de fusibilité du diallage. Pesanteur spécifique, 33,25. De Würlitz en Bavière. Un échantillon que j'ai vu chez M. Adam présente de l'analogie avec le triphane.

Digénite. — Cuivre sulfuré du Chili et de Sangerhausen, dont Plattner a trouvé la pesanteur spécifique de 45,68 à 46,80, au lieu de 56,95 ; cette grande différence paraît se lier à une différence de composition, car d'après un essai au chalumeau de Breithaupt[2], la digénite contiendrait environ 70,2

---

[1] *Journal de Siliman*, t. XVIII, p. 81.
[2] *Annales de Poggendorff*, t. LXI, p. 673.

de cuivre, 0,24 d'argent, et 28,56 de soufre; il l'a représentée par la formule $Cu^5 Su^4$.

Edénite. — Minéral hyalin, blanc, lamelleux, présentant deux clivages sous un angle obtus; on y observe des stries qui semblent indiquer des hémitropies. L'échantillon d'édénite que j'ai examiné, et qui appartient à M. Adam, est très-analogue au labrador par l'éclat et par le miroitement des stries. Il est associé avec de la condrodite : Dana regarde cette espèce comme de l'amphibole blanche.

Ehlite. — Nom donné à une des variétés de cuivre arséniaté. Je n'ai pu m'assurer à laquelle des cinq espèces que j'ai décrites il se rapporte exactement.

Embrithite. — Minéral composé de soufre, d'antimoine et de plomb; c'est une variété ou de *zinkénite*, ou de *boulangérite*. D'après un essai de Breithaupt [1], il contient 53,5 de plomb, 0,84 de cuivre, et 0,04 d'argent : les proportions de soufre et d'antimoine n'ont pas été déterminées. La pesanteur spécifique de l'embrithite, qui est de 63, la rapproche plus de la boulangérite que de la zinkénite. De Nertschinsk en Oural.

Emmonite ou **Emmonsite**. — M. le docteur Thomson [2] a donné ce nom, en l'honneur de M. le professeur Emmons, à une variété de *carbonate de strontiane*, mélangée de carbonate de chaux, qui provient du comté de Schoharie aux Etats-Unis. Elle est composée de carbonate de strontiane, 82,69; carbonate de chaux, 12,50; peroxyde de fer, 1,00; zéolite? 3,79. Elle est d'un blanc de neige; lamelleuse parallèlement aux faces d'un prisme rhomboïdal droit.

Erlanite [3] ou **Erlan**. — Ce minéral présente l'aspect de la gehlénite : il est amorphe; quelquefois cependant en grains concrétionnés d'un gris verdâtre clair; ordinairement esquilleux; certains échantillons sont lamellaires, mais ils ne pré-

[1] *Journ. für prat. chem.*, t. XVIII, p. 443.
[2] *Records of gener. scienc.*, t. XVIII, p. 415.
[3] On écrit quelquefois par erreur *erlamite*.

sentent aucun clivage régulier; se fond facilement en un globule coloré et opaque; avec le borax donne un verre grisâtre; sa dureté est de 6,25; sa pesanteur spécifique, 30 à 31. Sa composition est, d'après M. le professeur Gmelin[1]: silice, 53,16; alumine, 14,03; chaux, 13,40; soude, 2,61; magnésie, 5,42; peroxyde de fer, 7,14; oxyde de manganèse, 0,64.

L'erlanite a été décrite comme espèce par Breithaupt, qui l'a découverte dans le gneiss de l'Ersgebirge. On l'emploie depuis longtemps comme fondant dans les hauts-fourneaux; elle a été considérée par les fondeurs comme du calcaire, jusqu'au moment où ce professeur l'a fait connaître.

Eugénésite. — Alliage de palladium, d'argent, d'or et de sélénium: Rammelsberg suppose que le sélénium est dû à un mélange de séléniure de plomb. (*Zinken.*)

Fulgurite. — Tube formé de petits grains de sable siliceux, agglutinés et fondus à la surface par l'action de la foudre.

Eulytine. — Minéral verdâtre, vert jaunâtre, disséminé dans un minerai de fer oxydé, hydraté; de Schemnitz en Hongrie; paraît être analogue au Grunen-Eisenerz.

Fayalite. — Ce minéral a été recueilli dans l'île de Fayal, aux Açores, parmi les débris de roches volcaniques: il est en masses composées de grains cristallins d'un vert foncé, ou d'un brun foncé, avec une teinte rougeâtre; il présente quelques points d'un jaune de laiton; à la loupe on y observe des cavités comme dans une scorie. Il est moins dur que le quartz, et se laisse rayer çà et là par l'acier; fortement attirable à l'aimant. Sa densité est de 41,38; il fond au chalumeau avec facilité, en donnant une odeur sulfureuse; les acides l'attaquent même à froid, mais pas complétement, la partie non attaquée varie beaucoup de composition, ce qui fait présumer qu'elle est très-mélangée de la roche.

---

[1] *Journal de Schweigger*, t. VII, p. 76.

Quant à la partie soluble dans les acides, elle donne à peu près les relations atomiques du péridot, d'où il est naturel de penser que la fayalite est un *péridot ferrugineux;* ses caractères extérieurs, ainsi que ceux de la roche qui la contient confirment cette conclusion :

	Partie insoluble par Gmelin[2].	Partie insoluble par Fellenberg[1].	Partie soluble, par Gmelin.	Partie soluble, par Fellenberg.	Oxyg.	Rapp.
Silice...........	58,11	16,284	24,93	31,044	16,12	1
Protoxyde de fer..	18,55	49,865	65,84	62,258	14,25 }	1
— de manganèse..	6,67	»	2,94	0,788	0,18 }	
Magnésie.......	»	18,659	»	»		
Alumine.........	12,53	9,510	1,84	3,269		
Oxyde de cuivre..	2,28	2,097	0,60	0,322		
Oxyde de plomb..	»	0,524	Sulf. de fer. 2,77	1,708		
Chaux..........	»	2,755	»	0,428		
	98,14	99,694	98,92	100,27		

Les analyses de la partie soluble sont assez exactement représentées par la formule $(Fe, Mn)\,Si$, qui est celle du péridot.

Fibro-ferrite *ou* **fibrosérite**[3]. — Sulfate de fer du Chili, contenant un excès de base; composé, d'après Prideaux, de :

		Oxyg.	
Peroxyde de fer....	34,4	Oxyg.	10,5
Acide sulfurique...	28,9		17,3
Eau..............	36,7		32,6

Fowlérite. — Le docteur Thomson a désigné par ce nom un minéral provenant de Franklin, dans la Nouvelle-Jersey, composé de : silice, 29,480; protoxyde de manganèse, 50,586; peroxyde de fer, 13,220; eau, 3,170; total, 96,454.

Fuchsite. — Mica vert du Zillerthal, contenant 3,95 d'oxyde de chrome. (*Ann. der chem. und pharm.*, XLIV, p. 40.)

Fuscite. — Nom donné à la *pyrargilite* cristallisée ; d'Arendal.

---

1 *Ebendas*, p. 221. 2 *Annales de Poggendorff*, t. LI, p. 160.
3 *Lond. and Edinb. philos. Mag.*, 1841, mai, p. 397.

Funkite. — Grains d'un vert olive clair, arrondis et hyalins, disséminés dans un calcaire lamellaire de Bodksater dans le Gothland; durs et rayant le verre; fusibles avec quelque difficulté; ils ressemblent au *pyroxène coccolite.*

Galadstite. — *Mésotype* paraissant altérée; elle présente un éclat nacré mat; les aiguilles sont blanches et à peu près opaques; elle est accompagnée de prehnite fibreuse radiée et de calcaire. De Bishoptown en Écosse.

Galapectite. — Minéral fibreux à texture lamellaire de couleur brune, des environs de Franckenstein en Silésie.

Gæbhardite. — Minéral grano-lamellaire d'un beau vert émeraude; on y distingue des lames petites, mais très-brillantes, mélangées de mica noir, avec quartz et feldspath, ou albite grenue; du Zillerthal. M. Adam, qui m'a communiqué l'échantillon que j'ai examiné, suppose que la gæbhardite est un *grenat chromifère;* peut-être est-ce un *schiller spath.*

Gibsonite. — M. Descloizeaux a vu, dans la collection de M. Allan, des cristaux en prismes rhomboïdaux droits, *fig.* 480, *pl.* 224, surmontés d'un biseau, auxquels M. Haidinger, qui a classé cette collection, avait donné le nom de *gibsonite.* Ils proviennent de Hartfield, dans le Renfrewshire: ils sont d'un blanc rose, ou rose pâle; en partie agrégés en globules. Ces cristaux, sur lesquels je n'ai trouvé aucun renseignement, ni dans la traduction de Mohs par Haidinger, ni dans le Manuel d'Allan, ont quelque analogie avec la prehnite.

Glaukophane. — Au chalumeau, fond en un verre de couleur olive; donne avec les flux les réactions de l'oxyde de fer.

Sa composition est, d'après Schnedermann[1]:

[1] *Journ. für prat. chem.*, t. XXXIV, p. 238.

Silice	56,49	Oxyg.		29,35	10
Alumine	12,23			5,71	2
Protoxyde de fer	10,91	2,42			
— de manganèse	0,50	0,11			
Magnésie	7,97	3,08		8,62	3
Chaux	2,25	0,64			
Soude avec trace de potasse	9,28	2,37			

Ces rapports conduisent à la formule $2AlSi^2 + 3RSi^2$; R représentant toutes les bases. Ce minéral est très-rapproché de la *wicthine*. Sa pesanteur spécifique est de 31,08. Il provient de l'île de Syra.

Granatoïde. — L'Ecole des mines a reçu sous ce nom un minéral de Warlitz, analogue à de la saussurite. Il est dur, à cassure esquilleuse, gris sale et gris verdâtre. La teinte verte augmente dans quelques parties de l'échantillon, et prend la nuance du schillerspath, comme s'il y avait un mélange de ce minéral. La collection de M. de Drée possède deux échantillons de granatoïde un peu différents de celui que je viens de décrire; ils sont d'un vert clair, à cassure esquilleuse; quelques parties sont dures, d'autres tendres; ils paraissent un mélange de serpentine et de saussurite? Ils proviennent de la vallée de Frinderthal, dans le Tyrol. Peut-être est-ce le même minéral que j'ai indiqué, page 282, comme du grenat en masse.

Grengésite *ou* **Grensélite.** — Globules radiés, vert bouteille, gros au plus comme des grains de millet, disséminés dans une roche de quartz et de pyrite cuivreuse.

De Grengesberg en Suède.

Guano. — Substance qui se trouve sur les côtes du Pérou, aux îles de Chinche, d'Ilo, d'Iza et d'Arica, et que l'on exploite à ciel ouvert sur une épaisseur de 15 à 20 mètres de puissance; elle fournit un engrais très-énergique. Pendant quelque temps on l'a considérée comme minéral; mais c'est un produit organique résultant de l'accumulation des excréments des oiseaux aquatiques. Le guano est d'un jaune foncé, avec une odeur forte et ambrée. On y reconnaît la présence des acides urique, oxalique et phosphorique ; de la chaux ; de l'ammoniaque et de l'oxyde de fer, unis à une matière grasse et à du sable quartzeux.

Gymnite [1]. — Ce minéral, qui vient des montagnes à l'ouest de Baltimore, se trouve en masses amorphes, de couleur orangée pâle et sale ; il est translucide sur les bords, et possède un éclat résineux ; il est très-tenace et difficile à briser ; il est un peu moins dur que le feldspath. Dans la flamme d'une lampe à esprit-de-vin, il devient d'un brun foncé. Au chalumeau, il donne, avec la soude, une perle blanche opaque ; avec le borax, une perle incolore ; et il prend une couleur rose avec le nitrate de cobalt.

Pesanteur spécifique, 22,165. M. Thomson a trouvé, pour la composition de la gymnite :

Silice..........	40,16	Oxyg. 20,86	Rapp. 3
Magnésie......	36,00	13,93	2
Alumine.......	1,16	»	
Chaux.........	0,80	»	
Eau...........	21,60	20,20	3

D'où on a tiré la formule : $Mg^2Si^3 + 3Aq$. La composition de la gymnite rapproche beaucoup ce minéral de la *serpentine*. J'ai même indiqué, page 539, qu'il en formait une variété.

Haarcialite. — Minéral en fibres déliées, très-brillantes, disposées d'une manière irrégulière dans les cavités d'un phonolite altéré ; ressemble beaucoup à de la mésotype ; toutefois les fibres, vues à une forte loupe, paraissent terminées par une base oblique ; elles sont striées en longueur. De Balisit, dans le Mittelgebirge en Bohême.

Halotrichite. — Rammelsberg a analysé un alun de Mörsfeldt, dans la Bavière rhénane, dans lequel le protoxyde de fer remplace une grande partie de l'alcali. Forchhammer a également eu l'occasion d'étudier un alun ferrugineux d'Islande, et il l'a distingué sous le nom d'*halotrichite*.

[1] *Journ. für prat. chem.*, t. XXXI, p. 497.

Havnefjordite. — Oligoclase à base de chaux qui, mélangée avec de l'augite et du fer titané, forme une série de roches jouant un rôle important en Islande; elle se trouve surtout avec quelque abondance dans la lave de Havnefjord : sa pesanteur spécifique = 27,296. M. Forchhammer en a fait l'analyse; mais, tout en appelant l'attention sur ce minéral à cause de son abondance dans les roches de l'Islande et de Faroë, ce savant n'a pas prétendu en faire une espèce (*Journ. für pratische chem.*, t. XXIII). L'analyse lui a donné :

		Oxyg.	Rapp.
Silice	61,22	31,83	9
Alumine	23,32	10,89	3
Peroxyde de fer	2,40		
Chaux	8,82		
Magnésie	0,36	3,25	
Soude	2,56		
Potasse	une trace.		

Ce qui conduit à la formule $(Ca, Na) Si^{3} + 3Al Si^{2}$, la même que celle de l'*oligoklase;* ce minéral a également reçu le nom de *kalkoligoklase* par suite de sa composition.

Hayesénite. — Ce minéral a été décrit par M. Hayes, qui l'a trouvé composé de : acide borique, 46,111; chaux, 18,889; eau, 35,00; éléments qui correspondent à la formule $\dot{C}a\ddot{B}^{2} + 6\dot{H}$. Il constitue des masses globulaires ayant une structure fibreuse rayonnée; sa couleur est jaunâtre, son éclat est soyeux; tendre, il s'écrase entre les doigts. Mis dans l'eau bouillante, il se transforme en une pâte consistante dans laquelle les fibres se développent et s'écartent : soluble dans l'acide nitrique. L'Hayesénite a été trouvée dans la province de Tarapaca, au Pérou, associée avec d'autres sels.

Herrérite. — Nom donné au *tellure carbonaté nickellifère,* dont Herrera a fait connaître la description (V. vol. II, p. 623).

Hétérokline ou **Hétécocline**. — M. Breithaupt a donné ce nom à un oxyde de manganèse qui cristallise dans le système du prisme rhomboïdal droit, et qui est remarquable par la présence de 15 pour 100 de silice : il annonce qu'il provient du Piémont. L'indication de cette localité me fait supposer que c'est la variété de *braunite* de Saint-Marcel, dans laquelle on trouve constamment une certaine proportion de silice, et qui avait été décrite sous le nom de *marceline*.

Huronite. — Elle forme des rognons sphéroédriques dans des masses arrondies d'une hornblende noire qui proviennent des environs du lac Huron, aux Etats-Unis; couleur jaune verdâtre; rayée facilement avec une pointe d'acier; la couleur de la rayure est blanche; la cassure de l'huronite est grenue et imparfaitement lamelleuse; son éclat est résineux, passant à l'éclat nacré; translucide sur les bords; sa pesanteur spécifique est de 28,62. Chauffée, elle devient d'un gris blanchâtre, et perd 4 pour 100 de son poids; infusible au chalumeau, donne avec les flux un verre verdâtre : l'huronite est composée, d'après l'analyse de Thomson [1] qui l'a fait connaître, de : silice, 45,80; alumine, 33,92; protoxyde de fer, 4,32; chaux, 8,04; magnésie, 1,72; eau, 4,16; total, 97,96.

L'huronite me paraît offrir, par ses caractères extérieurs et par sa composition, quelque analogie avec le *grenat*. Je n'ai pas eu l'occasion d'en étudier d'échantillons.

Hydrophite. — En masses amorphes d'un vert de montagnes et en globules formés par la réunion de fibres grossières, comme la métaxite; dureté, 2,5; pesanteur spécifique, 26,5. Composée, d'après Svamberg, de : silice, 36,19; protoxyde de fer, 22,73; protoxyde de manganèse, 1,66; magnésie, 21,08; alumine, 2,89; acide vanadique, 0,12; eau, 16,08; total, 100,75. Se trouve avec la picrolite à Taberg en Suède.

Hypochlorite. — Masse d'un jaune verdâtre, à aspect terreux, associée à du minerai de fer argileux assez tendre; contient, d'après Schüler : oxyde de bismuth, 13,00; silice, 50,24; alumine, 14,65; oxyde de fer, 10,24; acide phos-

[1] *Brewster's journal*, IX, p. 360.

phorique avec traces de manganèse, 9,62; de Schneeberg en Saxe. L'École des mines possède deux échantillons qui lui ont été adressés par M. Krantz, l'un provenant d'Ullerfreuth, l'autre de Braünsdorf en Saxe.

Iglésiasite. — On a donné ce nom à un *carbonate de plomb* qui contient, d'après Kersten, 7,02 de carbonate de zinc, et qui provient de Sardaigne. Il est blanc, en petits cristaux allongés; sa pesanteur spécifique est de 59.

Isopyre. — Ce minéral, trouvé seulement dans le Cornouailles, est en fragments amorphes d'un gris noirâtre, avec des parties d'un rouge brunâtre comme l'héliotrope; sa cassure est conchoïdale; éclat résineux, opaque ou seulement translucide sur les bords. Il ressemble par son aspect à un *quartz résinite;* sa composition est, d'après Turner [1] : silice, 47,09; alumine, 13,91; peroxyde de fer, 20,07; chaux, 15,43; oxyde de cuivre, 1,94; total, 98,44.

Karphosidérite. — D'après l'essai au chalumeau, ce minéral est composé d'oxyde de fer, d'acide phosphorique et d'eau ; il contient en outre de faibles proportions d'oxyde de manganèse et de zinc. Il constitue des masses réniformes, soyeuses dans la cassure, et dont l'éclat est résineux ; sa couleur est le jaune paille; c'est de cette couleur que son nom est dérivé; sa dureté est de 4 à 4,5 ; sa pesanteur spécifique est de 25 ; au chalumeau, sur le charbon, devient noir, et fond à un feu ardent en un globule attirable; ressemble à du fer oxalaté. Ce minéral provient du Groënland.

Kéramohalite. — Sulfate d'alumine hydraté, en masse aciculaire blanchâtre, avec une teinte jaunâtre ou verdâtre, dont la formule est $A\mathit{l}Su^3 + 6Aq$; provenant de Friesdorf, près Bonn, et que l'on a retrouvé dans le volcan de Pasto et à l'île de Milo. Pesanteur spécifique, 16 à 17.

Kibdélophane. — Fer titané de Gastein.

Koodilite. — Minéral composé de grains isolés, mais ce-

[1] *Edinb. new. philos. Journ.*, t. VI, p. 265.

pendant soudés ensemble ; gris rougeâtre, à cassure compacte, analogue sous ce rapport à certains échantillons de dolomie de Sunderland ; du comté de Down en Irlande.

Kornite. — En masse amorphe, noire, à cassure unie, passant à l'esquilleuse, difficilement fusible en émail gris.

Krisuvigite. — Forchhammer[1] a donné ce nom à une variété de brochantite provenant de Krisuvigit en Islande ; il a trouvé pour sa composition : oxyde de cuivre, 67,75 ; acide sulfurique, 18,88 ; eau, 12,81.

Kupaphrite. — Nom donné au *kupferschaüm* de Werner. (Voir sa description, page 143 de ce volume.)

Kymatine *ou* **cymatine.** — Un échantillon de kymatine que j'ai examiné est une roche schisteuse, d'un gris verdâtre, à cassure esquilleuse, contenant des noyaux d'un vert foncé presque noir ; identique avec certains schistes talqueux des Alpes ; mais d'après la description de Rammelsberg, la kymatine de Kuhnsdorf en Saxe serait un asbeste qui, comme celui de la Tarentaise, aurait la composition de la trémolite ; il a trouvé pour ses éléments : silice, 57,98 ; chaux, 12,95 ; magnésie, 22,38 ; oxyde de fer, 6,32 ; alumine, 0,58, qui donnent la formule : $Ca\,Si^3 + 3\,(mg, fe)\,Si^2$.

Lagonite. — Minéral terreux, jaune d'ocre, paraissant être un borate de fer. Des lagoni de Toscane.

Lampadite. — Minéral amorphe, d'un noir bleuâtre avec éclat résineux, quelquefois à structure réniforme. Dure, infusible au chalumeau ; composé, suivant Lampadius, de : oxyde de manganèse, 82 ; oxyde cuivrique, 13,50 ; silice, 2 ; des mines d'étain de Schlackenwald en Bohême.

Leuchtenbergite. — Cristallise en pyramides régulières à six faces, dérivant d'un rhomboèdre ; elle offre un clivage perpendiculaire à l'axe ; sa couleur, dans les échantillons que j'ai examinés, est extérieurement jaunâtre, intérieurement

---

[1] *Berzelius Jahresbericht*, t. XXIII, p. 264.

verdâtre; cette différence tient à une altération de la surface des cristaux. Son éclat est nacré; elle est tendre comme le gypse, fortement translucide; elle est transparente en lames minces; sa pesanteur spécifique est de 27,10. Erdmann rapproche cette espèce de la chlorite d'Achmatowsk; les analyses suivantes, dues à Komonen[1], confirment ce rapprochement :

	I.	II.	Oxyg.	Rapp.
Silice	»	34,23		17,78
Alumine	17,154	16,31	7,62	8,38
Peroxyde de fer	3,391	3,31	0,76	
Magnésie	34,489	35,36	13,68	14,17
Chaux	1,417	1,75	0,49	
Eau	8,561	8,68	»	7,71

Ligurite. — Ce minéral est en cristaux verts jaunâtres, bien déterminés, qui portent tous les caractères du sphène; ils sont seulement opaques, par suite du mélange d'une autre substance.

Lincolnite. — Ses caractères extérieurs sont ceux d'une zéolithe et particulièrement de la *stilbite;* on n'en connaît pas la composition.

Lindséite. — Minéral noir à cassure grenue, analogue au *fer oxydulé*, mais n'attirant pas le barreau aimanté; assez brillant; il existe dans un échantillon que M. Adam m'a confié quelques indices de cristaux irréguliers; il est associé à du cuivre pyriteux; d'Orijarki en Finlande.

Lotalite. — Les échantillons que j'ai examinés sont gris verdâtres, lamelleux; ils portent des stries profondes et parallèles, qui me les font regarder comme de l'oligoclase; de Poterlow en Finlande; elle est associée à du feldspath rouge.

Mancinite. — D'après la description que M. Jacquot a donnée de ce minéral (*Annales des Mines*, troisième série, t. XIX, p. 703), il est en masses fasciculées d'un brun chocolat, à fibres longues, lamelleuses, luisantes et opaques. Sa

[1] *Verhandl. der min. Ges. zu. Petersburg*, 1847, p. 64.

poussière est blonde : il présente deux clivages, qui font ensemble un angle de 92°, et dont l'un est beaucoup plus facile que l'autre. Dans le sens transversal, sa cassure est inégale, son éclat est métalloïde ; sa pesanteur spécifique est de 3,045 : il a quelque ressemblance avec l'ilvaïte. La mancinite est très-mélangée de minerais divers; elle se sépare en deux parties par l'action des acides. Dans l'analyse que M. Jacquot en a faite, il y a eu 36,90 pour 100 de dissous. La partie soluble contenait : peroxyde de fer, 10,3 ; oxyde de zinc, 11 ; silice gélatineuse, 13,3 ; eau, 2,3. En considérant l'oxyde de zinc et la silice comme seuls essentiels, on trouve que la mancinite est *un silicate de zinc* particulier, représenté par la formule $Zn\ Si^3$. De la colline de Mancino, près Livourne.

Masonite. — Jackson a donné ce nom à un minéral provenant de Rhode-Island, qui est analogue à la hornblende. Clivage facile; couleur noire; éclat perlé ; dureté, 6 ; pesanteur spécifique, 34; composé de silice, 38,2; alumine, 29 ; magnésie, 24; protoxyde de fer, 25,93; oxyde de manganèse, 6 ; total, 99,97. (*Geol. report. of Rhode-Island*, p. 88.)

Melanchor. — Phosphate de fer de Rabenstein, fibreux. Son nom fait allusion à sa couleur noire ; c'est une variété de *dufrénite*.

Mélopsite. — Nom donné par Breithaupt à un silicate d'alumine contenant une faible proportion de magnésie, de peroxyde de fer et d'eau. Légèrement ammoniacal ; dureté, 2 à 3 ; pesanteur spécifique, 25 à 26. Il est terreux, jaunâtre, brunâtre ou verdâtre. De Neudeck en Bohême. Sa place est à côté de la *saponite*, vol. III, p. 491.

Miascite. — Nom donné par M. G. Rose[1], à une roche qui borde la rivière de Miask et qui s'étend très-loin à l'est et au nord des monts Ilmen : elle a tantôt l'apparence d'un granite, tantôt celle d'un gneiss : elle est composée de feldspath, de

[1] *Voyage aux monts Ourals*, par MM. de Humboldt, Ehrenberg et G. Rose, t. II, p. 47.

mica à un axe, et d'éléolithe grisâtre, ou blanc jaunâtre, tellement analogue au quartz par sa grande dureté, la même que celle du feldspath, et par son éclat gras, qu'il n'y a que la propriété de faire gelée avec les acides qui l'en distingue. Son nom lui vient de son voisinage des collines de Miask. Plus à l'est, cette roche offre des géodes remplies de zircon.

Miascite. — M. Adam a reçu, sous ce nom, un échantillon d'un minéral blanc cannelé comme des cristaux bacillaires accolés ; sa cassure est esquilleuse; il se laisse rayer par l'acier. Un essai aux acides me porte à le considérer comme une dolomie.

Miésite. — Variété de plomb phosphaté brun, contenant du phosphate de chaux comme la polysphœrite (vol. III, p. 43). Il ne diffère de celle-ci que par une proportion de 1 à 2 pour 100 de phosphate de chaux.

Mikrokline. — Minéral blanc, lamelleux, analogue au feldspath, mais qui paraît devoir être associé à l'oligoclase. De Frederikswärn en Norwège.

Monophane. — Substance blanche, en petits cristaux qui semblent dériver d'un prisme rhomboïdal oblique ; rayant la chaux phosphatée; pesanteur spécifique, 20,5; fusible au chalumeau. Elle se trouve sur du quartz : la localité dont elle provient est inconnue; Rammelsberg la considère comme une *épistilbite*. Breithaupt l'en a séparée par la dureté, et la position oblique de sa base.

Monticellite. — M. de Brooke[1] a dédié ce minéral, qui provient du Vésuve, à M. le chevalier de Monticelli, auquel on doit une histoire minéralogique de cette montagne; il est en petits cristaux d'un blanc jaunâtre; leur aspect général est celui du quartz; quelquefois entièrement incolores et transparents; leur forme dérive d'un prisme rhomboïdal droit, sous l'angle de 132° 54'. Les angles mesurés par M. de Brooke sont : MM = 132° 54' ; bb = 141° 48' ; Me^1 = 145 ; g^1e^1 =

[1] *Philosophical Magazine*, t. X, 1831, p. 265.

138° 46′ et Mg^1 = 113° 33′. Il résulte de ces mesures que les dimensions de la forme primitive sont : B : H : : 1 : 1,026. M. de Brooke annonce qu'il n'a pas observé de clivage; la cassure est vitreuse ; la dureté est comprise entre celle de la chaux phosphatée et du feldspath. Ce minéral est le même auquel Scacchi a donné le nom de *péridot blanc*.

Montmilch. — Hydrosilicate d'alumine blanc et terreux, assez analogue à de la craie ; d'Oberwehler en Brisgaw ; composé, d'après Walchner[1], de : silice, 49,58 ; alumine, 30,05 ; eau, 13,07 ; total, 92,70. La perte considérable que présente cette analyse fait supposer à Rammelsberg qu'il contient un alcali.

Mornite. — Minéral qui entre dans la composition des roches diroitiques de Mourne, dans le nord de l'Islande, et qui offre les caractères du labrador. Thomson[2] a reconnu, par des essais, qu'il contenait de la silice, de l'alumine et de la chaux ; on ne sait pas s'il renferme en outre de l'alcali.

Monradite. — Ce minéral vient de Bergen ; il est jaune pâle tirant un peu sur le rouge ; en masses amorphes, mélangées de paillettes de mica ; ces masses ont une texture cristalline ; elles ont deux clivages inégalement faciles, formant entre eux un angle d'environ 130° ; l'éclat, suivant ces clivages, est vitreux ; la cassure en travers est à grains très-fins et terne. Sa dureté est égale ou un peu supérieure à celle du feldspath. Donne de l'eau par la calcination et se fonce en couleur ; est infusible avec le borax, produit la réaction du fer. Avec le sel de phosphore, on obtient un squelette de silice ; quand on en mélange une petite quantité avec de la soude il donne une perle verdâtre opaline ; en plus grande proportion, il forme une scorie infusible. Sa pesanteur spécifique est de 32,673 ; sa composition est, d'après Erdmann[3] :

---

[1] *Journal de Sweigger*, t. LI, p. 249.
[2] *Edinburg new philos. Journ.*, juin 1832.
[3] *Jahresbericht*, t. XXIII, n° 25, p. 269.

Silice	56,17 Oxyg.		29,18 Rapp.	8
Magnésie	31,63	12,20	14,15	4
Protoxyde de fer	8,56	1,95		
Eau	4,04		3,59	1

Rapports qui conduisent à la formule 4 (*Mg*, *fe*) Si^2 + A*q*.

Neurolite. — Thomson a désigné par ce nom un minéral d'un vert jaunâtre, composé de fibres déliées de quelque étendue, soudées ensemble ; n'ayant du reste aucune trace de forme. Sa cassure est inégale; il est opaque ou seulement translucide sur les bords; sa dureté est de 4,25. Sa pesanteur spécifique est de 24,76 ; au chalumeau donne de l'eau, devient blanc friable, mais ne fond pas ; sa composition est, d'après Thomson[1] : Silice, 73,00; alumine, 17,35; chaux, 3,25; magnésie, 1,50; peroxyde de fer, 0,40 ; eau, 4,30; total, 99,8. De Stamstead, dans le bas Canada.

Nordenskiolite. — Minéral en fibres déliées, soudées enble, mais paraissant bacillaire à une forte loupe ; d'un blanc verdâtre ou blanc jaunâtre ; assez brillant ; sa cassure en travers est inégale ; strié dans la longueur ; il se trouve disséminé en rognons assez considérables dans les blocs erratiques des environs de Saint-Pétersbourg. Sa pesanteur spécifique est de 31,45; dureté supérieure à celle de la chaux fluatée, ressemble à l'amphibole.

Norite. — Roche d'Helsingfords en Finlande, composée de feldspath blanc verdâtre, d'oligoclase, de quartz et de mica noir à éclat bronzé.

Odite. — *Mica* en très-grandes lames, d'un brun jaunâtre à éclat nacré, gras et mat, paraissant un peu altéré. D'Ytterby.

Ouate naturelle. — Réunion de conferves et d'infusoires.

Oosite[2]. — L'échantillon que l'Ecole des mines possède sous ce nom est un *thon-porphir* bien caractérisé, dans lequel on voit des cristaux blancs lamelleux de forme prismatique, avec un clivage facile comme le labrador, se dessiner sur une

[1] *Traité de minéralogie*, t. I, p. 354.

[2] *Journ. für prat. chem.*, t. III, p. 216.

pâte rouge terreuse; de Bade. Mais il paraît que ce nom appartient également à une variété de *pinite* en cristaux blanchâtres, de Geroldsan, dans le pays de Bade ; elle est engagée dans un porphyre.

Ostranite[1]. — Cristaux d'un brun clou de girofle, dont l'éclat est vitreux, portant tous les caractères du *zircon*, et provenant même de Friederickwärn, lieu célèbre par la siénite zirconienne; leur forme, *fig.* 484, *pl.* 224, est analogue à celle des zircons, mais le prisme est de 96 degrés au lieu de 90; peut-être est-ce simplement une déformation dont plusieurs espèces offrent des exemples, notamment la chaux fluatée; les angles de b^1 sur b^1 sont 128° 1′ et 133° 42′; dureté supérieure à celle du quartz : sa pesanteur spécifique, 43 à 44; inattaquable par les acides; infusible au chalumeau.

Paragonite. — Schafhaütl a désigné sous ce nom le schiste micacé, qui contient le disthène et la staurotide du Saint-Gothard.

Péganite. — Rammelsberg[2] réunit ce minéral à la *turquoise*, avec laquelle il a effectivement la plus grande analogie. Sa composition se rapporte en outre presque exactement avec celle que John a donnée pour la turquoise de Teheran.

Je l'avais associée, d'après sa composition, à la wavelite (2e vol., p. 355); mais un échantillon que j'ai eu l'occasion d'étudier récemment dans la collection de M. Adam, m'engage à adopter la réunion faite par Rammelsberg.

Pélokonite. — Ce minéral paraît être le même décrit, page 133 de ce vol., sous le nom de *pélokronite*. *Kersten* le regarde comme un mélange d'hydrate de manganèse, d'hydrate de fer, d'oxyde de cuivre et de silice; sa pesanteur spécifique est de 25 à 25,7. Il est en masses amorphes d'un noir bleuâtre; sa cassure est conchoïde, avec très-peu d'éclat; il

---

[1] Breithaupt, *Annales de Poggendorff*. 1827, p. 277.

[2] *Handwörterbuch*, 2e suppl.

donne une poussière brune, d'où Richter[1] a fait dériver le nom de pélokonite, πελος, brun, et κονις, poussière. Il provient de Remolinos au Chili; il est associé à de la malachite et à du cuivre hydrosiliceux.

Peristérite. — Ce minéral, qui a été recueilli dans le comté de Perth, dans le haut Canada, est un *feldspath* irisé impur; sa pesanteur spécifique est de 25,68; sa composition est, d'après le docteur Thomson[2] : silice, 72,35 ; alumine, 7,60; potasse, 15,06 ; chaux, 1,35; magnésie, 1,00; oxyde de fer et de manganèse, 1,25; total, 98,61. La proportion d'alumine est trop faible; peut-être en est-il resté avec la silice.

Perthite. — Le docteur Thomson a donné ce nom à un minéral de Perth, dans le haut Canada, dont la pesanteur spécifique est de 26,86. Sa composition est : silice, 76,00; alumine, 11,75; magnésie, 11,00; protoxyde de fer, 0,22; total, 98,97. Dana annonce que les caractères extérieurs de la perthite sont identiques avec ceux du *feldspath*, et il la regarde comme une variété de cette espèce. La composition que je viens de citer rend cette association difficile; je n'en ai pas vu d'échantillons.

Pfaffite. — Alliage naturel de sulfure d'antimoine et de sulfure de plomb de Nertschink en Sibérie, composé, d'après l'analyse de Pfafft, de : antimoine, 35,47 ; arsenic, 3,56; soufre, 17,20; plomb, 43,44; total, 99,67. D'un gris de plomb avec éclat métalloïde, cassure grenue, très-fragile; pesanteur spécifique, 59,8.

Phœstine. — Substance fibreuse avec éclat nacré; dureté supérieure à celle de la chaux phosphatée; lorsqu'on examine l'ensemble de l'échantillon, la phæstine paraît d'un gris clair; elle est blanche, hyaline et brillante à la loupe; d'après un échantillon appartenant à M. Adam, ce minéral ressemble à de la trémolite; d'après un autre déposé dans la collection de

[1] Richter, *Annales de Poggendorff*, t. XXI, p. 590.
[2] *Philosophical Magazine*, t. XXII, p. 189.

l'Ecole des mines, ce serait un schiste talqueux, fibreux par un mélange d'asbeste; la phæstine est associée avec de la chaux phosphatée; de Snarum en Norwège.

Phyllite. — Minéral en petites lames irrégulières, gris noirâtre, avec éclat nacré; un échantillon que j'ai vu chez M. Adam est identique par ses caractères avec le *mica;* il est accompagné de seybertite, et provient de Sterling, dans le Massachussets. J'ai indiqué, page 592 de ce volume, que les minéralogistes américains considéraient la *phyllite* comme une variété d'*amphibole;* cette différence d'opinion pourrait tenir à ce que l'échantillon de M. Adam ne serait pas bien authentique.

Des analyses récentes ont conduit M. Marignac a réunir en une seule espèce l'*ottrélite* (p. 73 de ce vol.), la *phyllite*, et la *gigantolite*.

Pickeringérite. — M. Hayes a donné ce nom à un sel en masses fibreuses blanches, qu'il a recueilli dans les environs de Iquique, dans l'Amérique du Sud. Il l'a trouvé composé de sulfate de magnésie et de manganèse, mélangé d'une faible proportion d'acide phosphorique et d'acide hydrochlorique. M. le docteur Thomson croit que c'est un alun à base de magnésie et de soude. (*Philos. Magaz.*, XXII, p. 192, 1843.)

Pikrophyllite. — Analogue par ses caractères extérieurs au *diallage*. Il est d'un vert foncé; il a un clivage facile, mais pas assez net pour être lamelleux. Son éclat est gras, un peu nacré; sa dureté est comprise entre celle du mica et du talc. Pesanteur spécifique, 27,30. Infusible même en lames minces; au chalumeau blanchit en conservant son éclat. Composé, d'après Svanberg, de : silice, 49,80; alumine, 1,11; chaux, 0,78; magnésie, 30,10; protoxyde de fer, 6,86; eau, 9,83; total, 98,48. Si l'on considère la silice et la magnésie comme les seuls éléments essentiels, la pikrophyllite est un bisilicate de magnésie. Svanberg représente sa composition par la formule, $3Mg\ S^2+2Aq$; de Sala en Suède. (*Trans. swedit.. Roy. Sc. Acad.*, 1839, p. 95.)

Pigotite.—Incrustation de couleur brune, en partie organique, qui forme une croûte sur les granites du Cornouailles. Sa poussière est jaune; insoluble dans l'eau et dans l'alcool, elle brûle avec difficulté. D'après Johnston, elle consiste en une combinaison d'alumine et d'un acide organique. (*Philos. Magaz.*, XVII, p. 382, 1840.)

Plinthite. —Thomson a désigné par ce nom un minéral à texture compacte et terreuse rouge de brique, qui provient du comté d'Antrim en Irlande : sa dureté est de 2,75 ; sa pesanteur spécifique de 23,42. Au chalumeau, il blanchit sans se fondre. Sa composition est, d'après Thomson : silice, 30,88; alumine, 20,76; peroxyde de fer, 26,16; chaux, 2,60; eau, 19,60; total, 100. (*Min. de Thom.*, t. I, p. 323.)

Polianite. — Oxyde de manganèse, dont la composition est, d'après Plattner [1] :

Protoxyde de manganèse....	87,274	ou 99,385 de peroxyde.
Oxygène..................	12,111	
Protoxyde de fer et alumine.	0,163	
Quartz....................	0,132	
Eau......................	0,318	

C'est donc un peroxyde presque pur. La polianite se trouve, d'après Breithaupt, à la mine de Maria-Theresia, près Platten en Bohême, mélangée avec de la pyrolusite. La forme de ces minéraux est la même, sauf une différence dans l'angle. La pyrolusite est un prisme rhomboïdal de 93°, la polianite de 92° 52′. Cette légère différence conduit Breithaupt à supposer que la pyrolusite résulte de l'altération de la polianite. La dureté de la polianite est remarquable; elle est presque égale à celle du quartz; elle raye facilement l'acier; sa pesanteur spécifique a été trouvée de 48,38; 48,59 ; 48,80.

Son éclat est assez vif; elle possède un clivage parallèle à la petite diagonale. L'apparence et la grosseur de ses cristaux sont les mêmes que pour la *pyrolusite*. Donne un peu d'eau

[1] *Annales de Poggendorff*, t. LXI, p. 192, 1844.

dans le tube; infusible; sa couleur devient brune. Soluble dans l'acide hydrochlorique, avec un grand dégagement de chlore. La polianite a été retrouvée à la mine de Adam, à Schneeberg, à Heinbach, près de Johanngeorgenstadt, dans le district de Liegen, ainsi que dans le duché de Gotha.

Polyargilite. — Variété de rosite de Tunaberg.

Polychroïte. — Minéral hyalin, ou du moins fortement translucide, à cassure vitreuse; dureté au moins égale à celle du quartz; analogue à la cordiérite, en diffère par la couleur, qui est d'un violet rougeâtre. D'Arendal en Norwège.

Polychroïlite. — Cassure esquilleuse, analogue à celle de la saussurite; raye le verre, mais s'écrase en même temps et laisse de la poussière sur le carreau; sa couleur est gris clair, avec parties rosâtres, comme dans certains pétrosilex. Son nom est dérivé de cette variété de couleur. De Brevig en Norwège.

Polyxène. — Nom donné par Hausmann au *platif natif ferrifère.*

Polyhydritte. — Silicate de peroxyde de fer de Schwartzenberg, de couleur brun de foie; opaque et à éclat résineux; pesanteur spécifique, 21 à 21,42; contient 29,2 pour 100 d'eau. (Breithaupt, *Journ. für. prat. chem.*, t. XV, p. 321.)

Predazzite. — *Calcaire magnésien*, de Predazzo dans le Tyrol, dont la composition est, d'après Petzholdt : $2\dot{C}a\ddot{C} + \dot{M}g\ddot{C} + \dot{H}$; ou carbonate de chaux, 66; carbonate de magnésie, 28; eau, 6; dureté, 3,5; pesanteur spécifique, 26,23. Masses blanches et terreuses. (Beitrage *Zur geognosie von Tyrol*, Leipzig, 1843, § 194.)

Prothéite. — *Diopside* de Zillerthal en Tyrol, en cristaux vert sombre. L'angle du prisme, mesuré par M. Descloizeaux sur un très-bel échantillon de la collection de M. Adam, est exactement celui du pyroxène.

Prosilithe. — Thomson a donné ce nom à un *hydrosilicate d'alumine*, d'oxyde de fer et de chaux, dont il a trouvé la composition suivante : silice, 38,55 ; oxyde de fer, 14,90 ; oxyde de manganèse, 2,50 ; alumine, 5,65 ; magnésie, 15,55 ; chaux, 2,55 ; eau, 18,00 ; total, 96,70.

Rammelsberg le considère comme une variété de praséolithe.

Puschinite. — Nom donné par Wagner à une variété d'*épidote* de Jekowleffschen en Oural, qui jouit du dichroïsme; elle a été prise pour de la tourmaline. Sa pesanteur spécifique est de 30,66 ; composée de : silice, 38,885 ; alumine, 18,850; oxyde de fer, 16,340 ; oxyde de manganèse, 0,260 ; chaux, 16,000 ; magnésie, 6,100 ; soude, 1,670 ; lithine, 0,460 ; total, 98,565. (Wagner, dans le *Bulletin de la Soc. imp. des natur. de Moscou*, 1841, § 112.)

Pycnotrope. — Substance à structure compacte, grise, quelquefois rosée, mélangée de talc. Je n'ai trouvé aucun renseignement sur la composition de ce minéral, dont les caractères sont du reste peu déterminés.

Pyrholite. — Les échantillons que j'ai vus dans la collection de l'Ecole des mines et dans celle de M. Adam sont compactes, à cassure esquilleuse, d'un violet sombre; ils rayent le verre ; ils se confondent presque avec le quartz hyalin d'un blanc grisâtre, dans lequel la pyrholite est engagée ; toutefois la cassure de ce minéral est esquilleuse et se distingue, par son éclat gras, du quartz qui est vitreux ; de Brévig en Suède.

Rensselærite. — M. Adam a reçu sous ce nom deux échantillons portant des caractères différents.

Le premier, provenant de Perth dans le haut Canada, est lamello-fibreux, brun, et ressemble à de l'*amphibole* ou à du *pyroxène*. Le second, qui provient des bords du Saint-Laurent, a une cassure compacte et paraît être une *serpentine*.

Dana, dans sa *Minéralogie*, classe également la rensselærite à deux places différentes ; il associe, ainsi que je viens de le faire, celle de Perth au pyroxène, et celle de Saint-Laurent au talc stéatite.

La composition de la rensselærite de Perth est, d'après Beck : silice, 59,75 ; chaux, 1,00 ; magnésie, 32,90 ; peroxyde de fer, 3,40 ; eau, 2,85 ; total, 99,90. Sa dureté est seulement de 4 ; sa pesanteur spécifique est de 28,74. (*Minér. New-York*, p. 297.)

Rhodochrome. — J'ai déjà indiqué ce minéral, page 541 ; je crois devoir rappeler la description que M. Gustave Rose en donne dans son *Voyage en Oural*, t. II, p. 157. Il est d'un vert foncé et ressemble à une serpentine très-chargée de chrome ; il se trouve à la fois dans des blocs erratiques, et disséminé dans la serpentine, entre Kyschtimsk et Syssersh dans l'Oural. Il est compacte, sa cassure esquilleuse est en écailles fines d'un vert foncé. Les esquilles minces sont quelquefois couleur fleur de pêcher. Il donne une poussière blanche. Sa cassure a un éclat nacré ; transparente sur les bords. Il est rayé par la chaux carbonatée. Pesanteur spécifique 26, 68 ; fortement chauffé, donne de l'eau et devient d'un gris blanchâtre ; produit avec le borax et le sel de phosphore les réactions du chrome. Rose compare ce minéral à la *serpentine*, de laquelle il diffère simplement par la présence du chrome. Il a reconnu, par un essai, que le rhodochrome est composé de silice, de magnésie, d'oxyde de chrome, d'une faible proportion d'alumine, mais qu'il ne contient pas de chaux.

J'ai vu dans la collection de M. Adam un échantillon de rhodochrome qui ne présente aucune analogie avec la description précédente ; c'est un minéral violet, à structure fibreuse, analogue à de l'*épidote ;* il est disséminé dans un fer chromé ; il provient également de l'Oural.

Rionite, ou **Riolite.** — Noms donnés au *séléniure de zinc,* en l'honneur de M. del Rio, auquel on en doit la découverte. (Voir sa description, vol. II, p. 596.)

Roselane. — **Rosite.** — Ce minéral est disséminé en

grains cristallins rose clair, ou rose brunâtre, dans un calcaire cristallin de Aker en Södermanland; il est quelquefois accompagné de spinelle. Ces grains sont translucides, leur cassure est esquilleuse; dans certains échantillons ils ont une disposition lamelleuse. Leur dureté est de 2,5; pesanteur spécifique 27,2. Dans le matras, donne de l'eau, et perd sa couleur; au chalumeau, les écailles minces s'arrondissent, mais ne fondent pas.

Svanberg a décrit sous le nom de *polyargite* un autre minéral qui provient du granite de Turnbey, qui paraît identique avec la rosite; il se trouve en grains un peu plus gros que la rosite, ou en petites masses lamelleuses, présentant sur le clivage un éclat nacré; sa couleur est le rose passant au violet; sa dureté 4; pesanteur spécifique, 27,50. Caractères chimiques, les mêmes que pour la rosite.

	Rosite [1].	Oxyg.		Rapp.	Polyargite [2].
Silice	44,901		23,33	8	44,128
Alumine	34,506	16,12			35,115
Peroxyde de fer	0,688	0,21	16,37	6	0,961
— de manganèse	0,191	0,04			»
Chaux	3,592	0,86			5,547
Magnésie	2,448	0,95	2,93	1	1,428
Potasse	6,628	1,12			6,734
Eau	6,533	»	5,80	2	5,292
	99,476				99,205

Ces analyses, dont les résultats sont presque identiques, donnent, pour la composition de la rosite, la formule :

$$6\ddot{A}l\dddot{S}i + (\dot{C}a, \dot{M}g, \dot{K})\dddot{S}i^2 + 2\dot{A}q.$$

La rosite et la polyargite sont analogues à l'amphodélite par la composition; mais elles en diffèrent par la dureté et la manière de se comporter au chalumeau.

Saccharite. — Ce minéral, qui accompagne la pimélithe en Silésie, se présente en masses amorphes à grains très-fins,

[1] *K. vet. Acad. Handl.*, 1840.

[2] *Annales de Poggendorff*, t. LVII, p. 175.

dont la couleur varie du blanc pur au vert-pomme; il renferme souvent des pyrites de fer disséminées; infusible au chalumeau, il devient par son action blanc grisâtre et opaque; il se dissout dans le borax en donnant une perle incolore; avec le sel de phosphore, il laisse un squelette de silice; mélangé avec une faible proportion de soude, on obtient un verre bulleux difficilement fusible. Il est attaqué, mais seulement d'une manière incomplète, même après porphyrisation, par les acides hydrochlorique et sulfurique.

Pesanteur spécifique 26,68 après calcination, et 26,59 après dessiccation à 100°; composé, d'après Schmidt :

			Oxyg.	Rapp.
Silice	58,93	»	30,61	16
Alumine	23,50	10,97	11,35	6
Peroxyde de fer	1,27	0,38		
Oxyde de nickel	0,39	0,08		
Chaux	5,67	1,59		
Magnésie	0,56	0,22	3,79	2
Potasse	0,05	0,01		
Soude	7,42	1,89		
Eau	2,21	»	1,96	1
	100,00			

Nombres qui conduisent à la formule :

$$6Al Si^2 + 2(Ca, Na) Si^2 + Aq.$$

Saldanite. — Sulfate d'alumine observé par M. Boussingault dans le terrain schisteux qui borde le Rio Saldana, dans la Colombie. Composé de : acide sulfurique, 35,68; alumine, 14,98; eau, 49,34; total, 100,00.

Schrötterite. — Nom donné par Glöcker à l'allophane opaline de Freienstein, dont l'analyse est due à Schrötter.

Scolirite. — M. Thomson a désigné sous ce nom et par sa ressemblance avec une scorie, un minéral qui lui a été envoyé de Mexico. Il est d'un brun rougeâtre, rempli de cavités à la manière d'une scorie; donne une poussière blanche; il est opaque. Dureté, 2; sa pesanteur spécifique est de 17,08; au chalumeau blanchit, mais ne fond pas : composé de silice,

58,02; alumine, 16,78; protoxyde de fer, 13,32; chaux, 8,62; eau, 2; total 98,74. (*Minéralog. de Thomson*, t. Ier, p. 379.)

Silicite. — M. Thomson a désigné par ce nom un minéral recueilli à Antrim en Irlande, analogue au quartz par ses caractères extérieurs, mais qui en diffère par la composition. Sa couleur est le blanc avec une teinte de jaune; cassure conchoïde; éclat vitreux; même dureté que le quartz; pesanteur spécifique, 26,66. Composé de : silice, 54,80; alumine, 28,40; protoxyde de fer, 4,00; chaux, 12,40; eau, 0,64; total, 100,24. (*London, Edinb. et Dublin philos. Magaz.*, 1843, t. XXII, p. 190.)

Slickenside.—Le plomb sulfuré spéculaire, ainsi que plusieurs autres métaux, forment quelquefois sur les roches des couches extrêmement minces et très-brillantes. Ces roches, polies par un glissement, sont désignées par quelques auteurs par le nom de slickenside.

Smirgel. — Variété de *corindon*.

Struvite ou **struveite.** — La nouvelle église de Saint-Nicolas, à Hambourg, a été élevée sur l'emplacement d'un ancien abattoir. En creusant les fondations, on a trouvé, dans un fumier terreux qui formait le sol, des cristaux très-nets, que M. Ulex a dédiés au ministre Struve, qui accorde aux sciences naturelles une protection éclairée. D'après l'analyse de M. Ulex, la struvite offre la même composition que le *phosphate d'ammoniaque et de magnésie* de la chimie. Cette composition, jointe à la nature du sol dans lequel on l'a trouvée, établit que ces cristaux sont le produit de la réaction des substances organiques sur les matières terreuses du sol; aussi la struvite a-t-elle donné lieu à une controverse très-animée pour savoir si on devait la classer au nombre des espèces minérales, ou si, au contraire, on devrait la considérer comme un produit organique. Quoiqu'il me paraisse naturel d'adopter cette dernière opinion, j'ai cependant cru devoir indiquer les caractères de la struvite dans cet appendice.

D'après l'examen cristallographique que M. Marx de Brunswick en a fait, ses cristaux, *fig.* 482 et 483, *pl.* 224, dérivent d'un prisme droit rhomboïdal sous l'angle de 83° 20′. Les cristaux les plus habituels sont ceux de la *fig.* 483; ils présentent un défaut de symétrie analogue à celui qu'on observe dans le silicate de zinc. Les angles mesurés par M. Marx sont :

M sur M = 83° 10′.	m sur g^1 = 138° 25′,	e^1 sur e^1 = 95° 10′.
e^1 sur g^1 = 132° 25′.	e sur e = 57° 10′,	e sur g^1 = 151° 25″.
a^1 sur a^1 = 63° 30′,	P sur a = 121°.	e sur i = 143°.

Les deux derniers angles ne sont qu'approximatifs.

Strigisane *ou* **Striegisan**. — M. Breithaupt a donné ce nom à une substance qui offre assez de ressemblance avec la wavellite, mais qui ne paraît pas contenir d'acide phosphorique. Ce serait donc un silicate d'alumine analogue à l'*hydrargilite*. De Franckenberg en Saxe.

Tachylite. — M. Breithaupt a décrit sous ce nom un minéral qui se trouve à Sasebülh, dans le basalte et la wacke, que l'on avait pris pour de l'augite conchoïde. Il est noir, brun noirâtre; compacte; ne présente aucune trace de clivage. Sa cassure est faiblement conchoïde ou inégale. Son éclat vitreux est quelquefois gras. Dureté entre celles du feldspath et du quartz; pesanteur spécifique, 25 à 25,4; fond instantanément au chalumeau en une scorie brune. Ce minéral ressemble beaucoup par ses caractères extérieurs à la gadolinite.

L'acide sulfurique bouillant l'attaque même à froid. Sa composition est, d'après M. Klett de Stuttgard :

Silice.............	50,220	Oxyg. 26,094	3
Acide titanique.....	1,415	0,562	
Alumine...........	17,839	8,331	1
Chaux.............	8,247	2,317	
Soude.............	5,185	1,326	1
Potasse...........	3,866	0,655	
Magnésie..........	3,374	1,306	
Protoxyde de fer....	10,266	2,338	
— de manganèse...	0,397	0,089	
Eau ammoniacale....	0,497		
	101,306		

Résultats qui conduisent à peu près à la formule :

$$Al\,Si^2 + (Ca, K, Na, Mg, Mn, fe)\,Si.$$

Tagilite. — Variété de cuivre hydro-phosphaté, en masses radiées, d'un vert-émeraude, des environs de Tagilsk; composée, d'après Hermann, de : acide phosphorique, 27,8; oxyde de cuivre, 61,7; eau, 10,5; d'où ce chimiste a conclu la formule $\dot{C}u^4\dddot{P} + 3\dot{H}$.

Tankite. — Minéral amorphe, d'un gris verdâtre, à cassure esquilleuse, dont l'éclat est gras comme celui de l'éléolite. Dur; il est associé avec du feldspath et de l'amphibole de Norwège : les noms de tankite ou de tankélite s'appliquent en outre au phosphate d'yttria.

Tarnowitzite. — Variété d'arragonite, contenant 3,86 pour 100 de carbonate de plomb.

Tekticite ou **Braünsalz.** — Sulfate de fer hydraté de Braünsdorf, indiqué par Breithaupt, dont les proportions paraissent différentes de celles du sulfate de fer ordinaire, mais qui n'ont pas été déterminées d'une manière exacte.

Ténorite. — M. Semmola, membre de l'Académie des sciences de Naples, a donné ce nom à un minéral en petites lames noires, minces comme des feuilles d'or battues, ou en poussière noire recouvrant des laves du Vésuve. Composé essentiellement d'oxyde de cuivre et que l'auteur regarde comme de l'oxyde de cuivre pur. Un échantillon qu'il a communiqué à la Société de géologie me paraît identique avec la *covelline*, qui est un sulfure de cuivre. (Même volume, p. 98. — *Bulletin de la Société de géologie,* t. XIII, p. 206; 1842.)

Tératolithe ou **Eisensteinmark.** — Schüler a désigné par ces noms un minéral de Planitz, près de Zwickau en Saxe, qui est en masses amorphes d'un bleu de lavande, gris de perle ou d'un gris rougeâtre, dont la cassure est inégale, unie et plate; il est âpre et rude au toucher : dureté, 2,5 à 3 ; pesanteur spécifique, 25. Composé, d'après l'analyse de

Schüler, de : silice, 41,7; alumine, 22,8; oxyde de fer, 13; chaux, 3; magnésie, 2,5; oxyde de manganèse, 1,7; eau, 14,2.

Térénite. — Possède des clivages parallèles aux faces d'un prisme à base carrée. Couleur d'un blanc jaunâtre, ou d'un jaune verdâtre ; éclat gras et nacré ; pesanteur spécifique 25,3 ; dureté 2. A la flamme extérieure du chalumeau, fond immédiatement en un émail blanc. A la flamme intérieure, bouillonne et donne un verre poreux. En veines de 2 centimetres environ de puissance dans un calcaire blanc grenu d'Antwerp, dans le comté de Saint-Laurent, Etat de New-Jersey. Sa dénomination est empruntée au mot grec τέρην, tendre, à cause de son peu de dureté. La térénite est analogue à la *parenthine*. Il est probable que c'est une altération de ce minéral.

Thuringite. — Minéral d'un vert olive, ayant un éclat nacré, et un clivage facile dans une direction ; forme des masses à structure granulaire dans la mine de fer de Saalfeld. Dana considère la *thuringite* comme une variété de *pinguite*. (Breithaupt.)

Tombosite. — Dans un tube ouvert donne un sublimé d'arsenic accompagné d'une odeur d'acide sulfureux ; au chalumeau sur le charbon, odeur d'arsenic : le borax révèle en outre la présence du nickel, d'un peu d'étain, avec des traces de fer et de cobalt. Provient d'une mine des environs de Lobstein ; c'est un *arsénio-sulfure de nickel*. (Breithaupt, *Journ. für prat. chem.*, t. XV, p. 330.)

Tomosite. — Variété de *silicate de manganèse* amorphe du Hartz.

Torrélite. — Le docteur Thomson a dédié à M. Torrey une variété de *tantalite* ; d'après M. Thomson, elle est cristallisée en prisme rhomboïdal oblique, ce qui la distinguerait de la colombite qui est en prisme droit ; les caractères extérieurs sont du reste presque identiques ; couleur noire ou brun noirâtre très-foncé, surface irisée de bleu et de vert, éclat métalloïde passant à l'éclat résineux ; cassure grossièrement lamelleuse parallèlement aux faces verticales du prisme, grenue dans les autres directions ; opaque ; composée, d'après l'analyse de Thomson : acide tantalique, 73,90 ; protoxyde de fer, 15,65 ; de manganèse, 8,00 ; eau, 0,35 = 97,90 ; d'où il conclut la formule 2Fe Ta + Mn^2 Ta. (*Records of general sciences*, t. IV.) La torrélite me paraît correspondre exactement au tantalite des Etats-Unis que j'ai décrit, p. 523, vol. II.

Tripel. — Nom donné par quelques auteurs au *tripoli* de Bohême.

Triphanite. — M. Adam a reçu sous ce nom un minéral analogue à la *clutalite*. Il est rose, à cassure esquilleuse. L'échantillon contient en outre de la prehnite fibreuse et de la chabasie ; il provient de Kilpatrick en Écosse.

Tugilite ou **Turgite.** — Fer oxydé hydraté, dans lequel on a trouvé : peroxyde de fer, 94,15 ; eau, 5,85 ; contient par conséquent moins d'eau que le fer hydroxydé du Cornouailles ; sa composition correspond à la formule : $\ddot{F}e^2\dot{H}$.

La turgite accompagne le cuivre carbonaté vert et bleu de Gumeschewk en Oural ; son nom est emprunté au fleuve Turga, qui passe près de Bogoslawsk. Il est en petites masses à cassure unie conchoïdale, d'un brun rouge ; il prend de l'éclat par le frottement. Dureté de la chaux phosphatée ; pesanteur spécifique 38,4 à 37,4.

Vargasite. — Minéral en masses amorphes, d'un vert pâle, à cassure fibro-lamelleuse, avec amphibole, de l'île de Tourkolm en Finlande. Quelques échantillons, d'un gris jaunâtre, à cassure compacte, sont associés à un calcaire lamelleux, gris bleuâtre. Ce minéral, dédié à M. le comte Vargas de Bedemar, auquel on doit la description de plusieurs espèces intéressantes, n'a pas été analysé et ne possède pas de caractères spécifiques certains.

Variscite. — Analogue, par ses caractères extérieurs, à la *turquoise* ; elle constitue de petites masses amorphes, concrétionnées, à cassure compacte, d'un vert bleuâtre, passant au vert-pomme ; sa pesanteur spécifique est 23,45 à 23,79 ; dureté 5; éclat gras de la cire, poussière blanche, composée principalement, d'après Plattner, d'acide phosphorique, d'alumine, avec trace d'ammoniaque, de magnésie, de protoxyde de fer, d'oxyde de chrome et d'eau ; donne, dans le tube d'essai, de l'eau alcaline; infusible au chalumeau. Avec le borax, on obtient aisément un verre d'un jaune verdâtre. (Breithaupt, *Journ. für. prat. chem.*, t. X, p. 506.)

Varvicite *ou* **Varvacite**. — Minerai de *manganèse* que j'ai décrit sous le nom de *warvicite* (t. II, p. 407).

Vignite. — Rammelsberg considère ce minéral commo un simple mélange de fer magnétique, de carbonate et de phosphate de fer. Kersten a obtenu, pour sa composition : peroxyde de fer, 49,03; protoxyde de fer, 35,75; acide carbonique, 11,19; acide phosphorique, 4,03 = 100. De Vignes, dans la Moselle. (*Archives de Kastner*, t. XVI, p. 30.)

Voltaïte. — Kobell a désigné par ce nom des cristaux octaèdres, que j'ai recueillis dans les cornues qui servent à la distillation du soufre, à la solfatare de Pouzzols. J'ai trouvé pour leur composition : acide sulfurique, 45,67; protoxyde de fer, 28,69; alumine, 3,27; potasse, 5,47; eau, 15,77.

Wœrthite. — wœrdhite. — **Worthite**. — Cristaux allongés, blancs, accolés, et produisant par leur réunion une masse fibreuse, ou finement bacillaire, disséminés dans une roche feldspathique. Dureté, 7,5; pesanteur spécifique, environ 30. Eclat vif, analogue au disthène; translucide. Les analyses suivantes, dues au docteur Hess, établissent l'identité de ce minéral avec la fibrolite, qui est elle-même une variété de disthène.

	I.	II.
Silice	40,58	41,00
Alumine	53,50	52,63
Magnésie	1,00	0,76
Eau	4,63	4,63
Oxyde de fer	une trace	»
	99,71	99,02

Trouvé par M. de Worth, près de Saint-Pétersbourg, dans les blocs erratiques. (*Annales de Poggendorff*, t. XXI, p. 73.)

xanthokon. — Ce minéral constitue de petits cristaux groupés et des masses réniformes, à cassure fibreuse radiée d'un rouge brunâtre ou jaunâtre, passant au brun de girofle. Les cristaux sont d'un jaune orangé par réfraction; la poussière est jaune. Leur forme paraît appartenir au système rhomboédrique. Ce sont des tables hexagonales très-minces; l'analyse faite par Plattner a donné : argent, 63,880; soufre, 21,798; arsenic, 14,322. Total, 100.

Se trouve avec l'argent sulfuré, à la mine de Himmelfürst, près Freiberg en Saxe. Breithaupt a emprunté son nom à sa couleur jaune. (*Journ. für prat. chem.*, t. XX, p. 67.)

xénolite. — Trouvé par Worth dans les blocs erratiques de Saint-Pétersbourg; M. Nordenskiold a emprunté son nom à ce gisement indécis, de ξενος étranger. Analogue par ses caractères extérieurs à la wœrthite; sa composition confirme l'identité entre ces deux minéraux et le *disthène*. Il forme des masses fibreuses, paraissant des cristaux allongés, hyalins et blancs; composée, d'après Kommer, de :

Silice.......	47,11	Oxygène	24,65	1
Alumine....	52,54		24,53	1

(*Annales de Poggendorff*, t. LVI, p. 643.)

xylithe. — Ce minéral est accompagné de cuivre carbonaté bleu et paraît provenir des mines de cuivre de l'Oural; il présente une texture fibreuse comme celle du bois; en lames minces, il possède une certaine flexibilité; il est opaque et d'une couleur brun-marron. Sa dureté égale celle de la chaux carbonatée. Chauffé dans le matras, il donne un peu d'eau pure et se fonce en couleur; au chalumeau il fond difficilement sur les bords, en une masse noire; avec la soude, il donne un verre noir; si l'on en emploie une forte proportion, une partie du minéral s'infiltre dans le charbon et y dépose du fer réduit ; avec le borax, il produit les réactions du fer. Il n'est que très-faiblement attaqué par les acides. Sa pesanteur spécifique est de 29,35 ; composé, d'après Hermann, de :

Silice............	44,00	Oxyg.	22,89	6
Peroxyde de fer...	37,84		11,35	3
Chaux...........	6,88	1,87	3,96	1
Magnésie........	5,42	2,09		
Oxyde de cuivre...	1,36			
Eau.............	4,70		4,18	1
	99,96			

Ces éléments conduisent à la formule :

$$3Fe\dot{S}i + (Ca, Mg)\, Si^3 + Aq.$$

L'oxyde de cuivre appartient à du cuivre carbonaté bleu, qui accompagne la xylithe ; elle provient de l'Oural. (*Journ. für prat. chem.*, t. XXXIV, p. 180.)

Zinc sulfuré ou **blende**. — A l'époque où le second volume de cet ouvrage a paru, on avait déjà fait quelques essais pour retirer de la blende le zinc qu'elle contient ; je les ai signalés, en annonçant toutefois que le *zinc carbonaté* était encore alors le seul minerai de zinc en usage. Aujourd'hui ces essais ont complétement réussi, et plusieurs usines, notamment celle de Mulheim, sur les bords du Rhin, et de Corphalie, près Huy en Belgique, emploient avec beaucoup de succès la blende, comme minerai de zinc.

Zurlite.— Se trouve en prismes rectangulaires droits, allongés dans la direction de leur axe, dont la couleur vert d'asperge passe au gris blanchâtre ; dans quelques cristaux les angles latéraux sont remplacés par des faces. Opaque; éclat résineux ; clivage indistinct, cassure conchoïdale ; pesanteur spécifique, 32,7; dureté, environ 6. La surface des cristaux est rugueuse, souvent recouverte d'une enveloppe blanche cristalline, mais concrétionnée; infusible, donne avec le borax un verre hyalin; soluble dans l'acide nitrique; il y fait d'abord effervescence par suite de sa gangue de carbonate de chaux; provient de la Somma; le nom de *zurlite* a été donné à cette espèce par M. Monticelli en l'honneur du ministre Zurlo. Ce minéral paraît être une variété de *wollastonite*. J'ai déjà indiqué cette analogie, p. 525, t. III.

ADDITION.

Aspasiolite. — M. Scheerer a donné ce nom à un minéral qui se trouve avec abondance dans le gneiss de Krageröe en Norwège; il est constamment associé à la dichroïte ; M. Scheerer en possède plusieurs échantillons cristallisés en prisme à six faces, dérivant d'un prisme rhomboïdal droit, sous l'angle de 120 degrés, comme pour la cordiérite.

Elle est d'un vert d'asperge ; sa dureté est 3 à 4; son éclat est gras; elle est même mate dans la cassure. L'aspasiolite est esquilleuse , fortement translucide; sa densité est de 27,61. Elle est infusible au chalumeau ; donne des vapeurs aqueuses. M. Scheerer a trouvé, pour sa composition : silice, 50,40 ; alumine, 32,38 ; magnésie, 8,0 ; chaux, une trace ; protoxyde de fer, 2,34; eau, 6,93. Total, 99,86.

A l'exception de la proportion d'eau, l'aspasiolite offre presque la même composition que la dichroïte. M. Scheerer annonce que souvent les deux minéraux passent d'une manière insensible de l'un à l'autre, de telle sorte que ces cristaux offrent des noyaux de dichroïte avec une couche d'aspasiolite. Il se pourrait que ce dernier minéral ne fût que de la dichroïte altérée.

Dumasite. — M. Delesse a donné ce nom à un minéral qui tapisse les cavités et les fissures de certains mélaphyres des Vosges, et qui y forme en outre de petits nids ; je n'ai pas eu l'occasion d'en étudier d'échantillons, je sais seulement qu'elle constitue de petites lamelles verdâtres, tendres, plus ou moins agrégées, qui ont de l'analogie avec la ripidolite.

FIN DU TROISIÈME ET DERNIER VOLUME.

ERRATA DU DEUXIÈME VOLUME.

Pag.	lignes			
6	1	en descendant;	*au lieu de*	mélite, *lisez* mellite.
10	10	*id.*	—	urauides, *lisez* uranides.
19	10	en montant;	—	boriques et siliciques, *lisez* borique et silicique.
24	9	*id.*	—	H*Cl*, *lisez* $\bar{H}$-$\bar{G}l$.
25	9	en descendant;	—	Fe, Fl + T*i*, F*l*, *lisez* Fe, $\bar{F}l$+Ti $\bar{F}l$.
26	10	en montant;	—	$\dot{N}i$ $\bar{H}^4Cl$, *lisez* $\dot{N}i$ $\bar{H}^4$-$\bar{G}l$.
28	15	*id.*	—	($\dot{C}a^2$, $\dot{C}e$, $^2\dot{T}h^2$) $\ddot{\bar{T}}a$ + *Na* Fe, *lisez* (*Ca*, *Ce*, T*h*) $^2Ta^3$+*Na* Fl^2.
35	9	en descendant;	—	volkonskoite, *lisez* volkonskite.
36	20	*id.*	—	P*b*, A*g*, S*b*S, *lisez* (P*b*, A*g*, S*b*) S.
36	21	*id.*	—	(A*g*, S*b*, S), *lisez* A*g* (S*b*, S).
36	22	*id.*	—	(A*g*, F, S), *lisez* (A*g*, F) S.
40	18	en montant;	—	A*l*, K. S*i*+A*q*, *lisez* (A*l*, K) S*i*+A*q*.
66	10	*id.*	—	hydrogène, *lisez* hydrog. sulfuré.
69	7	*id.*	—	sour, *lisez* sources.
70	4	en descendant;	—	est 1, *lisez* est 10.
71	2	*id.*	—	assignela la titude, *lisez* assigne la latitude.
79	2	en montant;	—	le présente, *lisez* se présente.
84	13	*id.*	—	H*Cl*, *lisez* $\bar{H}$-$\bar{G}l$.
106	13	*id.*	—	Bilding, *lisez* Bilin.
107	1	en descendant;	—	*id.* *id.*
107	2	en montant;	—	12° *Gibba*. lisez 12° N. *Gibba*.
114	10	*id.*	—	Bilding, *lisez* Bilin.
115	9	en descendant;	—	Bilding, *lisez* Bilin.
116	16	*id.*	—	quartzs, *lisez* quartz.
121	6	*id.*	—	*kieselschiffer*, lisez kieselschiefer.
121	10	en montant;	—	fondre, *lisez* fendre.
136	7	en descendant;	—	Neusbol et de Felsobanya, *lisez* Neusohl et de Felsœbanya.
137	17	en montant;	—	Neushol, *lisez* Neusohl.
139	15	*id.*	—	sel ammoniaque, *lisez* sel ammoniac.
145	13	*id.*	—	*Na* Cl, *lisez* *Na* $\bar{G}l$.
151	16	en descendant;	—	Wiliska, *lisez* Wieliczka.
152	11	en montant;	—	*id.* *id.*
161	note (2);		—	*guy-lussite*, lisez gay-lussite.
190	12	en montant;	—	*cauk*, lisez *cawk*.
209	au-dessus de la lig. 5 en montant,			Genre Calcaire.
229	14	en descendant;	—	Konsberg, *lisez* Kongsberg.
235	15	en montant;	—	*id.* *id.*
252	12	*id.*	—	Bilding, *lisez* Bilin.
256	10	*id.*	—	d'Artzberg, *lisez* de l'Erzberg.
270	9	en descendant;	—	Kongberg, *liez* Kongsberg.
290	8	en montant;	—	lesqules, *lisez* lesquels.
296	10	*id.*	—	Ca^2As^3 +3A*q*? *lisez* Ca^3As^8+3A*q*
297	9	en descendant;	—	antimoniate; *lisez* antimonite.

Pag.	lignes			
304	11	en descendant;	*au lieu de*	schéelin calcaires, *lisez* schéelin calcaire.
305	6	*id.*	—	Zinwald et Schalkenwald, *lisez* Zinnwald et Schlackenwald.
314	10	*id.*	—	de vantêtre, *lisez* devant être.
323	11	*id.*	—	d'Herrengraünd, *lisez* d'Herrengrund.
323	5	en montant;	—	Pultna, *lisez* Pullna.
364	13	en descendant;	—	Huelgoaet, *lisez* Huelgoët.
378	3	*id.*	—	M. Hissinger, *lisez* Hisinger.
379	3	en montant;	—	Slataoust, *lisez* Zlatoust.
395	18	en descendant;	—	d'Ihlefeld, *lisez* d'Ilefeld.
395	2	en montant;	—	*id.* *id.*
401	13	en descendant;	—	d'Osterfrende, près de Johann-Georgen-Stadt, *lisez* d'Osterfreude, près de Johanngeorgenstadt en Saxe.
403	6	en montant;	—	d'Ihlefeld, *lisez* d'Ilefeld.
415	11	*id.*	—	*id.* *id.*
433	7	*id.*	—	qui dissout, *lisez* qui dissolvent.
434	8	*id.*	—	oxyde de cobalt, 6,8, *lisez* oxyde de cobalt, 0,8.
452	8	*id.*	—	dédocaèdre, *lisez* dodécaèdre.
459	13	*id.*	—	Komberg, *lisez* Kongsberg.
461	12	*id.*	—	Loling, près d'Hultenberg, *lisez* Lœlling, près d'Hüttenberg.
492	13	en descendant;	—	Le *raiseneistein* de Ramelsberg, *lisez* Le *raseneisenstein* de Rammelsberg.
575	14	en montant;	—	Riechelsdorf en Saxe, *lisez* Riechelsdorf, dans la Hesse élector.
578	5	en descendant;	—	le nickel arsenical, *lisez* le nickel arsenical blanc.
582	2	*id.*	—	Freusberg, *lisez* Freiberg.
582	13	*id.*	—	Weisses nichelerz, *lisez* Weisses nickelerz.
584	17	*id.*	—	Nieckelocher, *lisez* Nickelocher.
585	17	en montant;	—	Goltergeschick, *lisez* Gottesgeschick.
603	5	*id.*	—	Zinkiglas, *lisez* Zinkglas.
605	2 et 3	en montant;	—	Nertschinck, *lisez* Nertschinsk.
617	13	*id.*	—	Marion-Grube, *lisez* Marien Grube.
628	1	*id.*	—	Naygag, *lisez* Nagyag.
635	5	*id.*	—	Kremnitzen, *lisez* Kremnitz.
644	14	*id.*	—	maganèses, *lisez* manganèses.
651	7	*id.*	—	antimoine blende, *lisez* antimonblende.
663	1	en descendant;	—	Kreutznack, *lisez* Kreuznach.
666	2	*id.* dans le renvoi;	—	Mohl, *lisez* Mohs.

TABLE DES MATIÈRES

CONTENUES

DANS LE TROISIÈME VOLUME.

FIN DE LA TABLE DU TROISIÈME VOLUME.

TABLE GÉNÉRALE DES MATIÈRES.

A.

B.

C.

D.

F.

G.

H.

L.

N.

P.

Q.

R.

S.

T.

U.

V.

W.

X.

Y.

Z.

FIN DE LA TABLE GÉNÉRALE DES MATIÈRES.

IMPRIMERIE DE HENNUYER ET Cᵉ, RUE LEMERCIER, 24.
Batignolles.

www.ingramcontent.com/pod-product-compliance
Ingram Content Group UK Ltd.
Pitfield, Milton Keynes, MK11 3LW, UK
UKHW020253230726
13925UKWH00001B/19